과학사를 송두리째 바꾼 혁명적 발견 22가지

과학의 천재들

과학사를 송두리째 바꾼 혁명적 발견 22가지

과학의 천재들

다산
초당

추천사

동서양의 위대한 사상가들의 생각을 이해하는 가장 좋은 방법은 그들이 집필한 대표적인 저작을 직접 읽어 보는 것이다. 이런 까닭에 동서고금을 막론하고 학문과 문화의 발전에 힘쓰던 많은 나라에서는 국민들, 특히 자라나는 청소년들에게 위대한 고전을 많이 읽을 것을 권장해 왔다. 우리나라에서도 동서양의 고전 명저를 번역하는 일을 국가 주요 학술 사업으로 선정하여 얼마 전부터 꾸준하게 지원하고 있다. 이런 지원에 힘을 입어 우리는 적어도 인문사회 분야에서는 과거에 접하기 힘들었던 양질의 고전 명저들을 쉽게 접할 수 있게 되었다.

인문사회 분야에서 고전 명저 번역이 본격화된 것과는 달리 현대 과학 분야의 경우에 일반인이 이 분야의 대표적인 저작들을 쉽게 접하기란 매우 어려운 것이 현실이다. 정부가 고전 명저를 지원하는 사업을 추진할 때 필자는 자연과학 분야에서 대표적인 고전 명저를 선정하는 일을 맡은 적이 있었다. 과학 분야 저작을 선정하는 일은 19세기 이전의 저작까지만 해도 인문사회 분야와 별반 다르지 않았다. 그러나 20세기 현대 과학 분야의 명저를 선정할 때에는 심각한 난관에 봉착했다. 요즈음의 유명한 과학자들은 자신의 가장 위대한 저작을 책의 형태로 출판하는 것이 아니라 거의 대부분 논문 형식으로 출판하기 때문이다.

20세기 과학의 성과를 소개하기 위해서는 아인슈타인의 상대성이론, 하이젠베르크의 양자역학, 왓슨과 클릭의 이중나선에 관한 저작을 번역해야 한다. 하지만 이 분야의 핵심적인 저작들은 대개의 경우 어려운 학술지에 실린 논문들이 대부분이다. 당시에 필자는 현대 과학 분야의 명저 번역 사업에 논문 번역 부문도 추가할 것을 권고했었다. 그러나 개별 논문을 하나씩 혹은 몇 개씩 묶어서 번역, 출판하는 일은 추진 과정에 많은 문제점이 있었고 결국 현대 과학 분야의 논문을 번역하는 필자의 꿈은 이루어지지 못했다.

앨런 라이트먼이 20세기의 위대한 발견에 관련된 과학 논문들을 정선하고 이 논문들을 집필한 위대한 과학자들의 삶과 업적을 조망한 것은 필자가 오래 동안 추진하고 싶었던 작업 가운데 하나였다. 이 책에서 라이트먼은 막스 플랑크, 아인슈타인, 보어, 하이젠베르크, 폴링, 와인버그와 같은 독창적인 사상으로 현대 과학의 변혁을 이끌었던 인물들을 다양한 측면에서 조망하고 있다. 심지어 와인버그의 대통일이론에 대한 서술에서는 실험적 사실에 대한 설명과 아울러 복잡한 수식에 대해서도 최대한 정확하게 설명하고자 노력했다. 본인이 물리학 출신이기에 책의 내용이 물리, 천문 분야에 다소 집중된 측면도 있지만, 화학이나 생명과학 분야에도 상당 부분을 할애하여 책의 전체적인 균형을 유지하는 데에 노력을 아끼지 않았다.

이 책에서 저자는 그동안 과학자들 사이에서 제대로 인정받지 못했던 인물들을 각별하게 배려하여 다루고 있다. 보통 핵분열 발견자로는 오토 한을 언급하지만, 저자는 리제 마이트너의 역할을 더욱 강조한다. 또 주로 DNA 이중나선 구조를 발견한 인물로 왓슨과 클릭을 이야기하지만, 저자는 로잘린드 플랭클린의 업적도 그에 못지않게 중요했음을 강조한다. 여성 과학자들에 대한 배려도 남다르다. 저자는 리제 마이트너, 맥클린톡, 리비트 등 20세기에 탁월한 업적을 남겼던 여성 과학자들이 과학 활동을 하면서 겪었던 어려움과 불평등한 대우에 대해 상세하게 서술하고 있다.

1972년 폴 버그는 살아 있는 세포에 새로운 유전자를 집어넣으려는 목표를 달성하기 위해 다른 유기체의 DNA 조각들을 최초로 접합했다. 하지만 하이브리드 DNA 고리를 대장균에 처음으로 삽입하여 새로운 유전 물질을 만든 것은 그 이듬해 실험 결과를 발표한 스탠퍼드 대학의 스탠리 코헨과 캘리포니아 대학교의 허버트 보이어었다. 폴 버그는 암을 유발하는 유전자가 들어 있는 대장균이 확산될 잠재적 위험성에 대한 우려 때문에 DNA 재조합 실험을 중단했던 것이다. 필자는 여기서 DNA 재조합 연구의 안정성과 관련된 과학과 윤리의 문제를 자세히 다룬다. 이렇게 저자는 단순히 과학 내용을 소개하는 수준을 넘어서 과학 연구의 결과가 사회에 미치는 광범위한 영향까지 고려하는 과학기술학의 차원에서 현대 과학을 다루고 있다.

이 책에 수록된 논문들을 통해 독자들은 현대 과학을 이끈 선구자들의 사상을 생생하게 읽을 수 있을 것이다. 더욱이 앨런 라이트먼은 이 책에서 위대한 과학자들의 개인적인 특성 및 성장 배경, 창의적인 사고를 이끌어내는 탐구 방식들을 다각도로 분석하고 있다. 그의 분석을 통해 우리는 과학 분야에서 창의적인 생각을 하려면 어떤 노력을 해야 하는가에 대해 많은 시사점을 얻을 수 있다. 현대 과학을 공부하는 학생들과 그들을 지도하는 교사들, 더 나아가 우리 사회의 창

의적인 분야에서 일하는 많은 사람들에게 이 책은 좋은 길잡이가 될
것이다.

임경순

(포항공과대학 인문사회학부 교수)

머리말

카나리아 제도(Canary Islands)에서 남쪽으로 약 240킬로미터 떨어진 아프리카 북서 해안에는 보자도르(Cape Bojador)라는 불룩하게 튀어나온 해안선이 있다. 15세기 초 유럽인들에게 이 보자도르 곶은 이미 알려진 세계와 알려지지 않은 세계 사이의 경계였다. 보자도르 곶을 기준으로 북쪽은 문명의 세계이자 빛의 도시인 반면 남쪽은 미지의 땅이며 암흑의 바다(Mare Tenebrosum)였기 때문이다. 목숨을 걸고 보자도르 곶 남쪽으로 떠났던 고대 카르타고 인들 중에 돌아온 사람은 아무도 없었다. 포르투갈의 궁전 작가인 고메스 에아네스 데 주라라(Gomes Eanes de Zurara, 1410~1474)는 15세기 초에 이런 글을 남겼다. "이 곳에 대한 오랜 소문은 [...] 스페인 선원들이 세대를 이어 신봉해 온 것으로 [...] 이 곳 너머에는 아무도 없고 사람이 살 만한 곳도 없으며 육지에서 5킬로미터 이내는 수심이 2미터도 안 될 정도로 얕은데도 해류가 워낙 세서 이곳을 지나간 배는 다시 돌아오지 못 한다는 것이다."[1] 포르투갈의 엔리케 왕자(Dom Henrique O Navegador, Henry the Navigator, 1394~1460)는 이 저주의 곶에 1424년부터 1433년까지 14차례나 원정대를 보냈다. 하지만 얕은 수심과 소용돌이, 그리고 거센 폭풍우와 맞서 성공한 원정대는 없었다. 미지의 세계는 여전히 손짓을 하며 엔리케 왕자를 유혹했다. 엔리케 왕자는 단념하지 않고 1434년에 탐험가 질 에아네스(Gil Eanes)를 선두로 15차 원정대를 보냈다. 에아네스는 보자도르 곶을 암흑의 바다로 가기 위한 정박지로 삼았다. 배가 남쪽으로 돌아가자 에안네스는 뒤를 돌아보고 배가 이제 막 죽음의 곳을 지나왔다는 사실을 깨달았다. 에안네스는 1435년의 다음번 원정에서 다시 한 번 보자도르 곶을 지나 남쪽으로 약 240킬로미터 떨어진 만에 돛을 내렸다. 그는 그곳에서 인간의 발자국, 낙타 등을 눈으로 직접 보았다.

역사학자들의 관점에 따르면, 엔리케 왕자는 새로운 무역 경로를 열거나 식민지를 개척하기 위해서 아프리카 남쪽으로 배를 보낸 것이 아니었다. 단순하게 그저 무엇이 있는지 발견하고 싶었던 것이다. 주라라는 "그는 그 땅에 대해 알고자 하는 소망이 있었다."[2]고 설명했다.

미지의 것을 발견하고, 알아내며 새로운 것을 발명하고자 하는 마음은 인간에게는 너무나 강렬한 욕구이기 때문에 이를 제외하고 역사를 이야기하는 것은 상상조차 할 수 없다. 이 열정적인 욕망은 이방인에 대한 두려움, 신에 대한 두려움, 심지어 죽음에 대한 두려움까지도 이겨 낸다. 남은 것은 오직 발견의 기쁨이다. 우리는 파블로 피카소(Pablo Picasso, 1881~1973)의 입체파에서, 제임스 조이스(James Joyce, 1882~1941)와 버지니아 울프(Virginia Woolf, 1882~1941)의 의식의 흐름(stream of consciousness)*에서, 그리고 칙 코리아(Chick Corea, 1941~)와 존 콜트레인(John Coltrane, 1926~1967)의 펜타토닉 음계(5음계)를 이용한 재즈음악 실험에서 희열을 느낀다. 마치 새로운 대륙과 새로운 바다를 발견해 냈을 때처럼 말이다.

마찬가지로 우리는 과학의 위대한 발견을 마주할 때도 이와 같은 희열을 느낀다. 양자물리학의 창시자 중 한 명인 베르너 하이젠베르크

---

*1910~1920년대 유행한 소설 기법으로, 인간 사고의 불규칙성과 끊임없는 흐름으로 글을 써가는 실험적인 기법이었다. 대표적인 작품으로는 제임스 조이스의 『젊은 예술가의 초상』, 버지니아 울프의 『댈러웨이부인』 등이 있다.

(Werner Heisenberg, 1901~1976)는 1925년 5월 자신이 이제 막 무엇을 발견했는지를 깨달았던, 그 초현실적인 순간에 대해 이렇게 회고했다. "최종 계산 결과가 내 앞에 나왔을 때는 새벽 3시가 다 되었다. 에너지 원리는 모든 항에 적용되었다. 나는 내 계산 결과가 나타내는 것이 양자역학 현상과 수식적으로 일치한다는 것을 더 이상 의심하지 않아도 되었다. 처음에는 아주 깜짝 놀랐다. 원자 현상의 겉모습을 통해 기묘할 정도로 아름다운 내부를 들여다보는 느낌이었다. 그 후에는 자연이 관대하게도 내게 알려 준 수학적 구조를 증명해야 한다는 생각에 들떠 있었다. 너무 흥분한 나머지 잠도 오지 않았다."[3)

과학 분야의 획기적인 발견은 과학의 틀을 넘어서 인간의 존재 자체를 흔들어 놓기도 했다. 알버트 아인슈타인(Albert Einstein, 1879~1955)은 우리가 가진 시간에 대한 개념을 수정했다. 한스 크렙스(Hans Krebs, 1900~1981)는 지구상에 있는 모든 동식물의 세포에서 에너지를 공급하는 보편적인 화학적 사이클을 찾아냈는데, 이는 생명이 공통의 기원으로부터 유래되었다는 강력한 증거가 되었다. 제롬 프리드먼(Jerome Friedman, 1930~)은 물질의 개별 구성단위 중 하나로 여겨지는 쿼크들을 발견했다. 폴 버그(Paul Berg, 1926~)는 유전자를 조작하는 최초의 기술을 개발해 인공 생명체를 탄생시켰다. 알렉산더 플레밍(Alexander Fleming, 1886~1955)은 죽음과 질병에 맞설 수 있는 항생제를 최초로 발견했다. 하이젠베르크는 그 유명한 불확정성 원리를 세움으로써 미래가 과거를 통해서 온전하게 예측할 수 있는 게 아니라는 것을 제시했다.

수년 전, 나는 20세기의 위대한 발견들을 탐구하기로 결심했다. 이 획기적인 발견들 사이에는 어떤 공통적인 특성들이 있을까? 연구방법이나 사고방식은 과학 분야에 따라, 그리고 과학자에 따라 어떻게 달랐을까? 발견자들은 서로서로를 어떻게 비교했을까? 그들은 자신의 발견이 얼마나 중요한지 한번에 알아봤을까? 나는 새로운 발견을 최초로 공개한 논문들을 수집했다. 이 논문들은 20세기 과학사를 설명하는 독특한 방식이 될 것이었다.

이 책에 들어갈 논문을 모두 모은 건 2002년 봄이었다. 그때 나는 콩코드(Concord)*에 있는 본가에 있었다. 노란 개나리가 막 피어나기 시작한 때였다. 6개월 동안 나는 천문학자, 물리학자, 화학자, 생물학자들을 괴롭혀 각 분야에서 20세기 가장 위대한 발견들의 후보를 선정했다. 상대성이론의 원문, 최초의 원자 양자모형, 신경전달물질의 발견, 최초의 인간 호르몬 발견, 우주팽창의 발견, DNA 구조 발견. 이들 발견에 대한 논문 중 일부는 세상에 잘 알려지지 않은 저널에 발표되었고 또 어떤 논문은 아주 먼 곳의 도서관에서 흐릿한 상태로 복사되어 메일로 온 것도 있었다. 나는 100편이 넘는 논문 중에서 25편을 골라냈다. 이 논문들은 우리가 세상을 바라보는 시각을 단번에 바꿔놓은 것들이다. 여기에는 아인슈타인, 플레밍, 보어(Niels Bohr, 1885~1962), 맥클린톡(Barbara McClintock, 1902~1992), 폴링(Linus Pauling, 1901~1994), 왓슨(James Watson, 1928~)과 크릭(Francis Crick, 1916~), 하이젠베르크가 속한다. 이 25편의 논문에는 과학의 위대한 전설과 심포니가 있다. 5월의 그날, 이 논문들의 원문을 모으는 일이 끝났다. 나는 한 세기의 과학적 사고를 담은 25편의 논문 꾸러미를 팔로 끌어안았다. 눈물이 차올랐다.

30년 전 물리학과 대학원생이던 시절에 나는 과학자들의 연구방법과 사고방식이 획일적이라고 단순히 생각했다. 그러나 실제로는 아

---

*미국 매사추세츠 주 동부에 위치한 도시.

주 다양한 사고방식과 발견양식이 있다. 때때로 과학자들은 아인슈타인, 플랑크(Max Planck, 1858~1947), 그리고 크렙스처럼 자신의 실험 방향을 정확히 알고 있는 상태에서 매우 혁신적인 발견을 이루기도 한다. 반면 우연히 예상 밖의 발견을 이루는 경우도 있다. 이런 경우가 베일리스(Willian Maddock Bayliss, 1860~1924), 스탈링(Earnest Henry Starling, 1866~1926), 러더퍼드(Ernest Rutherford, 1871~1937), 플레밍, 한(Otto Hahn, 1879~1968), 슈트라스만(Fritz Strassmann, 1902~1980)의 실험과 리비트(Henrietta Leavitt, 1868~1921)의 관측이다. 또한 이론 과학자들도 연필과 종이로 얻은 자신의 연구 결과에 놀라는 때가 있다. 통일장이론의 기초가 된 전자기약력 이론을 세운 스티븐 와인버그(Steven Weinberg, 1933~)의 업적이 바로 이 경우다. 어떤 과학자들은 발견 당시에 자신의 발견이 얼마나 중요한지를 곧바로 알아차리기도 한다. 아인슈타인, 디키(Robert Dicke, 1916~1997), 왓슨과 크릭, 그리고 뢰비(Otto Loewi, 1873~1961)의 경우가 그랬다. 반면 허블(Edwin Hubble, 1889~1953)처럼 자신의 발견을 어렴풋이 이해하는 경우도 있다. 어떤 경우에는 순전히 자신의 천재성으로 발견을 이루기도 하지만 어떤 경우에는 운이 작용하기도 한다.

과학자들에게도 이런 식의 다양성이 나타난다. 단 하나의 과학적 인격이란 없다. 러더퍼드나 아인슈타인, 또는 왓슨처럼 대범하고 자신감 넘치는 혁명가적 과학자가 있는가 하면, 크렙스나 플레밍, 또는 마이트너(Lise Meitner, 1878~1968)처럼 겸손하고 소심한 성격의 과학자들도 있다. 윌리엄 베일리스와 같은 일부 과학자들은 조심성이 많고 세심하며 세부적인 면을 좋아하지만 어니스트 스탈링과 같은 과학자들은 활달하고 성질이 급하며 주로 큰 그림에 관심이 있다.

하지만 이 위대한 과학자들 모두가 공통적으로 가지고 있는 것이 있다. 그것은 진실을 알고자 하는 열정, 퍼즐을 풀어내는 순수한 즐거움, 그리고 독립적인 사고다. 미국의 생물학자 바바라 맥클린톡은 고등학교 과학 수업을 이렇게 회상했다. "나는 몇몇 문제를 선생님이 예상치 못한 답으로 풀어내곤 했다. 답을 찾아가는 과정은 내게 어마어마한 즐거움을 주었다. 정말 순수한 즐거움이었다."[4] 독일의 핵물리학자 리제 마이트너는 어린 시절, 할머니에게 주일에는 바느질을 하지 말아야 한다는 경고를 들었다. 그녀의 할머니는 만약 바느질을 하면 하늘이 무너질 거라고 겁을 주었다. 이 소녀는 직접 실험해 보기로 마음먹었다. 그러고는 조심스럽게 자수 천에 바늘을 건드려 본 다음 하늘을 올려다보았다. 그러나 아무 일도 일어나지 않았다. 그래서 이번에는 바늘 한 땀을 뜨고 하늘을 쳐다봤다. 그래도 여전히 아무 일도 없었다. 이렇게 직접 확인을 한 아이는 할머니가 틀렸다는 데에 의기양양하며 기분 좋게 바느질을 계속했다.

다른 유형의 과학자들은 문제를 다른 식으로 인식한다. 나는 물리학을 공부해서 물리학자들이 세상을 어떻게 인식하는지를 잘 알고 있다. 물리학자는 환원주의자다. 물리학자들은 높은 건물을 조각내어 건물을 구성하는 벽돌과 시멘트가 될 때까지 작살내는 사람들이다. 물리학자들은 이렇게 질문한다. '자연의 기본적인 힘과 입자는 무엇일까?' 또는 '변하지 않는 법칙은 무엇일까?' 물리학자들은 최종 문제가 수학 법칙으로 풀 수 있을 정도로 간단해질 때까지 단순화하고 이상화하며 추상화한다. 예를 들어 여러 현상들을 조화진동자(harmonic oscillator)라고 하는, 용수철에 매달려 왔다 갔다 하는 진동 추로 만들어 버리는 것이다. 분자 속에서 진동하는 원자들, 그릇 속에서 출렁거리는 물, 빈 공간 속의 양자 특성들, 이 모두를 간단한 법칙을 따르는 용수철 위의 추, 즉 조화진동자로 추론할 수 있다.

반면 생물학자들은 다른 식으로 생각한다. 생물학은 살아 있는 생명체를 다루기 때문에 생명이 아닌 것에 대해서는 잘 파고들지 않는다. (현대 분자생물학은 물리학, 생물학, 화학이 융합된 분야이기 때문에 예외이다.) 그리고 생명은 구성 요소들이 계(system)를 이루며 상호작용하는 것을 요구한다. 따라서 보통의 생물학은 계를 다룬다. 살아 있는 생명체 내부에서 일어나는 과정을 조절하고 통제하는 계로는 무엇이 있을까? 살아 있는 생명체가 번식하는 건 무슨 계를 통해서일까? 살아 있는 생명체가 살아남기 위해 필요한 에너지를 얻고 에너지를 이용하는 건 어떤 계를 이용하는 것일까? 물리학이 두 전자 간의 전기적인 힘을 고심한다면 생물학은 어떻게 세포 막 사이의 전기전하가 막을 출입하는 물질들을 조절해서 세포와 유기체의 다른 부분을 연결하는지를 고민한다. 물리학에 법칙이 있다면 생물학에는 개념이 있는 것이다. 생물학은 물리학보다 더 경험적인 과학 분야다. 왜냐하면 생물학의 개념은 관측된 사실에 가깝기 때문이다. 순수 이론 물리학자들은 많지만 순수 이론 생물학자들은 소수에 불과하다. 화학자들은 이 중간쯤에 있는데 어떤 때는 생물학자처럼, 어떤 때는 물리학자처럼 행동한다.

이들의 차이점과 공통점은 내가 쓴 글과 원 논문들에 모두 있다. 나는 과학사의 중요 발견과 관련 과학자들에 대한 지적이고 감상적인 조망을 그려 보고자 했다. 각각의 발견에는 각각의 이야기가 있다. 그 자체만의 특성과 개성이 있고 실패와 성공, 개인적인 야망이 담긴 휴먼 드라마가 있다. 이 글은 깊이가 다른 층들로 구성되어 있다. 독자들은 과학에 대한 일반적인 지식은 물론, 새로운 발견에 대한 중요성을 알 수 있다. 또 과학자의 삶과 발견에 대한 구체적인 내용을 얻을 수 있다. 그리고 마지막으로 원 논문을 만나볼 수 있다.

사실 막대한 부는 논문 그 자체에 있다. 나는 철학과 학생들이 칸트의 『순수이성비판(*Critique of Pure Reason*)』을 읽고, 정치학을 전공하는 학생들이 미국 헌법을 읽으며, 문학을 전공하는 학생들이 『햄릿(*Hamlet*)』과 『백경(*Moby-Dick*)』을 읽는데 과학을 전공하는 대부분의 학생들은 멘델레예프나 퀴리 부인, 또는 아인슈타인의 업적을 원문으로 읽지 않는 것에 충격을 받곤 한다. 심지어 전문적인 과학자들조차도 전공 분야의 고전을 10년이나 20년 이상 지났다고 해서 읽지 않는 경우가 많다. 이는 최종 결과가 무엇인지만을 따지는 과학의 특수성 때문인 듯싶다. 결과가 요약된 것만을 원하는 탓에 원 논문에 대한 요구가 필요하지 않은 것이다. 게다가 개념이 발전하면서 그에 따른 새로운 수학적 방법이 생겨나고, 새로운 기술과 장비가 가능하게 되면서 발전된 형태로 결과가 수정된다. 그렇다면 원 논문 속의 아직 세련되지 않고 설익은 개념들을 애써 이해하려고 하는 것은 단지 시대에 뒤떨어진 행동일까? 과학의 역사를 재현하는 데 그저 짐만 되는 것일까?

나는 이런 인습이 잘못된 것이라고 믿는다. 내 관점에서 보면 과학의 위대한 발견을 담은 최초의 보고서는 예술작품과도 같다. 이 논문들은 시와 같은 리듬과 이미지, 아름다움, 그리고 진리가 담겨 있다. 고심해서 선택한 단어와 비유가 있고 간단하지만 심오한 주장이 있으며 불확실성과 고찰이 있기 때문에 우리는 요약본이나 해설서가 제공하지 못하는 위대한 과학자의 마음을 들여다볼 수 있다. 이 논문들에서 우리는 세상의 본질을 이해하려는 인간의 재능이 얼마나 엄청나게 발휘되는지를 보게 된다. 전문적이거나 수학적인 내용이 과학도가 아닌 사람들에게는 이해되지 않을 수도 있다. 그렇지만 우리는 그들의 생각이 어떻게 흘러가는지 그 흐름 정도는 좇을 수 있다.

이 책에 포함되지 않은 20세기의 위대한 과학적 발견들은 많다. 나는 선택을 해야 했다. 나와 내 동료들은 고심한 끝에 순수 과학 분야에서 핵심적인 개념을 가진 발견들과 각 분야에서 가장 혁신적인 사고의 전환을 불러온 발견들을 선정했다. 응용과학과 공학 분야 쪽의 발견, 예를 들어 복제나 텔레비전은 고려 대상이 아니었다. 동시대에 발표한 비슷한 논문들이 여러 개 있을 경우에는 오직 하나의 논문에만 초점을 맞출 수 있도록 선택했지만 다른 논문 내용도 본문에서 언급했다. 여러 과학자들이 한 편의 기념비적인 논문을 함께 발표했을 때에도 그들 중 한 명에게 초점을 맞춰 소개했다. 22개의 발견에는 25편의 논문이 포함되어 있다. 딱 세 경우―핵분열의 발견, DNA 이중나선 구조의 발견, 그리고 우주배경복사의 발견―는 이론적인 논문과 실험적인 논문이 매우 밀접한 연관이 있어 함께 실었다.

과학적인 개념은 후에 등장한 개념에 의해 확대되기 때문에 개개의 발견들은 서로 함께 발전해간다. 때문에 나는 여러 발견들을 연대기 순으로 정리했다. 1900년 막스 플랑크의 양자 발견이 처음이고 1972년 폴 버그의 DNA 재조합이 마지막이 되었다. 예를 들어 플랑크의 양자 (1900)와 러더퍼드의 원자핵 발견(1911)은 보어의 최초 원자 양자모형 (1913)으로 발전되었다. 폰 라우에(Max von Laue, 1879~1960)의 X선 회절법의 발견(1912)은 프랭클린(Rosalind Franklin, 1920~1958), 왓슨, 그리고 크릭이 DNA 구조를 발견하는 데(1953) 기여했다. 그리고 DNA 구조의 발견은 폴 버그가 새로운 DNA를 만드는 실험(1972)에서 활용되었다.

소수 과학자들의 위대한 업적만을 읽다 보면 과학의 발전 자체가 몇몇 영웅들에 의해 이루어진다는 인상을 줄 위험이 있다. 물론 그렇지 않다. 내가 선별한 과학자들이 특별히 예외적인 경우인 것은 맞지만 실상 과학은 수많은 사람들이 노력해 만들어 낸 결과물의 집합이다. 쿼크를 발견한 제롬 프리드먼의 실험은 자기분석기(magnetic spectrometer)라는 장비가 미리 발명된 덕분에 이루어졌다. 에드윈 허블(Edwin Powell Hubble, 1889~1953)의 우주팽창에 대한 업적은 슬라이퍼(Vesto Slipher, 1875~1969)의 관측에 기반을 두었다.

고작 25편의 논문을 가지고 낸 통계로 일반화를 하는 것은 조심해야 할 일이긴 하다. 그래서 여기에 이를 바탕으로 한 통계자료를 정리했다. 논문 중 18편은 원문이 영어로 출판되었고 나머지 7편은 독일어로 출판되었다. 독일어로 출판된 논문 중 한 편을 제외한 나머지는 전부 1900년에서부터 1927년 사이에 발표된 것이다. 이는 20세기 초반까지는 독일어권이 과학 분야의 강세였고 이후에는 영어권이 그 자리를 대신했다는 의미다. 각 논문 저자들의 국적에 대한 통계는 다음과 같다. 독일인이 아홉 명, 미국인이 아홉 명, 영국인이 네 명, 오스트리아 출생 영국인이 한 명(페루츠), 뉴질랜드 출신이 한 명(러더퍼드), 그리고 덴마크인 한 명(보어)이다. 여성은 22가지 발견 가운데 네 가지에 참여했다. 의심할 것도 없이 대부분의 여성들은 과학적 경력을 쌓는 데 남성들보다 훨씬 많은 장해물과 직면해야 했다. 나는 리비트, 마이트너, 그리고 맥클린톡에 대한 장에서 그들이 처했던 어려움을 구체적으로 서술했다. 2차 세계대전 동안에는 상당수의 유럽 과학자들, 오토 뢰비(Otto Loewi, 1873~1961), 리제 마이트너, 그리고 막스 페루츠(Max Perutz, 1914~2002) 등이 유대인이라는 이유 때문에 갖은 고생을 겪었다. (아인슈타인의 경우에는 그의 종교보다 나치 독일에 대한 정치적인 적개심이 그에게 더 큰 영향을 미쳤다.)

마지막 부분의 몇몇 장에서는 내가 개인적으로 아는 과학자들을 소개하였다. 이 경우에는 내 개인적인 평가와 더불어 좀 더 세부적인 인물 정보가 포함되었다.

신세계를 탐험하는 것처럼 과학에서 새로운 발견을 하는 것 또한 결코 끝이 없다. 막스 페루츠는 헤모글로빈의 3차원 구조에 대한 발견—최초로 구조가 밝혀진 단백질 중 하나—으로 1962년 노벨상을 수상했을 때 그것으로 만족하지 않았다. 오스트리아 출신의 이 과학자는 헤모글로빈에 대한 연구에만 이미 24년을 바친 상태였다. 그러나 그는 연구를 계속했다. 그리고 마침내 X선이 헤모글로빈 분자를 통과할 때 나타나는 수천 개의 까만 점들을 분석할 수 있는 새로운 기술을 개발했다. 그는 이 X선 문자들을 해독한 후 동료와 함께 헤모글로빈 분자의 3차원 모형을 만드는 데 성공했다. 그럼에도 여전히 그는 헤모글로빈을 연구했다. 그는 헤모글로빈 분자의 구조가 체내에 산소를 전달하는 핵심적인 기능을 어떻게 수행하는지 완전히 알 수 없었던 것이다.

스웨덴 과학재단에 턱시도를 입고 선 그는 최고의 영예를 거머쥐는 순간에 청중들에게 이렇게 말했다. "이렇게 경사스러운 날에 여전히 연구 중인 결과에 대해 발표를 하는 저를 부디 용서해 주십시오. 하지만 한낮의 눈부신 태양빛과 같은 확실한 지식은 지루하고 새벽의 여명 속에서 해가 뜨기를 기대하는 마음은 사람을 가장 들뜨게 만들지 않습니까."[5]

수에 대한 주석

"어떤 이들은 모래 알갱이의 수가 무한하다고 생각합니다. 여기에서 의미하는 모래는 시라쿠사(이탈리아의 시칠리아 섬 남동부에 위치한 항구 도시) 는 물론 시칠리아 섬 전체에 존재하는 모래만이 아니라 사람이 거주하든 그렇지 않든 상관없이 모든 곳에서 발견되는 모래를 말합니다. 반면 어떤 이들은 모래 알갱이의 수가 무한하다고 생각하지 않습니다. 그러나 이들조차도 모래 알갱이가 너무나도 많아서 어떤 수로도 표현할 수 없다고 생각합니다."[1] 이는 고대 그리스의 수학자이자 물리학자인 아르키메데스(Archimedes, BC 290~212)가 22세기 전에 시라쿠사의 왕, 겔론(Gelon)에게 보낸 유명한 편지다. 지구상에 있는 모래 알갱이의 수를 세려는 아르키메데스는 두 가지 문제에 직면했다. 어떻게 아주 작고 아주 큰 물체들의 크기를 추정할 수 있는가와 어떻게 수학적으로 물체의 크기를 나타낼 수 있는가 하는 것이었다. 그래서 그는 큰 숫자를 기호로 나타내는 체계를 개발하기에 이른다. 자신의 성공에 용기를 얻은 아르키메데스는 지구로부터 태양까지를 반지름으로 하는 거대한 공간을 채우기 위해 얼마나 많은 수의 모래 알갱이가 필요한지를 계산했다.

오늘날 과학자들도 아주 큰 수나 아주 작은 수를 표기할 때 아르키메데스처럼 간단한 표기법을 쓴다. 다음과 같은 예처럼 말이다.

$$10^4 = 10,000$$
$$10^6 = 1,000,000.$$

본질적으로 이런 표기법은 우리가 0을 여러 개 써야 하는 불편함을 없애 준다. 10 오른쪽에 위첨자로 쓰인 숫자는 1 다음에 0이 얼마나 많이 붙는지를 말해 준다. 이런 표기법은 다른 숫자를 표현할 때도 쓰일 수 있다. 예를 들어 $2 \times 10^4 = 20,000$ 이런 식으로 말이다.

숫자 1은 1다음에 오는 0이 0개이므로 10^0으로 나타낼 수 있다.

1보다 작은 숫자의 경우, 우리는 10 오른쪽에 위첨자로 음의 숫자를 쓴다. 다음의 예처럼 말이다.

$$10^{-1} = 0.1$$
$$10^{-6} = 0.000001.$$

위첨자의 음의 수는 맨 끝에 있는 1 오른쪽으로 소수점이 몇 자리에 있는지를 말해 준다. 이때 위첨자의 음의 수는 소수점과 1 사이에 있는 0의 수보다 1이 크다.

위의 표기법을 이용해 지구의 지름을 나타내면 10^9센티미터쯤 된다. 그리고 수소 원자의 지름은 10^{-8}센티미터 정도다. 양귀비 씨 하나에 있는 원자의 수는 10^{21}개 정도다.

숫자를 대신해 알파벳 기호를 쓰는 또 다른 수학적 관례도 있다. a와 b, 이렇게 두 개의 숫자가 있다고 했을 때, ab는 $a \times b$를 간단하게 나타낸 것이다. 다른 말로 하면, 숫자를 나타내는 두 개의 기호가 나란히 있는 경우에는 이는 그 두 숫자를 곱한다는 의미다.

일러두기

1. 인명은 처음에만 원어를 병기했다.

2. 이 책에 등장하는 책제목 중 국내 번역 출간 도서는 한국어판 제목과 원제를 병기했고, 미출간 도서는 원제목을 직역하고 원래 이름을 병기했다.

3. 이 책에서 지은이가 단 주석은 숫자로 표기했고, 옮긴이가 단 주석은 *, ** 등의 기호로 표기했다.

4. 문장 부호는 다음의 기준에 맞춰 사용했다. 그러나 반복되어 나타나는 경우엔 처음에만 표기했다.

   『 』: 단행본

   「 」: 신문, 잡지, 정기간행물, 보고서, 논문

   ' ': 위 사항의 개별항목

   《 》: 영화, 방송프로그램

5. 원전 논문은 원문 또는 영역본의 편집 체계를 존중하여 편집했기 때문에 본문의 편집 체계와는 다를 수 있다.

과학사를 송두리째 바꾼 혁명적 발견 22가지
과학의 천재들

양자

2천 년 만에 처음으로 쪼개진
원자가 내놓은 비밀

막스 플랑크 (1900)

미국의 역사학자이자 작가인 헨리 애덤스(Henry Adams, 1838~1918)가 세계적인 명저 『헨리 애덤스의 교육(The Education of Henry Adams)』*을 출판했을 때는 막 20세기가 시작된 때였다. 애덤스는 이 책에서 신성한 원자가 쪼개지고 말았다는 불길한 사실을 세상에 외쳤다. 고대 그리스 시대 이후 원자는 물질을 이루는 가장 작은 입자였다. 즉 더 이상 나누어지거나 파괴될 수 없는 존재였다. 이런 까닭에 원자는 아주 오랫동안 단일과 불멸의 상징이었다. 그런데 1897년 영국의 물리학자 톰슨(J. J. Thomson, 1856~1940)이 원자보다 훨씬 가볍고 작아 보이는 전자를 발견했다. 그리고 그 다음 해에는 훗날 퀴리 부인(Marie Curie, 1867~1934)이 되는 마리 스크오도프스카(Marie Skodovska)가 장래의 남편이며 동료 연구자인 피에르 퀴리(Pierre Curie, 1859~1906)와 함께 라듐이라는 새로운 원소를 발견했다. 이 원소는 끊임없이 뭔가를 내놓으면서 가벼워지는 특성을 가지고 있었다. 원자의 법칙마저 깨지자 영원한 진실은 아무것도 없어 보였다. 자연도 인간의 문명과 다를 게 없었다. 단단한 고체는 부서지기 쉬워 쉽게 변하고 말았다. 통일의 세계는 끝나고 카오스의 세계가 시작된 것이다.

애덤스는 이렇게 19세기를 정리했다. 그는 과학계에 또 다시 충격적인 사건이 터진 것을 눈치 채지 못했던 것이 분명하다. 원자의 파괴만

---

* 이 책은 저자가 1907년 자비로 최초로 출판했으며, 상업적 출판은 사후 1918년에 이루어졌다. 2009년 1월, 뉴스위크가 선정한 100대 도서에 포함되어 있다.

큼이나 세상을 떠들썩하게 만들 아이디어를 말이다. 1900년 12월 14일, 막스 플랑크는 베를린에서 열린 독일 물리학회의 강연에서 '양자(quantum)'라는 혁신적인 개념을 발표했다. 그때까지 사람들은 에너지를 무한히 나눌 수 있는 연속적인 흐름이라고 생각했다. 하지만 플랑크는 에너지에도 더 이상 쪼갤 수 없는 가장 작은 에너지의 양이 존재한다고 했다. 그는 이것을 '양자'라고 했다. 빛은 에너지의 일종이다. 창문을 통해 들어오는 빛은 마치 하나의 물결처럼 보이지만 사실은 아주 작은 기본단위들, 즉 양자들로 구성되어 있다. 다만 양자는 너무나도 작아서 우리 눈에 보이지 않을 뿐이다. 이렇게 양자물리학은 시작되었다.

플랑크는 이마 한가운데부터 벗어진 대머리에 날카로운 매부리코를 가지고 있었다. 턱수염을 길렀으며 안경까지 쓰고 있어 무뚝뚝한 사무원의 인상이 강했다. 당시 그의 나이는 42세로 이론 물리학자로서는 노년기였다. 뉴턴이 중력법칙을 세웠을 때가 한창때인 20대였고 맥스웰이 전자기 이론을 갈고닦은 다음 시골로 들어갈 때 35세였다. 아인슈타인과 하이젠베르크 역시 가장 위대한 업적을 세웠던 때가 20대 중반이었다.

플랑크는 유럽에서 이미 정평이 난 이론 물리학자 중 한 사람이었다. 15년 전 독일 키엘 대학에서 흔치 않은 이론물리학 교수 자리를 맡았을 때만 해도 이론물리학은 실험물리학보다 열등한 것이라는 인식이 있었다. 소수의 학생들만이 플랑크의 수학 강의를 듣겠다고 신청했을 뿐이었다. 1888년, 플랑크는 열역학 제2법칙과 에너지의 비가역성(irreversibility) 개념을 구축한 후 베를린 대학의 교수로 임명됐다. 동시에 그는 자신을 위해 새로 설립된 이론물리학 연구소의 소장 자리에 앉았다.

19세기 말, 물리학은 전에 없던 업적들을 이루어 내면서 영광의 기쁨을 누리고 있었다. 뉴턴의 중력법칙과 역학이론은 공중으로 튀어 오른 공의 움직임에서부터 행성의 궤도까지, 또 지구는 물론 우주현상에도 성공적으로 적용되었다. 열역학이라고 불리는 열에 관한 이론은 열역학 제2법칙으로 절정에 이르렀다. 열역학 제2법칙은 닫힌 계에서 분자나 원자들이 비가역적인 방향으로 반응하는 법칙을 말한다. 이는 영구기관이 존재할 수 없음을 보여준다. 모든 전기와 자기 현상은 스코틀랜드 출신의 물리학자 제임스 클럭 맥스웰(James Clerk Maxwell, 1831~1879)의 이름을 딴 맥스웰 방정식으로 통합되었다. 맥스웰의 전자기법칙은 가장 보편적인 자연현상인 빛이 1초에 약 30만 킬로미터의 속도로 이동하며 전자기에너지가 진동하고 있는 파동이라는 것을 증명했다. 통계물리학과 운동역학이라는 새로운 물리학 분야는 기체와 유체의 움직임을 비약적인 가설로 설명할 수 있음을 보여주었다. 눈에 보이지 않는 수많은 원자와 분자는 서로 충돌하는 상태라는 것이다. 이렇게 플랑크가 자신의 방정식을 세운 그 시점, 새로운 세기가 열린 그 시점에 물리학은 종전에 없던 풍요로운 발전을 이루고 있었다.

그런데 이 영광의 왕국에 균열이 생기기 시작했다. 작가 애덤스가 표현한 철학적 절망은 아니었다. 물리학 자체에서 벌어진 일이었다. 톰슨이 발견한 전자는 새로운 설명이 필요한 새로운 종류의 물질임이 분명했으며 원자의 내부 구조에 대한 의혹을 불러일으켰다. 또 퀴리 부부가 발견한 '방사성 원소'의 붕괴는 상당한 양의 에너지를 방출한다는 것을 발견했다. 이 에너지는 과연 무엇이며 어디에서 오는 걸까? 원자가 방출하는 원자 스펙트럼이라 불리는 또 다른 전자기파 복사 역시 놀랍게도 일정한 패턴을 가지고 있었다. 하지만 이를 설명할 이론이 없었다. 화학원소에서 나타나는 이런 패턴 역시 과학자들을 혼란스럽게 하기는 마찬가지였다. 당시 과학자들은 원자의 구조가 이런 현상들을 만들어 냈을 것이라고 막연하게 추측했다.

여기에다 물리학자들은 흑체복사(black-body radiation)라는 특별한 빛을 발견했다. 흑체복사는 일정한 온도로 유지되는 뜨겁고 검은 상자(흑체)로부터 나오는 빛이다. (주방의 오븐을 일정한 온도로 맞춘 다음 오븐 문을 열지 않고 가만히 놔둔다. 그러면 오븐 안에서 흑체복사가 형성된다. 하지만 오븐이 낼 수 있는 온도가 너무 낮아 오븐에서 나오는 흑체복사는 우리 눈에 보이지 않는다.) 뜨거운 물체가 빛, 즉 전자기복사를 방출한다는 것은 이미 과학자들이 잘 알고 있던 사실이다. 이때의 빛은 뜨거운 물체가 무엇이냐에 따라 다르다. 그러나 빛을 내는 물체를 상자 안에 집어넣고 일정한 온도로 유지하면 상황이 달라진다. 물체의 종류에 관계없이 특정한 빛이 나오는 것이다. 이를 흑체복사라고 한다.

물리학자들이 흑체복사를 기이하게 여긴 이유는 빛의 세기와 색깔이 빛을 발산하는 물체의 크기나 모양, 종류에 전혀 영향을 받지 않았기 때문이다. 마치 전 세계의 사람들이 어떤 질문에든 똑같이 대답하는 것과 같은 이치다. 숯으로 만들었든 주석으로 만들었든 혹은 담배 모양이든 공 모양이든 상관없이 같은 온도로 달구어졌다면 흑체는 동일한 빛을 방출했다. 흑체복사의 이 미스터리는 당시에는 어떤 물리학으로도 설명되지 않았다. 더 심각한 문제는 빛과 열에 관한 표준 이론이 일정한 온도로 유지되는 검은 상자가 무한대의 가시광선을 방출한다는 엉뚱한 결과를 제시했다는 것이다. 1900년 12월 14일, 막스 플랑크는 강연에서 흑체복사의 수수께끼를 풀어냈다.

당시 과학자들은 이 문제에 대해 이미 상당히 많은 파악을 한 상태였다. 과학자들은 색 필터와 여러 실험 기기를 통해 진동수에 따라 흑체복사의 에너지가 어느 정도 되는지를 측정해 놓았다. 색 필터는 여러 진동수로 이루어진 빛에서 특정 진동수의 빛을 걸러낸다. (빛의 진동수는 1초 동안 진동하는 횟수다. 특정 진동수의 빛은 특정 색깔의 빛과 같다. 마치 특정 진동수의 소리가 특정 음을 나타내듯이 말이다.) 특정 진동수를 가진 빛의 에너지 양은 광도계로 측정할 수 있다. 광도계는 측정하고자 하는 빛을 유리판 같은 표면에 비추면 기준이 되는 빛과 얼마나 세기가 다른지를 비교하여 빛의 세기를 측정한다. 측정하고자 하는 빛과 기준이 되는 빛 간의 세기를 비교하는 일은 빛이 특정 액체를 얼마나 잘 통과하느냐를 통해 알 수 있었다. 빛의 세기가 클수록 액체를 더 잘 통과한다. (20세기에 들어서고 수십 년이 지난 뒤에는 광전효과를 이용해 정확하게 빛의 세기를 측정할 수 있게 되었다.)

진동수에 따라 광원(光源)으로부터 나오는 빛의 에너지가 얼마나 되는지를 나타낸 것이 빛의 스펙트럼이다. 빛이 흑체복사일 경우 이때의 스펙트럼을 흑체 스펙트럼(black-body spectrum)이라고 한다. 그림 1.1 은 두 개의 흑체 스펙트럼을 나타낸 것으로, 하나는 50K이고 다른 하

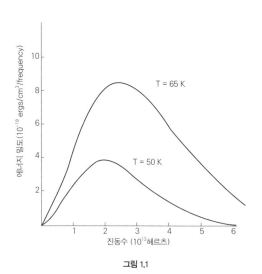

그림 1.1

나는 65K이다. 여기에서 K는 온도의 기본단위인 절대온도*를 의미한다. 0K는 이론적으로 가장 낮은 온도다.

스펙트럼을 성인의 키를 나타낸 친숙한 그래프로 예를 들어 보자. 일정 범위의 키에 포함된 성인이 얼마나 되는지를 나타낸 그래프 말이다. 이런 스펙트럼은 대개 가운데가 볼록하게 올라간 종 모양이다. 키가 아주 작거나 아주 큰 사람이 많지 않기 때문이다. 이는 유전적인 요인이나 섭취한 음식을 비롯하여 다양한 변수가 있기 때문에 나라마다 조금씩 다를 것이다. 때문에 베를린 대학에서 플랑크의 선임 교수였던 구스타프 키르히호프(Gustav Kirchhoff, 1824~1887)**를 비롯한 과학자들은 흑체복사 스펙트럼이 물체가 가진 고유의 특성과 관련이 없다는 것을 발견하고 매우 기이하게 여겼다. *흑체복사는 오직 한 가지 변수, 즉 온도에 따라서 결정된다.*

플랑크는 흑체복사 스펙트럼만의 고유성과 보편성에 상당한 흥미를 느꼈다. 흑체복사 스펙트럼이 가진 보편성이 아직 발견되지 않은 새로운 자연의 기본법칙은 아닐까 하고 생각했기 때문이다. 12월의 강연이 있기 전, 이 독일의 물리학자는 흑체복사 스펙트럼의 공식을 유도하는 데 빠져 있었다. 플랑크의 공식은 흑체복사를 이루는 각각의 파장대와 그에 따른 에너지를 나타낸 수학적 표현이었다. 이는 실험 결과와도 일치했다. 대부분의 물리학자들은 미적 기준을 중요시한다. 플랑크 역시 마찬가지였다. 그는 자신이 세운 공식이 가진 단순함을 즐겼다. 자신의 논문 첫 번째 문단에 '단순한'을 뜻하는 단어(독일어로 einfach)를 두 번

---

* 물질의 특성에 의존하지 않는 절대적인 온도로, 열역학 제2법칙에 따라 정해진 온도다. 과학적으로 온도는 보통 절대온도를 사용한다. 기체의 부피가 0이 되는 온도가 절대온도 0K이다. 이를 섭씨온도로 나타내면 −273.15℃이다.
** 전자기학 분야에서 키르히호프의 법칙을 확립한 것으로 유명한 독일의 물리학자.

이나 사용했을 정도였다.

그러나 이 수학적 공식 자체는 양을 나타낸 결과를 간단하게 정리한 것에 불과했다. 이는 마치 하루하루의 낮 시간이 얼마나 되는지를 1년 간 기록한 태양력과 같다. 이런 달력은 계획을 짤 때는 유용하지만 왜 하루의 낮 시간이 저마다 다른지 그 이유를 말해주지는 않는다. 그 이유를 알려면 우선 우리는 낮과 밤이 왜 생기는지를 알아야 한다. 지구가 어느 정도의 속도로 자전을 하는지, 지구가 얼마나 빨리 태양 주위를 도는지, 그리고 지구의 자전축이 얼마나 기울어졌는지를 알아야 한다. 이 모든 것을 알면 우리는 그 이유를 비로소 알 수 있다. 그제야 우리는 어떤 행성이든 태양력을 만들어 볼 수 있는 것이다.

플랑크는 흑체복사에 대해 올바른 공식을 유도한 것에 만족할 수가 없었다. 그는 좀 더 심오한 질문을 품고 있었다. 왜 그럴까? 어떤 신성한 원리가 이런 공식을 낳게 했을까? 어떤 논리적인 필연성이 있는 것일까? 왜 이처럼 단순한 공식으로 표현이 되는 것일까? 실험을 반복해도 왜 같은 공식이 확인되는 것일까?

플랑크는 자신의 공식을 보며 "왜?"라는 질문을 계속 했고 답을 얻기 위해 수 세기 동안 이어진 물리적 사고를 거부해야만 했다. 바로 에너지를 잘게 나누어 무한대로 쪼갤 수 있다는 그 사고 말이다. 놀랍게도 세계는 이와 달랐다. 플랑크는 흑체복사에 대한 자신의 공식이 에너지의 가장 작은 조각, 바로 '양자'라고 불리는, 더 이상 쪼개질 수 없는 양이 존재한다는 급진적인 사고의 전환을 통해서만 설명이 된다는 점을 알아냈다. 에너지는 물질처럼 알갱이와 같은 형태로 나타났다. 양자는 해변의 모래 알갱이처럼 소립자 세계에서 가장 작은 단위였다. 양자는 더 이상 쪼개지지 않았다.

플랑크는 이론 물리학자다. 이는 곧 종이와 연필로 연구하고 머릿속으로 실험을 하는 과학자란 이야기다. 결론에 도달한 이 독일의 이론 물리학자는 까만 상자 안에 갇혀 있는 수많은 원자들이 빛을 방출했다 흡수하는 모습을 상상했다. 이 상황에서 원자들은 주변의 빛에 영향을 받고, 주변의 빛은 원자들의 영향을 받는다. 플랑크는 원자들이 양자들의 덩어리로만 에너지를 흡수하거나 방출한다면 그 결과로 나오는 빛은 필연적으로 흑체복사가 된다는 것을 여기서 발견했다.

이후의 남은 인생 동안 플랑크는 자신이 세운 양자이론의 성공을 경이로워했다. 다른 이론 물리학자들처럼 그 역시 자연법칙의 절대적인 가치에 대해 종교에 가까운 신념을 갖고 있었다. 1899년에 그는 이런 글을 남겼다. 자연법칙은 "지구 밖에 사는 인간이 아닌 존재를 포함해 모든 시대, 모든 문화에도 그 의미가 계속 유지된다."[1] 플랑크에게는 "절대적인 것을 찾는 일"이 "모든 과학적 행위에서 가장 숭고한 목표"였다.[2]

그러나 이 같은 숭고한 생각을 지니고 있었음에도 플랑크는 위대한 발견을 하리라는 대망을 품은 사람이 아니었다. 뮌헨 대학에서 자신의 지도교수였던 필립 폰 욜리(Philipp von Jolly, 1809~1884)에게 말한 것처럼, 그는 단지 이미 세워진 물리학의 기초를 잘 이해해 좀 더 심화시키고자 했을 뿐이다. (1879년 욜리는 20세의 플랑크에게 물리학을 계속하지 말라고 충고했다. 당시 학계는 모든 기본법칙이 발견되었다고 생각하는 분위기였다.) 플랑크에게 '이해'란 한 주제를 완전히 습득하기 전까지 천천히 주의 깊게 공부한다는 것을 의미했다. 이 같이 보수적이고 신중한 자세는 사제, 학자, 법학자의 후손—플랑크의 아버지인 빌헬름은 킬 대학과 뮌헨 대학의 법학교수였다—이라는 그의 배경에서 자연스럽게 발전한 것으로 보인다. 훗날에는 이런 태도가 독일 제국에 대한 충성 기반이 되었던 것 같다. 뿐만 아니라 그의 태도는 개인적인 관계에도 영향을 미쳤다. 그의 두 번째 부인인 마르가 폰 회슬린 플랑크(Marga von Hoesslin Planck)는 다른 물리학자에게 쓴 편지에서 남편이 가족 외에 사람에게는 매우 격식을 차리고 말이 없다면서 아마도 자신과 같은 계급의 사람들하고만 와인을 마시고 담배를 피우며 농담을 주고받을 것이라고 했다.[3]

플랑크가 침묵을 깨는 경우는 딱 두 가지였다. 바로 가족과 음악이었다. 젊은 시절 한 친구에게 보낸 편지에서 그는 "다른 모든 것은 제쳐두고 가족들과 살아간다는 건 정말 대단한 일이야."[4]라고 썼다. 많은 세월이 흐른 후, 그의 부인 마르가는 아인슈타인에게 자기 남편의 죽음을 알리는 편지에서 이렇게 썼다. "그는 오로지 가족에게만 자신의 인간적인 면을 보여주었어요."[5] 플랑크의 또 다른 출구는 음악이었다. 뮌헨 대학에 다니는 동안 그는 여러 음악 활동을 했다. 노래와 오페레타*를 작곡하기도 했고, 대학 성가대에서 제2지휘자로 활동하기도 했다. 교회에서 오르간을 연주하기도 하고 지휘를 하기도 했다. 그는 연구를 중단한 후 남은 생애 동안 소규모 음악 모임을 열어 자기 집에서 눈부신 피아노 연주를 선보이곤 했다. 플랑크의 조카사위 한스 하르트만(Hans Hartmann)에 따르면, 음악은 "그의 삶 속에서 그의 영혼에게 무한의 자유를 주는 유일한 영역"[6]이었다.

플랑크의 주장을 한 줄 한 줄 따라가면 이론 과학자가 어떤 생각을 하는지, 어떻게 모형(model)**과 상상력, 그리고 수학을 통한 논리적인 일

---

* 가벼운 희극에 노래와 춤을 곁들인 오락성이 짙은 음악극. 오페라의 대중판이라고도 불린다.
** 모형하면 흔히 장난감이나 비행기와 같은 물체를 복제해 놓은 게 떠오른다. 하지만 과학적 탐구에서 모형은 어떤 현상이나 효과를 설명하기 위해 과학이론에 도입하는 것이다. 새롭고 친숙하지 않으며 이해가 어려운 현상이나 효과에 관한 이론을 이미 알고 있는 친숙한 모형을 도입해 설명할 수 있다. 빛에 대한 파동모형과 입자모형이 그 예다.

관성을 이용하는지를 파악할 수 있다. 양자에 관한 플랑크의 논문은 이 책에 등장하는 논문들 가운데 가장 개념이 복잡하고 추상적인 논문 중 하나다. 이를 읽는 데는 상당한 인내심과 긍정적인 유머가 필요하다. 플랑크는 자신의 기념비적인 논문을 까만 상자의 안쪽 벽면이 원자로 이루어져 있다고 간주하며 시작했다. 그는 이 원자들이 전자기파 복사를 방출하고 흡수하면서 흑체복사를 만들어 낸다고 했다. 플랑크는 각각의 원자를 '단색 진동 공명자(monochromatic vibrating resonator)'로 이상화했다. 즉, 순수한 빨간색 또는 순수한 초록색과 같은 단일 파장의 빛만을 방출한다는 소리다. 플랑크의 단색 진동 공명자의 구체적인 예로는 튀어 올랐다가 내려오며 진동하는 전자가 있다. 전자는 진동할 때 초당 일정한 횟수로 특정한 진동수의 빛을 방출한다. 진동수가 다르면 튀어 오르는 횟수도 달라진다. 그러므로 흑체복사는 서로 다른 진동수를 가진 수많은 전자들이 오르락내리락하면서 만들어진다고 상상할 수 있다. 이런 생각은 맥스웰의 전자기 방정식과도 일치한다.

상자의 안쪽 벽을 단일 진동수로 진동하는 작은 물체들의 집합으로 나타내야 했을 때 플랑크는 이론물리학에서 보편적으로 쓰는 전략을 도입했다. 쉽게 분석할 수 있는 간단한 모형으로 연구 중인 계를 나타내는 것이다. 5년 후, 아인슈타인은 시간을 연구할 때 이와 동일한 전략을 사용했다. 가상의 시계를 가지고 두 개의 거울 사이를 왔다 갔다 하는 빛의 시간을 잰 것이다. 실제로 플랑크는 자신의 논문에서 상자 안쪽의 내벽을 원자라고 언급하진 않았다. 그는 단지 단일 진동수로 빛을 방출하고 흡수하는 시스템을 '공명자'라는 요약된 단어로 표현했을 뿐이다.

플랑크의 머릿속 이미지는 다음과 같다. 속이 빈 까만 상자가 있다. 이 상자가 특정 온도에 이를 때까지 열을 가한다. 처음에는 상자 안에 아무런 빛도 없다. 하지만 나중에는 뜨거워진, 진동하는 공명자들이 서로 다른 진동수의 빛을 방출하기 시작한다. 그러다 상자는 점점 빛으로 가득 찬다. 시간이 흐르면서 빛의 일부가 상자 안의 벽을 치게 된다. 그러면 빛은 벽에 있는 공명자들에 흡수된다. *따라서 공명자들은 빛을 방출하기만 하는 게 아니라 흡수하기도 한다.* 시간이 흐르면 상황은 변한다. 각 공명자의 에너지 양이 변하면 상자 안 빛의 각 진동수 영역이 갖는 에너지의 양도 변한다.

어쨌거나 상자가 일정한 온도로 유지된다면 결국에는 안정된 평형상태에 도달하게 된다. 공명자들이 방출하는 빛과 흡수하는 빛이 균형을 이룬다는 이야기다. 그러면서 각 공명자는 평균적으로 일정한 고유 에너지의 양에 이르게 된다. 상자 안 빛의 스펙트럼은 플랑크가 '정상 스펙트럼(normal spectrum)'이라고 표현한 흑체복사 스펙트럼이 된다. 이때부터는 더 이상 변화가 일어나지 않는다. 바로 열역학 평형이라고 불리는 상태에 도달한 것이다. 그리고 복사에너지를 얻기 위해 상자에 조그만 구멍을 내면 키르히호프가 발견한 보편성을 갖는 *흑체복사**가 나타나게 된다.

플랑크가 에너지를 연속적으로 주고받는 다이내믹한 모습으로 이미 지화한 건 의미가 크다. 평형에 도달한 후에도 상자 안의 공명자들은 계속해서 빛을 흡수하고 방출한다. 따라서 상자 안에 있는 빛으로 에너지는 끊임없이 교환이 이루어진다. 주변의 빛이 끊임없이 공명자에 의해 생겨났다 사라졌다 하는 것이다.

플랑크의 우상 중 한 명인 오스트리아의 천재 물리학자 루트비히 볼츠만(Ludwig Boltzmann, 1844~1906)은 역동적인 계를 확률로 나타내는

---

* 1850년대 말에서 1860년대 초 키르히호프가 발견한 '키르히호프의 복사 법칙'. 이는 흑체복사 강도의 분포는 벽의 물질이나 빈 구멍의 모양, 크기와 상관이 없고 오직 온도와 빛의 파장에만 관계된다는 것.

통계역학을 발전시켰다. 각 진동수에 대한 에너지의 양은 진동수를 갖는 공명자와 진동수의 빛이 나눠 가져야 한다. 그리고 이 에너지가 어떻게 나뉘는지는 확률을 통해 계산할 수 있다. 에너지를 나누는 경우의 수 가운데 어떤 경우는(예를 들어 공명자가 에너지의 3분의 1을 갖고 빛이 3분의 2를 가지는 경우) 다른 경우보다 확률이 더 높다. 계가 평형상태에 도달하기 전에는 에너지 분할의 여러 경우가 나타났다가 시간이 흐른 후에 가능성이 높은 쪽으로 발전한다. 그러다 결국에는 개연성이 가장 높은 특정한 에너지 분할의 상태에 이른다. 이런 상태는 최대 엔트로피(maximum entropy) 또는 최대 무질서도(maximum disorder)라고 한다. (물리적인 계에서 무질서의 정도를 나타내는 것을 엔트로피라고 한다.) 유명한 열역학 제2법칙은 계가 자연적으로 최대 확률 또는 최대 엔트로피의 상태에 이르게 되며 이런 과정이 거꾸로 일어나지 않는다고 풀이되기도 한다. 그러니까 어떤 계가 최대 확률을 갖는 에너지 분할 상태에 이르면 이 조건에서 벗어나려고 하지 않는다는 것이다.

이 같은 통계역학의 내용은 이미 1900년 전에 다 만들어졌다. 이제 우리는 플랑크의 계산을 살펴볼 차례다. 흑체복사는 열역학적 평형상태이므로, 이는 곧 상자 안쪽 벽의 공명자들과 빛이 에너지를 확률적으로 가장 높은 상태로 나눠 가졌음을 의미한다. 따라서 이 베를린 대학 교수는 확률이 가장 높은 에너지 분할의 경우를 찾아내야만 했다.

공명자들만 따져 보자. 여기에서 다시, 플랑크는 볼츠만에게서 몇 가지 아이디어를 빌려왔다. 그것은 공명자들이 어떤 특정 에너지를 가질 확률은 그 에너지를 나타내는 데 얼마나 많은 방법이 존재하는지에 비례한다는 것이다. 주사위 두 개로 설명하면 편리하다. 주사위 두 개를 던져 나온 숫자의 합이 4일 확률은 3일 확률보다 더 높다. 왜냐하면 4는 3과 1, 2와 2, 그리고 1과 3, 이렇게 세 가지 경우가 있지만, 3은 1과

2, 또는 2와 1, 이 두 가지 경우뿐이기 때문이다. 합이 5일 확률은 네 가지 경우(1과 4, 2와 3, 3과 2, 4와 1)가 있어 좀 더 높다. 이 계산법은 라스베이거스에서 카지노 운영자들이 승률을 계산하는 방법이다.

따라서 플랑크는 특정한 에너지 양과 주어진 공명자들 사이에 얼마나 많은 방법이 존재하는지를 세기만 하면 문제를 해결할 수 있었다. 이는 해변에서 3킬로그램의 모래를 네 개의 양동이에 얼마나 다른 방법으로 나눠 담을 수 있는지 그 가짓수를 따지는 것과 비슷하다. 플랑크가 이미 지적했듯이 에너지를 무한히 쪼갤 수 있다면 공명자가 가질 수 있는 에너지도 무한대가 되고 만다. 그럴 경우, 계산은 무한대의 수렁에 빠지고 만다.

플랑크가 '계산에서 가장 중요한 점'이라고 부른 파격적인 아이디어는 에너지가 무한대로 나뉘지 않는다는 것. 더 이상 쪼갤 수 없는 특정한 양—훗날 양자로 불리는—이 있다는 것이다. 이것은 3킬로그램의 모래 덩어리가 하나하나의 모래 알갱이들로 이루어진 것과 같다. 3킬로그램에는 상당한 개수의 모래 알갱이들이 존재하지만 그 숫자가 무한하다고 볼 수는 없다. 따라서 네 개의 양동이에 나눠 담을 수 있는 가짓수 역시 유한하다. 유능한 이론가인 플랑크는 펜과 종이만으로 이에 대한 계산을 해낼 수 있었다.

그는 특정 진동수의 에너지를 이루는 알갱이들의 값을 $h \times v$라고 했다. 이때 v는 진동수이고 h는 상수다. (간단하게 나타내기 위해 앞으로는 $h \times v$를 hv라고 하겠다.) 설명을 위해 v를 2라고 하고 h를 3이라고 해 보자. 그러면 에너지를 이루는 알갱이인 양자는 $3 \times 2 = 6$이므로 6이 된다. 만약 총 에너지가 24라면 이 경우 각각의 에너지 값이 6인 양자가 네 개 있을 수 있다.

플랑크 이전의 사람들은 에너지가 무한대로 쪼개질 수 있다고 생각했다. 플랑크의 기이한 양자이론을 이해하기 위해 놀이터에 있는 그네를 떠올려 보자. 그네를 특정 높이까지 밀었을 때 우리는 그네에게 중력의 위치에너지를 준 것이다. 높이가 높을수록 에너지는 커진다. 그네를 놓으면 그네가 특정 진동수 v로 왔다 갔다 한다. 이때 진동수는 그네를 매단 줄의 길이에 따라 정해진다. 직관적으로 우리는 그네를 어느 높이까지든 밀 수 있다고 본다. 즉 그네에 어떤 에너지든 줄 수 있다는 이야기다. 그러나 플랑크의 양자이론에 따르면 그네에 줄 수 있는 에너지는 값이 hv인 정해진 에너지의 알갱이, 즉 양자에 의해 정해진다. 따라서 그네는 hv, $2hv$, $3hv$, $4hv$와 같은 특정 에너지만 가질 수 있다. 그네는 $2.8hv$ 또는 $16.2hv$와 같은 값은 가질 수 없다. hv는 에너지 계단 하나의 높이인 셈이다. 우리는 그네를 아무 높이나 밀어 올릴 수 없다. 하지만 일상에서는 hv에 비해 에너지가 워낙 커서 에너지 계단의 높이 차를 전혀 느낄 수 없다. 그러니 양자로 이루어진 에너지의 본질은 일상생활에서 관측이 안 되는 것이다. 보통 그네의 경우, 에너지 계단의 높이는 1센티미터를 1조로 나누고 다시 한 번 1조로 나눈 다음 다시 10억으로 나누어야 하는 아주 작은 값이다.

그렇다면 알려지지 않은 상수 h는 과연 얼마일까? 플랑크는 흑체복사의 실험적 관측 치와 자신의 최종 방정식을 비교함으로써 훗날 h의 값을 얻어냈다. $h = 6.63 \times 10^{-34} Js$(줄초)*로, 오늘날 이를 플랑크상수라고 부른다. 플랑크상수는 1초에 한 번 튀어 오르는 기본 진동 공명자가 있고 이 공명자는 $6.63 \times 10^{-34} J$(줄)만큼의 에너지씩 바뀔 수 있다는 의미다. 이렇게 값이 작다 보니 놀이터 그네의 사례처럼 일상생활에서는 양자 효과를 직접 확인할 수 없다. 플랑크상수는 자연의 새로운 기본

---

*Js는 에너지 단위인 J와 초의 단위 s로 이루어졌다.

상수가 되었다. 마치 빛의 속도처럼 모든 시대 모든 장소를 불문하고 통하는 불멸의 진실인 셈이다.

에너지의 양자이론에 잘 알려진 수학의 조합론을 이용해 플랑크는 이제 N개의 공명자와 P개의 양자에 대한 경우의 수를 계산할 수 있었다. N과 P가 들어가는 방정식으로 말이다. 그는 P개의 양자들이 N개의 공명자들에 얼마나 다양한 방식으로 분포할 수 있는지를 계산했다. 이전에 열역학과 통계역학을 통해 그 값은 이미 밝혀진 상태였다.

최종적으로 플랑크는 특정 진동수 영역에서 흑체복사의 에너지 밀도, 즉 흑체복사 스펙트럼에 대한 공식을 얻어냈다. 이 공식은 플랑크가 추측했던 바와 일치했다. 그러나 이제 플랑크는 왜 그 공식이 도출되는지 그 이유를 알았다. 에너지가 $h\nu$로만 존재하기 때문이었다.

플랑크는 이 연구를 통해 두 가지 업적을 세웠다. 하나는 개념적인 측면이고 다른 하나는 정량적인 측면이다. 개념적인 측면에서, 그는 에너지가 연속적이고 무한히 쪼개지는 것이 아니라 더 이상 나뉘지 않는 단위로 존재한다는 것을 제시했다. 이는 2,300년 전 데모크리토스(Democritus, BC 460경~370경)의 원자론 못지않게 혁신적인 일이었다. 플랑크는 자신의 새로운 업적이 매우 중요한 의미를 가진다는 것을 분명히 인지하고 있었다. 그는 논문의 시작 부분에서 이렇게 말했다. "나는 물리학은 물론, 화학에도 상당히 의미 있는 관계를 얻어냈다." 그러나 그는 자신의 양자론이 실재에 대한 혁신적인 개념을 탄생시키고 양자역학이라는 새로운 물리학을 잉태할 것이라고는 미처 생각하지 못했다. 양자역학이 보여주는 새로운 세계 중 하나를 예로 들어 보자. 양자의 세계에서는 모든 물질의 물체는 한 순간에 여러 곳에 존재하는 것처럼 행동한다. 그래서 물리의 세계는 더 이상 완전히 예측되는 법칙을 따르는 게 아니라 어느 정도 불확실성을 갖는다. 이 내용들은 아인슈타인과 하이젠베르크의 업적을 다룬 장에서 더 자세히 설명할 것이다.

플랑크의 두 번째 업적은 정량적인 측면으로, h=6.63×10⁻³⁴Js라는 양자의 기본 값을 발견한 것이다. 플랑크상수 h는 단순한 수가 아니다. 에너지와 시간의 단위이다. 때문에 플랑크상수는 척도가 된다. 예를 들어 사람의 평균 키가 길이의 단위가 되어 의복이나 건물 등 모든 사물의 척도가 되는 경우와 같다. 플랑크상수는 양자 세계에서의 척도다. 훗날 닐스 보어와 베르너 하이젠베르크 등의 과학자들은 플랑크상수가 원자와 소립자의 세계는 물론 시간과 공간의 크기까지도 결정한다는 것을 밝혔다. 원자의 크기, 하이젠베르크의 불확정성 원리, 트랜지스터와 컴퓨터가 가장 작아질 수 있는 크기, 우주가 탄생할 때 물질 밀도의 이론 치, 가장 작은 시차 모두가 h에 의해 결정된다. 1948년에 아인슈타인은 플랑크를 칭송하며 다음과 같이 말했다. "그는 물질의 원자구조에 덧붙여 에너지의 원자구조라는 게 있음을 보여주었다. [...] 이 발견은 20세기 물리학 연구의 기초가 되었다."[7]

절도 있고 말을 삼가는 성격의 플랑크가 물리학을 확 바꿔 놓은 혁신적인 이론을 발표했다는 사실은 상당히 아이러니하다. 플랑크의 업적이 혁신적인 발견임을 모두가 인정한 1910년에도 플랑크는 다음과 같은 글을 썼을 정도다. "양자를 물리학의 다른 부분에 적용하는 일에는 가능한 한 신중해야 한다. 절대적으로 필요한 경우에만 적용해야 한다."[8]

플랑크는 물리의 논리성과 법칙성에 절대적인 신뢰를 갖고 있었다. 동시에 그는 과학의 한계도 이해했다. 훗날 그는 인간의 상상력과 행동이 갖는 예측불가능한 면에 대해 철학적인 글을 썼다. 그의 삶은 비극적인 사건들로 가득했다. 그가 사랑한 첫 번째 부인은 1909년 사망했다. 또 아들 칼(Karl)은 1차 세계대전 중에 죽었고 그의 두 딸 마가렛

(Margarete)과 엠마(Emma) 둘 다 1919년에 각각 세상을 떠났다. 1919년은 만년 후보였던 그가 드디어 노벨상을 수상하게 된 해이기도 하다. 하지만 그 영광을 온전히 누릴 수 없을 정도로 상황은 암울했다. 그는 2차 세계대전 중에 나치의 정책을 강력하게 비판했지만 의무감 때문에 독일에 남기로 결정했고 그 이후로도 불운이 끊이지 않았다. 1944년에 그의 남은 아들은 히틀러 암살 기도와 관련되어 처형당했다. 그리고 같은 해의 어느 날 베를린에 떨어진 연합군의 폭탄으로 인해 플랑크가 남긴 원고와 책들 대부분이 불에 타 사라졌다.

정상 스펙트럼의
에너지 분포법칙에 대한 이론

막스 플랑크

여러분: 몇 주일 전, 나는 정상 스펙트럼의 모든 범위에 대한 복사에너지 분포 법칙의 새로운 관계식[1]을 여러분 앞에서 발표하는 영예를 얻었습니다. 나는 그때 이 방정식의 효용성을 단지 몇 개의 숫자들이 실험 치[2]와 일치한다는 근거에 두는 것은 잘못이라고 말했습니다. 이것은 식의 단순한 구조와, 전자파를 조사한 단색 진동 공명자(resonator)의 엔트로피가 에너지의 로그 함수로 주어진다는 사실에 근거한 것입니다. 이 방정식은 어떤 경우에도 (실험적으로 검증되지 않았으므로 빈의 법칙은 예외지만) 다른 방정식보다 훨씬 더 훌륭한 해석의 가능성을 제공합니다.

엔트로피는 무질서를 의미하는 바, 한 번의 진동 시간보다는 크고 측정 시간보다는 짧은 시간의 간격을 고려하면 완전 정류 상태의 복사장 아래서도 공명자의 폭과 상의 불규칙적인 변동에서 무질서를 볼 수 있다고 생각했습니다. 따라서 정류 진동 공명자의 일정한 에너지는 동일한 복사장 안에 있는 많은 개수의 진동 공명자의 시간에 대한 평균으로 볼 수 있으며, 또는 동일한 복사장 안에 있으면서도 충분히 분리되어 영향을 미치지 않는 매우 많은 공명자의 순간적인 평균이라 볼 수 있습니다. 공명자의 엔트로피는 어느 순간에 높은 에너지의 공명자들 사이에 분포되는 방식에 의해 결정됩니다. 나는 복사의 전자기 이론에 확률을 고려하면 이 양을 얻을 수 있다고 생각했습니다. 확률 이론은 원래 볼츠만[3]에 의해 열역학 제2법칙에 적용되었습니다. 결론적으로 내 생각은 옳았으며 단색 진동 공명자의 엔트로피와 정류 복사 상태, 즉 정상 스펙트럼의 에너지 분포를 귀납적으로 유도할 수 있었습니다. 이를 위하여 나는 '자연적 복사'의 가설을 좀 더 확장하여 전자기 복사 이론에 도입했습니다. 이외에도 나는 다른 분야인 물리와 화학에서 중요한 관계를 얻을 수 있었습니다.

나는 전자기복사, 열역학과 확률 미적분에 근거한 이 추론을 체계적으로 세밀하게 논의할 생각은 없습니다. 단지 이론의 핵심을 명확하게 설명하고자 할 뿐입니다. 스펙트럼 이론이나 다른 이론을 굳이 알지 못해도 주어진 에너지를 정상 스펙트럼의 다양한 색에 어떻게 분배할지를 결정할 수 있는 기본적인 논의를 제시할 것입니다. 오직 한 개의 보편상수만을 사용할 것이며, 그 후에는 또 다른 보편상수를 사용하여 에너지 복사의 온도를 결정할 것입니다. 이 논의의 많은 부분이 임의적이고 복잡하게 보이겠지만, 나는 쉽고 실제적으로 전개할 필요성이라든가 가능성보다는 해를 얻는 과정의 명확성과 유일성에 주목할 것입니다.

수많은 개수의 선형, 단색의 진동하는 공명자(resonator)—진동수 v에는 N개, v'에는 N'개, v''에는 N''개 등등—들이 적당히 분리되어 있고, 속도 c의 열전달 매체 벽에 둘러싸여 있다고 할 때, 총 에너지 E_t(erg)의 일부는 이동복사로 매체에, 일부는 진동에너지로 공명자에 있다고 할 때의 문제는 이것입니다. 정류상태에서 이 에너지가 공명자의 진동과 매질에 존재하는 다양한 색깔의 복사에 어떻게 분포할지 그리고 계의 온도는 얼마일지 말입니다.

이 질문에 답하기 위해서는 우선 진동수 v의 N개 공명자에 E, v'의 N'개 공명자에 E', v''의 N''개 공명자에 E''개 등으로 에너지를 분배하여야 하며 그 합

$$E + E' + E'' + \ldots = E_0$$

는 총에너지 E_t보다 작아야 합니다. 나머지 E_{tv}-E_0는 물론 매질에 존재하는 복사에너지입니다. 이제 각 그룹의 공명자들에 에너지를 분배해야 합니다. 우선 진동수 ν의 N개 공명자에 E의 에너지를 배분해야 합니다. 만약 E가 연속적으로 무한히 나눌 수 있는 양이라면 이 분배는 무한히 많은 수의 방식으로 행할 수 있습니다. 그러나—이것이 이 이론에서 가장 중요한 점—E가 똑같은 작은 부분들로 구성되어 있다고 간주하고, 이를 위해 자연의 상수 h=6.55×10^{-27}erg sec를 사용합니다. 이 상수에 진동수 ν를 곱하면 에너지 요소 ε를 erg의 단위로 얻는데, E를 ε로 나누면 N개 공명자들 사이에 나눠야 할 에너지 요소 ε의 개수 P를 얻습니다. 계산된 P가 정수가 아닐 시에는 가장 가까운 정수를 취합니다.

P개의 에너지 요소를 N개의 공명자들 사이에 분배하는 것은 유한한 정수의 가짓수로만 가능합니다. 볼츠만의 표현을 따라서, 그 분포를 '복합계'라고 부릅니다. 공명자들을 숫자 1, 2, 3, … N으로 표시하고, 이것을 나란히 배열하여 각 공명자에 소속된 에너지 요소들의 개수를 기록하면, 각 복합계에 대하여 다음과 같은 형태를 얻습니다.

1	2	3	4	5	6	7	8	9	10
7	38	11	0	9	2	20	4	4	5

여기에서 우리는 N=10, P=100을 가정합니다. 모든 가능한 복합계의 개수는 주어진 N과 P에 대하여 이런 식으로 얻을 수 있는 배열의 개수와 같습니다.

오해가 없게 하기 위하여, 두 복합계의 숫자 패턴이 같지만 그 순서가 다른 경우에 두 복합계는 다르다고 봅니다. 순열 이론을 적용하면 모든 가능한 복합계의 개수는

$$\frac{N(N+1).(N+2)\ldots(N+P-1)}{1 \cdot 2 \cdot 3 \cdots P} = \frac{(N+P-1)!}{(N-1)!P!}$$

이고, (스털링의) 근사를 적용하면

$$\frac{(N+P)^{N+P}}{N^N \cdot P^P}$$

입니다.

같은 계산을 다른 그룹의 공명자들에 적용하여 주어진 에너지를 배분하는 방식의 개수를 구합니다. 모든 개수를 곱하면 모든 공명자들에 임의로 에너지를 부여하는 방식의 총 가짓수 R을 얻게 됩니다.

마찬가지로, 임의로 주어진 에너지 분포 $E, E', E'', \ldots$에 대응하는 가짓수 R을 구합니다. 일정한 에너지 $E_0 = E + E' + E'' + \ldots$에 가능한 모든 에너지 분배 방식 중에 그 가짓수가 다른 어떤 것보다 더 큰 것(R_0)이 존재하는 바, 이것이 정류 상태의 복사장에서 실제로 공명자들이 취하는 분배방식일 것입니다. $E, E', E'', \ldots$ 의 양들은 단 하나의 에너지 E_0로 나타낼 수 있는 바 E'를 N으로, E''를 N'로 ... 나누면 각 그룹의 공명자의 에너지 $U_v, U'_{v'}, U''_{v''}, \ldots$의 정류 값과, 열전달 매질에 존재하는 스펙트럼의 부분 $v + dv$에 해당하는 복사 에너지의 공간 밀도를 얻을 수 있습니다.

$$u_\nu d\nu = \frac{8\pi\nu^2}{c^3} \cdot U_\nu d\nu$$

이에 의하여 매질의 에너지도 또한 결정될 수 있습니다.

상수 h를 이용하여 정류 상태의 에너지 분포를 결정한 후에는, 또 하나의 보편상수인 $k = 1.346 \times 10^{-16} \mathrm{erg/deg}$를 이용하여 절대온도[4] θ를 알아낼 수 있습니다.

$$\frac{1}{\theta} = k\frac{d\ln R_0}{dE_0}.$$

$k \ln R_0$는 시스템의 엔트로피, 즉 모든 공명자 엔트로피의 총합입니다.

이러한 계산을 명시하는 것은 복잡하지만, 간단한 경우에 근사적으로 그 진위를 테스트하는 것은 대단히 흥미로울 것입니다. 더 일반적인 계산도 간단히 이루어질 수 있습니다. 이와 같은 방법으로 복사에너지를 포함하는 매질의 정상 에너지 분포를 직접 구할 수 있습니다.

$$u_\nu \, d\nu = \frac{8\pi h\nu^3}{c^3}\frac{d\nu}{e^{h\nu/k\theta}-1},$$

이는 내가 이미 제시한 표현

$$E_\lambda \, d\lambda = \frac{c_1\lambda^5}{e^{c_2/\lambda\theta}-1}\,d\lambda$$

와 정확히 동등합니다.

두 표현의 차이는 u_ν과 E_λ의 정의인데, 첫 번째 표현은 속도 c의 임의의 매질에 적용되므로 다소 더 일반적이라고 할 수 있습니다. h와 k의 수치값은 칼바움(F. Kurlbaum) 및 루머(O. Lummer)와 프링스하임(E.

Pringsheim)[5]의 측정으로부터 계산할 수 있습니다.

이제 위에 기술된 추론이 필요하냐는 질문에 대해 짧게 언급하겠습니다. 주어진 공명자들의 집합에 선택된 에너지 요소 ε가 진동수 ν에 비례해야 한다는 사실은 극히 중요한 소위 빈의 이동 법칙으로부터 직접적으로 유도됩니다. u와 U 사이의 관계는 전자기 복사이론의 기본 법칙 중 하나입니다. 이것을 제외하면 전체의 추론은 주어진 에너지의 공명자 시스템 엔트로피가 주어진 에너지에서 가능한 모든 경우의 수 로그에 비례한다는 정리뿐입니다. 이 정리는 두 개의 다른 정리들로 나뉩니다. (1)주어진 상태의 계의 엔트로피는 그 상태의 확률의 로그에 비례합니다. (2)어떤 상태의 확률은 그에 해당하는 경우의 수에 비례합니다. 다른 말로 하면 주어진 경우는 다른 어떤 경우와 마찬가지의 확률을 가진다는 것입니다. 복사 현상에 관련되는 한 첫 번째 정리는 에너지 복사에 대하여 그 엔트로피를 결정하는 것 이외에는 없습니다. 그 상태의 확률을 정의하는 다른 선험적 수단이 없으면 그저 정의일 뿐입니다. 우리는 기체분자운동론에서 이에 해당하는 경우를 두드러지게 볼 수 있습니다. 두 번째 정리는 여기에 기술된 이론의 핵심으로 이에 대한 증명은 경험적으로 주어질 수밖에 없습니다. 그것은 또한 내가 이미 도입한 자연적 복사 가설의 좀 더 세부적인 정의로 이해될 수도 있습니다. 나는 이전에 이 가설을 복사에너지가 여러 부분적 진동들에 완전히 '무작위하게' 분포한다는 식으로 표현했습니다.[6]

Verhandlungen der Deutschen Physikalischen Gesellschaft(1900)

■ 참고문헌

1. M. Planck, *Verh. D. Phys. Ges.* 2, 202 (1900).

2. 그 사이에 H. Rubens와 F. Kurlbaum은 매우 긴 파장의 광을 확인했다(*S. B. Künigl. Preuss. Akad. Wiss.* of 25 Oct. p.929[1900]).

3. L. Boltzmann, 특히, *S. B. Kais. Ak. Wiss. Wien II*, 76, p. 373 (1877[=1878]).

4. 원본에는 "degrees centigrade"로 표기되었는데, 명백한 실수이다 [D. t. H.]

5. F. Kurlbaum (*Ann. Phys.* 65[=301], 759[1898])에 의하면 Watt cm^{-2}인데, O. Lummer and Pringsheim (*Verh. Deusch. Phys. Ges.* 2, 176[1900])에 의하면 $\lambda_m \theta = 2940\mu$도이다.

6. M. Planck, *Ann. Phys.* 1[=306], 73 (1900). W. 빈 씨는 이론 복사법칙에 대한 파리 보고서(Rapports II, p. 38, 1900)에서 비가역 복사현상에 대한 나의 이론이 만족스럽지 못하다고 말했다. 이것은 자연복사의 가정이 비가역성에 이르는 유일한 것임을 내 이론이 증명하지 못한 것으로 보았기 때문이었다. 내 생각에 빈 씨는 이 가정을 너무 심하게 요구한 듯하다. 만약 이것을 증명한다면, 더 이상 가정이 아닐 것이고 군이 공식화할 필요도 없을 것이다. 하지만 그렇다면 이 가정에서 새로운 무엇을 유도해 낼 수는 없을 것이다. 마찬가지로 원자 가설이 비가역성을 증명하는 유일한 것임을 아직 누구도 증명하지 못했기 때문에, 기체분자운동론이 만족스럽지 못하다고 할 수도 있을 것이다. 모든 귀납적으로 얻어진 이론들에 대해서도 마찬가지의 반대 의견이 제시될 것인 바, 이것은 다소 부당하다.

번역: 이성렬

호르몬

나도 모르게 내 몸을 조절하는
숨겨진 리모컨

윌리엄 베일리스와 어니스트 스탈링 (1902)

19세기 중반, 독일 생리학자 카를 루트비히(Carl Friedrich Wilhelm Ludwig, 1816~1895)는 키모그래프(kymograph)라는 장치를 발명했다. 키모그래프는 원통에 거무칙칙한 그래프 종이가 길게 감긴 형태의 기록 장치다. 원통이 천천히 돌아가면 심장이나 동맥, 또는 내장과 같은 생체의 주요 활동이 종이에 기록된다. 키모그래프는 눈에 보이지 않는 생체 활동을 직접 확인할 수 있는 영상으로 재현한다.

1902년 1월 16일, 런던 대학의 한 작은 실험실에서 두 명의 과학자는 키모그래프에 나타나는 이미지를 보고 깜짝 놀랐다. 그날 일찍부터 둘은 실험에 몰두하고 있었다. 그들은 먼저 6킬로그램 정도 되는 개에게 모르핀을 주사하고 개의 배를 갈라 캐뉼라(cannula, 체내에 꽂아 액체를 빼내거나 약을 넣는 데 쓰는 얇은 금속관)를 개의 췌장(또는 이자라고도 한다)에 삽입했다. 개의 생명을 유지하기 위해 개를 식염수에 담가 놓고 산소를 계속 펌프질해 주입하는 것도 잊지 않았다. 두 과학자는 개의 소장에 약한 염산 용액을 부었다. 그러고 나서 2분이 지나자 캐뉼라를 통해 20분에 한 방울씩 이자액이 흘러나왔다. 이자액은 정교한 바늘 끝 평평한 면으로 떨어지면서 키모그래프에 기록되었다.

이자액은 췌장에서 소장으로 흐르는 소화액이다. 이자액은 아직 완전히 소화가 안 된 걸쭉한 상태의 음식물이 위를 떠나 위장으로 들어오면 분비된다. 이 실험의 경우에는 염산이 이자액을 분비시킨 것이다.

지금까지 이 두 과학자, 그러니까 윌리엄 베일리스와 어니스트 스탈링이 한 것은 러시아의 위대한 생리학자 이반 페트로비치 파블로프 (Ivan Petrovich Pavlov, 1849~1936)가 수년 전에 했던 실험을 반복한 것에 불과했다. 파블로프를 비롯해 당시의 모든 생물학자들은 체내의 한 부분에서 다른 부분으로 신호를 전달하는 것은 오로지 고대 그리스 시대에 발견된 신경계를 통해서만 가능하다고 믿었다. 이런 믿음을 뒷받침할 만한 실험 증거도 있었다. 18세기 이탈리아의 천재 과학자 루이지 갈바니(Luigi Galvani, 1737~1798)는 전기 자극으로 신경을 건드리면 근육이 수축한다는 실험 결과를 제시했다. 또한 1850년에는 침샘의 분비를 자극하는 것도 신경이라는 것을 증명했다. 파블로프의 연구에 따르면 신경계는 장의 소화를 비롯하여 여러 기능에서 주요한 역할을 담당했다. 그래서 당시에는 신체가 자기 조절을 하고 조직과 근육을 움직이며 외부 세계의 변화에 반응할 때 체내에서 의사소통을 담당하는 유일한 수단이 신경계라고 여겼다. 베일리스와 스탈링은 파블로프의 실험을 재현하며 소장에서 췌장으로 이어지는 신경들 가운데 이자액을 분비하라는 메시지를 전달하는 특정 신경을 찾고 있었다.

두 과학자는 런던 대학에 있는 베일리스의 실험실에 있었다. 좁은 실험실 공간은 각종 잡동사니를 비롯해 다양한 실험 장비들로 가득했다. 한 친구는 이 방에 박제된 악어만 있으면 영락없이 연금술사의 방이 될 거라고 했을 정도다.[1] 당시 베일리스는 41세였고 스탈링은 35세였다. 생물학을 전공한 베일리스와 의학을 전공한 스탈링이 공동으로 연구를 시작한 건 스탈링이 런던에 있는 의대를 졸업한 1890년이었다. 3년 후 베일리스는 스탈링의 누이와 결혼했다.

두 남자는 서로가 부족한 부분을 완벽하게 보완했다. 베일리스는 부유한 가정에서 자란 제조업자의 아들이었고, 스탈링은 중산층에 속한 변호사의 아들이었다. 이 두 사람과 함께 연구했던 영국의 생리학자 찰스 로밧 에반스(Charles Lovatte Evans)의 말에 따르면 베일리스는 '점잖고 내향적이며 인내심이 강하고 지나치게 수줍음을 타는' 인물이었다. 그는 박식하고 신중하며 조심성이 많았다. 생체 해부 반대론자와 법정 싸움을 해야 할 때는 무척 당황하기도 했다. 반면 스탈링은 '활달하고 야심이 컸으며 다소 공상적인 데다 몹시 신경질적'이었다. 그는 허세가 있어 주목 끌기를 좋아했고 좋은 일에 힘쓰기를 즐겼다. 그러나 너무 직설적인 데다 성격도 급한 탓에 언변이 뛰어나지는 못했다. 베일리스는 세인트 커스버트라는 저택에서 살았다. 이 저택에는 1만6천 평방제곱미터나 되는 큰 정원이 딸려 있어 베일리스는 매주 토요일에 동료들을 초대해 차와 테니스 모임을 열었다. 매혹적인 바리톤의 목소리를 타고난 스탈링은 1차 세계대전이 발발하기 전에는 파티에서 독일 가곡을 즐겨 불렀다. 베일리스의 스타일이 느린 속도로 정교하게 연구하는 것이라면 스탈링은 도 아니면 모라는 식으로 돌진하는 사람이었다. 베일리스는 스탈링과의 공동 연구를 제외하곤 혼자서 연구하는 것을 좋아했다. 반면 스탈링은 항상 사람들과 함께하는 것을 좋아했고 세부적인 면은 동료에게 떠넘겼다. 베일리스가 지식적인 측면에서 강했다면 스탈링은 과감했고 직감이 뛰어났다. 둘은 서로를 존중했지만 많은 부분에서 충돌했다. 여성의 생리학회 가입 여부를 두고 베일리스는 찬성하고 스탈링은 반대한 적도 있었는데 스탈링의 이유는 개 냄새를 풍기는 남자들이 여성과 함께 식사를 하는 게 바람직하지 않다는 것이었다.[2]

파블로프의 결론을 확인한 두 과학자는 개의 공장(空腸), 즉 소장의 가운데 부분*을 분리시켰다. (인간의 소장은 대략 5.5~6미터 정도며 이 가운데 공장은 2.5미터 쯤 된다.) 두 과학자는 공장의 양쪽 끝을 묶은 다음 능숙하

---

*소장은 십이지장, 공장, 회장, 이렇게 세 부분으로 되어 있다.

게 신경 하나하나를 절개했다. 공장이 오직 동맥과 정맥을 통해서만 개와 연결되도록 한 것이다. 이전 실험에서 베일리스와 스탈링은 조직적으로 신경중추를 파괴한 후 소장의 윗부분에 산성 용액을 주입하자 이자액이 분비되는 것을 확인했다. 이제 모든 신경을 제거한 그들은 이자액의 분비가 중단될 것을 기대하고 기다렸다.

그러나 키모그래프는 전혀 다른 결과를 보여주었다. 신경이 절단된 공장 안에 산성을 주입한 후에도 이자액은 이전과 같은 비율로 흘러나왔다. 장은 분명히 췌장에 신호를 전달하고 있었다. 사돈지간인 두 과학자는 충격에 빠졌다. 그들은 정신을 차린 후 공장에서 점액을 떼어내 혈관에 직접 삽입했다. 그러자 다시 췌장이 이자액을 분비하기 시작했다. 그들은 소장 벽 점액에서 화학적 메신저를 발견했던 것이다. 이 화학물질은 이곳에서만 나타나며 이곳에서만 발휘되는 게 분명했다. 신체의 다른 부위에서는 같은 물질이 발견되지 않았고 다른 성분을 혈관에 주사했지만 췌장에 아무런 영향을 주지 않았다. 또한 이 화학 메신저는 일반적이기까지 했다. 다음의 실험에서 이 화학물질이 토끼, 원숭이, 인간의 이자액 분비까지 촉진한다는 사실이 밝혀졌다.

1902년 9월 12일에 발표된 그들의 기념비적인 논문의 서론 부분을 보면 이 두 과학자가 얼마나 흥분하고 있는지가 잘 나타나 있다. "곧이어 우리는 우리가 전혀 다른 현상을 다루고 있다는 것을 깨달았다. 췌장의 분비 작용은 신경을 통해서 일어나는 것이 아니었다. 바로 산성 상태에 있는 소장의 위쪽 점막에서 만들어진 화학물질에 의해 일어나는 것이었다. 우리는 이 화학물질이 혈관을 통해 소장에서 췌장의 분비 세포로 이동한다는 것을 발견했다." 이 실험에 참관했던 생리학자 찰스 마틴 경(Sir Chalres Martin)은 훗날 "위대한 오후였다."고 회상했다.

베일리스와 스탈링은 이렇게 최초의 호르몬을 발견했다. 그들은 소장의 윗부분, 즉 십이지장에서 나오는 이 호르몬에 세크레틴(secretin)이란 명칭을 붙여 주었다. (훗날 발견된 수백 개의 호르몬에는 췌장에서 분비되며 혈당을 조절하는 인슐린, 배란을 촉진하고 뇌하수체에서 분비되는 난포자극호르몬, 근육세포를 이루는 단백질 합성을 촉진하고 지방을 분해해 에너지를 생산하는 성장호르몬, 그리고 신장에서 소변의 배출을 제한하며 시상하부에서 분비되는 항이뇨호르몬 등이 있다.) 호르몬은 훗날 스탈링이 '자극하다' 또는 '동작을 개시하다'는 뜻의 그리스어 'hormon'에서 따 이름을 붙인 것이다.

베일리스와 스탈링은 2000년 전에 이미 발견된 신경을 추적하다가 신체 내에서 의사소통과 조절을 담당하는 두 번째 체계를 발견했다. 이 두 체계는 베일리스와 스탈링처럼 상호 보완적이다. 신경은 수천 분의 1초 만에 행동하고 반응한다. 그리고 하나의 신경에서 인접한 신경으로 국지적인 작동을 한다. 반면 호르몬은 수 분 또는 수 시간에 걸쳐 효과를 발휘한다. 목표물에 이르기까지 훨씬 더 먼 거리를 이동하며 오랫동안 지속된다. 신경이 100미터 주자라면 베일리스와 스탈링이 마라톤 주자를 발견한 셈이다. 이를 통해 그들은 호르몬의 내분비학을 탄생시켰다.

흑체복사의 보편성을 설명하기 위해 새로운 물리학의 법칙을 찾으려고 했던 막스 플랑크와 달리, 베일리스와 스탈링은 우연한 계기로 발견을 해냈다. 그들은 심장의 전기적, 역학적인 현상에 대해 연구한 후 파동 모양의 연동운동과 소장의 신경 자극으로 관심을 돌렸다. 둘은 이미 잘 닦여 있는 생물학의 길을 차근차근 좇고 있었다. 루트비히와 함께 현대 생리학 분야를 창시한 프랑스의 생리학자 클로드 베르나르(Claude Bernard, 1813~1878)는 췌장의 분비 작용을 비롯해 소화효소, 염산을 함유한 강산성 위액을 발견했다. 파블로프는 이자액의 분비가 소장의 윗부분에서 산성의 자극을 받는다는 것을 알려 주었다. 그리고 다른 연구자들은 어떤 신경이 분비를 일으키는지를 조사하고 있었다. 따라서 베일리스와 스탈링은 생물학의 미개척지가 아닌 그야말로 일반적인 연구를 수행하고 있었던 셈이다.

1900년에 생물학의 미개척지는 물리학에 비해 훨씬 광활했다. 미개척지로는 생명의 기원, 어떤 미생물이 질병을 전달하는지에 관한 질병학과 세균학, 종의 진화, 하나의 세포가 어떻게 분열하여 간세포가 되고 심장세포가 되면서 몸을 이루는지에 관한 발생학, 부모의 형질이 자녀에게 이어지는 유전학, 그리고 생체 기관의 구조와 기능이 있었다. 생체 기관의 구조와 기능이 바로 생리학이다. 베일리스와 스탈링은 생리학자였다.

물리학처럼 생물학도 지난 50년 동안 많은 발전이 있었다. 세균과 질병에 대한 연구는 미생물과 유기체가 병을 일으킨다는 루이 파스퇴르(Louis Pasteur, 1822~1895)의 '세균설(germ theory)'과 콜레라와 결핵을 일으키는 세균을 발견한 로베르트 코흐(Robert Koch, 1843~1910)의 업적 덕분에 상당한 진보를 이루었다. 디프테리아, 장티푸스, 임질, 파상풍, 폐렴과 같은 고대 질병들의 원인이 된 세균도 하나씩 밝혀졌고 이들을 무력하게 만들 항독소*를 찾는 연구도 이루어졌다. 19세기 초, 세포는 살아 있는 유기체의 기본 구성단위라는 주장이 등장하면서 생물학자들은 세포를 이루는 구성 요소를 밝히느라 분주해졌다. 1890년, 독일의 생물학자 테오도어 보베리(Theodor Boveri, 1862~1915)는 이전에 그레고어 멘델(Gregor Mendel, 1822~1884)이 가설로 제시한 '유전자는 세포 핵 안의 실 모양 염색체에 위치할 것'이라는 주장을 펼쳤다. 그러나

---

*몸에 들어온 세균성 독이나 독소의 독성을 중화시킬 수 있도록 체내에서 만들어지는 항체.

유전자에 대해서는 밝혀진 게 별로 없었다. 찰스 다윈(Charles Darwin, 1809~1882)과 알프레드 월러스(Alfred Russel Wallace, 1823~1913)가 진화론을 내놓았지만 이 이론에 대한 세부적인 사항은 밝혀지지 않았다. 파스퇴르가 자연발생설이 틀렸음을 실험으로 증명해 보였지만 생명의 기원에 관해서는 여전히 미제였다. 발생학 역시 마찬가지였다.

몇몇의 생리학자들은 일부 장기가 건강 상태를 유지하는 필수 분비물을 생산한다고 추측했다. 1775년, 프랑스 의학자 테오필 보르도(Théophile Bordeu)는 각 장기가 몸이 소비할 분비물을 내놓는다는 주장을 펼쳤다. 이어 19세기 중반, 클로드 베르나르(Claude Bernard, 1813~1878)는 포도당이 간에서 생성되는 것을 설명하기 위해 '내분비(internal secretion)'라는 용어를 만들어 냈다. 그리고 19세기 말, 생리학자들은 부신*, 갑상선**, 그리고 췌장의 기능이 잘못되면 질병으로 이어진다는 사실을 밝혔다. 그리하여 1900년에는 장기에서 필수 분비물을 만든다는 사실이 보편화되었다. 베일리스와 스탈링의 발견이 이루어지기 전까지 분비물은 단지 신경에 도움을 주는 보조적인 것에 불과했다. 사람들은 신경이 체내의 유일한 의사소통 수단이자 통제하는 체계라고 믿고 있었다.

베일리스와 스탈링이 우연히 호르몬을 발견한 일은 모든 미개척 분야뿐 아니라 생물학이란 학문이 시작된 이래 줄곧 사람들을 괴롭혀 온 주요한 주제를 건드렸다. 그건 바로 생물과 무생물이 다른 법칙을 따르냐는 것이다. 이 질문은 생기론(生氣論, vitalism)과 기계론(機械論, mechanism) 간의 논쟁에서 언제나 핵심이 되는 문제였다. 생기론은 생명체에서만 특별한 생명 현상이 나타난다는 학설이다. 여기에서 특별

---

* 좌우 신장 위에 각각 하나씩 있는 삼각형의 작은 내분비선.

** 목 앞부분 후두 바로 아래 있으며, 대사와 성장에 필요한 호르몬을 분비하는 내분비선.

한 생명력은 비물질적, 정신적, 초경험적인 힘이다. 따라서 물리적으로 해석되지 않는다. 반면 기계론은 살아 있는 동식물의 모든 기능을 물리학과 화학으로 완전히 해석할 수 있다는 학설이다.

생물학은 언제나 신비로운 분위기가 감돈다. 살아 있는 생물체는 기본적으로 무생물체와 완전히 다르다는 생각이 생물학을 다른 과학과 분리한 것도 사실이다. 우리 인간의 의식보다 더 신비로운 것이 있을까. 물리학과 화학으로 인간 정신의 어디까지 설명할 수 있는지는 오늘날에도 여전히 논란이 되는 문제다.

생물학의 역사 속에서 생기론은 오랜 세월에 걸쳐 여러 형태로 나타났다. 플라톤(Platon, BC 427~347)과 아리스토텔레스(Aristoteles, BC 384~322)는 '목적인(final cause)'을 주장했다. 물질보다 정신적인 것에 가까운 것이 생식세포를 성인으로 성장시킨다고 보았다. 정신과 육체가 서로 다른 실체라는 심신이원론을 주장한 르네 데카르트(René Descartes, 1596~1650)는 영혼이 송과선(pineal gland)에서 육체와 상호작용한다고 주장했다. 데카르트는 송과선이라는 뇌 기관이 정신과 육체의 합일점이라고 추론했던 것이다.[3] 데카르트의 이 구체적인 생각은 생기론과 기계론 사이의 논쟁이 철학, 신학의 영역과 과학의 영역 사이에서 어떻게 오갔는지를 보여준다. 생기론의 또 다른 이론으로 프랑스 철학자 앙리 루이 베르그송(Henri-Louis Bergson, 1859~1941)의 '생명의 비약(élan vital)'이 있다. 베르그송은 무기물과 유기물을 구분하는 생기력은 심장에 위치한다고 주장했다. 그에 따르면 음식은 간에서 혈액으로 바뀐 다음 심장으로 옮겨가 생명의 비약을 충전 받는다고 한다. 신경의 경이로운 활동은 신경의 전기적인 성질이 밝혀지지 전까지 생기론적 현상에 불과했다.

생물학이 수 세기에 걸쳐 진화했음에도 불구하고 생기론자들은 거의 항복한 적이 없었다. 언제나 추상적인 논리 뒤로 후퇴할 뿐이었다. 저명한 스웨덴 화학자이자 생기론자인 베르셀리우스(Jöns Jacob Berzelius, 1779~1848)가 쓴 19세기 초중반 가장 권위 있는 화학교과서의 마지막 판에는 이렇게 쓰여 있다. "살아 있는 생명체를 이루는 요소는 죽은 것의 그것과는 전혀 다른 법칙을 따르는 것으로 보인다."[4] 이와 거의 반대되는 주장으로 1865년 기계론자인 클로드 베르나르가 남긴 글이 있다. "여타 다른 현상과 마찬가지로 생명 현상은 엄밀한 결정론에 의한 것이다. 그리고 그것은 오직 물리화학적 결정론일 것이다."[5]

19세기 말, 대부분의 생물학자들은 이 난해하고 끝이 보이지 않는 논쟁에서 막연한 합의를 도출했다. 그러면서 관심사가 점차 바뀌었다. 화학과 물리학이 생물학과 어떻게 융합할 것인가? 하는 것이었다. 신경을 통한 의사소통은 물리학으로 쉽게 정리되었다. 소화와 호흡은 분명 화학적이었다. 그러나 조절과 억제는 어떻게 되는 걸까? 또 외부에 대한 반응은 어떻게 이루어지는 걸까?

베일리스와 스탈링이 지저분하고 좁은 실험실에서 수술을 하는 동안, 생기론자들은 다음과 같이 변형된 주장을 내놓았다. 살아 있는 유기체는 환경에 반응할 수 있는 기계인 셈이라고 말이다. 아무도 외부 변화에 스스로 반응하는 기계를 알지 못했다. 때문에 살아 있는 생명체는 기계가 아니다. 또 아무도 스스로 조절할 수 있는 기계를 알지 못했다. 살아 있는 생명체는 추우면 해가 있는 곳으로 옮길 수 있고, 섭취한 음식에 맞게 적절한 소화액을 분비하며, 더우면 땀을 흘린다. 이것이 바로 자극에 대한 반응과 통제다. 기계는 하지 못할 일들이다.

호르몬의 발견으로 베일리스와 스탈링은 우리 몸의 명령 기관과 통제 센터를 찾아냈다. 그들의 발견은 새로운 의사소통 체계보다 훨씬 큰 의미를 가지고 있었다. 반응과 통제의 방식이 화학적이라는 것은 곧 원자와 분자의 이야기라는 의미다. 따라서 이제 생명체에게는 호르몬이라는 스스로를 조절하는 기계적인 방식이 존재하는 셈이다. 더 나아가면 호르몬을 통해 유기체를 연구할 수 있을 뿐 아니라 외부에서 유기체를 통제할 수도 있다. 실제로, 또 원리적으로 따져도 베일리스와 스탈링이 발견한 호르몬은 실험실에서 제조가 가능해 생물에게 주사할수 있다. 이자액의 분비는 물론, 성적 반응, 성장 촉진, 허기, 기분의 변화도 조절할 수 있다. 그러나 살아 있는 육체는 기계에 더 가까워지지는 못했다. 온전히 물리학과 화학의 법칙을 따르는 자기조절 능력을 가진 기계로서 말이다. 새로운 세기가 시작되었음에도 여전히 우리는 생명 현상에 대해 아직도 완전한 타협을 보지 못했다.

플랑크의 양자 논문을 비롯한 현대 물리학 대부분의 논문이 매우 난해한 것과 달리 1902년에 발표된 베일리스와 스탈링의 논문은 개념적으로 간단하고 읽기도 쉽다. 그들은 이자액 분비에 관한 연구로 글을 시작했다. 여기에서 두 과학자들은 파블로프에 대한 깊은 존경을 표했다. 그들은 철학적인 의미를 충분하게 보여주지는 못했지만 자신들의 발견이 얼마나 혁명적인지에 대한 의의는 분명하게 나타냈다.

　세크레틴을 찾아내 췌장에서의 작용을 확인한 베일리스와 스탈링은 다양한 시험을 통해 호르몬에 대해 더 이해하려고 했다. 세크레틴은 효소와 달리 끓여도 손상되지 않는다. 세크레틴은 소장의 일부에서만 만들어진다. 황산지를 느리게 통과한다. 일부 소화액에 의해 파괴된다. 알코올에 녹는다. 두 과학자는 세크레틴의 성분을 알아내려고 다양한 노력을 했다. 결국 그들은 다음과 같이 결론을 지었다. "우리는 세크레틴의 화학적 성질에 대한 확연한 결론을 내릴 수 없었다." 사실 세크레틴은 단백질로 1920년대에 이르러서야 분석이 제대로 이루어질 수 있었다.

베일리스와 스탈링은 세크레틴의 화학적 조성을 알아내진 못했지만 보편적인 물질이라는 점을 증명했다. 개, 토끼, 사람, 원숭이에서 같은 분비 작용을 가진다는 것도 확인했다. 세크레틴은 몸의 일부분, 즉 소장의 윗부분에서만 만들어진다. 게다가 세크레틴의 작용은 고유하다. 침샘이나 위장과 같은 신체의 다른 부위에서는 작용하지 않는다. 비록 두 과학자가 당시에는 이해하지 못했지만 세크레틴은 대부분의 단백질처럼 특정 모양의 열쇠 구멍에 딱 맞는 열쇠 같은 형태였다.

베일리스와 스탈링의 발견은 곧바로 주목을 받았다. 1905년, 스탈링은 영국왕립협회의의 강연(croonian lecture)에서 몸의 평형을 유지하는 호르몬의 역할에 대해 발표했다. "신체 기능의 화학적 조절"이라는 이름으로 말이다. 이로써 생물학과 의학의 새로운 분야가 태동했다. 20년 후, 호르몬에 대한 지식은 의학에 이용되었다. 캐나다의 과학자 프레드릭 밴팅(Fredrick Banting, 1891~1941)과 찰스 베스트(Charles Best, 1899~1978)가 인슐린을 분리해 당뇨병 치료에 사용한 것이다.

세크레틴 연구 후에도 두 과학자의 영광은 계속되었다. 베일리스는 전기가 세포막을 통과하는 물질을 옮길 때 어떤 영향을 주는지를 연구했다. 이후에는 생화학 반응을 촉진하는 단백질, 효소의 작용을 자세히 연구했다. 1차 세계대전 중에는 외상으로 인한 쇼크에 대해서 연구했다. 그는 '검생리식염수 주사(gum-saline injection)'가 체액의 손실을 막는다는 것을 발견해 수많은 인명을 구했다. 또한 평생 연구한 성과의 집성체인 『일반생리학 원리(Principles of General Physiology[1914])』를 집필했다.

스탈링은 그의 또 다른 업적인 심장의 순환 기능과 근육 운동 쪽으로 방향을 틀었다. 오늘날에도 의학생이라면 모두 스탈링의 심장 법칙을 배운다. 스탈링의 심장 법칙은 심장근육의 수축력이 심장근육이 늘어나는 정도에 비례한다는 것이다. 스탈링 역시 『인체생리학의 원리(*Principles of Human Physiology*[1912])』라는 두꺼운 책을 집필했다. 이 책은 여러 차례 개정되었고 국제적인 표준 교재로 쓰인다. 이 위대한 두 과학자는 15년 동안 긴밀하게 함께 했다. 하지만 각자 따로 책을 집필했다. 오히려 두 책을 보면 우리는 각자의 개성과 야망, 그리고 과학에 대한 가치관을 잘 알 수 있다.

스탈링은 또한 교육에 관심이 많았다. 그는 영국의 교육에 상당히 비판적이었다. 그는 "세상에서 우리의 위치를 유지하기 위해 [...] 교육적 개혁 또는 교육 혁명"이 필요하다면서 "긴급한 상황에서 비용을 계산하는 건 무익한 일"이라고 주장했다. 여기에서 그가 말한 긴급한 상황이란 1차 세계대전이다. 스탈링은 독일이 국력 신장을 위해 교육의 중요성을 오래전부터 인식하고 있었다고 강조했다. 특히 "영국 정치인들이 보여주는 과학의 경시는 경악스럽고 비참한 일"이라고 말했다.[6]

췌장 분비의 메커니즘

윌리엄 베일리스, 어니스트 스탈링

목차

---

* 소장에서 분비되는 호르몬

I. 역사적 고찰

오래전부터 췌장의 작용은 소화기관에서 일어나는 일에 관련되어 있다고 알려져 있었다. 베르나르[1]는 위장이나 십이지장에 에테르를 주입할 때에 췌장 분비가 일어나는 것을 발견했으며, 하이데하인[2]은 췌장 분비의 시간적 추이를 위장과 장에서 일어나는 소화작용과 관련하여 연구했다.

췌장 분비를 결정하는 많은 요인들은 파블로프(Pawlow) 및 그 학생들[3]에 의해 밝혀졌다. 이에 의하면 췌장액의 흐름은 유미죽(chyme)*이 십이지장에 들어갈 때 시작되며 위장 내에 음식의 존재 여부에는 직접적으로 영향을 받지 않는다. 유미죽의 영향은 주로 산성 때문인데, 0.4 퍼센트의 염산을 위장에 주입하면 다량의 췌장액이 십이지장으로 분비된다. 그러나 파블로프에 의하면 물과 같은 다른 물질이 위장에 주입되어도 다소 약하기는 하지만 비슷한 효과가 나타나므로 어떤 경우에도 물질은 십이지장을 통과해야 한다. 나아가서 파블로프는 췌장의 놀랄 만한 적응력을 강조했는데, 분비액은 십이지장을 통과한 음식에 따라 다양한 조성을 보인다는 것이다. 육류를 섭취했을 때 분비액에는 다량의 트립신 효모가 존재하며 빵의 경우에는 주로 전분 분해 효모가, 우유나 지방의 경우에는 지방 분해 효모가 존재한다.

파블로프는 산에 의해 자극되는 췌장 분비를 반사적인 것으로 보았는데, 분비액의 조성이 다양한 이유는 음식에 대한 췌장의 놀랄 만한 민감도 때문이라고 생각했다. 즉, 서로 다른 조성의 유미액이 서로 다른 신경-말단을 자극하고, 다른 신경-충격을 생성, 샘과 신경 중추로

---

* 위의 소화 작용으로 먹은 음식이 변화한 부드러운 물질

이동하여 샘-세포들의 다양한 작용을 결정한다는 것이다.

파블로프는 이 반사작용의 채널을 찾는 과정에서 적당한 주의가 기울여진다면, 미주(迷走)신경이나 내장신경을 자극함으로써 췌장액을 촉진할 수 있음을 보였다. 파블로프에 의하면 미주신경은 또한 저해섬유를 가지고 있다.

산이 십이지장에 들어갈 때 췌장 분비가 나타나는 메커니즘은 포피엘스키[4])와 베르트하이머, 레파지[5])의 독립적인 연구에서 좀 더 자세히 조사되었다. 이들 연구에 의하면 미주신경 및 내장신경을 절개한 상태나 척수를 파괴했을 때, 심지어는 태양 신경총(神經叢)을 완전히 제거했을 때에도 산이 십이지장에 들어가면 췌장 분비가 일어난다. 따라서 포피엘스키는 췌장 분비가 췌장에 산재하는 신경절(節)들의 말단반사작용에 기인하는 것이라 생각했고 유문(위에서 십이지장으로 넘어가는 출구)에 가까운 췌장 위쪽의 신경절(節) 세포들에 주목했다. 베르트하이머와 레파지는 포피엘스키의 견해에 동의하면서도 소장의 하부에 산을 주입할 경우에도 췌장 분비가 일어나므로 소장의 아래쪽 끝 부분으로 내려갈수록 그 효과가 감소하여 회장에서 2~3인치 떨어진 부분에 산을 주입했을 때에는 거의 효과가 없음을 밝혔다. 십이지장으로부터 완전히 고립된 고리 모양의 장에서도 췌장 분비는 촉진되었다. 베르트하이머와 레파지는 이 경우에 반사중추는 태양 신경총의 신경절에 위치한다고 결론을 내렸지만, 신경절을 제거한 뒤에 분리된 고리 모양의 장에 산을 주입하는 콘트롤 실험을 시행하지는 않았다. 베르트하이머와 레파지는 많은 양의 아트로핀을 주입했을 때에 이 효과가 사라지지 않았음을 보였고 잘 알려진 사실(이 약에 대해 침샘의 동조 섬유가 반응을 보이지 않는다는)과 이를 비교했다.

이 반응이 국지적이라는 사실이 흥미로웠기 때문에 우리는 이미 연구된 바 있는[6] 국지적 반사작용을 잘 이해하기 위한 실험을 더 하기로 결정했다. 그러나 우리가 전혀 다른 차원의 현상을 다루고 있다는 사실이 곧 명백해졌다. 췌장 분비는 신경 채널이 아니라, 소장의 윗부분 점막에서 생성되는 화학물질에 의해 나타나며, 이 물질이 혈류를 타고 췌장의 샘-세포로 운반된다는 사실을 알아냈다.[7]

II. 실험 방법

모든 실험은 모르핀을 주입한 후 A.C.E. 혼합물로 마취시킨 개를 대상으로 시행되었다. 개의 상태를 일정하게 유지하기 위하여 인공호흡을 했다. 이는 양 미주신경들이 분리되었을 때에 특히 필요하다. 펌프로부터 공기를 불어넣을 때에는 마취병을 도입했으며, 개에게는 실험 전 18~24시간 동안 음식을 주지 않았다. 개의 복부에 상당 정도의 사전 수술 작업을 시행한 이전 실험에서는 실험이 시행되는 동안 실험동물을 따뜻한 생리염수 중탕에 넣었으며, 액의 수준을 복부 위쪽까지로 유지했다. 이 방식은 장기간의 실험에도 실험동물을 최상의 상태로 유지할 수 있기 때문에 모든 경우에 일상적으로 적용했다. 공기압력은 총경동맥(總頸動脈)에 연결된 수은압력기로 기록했다. 췌장액은 투관(套管)을 췌장의 아래 경계 부분과 같은 높이의 십이지장에 연결된 대형 도관에 놓아 채취했다. 투관에는 처음에 생리염수로 채운 긴 유리관을 연결했다. 이 유리관의 끝을 생리염수 중탕의 가장자리에 위치하게 하여, 분비된 췌장액 방울들이 마리 북손잡이(Marey's tambour lever)에 고정된 운모판에 떨어지도록 했고, 이 북손잡이는 고무관을 이용하여 다른 북손잡이에 연결, 췌장액 방울이 떨어질 때마다 파동곡선 기록 장치의 그

을린 용지에 기록되도록 했다. [...]

IV. 결정적인 실험

1902년 1월 16일, 실험 전 18시간 동안 음식을 준 체중 6킬로그램의 암캐에게 실험 3시간 전에 모르핀을 주사했고, 실험 중에는 추가로 A.C.E.를 주입했다. 장간막(腸間膜) 대동맥과 복강(腹腔) 제2경추(頸椎) 근처의 신경 덩어리를 완전히 제거했으며 양 미주신경을 잘랐다. 고리 모양 장의 양 끝을 묶었으며 장간막 신경을 조심스럽게 절개하고 분리해 장 조각이 동맥 및 정맥으로만 실험동물에 연결되도록 했다. 그리고 투관을 대형 췌장 도관에 삽입하여 췌장액 방울을 기록했다. 경동맥의 혈압은 통상적인 방식으로 측정했고, 실험동물은 따듯한 염수중탕에서 인공호흡을 했다.

0.4퍼센트 염산용액 20cc를 십이지장에 주입했을 때 매 20초당 한 방울의 액이 6분 동안 생성되었다. 이 결과는 이전 실험을 확인했다.

그러나―이것이 본 실험의 중요한 점이며, 전체 연구의 전환점인데―같은 산용액 10cc를 무력화한 장에 주입했을 때도 비슷한 효과가 뚜렷하게 나타났다.

장의 이 부분이 췌장과 연결된 신경으로부터 완전히 절단되었기 때문에, 소장의 윗부분 점막에서 생성되는 어떤 화학물질이 정맥을 통해 소장의 정맥으로 이동하여 혈류를 췌장으로 운반한다는 결론을 내릴 수밖에 없다. 베르트하이머와 레파지는 산을 혈류에 직접 주입할 때 췌장 분비에 아무런 영향을 주지 못한다는 것을 보였으므로[8] 이 화학물질은 산일 수 없다. 그러나 장의 내강(內腔)과 흡수체 사이에는 다수의 기능을 소유한 세포들로 구성된 상피조직이 있으므로 세포에 대한 산의 작용이 췌장 분비를 일으키는 것으로 보인다. 본 실험의 다음 단계는 명백했다. 즉, 장의 한 부분을 원형으로 잘라내고 점막을 뜯어낸 후 모래와 0.4퍼센트 염산으로 문지른 다음, 덩어리와 모래를 제거하기 위해 면사를 통해 여과한 후 추출물을 정맥에 주입한다. 결과는 그림 2에 나타나 있다. 첫 번째 효과는 혈압의 강하인데, 이것은 췌장에 작용하는 것과는 다른 물질 때문이다. 약 70초가 지난 후에는 산을 십이지장에 주입했을 때의 두 배 속도로 췌장액이 흘러나왔다. 우리는 이 물질을 '세크레틴'으로 명명했다. 이미 다른 연구자들이 이용하고 있으므로 이 명칭을 계속 사용하고자 한다.

같은 실험에서 우리는 두 단계를 더 나아갔는데, 첫째로 세크레틴을 끓였을 때 그 활동이 줄어들지 않았으므로 효소가 아님을 알 수 있었다.

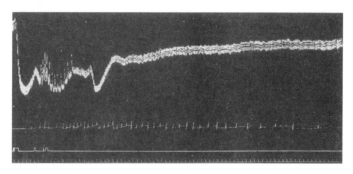

그림 2. 장 점막의 산 추출물을 정맥에 주입한 효과. 설명은 (그림 1)과 같음. 방울을 추적한 곡선상의 계단 모양의 형상은 방울 기록기에 분비물이 점차로 형성되기 때문이며, 간격 사이에서는 내려간다. 혈압 0 = 방울 기록기의 수준

    맨 위 곡선-혈압
    세 선분 중 가장 위-췌장액 방울
    중간 선분-산 추출물 주입을 나타내는 신호
    아래 선분-10초 간격의 시간

둘째, 베르트하이머와 레파지에 의해 이미 관찰된 것처럼 소장의 하부로 내려갈수록 주입된 산의 효과가 감소하고, 회장에서 약 6인치 떨어진 부분에 산을 주입했을 때는 거의 효과가 없었다. 이에, 우리는 산에 의해 세크레틴이 떨어져 나간 원래 물질 분배의 범위가 비슷한지에 관심을 가지게 되었다. 그림 3에는 회장에서 3인치 떨어진 곳에서 얻어진 추출물을 원형의 장 조각을 만든 것과 동일한 방식으로 얻어 주입한 결과를 보여준다. 혈압의 강하는 보이지만, 췌장의 작용은 나타나지 않는다. 회장에서 약간 더 올라간 부분으로부터 얻은 추출물에서도 췌장의 작용은 나타나지 않았다. 장에서 그전보다 더 내려간 부분의 추출물은 뚜렷하지만 약간 더 낮은 효과를 보였다. 따라서 우리가 '프로세크레틴'으로 명명한 세크레틴의 전구체가 방출되는 곳은 내강에 주입된 산이 췌장의 분비를 자극하는 곳과 정확히 일치한다.

본 실험에 대한 플뤼거의 반대 의견에 대해 혈관벽이 파괴되지 않았기 때문에 모든 신경-채널이 배제되었다고 말할 수는 없지만, 위에 기술된 실험 내용으로 보자면 신경이 제거되었는지 여부는 중요하지 않다고 하겠다. 중요한 사실은 모든 신경이 제거되었다는 믿음 때문에 우리가 점막의 산 추출물을 만들었으며, 이로 인하여 세크레틴을 발견했다는 점이다.

플뤼거는 또한 샘의 활동을 자극하는 많은 물질이 장 점막으로부터 추출되는 것은 별로 특별한 것이 아니라(그런 물질들은 많으므로)는 반대 의견을 피력했는데,[9] 차후에 더 자세하게 밝히겠지만, 세크레틴의 성질이 완전히 특이한 것이라고 답하고 싶다. 위에 기술된 실험에 의하면 회장에서도 그 물질은 얻어지지 않았으며, 췌장 분비를 자극하는 어떤 물질도 신체의 다른 부분에서는 생성되지 않음을 이후의 실험에서 보일 수 있었다. 나아가서, 필로카르핀 같은, 대부분의 샘에 강력하게 작

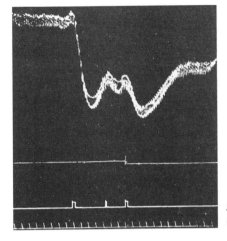

그림 3. 회장의 아래쪽 말단 산 추출물의 효과. 설명은 이전과 같음.

용하는 물질도 세크레틴에 필적하는 효과를 보이지 않았다. 세크레틴은 아마도 담즙의 분비에 미약하게 작용하는 것을 제외한다면, 췌장 이외의 어떤 샘에도 작용하지 않았다.

V. 세크레틴의 성질과 작용

세크레틴은 비휘발성이어서 용액을 증기에 통과시켰을 때 증류물에 나타나지 않았다. 양피지에 투석되기는 하지만 쉽지 않다. 오스본 박사가 만든 재(ash)를 가했을 때 차이가 없으므로, 세크레틴 용액의 작용은 무기물에 의존하지 않는다.

세크레틴은 한 시간 동안 트립신으로 처리하면 파괴된다. 소화액의 효과는 다소 모호한데, 개의 위액으로 한 시간 동안 처리하면 세크레틴 용액의 작용은 파괴되지 않으나 상당히 감소한다.

이 사실들을 종합하면 우리는 아직 세크레틴의 화학적 성질에 대해 확실하게 말할 수는 없지만, 알코올에 대한 용해도와 확산 정도에 의하면 낮은 분자량의 물질인 듯하다. 끓였을 때 활동도의 변화가 없으므로 효모는 아니다. 타닌에 의해 침전되지 않으므로 세크레틴은 알칼로이드나 디아미노산도 아니다.

세크레틴의 작용방식. 이 문제에 대해 알기 위해서는 우선 혈압을 내리는 물질(간단히 하기 위해 강하제라고 부름)이 췌장 분비를 자극하는 물질과 같은지를 결정해야 하는데, 이것은 혈압 강하를 일으키는 혈관 확장이 췌장 분비의 원인이 될 것으로 생각할 수 있기 때문이다. 이것이 옳지 않다는 것은 몇 가지 방식으로 보일 수 있다. 알부모스(비테의 펩톤)는 장에서 상당한 정도의 혈관 확장을 일으키지만, 적어도 뚜렷한 혈압 강하를 일으키는 양(5퍼센트 용액 5cc)에서는 췌장 분비를 자극하지 않는다. 그러나 우리는 혈압이 거의 일어나지 않는 경우에도 췌장액의 분비를 얻을 수 있었다. 산을 가하지 않은 상태에서 십이지장과 장의 점막을 모래로 문지른 후 여과지에 넣어 속실렛 장치에서 24시간 무수 알코올로 추출, 0.4퍼센트 염산으로 끓이고 통상적인 방식으로 여과했다. 그림 6에 보이는 것처럼 여과물질을 주입하니 혈압은 떨어지지 않았지만 췌장의 작용은 강력하게 [...]

세크레틴 작용의 일반적인 조건. 지금까지 논한 바에 의하면 췌장 분비에 대한 작용은 실험동물의 상태와 완전히 무관했다. 음식에 대한 개의 소화 단계에도 무관하여, 먹이를 준 시점으로부터 20시간 후에도 결과는 마찬가지였다. 혈압의 높이는 거의 영향을 미치지 않았으며 마취액의 양에도 무관했다. 카뮈(Camus)[10]는 세크레틴의 효과가 클로로포름에 의하여 감소하거나 사라지는 것을 관찰한 후 췌장 분비에 중추신경계가 중요한 역할을 맡고 있다는 결론을 내렸다. 우리가 세크레틴을 주입한 첫 번째 실험에서 췌장을 중추신경계 및 말단 신경절과 완전히 단절했으므로, 췌장 자체의 물질을 제외한다면 중추신경계의 영향은 배제될 수 있다. 이와 관련하여, 세크레틴이 신경세포를 통하여 간접적으로 작용할 가능성을 완전히 배제할 수는 없지만, 클로로포름의 잘 알려진 효과를 일반적인 원형질 독성이 카뮈의 관찰을 설명할 수 있을 것으로 생각한다. [...]

다른 실험동물들과의 관련. 지금까지 기술된 모든 실험들은 개에 대해 시행되었지만 다른 동물에서도 비슷한 메커니즘이 작용하는지를 조사하는 것은 중요하다. 실험 결과 고양이, 토끼, 소, 원숭이, 인간 및 개구리의 십이지장에서 얻은 세크레틴이 개의 췌장 분비에 동일하게 작용했음을 알았다. 따라서 우리는 이 실험동물들의 세크레틴이 동일한 물질이라는 결론을 내렸다. 우리는 이 결과를 차후에 다른 실험동물로 확장할 것이다. [...]

VIII. 생체 내 세크레틴의 귀결

세크레틴 주입에 의한 췌장액의 분비는 10분을 넘지 못하며 5분 후에는 신속한 분비가 정지되므로 주입된 세크레틴은 혈류로부터 사라지는 것이 분명하다. 만약 세크레틴을 반복 주입한다면 췌장액을 연속적으로 분비시킬 수 있어 피로 현상 없이 8시간을 유지할 수 있다.[11] 따라서 세크레틴은 췌장액의 어떤 효모를 생성시키는 것이며, 췌장 세포는 이 과정에서 별로 큰 역할을 하지 않는 듯하다. 만약 그렇다면 췌장액이나 췌장 조직으로부터 세크레틴을 다시 만드는 것이 가능하겠지만, 우리는 그렇게 하지 못했다. 그러므로 세크레틴은 이런 식으로 소멸되지는 않는 듯하다. 반복적으로 주입했을 경우에도 세크레틴은 림프나 소변에서 검출되지 않았다.

우리는 세크레틴이 산화에 의해 소멸된다고 생각한다. 이미 이것은 언급된 바, 세크레틴의 소멸이 일어나는 명백한 수단 [...]

X. 다른 샘에서의 세크레틴 작용

침샘. 세크레틴은 침샘의 분비를 자극하지 않는다. 한 실험에서 하부 악골의 투관으로부터 느리고 진한 분비가 관찰되었지만, 목의 동일한 부분에서 동조 물질을 차단하자 분비는 바로 중지되었다. 이 결과로부터 실험 중에 혈압을 주의하여 관찰할 필요성이 있음을 알게 되었다. 이 현상은 혈압의 변화로 설명될 수 있기 때문이다. 사용된 세크레틴은 상당량의 혈압 강하제를 가지고 있어 이것이 혈압을 떨어지게 만든다. 그러므로 빈혈에 의하여 신경중추를 자극, 동조 타액을 생성했음이 명백하다.

위장. 세크레틴을 수차례 주입했을 때 위액이 분비되지 않았으므로, 아무런 영향을 미치지 않는다.

내장액. 마찬가지로, 아무런 영향을 미치지 않는다.

XIII. 결론의 요약

1. 췌장액의 분비는 작용은 산성 유미액이 십이지장에 주입될 때에 일어나고 그 양은 주입된 산의 양에 비례한다(파블로프). 췌장 분비는 신경 반사작용과 관계없고, 장의 모든 신경연결이 파괴되었을 경우에도 일어난다.

2. 산이 십이지장의 상피세포와 접촉하여 특정물질(세크레틴)의 생성을 유도하고, 이 물질이 혈류를 타고 췌장세포로 운반되며, 그곳에서 세크레틴의 양에 비례하는 췌장액 분비를 촉진한다.

3. 세크레틴은 세포에서 생성되는 전구체로부터 만들어지는 듯하며, 물과 염기에는 녹지 않고 끓는 알코올 중에서 파괴되지 않는다.

4. 세크레틴은 효모가 아니다. 산, 중성 및 염기성 용액에서 끓여도 파괴되지 않으나, 췌장액이나 산화제로는 쉽게 파괴된다. 타닌, 알코올 및 에테르에 의해 수용액으로부터 침전되지 않는다. 대부분의 금속염에 의하여 파괴된다. 양피지에 약간 투석된다.

5. 세크레틴 주입에 의해 분비되는 췌장액은 '엔테로키나아제(장내 효소의 일종)'가 첨가되기 전에는 단백질에 아무런 영향을 주지 않는다. 녹말 및 지방에 작용하고 지방에 대한 작용은 내장액의 첨가에 의하여 촉진된다. 이것은 정상적인 췌장액의 성질이다.

6. 세크레틴은 조직으로부터 신속히 소멸되지만, 분비액에서 검출되지는 않는다. 소장의 내강에서 흡수되지는 않는 듯하다.

7. 십이지장과 장이 아닌 신체의 다른 어떤 조직으로부터도 세크레틴과 유사한 물질을 만들 수 없다.

8. 담즙 - 염이 없는 세크레틴 액은 담즙 분비를 촉진한다. 다른 샘에는 영향을 미치지 않는다.

9. 점막의 산 추출물은 혈압을 떨어뜨리는 물질을 가지는데 이 물질은 세크레틴이 아니다. 박리된 상피세포를 산으로 처리함에 의하여 혈압 강하제가 없는 세크레틴을 만들 수 있다.

10. 여러 조직으로부터 추출된 혈관 확장 물질들이 특정한 부위에 작용한다는 증거가 어느 정도 있다.

Journal of Physiology (1902)

■ 참고문헌

1. *Physiologie expérimentale*, II. p. 226. Paris, 1856.

2. Hermann's *Handbuch d. Physiologie*, v. p. 183. 1883.

3. *Die Arbeit der Verdauungsdrilsen*. Trans. from Russian, Wiesbaden. 1898. Also *Letravail des glandes digestives*. Paris, 1901.

4. *Gazette clinique de Botkin* (Russ.), 1900.

5. *Journal de Physiologie*, III. p. 335. 1901.

6. *This Journal*, xxiv. p. 99. 1899.

7. 이 연구의 주요 결과에 대한 예비 초록은 (*Proc. Roy. Soc.* LXIX. p. 352. 1902)에 발표되었다. 이 논문에 보고된 실험은 1902년 3월에 완료되었으나, 외부 사정에 의해 발표가 미루어졌다.

8. *Journal de Phtysiologie*, III. p. 695. 1901.

9. *Pflüger's Archiv*, xc. p. 32. 1902.

10. *C. R. Soc. de Biologie*, 25 Avril, 1902, p. 443.

11. 세포에는 조직학적인 변화가 있었고, 현재 이 주제를 연구하고 있는 데일 박사는 고갈의 징후를 볼 수 있었다.

번역: 이성렬

3

빛의 입자성

스물여섯의 가난한 사무원이
내놓은 위대한 논문

알버트 아인슈타인 (1905)

알버트 아인슈타인은 4살이 되기 전까지 말을 하지 못했다. 독일 뮌헨에서 전기화학 발전소를 운영하는 아버지 헤르만(Herman)과 어머니 파울리네(Pauline)는 아들이 혹시 지진아가 아닌지 걱정이 되어 정신과 치료를 받아야 하나 말아야 하나 고민했다. 다행히 어린 아인슈타인은 뒤늦게 말문을 텄다. 하지만 독특하게 꼭 두 번씩 말하는 버릇이 있었다. 처음에는 자기만 들리게 조용히 중얼거리고 두 번째에는 다른 사람이 듣도록 큰 소리로 말하는 것이었다. 이 두 번 말하는 버릇은 그가 창조적인 상상력을 마음껏 펼칠 고요하고 고독한 내면의 소유자임을 보여주는 증거였다. 하지만 당시에는 아무도 그렇게 생각하지 않았다.

그가 가진 독립성에 대한 강렬한 욕구와 그의 업적에서 드러나는 창의성, 아름다움은 아인슈타인이 과학자이자 예술가라는 것을 알려 준다. 실제로 그가 중년에 쓴 글은 그의 성향을 잘 드러낸다. "과학의 목적은 우선 이해에 있다. 가능한 한 감각 경험들(sense experiences) 간의 관계를 전체적으로 이해하는 데 있는 것이다. 다른 한편으로는 핵심적인 개념과의 관계를 최소로 활용하면서 이 목적을 이루어 내는 데 있다."[1]

여기에서 마지막 말은 "예술가는 가능한 한 적은 요소들로 구성해야 한다."[2]는 피카소의 생각과 아주 흡사하다.

그러나 통일성과 단순성의 미학이 감각 경험을 부정하는 자연의 개념을 제시한다면 어떤 일이 벌어질까? 그런 일은 바로 이런 것들이다.

지구는 우주 공간에서 눈에 보이지 않은 바퀴로 태양 주위를 날아다닌다는 코페르니쿠스의 주장이라든가, 질병은 미생물에 의해 전파된다는 파스퇴르의 생각, 또는 빛은 연속적인 흐름이 아니라 입자라는 아인슈타인의 견해가 그런 것들이다. 아인슈타인은 자신의 이론을 의심하기보다 감각의 정확성에 의문을 던지기를 더 좋아했다. 거의 대부분은 그가 옳았던 것으로 증명되었다.

빛의 본성을 생각해 보자. 우리가 몸소 느끼는 감각에 따르면 빛은 지나가는 공간을 완전히 채우는, 에너지의 연속적인 흐름이다. 이런 생각은 수 세기 동안 빛의 관측 현상을 잘 설명해 준 빛의 파동설과도 잘 일치한다. 예를 들어 빛의 파동설은 빛을 겹쳤을 때 나타나는 간섭현상이라든가 프리즘을 통과하는 빛의 굴절 현상을 잘 설명해 주었다. 그러나 아인슈타인은 1905년에 발표한 논문에서 이 생각에 "명심해야 한다. 광학적 관측은 순간적인 값이라기보다 시간적 평균에 해당한다."고 주의를 주었다. 여기에서 아인슈타인은 빛이 실제로는 수많은 작은 입자들로 이루어져 있을 경우 대부분의 실험은 물론이고 육안으로 이 사실이 관측되지 않을 것임을 암시하고 있다. 컵에 물이 차오른 정도로 일강수량을 측정하는 기상학자가 실제로는 하나하나의 빗방울이 모여 비가 된다는 사실을 모를 수 있는 것과 비슷하다.

5년 전, 막스 플랑크는 빛과 만나는 물질의 원자는 쪼갤 수 없는 단위 에너지의 배수에 해당하는 에너지로만 늘었다 줄었다 한다고 했다. 아인슈타인은 플랑크의 생각을 논리적인 것으로 받아들였다. 그는 더 나아가 빛 그 자체도 양자(또는 광자 光子, photons)라는 쪼개지지 않는 개별적인 입자로 존재한다고 주장했다. 양자는 빛의 기본 입자다. 빛의 양자적 본성에 대한 아인슈타인의 가설은 워낙 파격적이라서 실험으로 확증되었음에도 거의 20년 동안 물리학자들에게 받아들여지지 않았다. 하지만 결국 빛의 양자적인 본성은 파동-입자의 이중성이라는 새로운 자연 개념으로 자리를 잡았다. 빛이나 전자 같은 물리적 실재들이 파동의 특성과 입자의 특성을 동시에 갖는다는 것이 파동-입자의 이중성이다. 아인슈타인은 플랑크와 함께 양자물리학의 아버지인 셈이다.

1905년, 아인슈타인은 스위스 베른의 특허청에서 일하는 26세의 가난한 사무원이었다. 그와 그의 아내 밀레바 마리치(Mileva Maric, 1875~1948)는 결혼 전, 1903년에 남들 몰래 리절(Lieserl)이라는 이름의 딸을 낳아 입양시켰다. 1905년에는 어린 아들 한스 알버트(Hans Albert)와 함께 가파른 계단을 올라가야 하는, 방이 둘 딸린 허름한 임대주택에서 살고 있었다. 당시 이 총명하고 젊은 물리학자는 세계와 동떨어져 있는 듯했다. 그는 군복무를 피하기 위해 이미 16세에 독일 국적을 포기했다. 게다가 그의 부모는 세르비아계 며느리를 탐탁하지 않게 여겼다. (그의 어머니는 그에게 이런 편지를 써 보냈다. "그 애는 너처럼 책벌레다. 하지만 네게는 부인이 있어야 한다. [...] 네가 서른이 되면 아마도 걔는 노파가 되어 있을 게다."[3]) 1900년, 취리히 연방공대를 졸업한 이후로 아인슈타인은 유럽의 학계로부터 계속해서 거부당하고 있었다.

　1901년 12월, 밀레바에게 쓴 편지에는 청년 아인슈타인이 얼마나 괴로워하는지, 또 심한 상처를 입었는지가 드러난다. 편지를 보내기 한 달 전 그는 취리히 대학의 알프레드 클라이너(Alfred Kleiner, 1849~1916) 교수에게 박사 학위 논문을 제출했다. 논문에는 교수의 동료인 루트비히 볼츠만의 업적 일부를 비판하는 내용이 있었다. 22세의 아인슈타인은 사랑하는 밀레바에게 이렇게 썼다.

　그 지긋지긋한 클라이너 교수가 아직도 답을 주지 않고 있어. 그래서 목요

일에는 직접 찾아가 보려고 해. [...] 늙은 속물들이 자기네 부류가 아닌 사람을 배척하고 방해한다고 생각하니 정말 짜증나. 내가 보기엔 모든 똑똑한 젊은이들을 자기네 품위를 깨뜨리는 위험한 존재라고 생각하는 것 같아. 만약 클라이너 교수가 내 박사 학위 논문을 불합격시키는 뻔뻔한 짓을 저지른다면 그땐 나도 이 논문을 인쇄해 발표해 버릴 거야. 그러면 그는 세상의 웃음거리가 되겠지.[4]

청년 아인슈타인은 홀로 세상과 맞서 싸우고 있었다. 그는 1900년에서 1905년까지, 안정된 일자리도 없이 혼자의 힘으로 몇 개의 과학 논문을 발표했다.

그리고 1905년, 세상에 알려지지 않은 무명의 특허청 사무원이 물리학 전체를 뒤흔들 논문 5편을 내놓았다. 이 중 하나의 논문만으로도 그는 상당한 명성을 얻을 수 있었다. 두 편의 논문은 원자와 분자의 존재, 그리고 그 크기에 대해 결정적인 증거를 보여주었고 다른 두 편의 논문은 시간과 공간에 대해 완전히 새로운 개념을 보여주었다. 이것이 바로 특수상대성이론에 대한 논문, 바로 $E = mc^2$라는 유명한 공식이 등장한 논문이다. 그리고 훗날 그에게 노벨상을 안겨 준 다섯 번째 논문은 빛의 양자적 본성에 관한 것이다. 아인슈타인 스스로도 이 마지막 논문을 가장 혁신적이라고 생각했다. 1905년 5월 말, 친구인 콘라드 하비히트(Conrad Habicht)에게 쓴 편지에서 청년 물리학자는 자신이 발견한 빛의 입자성이 "매우 혁명적"[5]이라고 했다. 그가 이 표현을 쓴 건 이때가 유일하다.

빛의 특정 현상을 설명하는 것으로 논문을 시작한 플랑크와 달리, 아인슈타인은 원리에 대한 포괄적인 내용으로 논문을 시작했다. 아인슈타인은 물었다. 왜 물리학자들은 물질과 빛에 대해 생각하는 방식이 뿌리 깊게 다를까? 물질은 셀 수 있는 개별적인 원자들로 이루어진 입자이고, 빛은 무한대로 나뉘는 연속적인 존재일까? 여기에서 아인슈타인은 통일성을 선호하는 그의 철학을 여실히 드러냈다. 그는 물질과 에너지 둘 다 비슷한 본성을 가지기를 원했다. 불연속적이거나 연속적이거나, 입자이거나 파동이거나, 또는 더 이상 쪼개지지 않는 구성 요소가 셀 수 있을 정도이거나 무한대로 쪼개지는 것들이 무한대로 있거나 해야 했다. 몇 가지의 최근 실험으로부터 단서를 얻은 아인슈타인은 물질과 에너지가 비슷할 수도 있다는 가능성을 내놓았다.

아인슈타인이 자연현상의 통일성에 대해 강조한 것은 그가 가진 미(美)의 개념이기도 했다. 그리고 미는 그의 물리학에서 원리를 이끌어내는 막강한 안내자였다. 동료인 바네슈 호프만(Banesh Hoffman)은 이런 말을 남겼다. "아인슈타인은 개념에 대한 편협한 의미를 논리적으로 따지기보다 미적인 아름다움이 있는지에 주목한다. 그는 연구를 할 때에도 항상 미를 추구한다."[6] 이 책의 뒷부분에서 과학의 미가 무엇인지 더 자세히 공부할 수 있을 것이다. (특히 20장이 그렇다.)

플랑크처럼 아인슈타인도 물질과의 열역학적 평형상태에서 빛의 특성, 즉 흑체복사를 물질과 에너지의 본성을 이해하는 핵심적인 지표로 삼았다. 하지만 아인슈타인은 먼저 발표된 플랑크의 논문에 영향을 받았으면서도 선임자의 방법을 의심했다. 때문에 그는 플랑크가 흑체복사를 유도한 이론에서 연구를 시작하지 않고 실험에서 연구를 시작했다. (그는 자신의 철학과 이론에 밀접한 실험 결과에 더 관심을 기울였다.) 그는 관측 결과로부터 유도된 흑체복사의 근사 공식부터 파고들었다. 아인슈타인은 직관적으로 흑체복사의 밀도가 낮은 가장자리에서 빛의 입자성이 가장 잘 나타난다고 생각했다. 모래가 하나하나 따로 보일 정도로 흩어져 있을 때 모래의 입자적 특성이 가장 분명하게 보이는 것처럼 말이다.

아인슈타인의 전략은 다음과 같다. 입자로 이루어진 기체의 압력이 온도로 결정되는 것처럼 이미 알고 있는, 열역학적 평형상태에 있는 입자의 성질을 활용하는 것이다. 그는 입자의 특성을 흑체복사와 비교하여 이 둘 사이에 어떤 공통점을 찾게 되기를 바랐다. 이를 통해 아인슈타인은 빛이 본질적으로 입자라는 것을 논리적으로 주장할 수 있을 테니까 말이다.

아인슈타인은 에너지와 온도에 대한 엔트로피 공식에서부터 출발했다. 1장에서 엔트로피는 물리적인 계에서 무질서의 정도를 나타내는 양이라고 했던 것을 떠올려 보자. 잘 뒤섞은 카드처럼 매우 무질서한 계는 엔트로피가 높다. 모양과 번호 순으로 정리된 카드처럼 질서가 잘 잡힌 계는 엔트로피가 낮다. 19세기에 정립된 열역학 제1법칙은 어떤 계의 에너지와 온도, 부피에 대한 엔트로피 법칙이다. 이를 통해 아인슈타인은 진동수가 v와 $v+dv$ 사이이고 부피가 V이며 에너지가 E인 흑체복사의 엔트로피 S*를 간단하게 계산했다.

그러나 아인슈타인은 엔트로피의 일반적인 공식에만 관심을 가진 게 아니었다. 그는 입자 현상과 비교함으로써 흑체복사의 엔트로피가 부피와 어떤 관련이 있는지를 알아보고 싶어 했다. 그래서 그는 흑체복사의 엔트로피가 부피에 따라 어떻게 달라지는지를 수학적으로 계산했다. 결과는 이미 잘 알고 있듯이 셀 수 있는 입자로 구성된 기체 상태의 엔트로피와 정확하게 같았다. 이는 즉 *아인슈타인이 흑체복사의 엔트로피와 기체 상태일 때 입자의 엔트로피 간에 수학적 유사성을*

---

* $S = -\dfrac{E}{\beta v}\left(\ln\dfrac{E}{v a v^i dv} - 1\right)$

발견했다는 이야기로, 빛이 입자의 형태로 존재할 수 있다는 의미다. 확실히 아인슈타인은 이렇게 간단하고 독창적인 주장을 생각해 내는 데 최고였다.

다음으로, 아인슈타인은 어떤 한 상태의 엔트로피(S)와 그 상태를 가질 *확률(W)*과 관련한 수학 공식에서 플랑크가 그랬던 것처럼 '볼츠만 씨'의 업적을 빌려왔다. 그 공식은 다음과 같다.

$$S - S_0 = \frac{R}{N} \ln W.$$

여기에서 R/N은 볼츠만상수를 나타낸다.

물론 아인슈타인은 자신이 먼저 구해 놓았던 흑체복사의 엔트로피를 비롯해 부피와 엔트로피의 관계에 대해서도 관심이 있었다. 그는 빛을 입자로 생각하고 있었다. 볼츠만의 엔트로피에 대한 법칙은 모든 것을 확률로 표현해야 한다. 그래서 아인슈타인은 간단한 수학적 질문을 던졌다. 총 부피가 v_0인 공간에 처음엔 어디에든 있을 수 있는 n개의 입자가 후에 더 작은 공간인 v에서 모두 발견될 확률은 얼마나 될까? 이 상황은 다음의 질문과 비슷하다. 주사위를 n번 연속적으로 던졌을 때 모두 3이 나올 확률은 얼마일까? 주사위를 던졌을 때 나올 수 있는 숫자는 총 여섯 가지다. 따라서 한 번 던졌을 때 3이 나올 확률은 $1/6$이다. (마찬가지로, 어느 입자 하나가 v의 공간에서 발견될 확률은 v/v_0가 된다.) 처음 던졌을 때 3이 나올 확률은 $1/6$이다. 처음과 두 번째에서 모두 3이 나올 확률은 $1/6 \times 1/6 = (1/6)^2$ 이다. 첫 번째, 두 번째, 세 번째, 모두에서 3이 나올 확률은 $1/6 \times 1/6 \times 1/6 = (1/6)^3$ 이다. 따라서 n번 던져서 모두 3일 확률은 $(1/6)^n$이 된다. 이와 마찬가지로 부피 v_0의 공간 안에 어디든 있을 수 있는 n개의 입자 모두가 부피 v인 공간에 있을 확률은 $(v/v_0)^n$이 된다. 아인슈타인은 이 공식을 미리 얻었던 엔트로피 공식에 집어넣었다. 즉 위의 공식 W에 $(v/v_0)^n$을 넣은 것이다. 그래서 n개의 기체 입자 엔트로피가 부피 v에 따라 어떻게 달라지는지를 계산했다.

다음으로 아인슈타인은 자신이 구한 흑체복사 엔트로피에 대한 공식과 기체 입자 엔트로피에 대한 공식을 비교했다. 이를 통해 그는 흑체복사가 기체 입자들과 비슷할 뿐 아니라 빛의 '입자' 각각이 가지는 에너지, 즉 양자는 진동수 v와 관련이 있다는 결론을 얻었다. 빛의 입자가 가지는 양자 에너지는 $R\beta v/N$이었다.

$R\beta/N$는 상수로 플랑크가 이전에 h라고 했던 것과 같다. 즉 플랑크상수인 것이다. 아인슈타인은 흑체복사의 관측으로부터 나온 β값으로부터 플랑크상수를 쉽게 계산할 수 있었다. 그리고 R/N은 이미 알려진 볼츠만상수이다.

중요한 점은 아인슈타인은 플랑크의 업적을 그대로 복제하지 않았다는 것이다. 그는 자신만의 독창적인 논리를 펼쳐 양자 에너지의 기본인 h를 유도했다. 더 나아가 아인슈타인은 상수 h의 값을 흑체복사의 관측 값으로부터 알아냈다. 가장 결정적인 아인슈타인의 업적은 빛 그 자체에 양자의 개념을 적용하여 플랑크를 뛰어넘었다는 것이다. 빛도 물질처럼 입자였다.

아인슈타인의 논문은 그의 대부분의 업적이 그렇듯이 믿을 수 없이 간단하다. 설명은 분명하고 주장은 직설적이며 수학은 어렵지 않다. 그러나 자연에 대한 그의 사고와 직관력은 반대로 그 깊이가 대단하다.

아인슈타인이 위대한 물리학자임은 이론적으로 결과를 얻은 후 자신의 결과가 실제 관측으로 시험받기를 원한다는 점에서도 드러난다. 그는 실제적인 응용을 원했다. (당시 특허청 사무원이었던 아인슈타인이 매일 여러 시간 동안 각종 전기와 기계 장치에 대한 도면을 뚫어져라 쳐다보아야 했다는 걸 상기해 보자.) 실제 관측 현상 중 하나는 광전효과다. 광전효과는 실험 물리학자 필립 레나르트(Philip Lenard, 1862~1947)*가 발견한 것으로, 빛의 파동설로는 설명되지 않는 현상이다.

1902년, 레나르트는 자외선을 금속판에 비추었더니 금속에서 전자(음극선이라고도 한다.)가 방출되는 것을 발견했다. 금속을 비춘 빛을 흡수해 에너지가 높아진 전자는 원자로부터 자유로워진다. 물론 빛이 연속적인 파동이라고 해도 이런 효과를 낼 수 있다. 그러나 레나르트는 여기에서 더 나아가 튀어나오는 전자의 에너지가 입사한 빛의 세기에 의해 변하지 않는다는 것까지 밝혀냈다. 빛의 파동이론에 따르면 입사한 빛의 세기가 커질수록 전자에게 더 큰 힘이 전달되고, 이에 따라 튀어나오는 전자의 에너지도 커진다. 그러나 레나르트의 결과에 따르면 그렇지 않다. 레나르트가 얻은 황당한 결과는 방출되는 전자의 에너지가 입사하는 빛의 *진동수*에 비례한다는 것이었다. 아무리 세기가 약한 빛이라도 진동수가 크다면 방출되는 전자의 에너지도 높았다.

아인슈타인은 자신의 양자 개념으로 레나르트의 실험 결과를 흥미롭게 풀 수 있음을 알아냈다. 빛이 입자와 같은 양자 형태, 즉 광양자라면 각각의 전자는 한 번에 오직 하나의 광양자만을 흡수할 수 있다. 전자 하나가 광양자 하나를 흡수하면 광양자의 에너지에서 원자의 속박으로부터 벗어날 수 있게 하는 에너지를 뺀 만큼의 에너지로 전자는 튀어나온다. 입사하는 빛의 세기가 커질 경우 광양자의 개별적인 에너지가 아니라 단지 초당 광양자의 수만 늘어난다. 빛의 *진동수*를 증가시켜야 광양자의 에너지도 늘어난다. 따라서 구속에서 풀린 전자의 에너지

---

*음극선에 대한 연구로 1905년 노벨물리학상을 수상한 독일의 물리학자다.

도 커진다. 아인슈타인은 입사하는 빛의 진동수로 방출되는 전자의 에너지 값을 정량적으로 계산했다. 10년쯤 후에 미국의 물리학자 로버트 밀리컨(Robert Millikan, 1868~1953)이 아인슈타인이 예측한 값을 실험적으로 증명해 보였다.

그러나 이것으로 끝이 아니었다. 처음에는 많은 사람들이 아인슈타인이 제기한 광양자설을 받아들이려고 하지 않았다. 하지만 놀랍게도 정밀한 실험을 통해 빛을 관찰하면 빛은 파동이자 입자처럼 행동했다. 빛, 그리고 모든 물질과 에너지는 양면성을 갖고 있다. 이를 입자-파동 이중성이라고 하는데, 이는 이중슬릿 실험이라는 고전적인 실험으로도 잘 드러난다. 어두운 방 안, 전구와 스크린 사이에 벽을 하나 세워 놓고 그 벽에 얇은 한 줄의 틈(슬릿)을 낸다. 그리고 1초에 단지 몇 개의 광양자만을 내놓을 정도로 전구의 불빛을 최대한 약하게 설정한다. (광원에는 매우 정밀한 탐지기가 있어서 전구로부터 나온 각 광자를 셀 수 있다. 그리고 이 탐지기는 광자 하나가 나올 때마다 딸깍 하고 소리를 낸다. 딸깍, 딸깍, 딸깍, 이런 식으로 말이다.) 스크린에 나타나는 빛의 모습은 과연 어떨까. 그림 3.1a처럼 보일 것이다. 이제 벽에 낸 틈을 가린다. 그리고 그 틈과 나란하게 두 번째 틈을 하나 더 낸다. 그리고 동일한 실험을 하면 그림 3.1b와 같은 모습이 스크린에 나타날 것이다.

그림 3.1a   그림 3.1b   그림 3.1c

세 번째 실험을 위해 벽에 낸 두 틈을 모두 열어 놓는다. 빛이 개개의 입자로 이루어져 있다면—광원에 있는 탐지기가 딸각하고 소리 낼 때 광자 하나를 의미하듯이—각각의 광자는 위의 틈이나 아래의 틈 둘 중 하나를 지나가야 한다. 이 말은 전혀 틀림이 없어 보인다. 입자는 동시에 두 군데에 존재할 수 없으니까 말이다. 게다가 빛의 속도는 엄청나고 광자의 방출 속도는 매우 느리기 때문에, 다음 광자가 광원으로부터 나오기도 전에 이미 이전에 나온 광자는 벽을 통과해 스크린에 닿을 것이다. 따라서 두 틈이 모두 열려 있는 세 번째 실험에서 스크린에 나타나는 빛의 패턴은 처음 두 실험에 나타난 패턴을 합한 것과 같아야 한다. 특히 처음 두 실험에서 밝게 나타났던 스크린의 부분은 세 번째 실험에서도 분명 밝아야 한다. 마찬가지로 처음 두 실험에서 어둡게 나타난 부분은 어두워야 한다. 따라서 세 번째 실험의 예상되는 패턴은 그림 3.1c와 같다.

하지만 예상과는 달리 스크린에 나타난 빛의 패턴은 그림 3.2a와 같다. 두 개의 파동이 두 개의 슬릿으로부터 동시에 퍼져서 서로 중첩된 모습을 보이는 것이다. 결과적으로 실제로 관측되는 빛의 패턴은 그림 3.2b와 같다. 처음의 두 실험에서 어두웠던 부분에서도 빛이 나타나고

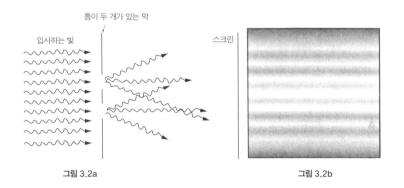

그림 3.2a   그림 3.2b

밝았던 곳에서도 어두운 영역이 나타난다. 그러나 우리는 실험에서 오직 하나의 광양자만이 전구로부터 나온 후 벽을 통과해 스크린에 닿는다고 했다. 그러니 광양자는 *동시에 두 슬릿을 어떻게든 통과해* 서로 중첩을 일으키는 것으로 보인다.

전자로 이중슬릿 실험을 해 보면 어떨까. 광자와 마찬가지로 각각의 전자는 동시에 두 개의 슬릿을 통과하는 것처럼 보인다. 파동-입자 이중성은 확실히 모든 물질과 에너지에 적용되는 것이다.

이중슬릿 실험은 자연에 대한 우리의 생각, 즉 입자가 아니면 파동이라는 생각, 또 입자는 어느 시점에 어느 한 곳에만 존재할 수 있다는 생각이 틀렸다는 것을 증명했다. 이것 아니면 저것이라는 실재에 대한 생각은 틀렸다는 이야기다. 반대로 광자와 원자의 세계에서는 두 특성이 동시에 존재하는 것처럼 보인다. 누군가는 로버트 루이스 스티븐슨(Robert Louis Stevenson, 1850~1894)의 소설 『지킬 박사와 하이드』, 또는 이탈리아 화가 카라바조(Michelangelo da Caravaggio, 1573~1610)의 명암 대비법이 생각날지도 모르겠다. 또는 고대 중국의 음양(陰陽)이론이 떠오를지도 모르겠다. 물리적인 세계는 이렇게 모호하다. 양자역학이 실험으로 증명되었음에도 불구하고 물리학자들은 여전히 자연의 파동-입자 이중성의 본질 때문에 괴로워하고 있다.

하나 하기도 어려운 발견을 여러 개 발표한 아인슈타인은 어쩌면 노벨상을 여러 차례 수상할 만하다. 그러나 결국 그에게 노벨상을 안겨 준 이론은 빛의 양자적 본성을 발견한 광양자설이었다. 세상의 물리학자들은 물론, 아인슈타인 자신도 노벨상 수상을 확신했다. 그래서 아인슈타인은 노벨상을 받기 2년 전, 이혼에 합의할 때 상금에 해당하는 금액을 밀레바에게 주기로 약속했다. 아인슈타인은 1921년 노벨상을 수상했다. 당시 한 저널리스트가 아인슈타인을 다음과 같이 묘사했다.

아인슈타인은 어깨가 넓고 등이 약간 굽었지만 키가 큰 사람이다. 그의 머리—새로운 과학의 세계를 창조한 그의 머리—는 계속 사람들의 이목을 끌었다. […] 다소 크고 빨간 입술은 항상 약간의 미소를 띠고 있으며 짙은 색의 짧은 수염이 입 주변에 나 있다. 그러나 가장 인상 깊은 건 젊은 베토벤을 연상시키는 로맨틱하고 매력적인 젊음의 이미지다. 웃음보를 터트리는 그의 얼굴은 완전히 어린 학생 같아 보였다.[7]

1905년 아인슈타인은 자신의 연구가 암시하는 파동-입자의 이중성을 완전히 내다보지는 못했다. 실제로 그는 광양자설에 완벽한 확신이 없었다. 논문을 살펴보면 그의 망설임을 읽을 수 있다. "빛의 발생과 변환에 관한 발견적 관점에 관하여(On A Heuristic Point of View Concerning The Production And Transformation Of Light)"라는 제목과 "내가 말할 수 있는 건 광전효과에 대한 이런 개념이 레나르트 씨에 의해 관측된 특성들과 어긋나지 않는다는 것이다."라는 논문의 결론 부분에서 드러난다. 하지만 아인슈타인은 자신의 연구 결과가 물질과 에너지의 개념을 통합하고 있다는 것은 분명히 알고 있었다. 그는 빛의 양자적 본성에 대한 자신의 논문을 '혁명적'이라고 표현했다.

스위스 특허청에 근무하는 평범한 젊은이가 이렇게 대담한 논리를 아무렇지도 않게 펼쳤다는 것은 상상하기 힘든 일이다. 옷차림이 단정치 못한 이 젊은이는 고작 한 해 동안에 양자역학의 기초가 되는 빛을 이해하는 새로운 방법을 제안했고 원자와 분자에 대한 확정적인 이론적 근거를 제시했으며 그리고 다음 장에서 만나 보게 될, 시간에 대한 개념까지도 완전히 바꿔 놓았다.

1905년, 학계는 아인슈타인이 발표한 여러 주장들을 곧바로 받아들이지 못했지만 플랑크와 레나르트 같은 저명한 과학 인사들은 곧바로 열렬한 지지를 보냈다. 아인슈타인은 아직 박사 논문도 통과하지 않은 상태에서 '아인슈타인 교수님'이라고 자신을 칭하는 편지를 받기도 했다. 그의 팬들은 아인슈타인이 고작 26살의 특허청 사무원이라는 사실에 놀라워했다. 아인슈타인은 얼마 지나지 않아 학계에 자리를 잡았다. 1909년 5월, 아인슈타인은 취리히 대학에 '이론 물리학 특별 교수'직에 임명되었고 두 달 후에는 제네바 대학에서 첫 번째 명예 학위를 받았다. 1913년, 카이저 빌헬름 2세(Kaiser Wilhelm II, 1859~1941)는 아인슈타인을 베를린에 위치한 프로이센 과학 아카데미(Prussian Academy of Sciences)의 회원으로 수락했다. 이후 아인슈타인은 베를린으로 이주해 1933년까지 이곳에서 살았다.

1905년은 아인슈타인에게 기적의 해였다. 이후로도 그때처럼 지적 성과가 폭발한 해는 없었다. 어쩌면 그에게는 특별한 정신 훈련이 필요했는지도 모른다. 스위스 특허청 사무원 시절에 지적 사고가 자유롭게 발휘된 것이 학계로부터의 고립과 세상에 대한 소외감 때문인지도 모른다. 또는 10년 후 중력에 대해 위대한 업적을 발표하기 전까지 연구할 만한 주제가 고갈되었다고 느꼈는지도 모른다. 젊은 나이에도 불구하고 아인슈타인은 어떤 문제를 건드리고 어떤 문제를 넘겨버려야 할지를 천재적으로 구분했다. 1905년 여름, 친구 하비히트(Habicht)에게 보낸 편지에서 그는 이렇게 썼다. "심사숙고할 만한 주제가 항상 있는 건 아니야. 흥미진진한 게 하나도 없어."[8]

빛의 발생과 변환에 관련된 발견적 관점에 대하여

알버트 아인슈타인

기체와 무게를 지닌 물체에 관해 가지고 있는 물리학자들의 이론적인 표상과 이른바 빈 공간에서의 전자기적인 진행 과정을 기술하는 맥스웰 이론과의 사이에는 근본적이고 형식적인 차이점이 있다. 어떤 물체의 상태는 유한한 수많은 원자들과 전자들의 위치와 속도에 의해서 완전히 확정된 것으로 본다. 반면에 전자기적인 상태는 연속적인 공간 함수들의 사용에 의해 확정된다. 한 공간의 전자기적인 상태를 완전하게 확정하기 위해 유한한 수의 크기들만으로는 충분하지 않다. 맥스웰 이론에 따르면 에너지는, 빛 또한 마찬가지로, 모든 순수 전자기적인 현상들에 관한 연속적인 공간 함수로 이해된다. 반면에 물리학자들의 현행 해석에 의하면 무게를 지닌 물체의 에너지는 원자와 전자까지의 영역을 포괄하는 합으로 이해되고 있다. 무게를 지닌 물체는 임의적으로 많은 혹은 임의적으로 작은 부분으로 나눌 수 없다. 반면에 맥스웰 이론에 따르면 (혹은 더 일반적으로 모든 파장 이론에 따라) 점광원으로부터 보내진 광선의 에너지는 연속적으로 증가하는 부피 안에 연속적으로 분포되어 있다.

연속적인 공간 함수들로 작동되는 빛의 파장 이론은 순수 광학적 현상들을 기술함에 있어서 그 우월성이 입증되었으며 결코 다른 이론으로 대체될 수 없다. 광학적 관찰은 순간 값이 아닌 시간적인 평균값이며, 회절, 반사, 굴절, 분산 등의 이론은 실험을 통해 증명되었다. 하지만 연속적인 공간 함수들로 작동되는 광이론을 빛의 발생과 변환의 현상에 응용하게 되면 이 광이론은 경험과는 서로 모순된다는 것을 생각할 수 있다.

'흑체복사', 냉광, 자외선광에 의한 음극선의 생성 그리고 기타 빛의 발생과 변환에 관련되는 현상들에 관한 관찰들은 빛에너지가 공간에 불연속적으로 분산되어 있다고 가정하면 더 쉽게 이해할 수 있을 것 같다. 여기 눈에 비친 가정에 따르면 한 점에서 시작하는 광선은 점점 커지고 있는 공간에 연속적으로 분포되어 있는 것이 아니라 공간 속의 점들에 위치하는 유한한 수의 에너지 양자들로 구성되어 있다. 이들은 분리되지 않고 움직이며 단지 전체로 흡수되거나 생성된다.

다음에서 내가 제시하는 관점이 몇몇 연구가들이 연구하는데 유용하리라고 기대하면서 나의 사고과정을 알리고 나를 이와 같은 길로 이끌었던 사실들을 열거하고자 한다.

§ 1. 흑체복사 이론에서 부딪히는 어려움에 관하여

우선 맥스웰 이론과 전자론을 견지하면서 다음의 경우를 다루자. 약간의 기체 분자와 전자들이 전반사하는 벽으로 둘러싸인 공간 속에서 움직이고 있다고 하자. 또한 이들은 매우 가까이 접근하면 자유 운동을 하며 서로 보존력이 작용한다. 다시 말해 기체분자들은 기체론에 의하면 서로 충돌할 수 있다.* 전자들이 서로 멀리 떨어져 있는 공간의 점들에 그 점들을 향하면서 진폭에 비례하는 힘에 의해 묶여 있다. 또한 이

---

* 이런 가정은 기체분자나 전자들의 평균 운동 에너지는 온도 평형 상태에서 서로 같다는 가정과 같은 의미이다. 이런 전제 아래 드루데(Drude)는 잘 알려진 금속의 열 전도율과 전기 전도율의 관계를 이론적인 방식으로 유도하였다.

들 고정된 전자들에게 자유분자나 자유전자 들이 접근하게 되면 고정된 전자는 이들 자유분자나 자유전자와 고전적 상호작용을 한다. 이러한 공간점들에 고정되어 있는 전자들을 '공명자(Resonator)'라 부르기로 한다. 이들은 어떤 확정된 주기의 전자기파를 방출하며 또한 이들 전자기파를 흡수한다.

빛의 발생에 관한 오늘날의 관점에 따르면 맥스웰 이론을 근저로 하여 취급되는 공간에서 역학적 평형의 경우에 대해 발견된 복사는, 적어도 모든 고려되는 주파수들의 공명자들이 있다고 가정한다면, 흑체복사와 동일해야 할 것이다.

우선 공명자로부터 방출되거나 흡수되는 복사를 무시하고 분자나 전자의 상호작용(상호충돌)과 관련하여 역학적 평형을 위해 적절한 조건을 찾고자 한다. 기체운동론은 역학적 평형을 위한 조건으로 공명자 전자의 평균 활력(die mittlere lebendige Kraft) 즉 운동 에너지는 어떤 한 기체분자의 계속적인 운동의 평균 운동 에너지와 같아야 한다는 것을 제시한다. 공명자 전자의 운동을 세 개의 서로 직교하는 진동 운동으로 나누면 이들 직선 진동 운동의 에너지의 평균값 $\bar{E}_r$에 대해 다음과 같은 방정식을 얻을 수 있다.

$$\bar{E} = \frac{R}{N} T$$

여기서 R은 절대기체상수이고, N은 1 그램당량 속에 있는 '실제 분자'들의 수이고 T는 절대온도를 의미한다. 즉 공명자의 운동 에너지와 위치 에너지의 시간 평균값이 서로 같기 때문에 에너지 $\bar{E}$는 어떤 자유 단원자 기체분자의 운동 에너지의 2/3 배이다. 어떤 원인에 의해—지금의 경우에 복사 과정을 통해서—공명자의 에너지가 $\bar{E}$보다 더 크거나 더 작은 시간 평균값을 가지게 되면, 자유전자들이나 분자들과의 충돌에 의해 기체에 시간 평균값이 영이 아닌 에너지를 방출하거나 기체로부터 에너지를 흡수하게 된다. 따라서 우리가 현재 고려하는 경우에 있어서 각각의 공명자가 평균에너지 $\overline{E}$를 가질 때에만 역학적 평형이 가능하다.

이제 공명자들과 공간에 있는 복사의 상호 작용에 관하여 유사한 사고를 해 보기로 하자. 플랑크는 이 경우에 대해 복사는 생각할 수 있는 가장 무질서한 과정*으로 취급될 수 있다는 전제 하에서 역학적 평형의 조건을 유도하였다.** 그가 발견한 식은 다음과 같다.

$$\overline{E_\nu} = \frac{c^3}{8\pi\nu^2}\rho_i$$

여기서 $\overline{E_\nu}$는 (각각의 진동 요소에 대한) 고유 주파수 ν를 갖는 어떤 공명자의 평균 에너지이고, c는 빛의 속도, ν는 주파수, $\rho_\nu d\nu$는 진동수가 ν와

---

* 이 전제는 다음과 같이 수식화될 수 있다. $t=0$과 $t=T$(여기서 T는 모든 고려되는 진동 시간에 비해 상대적으로 매우 크다는 것을 의미한다.) 사이의 시간 범위에 대해 고려되는 공간의 임의의 한 점에서의 전기력(Z)의 Z-요소를 푸리에 급수로 전개하면

$$Z = \sum_{\nu}^{\nu} A_\nu \sin\left(2\pi\nu\frac{t}{T} + \alpha_\nu\right)$$

여기서 $A_\nu \geqq 0$이고 $0 \leqq \alpha_\nu \leqq 2\pi$이다. 같은 공간점에서 이와 같은 전개를 우연히 선택된 시간의 시작점에 대해 임의적으로 빈번히 시행하면 크기 A_ν와 α_ν에 대해 서로 다른 값의 체계를 가지게 된다. 크기 A_ν와 α_ν의 상이한 값들의 조합들의 빈도에 대해 다음 식과 같은 형태의 (통계적) 확률 dW가 존재한다.

$$dW = f(A_1 A_2 \cdots \alpha_1 \alpha_2 \cdots)dA_1 dA_2 \cdots da_1 da_2 \cdots$$

복사는 다음이 성립할 경우에 가장 무질서하다고 생각할 수 있다:

$$f(A_1 A_2 \cdots \alpha_1 \alpha_2 \cdots) = F_1(A_1)F_2(A_2) \cdots f_1(\alpha_1)f_2(\alpha_2) \cdots,$$

즉 이는 다시 말해 크기 A나 α 중의 하나가 어떤 확정된 값을 가질 확률은 다른 크기 A나 x가 취하는 값에 무관한 경우를 말한다. 크기 A_ν와 ν의 각각의 짝이 특별 공명자 집단의 복사 및 흡수 과정에 종속적이라는 조건이 점점 더 근접함에 따라 우리가 연구하고 있는 경우에 있어서 복사를 하나의 생각할 수 있는 가장 무질서한 것으로 볼 수 있는 가능성이 점점 많아진다.

** M. Planck, Ann. d. Phys.1 p.99. 1900.

dv사이에 있는 복사의 어떤 부분의 단위 부피에 대한 에너지이다.

주파수 v의 복사 에너지가 전체적으로 연속으로 증가하거나 감소하지 않는다고 하면, 다음을 얻을 수 있다.

$$\frac{R}{N}T = \overline{E} = \overline{E_v} = \frac{c^3}{8\pi v^2}\rho_v$$

$$\rho_v = \frac{R}{N}\frac{8\pi v^2}{c^3}T$$

역학적 평형을 위한 조건으로 발견된 이러한 관계는 경험과 일치하지 않을 뿐 아니라 에테르와 물질 사이에는 에너지 분포가 확정되어 있다는 우리들의 표상이 틀릴 수 있다는 것을 말하고 있다. 공명자의 진동수 범위가 넓게 선택되면 될수록 공간의 복사 에너지는 더 커지게 되고 무한에 대해 다음을 얻게 된다.

$$\int_0^\infty \rho_v dv = \frac{R}{N}\frac{8\pi}{c^3}T\int_0^\infty v^2 dv = \infty$$

§2. 플랑크의 단위 양자 확정에 관하여

플랑크가 하였던 단위 양자의 확정은 어느 정도까지는 그가 제시하였던 '흑체복사' 이론과는 무관하다는 것을 다음에서 보이고자 한다.

지금까지의 모든 경험을 충족하는 ρ_v에 대한 플랑크의 공식*은 다음과 같다:

$$\rho_v = \frac{\alpha v^3}{e^{\frac{\beta v}{T}} - 1}$$

---

* M. Planck, Ann. d. Phys.4 p.561, 1901

여기서

$$\alpha = 6.10 \cdot 10^{-56}$$
$$\beta = 4.866 \cdot 10^{-11}$$

t/v의 값이 크면, 즉 파장의 길이와 복사 밀도가 크면 위의 공식은 극한의 경우에 다음의 식으로 된다.

$$\rho_\nu = \frac{\alpha}{\beta} \nu^2 T$$

이 공식은 §1에서 맥스웰 이론과 전자론으로부터 전개하였던 공식과 일치함을 알 수 있다. 두 공식의 계수들을 동시에 대입하여 다음을 얻을 수 있다.

$$\frac{R}{N} \frac{8\pi}{c^3} = \frac{\alpha}{\beta}$$

혹은

$$N = \frac{\beta}{\alpha} \frac{8\pi R}{c^3} = 6.17 \cdot 10^2$$

즉 하나의 수소 원자의 질량은 $1/N$ Gram $= 1.62 \cdot 10^{-24} g$. 이것은 플랑크가 발견한 값과 정확히 일치한다. 이것은 이 크기에 대해 다른 방식으로 발견된 값들과 만족할 만큼 일치한다.

따라서 우리는 이러한 결론을 내릴 수 있다. 에너지 밀도가 크면 클수록, 복사의 파장이 길면 길수록 우리가 사용하였던 이론적인 기초는 더욱 더 유용하다는 것이 증명된다. 그러나 짧은 파장과 작은 복사 밀도의 경우에는 이것은 완전히 틀린다.

다음에서 '흑체복사'는 복사의 발생과 전파에 관한 모형에 대한 기초 없이 경험과 연관시켜 고찰될 것이다.

§ 3. 복사의 엔트로피에 관하여

다음에서 다루는 것은 빈(W. Wien)의 유명한 논문에 포함되어 있으며, 여기서는 단지 완벽을 기하기 위해 잠시 다루기로 한다.

부피 v를 차지하는 하나의 복사가 있다고 하자. 복사 밀도 $\rho(v)$가 모든 주파수에 대해 이미 주어져 있으면 주어진 복사의 관찰 가능한 특징들은 완전히 확정되어 있다고 가정하자.* 서로 다른 주파수의 복사들은 일의 수행이나 열의 공급 없이도 서로서로 분리될 수 있는 것으로 볼 수 있기 때문에 복사의 엔트로피는 다음과 같은 식으로 나타낼 수 있다.

$$S = v \int_0^\infty \varphi(\rho, v) dt$$

여기서 φ는 변수 ρ와 v의 함수임을 의미한다. 어떤 복사가 반사벽들 사이에서 단열 압축에 의해서 엔트로피가 변화하지 않는다는 주장을 공식으로 표현하면 φ는 단지 하나의 변수를 가진 함수로 환산할 수 있다. 우리는 여기에 대해서는 다루지 않고 함수 φ가 흑체복사 법칙으로부터 어떻게 얻을 수 있는지를 연구하고자 한다.

'흑체복사'에 있어서 ρ는 주어진 에너지에 대해 엔트로피가 최대가 되도록 하는 v의 함수이다. 즉,

---

*이런 가정은 임의적이다. 이런 가장 간단한 가정을 포기하도록 실험이 강요하지 않는 한 당연히 이러한 가정을 할 것이다.

$$\delta \int_0^\infty \varphi(\rho, \nu) d\nu = 0$$

여기서

$$\delta \int_0^\infty \rho d\nu = 0$$

이다.

이로부터 ν의 함수인 $\delta\rho$의 어떠한 선택에 대해서도 다음 결과가 나온다.

$$\int_0^\infty \left(\frac{\partial \varphi}{\partial \rho} - \lambda \right) \delta\rho d\nu = 0$$

여기서 λ는 ν에 대해 무관하다. 흑체복사에 대해서도 또한 $\delta\varphi/\delta\rho$는 ν에 대해서도 무관하다.

부피 $v=1$의 흑체복사의 온도가 dT만큼 증가하면 다음 등식이 성립한다.

$$dS = \int_{\nu=0}^{\nu=\infty} \frac{\partial \varphi}{\partial \rho} d\rho d$$

또는 $\delta\varphi/\delta\rho$가 ν에 무관하므로,

$$dS = \frac{\partial \varphi}{\partial \rho} dE$$

dE는 더해진 열과 같으며 이 과정은 가역적이므로 또한 다음 등식이

성립한다.

$$dS = \frac{1}{T}dE$$

두 식을 비교하면,

$$\frac{\partial \varphi}{\partial \rho} = \frac{1}{T}$$

이것은 흑체복사의 법칙이다. 또한 함수 φ로부터 흑체복사의 법칙을 얻을 수 있고 역으로 함수 φ는 $\rho = 0$에 대해 φ는 영이 된다는 것을 고려하여 위의 방정식의 적분을 통하여 얻을 수 있다.

§ 4. 낮은 복사 밀도에서의 단색 복사의 엔트로피에 대한 극한 법칙

흑체복사에 관한 지금까지 관찰로부터 흑체복사에 관해 빈에 의해 최초로 제시된 법칙

$$\rho = \alpha \nu^3 e^{-\beta \frac{\nu}{T}}$$

은 아주 정확히 맞지는 않는 것으로 나타났다. 그러나 위의 법칙은 ν/T의 값이 큰 경우에 대해서는 유효하다는 것이 실험을 통해 입증되었다. 우리의 결과는 단지 어떤 범위 내에서 유효하다는 의미를 염두에 두면서 이 공식을 계산을 위한 기초로 하고자 한다.

우선 이 공식으로부터 다음을 얻을 수 있다.

$$\frac{1}{T} = -\frac{1}{\beta \nu} \lg \frac{\rho}{\alpha \nu^3}$$

또한 앞 장에서 발견한 관계를 사용하면,

$$\varphi(\rho,\nu) = -\frac{\rho}{\beta}\left\{\lg\frac{\rho}{\alpha\nu^3} - 1\right\}$$

주파수의 범위가 ν와 $\nu + d\nu$ 사이에 있는 에너지 E를 가진 하나의 복사를 생각하자. 이 복사는 부피 ν를 차지한다. 이 복사의 엔트로피는,

$$S = v\varphi(\rho,\nu)d\nu = -\frac{E}{\beta\nu}\left\{\lg\frac{E}{v\alpha\nu^3 d\nu} - 1\right\}$$

복사가 차지하는 부피에 대해서 복사 엔트로피가 갖는 의존성을 연구하는 데만 제한하기로 하고, 복사가 부피 v_0을 차지하는 경우에 대해 복사의 엔트로피를 S_0로 표시하자. 우리는 다음 식을 얻을 수 있다.

$$S - S_0 = \frac{E}{\beta\nu}\lg\left(\frac{v}{v_0}\right)$$

이 방정식은 이상 기체의 엔트로피나 희석된 용액의 엔트로피와 마찬가지로 충분히 작은 밀도를 가진 단색 복사의 엔트로피가 동일한 법칙에 의거하여 부피에 따라 변한다는 것을 보여 준다. 방금 발견한 방정식은 아래에서 볼츠만에 의해 물리학에 접목시킨 원칙을 기초로 하여 해석될 것이다. 이 원칙에 따르면 어떤 계의 엔트로피는 그 상태의 확률의 함수이다.

§5. 기체와 희석된 용액의 부피당 엔트로피에 종속된 분자론적 연구

분자론적 방식에 따라 엔트로피를 계산함에 있어서 확률론에서 사용되는 확률의 정의와 다른 의미에서 '확률'이란 단어를 자주 사용하게

된다. 특히 각각의 가설적 논제 대신에 하나의 연역을 하기 위해 응용될 수 있는 가설적 모형들이 충분히 확정되어 있는 경우에 '같은 확률의 경우들'이 여러 경우에 빈번히 가설적으로 사용된다. 열의 과정에 관하여 고찰하기 위해 소위 '통계적 확률'을 사용하면 충분하다는 것을 다른 특별한 논문에서 보일 것이고 이를 통해 볼츠만 원리의 실행에 여전히 방해가 되고 있는 논리적 어려움을 제거하기를 바란다. 여기서는 다만 일반적인 수식화와 아주 특별한 경우들에 대한 응용을 제시하고자 한다.

어떤 계의 하나의 상태의 확률에 관해 논하는 것이 의미가 있다면, 또 더 나아가 각각의 엔트로피 증가를 더 확률적으로 높은 상태로의 변환으로 파악될 수 있다면, 어떤 계의 엔트로피 S_1은 하나의 순간 상태의 확률 W_0의 함수이다. 서로 상호작용을 하지 않는 두 개의 계 S_1과 S_2가 있다고 하면 다음과 같이 쓸 수 있다.

$$S_1 = \varphi_1(W_1)$$
$$S_2 = \varphi(W_2)$$

이 두 개의 계가 엔트로피 S_1와 확률 S_1의 유일한 계라고 하면,

$$S = S_1 + S_2 = \varphi(W)$$

그리고

$$W = W_1 \cdot W_2$$

이 마지막 관계는 두 계의 상태들이 서로 독립된 사건들임을 말한다.

이들 방정식들로부터

$$\varphi(W_1 \cdot W_2) = \varphi_1(W_1) + \varphi_2(W_2)$$

을 얻을 수 있고 이로부터 다음을 얻을 수 있다.

$$\varphi_1(W_1) = Clg(W_1) + const$$
$$\varphi_2(W_2) = Clg(W_2) + const$$
$$\varphi(W) = Clg(W) + const$$

여기서 크기 C_l는 보편상수이다. 이것은 기체운동론에서 추론되는 것처럼 $\dfrac{R}{Nr}$의 값을 가지며 이들 상수 R_l과 N_l은 또한 위에서와 같은 의미를 가진다. S_0이 어떤 고찰되는 계의 어떤 확정된 초기 상태에서의 엔트로피를 의미하고 W_r는 어떤 상태가 엔트로피 S를 가질 상대적 확률이라고 하자. 그러면 일반적으로 다음 방정식을 얻을 수 있다.

$$S - S_0 = \frac{R}{N}lg\,W$$

우선 다음의 특별한 경우를 다루기로 한다. 부피 v_0속에 우리가 고찰하고자 하는 n개의 운동하고 있는 점들(예를 들면 분자들)이 있다고 하자. 이외에도 공간에는 어떤 종류의 운동하고 있는 무한히 많은 다른 점들이 있을 수 있다. 이 운동과 관련하여 공간의 어떠한 부분도 (그리고 어떠한 방향도) 다른 것들과 구별되지 않을 수 있다는 점을 제외하곤, 이 공간에서 운동하는 점들에 따르는 법칙에 대해선 아무것도 가정할 수 없다. 더 나아가, 우리는 이 운동할 수 있는 점들의 수가 아주 적어서 서로 미칠 수 있는 영향은 무시할 수 있다고 받아들일 수 있다.

예를 들어 이상 기체나 희석된 용액일 수 있는 이 체계는 어떤 일정한 엔트로피 S_0를 가지고 있다. 크기가 v인 부피 v_0의 일부분을 생각하

자. 그리고 모든 운동하고 있는 n개의 점들을 계에 어떤 변화를 주지 않으면서 부피 v 속으로 옮긴다고 하자. 이 상태는 명백히 S와는 다른 엔트로피 값을 가질 것이며 이제 볼츠만 원칙의 도움으로 엔트로피의 차이를 확정하자.

우리는 이렇게 질문할 수 있다. 우선 마지막으로 언급한 상태의 확률은 원래 상태의 확률에 비해 얼마나 큰가? 또는 모든 주어진 부피 v_0 속에서 운동하고 있는 점들이 임의적으로 선택된 어떤 순간에 부피 v 속에 (우연히) 있을 확률은 얼마나 큰가?

하나의 '통계적 확률'인 이 확률에 대해 분명히 아래의 값을 얻을 수 있다.

$$W = \left(\frac{v}{v_0} \right)^n$$

볼츠만 원리를 응용하면 이로부터 다음 방정식을 얻을 수 있다.

$$S - S_0 = R \left(\frac{n}{N} \right) \lg \left(\frac{v}{v_0} \right)$$

이 방정식을 유도하기 위해서 분자들의 운동에 관한 법칙에 관해 어떠한 가정도 할 필요가 없다는 것을 알 수 있다. 이 공식으로부터 보일-게이-뤼삭 법칙과 동일한 삼투압의 법칙을 열역학적으로 쉽게 유도할 수 있다.*

---

* E가 계의 에너지이면,

$$- d(E - TS) = pdv = TdS = R \frac{n}{N} \frac{dv}{v}$$

따라서

$$pv = R \frac{n}{N} T$$

$$W = \left(\frac{v}{v_0} \right)$$

따라서

$$S - S_0 = R \left(\frac{n}{N} \right) \lg \left(\frac{v}{v_0} \right)$$

§ 6. 단색 복사의 부피당 엔트로피에 종속된 표현의 볼츠만 원리에 따른 해석

앞의 §4에서 단색복사의 부피당 엔트로피에 종속된 수식을 발견하였다.

$$S - S_0 = \frac{E}{\beta \nu} \lg \left(\frac{v}{v_0} \right)$$

이 방정식을 변형해서 다시 쓰면,

$$S_0 = \frac{R}{N} \lg \left[\left(\frac{v}{v_0} \right)^{\frac{N}{R} \frac{E}{3\nu}} \right]$$

이 방정식을 일반적인 볼츠만 원리를 표현하는 공식

$$S - S_0 = \frac{R}{N} \lg W$$

과 비교하면 다음과 같은 결론에 도달할 수 있다.

진동수 v와 에너지 E를 가진 단색 복사가 (반사하는 벽으로) 부피 v_0 속에 가둬져 있다고 하자. 여기서 임의적으로 선택된 한 순간에 전체 복사에 너지가 부피 v_0의 부분 부피인 v속에 있을 확률은,

$$W = \left(\frac{v}{v_0} \right)^{\frac{N}{R} \frac{E}{3\nu}}$$

이다.

이로부터 계속하여 다음과 같은 결론을 내릴 수 있다.

저밀도의 단색복사(빈의 복사 공식이 유효한 범위 내에서)는 마치 $R\beta\nu/N$ 크기의 서로 독립된 에너지 양자들로 구성되어 있는 것처럼 열역학적으로 행동한다.

같은 온도에 대해 "흑체복사"의 에너지 양자들의 평균 크기와 분자의 무게중심운동의 평균 활력(운동 에너지)을 비교하자. 평균 운동 에너지는 $\frac{3}{2}(R/N)T$이고 반면에 빈의 공식을 기초로 하여 얻은 에너지 양자의 평균값은 다음과 같다.

$$\frac{\int_0^\infty \alpha\nu^3 e^{-\frac{3\nu}{T}}d\nu}{\int_0^\infty \frac{N}{R\beta\nu}\alpha\nu^3 e^{-\frac{3\nu}{T}}d\nu} = 3\frac{R}{N}T$$

단색복사(충분히 낮은 밀도의)는 부피당 엔트로피에 대한 의존성과 관련하여 크기 $R\beta\nu/N$의 에너지 양자로 구성된 일종의 불연속 매질이다. 이제 빛이 일종의 에너지 양자들로 구성되어 있다고 한다면 빛의 발생과 변화에 대한 법칙들을 만들 수 있을 것인지에 대해 살펴보는 것이 타당할 것이다. 다음 장에서 이 문제를 다루기로 한다.

§ 7. 스톡스 법칙에 관하여

단색광은 광냉광(Photolumineszenz)에 의해 다른 진동수의 빛으로 변하며 또한 앞에서 얻은 결과에 따라 생성하고 있는 그리고 생성된 빛이 크기 $(R/N)\beta\nu$의 에너지 양자들로 구성되어 있다고 가정하자. 여기서 ν는 관련되는 진동수를 의미한다. 따라서 변화 과정은 다음과 같이 이해될 수 있다. 모든 진동수 ν_1의 생성하는 에너지 양자는 흡수되고—적어도 충분히 낮은 생성하는 에너지 양자의 분포 밀도에 있어서—스스로 진동수 ν_2의 광양자를 발생시킨다. 마찬가지로 생성하는 광양자를 흡수하면서 동시에 진동수 ν_3, ν_4 등의 광양자들과 다른 종류의 에너지(예를 들면 열)가 발생한다. 어떠한 중간 과정의 중계 하에서 이러한 최종 결과가 도달하던 마찬가지로 결과는 같다. 광냉광을 방출하는 물질이 영원한 에너지원으로 볼 수 없다면, 에너지 원칙에 따라 생성된 에너지 양자의 에너지는 생성하는 광양자의 에너지보다 크지 않을 것이다. 따라서 다음과 같은 관계가 성립해야 한다.

$$\frac{R}{N}\beta\nu_2 \leq \frac{R}{N}\beta\nu$$
$$\nu_2 \leq \nu_1$$

또는

$$\nu 2 \leq \nu 1$$

이것이 유명한 스톡스 법칙이다.

우리가 이해하는 바에 따르면, 약한 조사의 경우에 있어서 생성된 빛의 양은 같은 상황에서 들뜨게 하는 빛의 세기에 비례해야 한다는 점이 강조되어야 한다. 왜냐하면 모든 들뜨게 하는 에너지 양자는 위에서 언급한 종류의 기본 과정을 유도하며 또 다른 들뜨게 하는 에너지 양자들의 작용과는 무관하기 때문이다. 특히 빛이 그 아래의 범위에서 빛에 의해 들뜨게 할 수 없도록 하는 아래 한계가 들뜨게 하는 빛의 세기에 대해서는 없다고 할 것이다.

현상들에 대해 제시한 해석에 따라 아래에 열거한 경우에 있어서 다소 스톡스 법칙으로부터 벗어난다는 것을 생각할 수 있다.

1. 단위 부피에 대한 동시에 변환에 관련되는 에너지 양자의 수가 충분히 커서 생성된 빛의 에너지 양자가 여러 생성하는 에너지 양자의 에너지를 보존할 수 있을 때
2. 생성하는 (또는 생성된) 빛이 빈의 법칙이 유효한 범위 내에 있는 "흑체복사"와 같은 에너지 특성을 가지지 않을 때, 즉 예를 들면 고려되는 빛의 파장에 대해 더 이상 빈의 법칙이 타당하지 않을 만큼 높은 온도의 물체로부터 들뜨게 하는 빛이 생성되어 질 때

후자의 가능성은 특히 관심을 끈다. 위에 열거한 해석에 따라 많이 희석한 경우에도 '빈의 법칙에 따르지 않는 복사'가 에너지 관계에 있어서 빈의 법칙이 유효한 범위 내에 있는 '흑체복사'와는 달리 작용한다는 것을 배제할 수 없다.

§ 8. 고체에 빛을 쬐어 발생하는 음극선에 관하여

빛 에너지가 빛이 통과한 공간에 연속적으로 분포되어 있을 것이라는 통상적인 해석은 광전자 현상을 설명하려고 할 때 특히 큰 어려움에 접하게 된다. 이것은 레나르트의 획기적인 논문에 잘 설명되고 있다.[*]

들뜨게 하는 빛이 에너지 $(R/N)\beta v$의 에너지 양자로 구성되어 있다는 해석에 따라 빛에 의한 음극선의 발생은 다음과 같이 해석될 수 있다. 한 물체의 표면의 층 속으로 에너지 양자들이 밀고 들어가고 적어도 그 에너지의 일부분은 전자들의 운동 에너지로 변환한다. 가장 간단한 예로 하나의 광양자가 모든 에너지를 단 하나의 전자에게 전달하는 경우를 생각하고 이것이 가능하다고 가정하자. 하지만 전자들이 광양자

---

[*] P. Lenard, Ann. d. Phys. 8, p.169 and 170, 1902.

들의 에너지를 단지 부분적으로만 받아들일 수 있다는 것도 배제해서는 안 될 것이다. 물체의 내부에 있는 운동 에너지를 가진 어떤 전자가 물체의 표면에 도달하게 되면 운동 에너지의 일부분을 잃게 될 것이다. 이 외에 모든 전자가 물체를 떠날 때에 (물체에 따라 특성적인) 일 P를 해야 한다고 가정할 수 있을 것이다. 표면에 대해 수직으로 들뜬 전자들은 바로 물체의 표면에서 가장 큰 수직 속도와 함께 물체를 떠나게 될 것이다. 이러한 전자들의 운동 에너지는

$$\frac{R}{N}\beta\nu - P$$

이다.

이 물체가 양의 퍼텐셜 Π로 충전되어 있고 퍼텐셜이 영인 도체로 둘러싸여 있으며 Π는 물체의 전기 손실을 충분히 막을 수 있다고 하면 다음이 성립해야 한다.

$$\Pi E = \frac{R}{N}\beta\nu - P$$

여기서 E는 전자의 전기 질량을 의미한다. 또는

$$\Pi E = R\beta\nu - P'$$

여기서 E는 일가 이온의 1그램에 해당하는 양의 전하이고 P'는 물체에 관련하여 같은 양의 음전기의 퍼텐셜이다.*

---

* 일정한 일을 소모하면서 각각의 전자가 빛에 의해서 중성의 분자로부터 분리된다고 가정하면 유도된 공식에 대해 아무것도 바꿀 필요가 없다. 다만 p'는 두개의 피가수들 Summanden의 합으로 이해해야 할 것이다.

$E = 9.6 \cdot 10^3$을 대입하면 $\varPi \cdot 10^8$은 진공에서 빛을 쪼일 때 물체가 얻는 퍼텐셜이며 단위는 볼트이다.

먼저 유도된 관계가 크기의 자릿수에 따라 경험과 부합하는지를 보기 위하여 $P' = 0$, $\nu = 1.03 \cdot 10^{15}$(자외선에 이르는 햇빛띠[Sonnenspektrum]의 경계에 해당함)과 $\beta = 4.866 \cdot 10^{-11}$을 대입하자. 우리는 $\varPi \cdot 10^7 = 4.3$볼트를 얻는다. 이것은 크기의 자릿수에 있어서 레나르트의 결과에 일치한다.*

유도된 공식이 정확하다면 들뜨게 하는 빛의 진동수의 함수인 $\varPi$를 직각좌표에 나타내면 그 기울기가 분석하는 물질의 성질에 무관한 직선이어야 한다.

필자가 보기에는 우리의 해석은 레나르트가 관찰한 광전자 작용의 특징들과 모순이 되지 않는다. 모든 들뜨게 하는 빛의 에너지 양자가 그 외의 모든 것들에 무관하게 에너지를 전자들에게 준다면 전자들의 속도 분포, 즉 생성된 음극선의 질은 들뜨게 하는 빛의 세기에 무관하다고 할 수 있을 것이다. 반면에 물체를 떠나는 전자들의 수는 같은 조건 하에서 들뜨게 하는 빛의 세기에 비례한다.**

언급한 적합성에 대한 개연적인 유효성 범위에 관하여 스톡스 법칙과의 개연적인 벗어남에 관해서 하였던 것과 유사한 지적을 할 수 있을 것이다.

적어도 들뜨게 하는 빛의 에너지 양자의 부분적인 에너지는 단 하나의 전자에게 완전히 준다고 앞에서 가정하였다. 이런 자명한 전제를 하지 않으면 위의 방정식 대신에 다음을 얻을 수 있다.

$$\varPi E + P' \leq R\beta\nu$$

---

* P. Lenard, Ann. d. Phys. 8, p. 165 and 184, Taf. I, Fig. 2, 1902

** P. Lenard, l.c. p. 150 and p. 166~168.

방금 다룬 것에 대해 역방향으로 진행되는 음극 냉광에 대해 실행하였던 유사한 고찰로부터 다음을 얻을 수 있다.

$$IIE + P' \geq R\beta\nu$$

레나르트가 연구한 물질에서 PE_1는 항상 보다 크다는 것을 의미한다. 왜냐하면 가시광선을 생성하기 위하여 음극선이 통과해야 하는 전압은 어떤 경우에는 몇백 볼트이고 또 다른 경우에는 몇천 볼트나 된다.[*] 따라서 한 전자의 운동 에너지가 많은 광양자를 생성하기 위해 사용된다고 가정할 수 있다.

§ 9. 자외선 빛에 의한 기체의 이온화에 관하여

자외선 빛에 의해 기체를 이온화할 때 하나의 기체 분자를 이온화하려면 하나의 흡수되는 빛에너지 양자가 사용된다는 것을 가정해야 한다. 이로부터 한 분자의 이온화 일, 즉 이온화를 위해 이론적으로 필요한 일은 흡수된 효율적인 빛에너지 양자의 에너지보다 클 수 없다는 것을 이끌어 낼 수 있다. J를 그램당 양에 대한 (이론적) 이온화 일이라 하면 다음을 얻을 수 있다.

$$R\beta\nu \geq J$$

레나르트의 측정에 따르면 공기의 가장 긴 유효 파장은 약 $1.9 \cdot 10^{-5}$이며, 따라서

---

[*] P. Lenard, Ann. d. Phys,12 p. 469, 1903

$$R\beta\nu = 6.4 \cdot 10^{12}\, Erg \geq J$$

이온화 일의 상한(eine obere Grenze)은 희석된 기체에서의 이온화 퍼텐셜, 즉 이온화 전위로도 알 수 있다. 슈타르크*에 따르면 백금 양극으로 공기에 대해 측정된 가장 작은 이온화 전위는 약 $10\,Volt^{**}$이다. J에 대한 상한은 $9.6 \cdot 10^{12}$이고 이것은 위에서 발견한 값과 거의 같다. 실험을 통해 검사하는 것이 매우 중요하게 여겨지는 또 다른 결론을 내릴 수 있다. 각각의 흡수된 빛에너지 양자가 하나의 분자를 이온화하면 흡수된 빛의 양 L과 이를 통해 이온화된 그램분자의 수 j 사이에는 다음 관계가 성립해야 한다.

$$j = \frac{L}{R\beta\nu}$$

우리의 해석이 사실과 부합한다면 (관련되는 진동수에 있어서) 이온화를 수반하지 않는 흡수를 현저히 나타내지 않는 모든 기체에 대해 이 관계는 타당하다.

1905년 3월 17일, 베른

(1905년 3월 18일 접수)

Annalen der Physik (1905)

---

* J. Stark, Die Elektrizit in Gasen p. 57, Leipzig 1902.

** 하지만 기체 내부에서 음이온에 대한 이온화 전압은 5배 정도 더 크다.

번역: 임경순

4

특수상대성이론

토끼 굴에 빠진
이상한 나라의 과학자
알버트 아인슈타인 (1905)

시간은 가장 근본적이다. 시간은 모든 변화를 초래한다. 잠에서 깨어나고 다시 잠들고, 해가 뜨고 지고, 파도가 밀려왔다 나가고, 여성의 생리가 주기적으로 반복되고, 머리가 점점 하얗게 세는 이 모든 변화에는 시간이 함께한다. 시간은 우리의 마음속에서 꾸준히 흘러가는 것처럼 느껴진다. 하지만 우리는 시간을 측정하는 장치가 초 단위로 아주 정밀하게 시간을 재고 있다는 것을 알고 있다. 벽시계나 손목시계, 교회의 종시계까지 세상의 모든 시계는 한 해를 12달로, 한 달은 약 30일로, 하루는 24시간으로, 그리고 1시간은 60분으로, 1분은 60초로, 이렇게 정밀하게 시간의 흐름을 나누어 놓았다. 또한 우리는 누구에게나, 우주 어디에서나 시간의 법칙이 똑같이 적용된다고 믿는다. 어디서나 1초는 1초인 것이다.

그런데 1905년, 26세의 알버트 아인슈타인은 시간에 대해 전혀 다른 법칙을 발표했다. 1초가 모두에게 같은 1초가 아니라고 말이다. 어느 한 시계로 측정한 1초는 빠른 속도로 움직이는 또 다른 시계가 측정한 1초보다 짧다. 일반 상식과 달리 시간은 보이는 것처럼 절대적이지 않고 관찰자에 따라 상대적이라는 이야기다. 아인슈타인의 시간에 대한 파격적인 주장은 실험실에서 실제로 확인되었다.

시간에 대해 이처럼 괴상한 생각을 가진 아인슈타인은 어떤 현상에 그 생각의 기원을 두고 있었다. 스위스 베른의 특허청 사무원으로 근무하는 동안 아인슈타인은 맥스웰의 방정식으로 알려진 전자기법칙이 움직이는 물체에 적용하면 왜 잘 들어맞지 않은지를 이해하려고 애를 썼다.

움직임은 시간을 수반한다. 어떤 물체가 시간의 흐름 없이 공간을 이동할 수 없는 거니까. 운동에 대해 깊은 고민에 빠진 아인슈타인은 이상한 나라의 앨리스처럼 강으로 조용히 소풍을 떠났다. 그는 토끼를 좇아 판타지의 세계로 들어갔다. 앨리스처럼 아인슈타인 또한 순진무구한 여행을 떠난 것이다. 이제 우리도 그의 논리를 하나하나 따라가 보도록 하자.

우선 운동에 대해 살펴보자. 운동은 생각보다 이해하기 어려운 개념이다. 우리가 시속 70킬로미터의 속도로 운전을 한다고 말할 때, 실제로는 *도로에 대해 상대적*으로 시속 70킬로미터라는 이야기다. 물론 도로는 지구에 딱 붙어 있다. 그리고 지구는 자전축을 중심으로 회전한다. 동시에 지구는 태양 주위를 돈다. 여기서 끝이 아니다. 우리의 별인 태양 역시 은하의 중심축을 따라 쉼 없이 돌고 있다. 이런 식으로 움직임은 계속 있다. 따라서 절대적인 의미에서 우리가 얼마나 빨리 움직이느냐를 말하는 것은 매우 어려운 일이다. 확실하게 말할 수 있는 건 우리의 차가 도로 위를 시속 70킬로미터의 속도로 이동하고 있다는 것뿐이다. 지구에서의 움직임이란 땅에 딱 붙은 도로나 어떤 표지 등이 우리의 고정된 틀(좌표)로 작용하고 있는 것이다.

그러나 맥스웰의 전자기 방정식은 모든 운동을 측정하게 해주는 절대적으로 정지된 우주의 공간, 즉 절대정지좌표계에서 세워진 것으로 보였다. 당시 절대정지좌표계는 에테르(ether)라는 실체로 존재한다고 여겨졌다. 에테르는 전자기력을 유지하고 전달하는 역할을 한다. 그리고 이보다 더 중요한 것은 무게도 느껴지지 않고 보이지도 않는 에테르의 존재가 있을 때 정지한 관찰자에 관한 맥스웰의 방정식이 가장 간단한 수학적 형식을 갖는다는 것이었다. 에테르에서 정지하지 않은 관찰자에 관한 맥스웰의 방정식은 더 복잡해진다. 관찰자의 속도에 따라 달라지기 때문이다. 따라서 전선과 자석으로 실험한 결과와 맥스웰 방정식의 값을 비교해 보면 관찰자가 에테르에 상대적으로 정지해 있는지 그렇지 않은지를 알 수 있다. (물리학에서 관찰자는 측정을 하는 데 필요한 자나 시계와 같은 장비를 갖고 있는 누군가를 의미한다. 관찰자는 꼭 사람일 필요도 없다. 실험 결과를 자동적으로 기록하는 관측 장비여도 된다.)

핵심적인 전자기 현상은 빛의 속도다. 맥스웰의 방정식에 따르면 빛이란 물결을 일으키며 우주 공간을 이동하는 전자기 파동이다. 수면파(또는 물결파)나 음파처럼 이미 알려진 여타의 다른 파동들은 매질이 필요하다. 그러니 파동인 빛에게도 매질이 필요할 것이었다. 빛의 매질은 바로 에테르다. (아인슈타인은 논문에서 에테르를 '빛의 매질'이라고 했다.) 더 나아가 맥스웰의 방정식은 *에테르에 대해서* 빛이 초속 299,727킬로미터의 일정한 속도로 이동한다고 예측했다. 그러나 에테르 속에서 움직이는 관찰자는 이와 다른 빛의 속도를 측정할 것이다. 관찰자의 이동 방향과 빛의 진행 방향이 어떠냐에 따라 측정한 빛의 속도가 달라지는 것이다.

사실 이 생각은 우리에게 익숙한 예로 이해될 수 있다. 물결파는 잔잔한 물에서 일정한 속도로 이동한다. 호수의 한자리에 가만히 선 어떤 사람이 돌을 던져 물결을 만들었다고 가정해 보자. 이 경우 물결은 그로부터 똑같은 속도로 멀어져 간다. 그러나 우리의 관찰자가 보트를 타고 가면서 호수에 돌을 던졌다면 어떻게 될까. 관찰자가 보기에 보트와 같은 방향의 물결은 반대 방향의 물결보다 느리게 이동할 것이다. 관찰자의 이동과 같은 방향의 물결파는 속도가 줄어들고 반대 방향의 물결파는 속도가 늘어난다. 이때 관찰자의 속도가 빨라질수록 그 차이는 심해진다.

물리학자들은 생각했다. 태양 주위를 도는 지구는 호수를 지나가는 보트처럼 에테르 속에서 움직인다고 말이다. 따라서 방향이 달라지면 빛의 이동 속도 또한 달라져야 한다. 이를 확인하기 위해 1887년 과학사에서 손꼽히는 중요한 실험이 이루어졌다. 미국의 물리학자 알버트 마이클슨(Albert Michelson, 1852~1931)과 에드워드 몰리(Edward Morley, 1838~1923)는 신중을 기해 서로 다른 방향에서 빛의 속도를 측정했다. 그 둘은 지구가 에테르 속에서 얼마나 빨리 이동하는지를 확인해 우주의 정지계를 확인하길 고대했다. 그러나 놀랍고 실망스럽게도 그들은 모든 방향에서 빛의 속도가 초속 299,727킬로미터로 일정하다는 결과를 얻었다. 마이클슨은 자신이 뭔가 잘못을 했을 거라고 확신하며 계속 그 실험을 반복했다. 그러나 결과는 언제나 실망스러웠다. 결국 이 '실패' 덕분에 1907년 마이클슨은 노벨상을 수상했다. 이는 1901년부터 노벨상이 시상된 이래 미국인이 거머쥔 최초의 노벨상이었다.

하지만 물리학자들은 에테르를 포기하지 않았다. 에테르의 존재를 너무나도 믿었던 물리학자들은 마이클슨과 몰리의 실험 결과를 설명하려고 에테르를 수반한 정교한 이론들을 고안했다. 그 가운데 가장 유명한 것은 1902년 노벨상 수상자인 네덜란드 물리학자 헨드리크 로렌츠(Hendrik Lorenz, 1853~1928)의 이론이다. 로렌츠는 마이클슨과 몰리의 실험을 새로운 이론으로 설명했다. 측정기기 안의 전자기력이 빛이 모든 방향에서 동일한 속도로 이동하는 것처럼 '보이도록' 한다는 것이었다.

자서전에 따르면 아인슈타인은 16살 때부터 빛의 움직임에 대해 생각했다.[1] 1905년에 발표한 특수상대성이론 논문의 첫 번째 단락에서 그는 움직이는 물체에 대한 '전기역학(electrodynamics)'에 관한 실험과 이론 간의 충돌을 요약하면서 절대 정지라는 신성한 생각에 의구심을 던졌다. (다른 이유에서지만 아리스토텔레스, 뉴턴, 칸트 이 세 사람은 모두 절대 정지의 상태에 대한 믿음을 공언했다.) 아인슈타인은 두 '가설'을 제시했다. 첫 번째 가설은 전기와 자기에 대한 법칙이 "역학 방정식이 통하는 모든 좌표에 대해 유효할 것이다."라는 것이다. 이는 일정한 속도로 이동하는 모든 관찰자에게는 맥스웰의 방정식이 동일하게 적용된다는 말이다. 여기에서 일정한 속도로 이동하는 관찰자를 앞으로 '일정 속도 관찰자'라고 부르도록 하자. 끌리거나 당겨지는 가속도를 느끼지 못한다면 우리가 바로 그런 관찰자가 되는 것이다. 아인슈타인의 두 번째 가설은 빛의 속도가 관찰자나 빛을 보내는 기기의 움직임에 상관없이 항상 일정한 값으로 관측된다는 것이었다. (이미 언급했듯이 c=초속 299,727 킬로미터다.)

이 두 가설에서 아인슈타인은 에테르를 과감히 삭제했다. 그는 에테르가 관측되지 않았기 때문에 에테르는 존재하지 않는다고 보았다. 사실 좀 더 신중한 표현으로 에테르는 "불필요하다."고 했다. 그러나 에테르에 대한 부정은 매우 심오한 결과를 불러왔다. 에테르가 없으면 우주에 절대적인 정지좌표가 존재하지 않기 때문이다. 따라서 우리는 누가 정지해 있고 누가 움직이고 있다고 절대적으로 말할 수 없게 된다. 일정 속도 관찰자는 가속을 하지 않고, 창이 없어 바깥을 볼 수 없으며, 지면과의 마찰이 없는 자동차 속에 타 있는 것과 같다. 그런 자동차에 탄 사람은 자신이 얼마나 빨리 움직이는지 심지어 움직이는지 아닌지조차 알아챌 방법이 없다. *단지 다른 물체에 대해 상대적인 운동만을 측정할 수 있고 의미를 갖는다.* '상대성'이란 그 유명한 말의 기원은 바로 여기에 있는 것이다.

절대 정지의 조건이 없어지면 모든 일정 속도의 관찰자들은 완전히 대등해진다. 여기에서 대등하다는 것은 관찰자들이 동일한 물리학의 법칙(바로 아인슈타인의 첫 번째 가설)을 관측해야 한다는 이야기다. 특히 빛의 속도가 전자기의 법칙으로부터 나왔기 때문에 모든 일정 속도 관찰자들은 지나가는 빛을 동일한 속도로 관측해야만 한다.

이렇게 되면 아인슈타인의 두 가지 가설은 시간과 공간에 대해 우리가 갖고 있던 개념을 완전히 혁신적인 것으로 바꿔버린다. 두 명의 일정 속도 관찰자가 있다고 가정해 보자. 한 사람은 벤치 위에 서 있고 다른 한 사람은 한 시간에 10킬로미터의 속도로 달려 벤치 옆을 지나간다. 그리고 달려가는 사람과 반대 방향으로 빛이 지나간다고 가정하자. 상식적으로는 빛이 날아오는 방향을 향해 달리는 사람이 벤치에 서 있는 사람보다 빛이 더 빨리 날아온다고 생각할 것이다. 하지만 아인슈타인의 가설에 따르면 두 사람은 동일한 속도의 빛을 관측할 것이다. 그가 옳다면 속도가 더해지고 감해지는 것에 대한 우리의 상식에 뭔가 잘못된 게 있어야 한다. 그러나 속도는 이동한 거리를, 이동하는 데 걸린 시간으로 나눈 것이다. 따라서 속도에 대한 우리의 개념에 틀린 것이 있다면 시간과 공간에 대해서도 잘못 생각하고 있는 것이 있어야 한다. 우리는 토끼를 쫓아가다 토끼 굴*에 이제 막 떨어졌다.

아인슈타인은 시간의 의미에 대해 어린아이와 같이 단순한 의문을 던지기 시작했다. 아인슈타인은 이렇게 적었다. "시간이 관여하는 우리의 모든 판단은 항상 동시에 일어나는 사건들에 대한 것이다. 예를 들어

---

*이상한 나라의 엘리스에서 엘리스는 하얀 토끼가 뛰어가는 걸 보고 뒤를 쫓아가다 토끼 굴 속으로 들어간다. 상식이 통하지 않는 이상한 나라로 들어간 것이다.

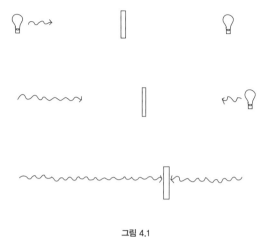

그림 4.1

내가 '그 기차는 7시에 여기에 도착한다.'고 말을 한다면 이는 곧 이와 같은 의미다. '시계의 작은 바늘이 7을 가리키는 것과 기차의 도착은 동시에 일어나는 사건이다.'" 여기에서 아인슈타인은 '사건'이란 말의 개념이 시간과 공간이 둘 다에 대해 특정한 값을 갖는 것이라고 함축적으로 표현했다. 예를 들어 2003년 7월 28일 아침 11시 28분에 친구와 뉴욕 피에르 호텔의 프런트에서 한 약속이 하나의 사건이 되는 것이다. 아인슈타인은 같은 장소에서는 두 사건이 동시에 일어난 것인지 아닌지를 아는 것이 간단한 문제라고 했다. 하지만 다른 장소에서 일어날 경우는 간단하지 않다. 후자의 경우 두 개의 시계가 필요할 뿐 아니라 그 두 개의 시계가 서로 딱 맞아야 하기 때문이다.

아인슈타인은 다른 장소에 있는 여러 개의 시계들을 동시에 째깍째깍 돌아가게 할 확실한 방법을 제시한다. 이때 시계들은 서로서로에 대해서 정지해 있다. 따라서 시계들 간의 거리는 정해져 있다. 아인슈타인은 시계들을 맞추기 위해 믿을 만한 시간 전달자로 빛을 쓰기로 했다. 빛은 시계 간의 거리를 이동하는 데 일정한 시간이 걸린다. 예를 들어 정오를 가리키는 하나의 시계에서 빛이 나오면 그 빛이 299,727킬로미터를 이동한 다음에 다른 시계 하나를 만난다. 이때 두 번째 시계를 정오에 1초를 더하도록 맞추면 처음 시계와 맞출 수 있다.

이렇게 되면 특정 장소에 위치한 각각의 시계는 모두 동일한 시각으로 맞춰진다. 이제 각 시계가 하나의 네트워크를 이루고 있기 때문에 서로 다른 장소에서 일어난 두 사건에 대해서도 동시에 일어난 일인지 아닌지를 알 수 있다. 각각의 사건이 터진 장소에 위치한 서로 다른 시계가 동일한 시각을 가리킨다면 두 사건은 동시에 일어난 것이 된다.

아인슈타인은 어떤 불필요한 가정도 하지 않고 어떤 편견도 갖지 않도록 애쓰면서 시간을 측정한다는 게 어떤 의미인지를 생각했다. 로마 황제이자 스토아 철학자인 마르쿠스 아우렐리우스(Marcus Aurelius, 121~180)는 시간을 흐르는 강물이라고 보았다.[2] 칸트는 시간이 인간의 인식 밖에서 독립적으로 존재하지 않는다고 주장했다.[3] 영국의 낭만파 시인 제임스 셜리(James Shirley, 1596~1666)는 생각보다 느려터진, "납다리를 단 시간(leaden footed time)"이라고 했다.[4] 그러나 아인슈타인은 물리학자다. 그에게 있어 시간이란 물리학의 문제이다. 그는 공간과 시간이 물리학에서 어떤 의미인지를 분명하게 이해하고자 했다.

다음으로 움직이는 두 관찰자에 대한 동시성의 문제로 넘어가 보자. 두 명의 관찰자가 있다. 이 두 관찰자는 각자 자기만의 시계 네트워크를 갖고 있다. 그리고 서로에 대해 상대적으로 움직이고 있다. 이 경우 제1관찰자에게 동시에 일어난 사건은 제2관찰자에게 동시에 일어난 게 아니다. 다음의 실험을 상상해 보자. 제1관찰자는 기차에 앉아 있다. 기차 안에는 두 개의 전구가 있고 전구 사이의 정중앙에 스크린이 세워져 있다. 스크린에는 양쪽에서 오는 빛을 감지하는 장치가 달려 있어서 빛을 동시에 감지하면 벨이 울리게 되어 있다. 이제 제1관찰자가 두 개의 전구를 동시에 켠다. 전구 하나에서 나오는 빛은 왼쪽으로 가고, 다른 한 전구에서 나오는 빛은 오른쪽으로 간다. 이 두 빛은 같은 속도로 움직이므로 가운데 스크린에서 동시에 만나야 한다. 그리고 벨이 울린다. 간단한 문제다!

이제는 기차가 벤치에 앉아 있는 제2관찰자 앞을 오른쪽 방향으로 지나가고 있다고 해 보자. 그리고 제2관찰자 입장에서 앞서의 일을 다시 따져 보자. 그림 4.1과 같은 상황이다. 그림은 연속적으로 일어나는 순간들을 보여주는 것으로 맨 위가 시작이다. 벤치에 앉아 있는 관찰자는 *두 개의 전구와 스크린이 모두 오른쪽으로 이동하는 것을 본다.* 또한 그 관찰자는 두 전구로부터 나온 빛이 동시에 스크린에서 만나는 것을 목격한다. 왜냐하면 제1관찰자가 벨 소리를 들었다면 제2관찰자도 들어야 하기 때문이다. 이는 두 빛이 동시에 스크린에서 만났다는 이야기다.

그러나 벤치에 앉아 있는 관찰자가 벨소리를 들었다면 그의 입장에선 양쪽에서 날아오는 두 빛의 속도가 달라야 한다. 스크린이 움직이므로 어느 한쪽의 빛이 다른 한쪽의 빛보다 더 멀리 날아가야 하기 때문이다. *스크린이 오른쪽으로 이동하기 때문에 오른쪽으로 날아가는 빛이 왼쪽으로 날아가는 빛보다 더 먼 거리를 가야 한다.* 아인슈타인의 가설대로라면 빛의 속도는 같기 때문에 오른쪽으로 날아가는 빛이 스크린에 닿으려면 더 오래 걸려야 한다. 따라서 오른쪽으로 가는 빛을 내는 왼쪽의 전구는 오른쪽의 전구보다 더 먼저 켜졌어야 한다. 다시 말하면 두 개의 전구를 켜는 일, 즉 두 사건이 제2관찰자에게 있어서는 동시에 일어난 일이 아닌 것이다. 이렇게 동시성은 관찰자에 따라 상대적이다.

동시성에 대한 이 같은 불일치를 불러오는 핵심적인 이유는 두 관찰자가 왼쪽으로 날아가는 빛과 오른쪽으로 날아가는 빛이 둘 다 같은 속도를 가진다는 가정 때문이다. 아인슈타인이 에테르를 부정하고 빛은 속도가 일정하다고 하기 전에는 물리학자들은 이렇게 말했을 것이다. 두 관찰자 중 최소한 어느 한 명은 에테르 속을 움직여야 한다고 말이다. 에테르를 지나가는 관찰자에게는 오른쪽으로 날아가는 빛과 왼쪽으로 날아가는 빛이 같은 속도일 리 없다. (어느 하나는 에테르를 거슬러 올라가듯 움직인다면 다른 하나는 에테르가 흘러가는 방향대로 나아가는 것이다.) 따라서 속도가 다르다면 같은 시간 동안 이동한 거리가 다르다. 그러니 두 관찰자 간의 시간적 불일치는 사라진다.

이 결과가 빛에만 적용되는 예외적인 경우라고 치부해 버릴 순 없다. 두 전구를 켜는 일은 기차 양끝에서 일어나는 다른 사건일 수도 있다. 예를 들어 두 아이의 출생이라는 사건으로 대입해 보자. 이 경우 기차 안의 관찰자는 두 아이가 동시에 태어났다고 말하겠지만 벤치에 앉아 있는 관찰자는 왼쪽의 아이가 형이라고 할 것이다.

놀랍게도 아인슈타인은 특수상대성이론의 논문에서 참고문헌을 몇 편밖에 달지 않는다. 이 점에 대해 누군가는 1905년 그가 학계로부터 동떨어져 있었기 때문이라고 이야기할지도 모른다. 그러나 이후의 그의 논문에서도 참고문헌은 여전히 짧다. 이는 아인슈타인이 이것 아니면 저것 식의 특정 연구 결과에 특별히 영향을 받지 않았기 때문인지도 모른다. 대신 그는 자신이 보는 큰 그림에만 주목했다.

아인슈타인은 주로 연역적인 사고에 뛰어났다. 가설이나 일반 원리를 제시하는 것을 시작으로 해서 그 원리로 파생되는 결과를 추론해 내는 식이다. 대개의 다른 과학자들은 귀납적인 방식으로 연구를 한다. 다양한 실험 현상들을 토대로 일반 법칙을 세우는 것이다. 예를 들어

17세기 초 독일의 천문학자 요하네스 케플러(Johnnes Kepler, 1571~1630)는 그 유명한 행성의 운동법칙을 발견하기 전에 행성궤도에 대한 막대한 양의 관측 데이터를 열심히 들여다봐야 했다. 다윈은 자연선택설이라는 원리를 유도해 내기 전에 파타고니아*, 티에라델푸에고**, 아마존 등지를 수년 동안 돌아다니면서 타조와 아르마딜로의 분포를 조사해야 했다. 1900년, 막스 플랑크가 양자를 발견한 것도 관측된 현상을 설명하려다 얻게 된 것이다.

모든 면에서 고독한 사람이었던 아인슈타인은 전혀 달랐다. 그는 외부 세계와는 딱 맞아떨어지지 않는, 자신의 마음에서 탄생한 기본 원리나 가설로 시작했다. 1930년대 초 그는 과학에 대한 자신의 철학을 이렇게 표현했다. "오늘날 우리는 경험주의***만으로는 과학이 발전할 수 없다는 것을 안다. 그리고 과학의 발전 과정에서 우리는 자유로운 착안을 활용할 필요가 있다는 것도 안다."[5] 아인슈타인에게 있어 그의 뇌는 눈이고 귀이며 손이었다. 실험은 그저 암시에 불과했다. 그는 전혀 해 보지도 않은 실험이 필요할 때면 먼저 머릿속으로 상상해 보았다.

특수상대성이론 논문에서 엿볼 수 있는 아인슈타인만의 또 다른 독특한 면은 '대칭성의 원리'에 대한 그의 생각이었다. 하나의 현상을 다른 관점으로 봐도 동일해야 한다는 것이 대칭성의 원리다. 예를 들어 정사각형은 90도를 돌려도 똑같다. 이 경우, 정사각형은 '4면 대칭성'이 있다고 말한다. 아인슈타인은 첫 번째 가설에서 대칭성의 원리를 적용했다. 서로에 대해 일정한 속도로 움직이는 한, 물리학은 서로 다른 관찰자들에게 동일하다는 것이다. 사실 자연의 법칙을 탐구하는 시작

---

* 남미 아르헨티나 남부의 고원.
** 남미 대륙 끝에 있는 제도.
*** 감각의 경험을 통해 얻어진 증거들로부터 비롯된 지식을 강조하는 이론.

점에서 대칭성의 원리를 적용한 최초의 물리학자는 아인슈타인이었다. 다른 물리학자들은 자신이 세운 법칙과 방정식이 보여주는 대칭성에 대해 때때로 감탄했다. 하지만 결국 그들의 법칙과 방정식은 대칭성이 아닌 다른 방법으로 발견되었다. 반면 아인슈타인은 대칭성의 원리를 아예 발견의 실마리로 삼았고 이를 기초적인 것으로 삼아 위상을 높였다. 그에게 있어 대칭성의 원리는 통일성과 함께 자연의 기본적인 짜임새였다. 따라서 자연의 법칙을 발견하기 위해서는 대칭성의 원리에서 시작해야 했다. (물론 이렇게 유도된 법칙은 잠정적인 것이며 인간이 만든 모든 과학이론과 마찬가지로, 실험으로 입증이 되어야 한다. 때로는 대칭성의 원리로 유도된 법칙과 여기에 적용되었던 대칭성의 원리가 잘못된 것으로 판명나기도 한다. 자연은 우리가 상상할 수 있는 모든 대칭성의 원리에 어긋나지 않는다.) 대칭성의 원리에 대한 내용은 20장에서 더 자세하게 다룬다.

이제 우리는 특수상대성이론의 핵심적인 부분에 도달했다. 모든 것은 두 개의 가설을 따른다. 아인슈타인은 두 사건을 생각했다. 그는 두 사건의 시간과 공간이 다른 두 명의 관찰자에 따라 어떻게 달라지는지를 파고들었다. 그는 첫 번째 관찰자를 K로, 두 번째 관찰자를 K로 표기했다. 관찰자 k는 x축을 따라 관찰자 K에 상대적인 v의 속도로 이동한다. 두 관찰자는 각자 자신들의 시계와 자를 준비한 상태다. 첫 번째 사건이 일어났을 때 그 두 관찰자는 측정 장치의 시간과 공간적 위치가 0을 가리키도록 했다. 두 번째 사건이 일어났을 때 K의 측정 장치는 공간적으로 x, y, z에 위치해 있고 시간은 t이다. k의 경우, 공간은 ξ, η, ζ이고 시간은 τ이다. 아인슈타인은 여기에서 이렇게 묻는다. x, y, z, t가 ξ, η, ζ, τ와 어떤 관련이 있는가. 이 질문은 새로운 경도와 위도 시스템을 묻는 것과 같다. 예를 들어 북극 대신에 도쿄를 지나는 위도를 0으로 하고 런던 대신 뉴욕을 지나는 경도를 0으로 하는 것이다. 그랬을 때 인도의 캘커타가 기존의 좌표와 새 좌표에서 어떻게 다른지를 묻는 것과 같은 이치다. 단, 아인슈타인의 문제에서 다른 점은 시간의 좌표가 포함되어 있다는 것이다. 사건이 언제 어디에서 일어났다는 것은 시간과 공간, 둘 다를 포함하고 있어야 한다.

자신이 세운 가설에 따라 아인슈타인은 좌표의 변화를 해결할 수 있었다. 그는 이 문제를 두 개의 사건으로 따져 보았다. 하나는 k의 좌표에서 정지해 있는 시계가 두 번 째깍거리는 것이다. 이때 각각의 째깍거림은 특정 시간과 특정 공간에서 일어난다. 두 번째는 서로 다른 시간에 이동하는 빛의 위치에 대한 것이다. 관찰자 K와 관찰자 k가 빛의 시간적 공간적 위치에 대해 일치하지 않더라도 그들은 상대성이론의 두 번째 가설 때문에 동일한 빛의 속도를 측정해야 한다. 더 나아가 속도는 거리를 시간으로 나눈 것이므로, K와 k가 빛이 이동한 거리가 같지 않다면 그림 4.1이 보여준 사례처럼 두 관찰자는 빛이 이동하는 데 걸린 시간도 다르게 관측해야 한다. 따라서 거리를 시간으로 나눈 값은 두 사람에게 같을 수 있다.

아인슈타인은 이 두 사건과 관찰자 K와 k에게 동일한 물리적 법칙이 적용된다는 등가성을 이용해 '변환 방정식*'을 얻게 된다. 이는 특수상대성이론의 기본 방정식으로, 상대속도가 v인 두 관찰자 사이에 시간과 공간이 얼마나 다른지를 양적으로 나타낸 것이다. 그리고 그 값은 속도 v와 변치 않는 값인 빛의 속도 c에 따라 날라진다. 변환 방정식은 단지 빛에만 적용되는 것이 아니라는 점이 중요하다. 아기의 탄생과 같

---

*$\tau = \beta(t - vx/)$,
$\xi = \beta(x - vt)$,
$\eta = y$,
$\zeta = z$. 이고 여기에서
$\beta = 1/\sqrt{(1 - v^2/c^2)}$이다.

은 사건에도 적용이 된다. 이는 시간과 공간의 상대성을 의미한다. 정밀한 변환 방정식과 이 젊은 과학자의 사심 없고 신중한 목소리는 세상을 떠들썩하게 만든 그의 연구 결과와는 상반되는 일이었다.

아인슈타인은 변환 방정식으로 모든 움직이는 물체가 이동하는 방향에서 $\sqrt{1-v^2/c^2}$의 '상대론적 비율'만큼 짧아지고, 움직이는 시계 역시 같은 비율로 느리게 간다는 것을 알아낸다. 물론 여기에서 '움직인다'는 것은 상대적인 말이다. 각 관찰자는 자신만의 '고정된' 자와 시계를 갖는다. 그에 대해 상대적으로 움직이는 모든 자와 시계는 그가 가진 고정된 자와 시계에 비해 짧아지고 느려진다. 예를 들어 나에 대해 상대적으로 빛의 속도의 절반인 $v=c/2$의 속도로 이동하는 시계가 있다고 해 보자. 이 경우 내가 갖고 있는 시계가 1초가 흘렀을 때, 빛의 속도의 절반으로 이동하는 시계는 $\sqrt{1-1/4}=0.866$초가 흘러간 게 된다.

빛의 속도에 비해 터무니없는 느린 우리 일상의 속도에서는 $\sqrt{1-v^2/c^2}$의 상대론적 비율이 거의 1에 가깝다. (제트비행기가 나에 대해 시간 당 960킬로미터의 속도로 날아간다면 상대론적 비율은 0.9999999999996이다.) 아인슈타인의 길이 축소와 시간 연장, 그리고 동시성에 대한 불일치가 인간의 감각으로 전혀 감지되지 않은 이유는 바로 이 때문이다. 이런 까닭에 우리는 시간의 절대성에 대해 강한 믿음을 갖게 된 것이다. 그러나 상당한 상대속도, 또는 아주 정밀한 장비가 있다면 시간과 공간의 상대론적 왜곡 현상은 측정이 된다. 실제로 특수상대성이론의 예측은 여러 실험에서 정량적으로 확인되었다. 예를 들어 뮤온이라는 소립자는 실험실의 정지 상태에서는 평균 2.2마이크로초(1마이크로초=10^{-6}초) 동안만 존재하고 붕괴된다. 이에 반해(실험실에 상대적으로) 빛의 속도의 99.8퍼센트로 이동하는 뮤온의 수명은 이보다 10배 이상 긴 33마이크로초다. 이는 지표면으로부터 11킬로미터 상공에서 만들어진 뒤 지표면으로 날아와 관측된 뮤온으로부터 얻은 결과다. 상대론적 효과가 없다면 뮤온은 붕괴되기 전에 이 정도 거리를 이동할 수 없다. 움직이는 뮤온의 시계는 고정된 시계보다 딱 상대론적인 비율만큼 천천히 흘러간다.

우리가 흔히 특수상대성이론으로 알고 있는 아인슈타인의 논문, "움직이는 물체의 전기역학에 관하여(On the Electrodynamics of Moving Bodies)"*는 물리학계에서 가장 중요한 논문이라고 해도 손색이 없을 정도다. 대부분의 물리학 이론과 달리 상대성이론은 특정한 힘과 입자에 관한 이론이 아니다. 그보다는 힘과 입자들이 자신들의 기량을 펼치는 무대, 즉 시간과 공간에 관한 이론이다. 그렇기에 상대성이론은 현대 물리학의 어느 이론에든 관련되어 있다. 1905년 이전에 등장한 모든 이론들은 상대성이론에 걸맞게 수정되어 왔다. 이후의 이론들 역시 상대성이론에 통합되었다.

무명의 젊은 특허청 사무원은 물리학뿐 아니라 철학과 문학 서적도 폭넓게 접했다. 그는 또한 자신의 상대성이론이 수 세기에 걸쳐 형성된 사고의 틀에 도전한다는 것도 잘 알고 있었다. 아인슈타인에게는 자신이 읽은 책에 대해 함께 이야기를 주고받을 두 명의 친구, 모리스 솔로빈(Maurice Solovine)과 콘라드 하비히트(Conrad Habicht)가 있었다. 이 세 젊은이들은 올림피아 아카데미라는 작은 모임을 만들어 한 주에도 여러 번 만났다. 이들은 주로 저녁식사 시간에 만나 대화를 나누었다. 소시지와 치즈, 과일, 차와 함께 그들은 스피노자, 흄, 칸트, 소포클레스, 라신, 세르반테스, 디킨스, 밀에 대해 논했다.[6] 마흐, 헬름홀츠, 리만, 푸앵카레와 같은 물리학자와 수학자에 대해 토론을 나누기도 했다. 훗날

---

*아인슈타인이 시간과 공간의 상대성을 보여준 논문의 제목이다.

솔로빈은 "우리는 한 쪽이나 반 쪽 정도를 읽곤 했다. 중요한 내용일 경우에는 며칠씩 논의를 계속하기도 했다. 어떨 때는 단 한 문장을 가지고 며칠씩 논의했다."고 회상했다. 때때로 아인슈타인의 바이올린 연주를 곁들이기도 했다. 그해 여름, 세 명의 친구는 곧잘 베른 남쪽에 위치한 쿠르텐 산에 함께 오르는 것으로 밤을 지새웠다. 그러고 나서 알프스 산을 넘어 해가 뜨기를 기다렸다. 이곳의 광경은 그들에게 천문학에 대한 새로운 논의를 불러일으켰다. 온몸이 노곤해진 이 젊은이들은 작은 레스토랑에서 진한 커피를 마시고 산을 내려갔다.

이 귀중한 친구들이 곁에 있었던 젊은 시절을 제외하면 아인슈타인은 고독 속에 일생을 살아간 외톨이였다. 만년에 그는 국제인권연맹(League for Human Rights)을 지지하는 등 몇 가지 사회운동에도 참여했다. 그는 세계를 돌아다니며 역사와 철학, 교육에 대해 강연했고 예루살렘 히브리 대학의 설립을 돕기도 했다. 아인슈타인은 로맨틱한 관계를 여러 차례 맺었다. 그러나 내면 깊숙한 곳에서 언제나 그는 고독한 사람이었다. 대부분의 위대한 과학자들과 달리 그는 오직 한 명의 대학원생을 가르쳤을 뿐이다. 그는 가르치기를 피했다. 52세인 1931년에 출판한 한 편의 글에서 그는 이런 말을 했다.

사회적 정의와 사회적 책임에 관한 나의 열정적인 감정은 기이하게도 언제나 사람들과의 직접적인 접촉을 필요로 하지 않는 것과 대조를 이룬다. 나는 진정으로 '고독한 여행가'이다. 내 조국, 내 집, 내 친구들, 심지어 내 가족에서도 소속되어 있다고 느낀 적이 없었다.[7]

1933년, 아인슈타인은 독일 나치 정권의 반유대주의와 군국주의를 피해 독일을 떠나 미국 프린스턴 고등연구소(Institute for Advanced Study in

Princeton)로 자리를 옮겼다. 그곳에서 그는 22년 동안 남은 생애를 보냈다. '고독한 여행가'는 더욱 고독해졌다. 아인슈타인의 깊은 고립은 그가 새로운 언어를 쓰는 낯선 나라에 있는 것도 한 이유였다. 그러나 더 큰 이유는 그의 지적인 삶 때문이었다. 이는 그의 핵심이었다. 그는 물리학의 여타 다른 분야들과 얽히지 않았다. 우선 그는 물리학자로 탄생할 수 있도록 도움을 준 양자물리학의 기본 원리인 불확정성 원리(10장에 설명된다.)를 받아들일 수 없었다. 그리고 얼마 지나지 않아 아인슈타인은 전자기력과 중력을 통합하는 자신만의 비양자 통일 이론을 세우는 데 몰입하게 되었다. 그는 실패를 거듭하면서도 남은 생애 동안 고집스럽게 이 길을 갔다. 다른 물리학자들은 양자물리학에 대한 그의 고집스런 자세를 의아해하고 낙담스러워했다. 물리학의 흐름은 원자와 소립자를 설명하는 강력하고 새로운 양자물리학으로 방향을 틀었는데도 아인슈타인은 자신의 지적 세계 속으로 깊게 빠져들었다. 자신의 독방에 스스로 감금되어 있었던 것이다. 1930년대에 이루어진 물리학의 주요 업적, 즉 반물질의 발견, 전자의 상대론적 양자이론의 발견, 그리고 기본 힘들의 새로운 발견에 대해서 아인슈타인은 거의 아무런 언급도 하지 않았다. 한때 아인슈타인이 활발하게 함께 논의를 주고받은, 덴마크의 위대한 물리학자 닐스 보어가 1939년 프린스턴에 방문했을 때 아인슈타인은 어수선한 자신의 연구실에 홀로 틀어박혀 있었다.

1953년, 생의 끝자락 즈음에 아인슈타인은 젊은 시절의 벗, 솔로빈에게 "영원한 올림피아 아카데미 앞으로"라고 쓴 편지 한 통을 보냈다. 그 편지는 이렇게 시작했다. "짧지만 굵었던 자네와의 만남에서 자네는 모든 게 분명하고 이성적이었던 어린아이와 같은 즐거움을 주었지 [...] 이제 다소 퇴색되긴 했어도 우리는 순수한 영감을 주었던 자네의 빛을 따라 여전히 고독한 삶의 길을 따르고 있다네."[8]

움직이는 물체의 전기역학에 관하여[*]

알버트 아인슈타인

맥스웰의 전기역학을―현재 일반적으로 이해되는 대로―움직이는 물체에 적용하면 현상에 내재하는 것으로는 보이지 않는 비대칭에 도달하게 된다는 점은 잘 알려져 있다. 예를 들어 자석과 도체 사이의 전기역학적 상호작용을 살펴보자. 여기서 관찰할 수 있는 현상은 도체와 자석의 상대 운동에만 의존하는 반면, 통상적인 해석은 이 물체 중 하나나 다른 하나가 운동을 하고 있는 두 가지 경우를 명확히 구분한다. 자석이 움직이고 도체가 정지해 있다면, 자석 주변에 일정한 에너지를 가진 전기장이 생겨서 도체가 위치한 곳에 전류를 만든다. 그러나 자석이 정지해 있고 도체가 움직이면, 자석 주변에는 아무런 전기장도 생기지 않는다. 하지만 우리는 도체에서 기전력을 발견하게 되는데, 원래 이 기전력에 대응하는 에너지는 없지만 앞의 경우에서 전기력에 의해 생긴 것과 같은 경로와 강도를 지닌 전류를―논의된 두 경우에 상대 운동이 똑같다고 가정하면―일으킨다.

이런 종류의 예들은, '광 매질(Lichtmedium)'에 대해 상대적인 지구의

---

* 출전 A. Einstein, "Zur Elektrodynamik bewegter Körper" *Annalen der Physik* 17 (1905), 891-921. 이 장에는 4가지 주가 있으며, 그 표기는 원본인 아인슈타인의 *Annalen* 논문의 주는 1), 2), 3) ……으로, 한국어 역자의 주는 ①, ②, ③ ……으로 구별하였다. 또한 아인슈타인의 *Annalen* 논문에 대해서 1913년 로렌츠, 아인슈타인, 민코프스키의 주요 논문을 편집한 책, Arnold Sommerfeld, 『*Das Relativitatsprinzip*』(Berlin, Teubner, 1913)에서 좀머펠트가 단 주와 아인슈타인의 특수 상대성이론 형성에 관한 책, Arthur I. Miller, 『*Albert Einstein's Special Theory of Relativity*』(Massachusetts, Addison-Wesley, 1981)에서 밀러가 단 주는 *로 표기하고 각주 뒤에서 그 출처를 밝혔다.

운동을 발견하려는 시도들이 실패한 것과 더불어, 절대정지의 개념에 부합되는 현상의 특성은 역학에서나 전기역학에서나 아무것도 없고, 오히려 일차의 양들(die Größen erster Ordnung)에 대해 이미 보여진 바와 같이, 역학의 법칙이 성립하는 모든 기준계에 대해* 전기역학과 광학의 법칙 또한 성립한다는 추측을 낳는다.

우리는 이 추측(지금부터 그 내용을 '상대성 원리'로 칭할 것이다)을 가정으로 삼을 것이고, 이 밖에도 또 하나의 가정을 도입할 것인데, 이것은 단지 겉보기에만 앞의 가정과 모순된다. 빛은 언제나 진공에서 방출하는 물체의 운동 상태와 무관하게 일정한 속도 c[①]로 전파된다. 이 두 가정들로부터 정지한 물체에 대한 맥스웰의 이론을 기초로 삼는, 간단하고 일관된 운동체의 전기역학 이론을 얻을 수 있다. '빛 에테르'의 도입이 불필요하다는 것은 증명될 것이다. 왜냐하면 여기서 전개될 견해는 특별한 성질을 가진 '절대적으로 정지한 공간'을 도입하지도 않고 속도 벡터를 전자기적 과정이 일어나는 진공 상의 한 점과 연관시키지도 않을 것이기 때문이다.

여기서 전개될 이론은 모든 전기역학처럼 강체의 운동학(Kinematik)에 근거한 것인데, 이는 그러한 이론의 주장이 강체들(좌표계)과 시계, 전자기적 과정 간의 관계에 관한 것이기 때문이다. 이 상황을 충분히 고려하지 못한 것이 운동하는 물체의 전기역학이 이제 싸워야 하는 근원적인 난제들이다.

---

*로렌츠의 논문은 이 당시 저자에게 알려져 있지 않았다. (A. S.)
　① Annalen 판에는 V로 표시되어 있으나 편의상 c로 쓴다.

I. 운동학 부분

1. 동시성의 정의

뉴턴 역학의 방정식이 성립하는* 좌표계를 살펴보자. 논증을 정확히 하기 위해, 또 이 좌표계를 나중에 도입될 다른 좌표계들과 용어상으로 구별하기 위해 우리는 그것을 '정지계(das ruhende System)'라고 부르겠다.

만일 한 질점이 이 좌표계에 대해 정지해 있다면, 그 질점의 위치는 유클리드 기하학의 방법을 써서 강체자(Starre Maßstäbe)에 의해 그 좌표계에 대해 정의될 수 있고, 데카르트 좌표로 표현될 수도 있다.

만약 질점의 운동을 기술하고 싶다면, 그 좌표의 값을 시간의 함수로 준다. 이제 우리가 조심스럽게 명심해야 할 것은, 우리가 〈시간〉이라고 이해하게 될 것에 관해 우리가 확실하게 파악하지 못한다면 이런 종류의 수학적 기술은 아무런 물리적 의미를 갖지 못한다는 것이다. 우리의 판단에서 시간이 어떤 역할을 하는 것은, 언제나 동시적 사건들 (gleichzeitige Ereignisse)에 대한 판단임을 우리는 참작해야 한다. 예를 들어 내가 "저 기차는 일곱 시에 이곳에 도착한다."고 말한다면, 나는 다음과 같은 의미로 말하는 것이다. "내 시계의 작은 바늘이 7을 가리키는 것과 기차가 도착하는 것은 동시적 사건이다."**

'시간' 대신 '내 시계의 작은 바늘의 위치'를 쓰면 '시간'의 정의에 관한 난점들이 극복될 수 있는 것처럼 보일 수도 있다. 사실상 그러한 정의는, 시계가 놓인 장소에 대해 시간을 정의하려 할 때에만 만족스럽

---

* 즉 일차 근사까지. (A. S.)

** 우리는 여기서 (대략) 같은 장소에서 일어나는 두 사건의 동시성 개념에 잠재해 있는 부정확성을 논의하지는 않겠다. 그것은 추상적인 개념을 도입함으로써 제거될 수 있기 때문이다.

다. 그러나 서로 다른 장소에서 일어나는 일련의 사건들을 제대로 연관하거나, 또는 — 결국 마찬가지 것인데 — 시계에서 멀리 떨어진 장소에서 일어나는 사건들의 시간값을 알아야 할 때에는 더 이상 만족스럽지 않다. 좌표계의 원점에 시계를 가지고 서 있는 관찰자를 사용함으로써 아마도 우리는 원칙적으로 흡족하게 사건들의 시간을 잴 수 있을 것이다. 이 관찰자는 시간을 재야 할 사건들에서 출발해서 진공을 통과해 그가 있는 곳까지 오는 광신호의 도착이 그의 시계 바늘과 맞도록 조정한다. 하지만 우리가 경험으로부터 알고 있듯이, 이렇게 조정하는 것은 시계에 대한 관찰자의 관점에 의존한다는 단점이 있다. 우리는 다음의 고찰을 통해 훨씬 더 실제적인 이해에 도달하게 된다.

공간상의 점 A에 시계가 있다면, 점 A에 있는 관찰자는 사건들과 동시에 시계바늘의 위치를 읽음으로써 A 바로 근처에 있는 사건들의 시간을 측정할 수 있다. 공간상의 점 B에 또 다른 시계 — 덧붙인다면 'A에 있는 것과 정확히 똑같은 특성을 가진 시계' — 가 있다면 점 B에 있는 관찰자가 B의 바로 이웃에서 일어나는 사건들의 시간을 측정하는 것이 가능하다. 그러나 그 이상의 정의가 없이는 A에서의 사건과 B에서의 사건을 시간상으로 비교할 수는 없다. 지금까지는 'A 시간'과 'B 시간' 만을 정의했을 뿐, A와 B에 대해 동시에 통용되는 '시간'을 정의하지는 못했다. 후자의 시간은 이제 정의상 빛이 A에서 B까지 진행하는 데 필요한 '시간'이 B에서 A까지 진행하는 데 필요한 '시간'과 동일할 것을 요구함으로써 정의될 수 있다. 한 광선이 '시간 A' t_A에 A로부터 B를 향해 출발하도록 하고, 그것이 '시간 B' t_B에 B에서 A 방향으로 반사되게 해서, '시간 A' t'_A에서 다시금 A에 도달하도록 하자. 다음의 조건을 만족하면 두 시계는 정의상 시간이 맞게 움직이는 것이다.

$$t_B - t_A = t'_A - t_B \qquad\qquad [1.1]^{②}$$

시간맞춤(Synchronismus)에 대한 이 정의에는 아무런 모순도 없고 임의의 많은 점들에 적용될 수 있으며, 또 다음의 관계가 보편적으로 성립된다고 우리는 가정한다.

1. 만일 B에 놓인 시계가 A에 놓인 시계와 시간이 일치한다면, A에 놓인 시계는 B에 놓인 시계와 시간이 일치한다.

2. 만일 A에 놓인 시계가 B에 놓인 시계와 시간이 일치하고 또 C에 놓인 시계와도 시간이 일치한다면, B와 C에 놓인 시계 또한 서로 시간이 맞는다.

그래서 어떤 (가상의) 물리 실험들의 도움으로 우리는, 서로 다른 장소에 놓인 시간을 맞춘 정지한 시계들로써 이해할 수 있는 것을 정의했고, '동시성'과 '시간'의 정의를 명확히 얻어 냈다. 한 사건의 '시간'은, 사건이 일어난 자리에 정지해 있는 시계와 그 사건을 동시에 읽는 것으로, 이 시계는 정지해 있는 어떤 특정한 시계와 시간이 맞추어져 있고, 또한 모든 시간 결정을 위해 시간이 맞추어져 있다.

게다가, 경험에 따라 우리는 다음의 양도 보편적인 상수(진공에서의 빛의 속도)여야 한다고 본다.

$$\frac{2AB}{t'_A - t_A} = c \qquad\qquad [1.2]$$

정지계에 정지해 있는 시계를 써서 시간을 정의하는 것은 필수적인 것으로, 지금 정의된 시간은 '정지계의 시간'으로 부르는 것이 적절하다.

---

② Annalen 판에는 식 번호 없음.

2. 길이와 시간의 상대성에 관하여

다음의 고찰은 상대성 원리와 광속 일정의 원리에 근거한 것이다. 따라서 우리는 이 두 원리를 다음과 같이 정의한다.

1. 물리계의 상태 변화를 기술하는 법칙은, 이 상태의 변화들이 서로에 대해 균일한 평행운동을 하는 두 좌표계 중 어느 좌표계로 인해 일어난 것인가 와는 무관하다.

2. 모든 광선은 '정지해 있는' 좌표계에서 일정한 속도 c로 움직이고, 이것은 그 광선이 정지해 있는 물체에서 방출된 것인지 아니면 움직이는 물체에서 나온 것인지와 무관하다. 따라서,

$$\text{속도} = \frac{\text{광로}}{\text{시간 지속기간}}$$

여기서 시간 지속기간(Zeitdauer)은 1절에 나온 정의와 같은 의미로 이해하면 된다.

길이가 l인 정지한 강체 막대를 역시 정지해 있는 측정용 자(Maβstabe)를 써서 측정한다고 해 보자. 이제 정지한 좌표계의 X축을 따라 막대의 축이 놓여 있고, X축을 따라 x가 증가하는 방향으로 속도 v로 평행 이동하는 균일한 운동이 막대에 부과된다고 가정해 보자. 우리는 움직이는 막대의 길이에 관해 조사하는데, 그것은 다음의 두 과정에 의해 결정된다고 가정한다.

(a) 관찰자가 주어진 측정용 자와 함께 움직이면서 막대를 측정한다. 측정할 막대와 관찰자, 측정용 자가 마치 정지해 있는 것과 똑같은 방법으로 측정용 자를 겹쳐놓음으로써 막대의 길이를 직접 측정한다.

(b) 1절의 방법에 따라 시간을 맞춘 시계들을 정지한 계에 놓고, 관찰자는 측정될 막대의 두 끝이 일정한 시간 t에서 정지계의 어떤 지점들

에 놓이는지를 확인한다. 이미 사용된 측정용 자, 이 경우에는 정지해 있는 측정용 자에 의해 측정된 이 두 점간의 거리는 또한 '막대의 길이'로 지칭될 수도 있다.

상대성 원리에 따라 조작 (a)에 의해 발견될 길이—우리는 그것을 '움직이는 계의 막대의 길이'라고 부를 것이다—는 정지한 막대의 길이 l과 같아야만 한다.

조작 (b)에 의해 발견될 길이를 우리는 '정지계에서 (움직이는) 막대의 길이'라고 부르고, 그 길이를 우리는 위의 두 원리를 바탕으로 결정하게 될 것이다. 우리는 그것이 l과 다르다는 것을 알게 될 것이다.

현재의 운동학에서는 이 두 조작에 의해 결정된 두 길이가 정확히 일치한다는 것을 암묵적으로 가정한다. 다시 말해 기하학적인 관점에서 순간 시각 t에서 움직이는 강체는 어떤 일정한 위치에 정지해 있는 똑같은 물체로 완벽하게 나타낼 수 있다.

우리는 여기서 더 나아가 정지계의 시계와 시간을 맞춘 시계들을 막대의 두 끝 A와 B에 놓는다고 가정한다. 즉 시계들이 가리키는 시간은 어떤 순간에서건 그것들이 놓인 장소에서 '정지계의 시간'과 일치한다고 가정하는 것이다. 따라서 이 시계들은 '정지계에서 동시적(Synchron im ruhenden System)'이다.

우리는 더욱이, 각 시계에 대해 움직이는 관찰자가 있고 이 관찰자들은 두 시계의 시간맞춤에 대해 1절에서 확립해 놓은 기준을 두 시계에 적용한다고 가정한다. 광선이 시간* t_A에 A를 출발해서 2) 시간 t_B에 B에서 반사되어 시간 t'_A에 다시 A에 도착한다고 하자. 광속 일정의 원리를 참작해서 우리는 다음 식을 얻게 된다.

---

*여기서 〈시간〉은 〈정지계의 시간〉과 또 〈논의 중인 장소에 위치한 움직이는 시계의 바늘의 위치〉를 지칭한다.

$$t_B - t_A = \frac{r_{AB}}{c-v} \quad \text{와} \quad t'_A - t_B = \frac{r_{AB}}{c+v}$$

여기서 r_{AB}는 정지계에서 측정한 움직이는 막대의 길이를 나타낸다. 따라서 움직이는 막대와 함께 운동하는 관찰자들은 두 시계가 시간이 맞지 않는다는 것을 알게 되는 반면, 정지계에 있는 관찰자들은 시계들의 시간이 일치한다고 주장할 것이다.

이렇게 해서 우리는 동시성의 개념에 아무런 절대적인 의미도 부여할 수 없고 한 좌표계에서 보았을 때 동시에 일어난 것으로 보이는 두 사건이라도 그 계에 대해 운동하고 있는 다른 계에서 보았을 때에는 더 이상 동시적인 사건들로 해석될 수 없다는 것을 알게 된다.

3. 한 정지계로부터 그 계에 대해 균일한 운동을 하고 있는 다른 계로 좌표와 시간을 변환시키는 것에 관한 이론

'정지한' 계에 두 좌표계가 있다고 하자. 이 두 계는 각각 서로 수직이면서 한 점에서 뻗어 나오는 세 개의 강체 물질선으로 이루어져 있다. 두 계의 X축은 서로 일치하고, Y축과 Z축은 각각 평행하게 한다. 각 계에는 강체 측정용 자 한 개와 여러 개의 시계가 있고, 두 측정용 자와 모든 시계들은 각기 모든 면에서 동일하다고 하자.

이제 둘 중 한 계(k)의 원점이 다른 정지계(K)의 x가 증가하는 방향으로 (일정한) 속도 v로 움직이게 하자. 그리고 이 속도가 좌표축들과 측정용 자, 시계들에 전달되도록 하자. 그러면 정지한 계 K의 임의의 시간 t에는 움직이는 계의 축들의 일정한 위치가 대응될 것이고, 대칭의 논리로부터 시간 t에서 k가(시간 't'는 항상 정지계의 시간을 지칭한다.) 움직이는 계의 축들이 정지한 계의 축들에 평행하게 되는 식으로 움직인다고 가정한다.

우리는 이제 공간이 정지계 K로부터는 정지한 측정용 자를 써서 측정되고, 또 움직이는 계 k로부터는 계와 함께 움직이는 측정용 자를 써서 측정된다고 가정한다. 그렇게 해서 우리는 좌표 x, y, z와 ξ, η, ζ를 각각 결정한다. 더욱이, 시계가 놓인 모든 점들에 대해 1절에 지적된 방법으로 광신호를 써서 정지계의 시간 t를 결정하도록 하자. 마찬가지로 움직이는 계의 시간 τ를, 그 움직이는 계에 대해 정지한 시계가 놓인 모든 점들에 대해 1절에서 주어진 방법을 적용해서 결정하도록 하자. 이 방법은 움직이는 계에 대해 정지해 있는 시계가 놓인 지점들간에 광신호를 교환하는 것이다.

정지계에서 일어나는 사건의 장소와 시간을 완전히 정의하는 x, y, z, t 값들에 대해, 그 사건을 k계에 대해 결정하는 값 ξ, η, ζ, τ 값들이 대응하게 된다. 이제 우리가 할 일은 이 양들을 연결시켜 주는 방정식들을 찾는 일이다.

우선 방정식들이 동질성(Homogenitätseigenschaft)을 갖기 때문에—우리는 공간과 시간이 동질성을 갖는다고 본다—그것들이 선형이어야 한다는 것은 분명하다.

우리가 $x'=x-vt$라고 놓으면, 분명히 계 k에서 정지해 있는 한 점은 시간에 무관하게 x', y, z값을 갖는다. 우리는 우선 τ를 x', y, z, t의 함수로 정의한다. 이렇게 하기 위해서는 τ가 k계에서 정지해 있는 시계들—이 시계들은 1절에서 주어진 규칙에 따라 시간이 맞추어졌다—의 자료를 모아 놓은 것일 뿐임을 방정식에서 나타내어야 한다.

k계의 원점으로부터, 광선이 시간 τ_0에 X축을 따라 x'로 방출되고 시간 τ_1에 좌표계의 원점으로 반사되어 시간 τ_2에 원점에 도착하도록 하자. 따라서 $\frac{1}{2}(\tau_0+\tau_2) = \tau_1$이다. 혹은 함수 τ의 논의를 삽입하고 정지계에서의 광속 일정의 원리를 적용함으로써 다음을 얻게 된다.

$$\frac{1}{2}\left[\tau(0,\,0,\,0,\,t)+\tau\left(0,\,0,\,0,\,t+\frac{x'}{c-v}+\frac{x'}{c+v}\right)\right] \qquad [3.1]$$

$$=\left(x',\,0,\,0,\,t+\frac{x'}{c-v}\right)$$

그러므로 x' 를 무한히 작게 잡으면,

$$\frac{1}{2}\left(\frac{1}{c-v}+\frac{1}{c+v}\right)\frac{\partial\tau}{\partial t}=\frac{\partial\tau}{\partial x'}+\frac{1}{c-v}\frac{\partial\tau}{\partial t} \qquad [3.2]$$

또는

$$\frac{\partial\tau}{\partial x'}+\frac{v}{c^2-v^2}\frac{\partial\tau}{\partial t}=0 \qquad [3.3]$$

이다.

지적할 것은, 좌표의 원점 대신 다른 어떤 점이라도 광선이 방출되는 점으로 잡을 수 있다는 점이다. 따라서 마찬가지로 얻어낸 방정식은 모든 $x',\,y,\,z$ 값에 대해 유효하다.

정지한 계에서 볼 때 빛이 이 축들을 따라 c^2-v^2 의 속도로 전파된다는 것을 고려해서 비슷한 분석을—H 축과 Z 축에 적용해서—해보면, 다음과 같은 결과를 얻는다.

$$\frac{\partial\tau}{\partial y}=0\,,\quad\frac{\partial\tau}{\partial z}=0$$

τ 가 선형 함수이기 때문에, 이 방정식들로부터 다음 결과가 나온다.

$$\tau = a\left(t - \frac{v}{c^2 - v^2}x'\right) \qquad [3.4]$$

여기서 a는 현재로서는 알려지지 않은 함수 $\varphi(v)$이고, 논의를 간단히 하기 위해 $t=0$일 때 k의 원점에서 $\tau=0$이라고 가정한다.

이 결과 덕분에 우리는, 빛(광속 일정의 원리에서 요구되듯이, 상대성 원리와 함께)은 움직이는 계에서도 속도 c로 진행한다는 것을 방정식으로 표현함으로써, ξ, η, ζ 양을 쉽게 결정하게 된다. 시간 $\tau=0$에서 ξ가 증가하는 방향으로 방출되는 광선에 대해 다음 관계가 성립한다.

$$\xi = ac\left(t - \frac{v}{c^2 - v^2}x'\right) \qquad [3.5]$$

그러나 그 광선을 정지계에서 측정해 보면 k의 초기 점에 대해 $c-v$의 속도로 운동함으로, 다음 관계를 만족한다.

$$\frac{x'}{c-v} = t \qquad [3.6]$$

만일 우리가 이 t값을 ξ의 방정식에 집어넣으면, 다음 식을 얻는다.

$$\xi = a\frac{c^2}{c^2 - v^2}x' \qquad [3.7]$$

유사한 방식으로 두 개의 다른 축을 따라 움직이는 광선을 고려함으로써 우리는 다음 식을 얻게 된다.

$$\eta = c\tau = ac\left(t - \frac{v}{c^2 - v^2}x'\right) \qquad [3.8]$$

이 때 조건은 다음과 같다.

$$\frac{y}{\sqrt{c^2 - v^2}} = t, \quad x' = 0 \tag{3.9}$$

따라서

$$\eta = a\,\frac{c}{\sqrt{c^2 - v^2}}\,y \quad \text{그리고,} \quad \zeta = a\,\frac{c}{\sqrt{c^2 - v^2}}\,z \tag{3.10}$$

x'에 그 값을 대입하면, 우리는 다음 관계를 얻게 된다.

$$\tau = \varphi\,(v)\beta\left(t - \frac{v}{c^2}x\right), \tag{3.11}$$
$$\xi = \varphi\,(v)\beta\,(x - vt), \tag{3.12}$$
$$\eta = \varphi\,(v)\,y, \tag{3.13}$$
$$\zeta = \varphi\,(v)\,z, \tag{3.14}$$

여기서

$$\beta = \frac{1}{\sqrt{1 - \left(\dfrac{v}{c}\right)^2}} \tag{3.15}$$

이고 φ는 아직까지는 알려지지 않은 v의 함수이다. 만약 움직이는 계의 초기 위치에 관해 또 τ의 영점(Nullpunk) t에 관해 아무런 가정도 하지 않는다면, 부가적인 상수가 이 방정식들 각각의 오른쪽에 놓여야 한다.

이제 우리는 이미 가정했던 것처럼 어떤 광선이 정지계에서 c의 속도로 진행한다면 움직이는 계에서 측정할 때도 속도 c로 진행한다는 것을 증명해야 한다. 왜냐하면 광속 일정의 원리가 상대성 원리와 양립할 수 있다는 것을 아직 증명해 내지 못했기 때문이다.

시간 $t = \tau = 0$에서 두 좌표계의 원점이 일치할 때, 두 계의 원점에 놓인 광원으로부터 구면파 하나가 방출되어, K계에서 c의 속도로 진행되도록 하자. 이 파가 이제 막 (x, y, z)인 점에 도달했다면, 다음과 같은 관계가 성립한다.

$$x^2 + y^2 + z^2 = c^2 t^2 \qquad\qquad [3.16]$$

이 방정식을 변환 방정식의 도움으로 변환시키고, 간단한 계산을 하면 우리는 다음 식을 얻는다.

$$\xi^2 + \eta^2 + \zeta^2 = c^2 \tau^2 \qquad\qquad [3.17]$$

그러므로 고려 중인 파동 역시 마찬가지로 c의 진행속도를 가진 구면파이다. 따라서 우리의 두 근본 원리는 서로 양립 가능하다.*

지금까지 발전시켜온 변환 방정식에는 알려지지 않은 v의 함수 ϕ가 나오는데, 이제 우리가 이것을 결정할 것이다.

이러한 목적을 위해 우리는 또 다른 좌표계 K'를 도입한다. 이 새로운 계는 계 k에 대해 X축에 평행하게 병진 운동하는데, 그 좌표계의 원점은 X축 상에서 k에 대해 $-v$의 속도로 움직이고 있다. 시간 $t = 0$에서 세 개의 원점이 모두 일치한다고 하고, $t = x = y = z = 0$일 때 K'계의 시간 t'가 영(0)이 되게 하자. 우리는 K'계에서 측정된 좌표들을 x', y', z'라고

---

*로렌츠 변환의 방정식들은 그 방정식들에 의해 $x^2 + y^2 + z^2 = c^2 t^2$의 관계가 그 결과로서 $\xi^2 + \eta^2 + \zeta^2 = c^2 \tau^2$의 관계를 가지게 될 거라는 조건에서 더 간단하게 직접적으로 유도될 수 있다. (A.S.)

부르고, 변환 방정식을 두 번 적용해서 다음 방정식들을 얻는다.

$$t' = \varphi(-v)\beta(-v)\left\{\tau+\frac{v}{c^2}\xi\right\} = \varphi(v)\varphi(-v)t \qquad [3.18]$$

$$x' = \varphi(-v)\beta(-v)\{\xi+v\tau\} = \varphi(v)\varphi(-v)x \qquad [3.19]$$

$$y' = \varphi(-v)\eta = \varphi(v)\varphi(-v)y \qquad [3.20]$$

$$z' = \varphi(-v)\zeta = \varphi(v)\varphi(-v)z \qquad [3.21]$$

x', y', z'와 x, y, z 간의 관계들이 시간 t를 포함하지 않기 때문에, 계 K와 K'는 서로에 대해 정지해 있고, K에서 K'로의 변환이 항등변환 (identische Transformation)이어야 한다는 것은 분명하다. 따라서 다음 관계가 성립한다.

$$\varphi(v)\varphi(-v) = 1 \qquad [3.22]$$

우리는 이제 $\varphi(v)$의 의미를 탐구한다. 우리는 $\xi=0$, $\eta=0$, $\zeta=0$과 $\xi=0$, $\eta=1$, $\zeta=0$ 사이에 놓여 있는 k계의 H축 상의 부분에 관심을 고정시킨다. H축 상의 이 부분은 K계에 대해 속도 v로 그 축에 직교 방향으로 운동하는 막대이다. 그것의 끝부분은 K에서 다음과 같은 좌표를 갖는다.

$$x_1 = vt, \quad y_1 = \frac{l}{\varphi(v)}, \quad z_1 = 0 \qquad [3.23]$$

그리고

$$x_2 = vt, \quad y_2 = 0, z_2 = 0 \qquad [3.24]$$

따라서 K에서 측정된 막대의 길이는 $1/\varphi(v)$이다. 그리고 이것은 우리에게 함수 $\varphi(v)$의 의미를 알려 준다. 대칭을 고려해 보면, 그 축에 대해 수직으로 움직이는 주어진 막대의 길이는 정지계에서 측정할 때 속도에만 관계가 있고 방향이나 운동감(Sinne der Bewegung)과는 무관하다는 것이 이제 분명하다. 따라서 정지계에서 측정한 움직이는 막대의 길이는 v와 $-v$가 서로 바뀌어도 변하지 않는다. 결국 $1/\varphi(v)=1/\varphi(v)$ 또는 다음과 같은 관계가 있다.

$$\varphi(v)=\varphi(-v) \tag{3.25}$$

이 관계식과 앞에서 나온 관계식에서 $\varphi(v)=1$이 도출되고, 따라서 지금까지 발견된 변환 방정식들은 다음과 같이 된다.

$$\tau = \beta \left(t - \frac{v}{c^2}x \right), \tag{3.26}$$

$$\xi = \beta \left(x - vt \right), \tag{3.27}$$

$$\eta = y, \tag{3.28}$$

$$\zeta = z, \tag{3.29}$$

여기서

$$\beta = \frac{1}{\sqrt{1 - \left(\dfrac{v}{c} \right)^2}} \tag{3.30}$$

이다.

4. 움직이는 강체와 움직이는 시계에 관해 얻은 방정식들의 물리적 의미

반지름이 R이고, 운동하는 k계에 대해 정지해 있고 그 중심이 k의 좌표 원점에 놓인 강체구 즉, 정지 상태에서 보았을 때에 원형을 가진 물체를 고려해 본다. K계에 대해 속도 v로 움직이는 이 구의 표면 방정식은 다음과 같다.

$$\xi^2 + \eta^2 + \zeta^2 = R^2$$ [4.1]

이 표면 방정식은 시간 $t = 0$에서 x, y, z로 다음과 같이 표현된다.

$$\frac{x^2}{\left(\sqrt{1-\left(\frac{v}{c}\right)^2}\right)^2} + y^2 + z^2 = R^2$$ [4.2]

따라서 정지 상태에서 측정되었을 때 구의 형태를 가지는 강체는 운동 상태에서는 다음과 같은 축을 가지는 회전 타원체의 형태를 갖는다.

$$R\sqrt{1-\left(\frac{v}{c}\right)^2}, \ R, \ R$$ [4.3]

따라서 구의 Y와 Z차원은 운동에 의해 변형된 것처럼 보이지 않는 반면, X차원은 $1 : \sqrt{1-(v/c)^2}$ 의 비율로 짧아진 것으로 나타난다. 즉 v값이 크면 클수록 더 많이 짧아지는 것이다. $v = c$이면 모든 움직이는 물체는—'정지한' 계에서 보면—평면 모양으로 줄어든다. 광속보다 큰 속도에 대해서는 우리의 고려가 무의미하게 된다. 하지만 우리는 다음에서 광속은 우리의 이론에서 물리적으로 무한히 큰 속도의 역할을 한다는 것을 알게 될 것이다.

'정지한' 계에 정지해 있는 물체들에 대해서도, 균일한 운동을 하고 있는 계에서 보면 같은 결과가 성립한다는 것은 분명하다.

더욱이, 정지한 계에 대해 정지해 있을 때에는 시간 t를, 움직이는 계에 대해 정지 있을 때에는 시간 τ를 기록하는 것으로 여겨지는 시계들 중 하나가 k 좌표계의 원점에 위치해 있고 또 그것이 시간 τ를 가리키도록 맞춰져 있다고 생각해 보자. 정지한 계에서 보았을 때 이 시계의 비율은 무엇인가?

시계의 위치를 말해주는 x, t, τ양들 간에는 방정식들이 명확히 성립하고 또 다음 두 식이 성립한다.

$$\tau = \frac{1}{\sqrt{1-\left(\dfrac{v}{c}\right)^2}}\left(t - \frac{v}{c^2}x\right)$$

그리고

$$x = vt$$

따라서,

$$\tau = t\sqrt{1-\left(\frac{v}{c}\right)^2} = t - \left(1 - \sqrt{1-\left(\frac{v}{c}\right)^2}\right)t\,,$$

가 되고, 거기서부터 (정지한 계에서 본) 시계에 기록된 시간은 초당 $1-\sqrt{1-(v/c)^2}$ 초만큼, 다시 말해서—4차 이상의 크기는 무시하고—$\frac{1}{2}(v/c)^2$초만큼 느리다는 결론이 나온다.

이로부터 다음의 특이한 결과가 뒤따른다. K의 A점과 B점에 움직이지 않는 시계가 있고 정지한 계에서 보았을 때 그 두 시계의 시간이 일치한다면, 그리고 A에 놓인 시계가 AB선을 따라 B까지 v의 속도로 움직인다면, 그것이 B에 도착할 때 두 시계는 더 이상 시간이 맞지 않고, A에서 B까지 움직인 시계는 B에 정지해 있던 다른 시계에 비해 $\frac{1}{2}t(v/c)2$초만큼(4차 이상의 양까지) 시간이 지연된다. 여기서 t는 시계가 A에서 B

까지 움직이는 데 필요한 시간이다.

시계가 *A*에서 *B*까지 임의의 다각형 선(polygonale Linie)을 따라 움직일 때, 그리고 *A*점과 *B*점이 일치할 때에도 이 결과가 여전히 성립한다는 것은 분명하다.

만약 다각형 선에 대해 증명된 결과가 연속적으로 굽은 선에 대해서도 역시 성립한다고 가정한다면, 우리는 다음과 같은 정리를 얻게 된다. *A*에 놓인 시간이 맞는 두 시계 중 하나가 일정한 속도를 가지고 폐곡선 위를 움직여 *A*에 되돌아오고, 그 여행이 *t*초 동안 지속되었다면, 움직인 그 시계의 시간은 정지한 채로 있던 시계보다 $\frac{1}{2}t(v/c)2$초만큼 더 느리게 간다. 따라서 우리는 적도에 놓인 평형 시계(Unruhuhr)*가 다른 조건은 모두 같으면서 극에 놓인 정확히 비슷한 시계보다 더 느리게 가야만 한다고 결론한다.

5. 속도 부가의 정리

*K*계의 *X*축을 따라 *v*의 속도로 운동하는 *k*계에서, 한 점이 다음 방정식들에 따라 움직인다고 하자.

$$\xi = w_\xi \tau, \quad \eta = w_\eta \tau, \quad \zeta = 0$$

여기서 w_ξ와 w_η는 상수를 지칭한다.

이 점의 운동은 *K*계에 대한 것이어야 한다. 3절에서 개발한 변환 방정식의 도움을 받아 *x, y, z, t* 양들을 그 점의 운동 방정식에 도입하면, 우리는 다음의 식을 얻게 된다.

---

* 물리적으로 지구가 속해 있는 시스템인 진자 시계는 아니다. 이 경우는 제외되어야 한다. (A.S.)

$$x = \frac{w_\xi + v}{1 + \dfrac{vw_\xi}{c^2}} t \, ,$$

$$y = \frac{\sqrt{1 - \left(\dfrac{v}{c}\right)^2}}{1 + \dfrac{vw_\xi}{c^2}} w_\eta t \, ,$$

$$z = 0$$

따라서 우리의 이론에 따르면 속도의 평행사변형 법칙은 1차 근사에 대해서만 성립한다. 우리는 다음과 같이 놓는다.*

$$V^2 = \left(\frac{dx}{dt}\right)^2 + \left(\frac{dy}{dt}\right)^2$$

$$w^2 = w_\xi^2 + w_\eta^2$$

$$\alpha = tan^{-1} w_\eta / w_\xi$$

따라서 α는 속도 v와 w간의 각도로 보아야 한다. 간단한 계산을 하면 우리는 다음 식을 얻는다.

$$V = \frac{\sqrt{[(v^2 + w^2 + 2vw\cos\alpha) - \left(\dfrac{vw\sin\alpha}{c}\right)^2]}}{1 + \dfrac{vw\cos\alpha}{c^2}}$$

지적할 만한 것은, v와 w가 대칭적인 방식으로 합성 속도에 대한 표현 속에 들어 있다는 점이다. 만약 w 역시 X축의 방향을 갖는다면 우리는 다음 식을 얻게 된다.

---

*이 부분에서 *Annalen* 판에는 다음과 같은 오식(誤植)이 들어 있다. $\alpha = tan^{-1} w_y / w_z$ (A. I. M.)

$$V = \frac{v + w}{1 + \dfrac{vw}{c^2}}$$

이 방정식으로부터 c보다 작은 두 속도를 합성하면 언제나 c보다 작은 속도를 얻게 된다는 결론이 나온다. 만일 우리가 $v = c - \kappa$, $w = c - \lambda$라고 놓고 여기서 κ와 λ는 양수이고 c보다 작다면, 그 때는 다음과 같은 식이 나오기 때문이다.

$$V = c \, \frac{2c - \kappa - \lambda}{2c - \kappa - \lambda + \dfrac{\kappa\lambda}{c}} < c$$

더욱이 광속 c는 광속보다 작은 속도와 합성해도 달라지지 않는다는 결과가 나온다. 이 경우 우리는 다음의 식을 얻는다.

$$V = \frac{c + w}{1 + \dfrac{w}{c}} = c$$

우리는 또한 v와 w가 같은 방향일 때 3절의 방법에 따라 두 변환을 합성함으로써 V의 식을 얻을 수도 있었다. 만일 3절에 나온 계 K와 k외에도 k에 평행하게 움직이는 또 다른 좌표계 k'를 도입하고 그 좌표계의 초기점이 w의 속도로 X축 상을 움직인다고 하면, 우리는 x, y, z, t 양들 간의 방정식과 k'에 해당하는 양들을 얻는다. 이는 'v' 대신에 다음의 양이 들어간다는 점에서만 3절에서 나온 방정식들과 구별된다.

$$\frac{v + w}{1 + \dfrac{vw}{c^2}}$$

이 식으로부터 우리는 그러한 평행 변환들이 필연적으로 군을 형성한다는 것을 알게 된다.

이제 우리는 두 원리에 대응하는 운동학의 본질적인 정리들을 연역해 내었다. 그리고 그 정리들을 전기역학에 적용하는 법을 보이겠다.

II 전기역학 부분

6. 진공에 대한 맥스웰—헤르츠 방정식의 변환. 운동하는 동안 자기장에서 일어나는 기전력의 성질에 관하여

진공에 대한 맥스웰—헤르츠 방정식이 정지한 계 K에 대해 성립하고, 그래서 다음과 같은 식을 얻는다고 하자.

$$\frac{1}{c}\frac{\partial X}{\partial t} = \frac{\partial N}{\partial y} - \frac{\partial M}{\partial z}, \quad \frac{1}{c}\frac{\partial L}{\partial t} = \frac{\partial Y}{\partial z} - \frac{\partial Z}{\partial y},$$

$$\frac{1}{c}\frac{\partial Y}{\partial t} = \frac{\partial L}{\partial z} - \frac{\partial N}{\partial x}, \quad \frac{1}{c}\frac{\partial M}{\partial t} = \frac{\partial Z}{\partial x} - \frac{\partial X}{\partial z},$$

$$\frac{1}{c}\frac{\partial Z}{\partial t} = \frac{\partial M}{\partial x} - \frac{\partial L}{\partial y}, \quad \frac{1}{c}\frac{\partial N}{\partial t} = \frac{\partial X}{\partial y} - \frac{\partial Y}{\partial x}, \qquad [6.1]$$

여기서 (X, Y, Z)는 전기력 벡터를 지칭하고 (L, M, N)은 자기력 벡터를 나타낸다.

이 방정식들에 3절에서 발전시킨 변환들을 적용하고 거기서 도입된 속도 v로 움직이는 좌표계에서 전자기적 과정이 일어나는 것으로 보면, 다음 방정식들을 얻게 된다.

$$\frac{1}{c}\frac{\partial X}{\partial \tau} = \frac{\partial}{\partial \eta}\left\{\beta\left(N - \frac{v}{c}Y\right)\right\} - \frac{\partial}{\partial \zeta}\left\{\beta\left(M + \frac{v}{c}Z\right)\right\}, \qquad [6.2]$$

$$\frac{1}{c}\frac{\partial}{\partial \tau}\left\{\beta\left(Y - \frac{v}{c}N\right)\right\} = \frac{\partial L}{\partial \zeta} - \frac{\partial}{\partial \xi}\left\{\beta\left(N - \frac{v}{c}Y\right)\right\} \qquad [6.3]$$

$$\frac{1}{c}\frac{\partial}{\partial\tau}\left\{\beta\left(Z+\frac{v}{c}M\right)\right\}=\frac{\partial}{\partial\xi}\left\{\beta\left(M+\frac{v}{c}Z\right)\right\}-\frac{\partial L}{\partial\eta}, \qquad [6.4]$$

$$\frac{1}{c}\frac{\partial L}{\partial\tau}=\frac{\partial}{\partial\zeta}\left\{\beta\left(Y-\frac{v}{c}N\right)\right\}-\frac{\partial}{\partial\eta}\left\{\beta\left(Z+\frac{v}{c}M\right)\right\} \qquad [6.5]$$

$$\frac{1}{c}\frac{\partial}{\partial\tau}\left\{\beta\left(M+\frac{v}{c}Z\right)\right\}=\frac{\partial}{\partial\xi}\left\{\beta\left(Z+\frac{v}{c}M\right)\right\}-\frac{\partial X}{\partial\zeta}, \qquad [6.6]$$

$$\frac{1}{c}\frac{\partial}{\partial\tau}\left\{\beta\left(N-\frac{v}{c}Y\right)\right\}=\frac{\partial X}{\partial\eta}-\frac{\partial}{\partial\zeta}\left\{\beta\left(Y-\frac{v}{c}N\right)\right\}, \qquad [6.7]$$

여기서

$$\beta=\frac{1}{\sqrt{1-\left(\dfrac{v}{c}\right)^2}}$$

이다.

이제 상대성 원리가 요구하는 것은, 만일 진공에 대한 맥스웰—헤르츠 방정식들이 K계에서 성립한다면, 그 방정들은 또한 k계에서도 성립한다는 것이다. 다시 말해서, 움직이는 계 k의 전기력과 자기력의 벡터 (X', Y', Z')와 (L', M', N')는—이 벡터들은 전기적 물질이나 자기적 물질에 대한 기중(起重) 작용(ponderomotorische Wirkungen)에 의해 정의된다—각기 다음 방정식들을 만족시킨다.

$$\frac{1}{c}\frac{\partial X'}{\partial\tau}=\frac{\partial N'}{\partial\eta}-\frac{\partial M'}{\partial\zeta}, \qquad \frac{1}{c}\frac{\partial L'}{\partial\tau}=\frac{\partial Y'}{\partial\zeta}-\frac{\partial Z'}{\partial\eta},$$

$$\frac{1}{c}\frac{\partial Y'}{\partial\tau}=\frac{\partial L'}{\partial\zeta}-\frac{\partial N'}{\partial\xi}, \qquad \frac{1}{c}\frac{\partial M'}{\partial\tau}=\frac{\partial Z'}{\partial\xi}-\frac{\partial X'}{\partial\zeta},$$

$$\frac{1}{c}\frac{\partial Z'}{\partial\tau}=\frac{\partial M'}{\partial\xi}-\frac{\partial L'}{\partial\eta}, \qquad \frac{1}{c}\frac{\partial N'}{\partial\tau}=\frac{\partial X'}{\partial\eta}-\frac{\partial Y'}{\partial\xi},$$

분명히 k계에 대해 발견된 두 묶음의 방정식들은 정확히 같은 것을 표현해야만 한다. 왜냐하면 두 방정식 묶음들은 모두 K계에 대한 맥스웰—헤르츠 방정식들과 동일한 것이기 때문이다. 더욱이 두 묶음의 방정식들은 벡터들을 나타내는 기호만 제외하고는 모두 일치하기 때문에, 상응하는 위치에 놓인 방정식 묶음에서 나타나는 함수들은 $\psi(v)$ 요소만 제외하고는 일치해야 한다. 이 때 $\psi(v)$ 요소는 한 방정식 묶음에 나오는 모든 함수들에 공통적으로 나타나는데, ξ, η, ζ, τ에는 무관하고 v에만 관계가 있다. 그래서 우리는 다음 관계식들을 얻는다.

$$X' = \psi(v)X, \qquad\qquad L' = \psi(v)L$$

$$Y' = \psi(v)\beta\left(Y - \frac{v}{c}N\right), \qquad M' = \psi(v)\beta\left(M + \frac{v}{c}Z\right)$$

$$Z' = \psi(v)\beta\left(Z + \frac{v}{c}M\right), \qquad N' = \psi(v)\beta\left(N - \frac{v}{c}\right.$$

이제 우리가 이 방정식 묶음들을 역으로 만든다면, 첫 번째로는 방금 얻은 방정식들을 풀어서, 그리고 두 번째로는 방정식들을 역변환 (k에서 K로)—이는 속도 $-v$로 나타낸다—시켜서 만든다면, 우리가 이제 막 얻은 두 방정식 묶음이 동일한 것이 틀림없다고 간주할 때, $\psi^{③}(v) \cdot \psi(-v) = 1$이 도출된다. 더욱이 대칭*의 이유로 인해 $\psi(v) = \psi(-v)$이고, 따라서 $\psi(v) = 1$이며, 우리의 방정식들은 다음과 같은 형태를 취한다.

$$X' = X, \qquad\qquad L' = L$$

$$Y' = \beta\left(Y - \frac{v}{c}N\right), \qquad M' = \beta\left(M + \frac{v}{c}Z\right)$$

$$Z' = \psi(v)\beta\left(Z + \frac{v}{c}M\right) \qquad N' = \psi(v)\beta\left(N - \frac{v}{c}Y\right)$$

이 방정식들을 해석하는 데에 있어서 다음과 같은 말을 할 수 있다. 한

③ Annalen 판에는 φ로 표시되어 있다.

*만일 예를 들어 $X = Y = Z = L = M = 0$이고 $N \neq 0$이면, 그러면 v의 수치가 변하지 않고 부호만 변할 때, Y' 역시 그 수치는 변함없이 부호만 변해야 한다는 것은 대칭의 논리로부터 분명하다.

점전하를 정지한 계 K에서 측정했을 때 그것이 '1'의 양을 갖는다고 하자. 즉 점전하가 정지한 계에 정지해 있을 때 1센티미터의 거리에 놓인 같은 크기의 전하에 1다인(dyne)의 힘을 미친다고 하자. 상대성 원리에 의해 이 전하는 움직이는 계에서 측정했을 때에도 '1'의 크기를 가져야 한다. 만약 이 전기량이 정지계에 대해 정지해 있다면, 정의에 의해 벡터 (X, Y, Z)는 그것에 작용하는 힘과 똑같다. 만약 전기량이 움직이는 계에 대해 정지해 있다면 (최소한 관련된 순간에만이라도), 그것에 작용하는 힘은 움직이는 계에서 측정했을 때 벡터 (X', Y', Z')와 똑같다. 그 결과로서 위의 첫 세 방정식을 말로 표현하는 데에는 다음의 두 방법이 있게 된다.

1. 만일 단위 점전하가 전자기장에서 움직이고 있다면, 거기에는 전기력 외에도 '기전력(elektromotorische Kraft)'이 작용한다. v/c의 제곱 이상이 곱해진 항을 무시한다면, 이 기전력은 전하의 속도와 자기력의 벡터곱을 광속으로 나눈 것과 같게 된다(옛 표현 방법).

2. 만일 단위 점전하가 전자기장에서 움직이고 있다면, 그것에 작용하는 힘은 이 단위 전하의 위치에 존재하는 전기력과 같고, 우리는 장을 단위 전하에 대해 정지해 있는 좌표계로 변환시킴으로써 그 힘을 결정하게 된다(새 표현방법).

유사한 관계가 '기자력(magnetomotorische Kräfte)'에 대해서도 성립한다. 우리가 아는 것은, 발전된 이론에서 기전력은 보조 개념의 역할만을 할 뿐이라는 것인데, 이 개념은 전기력과 자기력이 좌표계의 운동 상태에 무관하게 존재하지는 않는다는 조건 때문에 도입된 것이다.

게다가 분명한 것은, 도입부에서 자석과 도체의 상대적인 운동에 의해 생겨난 전류를 고려할 때 나타나는 것으로 언급된 비대칭이 이제 없어진다는 점이다. 마찬가지로, 전기역학적 기전력의 '자리(Sitz)', 예를 들어 단극의 기계(Unipolarmaschinen)에 관한 질문들은 무의미해진다.

7. 도플러 원리와 광행차 이론

K계에서, 좌표의 원점에서 아주 멀리 떨어진 곳에 전기역학적 파동의 파원이 있다고 하자. 좌표의 원점을 포함한 공간의 일부에서 그 파는 다음 방정식들에 의해 충분한 정도의 근사값으로 표현될 수 있다.

$$X = X_0 \sin \Phi, \; L = L_0 \sin \Phi,$$
$$Y = Y_0 \sin \Phi, \; M = M_0 \sin \Phi,$$
$$Z = Z_0 \sin \Phi, \; N = N_0 \sin \Phi,$$

이 때

$$\Phi = \omega \{ t - \frac{1}{c} \, (lx + my + nz) \}$$

이다. 여기서 (X_0, Y_0, Z_0)와 (L_0, M_0, N_0)는 파열(Wellenzug) 진폭을 정의하는 벡터들이고, l, m, n은 파동법선(Wellennormalen)의 방향 코사인들이다. 우리는 이 파들의 특성을 연구하는데, 이 때 이 파들은 움직이는 k계에 정지해 있는 관찰자에 의해 조사된다.

6절에 나온 전기력과 자기력에 대한 변환공식과 3절에 나온 좌표와 시간에 대한 변환공식을 적용해서, 우리는 다음 식들을 직접 얻게 된다.

$$X' = X_0 \sin \Phi', \qquad L' = L_0 \sin \Phi',$$
$$Y' = \beta \left(Y_0 - \frac{v}{c} N_0 \right) \sin \Phi', \quad M' = \beta \left(M_0 + \frac{v}{c} Z_0 \right) \sin \Phi',$$

$$Z' = \beta \left(Z_0 + \frac{v}{c} M_0 \right) sin \, \Phi', \qquad N' = \beta \left(N_0 - \frac{v}{c} Y_0 \right) sin \, \Phi',$$

$$\Phi' = \omega' \left\{ \tau - \frac{1}{c} (l' \xi + m' \eta + n' \zeta) \right\}$$

여기서

$$\omega' = \omega \beta \left(1 - l \frac{v}{c} \right),$$

$$l' = \frac{l - \dfrac{v}{c}}{1 - l \dfrac{v}{c}},$$

$$m' = \frac{m}{\beta \left(1 - l \dfrac{v}{c} \right)},$$

$$n' = \frac{n}{\beta \left(1 - l \dfrac{v}{c} \right)},$$

이다.

ω'의 방정식으로부터, 만일 관찰자가 무한히 멀리 떨어진 진동수 ν의 광원에 대해 속도 v로 움직이고 있다면, 그리고 이 때 '광원—관찰자' 연결선과 광원에 대해 정지해 있는 좌표계에 대한 관찰자의 속도가 각도 φ를 이루는 방식으로 움직인다면, 관찰자가 감지한 빛의 진동수 ν'는 다음 식에 의해 주어진다.

$$\nu' = \nu \frac{1 - \dfrac{v}{c} cos \, \varphi}{\sqrt{1 - \left(\dfrac{v}{c} \right)^2}}$$

이것은 임의의 속도에 대한 도플러의 원리이다. φ = 0일 때 이 방정식은 다음과 같은 간단한 형태가 취한다.

$$\nu' = \nu \, \frac{1 - \dfrac{v}{c} \cos \varphi}{\sqrt{1 - \left(\dfrac{v}{c}\right)^2}}$$

통상적인 관점과는 달리, $v = -c$일 때 $\nu' = \infty$라는 것을 우리는 안다.*

움직이는 계에서의 파동법선(광선의 방향)과 〈광원—관찰자〉 연결선 간의 각도를 φ′라고 하면, l'에 대한 방정식은 다음과 같이 된다.

$$\nu' = \nu \, \sqrt{\frac{1 - \dfrac{v}{c}}{1 + \dfrac{v}{c}}}$$

이 방정식의 가정 일반적인 형태는 광행차의 법칙을 표현한다. 만일 φ = π/2라면 방정식은 간단하게 다음과 같이 된다.

$$\cos \varphi' = \frac{\cos \varphi - \dfrac{v}{c}}{1 - \dfrac{v}{c} \cos \varphi}$$

아직도 우리는 움직이는 계에서 보이는 파의 진폭을 알아야만 한다. 우리가 전기력과 자기력의 진폭을 각각 A와 A' 라고 한다면, 그것이 정지

---

*이 부분에서 Annalen 판에는 "$v = -\infty$에 대해, $\nu = \infty$이다"라는 오식이 포함되어 있다. 1964년 8월 홀튼(Gerald Holton) 교수가 아인슈타인 논문들에 설명을 붙인 카탈로그catalogue raisonné에 대한 연구를 완성했을 때 홀튼에게 보낸 아인슈타인 자신의 탁상본에는, 아인슈타인 자신이 첨가하고 교정한 것들이 몇 있다. 이 페이지에서 교정한 부분을 보면, $-\infty$를 삭제($v = -\infty$에서)하고 그것을 l—이것은 진공에서의 광속 c에 대해 아인슈타인이 사용했던 기호다—로 바꿔 쓰고, 17번째 줄에서 "'광원—관찰자' 연결선"이라는 구절을 '운동 방향'으로 바꿔 썼다. (A.I.M.)

한 계에서 측정되었든지 움직이는 계에서 측정되었든지 간에, 우리는
다음 식을 얻게 된다.

$$cos\ \varphi' = -\frac{v}{c}$$

$\varphi = 0$에 대해 이 방정식은 다음과 같이 된다.

$$A'^2 = A^2 \frac{\left(1 - \frac{v}{c}cos\ \varphi\right)^2}{1 - \left(\frac{v}{c}\right)^2},$$

여기서 전개시킨 방정식으로부터, 속도 c로 광원에 접근하고 있는 관
찰자에게 이 광원은 무한한 강도를 가지는 것으로 보이게 된다는 결과
가 나온다.

$$A'^2 = A^2 \frac{1 - \frac{v}{c}}{1 + \frac{v}{c}}$$

8. 광선의 에너지의 변환. 완전 반사거울에 미치는 복사압의 이론.

$A^2/8\pi$이 단위 부피당 빛의 에너지와 같기 때문에, 상대성 원리에 따라
우리는 $A'^2/8\pi$을 움직이는 계에서의 단위 부피당 빛의 에너지로 보아
야 한다. 따라서 A'^2/A^2은 주어진 빛 복합체(Lichtskomplex)의 에너지를
'정지했을 때 측정한 값'에 대한 '운동 중에 측정한 값'의 비율이 될 것
이다. 빛 복합체의 부피가 같다면 이는 K에서 측정하거나 k에서 측정
하거나 간에 마찬가지여야 할 것이다. 하지만 이것은 사실이 아니다.

만일 l, m, n[③]이 *정지한 계에서의 빛의 파동법선의 방향 코사인이라면, 어떤 에너지도 광속으로 운동하는 구면의 표면소(Oberflächenelemente)를 통과하지 않는다.

$$(x - lct)^2 + (y - mct)^2 + (z - nct)^2 = R^2$$

그러므로 우리는 이 표면이 똑같은 빛 복합체를 영원히 에워싼다고 말할 수 있다. 우리는 이 표면에 의해 에워싸인 에너지의 양을 k계의 관점에서—즉, 계 k에 대한 빛 복합체의 에너지를—탐구한다.

움직이는 계에서 보면 구면은 타원면이다. 시간 $\tau = 0$에서 그 방정식은 다음과 같다.

$$\left(\beta\xi - l\,\beta\xi\frac{v}{c}\right)^2 + \left(\eta - m\beta\xi\frac{v}{c}\right)^2 + \left(\zeta - n\beta\xi\frac{v}{c}\right)^2 = R^2$$

S가 구의 부피이고, S'가 타원체의 부피라면, 간단한 계산에 의해 다음 식을 얻게 된다.

$$\frac{S'}{S} = \frac{\sqrt{1 - \left(\frac{v}{c}\right)^2}}{1 - \frac{v}{c}\cos\varphi} \tag{8.2}$$

따라서, 이 표면에 에워싸인 빛 에너지를 정지한 계에서 측정한 값을 E라고 하고, 움직이는 계에서 측정한 값을 E'라고 한다면, 우리는 다음 식을 얻는다.

[③] Annalen에서는 a, b, c로 표시.

$$\frac{E'}{E} = \frac{A'^2 S'}{A^2 S} = \frac{1 - \dfrac{v}{c}\cos\varphi}{\sqrt{1 - \left(\dfrac{v}{c}\right)^2}}$$ [8.3]

$\varphi = 0$일 때 이 공식은 다음과 같이 단순화된다.

$$\frac{E'}{E} = \sqrt{\frac{1 - \dfrac{v}{c}}{1 + \dfrac{v}{c}}}$$ [8.4]

주목할 만한 것은, 빛 복합체의 에너지와 진동수가 관찰자의 운동 상태와 함께 같은 법칙에 따라 변한다는 점이다.

이제 좌표 평면 $\xi = 0$을 완전 반사하는 평면이라고 보고, 그 평면 위에서 앞 절에서 살펴 본 평면파가 반사된다고 하자. 우리는 반사면에 가해지는 빛의 압력과 반사한 후의 빛의 방향, 진동수, 강도를 구한다.

입사광이 A, $\cos\varphi$, ν 같은 양들(K계에서 대해)에 의해 정의되도록 하자. k에서 보았을 때 이에 대응하는 양들은 다음과 같다.

$$A' = A\frac{1 - \dfrac{v}{c}\cos\varphi}{\sqrt{1 - \left(\dfrac{v}{c}\right)^2}}$$ [8.5]

$$\cos\varphi' = \frac{\cos\varphi - \dfrac{v}{c}}{1 - \dfrac{v}{c}\cos\varphi}$$ [8.6]

$$\nu' = \nu\frac{1 - \dfrac{v}{c}\cos\varphi}{\sqrt{1 - \left(\dfrac{v}{c}\right)^2}}$$ [8.7]

이 과정을 k계에 대해서 보면, 우리는 반사광에 대해 다음 식을 얻는다.

$$A'' = A'$$ [8.8]

$$\cos \varphi'' = -\cos \varphi'$$ [8.9]

$$\nu'' = \nu'$$ [8.10]

최종적으로 정지계 K로 다시 변환시켜 보면, 우리는 반사광에 대해 다음 식을 얻는다.*

$$A''' = A'' \frac{1 + \dfrac{v}{c}\cos \varphi''}{\sqrt{1 - \left(\dfrac{v}{c}\right)^2}} = A \frac{1 - 2\dfrac{v}{c}\cos \varphi + \left(\dfrac{v}{c}\right)^2}{1 - \left(\dfrac{v}{c}\right)^2}$$ [8.11]

$$\cos \varphi''' = \frac{\cos \varphi'' + \dfrac{v}{c}}{1 + \dfrac{v}{c}\cos \varphi''} = -\frac{\left(1 + \left(\dfrac{v}{c}\right)^2\right)\cos \varphi - 2\dfrac{v}{c}}{1 - 2\dfrac{v}{c}\cos \varphi + \left(\dfrac{v}{c}\right)^2}$$ [8.12]

$$\nu''' = \nu'' \frac{1 + \dfrac{v}{c}\cos \varphi''}{\sqrt{1 - \left(\dfrac{v}{c}\right)^2}} = \nu \frac{1 - 2\dfrac{v}{c}\cos \varphi + \left(\dfrac{v}{c}\right)^2}{1 - \left(\dfrac{v}{c}\right)^2}$$ [8.13]

단위 시간당 거울의 단위 면에 입사되는 에너지(정지계에서 측정해 보면)는 분명히 $A^2(c \cos \phi - v)/8\pi$이다. 단위 시간에 거울의 단위 면을 떠나는 에너지는 $A'''^2(-c \cos \phi''' + v)/8\pi$이다. 에너지의 원리에 따라, 이 두 표현의 차는 단위 시간에 광압이 한 일이 된다. 이 일을 Pv곱으로 나타내면—여기서 P는 광압이다—우리는 다음 식을 얻는다.

---

* Annalen 판에서 방정식 [8.13]은 부정확한데, 이는 K에서 진동수와 각을 포함한 부분이 $(1-v/c)^2$의 분모를 가지기 때문이다. (A.J.M.)

$$P = 2\,\frac{A^2}{8\,\pi}\,\frac{\left(cos\,\varphi - \dfrac{v}{c}\right)^2}{1 - \left(\dfrac{v}{c}\right)^2}$$

[8.14]

실험과 다른 이론들에 따라 일차 근삿값을 취해 보면, 우리는 다음 식을 얻는다.

$$P = 2\,\frac{A^2}{8\,\pi}\,cos^2\,\varphi$$

[8.15]

운동하는 물체의 광학에서의 모든 문제들은 여기서 사용한 방법에 의해 해결될 수 있다. 중요한 점은, 움직이는 물체의 영향을 받는 빛의 전기력과 자기력이 그 물체에 대해 정지해 있는 좌표계로 변환된다는 것이다. 이 방법에 의해 운동체의 광학에서의 모든 문제들은 정지한 물체의 광학 문제로 환원된다.

9. 대류 전류(Konvektionsströme)를 고려했을 때 맥스웰—헤르츠 방정식의 변환

다음 방정식들로부터 시작하자.

$$\frac{1}{c}\left\{u_x\rho + \frac{\partial X}{\partial t}\right\} = \frac{\partial N}{\partial y} - \frac{\partial M}{\partial z}, \quad \frac{1}{c}\frac{\partial L}{\partial t} = \frac{\partial Y}{\partial z} - \frac{\partial Z}{\partial y},$$

$$\frac{1}{c}\left\{u_y\rho + \frac{\partial Y}{\partial t}\right\} = \frac{\partial L}{\partial z} - \frac{\partial N}{\partial x}, \quad \frac{1}{c}\frac{\partial M}{\partial t} = \frac{\partial Z}{\partial x} - \frac{\partial X}{\partial z},$$

$$\frac{1}{c}\left\{u_z\rho + \frac{\partial Z}{\partial t}\right\} = \frac{\partial M}{\partial x} - \frac{\partial L}{\partial y}, \quad \frac{1}{c}\frac{\partial N}{\partial t} = \frac{\partial X}{\partial y} - \frac{\partial Y}{\partial x},$$

여기서

$$\rho = \frac{\partial X}{\partial x} + \frac{\partial Y}{\partial y} + \frac{\partial Z}{\partial z}$$

는 전하밀도에 4π를 곱한 양을 나타내고, (u_x, u_y, u_z)는 전하의 속도 벡터를 가리킨다. 만일 우리가 전기를 띤 물질이 변함없는 방식으로 작은 강체들(이온, 전자)에 결부된다고 생각한다면, 이 방정식들은 로렌츠의 전기역학과 운동체의 광학에 대한 전자기적 기초이다.

이 방정식들이 K계에서 성립된다고 할 때, 3절과 6절에서 주어진 변환 방정식을 써서 이 방정식들을 k계로 변환시켜 보자. 그러면 우리는 다음의 방정식들을 얻는다.

$$\frac{1}{c}\left\{u_\xi \rho' + \frac{\partial X'}{\partial \tau}\right\} = \frac{\partial N'}{\partial \eta} - \frac{\partial M'}{\partial \zeta}, \quad \frac{1}{c}\frac{\partial L'}{\partial \tau} = \frac{\partial Y'}{\partial \zeta} - \frac{\partial Z'}{\partial \eta},$$

$$\frac{1}{c}\left\{u_\eta \rho' + \frac{\partial Y'}{\partial \tau}\right\} = \frac{\partial L'}{\partial \zeta} - \frac{\partial N'}{\partial \xi}, \quad \frac{1}{c}\frac{\partial M'}{\partial \tau} = \frac{\partial Z'}{\partial \xi} - \frac{\partial X'}{\partial \zeta},$$

$$\frac{1}{c}\left\{u_\zeta \rho' + \frac{\partial Z'}{\partial \tau}\right\} = \frac{\partial M'}{\partial \xi} - \frac{\partial L'}{\partial \eta}, \quad \frac{1}{c}\frac{\partial N'}{\partial \tau} = \frac{\partial X'}{\partial \eta} - \frac{\partial Y'}{\partial \xi},$$

여기서

$$u_\xi = \frac{u_x - v}{1 - \dfrac{u_x v}{c^2}},$$

$$u_\eta = \frac{u_y}{\beta\left(1 - \dfrac{u_x v}{c^2}\right)},$$

$$u_\xi = \frac{u_x - v}{1 - \dfrac{u_x v}{c^2}},$$

$$\rho' = \frac{\partial X'}{\partial \xi} + \frac{\partial Y'}{\partial \eta} + \frac{\partial Z'}{\partial \zeta} = \beta\left(1 - \frac{u_x v}{c^2}\right)\rho$$

이다. 왜냐하면—속도의 부가 정리(5절)로부터 따라 나오듯이—벡터 (u_ξ, u_η, u_ζ)는 k계에서 측정한 전기를 띤 물질의 속도일 뿐이기 때문이다. 그 결과로서 우리는 운동학 원리에 근거해서, 운동체의 전기역학에 관한 로렌츠 이론의 전기역학적 기반이 상대성 원리에 부합된다는 것을 증명하였다.

말이 난 김에 간략히 하고 싶은 말은, 지금까지 전개된 방정식들로부터 다음의 중요한 정리가 쉽게 연역될 수 있다는 것이다. 전기적으로 대전된 물체가 공간상의 어느 곳을 움직이고 그 물체와 함께 움직이고 있는 좌표계에서 보았을 때 그 전하가 변하지 않는다면—'정지한' 계 K에서 보았을—그것의 전하 역시 일정하다.

10. (천천히 가속된) 전자의 동역학

전하 ε을 가진 점 입자(뒤에 '전자'로 불리게 될 입자다.)가 전자기장 속에서 운동하고 있다고 하자. 우리는 다음이 그것의 운동법칙이라고 가정한다. 시간의 어떤 순간에 전자가 정지해 있다면, 그 다음 순간에 전자의 운동은 다음 방정식으로 기술된다.

$$\mu \frac{d^2x}{dt^2} = \epsilon X$$

$$\mu \frac{d^2y}{dt^2} = \epsilon Y$$

$$\mu \frac{d^2z}{dt^2} = \epsilon Z$$

여기서 x, y, z는 전자의 좌표를, μ는 그 운동이 느린 경우에 전자의 질량을 나타낸다.

이제 두 번째로 주어진 순간에서의 전자의 속도가 v라고 하자. 우리는 바로 그 다음 순간에서 전자의 운동법칙을 찾는다.

우리는 전자가, 우리가 그것에 관심을 집중하는 순간에, 좌표계의 원점에 있고 K계의 X축을 따라 속도 v로 운동한다고 가정하는데, 이렇게 한다고 해서 일반성을 잃는 것은 전혀 아니다. 그럴 경우, 지정된 순간에(t=0) 속도 v로 X축에 평행하게 움직이고 있는 좌표계 k에 대해 전자가 정지해 있다는 것은 분명하다.

상대성 원리와 더불어 위의 가정으로부터, 바로 다음 시각에 (작은 t 값에 대해) k계에서 볼 때 전자가 다음 방정식들에 따라 움직인다는 것은 분명하다.

$$\mu \frac{d^2\xi}{d\tau^2} = \epsilon\, X'$$

$$\mu \frac{d^2\eta}{d\tau^2} = \epsilon\, Y'$$

$$\mu \frac{d^2\zeta}{d\tau^2} = \epsilon\, Z'$$

여기서 기호 ξ, η, ζ, τ, X', Y', Z'는 k계에 대한 것이다. 더욱이 우리가 $t=x=y=z=0$이고 따라서 $\tau=\xi=\eta=\zeta=0$일 때 그것을 결정하면, 3절과 6절의 변환 방정식들이 성립해서 다음 식들이 나온다.

$$\xi = \beta\,(x-vt), \quad \eta = y, \quad \zeta = z, \quad \tau = \beta\left(t-\frac{v}{c^2}x\right)$$

$$X' = X, \quad Y' = \beta\left(Y-\frac{v}{c}N\right), \quad Z' = \beta\left(Z+\frac{v}{c}M\right)$$

이 방정식들의 도움으로 우리는 위의 운동 방정식들을 k계에서 K계로 변환시켜 다음 식들을 얻게 된다.

$$\begin{cases} \dfrac{d^2x}{dt^2} = \dfrac{\epsilon}{\mu}\dfrac{1}{\beta^3}\,X, \\[2ex] \dfrac{d^2y}{dt^2} = \dfrac{\epsilon}{\mu}\dfrac{1}{\beta}\left(Y - \dfrac{v}{c}N\right), \\[2ex] \dfrac{d^2z}{dt^2} = \dfrac{\epsilon}{\mu}\dfrac{1}{\beta}\left(Z + \dfrac{v}{c}M\right), \end{cases} \qquad (\mathrm{A})$$

관례적인 관점에서 우리는 이제 운동하는 전자의 '종적', '횡적' 질량을 연구한다. 우리는 방정식 (A)를 다음과 같은 형태로 쓴다.

$$\mu\beta^3\frac{d^2x}{dt^2} = \epsilon\,X = \epsilon\,X',$$

$$\mu\beta^2\frac{d^2y}{dt^2} = \epsilon\,\beta\left(Y - \frac{v}{c}N\right) = \epsilon\,Y',$$

$$\mu\beta^2\frac{d^2z}{dt^2} = \epsilon\,\beta\left(Z + \frac{v}{c}M\right) = \epsilon\,Z'$$

그리고 우선 $\varepsilon X'$, $\varepsilon Y'$, $\varepsilon Z'$가, 이 순간에 전자와 같은 속도로 움직이는 계에서 보았을 때, 전자에 작용하는 기중력(ponderomotorische Kraft)의 성분이라는 점에 주의한다. (이 힘은 예를 들면 앞에서 언급된 계에서 정지해 있는 용수철 저울로 측정될 수 있다.) 이제 만약 우리가 이 힘을 단순히 '전자에 작용하는 힘'*이라고 부르고 방정식, '질량×가속도 = 힘'을 계속해서 주장한다면, 또 만약 우리가 정지한 계 K에서 가속도를 측정해야 한다고 결정한다면, 우리는 위의 방정식들로부터 다음을 얻는다.

$$\text{종적 질량} = \frac{\mu}{\left(\sqrt{1 - \left(\dfrac{v}{c}\right)^2}\right)^3}$$

---

* M. 플랑크가 처음으로 보였듯이, 여기서 주어진 힘의 정의는 유익하지 않다. 운동량과 에너지의 법칙이 가장 단순한 형태를 취하는 방식으로 힘을 정의하는 것이 더욱 적절하다. (A.S.)

$$\text{횡적 질량} = \frac{\mu}{1 - \left(\dfrac{v}{c}\right)^2}$$

당연히, 힘과 가속도에 대한 다른 정의를 사용하면 질량에 대한 다른 값들을 얻게 될 것이다. 이것이 우리에게 보여 주는 바는, 전자의 운동에 대한 서로 다른 이론들을 비교함에 있어서 매우 주의 깊게 나아가야 한다는 점이다.

우리는 질량에 대한 이 결과들이 무게 있는 질점들(die ponderabelen materiellen Punkte)에 대해서도 유효하다는 점에 유의한다. 왜냐하면, 무게 있는 물질점에 임의의 작은 전하를 더하면 전자(우리가 말하는 의미에서)가 될 수 있기 때문이다.

다음으로 우리는 전자의 운동 에너지를 결정한다. 만일 전자가 처음에는 좌표계 K의 원점에 정지해 있다가 정전기력의 영향을 받아 X축을 따라 움직인다면, 정전기장에서 얻은 에너지가 $\int \varepsilon X dx$라는 것은 분명하다. 전자가 천천히 가속되고 따라서 복사의 형태로 에너지를 방출하는 일이 전혀 없기 때문에, 정전기장에서 얻은 에너지는 전자의 운동 에너지 W와 같아야만 한다. 우리가 고려하고 있는 운동의 전 과정 동안 방정식 (A)의 첫 번째 식을 적용하면 우리는 다음 식을 얻게 된다.

$$W = \int \varepsilon X dx = \mu \int_0^v \beta^3 v dv = \mu c^2 \left\{ \frac{1}{\sqrt{1 - \left(\dfrac{v}{c}\right)^2}} - 1 \right\}$$

따라서, $v = c$일 때 W는 무한하게 된다. 광속보다 큰 속도는—앞의 결과와 마찬가지로—존재할 가능성이 전혀 없다.

운동 에너지에 대한 이 표현은 또한, 앞에서 언급한 논의 덕분에, 무게 있는 물질들에도 적용된다.

우리는 이제 방정식 묶음 (A)의 결과로 도출되고 실험으로 다룰 수 있는 전자의 운동 성질들을 낱낱이 말할 것이다.

1. (A)의 두 번째 방정식으로부터, $Y = Nv/c$일 때 전기력 Y와 자기력 N이 v의 속도로 움직이는 전자에 대해 똑같이 강한 회절을 한다는 결과가 나온다. 따라서 우리의 이론에 의하면, 다음 법칙을 적용해서 임의의 속도에서 전기 회절 A_e에 대한 자기 회절 A_m의 비율로부터 전자의 속도를 결정할 수 있다.

$$\frac{A_m}{A_e} = \frac{v}{c}$$

이 관계식은 실험적으로 검증될 수 있다. 왜냐하면 전자의 속도는 직접적으로, 즉 빠르게 진동하는 전기장과 자기장을 써서, 측정될 수 있기 때문이다.

2. 전자의 운동 에너지에 대해 유도한 것으로부터, 전자가 통과한 퍼텐셜 차이와 그 전자가 얻은 속도 v 간에는 다음과 같은 관계가 성립해야 한다는 것을 알 수 있다.

$$P = \int X \, dx = \frac{\mu}{\epsilon} c^2 \left\{ \frac{1}{\sqrt{1 - \left(\dfrac{v}{c}\right)^2}} - 1 \right\}$$

3. 우리는 자기력 N(회절을 일으키는 유일한 힘)이 전자의 속도에 수직으로 작용할 때의 전자의 궤도 곡선 R의 반지름을 계산한다. (A)의 두 번째 방정식으로부터 우리는 다음 식을 얻는다.

$$-\frac{d^2 y}{dt^2} = \frac{v^2}{R} = \frac{\epsilon}{\mu} \frac{v}{c} N \cdot \sqrt{1 - \left(\frac{v}{c}\right)^2}$$

또는

$$R = c^2 \frac{\mu}{\epsilon} \cdot \frac{\dfrac{v}{c}}{\sqrt{1 - \left(\dfrac{v}{c}\right)^2}} \cdot \frac{1}{N}$$

이 세 관계식들은, 여기서 제시된 이론에 의해, 전자의 운동법칙을 완전하게 표현한다.

결론적으로, 여기서 다루어진 문제들을 연구함에 있어서 나는 내 친구이자 동료인 마르셀 베소(M. Besso)의 충실한 도움을 받았고 그는 내게 몇 가지 귀중한 제의를 했음을 말하고 싶다.

1905년 6월, 베른

(1905년 6월 30일 접수)

Annalen der Physik (1905)

번역: 임경순

원자핵

푸딩 속에 숨겨진 건포도

어니스트 러더퍼드 (1911)

케임브리지 대학 캐번디시 연구소에는 60대쯤 되어 보이는 어니스트 러더퍼드의 낡은 사진이 걸려 있다. 머리가 벗겨졌고 콧수염을 기른 그는 담배를 물고 있는데 마치 담배가 얼굴의 한 부분이라도 차지하는 듯 잘 어울린다. 스리피스 정장을 걸쳤는데도 왠지 러더퍼드는 단정해 보이지 않는다. 팔은 등 뒤로 모으고 다리는 넓게 벌리고 있다. 다소 찡그린 표정으로, 뭔가 심각한 문제를 고심하는 듯 허공을 보고 있다. 이 사진은 1930년대 초에 찍은 것으로, 러더퍼드가 세계에서 가장 유명한 실험 물리학 연구소였던 캐번디시 연구소의 소장이 되고 나서 10여 년(1919년부터 소장으로 재직)이 흘렀을 때였다. 사진의 전경(前景)에는 전선을 비롯해 어수선한 실험 장비들이 널브러져 있고, 러더퍼드의 머리 위로는 "부디 조용히 말하시오."라고 쓰인 문구가 걸려 있다. 이 문구는 분명 러더퍼드 교수 자신에게 주의를 주기 위한 것이었다. 그의 우렁찬 목소리가 민감한 장비를 마비시킬 수 있기 때문이다.

당시 러더퍼드는 영국 연방에서 가장 위대한 실험 물리학자로 꼽혔다. 전자기 유도 현상을 발견한 마이클 패러데이(Michael Faraday, 1791~1867) 이후로 그 어떤 과학자도 러더퍼드만큼 인정을 받지 못했다. 러더퍼드는 자신의 실험실에 있는 거의 대부분의 장비를 손수 만들었다. 그는 기계를 조작하는 데 탁월한 기술을 가졌을 뿐만 아니라 기계들이 어떻게 작동할지에 대해서 언제나 정확한 육감을 발휘했다.

러더퍼드의 뛰어난 손재주는 뉴질랜드의 농부이자 수리공으로 일한 기술자 아버지에게 물려받은 것으로 보인다. 어린 시절 러더퍼드는 시계를 분해해 그의 아버지가 제작한 방앗간 물레바퀴의 축소본을 만들기도 했다. 러더퍼드는 모든 학업 분야에서 우수했다. 그는 1895년, 24세의 나이에 캐번디시 연구소의 단기 연구원으로 갈 수 있는 장학금을 따냈다. 그때 이미 몇 건의 우수한 연구 업적을 이룬 러더퍼드였지만 케임브리지의 거만하고 거들먹거리는 분위기를 꽤 불쾌해했다. 그는 케임브리지에서 자리를 얻지 못하자 1898년 캐나다 몬트리올에 위치한 맥길 대학으로 자리를 옮겼다. 그곳에서 그는 앙투안 앙리 베크렐(Antoine Henri Becquerel, 1852~1908)과 퀴리 부부가 발견한 지 얼마 안 된 방사성이라는 새 분야에서 선구자가 되었다. 러더퍼드는 영국 출신의 화학자 프레더릭 소디(Frederick Soddy, 1877~1956)와 함께 신비로운 방사성 물질의 특성을 연구했다. 그들은 여러 가지 방사성 원소의 붕괴 과정을 측정했다. 그리고 수 세기 동안 연금술사들이 꿈꿔 왔던 일도 시연해 보였다. 방사성 붕괴를 통해 한 화학원소가 다른 원소로 바뀌는 것을 보여준 것이다. 맥길 대학에서 쌓은 업적 덕분에 러더퍼드는 1908년에 노벨화학상을 수상했다. 영국의 과학자이자 소설가 스노우(C. P. Snow, 1905~1980)가 훗날 "열정적이고 외향적이며 눈에 띄지 않게 기품 있다."[1]고 표현한 그의 개성은 이미 일찍부터 드러났던 것이다.

이후 러더퍼드가 맨체스터 대학으로 옮겼을 때만 해도 원자 내부에 대해서는 별로 알려진 바가 없었다. 하지만 원자의 질량과 크기는 19세기 후반에 이미 밝혀진 상태였다. 예를 들어 탄소 원자의 경우 원자 하나의 질량이 약 2×10^{-23}그램이며 지름이 10^{-8}센티미터 정도라는 건 당시에 이미 알고 있는 바였다. 사실 당시로서는 현미경으로 볼 수 있는 것보다 훨씬 더 작은 물체의 질량과 크기를 잴 수 있다는 것 자체가 놀라운 일이었다. 눈에 보이지 않는 원자의 존재를 믿는 것조차도 과학적인 근거에 대한 신뢰가 필요했던 시기였다.

왜 그런지를 설명하기 위해 잠시, 어떻게 원자의 질량과 크기를 밝혀냈는지를 알아보자. 1890년 덴마크 물리학자 루트비히 로렌츠(Ludwig Lorenz, 1829~1891)는 원자의 질량을 알아볼 수 있는 방법을 발표했다. 로렌츠는 전자기 이론을 이용해 전자기파인 태양빛이 대기를 통과할 때 휘는 정도를 계산해 냈다. 빛의 파동이 스쳐 지나가면 각각의 공기 분자가 가진 전하는 진동한다. 그리고 이 진동은 다시 빛에 영향을 주기 때문에 빛이 휜다. 얼마나 휘느냐는 여러 요인에 따라 달라지지만 주로 대기 중에 공기 분자가 얼마나 있는지, 예를 들어 부피 1입방센티미터의 대기 중에 몇 개의 공기 분자가 있는지에 따라 달라진다. 따라서 휘는 정도를 측정하면 대기 1입방센티미터당 공기 분자의 수를 알 수 있다. 그리고 공기 1입방센티미터의 무게를 재면 공기 속 공기 분자 한 개의 질량을 추정할 수 있다. 과학자들은 화학 실험을 통해 공기가 일정 비율의 질소 분자와 산소 분자로 구성되어 있다는 사실을 이미 알고 있었다. 따라서 로렌츠의 계산과 측정을 통해 산소 원자와 질소 원자의 질량을 구해낼 수 있다. 또한 다른 원소들끼리 일정 비율로 화학결합을 하기 때문에 서로 다른 원자들의 상대 질량도 알려져 있었다. 결국, 로렌츠의 아이디어를 이용하면 수소부터 우라늄까지 모든 원자들의 질량을 추정할 수 있다. 하지만 결론을 얘기하면 로렌츠의 계산법은 수년 동안 세상에 널리 알려지지 않았다. 그가 덴마크어로 논문을 발표했기 때문이었다. 당시 널리 읽히는 과학계 논문은 대개가 독일어나 영어로 쓰여 있었다. 닐스 보어와 같은 다른 덴마크 과학자들은 영어로 논문을 발표하는 일에 신중했다.

원자의 질량을 알게 되면 다음 방법으로 크기도 구할 수 있다. 고체 물질은 원자가 서로 빽빽하게 정렬된 상태다. 따라서 고체 물질을 이루는 백만 개의 원자가 차지하는 전체 부피는 원자 하나의 부피를 백만 배한 것과 거의 같다. 백만 개의 구슬을 상자 하나에 집어넣었을 때의 부피가 한 개의 구슬 부피를 백만 배 한 것보다 조금 더 큰 것처럼 말이다. 또한 백만 개 원자의 전체 질량은 원자 한 개의 질량을 백만 배 한 것과 똑같다. 따라서 고체 물질을 이루는 백만 개 원자의 총 질량을 백만 개의 원자가 차지하는 총 부피로 나눈 값은 원자 한 개의 질량을 원자 한 개의 부피로 나눈 것과 같다. (여기에서 숫자 백만은 서로 상쇄된다.) 여기에서 백만이라는 수는 단지 예를 들기 위해 쓴 것뿐이다. 즉 고체 물질의 총 질량을 그 고체의 부피로 나눈 값은 그 물질을 이루는 원자 하나의 질량을 원자 하나의 부피로 나눈 값과 같다는 것이다. 탄소 원자로 이루어진 흑연과 같은 고체 물질의 질량과 부피를 측정하는 것은 간단하다. 그러므로 우리는 탄소 원자 하나에 대한 질량 대 부피의 비율을 알게 된다. 로렌츠의 방법을 통해 우리가 탄소의 질량을 알게 된다면 부피를 구할 수 있다. (이 방법은 기체 분자에는 적용이 안 된다. 기체는 고체와 달리 구성 입자들이 꽉 차 있지 않기 때문이다.)

이제 다시 원자 내부에 대한 이야기로 돌아가자. 1897년, 당시 캐번디시 연구소 소장이던 톰슨이 소립자를 하나 발견했다. 톰슨은 이 전하를 띤 입자에게 미립자(corpuscle)라는 명칭을 붙여 주었다. 오늘날 이 소립자는 전자라고 불린다. 가장 가벼운 원소인 수소는 하나의 미립자를 갖고 있다. 우라늄과 같은 무거운 원자들은 90개 이상의 미립자를 갖고 있다. 이 미립자는 음의 전하를 띤다. 원자는 전기적으로 중성이기 때문에 음의 전하를 띠는 미립자를 상쇄할 만한 양의 전하를 갖고 있어야 한다. 톰슨은 음의 전하를 띤 소립자가 존재한다는 사실을 바탕으로 건포도 푸딩 원자모형을 만들었다. 양의 전하로 이루어진 구 모양의 '푸딩'에 음의 전하를 띠는 미립자인 '건포도'가 박혀 있는 것이다. 과학의 모든 모형이 그렇듯 건포도 푸딩 원자모형은 실제 물리적인 대상을 단순하게 이미지화한 것에 불과하다. 하지만 과학자들에게는 이런 모형이 문제를 해결하는 데 실질적인 도움이 된다. 비록 본질적인 특성이 빠질 경우 모형이 잘못 해석될 수 있다는 위험과 결코 수학적 법칙만큼 정교하지 않다는 단점이 있긴 하지만 말이다.

전자기장에서 미립자가 휘어지는 실험을 통해 각각의 미립자가 보통 원자보다 수천 배 이상 가볍다는 것이 밝혀졌다. 원자의 질량 대부분이 양의 전하를 띠는 푸딩에 분포해 있다는 이야기였다. 라듐, 폴로늄과 같은 방사성 원자들이 붕괴할 경우에는 질량의 일부가 떨어져 나갔다. 이때 방사성 원자가 내놓은 파편 중 하나가 알파입자다. 알파입자는 질량이 수소 원자 네 개와 같고 전하의 양이 미립자 두 개와 같지만 미립자와는 반대로 양의 전기를 띤다. 알파입자라는 이름은 러더퍼드가 붙여 주었다. 러더퍼드는 또한 방사성 원자로부터 방출되는 훨씬 더 가벼운 입자에 베타입자라는 이름도 달아 주었다. 나중에 베타입자가 바로 초고속 미립자, 즉 전자인 것이 확인되었다.

러더퍼드는 알파입자에 매료되었다. 알파입자는 비록 상대적이긴 하지만 미립자에 비해 훨씬 더 무거운 데다 전하를 띠고 있어서 전하를 띤 다른 입자와 강한 상호작용을 했다. 게다가 방사성 원자로부터 엄청난 속도로 방출되었다. 러더퍼드는 알파입자가 원자 내부를 탐구하기에 최고의 포탄이라고 생각했다. 이 경우, 방사성 물질은 알파입자라는 포탄을 날려줄 대포가 되는 셈이다. 작은 구멍이 뚫려 있는 두꺼운 납 용기 안에 방사성 물질을 넣는다. 그러면 방사성 물질이 내놓은 알파입자

대포가 특정 방향으로 발사된다. 목표물이 되는 얇은 금박은 날아오는 알파입자 앞에 적당한 거리에 놓아두면 된다. 그림 5.1처럼 말이다.

러더퍼드는 독일의 물리학자 한스 가이거(Hans Geiger, 1882~1945)와 함께 알파입자와의 충돌을 감지하고 기록할 수 있는 여러 장치를 고안해 냈다. 그 중에는 섬광계수기(scintillation counter)라는 장비가 있다. 이는 황화아연으로 된 막으로, 알파입자를 검출하는 역할을 한다. 알파입자가 섬광계수기에 부딪치면 황화아연 막에 희미하게 작은 불꽃, 즉 섬광이 보인다. 이 섬광계수기로 알파입자가 목표물이 되는 금박과 부딪친 후 얼마나 휘어졌는지를 측정할 수 있다.

건포도 푸딩 원자모형에 따르면 원자는 구성 물질이 골고루 퍼져 있다. 따라서 속도가 워낙 빠르고 무거운 알파입자와 목표물인 원자가 충돌한다고 해도 쉽게 통과할 것이다. 때문에 알파입자는 금박과 충돌한 후에도 거의 휘지 않아야 한다. 알파입자가 원자 내의 여러 미립자와 여러 원자들을 만난다고 해도 고작해야 1도 정도 휘고 그 이상은 휘지 않을 것이다. 가이거는 알파입자가 투과하지 못할 때까지 금박의 두께를 점점 늘려가면서 알파입자가 얼마나 휘는지를 측정했다.

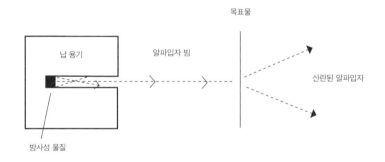

그림 5.1

1909년, 석사 과정도 마치지 않은 어니스트 마스덴(Ernest Marsden, 1889~1970)이라는 학생이 러더퍼드의 실험실에 들어와 연구에 참여해도 되는지를 물었다. 러더퍼드는 마스덴에게 금박을 통과하는 알파입자가 큰 각도로 휘는지 측정하는 일을 맡겼다. 그렇게 큰 각도는 그때까지 측정해 본 적이 없었다. 건포도 푸딩 원자모형에서는 기대할 수 없는 것이었기 때문이다. 러더퍼드가 자신의 말마따나 "지독하게 어리석은 실험"[2]을 왜 마스덴에게 하라고 했는지는 아무도 확실히 알지 못했다.

　하지만 모두에게 놀랍게도, 마스덴과 가이거는 알파입자가 크게 휘어지는 것을 확인했다. 어떤 경우에는 알파입자가 자기가 왔던 방향으로, 즉 180도나 휘어서 다시 되돌아왔다. 이 결과를 들은 러더퍼드는 전설적인 말을 남겼다. "당신이 160센티미터짜리 거대한 포탄을 얇은 종이 한 장에 발사했는데 그 포탄이 되돌아와 당신을 때린 것처럼 믿기 어려운 일이었다."[3]

　원자 안에는 무겁고 밀도가 큰 무언가가, 가령 푸딩 안의 복숭아씨 같은 무언가가 있는 게 분명했다. 또는 복숭아씨만 있고 푸딩은 없을지도 모를 일이었다. 빛의 속도의 7퍼센트인 초당 2×10^9센티미터의 속도로 날아간 알파입자가 고작 0.00004센티미터의 금박과 충돌해 되돌아오는 비율은 2만 개당 하나 정도였다. 이는 금 원자의 양 전하를 띠는 물질들이 각각 원자 내부에 5×10^{-12}센티미터보다 작은 지름 안에 집중되어 있다는 이야기였다. 이렇게 작은 '핵'은 원자 그 자체보다 수천 배나 작은 것이었다. (오늘날 우리는 실제 원자핵의 지름이 그보다 10배나 더 작다는 것을 알고 있다.) 러더퍼드는 이 실험 결과를 두고 올바른 결론을 내렸다. 원자의 대부분이 비어 있다고 말이다. 미립자(전자)는 원자 중심의 핵과는 상당한 거리를 두고 회전한다. 원자가 잠실야구장만 하다면 양전하를 띠고 원자의 질량 99.9퍼센트를 가진 핵은 고작 완두콩만할 뿐이다.

러더퍼드는 가이거와 마스덴의 실험 결과를 1년 넘게 심사숙고한 다음에야 대중들에게 자신의 새로운 원자모형을 발표했다. 이 원자핵에 대한 논문은 1911년에 발표됐다. 그는 여기에서 각도에 따라 알파입자가 얼마나 되는지를 나타내는 방정식도 세웠다.

아인슈타인과 달리 러더퍼드는 고상한 원리로부터 논문을 시작하지 않았다. 그보다는 가이거와 마스덴의 특이한 실험 결과를 내세웠다. 그는 특히 건포도 푸딩 원자모형으로 예상했던 작은 각도가 들어맞지 않았던 결과에 초점을 맞추었다. 이는 다시 튀어나오는 알파입자가 강한 전기장을 띠는 '단 하나의 원자와 만났다는' 것을 암시했다. 이는 러더퍼드가 논문의 뒷부분에서 증명할 내용에 대한 요약이다.

이후에 러더퍼드는 계산에 들어갔다. (이 논문에는 실험가로 알려진 과학자의 논문이라고 하기에는 믿을 수 없을 만큼 이론적인 계산이 많다.) 우선 러더퍼드는 원자가 각각 전하 $-e$를 띠는 미립자 N개를 가지고 있다고 가정했다. 그런 다음 원자가 전기적으로 중성이 되도록 양전하도 있어야 한다고 했다. 즉 Ne가 *원자의 중심에* 집중되어 있다는 이야기다. 원자핵이 알파입자와 충돌한 후에도 제자리에서 움직이지 않는다고 가정한 그는 원자의 질량 대부분이 이 양전하에 집중되어 있음을 은연중에 드러냈다. 중심의 무거운 원자핵은 질주하는 폭스바겐(알파입자)과 충돌해도 꿈적하지 않는 큰 트럭과 같다.

그는 $-Ne$의 음의 전하를 띠는 미립자들이 원자에 골고루 분포되어 있다고 간주했다. 러더퍼드는 금 원자와 대충 맞아떨어지도록 $N=100$이라고 설정하고 알파입자의 질량과 속도에 적용했다. 러더퍼드는 알파입자가 큰 각도로 휘는 경우는 미립자의 전하를 무시해도 된다는 사실을 입증했다. 즉 알파입자의 각도가 크게 휘는 경우는 양의 전하가 집중되어 있어 전기력이 강한 원자의 중심에서 아주 가까운 곳을 지나가는 때이다.

이런 가정들을 바탕으로 뉴질랜드 출신의 물리학자 러더퍼드는 각도 ϕ($\phi = 0$이면 알파입자가 전혀 휘지 않은 것이다.)에 따라 알파입자가 휘는 비율을 계산했다. 정리를 하면 이렇다. 알파입자가 원자핵을 향해 돌진하면 알파입자는 핵의 전하로 인한 전기적인 힘을 받게 된다. 그 힘은 알파입자의 이동 경로를 휘게 할 수 있다. 중력이 공중으로 던져진 야구공을 휘게 하는 것처럼 말이다. 알파입자가 핵에 가까이 접근할수록 전기적인 힘은 더 세지고 알파입자는 더 많이 휘어진다.

러더퍼드가 플랑크와 아인슈타인처럼 새로운 물리학의 법칙을 제시했던 것은 아니다. 그보다는 이미 밝혀진 역학과 전자기학의 법칙들을 이용했다. 각운동량과 에너지의 보존, 알파입자의 쌍곡선 경로와 같은 것들이었다. 러더퍼드는 자신의 가설과 함께 중심핵의 전하가 Ne의 전하를 띤 중심핵과 E의 전하를 띤 알파입자 간의 전기적인 힘에 대한 기존의 법칙들을 활용했을 뿐이다. 전기를 띠는 두 물체 사이의 힘은 전하량이 커질수록, 그리고 두 물체 사이의 거리가 짧을수록 세어진다. 러더퍼드가 한 일은 기존의 법칙들을 새로운 상황에 적용한 것이다. 사실 과학자들, 심지어 이론 과학자들도 흔히 이런 방법으로 연구를 한다. 러더퍼드가 이 논문에서 한 계산은 고급 물리학을 공부한 물리학자라면 누구나 쉽게 할 수 있다. 러더퍼드의 천재성은 계산이 필요한 상황을 잘 이해한 데 있었다.

이렇게 해서 러더퍼드는 알파입자가 휜 각도가 ϕ이고 목표물과 섬광판 사이의 거리가 r일 경우 섬광판의 단위면적당 알파입자가 도달하는 비율에 대한 방정식을 구했다. 이 방정식에 따르면 그 비율은 목표물인 금원자의 밀도와 금박의 두께에 비례했다. 그리고 핵의 전하를 제곱한 것에 비례하고 알파입자의 속도를 4제곱한 것에 반비례했다. 마지막으로는 cosec ϕ/2의 4제곱에 비례했다. 따라서 예를 들어 각도가 180도, 즉 똑바로 되돌아올 알파입자의 수는 각도가 30도로 휘는 알파입자의 수의 0.5퍼센트 정도가 되어야 한다. 러더퍼드의 이와 같은 예측치는 나중에 가이거와 마스텐의 차후 실험에서 검증되었다.

다음으로 러더퍼드는 가이거와 마스텐이 관측한 큰 각도는 알파입자가 여러 차례 휘어져서 발생한 결과일 리가 없음을 보여주었다. 이는 건포도 푸딩 원자모형을 파기하는 것이었다. 이 주장은 기존의 물리학과 수학의 범주를 벗어난 건 아니다. 본질은 알파입자가 여러 번의 작은 산란을 통해 몇 도 이상 더 휘어질 확률은 기하급수적으로 낮다는 점이었다.

그때까지는 가이거와 마스텐이 각도에 따라 휘어지는 알파입자의 비율을 구체적으로 측정하지 않은 상황이었다. 때문에 러더퍼드는 자신의 이론치와 실험 결과를 비교할 수 없었다. 하지만 목표물인 금박의 질량을 키울 경우 알파입자가 휘는 정도가 얼마나 증가하는지에 대해서는 이론치와 실험 결과를 비교할 수 있었다. 그랬더니 실험 결과가 이론과 거의 비슷하게 나왔다. 원자핵의 전하 Ne가 원자 질량 A에 비례한다는 가정에서 말이다. 사실 이 가정은 완벽히 맞지 않았다. 러더퍼드는 이렇게 썼다. "실험의 어려움을 고려해 볼 때 이 정도로 이론과 실험이 일치하면 괜찮은 편이다." 실험가였던 러더퍼드는 이론이 아무리 옳다고 해도 실험과 완벽하게 맞아떨어지기는 힘들다는 것을 잘 알고 있었다. 실험에는 오차를 일으키는 다양한 요인들이 있기 마련이다. 기차가 지나가면서 실험테이블이 흔들릴 수도 있고, 의도한 대로 진공관을 만들었다고 해도 용기 안쪽의 원자가 조금 증발할 수도 있다. 홀륭한 실험가라면 오차의 요인이 무엇인지를 찾아내 그 변수가 미친 영향을 따져 보려고 한다.

러더퍼드는 금원자의 미립자 수 N의 값을 구하기 위해 알파입자가 작게 휜 각도에서의 실험 결과를 자신이 구한 공식에 대입해 보았다. 그리고 $N = 97$이라는 값을 얻었다. 이는 실제 값이 79인 것과 상당히 일치한다고 볼 수 있다. 러더퍼드는 알파입자가 작게 휜 각도의 실험 결과를 이용해 이 결과를 얻었지만 큰 각도에서의 실험 결과로도 N을 제대로 추정할 수 있다. 이것은 이 이론에 매우 중요한 의미를 부여한다. 작은 각도의 산란이 원자에 고루 퍼져 있는 여러 미립자에 의한 결과라면 큰 각도의 산란은 원자 중심에 있는 전하에 의해 나타나는 것이기 때문이다. 러더퍼드는 자신이 얻은 공식을 가능한 한 여러 면에서 조사해 보았다.

남아 있는 여러 기록을 보면 알 수 있듯 러더퍼드는 꼼꼼하기보다 대강대강 하는 편이었다. 정확하고 정교한 계산보다는 실험 결과를 끌어와 어림값으로 추정을 했다. 아인슈타인이 자신의 마음에 따라 움직였다면 러더퍼드는 자신의 직감을 믿고 따랐다. 그의 직감은 알파입자가 원자 내부를 연구하는 데 좋은 재료임을 말해주었다. 가이거와 마스덴에게 그 누구도 예상하지 못했던 알파입자의 큰 산란을 조사해 보라고 한 것도 그의 직감에 따른 것이었다.

마지막으로 러더퍼드는 결론을 정리하기 위해 자신의 이론을 반박할 수 있는지를 되물었다. 이 질문은 곧 자신의 원자핵 모형과 건포도 푸딩 원자모형 사이에 어떤 새로운 모형이 존재할 수 있는가를 묻는 것이며 다른 말로 원자에서 양전하를 띠는, 질량을 가진 물질이 미립자처럼 여러 개의 개별 입자로 이루어져 원자 내부에 골고루 퍼져 있는가 하는 것이다. 이에 대한 대답은 '아니오'다. 만약 양전하 미립자가 알파입자를 큰 각도로 휘게 만들었다고 해도 그러기엔 양전하 미립자의 질량이 너무 작기 때문이다. 이는 완전히 모순이었다.

러더퍼드는 마지막으로 미스터리한 알파입자의 출처에 대해 이렇게 정리했다. 알파입자가 방사성 원자의 *핵*으로부터 떨어져 나왔다고 말이다. 이는 자신의 새로운 원자모형에 딱 들어맞는 설명이었다. 그는 더 나아가 양전하를 띠는 알파입자와 역시 양전하를 띠는 원자핵 간의 상당한 반발력 때문에 알파입자가 방사성 원자로부터 상당한 속도로 튀어나올 수밖에 없다고 정리했다. (같은 종류의 전하는 서로 밀어내고 반대 종류의 전하는 서로 끌어당긴다.) 원자 내부 양전하들 간의 전기적인 척력을 압축된 스프링으로 생각해볼 수 있다. 양전하들이 작은 원자핵에 가까이 붙어 있기 때문에 양전하 간의 스프링은 많이 압축된 상태다. 상당한 에너지를 갖고 있는 것이다. 이 막대한 척력에너지는 바로 원자폭탄의 강력한 에너지다. (건포도 푸딩 원자모형에서는 이렇게 많은 에너지가 비축되어 있지 않다.)

러더퍼드는 이 막대한 에너지가 어딘가에 쓸모 있을 거라고는 생각하지 않았다. 그러나 누군가는 다른 생각을 가지고 있었다. 저명한 SF 작가, 웰스(H. G. Wells, 1866~1946)는 러더퍼드와 같은 과학자들의 발견에 상당한 관심을 가졌다. 그는 러더퍼드의 논문이 발표된 지 3년 후 『해방된 세계(*The World Set Free*)』라는 제목의 책을 내놓았다. 여기에서 웰스는 비치볼만 한 크기의 '원자폭탄' 몇 개로 세계의 도시들을 파괴하는 1950년대의 세계 전쟁을 묘사했다.[4]

처음엔 대부분의 과학자들이 러더퍼드의 새로운 원자모형을 무시했다. 그러나 덴마크의 이론 물리학자 닐스 보어는 달랐다. 1911년, 러더퍼드와 만난 보어는 원자핵 모형에 깊은 감동을 받았다. 그는 양자모형의 시작점으로 러더퍼드의 원자모형을 받아들였다. (1913년에 발표된 보어의 역사적인 논문은 러더퍼드의 원자에 대한 이야기로 시작된다.) 러더퍼드가 원자의 기본 배치를 그려 냈다면 보어의 양자 원자모형은 러더퍼드의 원자핵 주변을 도는 전자들이 원자의 어디에 있는지를 보여주었다. 전자의 위치와 에너지는 원자와 분자가 다른 원자와 어떻게 상호작용하는지를 결정한다. 이것이 곧 화학의 기본 내용이다. 사실 현대 화학의 모든 것은 러더퍼드의 원자모형과 보어의 양자 원자모형에 기반을 두고 있다고 말할 수 있다.

아인슈타인과 같은 일부 과학자들은 협력도 거의 하지 않고 학생도 지도하지 않은 고독한 사람들이었다. 반면 항상 젊은이들과 함께 하길 좋아하고 그들을 지도하고 그들과 논의를 주고받길 좋아하는 과학자도 있었다. 러더퍼드는 후자에 속했다. 훗날 유명한 과학자로 성장한 많은 젊은이들이 그의 지도를 받은 학생이었다. 중성자를 발견한 제임스 채드윅(James Chadwick, 1891~1974), 저온 물리학과 강자기장 분야의 선구자인 피터 카피차(Peter Kapitza, 1894~1984), 원자핵을 인공적으로 붕괴시킨 최초의 과학자 존 코크로프트(John Cockcroft, 1897~1967), 소립자 검출에 쓰이는 안개상자를 개발한 패트릭 블래킷(Patrick Blackett, 1897~1974)이 바로 러더퍼드의 제자였다. 이들 모두는 노벨상을 수상했다. 러더퍼드는 자신의 학생들을 '내 자식들'이라고 부르곤 했다. 그의 제자들은 러더퍼드를 존경하면서도 두려워했다. 1921년, 러더퍼드의 실험실에 온 지 얼마 안 된 러시아인 카피차는 페트로그라드(러시아의 제2도시 상트페테르부르크를 말한다.)에 계시는 그의 어머니에게 이런 편지를 보냈다. "교수님은 종잡을 수 없는 사람이에요. 그는 걷잡을 수 없이 흥분하곤 해요. 그의 기분은 심하게 요동쳐요. 그에게 좋은 평가를 받으려면 부단히 긴장을 해야 할 것 같아요."[5]

물질과 원자의 구조에 따른 알파입자와 베타입자의 산란

어니스트 러더퍼드[1]

1.

알파와 베타입자가 물질의 원자와 접촉하면 직선 경로가 굴절한다는 사실은 널리 알려져 있다. 이와 같은 산란 현상은 에너지와 운동량이 훨씬 적은 베타입자의 경우에 훨씬 두드러진다. 빠르게 운동하는 입자가 그 경로에 놓인 원자를 관통한다는 사실에는 이의가 없는 것으로 보인다. 그와 같은 굴절 현상이 일어나는 원인이 원자 내부에 존재하는 강한 전기장 때문이라는 사실도 마찬가지이다. 알파나 베타입자의 광선속이 물질의 얇은 막을 통과하면서 산란하는 현상이, 실은 그 물질의 원자들이 야기하는 작은 산란의 결과일 거라는 가정 또한 일반적으로 통용되고 있다. 하지만 가이거와 마스덴이 알파선의 산란을 관찰한 결과에 따르면[2] 어떤 알파입자는 단 한 번의 접촉만으로도 직각보다 큰 각도로 굴절한다. 예를 들어 보자. 두 사람이 실험한 결과 극히 일부의 알파입자, 즉 20,000개의 입자 가운데 하나는 0.00005센티미터 두께의 금박층을 통과하면서 평균 90도로 굴절한다. 알파입자를 놓고 볼 때 이 정도의 저지 능력이라면 약 1.6밀리미터의 공기층에 해당한다. 그 후 가이거가 밝혀낸 바에 따르면[3] 이 두께의 금박층을 통과하는 알파입자의 평균 선속은 약 0도.87.이었다. 간단히 계산해보면 알파입자가 90도로 튕겨나갈 확률은 무시해도 될 만큼 낮다. 그뿐이 아니다. 논문의 후반에 가면 알게 되겠지만, 작은 변화가 다수 모여서 큰 각도의 굴절이 발생하는 경우, 알파입자의 굴절이 그처럼 큰 각도로 다양하게 발생할 가능성은 기대와 달리 확률 법칙을 따르지 않는다. 그처럼 큰 각도로 굴절하는 현상은 원자와의 접촉이 단 한 차례 일어난 결과라고 보는 것이 합리적이다. 두 번째로 접촉하면서 큰 각도의 굴절이 발생할 확률이란 것은 대개의 경우 극단적으로 낮기 때문이다. 단 한 번의 접촉으로 그처럼 큰 각도의 굴절이 발생하려면 원자가 강한 전기장의 중심이어야 하며, 이는 간단한 계산으로 확인할 수 있다.

J. J. 톰슨[4]은 최근에 물질의 얇은 층을 통과하는 대전입자의 산란에 관한 이론을 제시한 바 있다. 그에 따르면 원자는 N개의 음전하 입자로 구성되어 있으며, 그와 같은 양의 양전하가 구형태의 공간에 균등하게 분포되어 있다. 음전하 입자가 원자를 통과하면서 굴절하는 원인은 두 가지일 것이다. (1) 원자 전체에 균등하게 분포되어 있는 미립자의 반발력과 (2) 전자 속에 있는 양전하의 인력이 그것이다. 원자를 관통하는 입자의 굴절은 매우 작음이 분명하다. 접촉 회수를 m이라고 할 때 여러 번 접촉하여 m이 클 경우의 평균 굴절을 $\sqrt{m}\theta$라고 하자. 여기서 θ는 단일 원자가 일으키는 평균 굴절이다. 대전입자의 산란을 관찰하면 원자 안에 들어 있는 전자의 수 N을 유추할 수 있다고 알려져 있다. 그와 같은 복합 산란 이론의 정확성은 그 후 크라우서가 논문을 통해 실험적으로 검증한 바 있다.[5] 크라우서는 해당 이론의 주요 결과를 분명하게 확인해 주었으며, 양전하가 연속적이라는 가정 하에서 원자 속의 전자 수가 원자 무게의 약 세 배일 거라는 추론을 세웠다.

J. J. 톰슨의 이론은 몇 가지 가정에 근거하고 있다. 원자와 한 번 접촉하여 발생한 산란의 크기가 작고, 원자의 구조가 특별하여 단일 원자를

관통하는 알파입자가 아주 큰 각도로 굴절하는 경우가 절대로 없다는 가정이다. 또한 원자가 영향을 미치는 구의 지름에 비해서 양전하구의 지름이 아주 작지 않을 경우에 한정해야 한다는 가정이 있다.

알파와 베타입자가 원자를 관통하기 때문에 그 굴절의 본질을 면밀히 연구하면, 그와 같은 관측 결과를 생성해 내는 원자의 구조가 어떤지 아이디어를 얻을 수 있다. 사실 물질의 원자가 빠른 대전입자를 산란시킨다는 현상이야말로 그 문제를 해결할 수 있는 가장 확실한 수단이다. 단일 알파입자가 야기하는 형광 현상을 발전시키면 조사에 있어서 상당한 이점을 얻을 수 있다. H. 가이거는 이미 이 방법으로 연구를 진행했고 그 결과 우리는 알파입자가 물질에 부딪히며 발생하는 산란에 대해서 많은 지식을 얻을 수 있었다.

2.

우선 간단한 구조의 단일 원자와 단 한 번 접촉할 경우를 이론적으로 검토해 보겠다.[6] 원자는 알파입자가 크게 굴절할 수 있으며, 실제 관측할 수 있었던 실험 결과에서 유추한 이론과 비교해 볼 수 있기 때문이다.

중심부의 전하량이 ±Ne인 원자를 상정해 보자. 그 중심부는 전하를 띤 구에 둘러싸여 있으며, 그 구의 전하량은 ±Ne이고 반지름 R인 구 전체에 균등하게 분포되어 있다. e는 기본적인 전하량의 단위이다. 본 논문에서는 4.65×10^{-10} E.S unit을 사용하겠다. 그리고 거리가 10^{-12} 센티미터보다 작을 경우 중심부의 전하나 알파입자의 전하량이 한 점에 집중되어 있다고 가정하겠다. 중심부의 전하량이 양인지 음인지의 여부가 이론의 주요 결론에 영향을 미치지 않는다는 점은 알 수 있을 것이다. 편의상 부호는 양으로 하겠다. 우리가 상정한 원자의 안정성 문제는 이 단계에서 고려할 필요가 없다. 안정성에 영향을 주는 것이 원자의 세부 구조와 전하를 띤 각 부분의 움직임이라는 사실은 명백하기 때문이다.

입자를 큰 각도로 굴절시키는 힘을 상정하기 위해서 해당 전자 중심부의 양전하량이 Ne라고 하자. 그리고 반지름 R인 구가 그 중심부를 둘러싸고 있으며 음의 전하량 Ne가 그 구 내부에 균등하게 분포되어 있다고 하자. 원자 내부의 한 점과 원자 중심부 사이의 거리를 r이라고 할 때 전기력 X와 퍼텐셜 V는 다음과 같다.

$$X = Ne \left(\frac{1}{r^2} - \frac{r}{R^3} \right)$$

$$V = Ne \left(\frac{1}{r} - \frac{3}{2R} + \frac{r^2}{2R^3} \right)$$

질량이 m이고 속도가 u이고 전하량이 E인 알파입자가 원자의 중심을 향해 곧장 달려간다고 하자. 알파입자는 원자 중심부와의 거리가 b인 곳에서 멈출 것이며 그 때의 관계식은 다음과 같다.

$$\frac{1}{2} m \mu^2 = Ne\, E \left(\frac{1}{b} - \frac{3}{2R} - \frac{b^2}{2R^3} \right)$$

뒤에서 b가 중요한 양이라는 점을 보게 될 것이다. 중심 전하량이 $100e$라고 가정하면, 계산을 통해서 초당 2.09×10^9센티미터로 운동하는 알파입자에 있어서 b가 약 3.4×10^{-12}센티미터라는 것을 알 수 있다. 이 관계식에서는 b가 R에 비해 극히 작다. R이 대략 원자의 지름에 해당하는 약 10^{-8}센티미터이기 때문에, 알파입자가 되돌아가기에 앞서서 중심 전하에 매우 근접한다는 사실과 음전기가 균등하게 분포되어 있는 장을 무시할 수 있다는 점은 분명하다. 다시 말해서 일정 각도 이상으로 큰 굴절을 일으키는 원인은 중심부 전하 단 하나라고 보아도 큰 무리는 없을 것이며, 이는 간단한 계산으로 보일 수 있다. 지금 단계에서는 미립자 형태로 분포되어 있는 음전기가 굴절에 각각 미칠 수 있는 영향은 고려하지 않는다. 그 영향이 중심부가 미치는 효과보다 일반적으로 작다는 점은 뒤에 보일 것이다.

양전하 입자의 경로가 원자의 중심부와 가깝다는 점에 주목하자. 원자를 통과하는 동안 입자의 속도가 거의 변하지 않는다고 가정하면, 거리의 제곱에 반비례하는 반발력의 영향 속에서 입자가 움직이는 경로는 원자 S의 중심을 외초점으로 하는 쌍곡선을 그릴 것이다. 입자가 PO 방향으로 원자에 들어간다고 가정하고(그림 1), 원자에서 탈출하는 방향

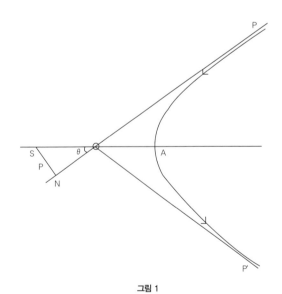

그림 1

을 OP'라고 하자. OP와 OP'는 직선 SA와 각각 동일한 각을 이룬다. A는 쌍곡선의 꼭짓점이다. $p= SN=$ 원자의 중심부에서 입자의 초기 운동방향에 다다르는 수직거리이다.

각 $POA= \theta$라고 하자.

V는 원자에 들어가는 입자의 속도이다. A지점에서의 속도는 v이다. 그러면 각 운동량을 고려할 때의 관계식은 다음과 같다.

$$pV = SA.r.$$

에너지 보존 법칙에 따르면

$$\frac{1}{2}mV^2 = \frac{1}{2}mv^2 + \frac{NeE}{SA}$$

$$v^2 = V^2\left(1 - \frac{b}{SA}\right)$$

이심률은 $sec\,\theta$이므로

$$SA = SO + OA = pcosec\theta(1 + cos\theta)$$
$$= pcot\theta/2,$$
$$p^2 = SA(SA - b) = pcosec\theta/2(pcot\theta/2 - b)$$
$$\therefore b = 2pcot\theta.$$

입자의 각도 변화 ϕ는 $\pi - 2\theta$이고

$$cot\,\phi/2 = \frac{2p}{b}\,^{7)} \tag{1}$$

이처럼 거리 b, 입자의 각도 변화, 원자의 중심부로부터 튀어 나오는 방향의 수직 거리 사이의 관계를 알 수 있다.

예증을 위해서 p/b값에 따른 각도 변화량 ϕ을 아래 표에 보였다.

p/b....	10	5	2	1	.5	.25	.125
θ.......	$5°.7$	$11°.4$	$28°$	$53°$	$90°$	$127°$	$152°$

3. 단일 굴절이 다양한 각도로 발생할 가능성

대전입자의 선속이 두께가 t인 물질의 얇은 막에 일반적으로 충돌할 경우를 생각해 보자. 큰 각도로 산란하는 일부 예외적인 경우를 제외하면, 입자는 속도가 조금 변하는 외에 별 다른 변화 없이 막을 통과한다. 물질의 단위 부피 안에 있는 원자의 수를 n이라고 하자. 그러면 두께가 t인 경우 반지름이 R인 원자에 입자가 충돌하는 횟수는 $\pi R^2 nt$이다.

원자 중심부로부터의 거리 p에 진입할 가능성 m은 다음과 같다.

$$m = \pi p^2 nt$$

반지름 p와 $p+dp$에서 충돌이 일어날 경우의 수는

$$dm = 2\pi pnt\,.\,dp = \frac{\pi}{4}ntb^2 cot\,\phi/2\,cosec^2\,\phi/2\,d\phi \tag{2}$$

그리고

$$cot\,\phi/2 = 2p/b$$

dm은 각도의 변화량이 θ와 $\theta + d\theta$사이인 총 입자수의 일부이다.

p는 총 입자수 가운데 각도 θ보다 크게 굴절하는 입자의 수이다. 즉, 다음과 같다.

$$\rho = \frac{\pi}{4}ntb^2 cot^2 \phi/2 \tag{3}$$

각도 ϕ_1과 ϕ_2사이로 굴절하는 p는 다음과 같다.

$$\rho = \frac{\pi}{4}ntb^2 \left(cot^2 \frac{\phi_1}{2} - cot^2 \frac{\phi_2}{2} \right) \tag{4}$$

실험 결과와 비교하기 위해서 방정식 (2)를 다른 형태로 바꾸는 것이 편리하다. 알파선의 경우 황화아연 막의 일정 면적에 나타나는 형광 효과의 숫자는 입자의 입사각 차이로 설명할 수 있다. r이 산란 물질로 들어가는 알파선 입사 지점으로부터의 거리라고 하자. Q가 산란 물질에 충돌하는 입자의 총 수이고 y가 단위 면적에 충돌하고 각도 ϕ로 굴절하는 알파입자의 수라고 할 때.

$$y = \frac{Qdm}{2\pi r^2 sin\,\phi.d\phi} = \frac{ntb^2.Q.cosec^4 \phi/2}{16r^2} \tag{5}$$

그리고

$$b = \frac{2Ne\,E}{m\mu^2}$$

이 방정식에 따르면 알파선의 입사 지점으로부터 거리 r만큼 떨어진 곳에서 황화아연 막의 단위 면적당 (형광 효과를 일으킨) 알파입자의 숫자는 다음 (1), (2), (3)에 비례하고 (4)에 반비례한다.

(1) ϕ가 작을 경우 $cosec^4\phi2$ 또는 $1/\phi^4$

(2) 산란물질의 두께 t (수치가 작을 경우)

(3) 중심부 전하 Ne의 크기

(4) 또는 m이 상수일 경우 속도의 4제곱

위 계산에서는 큰 각도로 굴절하는 알파입자의 경우 굴절이 한 번 일어났다고 가정하고 있다. 이런 가정을 할 경우, 산란 물질의 두께가 아주 얇아서 큰 굴절이 또 한 번 일어날 가능성이 매우 작아야 한다는 점이 중요하다. 예를 들어서, 만약 두께 t인 물질을 통과할 때 단일 굴절이 발생할 확률이 1/1000이라고 하면 굴절각 ϕ 각각에 대해서 굴절이 두 번 연속적으로 일어날 확률은 $1/10^6$이다. 즉 무시할 만큼 작다는 얘기다.

얇은 금속막에서 산란하는 알파입자의 각도 분포 측정은 단일굴절 이론을 일반적으로 시험하고 수정할 수 있는 가장 간단한 방법이다. 가이거 박사는 최근에 알파입자에 대해서 이 측정을 행한 바 있다.[8] 그 결과 얇은 금박에 충돌했을 때 30도에서 150도로 굴절한 입자의 분포는 이론과 매우 일치했다. 이에 대한 자세한 설명과 해당 이론을 검증하는 다른 실험들은 추후 발표될 예정이다. [...]

5. 단일산란과 복합산란의 비교

이론을 실험과 비교하기 전에, 산란 입자의 분포를 결정하는 데에 있어서 단일 산란과 복합 산란 간의 상대적인 중요성을 비교해 보는 게 좋을 것이다. 현재까지는 양전자가 반지름 R인 구의 형태로 균등하게 분포하면서 중심부의 전하를 둘러싸고 있다고 알려져 있다. 따라서 입자가 원자와 접촉할 경우 작은 각도로 굴절할 확률이 큰 각도로 단일 굴절하는 경우보다 월등히 높을 것이다.

J.J. 톰슨은 앞서 1장에 언급한 논문에서 복합 굴절의 문제를 다뤘다. J.J. 톰슨은 그 논문의 주석에서 반지름 R인 구 모양의 양전하장 때문에 발생하는 평균 굴절 ϕ_1와 Ne의 관계를 다음과 같이 밝히고 있다.

$$\phi_1 \equiv \frac{\pi}{4} \cdot \frac{NeE}{m\mu^2} \cdot \frac{1}{R}$$

구 전체에 균등하게 분포되어 있는 음전하량 N 때문에 발생하는 평균 굴절 ϕ_2는 다음과 같다.

$$\phi_2 = \frac{16}{5} \frac{eE}{\mu^2} \cdot \frac{1}{R} \sqrt{\frac{3N}{2}}$$

음전기와 양전기 둘 모두로 인한 평균 굴절은 아래와 같다.

$$\left(\phi_1^2 + \phi_2^2\right)^{1/2}$$

이와 마찬가지로, 본 논문에서 언급한 중심부 전하를 지닌 원자 때문에 발생하는 평균 굴절을 계산하는 것도 어렵지 않다.

중심부에서 거리 r만큼 떨어진 방사상 전기장 X는 다음과 같으므로,

$$X = Ne\left(\frac{1}{r^2} - \frac{r}{R^3}\right)$$

이 전기장 때문에 발생하는 대전입자의 (작은) 굴절을 나타내는 것은 아래에서 보듯이 어렵지 않다.

$$\theta = \frac{b}{p}\left(1 - \frac{p^2}{R^2}\right)^{3/2}$$

여기서 p는 전자 중심부에서 나오는 입자 경로의 수직 성분이고 b는 앞과 같다. 값은 p가 감소함에 따라 증가하고 ϕ가 작을 경우 매우 커지는 것을 알 수 있다.

원자의 중심부 근처를 지나는 입자의 굴절이 매우 커진다는 사실은 앞서 본 바 있기 때문에, θ값이 작다는 가정 하에 평균치를 찾는 것은 잘못된 일임이 분명하다.

R이 10^{-8}센티미터에 근접한다고 할 때 큰 각도로 굴절하는 알파와 베타입자의 p값은 대략 10^{-11}센티미터이다. 굴절각이 큰 접촉이 일어날 확률이 작은 접촉의 경우보다 낮기 때문에, 큰 굴절을 제외할 경우 작은 굴절의 평균치가 실질적으로 변하지 않는다는 사실은 금세 알 수 있다. 굴절각이 작은 원자의 해당 단면 부분은 모두 더하고 작은 중심부를 제외할 경우 이 결론은 마찬가지이다. 이런 식으로 하면 굴절각이 작은 경우의 평균치는 다음과 같이 표현할 수 있다.

$$\phi_1 = \frac{3\pi}{8}\frac{b}{R}$$

전하가 중심부에 집중된 원자의 값은 굴절 평균치의 3배이다. 이 경우 Ne값은 J. J. 톰슨이 사용했던 원자와 같다. 전기장 때문에 발생하는 굴절과 미립자 때문에 발생하는 굴절을 결합하면 굴절의 평균치는 다음과 같다.

$$\left(\phi_1^2 + \phi_1^2\right) \text{ 또는 } \frac{b}{2R}\left(5.54 + \frac{15.4}{N}\right)^{1/2}$$

뒤에서 N값이 원자량에 거의 비례하고 금의 경우 100이라는 사실을 보일 것이다. 방정식의 두번째 항은 각 미립자의 산란 때문에 발생한 효과를 나타내며, 따라서 무거운 원자의 경우 그 항은 고르게 분포된 전기장 때문에 발생하는 효과보다 작다.

두 번째 항을 무시하면 원자당 평균 굴절은 다음과 같다.

$$\frac{3\pi b}{8R}$$

이제 단일 굴절에 따른 입자의 분포와 복합 굴절에 따른 입자의 분포를 두고 그 상대적 효과를 비교해 볼 때가 됐다. J. J. 톰슨의 주장에 따르면, 두께 t인 물질을 통과할 경우 굴절의 평균치인 θ는 접촉 수의 제곱근에 비례하며 이는 아래와 같이 표현할 수 있다.

$$\theta_t = \frac{3\pi b}{8R}\sqrt{\pi R^2 . n . t} = \frac{3\pi b}{8}\sqrt{\pi n t}$$

이때 n은 앞서와 마찬가지로 단위 부피당 원자수와 같다.

복합 굴절에 있어서 입자의 굴절이 ϕ보다 클 확률 p_1은 $e^{-\phi^2/\theta_t^2}$와 같다.

따라서 다음을 알 수 있다.

$$\phi^2 = -\frac{9\pi^3}{64}b^3 n t \, log \, p_1$$

다음으로 단일 산란만이 가능하다고 가정해 보자. 3장에서 굴절이 ϕ보다 클 확률 p^2가 아래와 같음을 보았다.

$$p_2 = \frac{\pi}{4}b^2.n.t\cot^2\phi/2$$

이 두 방정식을 비교하면 다음을 알 수 있다.

$$p_2\,log\,p_1 = -.181\,\phi^2\cot^2\phi^2/2$$

ϕ가 아주 작으므로

$$tan\phi/2 = \phi/2$$
$$p_2\,log\,p_1 = -.72$$

이를 추정한다면

$$p_2 = .5 \quad 따라서 \quad p_1 = .24$$

만약

$$p_2 = .1 \quad 이라면 \quad p_1 = .0004$$

비교 결과 어떤 굴절이든지 간에 단일 굴절의 확률이 복합 굴절보다 높다는 것을 알 수 있다. 그 차이는 다양한 각도에 걸쳐 분포되어 있는 입자가 소수에 불과할 경우 더 두드러진다. 이 결과에 따라 입자가 원자와 접촉하면서 발생한 분포는, 두께가 얇은 막일 경우에 단일 산란이 좌지우지한다는 것을 알 수 있다. 입자 산란의 분포를 균등하게 하는 데에 있어서 복합 산란이 어느 정도 영향을 끼친다는 사실에는 의심의 여지가 없다. 하지만 그 영향은 상대적으로 작으며, 특정 각도로 산란하는 입자의 수가 적을수록 더 작아진다.

6. 이론과 실험결과의 비교

오늘날의 이론에 따르면 중심부 전하량 Ne는 중요한 상수이다. 따라서 여러 원자의 Ne를 결정하는 것이 바람직하다. 속도를 알고 있는 알파입자와 베타입자를 얇은 금속막에 충돌시키고 그 가운데 일부를 확인하면 그런 측정을 쉽게 수행할 수 있다. 이때의 산란은 ϕ와 $d\phi$ 사이에 걸쳐 있으며 여기서 ϕ는 굴절각이다. 그 일부의 수가 적으면 복합 굴절의 영향 또한 작을 것이다.

해당 이론에 대한 실험은 아직 진행 중이다. 하지만 이 시점에서 이미 발표된 바 있는 알파입자와 베타입자의 산란을 현재 이론에 비추어서 논의하는 것이 좋을 것이다.

논의할 부분은 다음과 같다.

(a) 알파입자의 분산 굴절. 즉 큰 각도로 굴절하는 알파입자의 산란 (가이거와 마스덴)

(b) 방사체의 원자량과 분산 굴절의 변화간 관계 (가이거와 마스덴)

(c) 얇은 금속판을 통과하는 알파선속의 평균 산란 (가이거)

(d) 여러 금속에 따른 베타선 산란의 속도 변화 실험. 크라우서가 실험함.

(a) 가이거와 마스덴의 논문에 따르면 (인용) 여러 물질과 충돌한 알파입자의 분산 굴절의 경우 라듐 C에서 나와 두꺼운 백금판에 충돌한 알

파입자 가운데 1/8000이 들어왔던 방향으로 되돌아간다. 이 수치는 알 파입자가 모든 방향으로 균등하게 산란한다는 가정을 두고 약 90도에 해당하는 굴절을 관측한 다음 그에 기반해서 얻은 결과이다. 실험의 형태가 정확한 계산에 아주 적합하지는 않았으나 결과로 얻은 산란을 보면 백금원자의 중심부 전하량을 약 $100e$라고 했을 때 이론적으로 예측했던 것과 일치한다.

(b) 가이거와 마스덴은 이 문제를 두고 실험하면서 여타 조건은 동일하게 두고 두꺼운 금속판의 종류를 바꾸면서 분산적으로 반사된 알파입자의 상대적 숫자를 얻어냈다. 그 결과치는 아래의 표에 있다. z는 산란한 입자의 상대적인 숫자이며, 그 숫자는 황화아연막 상에 나타난 형광 효과의 분당 개수이다.

금속	원자량	z	$z/A^{3/2}$
납	207	62	208
금	197	67	212
백금	195	63	232
주석	119	34	226
은	108	27	241
동	64	14.5	225
철	56	10.2	250
알루미늄	27	3.4	243
			평균 233

단일 산란 이론에 있어서 두께 t를 통과한 전체 알파입자 가운데 특정 각도로 산란한 입자의 수는 $n.A^2t$에 비례한다. 원자 중심부의 전하량이 원자량 A에 비례한다는 가정 하에 그렇다. 현재 조건 하에서는, 알파입자가 산란해서 황화아연막에 영향을 미치는 물질의 두께는 금속에 따라 다르다. 브래그가 밝혀 낸 바에 따르면 원자가 알파입자를 저지하는

능력은 원자량의 제곱근에 비례하고, 원소가 달라질 경우 nt값은 $1/\sqrt{}$ A에 비례한다. 이 경우 t값은 알파입자의 산란이 발생하는 최대 깊이이다. 따라서 두꺼운 막에서 산란 효과로 인해 되돌아가는 알파입자의 수 z는 $A^{3/2}$에 비례한다. 또는 $z/A^{3/2}$가 상수여야 한다.

이 결론을 실험 결과와 비교해 보자. $z/A^{3/2}$의 상대적 값은 표의 마지막 열에 밝혀 두었다. 실험의 난이도를 고려할 때 이론값과 실험 결과가 잘 일치하고 있다.

알파입자가 큰 각도로 단일 산란하는 현상은 알파 선속에 관한 브래그 이온화 곡선의 모양에 어느 정도 영향을 미친다. 큰 각도로 단일 산란하는 현상이 끼치는 영향은 알파선이 원자량이 큰 금속의 막을 통과할 때 현저하고, 원자량이 작은 원자의 경우에는 영향이 작을 것이다.

(c) 가이거는 형광기법을 이용해서 얇은 금속박을 통과하는 알파입자의 산란을 주의 깊게 측정했다. 그리고 서로 다른 종류의 물질이 특정 두께일 때 그 속을 통과하는 알파입자가 어떤 각도로 굴절할 확률이 가장 높은지를 밝혀냈다.

이 실험에는 동종 알파입자의 가느다란 선속을 사용했다. 가이거는 물질의 막을 통과하며 산란하는 알파입자의 총 수를 각도 각각에 따라 직접 측정했다. 그리고 산란 입자의 수가 가장 많은 각도를 확률이 가장 높은 각도로 정했다. 물질의 두께에 따라 확률이 가장 높은 각도가 어떻게 달라지는지도 측정했다. 하지만 산란 물질을 통과하는 알파입자의 속도가 달라지다보니 이 결과를 계산에 사용하는 일은 쉽지 않았다. 해당 논문에는 알파입자의 분포 곡선이 나와 있다. 이 표를 보면 (496쪽에서 인용) 입자의 절반 가량이 산란하는 각도가 확률이 가장 높은 각도보다 20퍼센트 가량 크다.

입자의 절반 가량이 특정 각도로 산란할 경우 복합 산란이 중요해진다는 점은 이미 살펴본 바가 있다. 이 경우 두 가지 산란이 미치는 상대적 영향을 구분하기란 어렵다. 하지만 다음과 같은 방법으로 근사 견적을 세워볼 수는 있다. 5장에 따르면 복합 굴절과 단일 굴절의 확률 p_1과 p_2의 관계는 다음과 같다.

$$p_2 \, log \, p_1 = -.721$$

복합적인 효과의 확률 q의 근사치를 먼저 구해보면 다음과 같다.

$$q = \left(p_1^2 + p_1^2\right)^{1/2}$$

만약 $q = 5$라면 다음과 같다.

$$p_1 = .2 \quad \text{이고} \quad p_2 = .46$$

굴절각이 ϕ보다 큰 단일 굴절의 확률 p_2가 다음과 같다는 것은 이미 살펴본 바 있다.

$$p_2 = \frac{\pi}{4} n.t.b^2 cot^2 \phi/2$$

실험에서 ϕ가 상대적으로 작다고 했으므로,

$$\frac{\phi \sqrt{p_2}}{\sqrt{\pi n t}} = b = \frac{2NeE}{m\mu^2}$$

가이거는 알파선이 금을 통과하면서 굴절하는 각도 중 가장 확률이 높

은 각도는 공기의 저지력 .76센티미터에 해당하는 1도40′라는 점을 알
아냈다. 따라서 알파입자 가운데 절반 가량이 굴절하는 각도 ϕ는 약 2
도이다.

$$t = .00017\,cm \; ; \; n = 6.07 \times 10^{22} \; ;$$
$$u\,(\text{평균치}) = 1.8 \times 10^{9}$$
$$E/m = 1.5 \times 10^{14}.\,E.S.units \; ; \; e = 4.65 \times 10^{-10}$$

단일 산란의 확률이 =.46이라고 할 때 이 값을 위의 공식에 대입하면
금의 N값은 97이 된다.

공기의 저지력 2.12센티미터에 해당하는 두께의 금을 사용할 때, 가
이거는 가장 확률이 높은 각도가 3도40′라는 사실을 발견했다. 이 경우
t=.00047이고 ϕ = 4도.4이고 u의 평균값은 u = 1.7 × 10⁹이다. 따라서 N
은 114가 된다.

가이거는 원자의 굴절각 가운데 가장 확률이 높은 각도가 원자량에
거의 비례한다는 사실을 밝혀냈다. 따라서 서로 다른 원자의 N값도 원
자량에 비례한다는 결론이 나온다. 적어도 금과 알루미늄 사이의 원소
에 있어서는 원자량에 비례한다는 것이다.

백금의 원자량은 금과 거의 같기 때문에, 앞서 밝혀진 사실들에 따르
면 금을 통과하며 굴절하는 각도가 90도보다 큰 알파입자의 분산 굴절
의 크기와, 금박을 통과하는 입자 선속이 작은 각도로 산란할 경우의
평균치는, 금의 중심부 전하량이 약 $100e$라고 가정할 경우 단일 산란
이론으로 둘 다 설명할 수 있다.

7. 일반적인 고찰

이 논문에서 실험 결과와 함께 설명한 이론을 제시하는 동안, 중심부에

전하량이 있는 원자의 경우 그 전하량이 한 점에 모여 있다고 가정했다. 그리고 알파와 베타입자가 큰 각도로 굴절하는 단일 굴절의 경우, 각 입자가 중심부의 강한 전기장을 통과하기 때문에 그런 현상이 발생한다고 가정했다. 또한 크기가 같고 부호가 반대이며 구 내부에 균등하게 분포한 전하의 상쇄 효과는 무시했다. 이제 그런 가정이 정당하다는 몇 가지 증거를 제시하겠다. 구체적인 예를 들기 위해서 속도가 빠른 알파입자가 중심부 양전하량이 Ne인 원자를 통과한다고 하자. 그리고 그 원자가 N개의 전자로 둘러싸여 상쇄 효과가 일어난다고 하자. 빠른 속도로 이동하는 알파입자의 질량과 모멘텀과 운동 에너지는 전자의 각 해당 수치보다 매우 크다는 점을 기억하자. 그럴 경우 동역학적으로 볼 때 입자가 전자에 근접한다고 해서 큰 각도로 굴절할 수는 없을 것이다. 전자가 강한 전기력에 의해 빠른 속박운동을 하고 있다고 해도 마찬가지이다. 따라서 이런 전자 때문에 알파입자가 큰 각도로 단일 굴절할 확률은, 비록 0은 아닐지라도 전자 중심부 전하 때문에 단일 굴절을 할 확률보다는 극단적으로 낮을 거라고 보는 게 타당하다.

중심부 전하의 분포가 어느 정도인지를 실험적으로 얼마나 확인할 수 있는지 시도해 보는 것은 흥미로운 일이다. 예를 들어서 N개의 단위 전하량으로 구성된 중심부 전하가 특정 부피에 분포되어 있어서 큰 각도의 단일 굴절이 전적으로 그런 구성 전하량에만 영향을 받아 발생하고, 그런 분포 때문에 외부에 발생한 장으로부터는 영향을 받지 않는다고 가정해 보자. 3장에서 보았듯이 큰 각도로 산란하는 알파입자의 수는 $(NeE)^2$에 비례한다. Ne는 한 점에 모여 있는 중심부 전하량이고 E는 굴절한 입자의 전하이다. 하지만 만약 이 전하가 단일 단위에 분포되어 있다면 알파입자 가운데 특정 각도로 산란하는 입자의 수는 $N^2 e^2$가 아니라 Ne^2에 비례한다. 이 계산에서는 구성 요소인 입자의 질량이 미치는 영향은 무시하고 전기장에 대해서만 설명하고 있다. 금의 중심부 한 점에 있는 전하량이 100이어야 한다는 점은 이미 보인 바 있기 때문에, 큰 각도의 단일 굴절 또한 분포되어 있는 전하의 값과 같은 비율로 비례해야 한다. 그리고 그 전하는 최소한 10000이어야 한다. 이런 조건 하에서는 구성 요소인 입자의 질량이 알파입자의 질량에 비해 작을 것이다. 그리고 큰 각도의 단일 굴절에 어려움이 발생한다. 또한 분포되어 있는 전하가 그처럼 클 경우, 복합 산란이 단일 산란보다 상대적으로 중요해진다. 다시 말해서 얇은 금박을 통과하는 알파입자의 선속이 작은 각도로 굴절할 확률이 가이거가 실험으로 관측한 것보다 커진다. (섹션 b와 c) 그 경우 중심부의 전하가 같다고 가정하고 큰 각도와 작은 각도의 산란을 설명할 수 없다. 이런 근거들을 종합해 보면, 전자 속에 아주 작은 공간에 분포되어 있는 중심 전하가 있다고 가정하는 것이 가장 간단하다. 그리고 큰 각도로 굴절하는 단일 굴절의 경우 그 원인은 중심부 전하의 구성 요소 각각이 아니라 중심부의 전하 전체에 있다고 보는 것이 가장 간단하다. 또한 중심에서 일정 거리만큼 떨어져 있는 바깥 입자들이 양전하의 일부를 담당하고 있다고 보기에는 실험적인 증거가 정밀하지 못하다. 현재 시점에서는 똑같은 중심부 전하량으로 알파와 베타입자가 큰 각도로 굴절하는 단일 굴절을 일으킬 수 있는지를 확인해야 증거가 될 수 있다. 왜냐하면 똑같이 큰 각도로 굴절하려면 평균 속도로 운동하는 베타입자보다 알파입자가 원자의 중심에 훨씬 더 가까이 근접해야 하기 때문이다.

일반적인 자료에 따르면 서로 다른 원자의 중심부 전하는 대략 원자량에 비례한다. 적어도 알루미늄보다 무거운 원자의 경우에는 그렇다. 더 가벼운 원자에서도 그처럼 간단한 관계가 성립하는지 실험해 보면 흥미로울 것이다. 굴절을 일으키는 원자의 질량이 알파입자와 크게 다르지 않은 경우 (예를 들어서 수소, 헬륨, 리튬 등) 단일 산란에 관한 일반 이론은 수정해야 할 것이다. 원자의 운동 자체도 고려해야 하기 때문이다(4장 참조). 나가오카는 흥미롭게도 '토성형' 원자의 특성을 수학적으로 분석한 바 있다.[9] 나가오카는 원자의 중심부가 물질을 끌어당기며 전자가 고리 모양으로 그 주위를 회전하고 있다고 가성하고 계산한 것이다. 나가오카는 중심부의 인력이 클 경우 그런 시스템이 안정적이라는 사실을 보여 주었다. 본 논문에서 취한 관점에 따르면, 원자를 원반형으로 가정하든 구형으로 가정하든 큰 굴절은 실질적으로 영향을 받지 않을 것이다. 금원자의 중심부 전하량의 근사치는 (100e), 금 원자가 각각 2e의 전하를 띠고 있는 49개의 헬륨 원자로 구성되어 있다고 가정할 경우의 예상치와 흡사하다. 이는 우연의 일치에 불과할 수도 있다. 하지만 2개의 단위 전하를 띤 헬륨 원자가 방사성 물질로부터 방출되었다고 본다면 충분히 납득할 수 있는 일이다.

지금까지 살펴본 이론의 결과는 중심 전하의 부호와 무관하다. 또한 아직까지는 중심부 전하가 양인이 음인지 실험적으로 확정하는 것이 불가능하다. 그 두 가지 경우를 각각 가정으로 두고 베타입자의 흡수 법칙 간에 차이가 있는지를 확인해 보면 부호 문제를 해결할 수도 있을 것이다. 베타입자의 속도를 줄이는 데에 있어서 방사가 미치는 영향은 중심부 전하가 음일 때보다 양일 때 훨씬 더 클 것이기 때문이다. 중심부 전하가 양이라면, 양으로 대전된 물질이 무거운 원자의 중심부에서 떨어져 나올 경우 전기장 속을 이동하는 데에 속도의 이득을 크게 얻을 것이다. 이 관점에 따르면 알파입자들이 원자 속에서 처음부터 빠르게 운동하고 있었다고 가정하지 않더라도 알파입자가 빠른 속도로 방출되는 점을 설명할 수 있을 것이다.

해당 이론을 본 논문에서 제기한 문제와 기타 다른 문제에 적용하는 것은 다음 발표로 미루겠다. 그 때까지 해당 이론의 주요 결론을 실험적으로 검증할 것이다. 이 부분의 실험은 가이거와 마스덴이 이미 진행하고 있다.

1911년 4월에

맨체스터 대학에서

London, Edinburgh and Dublin Philosophical

Magazine and Journal of Science (1911)

■ 참고문헌

1. 저자가 직접 게재. 본 논문의 간략한 요약문이 1911년 2월에 Manchester Literary and Philosophical Society에 실렸다.

2. Proc. Roy. Soc. lxxxii. p. 495 (1909).

3. Proc. Roy. Soc. lxxxiii. p. 402 (1910).

4. Camb. Lit. & Phil. Soc. xv. pt. 5 (1910).

5. Crowther, Proc. Roy. Soc. lxxxiv. p. 226 (1910).

6. 본 논문에서는 입자가 단일 원자와 접속하면서 큰 각도로 굴절하는 현상을 '단일' 산란이라고 부를 것이다. 작은 각도가 누적된 결과로 입자의 각도가 변하는 경우 이를 '복합' 산란이라고 부를 것이다.

7. 힘이 반발력이 아니라 인력인 경우 굴절에 영향을 미치지 않는다는 것은 쉽게 알 수 있다.

8. Manch. Lit. & Phil. Soc. (1910).

9. Nagaoka, Phil. Mag. vii. p. 445 (1904).

번역: 김창규

6

우주의 크기

2차원의 하늘을 3차원으로 보여준
세페이드 변광성

헨리에타 리비트 (1912)

청명한 밤하늘을 가만히 보고 있으면 우주에 대해 이런저런 궁금증이 생겨난다. 암흑의 우주 공간에서 반짝거리는 저 작은 점들은 과연 무엇일까? 그것들은 대체 얼마나 크고 얼마나 멀리 있는 것일까? 밤하늘을 가로지르는 하얗고 엷은 띠의 정체가 뭘까? 광활한 우주 속에서 지구는 어디쯤 위치하고 있을까? 우주의 시작이 존재한다면 우주는 언제 탄생했을까? 과연 우주는 끝도 없이 펼쳐져 있는 것일까, 아니면 물질과 공간의 경계가 있는 것일까? 만약 경계가 있다면 그 너머에는 무엇이 있을까?

인간의 문명은 이런 의문들을 풀어 보려고 애써 왔다. 기록상으로 가장 오래된 우주론은 바빌론의 창조신화 에누마 엘리쉬(Enuma Elish)다. 이 서사시에 따르면, 하늘은 높이를 헤아릴 수 없는 둥근 천장이고, 하늘과 땅은 땅을 둘러싸고 있는 물 위에 지어진 제방으로 연결되어 있다. 그리고 흩뿌려져 있는 별들은 '천상의 기록'이다. 훗날의 문명이 은하수라는 이름을 붙여 준, 하얀 색의 엷은 띠는 '하늘의 강'이다.[1]

우주에 대한 생각에 논리와 추론을 더한 사람은 기원전 6세기 아낙시만드로스(Anaximandros, BC 610~545)*였다. 아낙시만드로스의 세계관에서는 별은 공기가 압축된 부분이고, 태양은 지구의 지름보다 28배나 큰 전차 바퀴와 같은 모양을 하고 있으며, 이 바퀴의 가장자리에는 불

---

*아낙시만드로스는 천문학의 창시자, 우주론 또는 체계적인 철학적 세계관을 전개한 최초의 사상가로 불린다.

이 활활 타오르고 있다. 8세기 말, 아랍의 연금술사 자비르 이븐 하얀(Jabir ibn Hayyan)에 따르면 별은 공기가 아니라 신성한 생명체다.

우주에 대한 이런 생각들을 검증하려고 할 때 가장 큰 문제는 거리를 측정할 수 없다는 점이었다. 사실 천문학의 역사에서 거리를 결정하는 일은 언제나 큰 골칫거리였다. 반짝거리는 빛의 점이 얼마나 떨어져 있는지 알지 못한다면 그것이 반딧불이인지 별인지 구분할 수가 없다. 이뿐만이 아니다. 얼마나 큰지, 얼마나 많은 에너지를 내뿜는지, 그 정체를 도통 알 수 없다.

하늘을 올려다보면, 우리가 본 하늘은 깊이가 없는 평평한 사진과 같다. 2차원의 이미지일 뿐이다. 별들이 얼마나 떨어져 있는지를 우리에게 알려 줄 기준점이 없다. 별의 실제 크기를 알고 있다면 우리는 그 별이 얼마나 작게 보이는지를 통해 별까지의 거리를 추론해 낼 수 있다. 마치 실제 자동차의 크기를 알고 있기 때문에 멀리 떨어져 있는 자동차를 보고 어느 정도 떨어져 있는지 거리를 추정할 수 있는 것처럼 말이다. 그러나 별은 단지 빛의 점으로밖에 안 보인다. 심지어 거대한 망원경으로 본다고 해도 그렇다. 만약 우리가 별의 본래 밝기(intrinsic luminosity)*를 알고 있다면 우리 입장에서 보이는 그 별의 밝기로 별까지의 거리를 알아낼 수 있다. 50와트짜리 전구가 내는 빛의 밝기를 통해 전구까지의 거리를 잴 수 있는 것과 마찬가지다. (어떤 물체의 본래 밝기와 그 물체까지의 거리, 그리고 그 물체의 겉보기 밝기 간의 관계는 수식으로 표현된다. 따라서 이 세 가지 중 두 가지의 값을 알고 있다면 다른 하나의 값도 얻을 수 있다.) 하지만 불행하게도 별은 저마다 다른 밝기를 띠고 있다. 별이 희미하게 보이는 이유가 별 자체의 밝기가 약하기 때문일 수도 있고 별빛은 밝

---

*이 장에서 이해를 쉽게 하기 위해, 천문학 용어인 광도 대신에 밝기로 표현했다.

지만 너무 멀리 떨어져 있기 때문일 수도 있다. 때문에 별까지의 거리를 알아낼 수 없었다. 거리에 대한 정보가 없으니 하늘에 반짝이는 게 별인지 성운인지 아니면 은하인지를 구분할 수도 없었다.

1912년, 한 여성 천문학자가 우주의 거리를 재는 잣대를 발견했다. 하버드 천문대에서 일하는 헨리에타 리비트였다. 청각장애를 가지고 있으며 신앙심이 깊은 그녀는 세페이드(Cepheid)라고 부르는, 특정한 별의 본래 밝기를 잴 수 있는 법칙을 찾아냈다. 리비트가 천문학에 3차원의 이미지를 제공해 준 것이다. 별의 겉보기 밝기를 직접적으로 측정할 수 있기 때문에 이제 거리를 유도할 수 있었다. 리비트의 업적 덕분에 세페이드 별들은 몇 와트인지 그 정보를 알고 있는 우주의 전구가 되었다. 게다가 우주의 광활한 공간에 산재해 있어 우주 공간에 떠 있는 잣대도 되었다. 이후 20년 동안 천문학자들은 리비트의 거리측정법을 이용해 우리 은하인 은하수의 크기를 쟀고, 그 안에 지구가 어디쯤 위치하는지도 알아냈다. 뿐만 아니라 우리 은하 바깥에 있는 다른 은하들의 존재도 확인했다. 더 나아가 우주가 팽창하고 있다는 충격적인 사실도 알게 되었다.

고대 그리스인들은 우주의 거리를 측정해 보려고 여러 가지로 노력했다. 그리스인들은 행성들이 각각의 이동 궤도에서 다른 위치에 있을 때 행성들의 위치를 측정하고 여기에 기하학을 적용하여 태양과 행성들 간의 거리 비율을 상당히 정밀하게 유추할 수 있었다. 수 세기가 지난 1610년, 갈릴레오는 최초의 망원경으로 천문학에 혁명을 불러왔다. 망원경을 통해 우주를 바라본 갈릴레오는 은하수가 별들의 무리라는 사실을 밝혀냈다. 그러나 은하수의 크기와 은하수를 이루는 별들까지의 거리는 알 수 없었다.

최초로 태양까지의 거리를 정밀하게 측정한 사람은 프랑스의 천문학자 장 리셰(Jean Richer, 1630~1696)였다. 1672년, 리셰는 조수들과 함께 두 곳의 천문대에서 화성의 방향을 측정했다. 관측 지점 중 한 곳은 파리였고 다른 한 곳은 프랑스령인 남미의 가이아나 해변에서 가까운 카옌 섬이었다. (여기에서 화성의 방향은 멀리 떨어져 있는 별을 배경으로 했을 때 화성의 위치에 따라 결정된다. 태양의 경우 일식일 때를 제외하고선 이 방법을 활용할 수 없다. 태양이 너무 밝아서 배경이 되는 별이 보이지 않기 때문이다.) 어떻게 이 방법으로 거리를 알아낼 수 있을까? 사물의 위치는 시선이 조금만 달라져도 다르게 보인다. 한쪽 눈을 감고 거리의 나무 한 그루를 바라보자. 이제는 반대쪽 눈을 감고 다른 쪽 눈으로 나무를 바라보자. 나무는 가만히 있는데 위치가 이동한 것처럼 보이는 것을 경험할 수 있을 것이다. 이때 방향의 차이, 즉 시차(parallax, 視差)와 두 관측 지점 간의 거리(이 경우에는 두 눈 사이의 거리)를 통해 나무까지의 거리를 계산할 수 있다. 파리와 카옌 섬은 바로 리셰의 두 눈인 셈이다. 화성까지의 시차를 측정하면 파리와 카옌 섬 간의 거리를 이용해 화성까지의 거리를 잴 수 있었다. 그리고 태양까지의 거리도 알 수 있었다. 고대 그리스인들이 밝힌 태양과 행성들 간의 거리 비율을 이용해서 말이다. 리셰는 지구에서 태양까지의 거리가 1억6천만 킬로미터 정도 된다고 했다.

몇 년 후 위대한 과학자 아이작 뉴턴(Isaac Newton, 1643~1727)은 지구와 가장 가까운 별들의 거리를 계산해 냈다. 여기에서 뉴턴은 별의 밝기를 태양의 밝기와 같다고 가정했다. 그는 태양이 별처럼 희미하게 보이려면 얼마나 멀리 있어야 하는지를 통해 거리를 계산한 것이다. 이를 통해 이 영국의 과학자는 가까운 별들이 태양과의 거리보다 수십만 배나 멀리 떨어진, 대략 30~40조 킬로미터 거리에 있다고 결론을 내렸다. 이는 옳았다.[2] 우주가 너무 광활하기 때문에 천문학자들은 킬로미터 대신 광년을 쓴다. 1광년은 빛이 1년 동안 이동할 수 있는 거리로, 약 9조 킬로미터쯤 된다. 광년으로 표현하면 우리에게서 가까이 있는 별들은 수 광년 거리에 있다고 말할 수 있다.

　1838년 경, 독일의 천문학자 프리드리히 베셀(Friedrich Bessel, 1784~1846)을 비롯한 여러 천문학자들이 가까운 별들에 대한 시차를 측정했다. 멀리 떨어져 있을수록 시차 역시 매우 작기 때문에 이를 관측하기 위해서 천문학자들은 가능한 한 멀리 떨어진 관측 지점을 선택했다. 바로 태양 주변을 도는 지구의 공전궤도를 이용하는 것이었다. 이들은 먼저 여름에 관측하고 다시 공전궤도의 반대편에 있는 겨울에 관측하는 방식을 택했다. 베셀의 실험은 뉴턴의 추정치를 다시 한 번 확인해 주었다. 그러나 시차를 이용한 방법으로는 1백 광년까지밖에 잴 수 없었다. 지구의 공전궤도를 이용한다고 해도 그 너머의 거리에 있는 별들의 시차는 관측할 수 없을 정도로 작기 때문이다. 같은 방향과 같은 속도로 운동하는 별의 집단인 '운동성단(moving cluster)'을 이용하면 최대 5백 광년 정도의 거리를 잴 수 있다. 그러나 5백 광년은 우주의 차원에서 그리 큰 값이 아니다. 당시 천문학자들은 미지의 우주가 그보다 훨씬 넓을 것이라고 확신했다. 이 정도가 19세기말 천문학이 가진 지식의 한계선이었다.

세기가 바뀌는 시점에 하버드 천문대와 인연을 맺기 시작했을 때만해도 헨리에타 리비트는 자신이 천문학의 영역에서 거리를 잴 수 있는 강력한 방법을 발견해 내리라고는 상상하지 못했다. 사실 그녀의 경력은 별로 눈에 띄지 않았다. 오늘날조차도 헨리에타 리비트는 그녀의 업적에 비해 대중들에게 알려지지 못한 과학자다. 대학생을 대상으로 한 대부분의 천문학 교과서에서는 그녀의 업적에 대해 고작 몇 줄 정도 서술되어 있을 뿐이다. 그녀의 일생 대부분은 베일에 가려져 있다. 여러 편의 논문을 썼고 천문학 자료에 대한 여러 권의 수기 노트를 남겨 놓았음에도 불구하고 하버드 천문대의 에드워드 피커링(Edward Pickering, 1846~1919) 대장과의 서신을 제외하고는 사적인 편지 한 통도 남아 있지 않다. 그녀에 대한 거의 모든 정보는 조지 존슨(George Johnson)이 쓴 책 『미스 리비트의 별(Miss Leavitt's Stars)』[3]에 담겨 있다.

사진으로 본 리비트는 이마가 넓고 얼굴이 길다. 머리는 모두 뒤로 넘겨 정갈한 올림머리를 하고 있다. 젊어서 찍은 사진이든 나이가 들어서 찍은 사진이든 팔이 길고 레이스가 달려 있으며 목이 길고 동그란 블라우스를 입고 있는 그녀를 볼 수 있다. 이런 차림새는 당시에도 보수적인 복장이었다. 이는 독실한 신앙 교육을 받고 자란 그녀의 성장 배경과 보수적인 성격을 동시에 말해 준다. 1922년, 하버드 천문대 천문학자 솔론 베일리(Solon Bailey, 1854~1931)는 리비트의 사망을 알리는 글에서 그녀에 대해 이렇게 적었다.

미스 리비트는 청교도 조상들이 세운 엄격한 가치를 물려받았다. 그녀는 언제나 삶을 진지하게 받아들였고 책임감과 의무감, 충성심이 매우 강했다. 그녀는 작은 즐거움에도 별 관심을 보이지 않았다. 끈끈한 가족의 헌신적인 구성원이었던 그녀는 이기적이지 않고 이해심 깊은 우정을 맺었다. 자신의 원리에 변함없이 충실했으며 자신의 종교와 교회에 마음을 다했다. 그녀는 모든 것에 감사할 줄 아는 재주가 있었을 뿐 아니라 그녀의 삶을 아름답게 하고 의미를 부여하는 밝은 천성까지 소유했다. 미스 리비트는 매우 과묵했고 내향적이었지만 자신의 일에는 대단히 열중하는 사람이었다.[4]

그리고 베일리는 리비트가 '비범한 독창력과 기술, 그리고 인내력으로 업적을 이루어 낸' 과학자였다고 덧붙였다.

헨리에타 스완 리비트는 1868년 7월 4일 미국 매사추세츠 주 랭커스터에서 아버지 조지 리비트와 어머니 헨리에타 스완의 일곱 자녀 중 한 명으로 태어났다. 아버지 조지는 목사였고, 어머니 헨리에타 또한 깊은 신앙심을 가지고 있었다. 성인이 된 후 평생토록 미스 리비트로 불린 이 주인공은 1885년부터 1888년까지 오벌린 대학(Oberlin College)을 다녔고 졸업 후에는 1888년부터 1892년까지 훗날 래드클리프 대학(Radcliffe College)이 되는 여성교육기관(the Society for the Collegiate Instruction of Women)에서 고전과 언어 그리고 천문학을 공부했다. (천문학 강의를 들으려면 메인 캠퍼스에서 수백 미터 떨어져 있는 하버드 천문대까지 걸어가야 했다.) 한 대학 동창은 리비트를 아는 누구나 그녀를 올곧고 이성적인 사람이라고 생각했다는 말을 전했다. 학사 학위를 받은 후 리비트는 여행을 다녀왔고 그 후에는 원인을 알 수 없는 병 때문에 랭커스터에 사는 가족의 곁에서 수년의 세월을 보냈다.

리비트는 1895년에 하버드 천문대의 자원봉사자가 되면서 천문학에 대한 열정에 다시 불을 지폈다. 그녀는 천문대장 에드워드 피커링이 고용한 10여 명의 여성 가운데 하나였다. 이들은 '컴퓨터' 또는 '피커링의 여자들'이라고 불렸으며 손이 많이 가는 계산과 유리 사진 건판에 검고 작은 점으로 나타난 천 개 이상의 별들을 뚫어져라 쳐다보면서 수십만 개가 넘는 별들의 위치와 밝기, 그리고 색을 기록하는 지루하고 반복적인 일들을 맡았다.

1900년, 집안에 위기가 닥치면서 리비트는 아버지가 목사로 있던 위스콘신 주 벨로이트(Beloit)로 가야 했다. 2년간의 공백 후 그녀는 피커링 대장에게 "기쁘게 맡아서 한 일이었고 어느 정도까지는 해낸 일을 마무리하지 못한 것에 대해 말할 수 없을 정도로 죄송합니다."[5]라고 편지를 보냈다. 그러고 나서 얼마 후 34세가 된 리비트는 피커링 대장이 제안한 시간당 30센트(요즘을 기준으로 한다면 시간당 8달러 수준이다.)의 임금을 받는 천문대 정규직을 받아들였다. 그녀는 1902년 8월 말에 매사추세츠 주로 돌아오자마자 대장에게 다음과 같이 편지를 썼다. "이제야 여유가 생겨서 일을 시작할 수 있게 되었어요. 수요일 오후 2시 반에서 3시 사이에 천문대에 가려고 합니다. [...] 이렇게 오래 지연된 것이 대장님께 폐가 되지 않았기를 바랍니다."[6] 이때부터 리비트는 청력을 잃기 시작했고 이후 몇 년간 상태는 더 나빠졌다.

리비트의 개인사는 과학 분야에서 여성 과학자의 역사가 어떠했는지를 아주 잘 보여준다. 19세기 말에 전문 직업인으로 과학 분야에서 일하는 미국의 여성 과학자는 손에 꼽을 정도로 적었고 유럽은 이보다 더 적었다. 여성이 과학계로 진출할 때 가장 주요한 장벽이 되는 것은 적은 교육 기회와 능력에 대한 제한적인 시선이었다. 19세기 중반, 또는 말까지 대부분의 대학이 여성에게 문을 열지 않았다. 미국의 경우에는 1861년에 여성 대학인 바사 대학(Vassar College)이 개교했고 이후 1870년 웨슬리 대학(Wellesley College)이, 1871년 스미스 대학(Smith College)이 연이어 문을 열었다.

미국에서 과학자로 인정받은 최초의 여성은 1847년 새로운 혜성을 발견한 천문학자 머라이어 미첼(Maria Mitchell, 1816~1888)이다. 그녀는 대학에서 천문학을 공부하지 않았다. 대신 아마추어 천문학자인 아버지의 조수와 낸터컷 도서관(Nantucket Athenaeum)의 사서로 일하는 동안 천문학 관련 도서들을 접하면서 독학했다. 바사 대학이 개교하자 미첼은 그곳에서 천문학과 교수와 천문대장을 맡았다.

1870년대 중반, 사라 와이팅(Sarah Whiting)이라는 여성이 매사추세츠 공과대학(MIT)에서 물리학 과정을 청강한 후 웨슬리 대학에 물리학 실험실을 만들었다. 여성이 대학에서 생물학에 대해 공부할 수 있게 된 것은 1873년 앤더슨 자연사 학교(Anderson School of Natural History)가 개교하면서부터였다. 1884년에 MIT는 처음으로 여성을 정규 학생으로 등록했다.

천문학은 다른 쪽에 비하면 여성에게 기회를 많이 준 과학 분야였다. 우선 고등 교육을 필요로 하지 않는, 별의 위치를 관측하거나 크기를 재는 일들이 여성의 몫이 되었다. 20세기가 가까워지면서 과학자들은 굵직한 천문 관측을 여러 번 실시했다. 특히 망원경에 카메라를 붙이는 새로운 관측 방식은 어마어마한 양의 데이터를 쏟아냈다. 이 많은 사진들을 분석하고 측정하고 계산하고 기록하는 일에 많은 노동력이 필요했음은 당연했다. 여성들은 남성보다 훨씬 적은 보수를 받고도 이 일을 기꺼이 받아들였다. 그러자 대부분의 과학자들은 천문학 연구가 여성에게 더 잘 맞는 분야라고 여기기 시작했다. 리비트처럼 하버드 천문대에서 일하면서 말머리성운을 발견한 여성 천문학자, 윌리아미나 플레밍(Williamina Fleming, 1857~1911)은 1893년에 이런 말을 했다. "모든 분야에서 여성이 남성과 똑같다고 주장할 수는 없지만, 일을 할 때는 많은 경우에 여성이 남성보다 더 강한 인내와 끈기를 보인다."[7] 과학사가인 파멜라 맥(Pamela Mack)에 따르면 1875년부터 1920년까지 160여 명의 여성이 미국의 여러 관측소에 고용되었다. 그 중 가장 고용자 수가 가장 많은 곳이 하버드 천문대였다. 피커링 대장이 1876~1919년 사이에 뽑은 여성 인력만 40명을 넘었다.[8]

에드워드 피커링은 1846년 비컨힐로 알려진 보스턴의 상류층 동네에서 태어났다. 그는 19세의 어린 나이에 이미 하버드 대학의 로렌스 과학부(Lawrence Scientific School)를 최우등생으로 졸업했다. 그런 다음 새로 설립된 MIT에서 10년을 보내면서 실험 물리학 분야에서 자신의 천재성을 입증했고 학생 지도를 위한 미국 최초의 물리 실험실을 만들어 물리 교육에 혁명을 불러일으켰다. 1876년에 피커링은 MIT를 떠나 하버드 대학에서 천문학과 교수와 천문대장 자리를 맡았다.

이후 20년 동안 천문학의 구심점은 별의 위치와 운동을 관측하는 연구 방향에서 물리적인 대상으로서 개개의 별을 연구하는 방향으로 이동했다. 별은 무엇으로 이루어져 있을까? 어떻게 에너지를 방출하는 것일까? 별의 밝기와 색깔을 결정하는 것은 무엇일까? 다른 범주에 속한 다른 종류의 별이 존재하는 것일까? 이 문제를 해결하고자 피커링은 별의 특성, 특히 밝기와 색깔을 관측하기 위해 막대한 조사를 시작했다. 그리고 1907년, 사진술이 향상되어 천문 자료를 수집하는 혁신적인 방법이 발견되자 피커링은 하늘의 대부분을 사진으로 찍는 굵직한 사업을 진행했다. 한 사업에만 30만 개나 되는 유리 사진 건판이 나왔다. 피커링은 맑은 날이면 마구 사진을 찍었다. 그는 150만 개가 넘는 별들의 밝기를 알아냈다. 하버드 천문대의 뛰어난 여성 천문학자이자 사라 와이팅의 제자인 애니 점프 캐논(Annie Jump Cannon, 1863~1941)은 30만 개 가까이 되는 별의 색깔을 정리하는 엄청난 일을 해냈다.

피커링은 자신의 여성 조수들에게 이중적인 태도를 보였다. 한편으로는 상냥하고 인정 깊게 대하며 그녀들을 격려했고 다른 한편으로는 분명히 그녀들을 이용했다. 하버드 천문대 1898년 연차 보고서에 피커링은 이렇게 적었다. "여성 조수들은 자신이 맡은 일에만 노련하다. 그들은 임금이 높은 천문학자들만큼 다양한 업무를 하지 못한다."[9] 영국 태생의 여성 천문학자 세실리아 페인(Cecilia Payne, 1900~1979)—1923년에 하버드 대학으로 유학을 와 천문대에서 근무하며 수소가 우주에서 가장 풍부한 원소라는 아주 대단한 발견을 해낸 여성—은 피커링에 대해 이렇게 말했다. "피커링은 생각하기 위해서가 아니라 일하기 위해서 직원들을 뽑았다."[10]

피커링의 여성 '컴퓨터들'은 천문대에 속한 두 개의 방에서 일했다. 이제는 옛 모습을 찾아볼 수 없을 정도로 많이 바뀌었지만 사진을 통해 당시의 분위기를 짐작할 수 있다. 꽃이 그려진 벽지, 벽에 붙은 별 지도와 유명한 천문학자의 사진, 그리고 마호가니 책상이 가정적인 분위기를 풍긴다. 한 방에 들어갈 수 있는 인원은 여덟 명 정도였다. 그녀들은 하루에 7시간을 일했고, 그 중 5시간은 천문대에서 보냈다. 1890년경에 찍은 사진에는 분주한 여성 조수들의 모습이 담겨 있다. 일부는 사진 건판에 나타난 작은 점들과 얼룩을 확대경으로 들여다보고 있고, 일부는 숫자와 그림을 기록하고 있으며, 또 다른 일부는 기존의 작업을 찾아보고 있다. 하루에 한 번 자신의 여성 컴퓨터들을 시찰했던 피커링은 한쪽 구석에 위엄 있는 모습으로 서 있다. 통통한 몸매의 그는 턱수염을 기르고 쓰리피스 정장을 입고 있다.

피커링이 하늘을 찍는 방대한 프로젝트를 시작했던 1907년경, 그는 리비트에게 천구의 북극 방향에 있는 별의 밝기를 재라는 임무를 할당했다. 다른 모든 별들의 밝기를 비교하기 위한 기준이 필요했던 것이다. 이는 상당히 까다로운 작업이다. 무엇보다도 사진 건판 한 장에 나타난 별들의 밝기를 어떻게 표시해야 할지 결정해야 한다. 하나의 방법은 먼저 어느 특정한 별을 지정해 관측하는 것이다. 망원경의 구경이 얼마인지를 알고 표준 필름을 사용한 카메라의 노출 시간이 얼마인지를 아는 상태에서 별의 사진을 찍는다. 그런 다음 그 별의 밝기에 숫자를 부여한다. 그러고 나서 망원경의 구경을 줄여 빛의 양을 반으로 줄이고 동일한 별을 사진으로 찍는다. 두 번째 사진에서 별의 밝기는 처음 것의 딱 절반이다. 이 과정을 계속하면 점차 별의 밝기에 대한 기준

목록이 만들어진다. 이 목록이 완성되면 북극 방향에 떠 있는 별을 분석할 수 있다. 기준 목록과 별을 비교하여 별의 밝기를 관측하면 된다. 그리고 나면 이 별들이 다시 새로운 밝기의 기준이 된다.

하지만 리비트는 구경도 다르고 노출 시간도 제각각인 33개의 망원경으로 찍은 277개의 사진을 받았다. 우선 33개의 서로 다른 망원경의 눈금을 보정해서 서로 다른 데이터를 비교해야만 했다. 결국에 그녀는 이 일을 해냈다. 북극표준성계열(North Polar Sequence)이라는 유명한 방법으로 말이다. 이는 천구의 북극 근처에 있는 96개의 별 무리로 1900년에서 1950년 사이에 다른 별들의 등급과 색깔을 측정할 때 사용하는 표준이 되었다. 이 별 무리는 가장 밝은 별이 가장 어두운 별의 6백만 배나 된다. 아주 다양한 밝기의 별들인 것이다.

중요한 것은 북극표준성계열로는 별의 겉보기 밝기만을 이용한다는 점이다. 아주 가까운 별들, 그러니까 시차나 운동성단으로 거리를 잴 수 있는 경우를 제외하고는 별들까지의 거리를 알 수 없었다. 거리를 구하려면 본래 밝기를 재는 방법이 필요했다.

북극표준성계열에 대한 연구를 시작할 무렵에 리비트는 천문학에서 가장 역사적인 발견으로 남을 변광성(variable stars, 變光星)에 대해 조사하기 시작했다. 수 세기 전에 알려진 변광성은 밝기가 규칙적으로 변화하는 별이다. 당시에 변광성의 밝기가 왜 달라지는가에 대한 가장 강력한 가설은 변광성이 쌍둥이별이라는 것이었다. 하나의 별이 다른 하나의 별 주위를 타원 궤도로 이동하기 때문에 지구에서 보면 별의 밝기가 주기적으로 감소한다는 것이다. 1914년, 그러니까 리비트가 1912년 위대한 논문을 발표하고 2년이 지난 후에, 대다수 변광성의 빛의 변화는 외부 운동 때문이 아니라 별 자체의 특성 때문이라는 사실이 밝혀

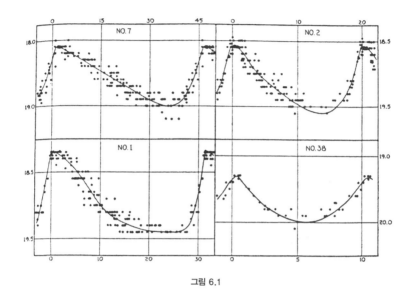

그림 6.1

졌다. 이 별들은 수 일에서 수 주를 주기로 수축했다 팽창하는 불안정한 상태에 있었다. 변광성과 달리 보통 별들은 수십억 년을 주기로 아주 천천히 밝기가 변한다.

리비트는 어떤 별이 변광성인지 아닌지를 알아보기 위해 양화/음화(포지티브/네거티브) 매칭법을 썼다. 먼저 동일한 하늘의 영역을 설정하고 시간을 달리 해서 양화와 음화로 사진을 두 장 찍는다. 이렇게 해서 얻은 양화 사진 건판과 음화 사진 건판을 아주 정교하게 겹쳐 놓는다. 이때 변광성은 까만 배경에 좀 더 크거나 좀 더 작은 하얀 후광이 나타나 두드러지게 된다.

일단 변광성을 확인하면 그 별의 변광 주기를 알아보기 위해 여러 시간대에 더 많은 사진들을 찍어 본다. 예를 들어 그림 6.1은 네 가지 변광성의 빛의 주기를 보여준다. 여기에서 세로축은 별의 밝기를 나타내고 가로축은 주기를 구하기 위한 날 수를 나타낸 시간축이다. 그리고 점은 여러 주기 동안 관측한 값을 나타낸다. 어느 한 별이 가장 밝을 때부터 어두울 때, 그리고 다시 가장 밝을 때까지 걸리는 시간을 주기라고 한다. 그림 6.1을 보면 7번 별은 주기가 45일이고 2번 별은 주기가 20일이다.

리비트는 혼자서 2,400개 이상의 변광성을 찾아냈다. 이는 리비트의 발견 이전에 알려진 변광성 수의 두 배에 이르는 것이었다. 프린스턴 대학의 찰스 영(Charles Young, 1834~1908) 교수는 피커링 대장에게 편지에서 "미스 리비트는 변광성의 달인"이며 "그녀의 발견 목록을 쫓아갈 자는 아무도 없다."고 적었다.[11] 더욱 놀라운 사실은 그녀가 계속해서 병에 시달리면서 동시에 가정 사정 때문에 천문대를 장기간 비우기까지 하면서도 이런 대단한 성과를 냈다는 것이다. 그녀는 1908년 말에서 1911년 중반까지 천문대에 없었고, 한 번은 최대 18개월 동안 자리를 비우기도 했다. (그녀는 자리를 비웠을 때 피커링 대장에게 이런 편지를 보낸 적이 있다. "당신을 짜증나게 하는 정보는 내가 아프다는 것만이 아닙니다."[12])

리비트는 세페이드라는 특정 변광성에 깊은 관심을 보였다. 세페이드 변광성은 1784년에 처음 발견된 것으로, 3일에서 15일 주기로 눈에 띄는 노란색의 '거대한' 변광성이다. 리비트는 소 마젤란 성운(Small Magellanic Cloud)의 좁은 영역에 위치한 희미한 세페이드 변광성을 조사했다. (그로부터 한참 뒤에, 대 마젤란 성운과 소 마젤란 성운은 둘 다 우리 은하의 바깥에 위치한 작은 은하임이 밝혀졌다.)

리비트가 조사한 세페이드 변광성들이 모두 소 마젤란 성운에 위치해 있다는 것은 중요한 사실이었다. 이 변광성 간의 거리가 지구와의 거리에 비해 매우 가깝다고 생각할 수 있었기 때문이다. 즉 모든 별들이 우리로부터 대략 비슷한 거리에 있다는 얘기이다. 따라서, *조사 표*

본에 위치한 어느 한 세페이드 변광성이 같은 조사 표본에 있는 다른 세페이드 변광성보다 두 배 밝게 보인다면 본래 밝기도 두 배가 된다. 여기에서 배수를 빼면 리비트는 이 별들의 본래 밝기를 측정한 것이 된다.

소 마젤란 성운의 사진들은 페루 아레키파(Arequipa)에 위치한 하버드의 남반구 천문대에서 찍은 것이다. 이 망원경은 브루스 망원경으로 구경이 24인치(약 60센티미터)다. 별들이 워낙 희미해서 노출 시간이 4시간 이상인 사진들도 있었다. 그녀만의 방법으로 리비트는 세페이드 변광성 24개의 겉보기 밝기와 주기를 측정했다.

리비트는 자신의 놀라운 발견에 매우 기뻤다. 그녀는 세페이드 변광성의 주기와 겉보기 밝기 간의 관계를 양으로 나타낼 수 있는 방법을 발견한 것이었다. 이 별들은 지구와의 거리가 비슷하기 때문에 이 결과는 이렇게 해석할 수 있다. 주기가 길수록 별의 본래 밝기도 더 밝다는 것으로 말이다.

그 누구도 이 둘 사이에 이런 관계가 있을 거라고 예측하지 못했다. 사실 세페이드 변광성의 밝기가 왜 변화하는지를 설명하는 당시의 대표적인 이론으로 보면 주기와 본래 밝기 간에는 아무 관련이 없었다. 쌍둥이 별로 해석하면 주기는 두 별이 얼마나 떨어져 있느냐에 따라 결정되고 본래 밝기는 별 고유의 특성으로 설명된다. 리비트는 자신이 발견한 연관성을 "주목할 만하다."고 했다. 베일리스와 스탈링의 호르몬 발견이나 러더퍼드와 마스덴 그리고 가이거의 원자핵 발견처럼 세페이드 변광성에 대한 주기와 밝기 간의 관계에 대한 리비트의 발견도 완전히 예상 밖의 일이었다.

이제, 리비트는 방대한 우주의 거리를 재는 데 '우주의 표지(cosmic

beacon)'가 되어 줄 특정 별무리를 찾아냈다. 우주의 표지는 다음의 세 가지 특성을 가져야 한다. (1)쉽게 구분할 수 있는 것이어야 한다. (2) 본래 밝기를 알려줄 수 있는 특성을 가지고 있어야 한다. (지구로부터 별까지의 거리를 별의 본래 밝기와 겉보기 밝기를 통해 알아낼 수 있다는 점을 떠올려 보자.) (3)우주 공간에 충분할 정도로 많이 흩어져 있어야 한다.

세페이드 변광성은 이 세 가지 조건 모두를 갖추었다. 우선, 색깔과 밝기가 변하는 세페이드 변광성은 언제든 아주 쉽게 찾을 수 있다. 다음으로, 보정을 해야 하는 점만 제쳐 둔다면 리비트는 주기로부터 본래 밝기를 알아내는 방법을 발견했다. 그리고 마지막으로, 세페이드 변광성은 소 마젤란 성운에서만이 아니라 우주의 여러 곳에 분포해 있다. 덕분에 아무리 먼 우주라도 세페이드 변광성이 있다면 거리를 잴 수 있게 되었다.

리비트의 논문을 보면 하버드 대학 천문대에서 논문을 발표했다는 점이 눈에 띈다. 막강한 천문대가 스스로 저널을 만들어 출판했던 것이다. 두 번째로는 리비트가 아닌 피커링 대장이 논문 저자로 사인되어 있다는 사실이 눈에 띈다. 논문의 첫 문장에서 피커링은 이 논문이 "미스 리비트에 의해 작성되었다."는 점을 언급했다. 당시에는 천문대장이 여성 천문학 조수 대신에 사인을 하는 것이 관례였다.

이 논문을 이해하려면 우리는 몇 가지 천문학 용어를 알아야 한다. 천문학자들은 역사적인 이유 때문에 겉보기 밝기를 '등급(magnitude)'이라고 하며 m이라고 표현한다. 겉보기 밝기처럼 별의 겉보기등급 m도 본래 밝기와 거리에 의해 결정된다. (수학적으로 표현하면 $m = -0.25 - 2.5 log(L) + 5 log(d)$로, 여기에서 log는 상용로그, L은 우리 태양의 밝기를 단위로 나타낸 본래 밝기, 그리고 d는 파섹을 단위로 하는 거리를 나타낸 것이다. 1파섹은 3.3광년과 같다.) 이 이상한 용어로 표현하면, 일반 상식과 반대로 별이 본래 밝기가 밝을수록 등급은 내려간다. 이렇게 표현하면 우리의 태양은 등급이 −26.5밖에 안 된다. 맨눈으로는 6.5정도 되는 데 말이다. 그래서 천문학자들은 본래 밝기를 '절대등급(absolute magnitude)'이라는 용어로 표현하고 M이라고 나타냈다. (수학적으로, $M = 4.75 - 2.5 log(L)$이다.) 겉보기등급과 달리, 절대등급은 본래 밝기만이 변수다.

리비트가 쓴 논문의 핵심은 등급과 주기 간의 관계를 잘 나타냈다는 것이다. 별의 주기가 증가할수록 등급은 떨어진다. 즉 *주기는 등급에 따라 달라진다.*

논문의 마지막 부분에 주요 내용이 있다. "이 변광성들은 지구로부터 비슷한 거리에 있기 때문에 이들의 주기는 분명 이들이 실제로 방출하는 빛과 연관이 있다." 이 부분을 보면 리비트는 그녀가 발견한 관계가 세페이드 변광성의 본래 밝기와 관련이 있음을 깨닫고 있었다는 것을 알 수 있다.

리비트는 주기와 등급 간의 관계가 천문학적 거리를 측정하는 데 쓰일 수 있다는 사실을 이해하고 있었다. 하지만 그녀는 결코 이런 사실을 논문에 직접 쓰지 않았다. 바로 이 점이 그녀의 논문과 다른 논문의 차이점이다. 호르몬을 발견한 베일리스와 스탈링, 그리고 원자핵을 발견한 러더퍼드는 그들이 찾으려고 했던 게 아닌 무언가를 발견했다. 그들은 자신들의 발견이 얼마나 중요한지를 알아보았고 이 점을 논문에 기술했다. 왜 리비트는 똑같이 하지 않았을까? 한 가지 가능성은 리비트를 비롯해 그녀와 같은 여성 동료들이 대담한 주장을 펼칠 수 있는 자리에 있지 않았기 때문이라는 것이다. '생각하는 사람이 아니라 일하는 사람'으로 뽑혔기 때문에 리비트는 핵심적인 개념을 발견했다고 공표하는 데 어려움을 겪었을지도 모른다. 실제로 그녀는 주장에 뒷받침이 되어 줄 관측 장비에 접근조차 할 수 없었을 것이다. 또 다른 가능성은 자신이 발견한 새로운 사실을 도둑맞을까 봐 두려웠던 게 아닌가 하는 것이다. 당시 캘리포니아 주 윌슨산 천문대(Mount Wilson Observatory)가 하버드 천문대와 치열한 경쟁을 하고 있었기 때문에 더 불안했을 수 있다. 마지막으로, 어쩌면 단순히 개인적인 성향 때문일 수도 있다. 이 모든 걸 종합해 보면 첫 번째 설명이 가장 타당해 보인다. 어쨌든 리비트가 연구에 관해 자신의 의견을 드러내거나 중요성을 부각시킨 편지나 논문은 하나도 남아 있지 않다.

리비트의 법칙을 완성하는 데 필요했던 핵심적인 부분은 보정(calibration)이었다. 리비트는 소 마젤란 성운까지의 거리를 알지 못했기 때문에 샘플 변광성 24개의 본래 밝기에 관해서는 상대적인 비율밖에 구할 수 없었다. 그래서 그녀는 세페이드 변광성들의 상대적인 본래 밝기는 알아도 각각의 본래 밝기는 알지 못했다. 마치 먼 빌딩의 불빛을 보고 있는 사람이 여러 불빛의 상대적인 밝기는 쉽게 알 수 있지만 어느 한 전구의 절대 밝기는 모르는 것처럼 말이다.

1913년, 리비트의 논문이 발표된 다음 해에, 덴마크 천문학자 엔야 헤르츠스프룽(Ejnar Hertzsprung, 1873~1967)은 소 마젤란 성운보다 지구와 훨씬 더 가까운 세페이드 변광성을 발견했다. 운동 성단법을 이용하면 거리를 측정할 수도 있었다. 그는 별까지의 거리와 겉보기등급으로부터 별의 본래 밝기를 측정할 수 있었다. 그리고 그 별의 주기를 관측한 다음, 리비트의 그래프에서 특정 주기가 본래 밝기와 어떤 관련이 있는지를 지정할 수 있었다. 이제 마침내 보정이 끝났다! 이로써 얻은 결과는 주기-광도 법칙(period-luminosity law)으로 불리는 그림 6.2다. 이 그림은 세페이드 변광성의 평균 밝기가 주기에 따라 어떻게 달라지는지를 보여준다.

세페이드 변광성은 흔하지는 않지만 곳곳에서 발견된다. 따라서 이미 전에 말한 것처럼 이 별들은 탁월한 우주 표지가 된다. 리비트의 주기-광도 법칙을 적용하는 것은 다음과 같다. 거리를 재고 싶은 별무리 안에서 세페이드 변광성을 찾는다. 그 세페이드 변광성의 주기와 겉보기 밝기를 측정한다. 주기와 리비트의 주기-광도 법칙(그림 6.2)을 이용해 세페이드 변광성의 본래 밝기를 구한다. 이제 그 별의 겉보기 밝기에 본래 밝기를 조합하면 거리가 나온다. 바로 알고자 했던 별무리까지의 거리를 구한 셈이다.

하버드 천문대와 경쟁 구도였던 캘리포니아 윌슨산 천문대에서 근무한 할로 섀플리(Harlow Shapley, 1885~1972)는 리비트의 업적을 빨리 알아본 천문학자 중 한 명이었다. 유능한 미국의 천문학자였던 그는 피커링 대장의 뒤를 이어 1921년부터 하버드 천문대장을 역임했다. 그는 1917년에 피커링 대장에게 "주기와 밝기의 관계에 대한 그녀의 발견은 항성천문학의 가장 위대한 업적 중 하나가 될 것이라고 생각합니다."[13]라고 편지를 보냈다. 그 해와 그 다음 해에 섀플리는 은하수의 여

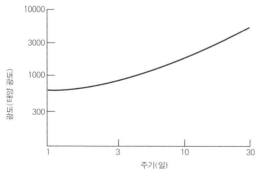

그림 6.2

러 지역에 있는 '구상성단들'*에서 세페이드 변광성을 체계적으로 찾아서 리비트의 연구를 확장했다. 그는 리비트의 주기-광도 법칙을 이용해 각각의 구상성단까지의 거리를 구했다. 그리고 탐색한 구상성단을 통해 최초로 우리 은하의 진정한 모습을 그려 냈다. 그 결과에 따르면, 우리 은하인 은하수는 별들로 이루어진 거대한 회선불꽃 모양이며 지름이 30만 광년쯤 된다. 그리고 우리의 태양계는 우리 은하의 중심으로부터 3분의 2 정도의 거리에 있다.

수 세기 동안 사람들은 하늘에 떠 있는 하얀 빛의 덩어리, 즉 성운이 대체 무엇인지 궁금해했다. 그러나 그 누구도 성운까지의 거리를 알아내지 못했고 그것들이 우리 은하에 속한 별인지 그렇지 않은지조차 구분할 수 없었다. 1924년, 미국의 천문학자 에드윈 허블 안드로메다 성운에서 세페이드 변광성을 찾아냈다. 덕분에 그는 리비트의 주기-광도 법칙으로 안드로메다 성운까지의 거리를 구할 수 있었다. 결과는 90만 광년으로, 새플리가 측정했던 우리 은하 지름의 3배나 되었다. 안드로메다 성운이 우리 은하 바깥에 위치한다는 사실을 알게 된 것이다!(현대의 관측에 따르면 우리 은하의 지름은 10만 광년이고 안드로메다 은하까지의 거리는 약 200만 광년이다.)

결국 안드로메다는 지구와 가장 가까이에 있는 거대한 은하인 것으로 판명이 났다. 허블은 계속해서 다른 성운들의 거리를 재보았다. 그리고 상당수가 우리 은하로부터 멀리 떨어진 은하라는 사실을 밝혔다. 오늘날의 우리는 잘 알고 있다. 은하들은 평균적으로 서로 간에 은하 크기의 약 20배 정도 거리를 두고 있으며 각각의 은하는 수조 개의 별을 포함하고 있다는 사실을 말이다. 우주의 크기는 엄청나게 광대했다.

---

* 맨눈으로는 하나의 희미한 별로 보이지만, 실제로는 수많은 별들이 공처럼 모여 있는 성단이다. 우리 은하 안에 약 5백 개의 구상성단이 있을 것으로 추정되며, 지금까지 알려진 건 130여 개다.

은하는 우주라는 거대한 캔버스의 물질 '단위'로 여겨진다.

1929년, 허블은 리비트의 법칙을 바탕으로 우리 은하에 상대적으로 움직이는 가까운 은하들까지의 거리를 측정했다. 여기에서 그는 은하들의 거리가 바깥쪽의 속도에 비례한다는 점을 발견했다. 이 결과를 이용해 천문학자들은 우주가 팽창하고 있다는 결론을 내렸다. (허블과 우주 팽창에 관해서는 12장에서 다룬다.)

오늘날에는 우주 망원경을 통해 2천만 광년까지의 세페이드 변광성을 볼 수 있게 되었다. 간단히 따지면, 주기-광도 법칙은 인간이 그려 낼 수 있는 우주의 범위를 500광년으로부터 2천만 광년까지 확장했다. 측정 가능한 우주의 공간이 무려 10^{14}배나 늘어난 것이다.

우주에 대한 지식이 이 정도까지 발전한 것은 헨리에타 리비트의 발견, 즉 세페이드 변광성의 광도와 주기 간의 관계를 몰랐다면 불가능했을 것이다.

미스 리비트가 하버드 천문대에서 보낸 시간의 대부분은 변광성에 대한 연구로 쓰이지 않았다. 그보다는 피커링이 지시한 프로젝트, 즉 별들의 광도 표준을 세우는 업무가 그녀의 주요 일과였다. 그녀는 자신의 가장 위대한 업적이 어떤 의미를 가지며 어떻게 이용될 수 있는지를 조사해 볼 시간적인 여유도, 자유도 없었다. 세실리아 페인은 이렇게 말했다. "미스 리비트에게 사진 건판 위에 찍힌 별들의 광도를 측정하는 법을 구하는 과제를 준 건 현명한 결정이었다. [...] 그러나 우수한 과학자에게 적합하지 않은 일을 준 것은 무자비한 결정이었다. 이로 인해 변광성에 대한 연구는 수십 년이나 후퇴한 것일지도 모른다."[14] 어쨌든 리비트는 자신의 일을 의욕적으로, 그리고 기쁘게 받아들였던 것 같다. 하버드 천문대의 동료인 안토니아 마우리(Antonia Maury)는 특별히 난해한 별 하나를 두고 고심하던 리비트가 이런 말을 했다고 회상했다. "우리가 그물을 올려 보내 그걸 끌어내릴 수 있는 방법을 구하지 못한다면 우리는 결코 저 별을 이해할 수 없을 거야."[15]

하버드 천문대에서 리비트의 직함은 처음부터 끝까지 '조수'였다. 1919년, 그녀는 미망인이 된 어머니와 함께 천문대에서 가까운 리니어가(Linnean Street)의 한 벽돌 건물로 이사했다. 그러나 얼마 지나지 않아 리비트는 다시 앓아누웠다. 이번에는 암이었다. 그녀는 1921년 12월 12일 53세의 나이로 세상을 떠났다. 죽기 얼마 전, 리비트는 자신의 소유물과 재산을 모두 어머니 앞으로 남긴다는 유서를 썼다. 5달러치의 책장과 책, 1달러짜리 병풍, 40달러짜리 러그, 5달러짜리 테이블, 2달러짜리 의자, 5달러짜리 책상, 15달러짜리 침대, 10달러짜리 매트리스 등의 소박한 살림살이에 액면가 100달러짜리와 50달러짜리 자유 공채가 그녀의 총 자산이었다.

그녀가 받은 몇 안 되는 상 가운데 하나는 미국 협회(American Association of Variable Star Observers)가 준 변광성 관측에 대한 명예 회원 자격이었다. 1925년, 스웨덴 과학 아카데미의 한 과학자 위원이 리비트에게 편지를 보냈다. 그녀를 노벨상 수상자 후보로 올리고 싶다는 내용이었다. 그는 그녀가 이미 3년 전에 세상을 떠났다는 사실을 몰랐던 것이다.

소마젤란 성운에 존재하는
25개 변광성의 변광주기

이하의 내용은 소마젤란 성운에 있는 25개 변광성의 변광 주기를 다루고 있으며 작성자는 미스 리비트임.

H.A. 60의 4번 논문에는 두 개의 마젤란 성운에 존재하는 변광성 1,777개의 목록이 있다. 해당 천체를 측정하고 연구하는 것은 쉽지 않은 일이다. 두 성운이 지극히 광대한 영역에 퍼져 있으며, 그 안의 항성 분포가 극도로 조밀하고, 변광성을 식별하기가 어려우며 그 주기 또한 짧기 때문이다. 그 중에서 다수의 변광성은 밝기가 15등급 이하이고 13등급을 넘는 것은 극소수이기 때문에 노출 시간이 길어야만 하는데 그런 사진은 얼마 되지 않는다. 이 정도로 어두우며 넓게 퍼져 있는 별들을 비교하고 표준 계열의 절대등급을 만족스럽게 도출하는 일은 당분간 어려워 보인다. 하지만 절대 밝기 등급을 북극 표준 계열 성에 적용하면 그와 같은 결과를 도출하는 길이 열린다.

1904년에 잠정적인 밝기 등급을 이용해서 소마젤란 성운에 있는 25개 변광성을 측정한 일이 있었다. 그 가운데 17개의 주기는 H.A. 60, 4번 논문의 표 6에 나와 있다. 그에 따르면 해당 항성들은 구상성단에서 볼 수 있는 변광성과 비슷한 특성을 보인다. 즉 밝기 감소가 느리고, 거의 대부분 최소 밝기 상태에 머무르며, 최대치에 도달하는 시간이 매우 짧다. 표 1은 지금까지 밝혀진 25개 변광성의 주기를 보여 준다. 주기가 짧은 것부터 나열해 두었다. 첫 다섯 열은 각각 하버드 천문대에서 붙인 번호, 밝기 곡선에서 알 수 있는 최대 및 최소 수치, 율리우스 적일로 2,410,000부터 지난 기간을 날짜 수로 환산한 것, 주기 일수이다. 하버드 번호 가운데 이탤릭체로 표시한 것은 이번에 처음으로 주기를 발표한 것들이다. 해당 변광성의 밝기와 주기 사이에 주목할 만한 상관관계가 있다는 점을 알 수 있을 것이다. H.A, 60 4번 논문에서는 변광성이 밝을수록 주기가 길다는 점을 주목하고 있었다. 하지만 당시에는 자료가 너무 적어서 일반적인 결론을 도출할 근거로 보기 힘들었다. 그러나 그 이후로 확실히 밝혀진 8개의 변광성 주기를 추가했고 그것들 또한 당시의 결론을 확인해 주고 있다.

소마젤란 성운에 존재하는 25개 변광성의 변광 주기

H.	Max.	Min.	Epoch.	Period.	Res. M.	Res. m.	H.	Max.	Min.	Epoch.	Period.	Res. M.	Res. m.
			d.	d.							d.	d.	
1505	14.8	16.1	0.02	1.25336	-0.6	-0.5	1400	14.1	14.8	4.0	6.650	+0.2	-0.3
1436	14.8	16.4	0.02	1.6637	-0.3	+0.1	1355	14.0	14.8	4.8	7.483	+0.2	-0.2
1446	14.8	16.4	1.38	1.7620	-0.3	+0.1	1374	13.9	15.2	6.0	8.397	+0.2	-0.3
1506	15.1	16.3	1.08	1.87502	+0.1	+0.1	818	13.6	14.7	4.0	10.336	0.0	0.0
1413	14.7	15.6	0.35	2.17352	-0.2	-0.5	1610	13.4	14.6	11.0	11.645	0.0	0.0
1460	14.4	15.7	0.00	2.913	-0.3	-0.1	1365	13.8	14.8	9.6	12.417	+0.4	+0.2
1422	14.7	15.9	0.6	3.501	+0.2	+0.2	1351	13.4	14.4	4.0	13.08	+0.1	-0.1
842	14.6	16.1	2.61	4.2897	+0.3	+0.6	827	13.4	14.3	11.6	13.47	+0.1	-0.2
1425	14.3	15.3	2.8	4.547	0.0	-0.1	822	13.0	14.6	13.0	16.75	-0.1	+0.3
1742	14.3	15.5	0.95	4.9866	+0.1	+0.2	823	12.2	14.1	2.9	31.94	-0.3	+0.4
1646	14.4	15.4	4.30	5.311	+0.3	+0.1	824	11.4	12.8	4.	65.8	-0.4	-0.2
1649	14.3	15.2	5.05	5.323	+0.2	-0.1	821	11.2	12.1	9.7	127.0	-0.1	-0.4
1492	13.8	14.8	0.6	6.2926	+0.2	-0.4							

상관관계는 그림 1에서 볼 수 있다. 가로축은 일수로 표현한 주기이고 세로축은 최대치와 최소치를 기준으로 한 밝기이다. 결과는 두 개의 곡

선으로 나타난다. 하나는 최대 밝기이고 다른 하나는 최소 밝기이다. 곡선이 놀라울 정도로 부드럽다는 데에 주목하자. 그림 2의 경우 가로 축은 로그로 표현한 주기이고 세로축은 그림 1과 마찬가지로 밝기이다. 최대 밝기와 최소 밝기 모두 점을 이을 경우 직선이 되는 것을 쉽게 알 수 있다. 따라서 변광성의 밝기와 주기 사이에는 간단한 관계가 있다는 결론이 나온다. 밝기 등급이 1씩 올라갈 때마다 주기의 로그 수치가 약 0.48씩 늘어난다. 그림 2의 직선과 최대 및 최소 수치 간의 차이는 표 1의 여섯 번째와 일곱 번째 열에 나와 있다. 절대 밝기 등급을 적용할 경우 직선과의 차이는 더 줄어들 가능성이 있다. 그렇게 하면 잠정적인 등급을 얼마나 수정해야 하는지도 알 수 있을 것이다. 밝은 항성과 어두운 항성 모두 평균 오차 범위가 1.2등급 정도라는 데에 주목하자. 변광성과 지구 사이의 거리는 거의 비슷하다고 보므로 변광 주기가 질량, 밀도, 표면 밝기에 따라서 결정되는 실제 빛의 방사와 관련이 있다는 것은 분명하다.

마젤란 성운에 있는 어두운 변광성들을 이용하면 현재의 장비로 범위를 연구하는 데에 있어 초석이 될 거라고 생각한다. 백조자리 UY를

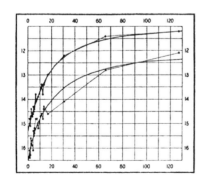

그림 1

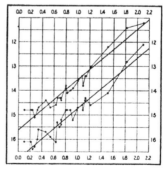

그림 2

비롯한 여러 개의 밝은 변광성들이 유사한 밝기 곡선을 보이는 것을 감안하면 그에 대한 연구도 다시 이루어져야 할 것이다. 등급의 범위 또한 그런 천체들을 최대한 많이 관측한 다음에 결정되어야 한다. 해당 유형 변광성의 시차(視差)도 측정 항목에 포함되기를 바란다. 그러면 다음과 같은 두 가지 근본적인 문제를 해결하는 빛이 보일 것이다. 성단의 종류에 따라 변광성의 질량에 절대적인 한계치가 존재하는가? 주기가 긴 변광성과 주기가 짧은 변광성 사이에 범위의 차이가 존재하는가?

25개의 변광성을 관측하고 알게 된 사실로 볼 때 항성의 분포와 관련이 있는 또 다른 의문점들이 생기게 된다. 성단과 성운의 관계, 밝기 곡선의 형태 간 차이, 주기의 극단적인 범위 등이 그것이다. 우리 천문대에서 두 개의 마젤란 성운에 존재하는 2천여 개의 변광성 전부에 대해서 밝기 변화를 연구할 수 있는 날이 조속히 오기를 바란다.

1912년 3월 3일

에드워드 피커링

번역: 김창규

고체의 원자 배열

테팔 프라이팬의 코팅 기술은
여기에서 비롯되었다

폰 라우에 (1912)

수년에 한 번씩 아내는 어두컴컴하고 먼지가 잔뜩 쌓인 지하실로 내려가 상자 하나를 들고 올라온다. 상자 위의 먼지를 털어낸 다음 아내는 상자 안에 들어 있는 소중한 보물들을 조심스럽게 하나씩 식탁에 꺼내 놓는다. 그녀의 보물은 바로 어린 시절에 수집한 돌들이다. 그녀는 여전히 결정의 아름다움에 매료되어 있다. 그것은 나 역시 마찬가지이다. 노란 빛을 띠는 방해석(calcite)은 뾰족뾰족하게 튀어나온 모습이 마치 작은 산맥과 같다. 방해석의 한쪽 면을 두드려 깨면 신비하게도 면이 완전히 평평한 육면체의 조각이 떨어져 나오는 것을 볼 수 있다. 들기에 무겁고 잿빛을 띠는 방연석(galena) 덩어리는 어떨까. 방연석은 정육면체와 정팔면체의 작은 덩어리들로 이루어져 있다. 이 돌을 좀 더 작은 조각으로 쪼개면 더 작은 정육면체와 정팔면체가 계속해서 나타난다. 그렇다면 어디까지 쪼갤 수 있을까? 결정의 뭉뚝한 끝부분이 마름모꼴을 이루는 호박색의 황옥(topaz)이나 분홍색 얼음 조각 같은 암염(halite)의 경우는 어떨까?

어떻게 무생물의 세계가 이렇게 평평한 면과 질서정연한 대칭을 만들어 낼 수 있는 것일까? 광물의 결정은 자연이 그려 낸 해안선이나 구름처럼 무작위한 모습과는 거리가 멀다. 마치 인간이 만들어 낸 건물처럼 규칙적이다. 여기에는 밝혀지지 않은 신비로운 힘이 깊게 작용하고 있는 것이 분명하다.

1784년, 프랑스의 광물학자 르네 쥐스트 아위(René-Just Haüy, 1743~

1822)는 눈에 보이는 결정의 대칭성은 아마도 눈에 보이지 않는 대칭, 즉 결정을 이루는 가장 작은 구성 요소들이 질서정연한 배열을 하고 있기 때문이라는 직관적인 주장을 펼쳤다. 여기에서 눈에 보이지 않는, 가장 작은 구성 요소들이란 원자와 분자를 말한다. 당시는 원자의 개념이 사실이 아니라 가설로 인정받던 시절이었다. 원자의 존재를 믿는다 해도 아무도 원자의 크기를 알지 못했다.

아위의 주장을 받아들인 사람은 19세기 프랑스 식물학자이자 물리학자였던 오귀스트 브라베(Auguste Bravais, 1811~1863)였다. 그는 소수의 원자 배열만으로도 공간적으로 반복된 모양을 만들 수 있다는 것을 발견했다. 브라베가 발견한 원자 배열은 총 14가지였다. 이 14가지의 원자 배열을 브라베 격자, 또는 단위격자(unit cell)라고 한다. 그 가운데 네 가지는 그림 7.1과 같다. 왼쪽 아래에 있는 그림은 간단한 육면체로, 8개의 꼭짓점에 원자가 하나씩 있다. 이 육면체는 반복적으로 쌓으면 공간을 채울 수 있다. 그림 7.2처럼 말이다. 여기에는 세 개의 육면체가 그려져 있지만 계속 쌓는다면 모든 방향으로 끝없이 쌓아갈 수 있다. 그림 7.1의 왼쪽 위에 있는 단위격자 역시 각각의 모서리가 기울어진 형태의 육면체다. 이 배열로도 역시 반복적인 모양을 만들어 낼 수 있다. 오른쪽 위에 있는 단위격자는 각각의 면이 사각형을 이루는 형태로 위쪽과 아래쪽 면에 원자가 하나씩 더 있다. 오른쪽 아래의 단위격자는 중앙에 원자 하나가 더 있는 육면체다. 브라베는 수학만으로 결정의 언어를 발견했던 것이다. 그러나 그것은 실제로 존재하지 않는, 가공된 세계의 언어였다. 그때까지 그 누구도 단위격자를 보지 못했으니까 말이다.

1912년의 역사적인 발견의 순간으로 뛰어넘기 위해 원자 수준에서 분석된 최초의 결정 중 하나인 염화나트륨, 즉 소금 결정의 그림을 그림 7.3으로 제시했다. 이 그림에서 작은 점은 나트륨 원자고 큰 점은 염소다. 점을 이은 선은 원자의 배열을 시각적으로 제시하기 위해 그린 것일 뿐이다. 사실 이 구조는 브라베가 만들어 낸 단위격자로 이루어져 있다. 전체적인 모양은 육각형이고, 8개의 꼭짓점과 6개의 면 가운데에 염소 원자가 하나씩 있다. 1개의 염화나트륨 분자, 즉 염화나트륨의 화학적 성질을 나타내는 가장 작은 단위는 하나의 염소 원자와 하나의 나트륨 원자가 결합하는 것이다. 그러나 염화나트륨의 단위격자는 두 개 이상의 원자가 필요하다. 그림 7.3에서처럼 단위격자는 염화나트륨의 결정이 3차원 공간에서 반복적으로 나타나는 가장 작은 단위이다. 즉 수평 방향이든 수직 방향이든 이 단위격자를 계속 쌓아 가면 염화나트륨이 되는 것이다. 브라베가 이 사실을 알았다면 얼마나 기뻐했을까.

브라베가 기하학적 그림을 만들어 낸 건 시작에 불과했다. 원자들이 스스로 배열이 된다는 것은 광물이 가진 아름다운 대칭성을 설명하는 것보다 훨씬 더 많은 사실을 말해 준다. 원자의 배열은 모든 고체 물질의 물리적인 특성을 설명하는 기본이 된다. 더욱 심오하게 파고들면 원자 배열은 원자들 간의 끌고 당김에 대한 이유도 설명해 준다. 이는 이

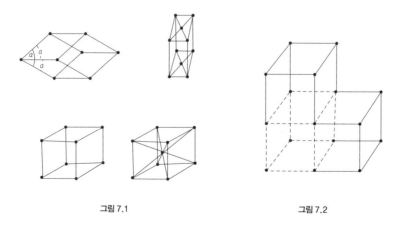

그림 7.1   그림 7.2

장의 첫머리에 등장했던 질서정연한 구조들이 나타나는 이유이다. 내 아내의 방해석 결정 일부를 떼어냈을 때 나타나는 육면체는 칼슘과 탄소, 그리고 산소로 이루어진 방해석의 구성 원자들 간의 전기력을 은밀하게 말해주는 것이다. 이는 구슬 크기의 돌보다 무려 1억 배나 작은 세상이 만들어 낸 신비다.

『걸리버 여행기』에서 조나단 스위프트(Jonathan Swift, 1667~1745)는 키가 6인치밖에 안 되는 사람들의 나라, 소인국을 상상했다. 소인들에게는 실크 천을 구성하는 가는 명주실도 굵은 파스타 면처럼 보일 것이고, 말을 놓은 체스판도 마치 조각 박물관처럼 느껴질 것이다. 그러나 스위프트의 소인들조차도 염화나트륨의 단위격자를 탐험하기엔 수백만 배나 크다. 19세기 최고 성능의 현미경으로도 수만 분의 1센티미터보다 작은 것은 볼 수 없었다. 이는 브라베의 문법인 단위격자보다 여전히 수천 배나 큰 수준이다. 아위의 이론이 등장하고 100년이 지날 때까지도 과학자들은 결정을 이루는 작은 건물들을 들여다볼 엄두조차

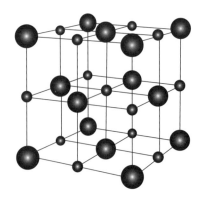

그림 7.3

내지 못했다.

그런데 1912년 2월 어느 겨울날 밤, 한때 막스 플랑크의 우수한 학생이었던 독일의 물리학자 32세 막스 폰 라우에의 "머릿속에 갑작스런 생각이 번뜩였다."[1] 결정에 X선을 쪼이면 어떻게 될까? 라는 의문이었다. 당시 일부 과학자들은 19세기 후반에 발견된 X선을 10^{-6}~10^{-9}센티미터(1백만분의 1센티미터~10억분의 1센티미터)의 짧은 파장을 가지는 전자기파라고 여겼다. 라우에는 수면 위를 떠다니는 부표에 의해 물결이 흩어지듯이 X선 역시 깔끔하게 늘어선 원자들에 의해 산란이 되지 않을까 하는 생각을 한 것이다. 부표를 지난 후에 물결이 다시 만나 겹치는 모습을 보면 부표 간의 거리를 알아낼 수 있다. 이런 과정을 회절이라고 하는데, 이미 가시광선으로 잘 알려진 현상이었다. 라우에는 X선의 파장이 결정을 통과하면 사진 건판에 주기적으로 반복되는 패턴이 나타나지 않을까 하고 생각했다. 이 주기적인 패턴은 *개별 원자*들이 어떻게 배열되어 있는지를 나타내는 청사진이 된다. 그러니까 X선은 결정 속이 어떻게 생겼는지를 보여줄 사진기가 되는 것이다.

스스로를 이론가라고 생각하는 라우에는 흥분에 들떠 동료들에게 자신의 생각을 이야기했지만 실험으로 증명해 보일 수 있느냐는 동료들의 물음에 난처해했다. 당시 그는 뮌헨 대학에서 비교적 잘 알려지지 않은 강사로 일하고 있었다. 당시에는 X선이 파동이라는 인식이 없었다. X선을 초고속 입자라고 생각하는 물리학자들도 있었다. 어떤 과학자들은 마치 미식축구 경기장의 흥분한 관중처럼 주위의 열 때문에 고체 안의 원자들이 끊임없이 밀치락달치락 하는 바람에 사진을 찍어도 흐릿할 것이라고 생각했다. 라우에는 1915년 노벨상 강연에서 당시 상황을 다음과 같이 자세히 이야기했다. "과학의 마스터들은 의문을 환영했다. [...] 프리드리히(W. Friedrich, 아놀트 좀머펠트[Arnold Sommerfeld,

1868~1951] 교수의 조수)와 니핑(P. Knipping, 박사 과정생)에게* 내 실험을 계획대로 실행할 수 있게 허락을 받기까지는 어느 정도의 절충 과정이 필요했다."[2] 실험은 1912년 4월 21일에 시작됐다. 라우에는 수학적으로 계산했다. 프리드리히와 니핑은 황산구리 결정 한 조각으로 실험에 돌입했다. 결과는 성공적이었다.

다소 지체되긴 했지만 라우에는 실험에서 얻은 X선 사진 중 한 장을 프라하에 있는 동갑내기 과학자 아인슈타인에게 보냈다. 아인슈타인은 "자네 실험은 물리학에서 벌어진 최고의 일 중 하나일세."[3]라고 답장을 보냈다. 이틀 후, 그 소식에 신이 난 아인슈타인은 독일의 물리학자 루트비히 호프(Ludwig Hopf, 1884~1939)에게 편지를 보냈다. "이제까지 내가 본 일 중에서 가장 대단해. 개별 분자들에 대한 회절은 원자들의 배열을 눈에 보이게 해준다네."[4]

라우에는 1879년 독일군 장교의 아들로 태어났다. 아버지가 여러 곳으로 옮겨 다닌 탓에 어린 라우에는 파펜도르프(Pfaffendorf)에서 브란덴부르크(Brandenburg)로, 알토나(Altona)로, 포젠(Posen)으로, 베를린(Berlin)으로, 슈트라스부르크(Strassburg)로 이사를 다녔다. 1898년, 1년간의 군복무를 마친 후 슈트라스부르크 대학에 입학했지만 졸업은 괴팅겐(Göttingen) 대학에서 했다. 1902년, 라우에는 당대 유럽의 최고 이론 물리학자인 플랑크 밑에서 배우기 위해 베를린 대학으로 떠났다. 그곳에서 라우에는 플랑크의 엔트로피 개념을 복사장(radiation field)에 적용했고 1905년에 발표된 아인슈타인의 특수상대성이론을 지지했다. 이 시기의 라우에 사진을 보면 뚜렷한 이목구비에 멋들어진 수염, 차분

---

*라우에의 역사적인 논문의 공저자들로, 라우에가 이론적인 부분을 담당했고, 프리드리히와 니핑이 실험 부분을 맡았다.

한 눈을 가진 잘생긴 남자를 볼 수 있다. 품위 있고 당당한 태도와 함께 예민하고 단호한 인상도 느껴진다.

연구 초기부터 라우에는 광학과 빛의 파동성에 특별한 관심을 두었다. 그는 이렇게 회상했다. "파동의 진행에 관하여 마침내 특별한 느낌, 혹은 직관이라고 말할 만한 경지에 도달하게 되었다."[5] 과학에서 '특별한 느낌'이란 대체 무엇일까? 아인슈타인부터 리처드 파인만(Richard Feynman, 1918~1988)까지 위대한 위인들은 대다수가 이에 대해 설명하려고 애썼다. 그들에 따르면 특별한 느낌은 면밀한 수학적 지식을 쌓는 과정이자 여러 관점으로 무언가를 이해하는 능력이며, 눈에 보이지 않은 현상도 시각적으로 그려 내는 능력이기도 하다. 라우에는 이런 특별한 느낌을 갖고 마음의 눈을 통해 결정 속을 탐험할 수 있었다.

우리 모두는 파동과 관련된 경험을 해본 적이 있다. 해변으로 끊임없이 밀려오는 바다의 파도라든가, 바이올린 줄이 진동하는 모습, 아니면 심장 모니터에 나타나는 오르락내리락 하는 선이 바로 그런 것이다. 라우에가 파동에 대해 가진 '특별한 느낌'은 파동이 어떻게 겹치는지, 즉 어떨 때는 서로 상쇄하고 어떨 때는 서로 보강하는지를 이해하는 데에

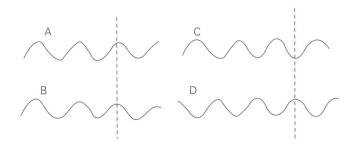

그림 7.4

핵심이 있었다. 그림 7.4는 간섭현상이 어떤 것인지를 보여준다. 여기에 나타난 파동들은 파장이 같다. 즉 골과 마루 사이의 거리가 같다는 이야기다. 파동 A와 B는 서로 위치가 같다. 즉 A와 B의 골과 마루의 위치가 같다는 이야기다. 이런 경우를 파동의 '위상이 같다'고 한다. 이런 파동 A와 B가 겹치면, 두 파동은 서로 보강 간섭을 일으킨다. 즉 파동이 하나만 있을 때보다 더 강해진다는 뜻이다. 반면, 파동 C와 D는 위상이 반대다. 파동 C의 골은 파동 D의 마루와 한 줄이 된다. 이 경우에 파동 C와 D가 만나면, 서로 상쇄되어 파동이 사라진다. 어떤 한 지점에서 만나는 두 개의 입자는 서로를 제거하지 못하지만 두 개의 파동은 그럴 수 있다.

회절격자(diffraction grating)는 파동의 간섭현상을 응용한 것이다. 평면의 판에 일렬로 구멍을 낸 회절격자는 입사하는 빛을 산란시킨다. 구멍은 유리판이나 잘 닦인 금속판에 낼 수 있다. 최초로 등장한 조잡한 회절격자는 빛의 본성을 연구한 영국의 물리학자 토마스 영(Thomas Young, 1773~1829)이 1801년에 만든 것이다. 모차르트처럼 영도 어린

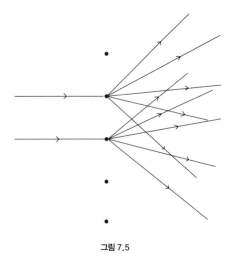

그림 7.5

시절부터 천재성을 보였다. 2살에 이미 글을 읽을 줄 알았고 6살에는 성경을 탐독했을 정도다. 그는 이집트 상형문제를 해독한 인물 중 하나였다. 이처럼 천재의 기질을 타고난 영은 회절격자로 빛의 파동성을 증명해 냈다.

그림 7.5는 영의 회절격자 중 하나를 간단하게 나타낸 그림이다. 위아래로 난 점은 회절격자의 구멍을 의미한다. 왼쪽으로부터 평행하게 들어온 빛은 구멍을 통과하면 산란되어 모든 방향으로 퍼진다. 파동이 입사할 때는 서로 간의 위상이 같아도 산란 후에는 위상이 달라진다. 그러나 특정 방향에서는 산란한 파동의 위상이 같아 서로 보강 간섭을 일으킨다. 보강 간섭이 일어나는 특정 방향은 빛의 파동과 구멍 간의 간격에 따라 달라진다. (예를 들어 구멍 간의 간격의 5분의 1이면 산란된 파동은 입사하는 빛에 대해 11.5도, 23.6도, 36.9도의 각도에서 보강 간섭이 생긴다. 이 특정 방향은 밝은 빛의 점으로 나타난다.)

어떻게 이런 마법이 일어나는지는 그림 7.6에 나타난다. 위상이 같은 파동 A와 B를 따져 보자. 이 두 파동은 구멍을 지난 후 그림 7.5에서처럼 모든 방향으로 산란한다. 그러나 그림 7.6에서는 화살표로 표시한 특정 방향에 대해서만 나타난다. 이 특정한 방향을 선택한 이유가 있다. 구멍을 통과한 파동 B와 파동 A가 정확하게 한 파장의 차이로 이동하기 때문이다. 결과적으로 위상이 같은 두 개의 파동은 점으로 나타낸 지점에 다다르면 보강 간섭을 보이게 된다. 파동 B는 정확하게 24시간 동안 멈췄다가 다시 째깍째깍 돌아가는 시계와 같다. 이는 또 다른 시계인 파동 A와 똑같이 맞춰진 것이다. 모든 구멍이 동일한 거리를 두고 떨어져 있다면 파동 A는 그림에 나타난 방향으로는 위쪽 구멍에서 나오는 파동과 정확히 한 파장 차이가 난다. 파동 A와 위에 있는 구멍의 파동은 위상이 같다. 이런 식으로 수천 개의 구멍이 있다면 각 구멍을

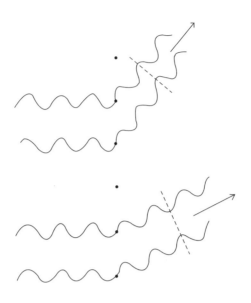

그림 7.6

통과한 빛은 그 위의 파동과 한 파장씩 차이가 나기 때문에 이 특정 방향에서는 산란한 파동 모두가 위상이 같아진다.

비교를 위해 좀 더 작은 각도로 휘는 파동 C와 D를 따져 보자. 구멍을 통과한 파동 D는 파동 C와 반 파장만큼 차이가 난다. 따라서 이 두 파장의 위상은 서로 상쇄되고 만다. 사실 이 방향으로 산란된 모든 빛은 서로 상쇄되어 어둡게 나타난다.

최종 결론은 특정 각도에서만 파동이 보강 간섭을 하게 되어 밝은 점을 보인다는 것이다. 이미 언급했지만, 이 특정 각도는 입사하는 빛의 파장과 구멍의 간격으로 계산할 수 있다. 나머지 각도에서는 파동이 위상이 달라서 상쇄현상이 나타난다.

라우에가 찾아낸 뜻밖의 사실은 결정의 원자 배열이 3차원의 회절격자처럼 작용한다는 것이었다. 결정에서는 개별 원자가 회절격자의 구멍

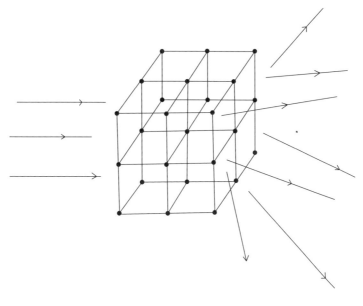

그림 7.7

처럼 빛을 산란시킨다. 결정 속에 규칙적으로 늘어선 원자들은 일정한 간격으로 떨어져 있는 회절격자의 나란한 구멍들과 같다. 이는 회절현상 연구에서 가장 핵심적인 특징이다. 그림 7.7을 보자. 왼쪽에서 수평 방향과 나란한 X선 빔이 들어오면 3차원 결정 안에서 산란되어 오른쪽으로 나갈 때는 제각각의 방향으로 튀어나온다.

3차원이라 문제가 더 복잡해졌다. 보통 회절격자는 파동의 간섭이 1차원으로만 나타난다. 그러나 3차원 격자일 경우 그림 7.7에서 알 수 있듯이 파동은 3차원으로 정렬된 원자들 때문에 세 방향에서 서로 간섭현상을 일으킨다. 따라서 완전한 보강현상은 위의 원자와 아래의 원자, 왼쪽의 원자와 오른쪽의 원자, 그리고 앞쪽의 원자와 뒤쪽의 원자로부터 산란된 빛이 모두 보강현상을 보여야만 하는 것이다. 원자들과 단위격자 간의 간격, 그리고 입사하는 빛의 파동과 방향에 따라 이 모든 조건을 만족하는 방향이 나타나지 않을 수도 있다. 사진 건판에서 밝은 점으로 나타나는 방향이 존재한다면 이 점의 특정 위치와 패턴은 결정격자에 대해 많은 점을 드러낸다.

그런데 왜 하필 X선일까? 고체 물질 내부에 있는 원자 간의 좁은 거리를 측정하는 것은 아주 짧은 파장을 가진 파동만이 가능하기 때문이다. 재봉실로는 바늘구멍의 크기를 잴 수 있지만 신발 끈으로는 가능하지 않은 것과 같은 이치다. 1912년, 당시 고체 물질 안의 원자들은 약 3×10^{-8}센티미터 정도의 거리를 두고 떨어져 있다고 알려져 있었다. 가시광선은 파장의 범위가 $4 \times 10^{-5} \sim 7.7 \times 10^{-5}$센티미터로, 원자 간의 거리를 조사하기에는 너무 길다. 그러나 X선은 이 일에 딱 맞았다. 앞에서 말했지만 X선은 파장이 $10^{-6} \sim 10^{-9}$센티미터이다. 이 범위에서 파장이 짧은 X선 파동은 원자간 거리의 10분의 1 정도다. 이는 회절격자로 연구하기에 최적의 비율이다.

라우에의 생각을 제대로 이해하려면 알아야 할 전제 지식이 있다. 1912년 당시에는 1895년에 빌헬름 뢴트겐(Wilhelm Röntgen, 1845~1923)이 발견한 X선을 뢴트겐선이라고도 불렀다. X선의 정체가 온전히 밝혀지지 않은 상태였던 것이다. 여기에서 X는 '알려지지 않았다'는 의미다. 확실히 알고 있던 사실은 X선이 놀랄만한 투과 능력을 갖고 있다는 것뿐이었다. 영국의 물리학자 찰스 글로버 바클라(Charles Glover Barkla, 1877~1944)의 실험에 따르면 X선은 매우 짧은 파장을 가진 전자기파로 보였다. 반면 일부 과학자들은 X선이 β선으로 부르는 초고속 전자와 마찬가지로 물질의 입자라고 생각했다. 하지만 프리드리히와 니핑이 관측한 회절무늬는 파동의 간섭현상으로만 나타날 수 있는 것이다. 이들의 실험은 고체 물질의 원자구조 연구에 강력한 도구가 되어 주기도 했지만 X선의 파동성을 확정짓는 결정적 증거가 되기도 했다.

논문은 라우에의 이론 부분과, 프리드리히와 니핑의 실험 부분이 확실히 나뉘어 있다. 이는 이 논문의 매우 독특한 특징이다. 대규모 실험 논문의 경우라면 여러 과학자들이 공저인 것은 이상할 게 없다. 실험은 이론적인 논리나 계산과 달리 종종 여러 사람의 기술과 자원을 필요로 하기 때문이다.

라우데는 바클라의 최근 논문과 결정 안의 원자들이 질서정연한 격자를 이룬다는 브라베의 생각을 언급하는 것으로 논문을 시작했다. 그런 다음 바로 자신의 생각을 정리했다. 가시광선이 보여주는 1차원 간섭무늬처럼 X선도 결정을 통과하면 3차원의 간섭무늬가 나타나야 한다는 것이었다.

라우에는 서론의 마지막 부분에 "나의 권유로 프리드리히와 니핑은 위의 가설을 시험해 보았다."고 보고했다. 라우에는 출처를 분명하게 밝히는 성격의 소유자였다. 한 예로, 그는 노벨상 수상 연설에서 결정을 전자기파로 보려고 한 자신의 생각은 물리학자 페터 파울 에발트 (Peter Paul Ewald, 1888~1985)로부터 영향을 받았다고 분명하게 밝혔다. 그러나 여기에서 그러니까 1912년 그의 역사적인 논문에서 라우에는 X선 회절에 대한 아이디어만은 분명히 자신의 생각이라는 점도 명백히 했다. 스웨덴의 노벨상 위원회도 이 점을 인정해 라우에에게만 노벨 물리학상을 수여했다. 이와 비슷한 맥락에서 원자핵 발견자로 항상 인정받는 사람은 어니스트 러더퍼드다. 비록 가이거와 마스덴이 러더퍼드의 제안에 따라 실제로 실험을 진행했음에도 불구하고 말이다.

그 다음으로, 라우에는 전자기파의 간섭에 대한 일반적인 계산을 해 보였다. 여기에서 그는 1차원도 2차원도 아닌 3차원 공간에 위치한 원자에서 산란을 따져 보았다. 이제껏 없었던 새로운 계산이었다. 그는 모든 결정에는 적용되지 않지만 분석을 단순화하기 위해 특별한 경우, 즉 정육면체의 단위격자에만 한정해 계산했다. 라우에는 자신의 생각으로부터 유도된 기본 원리를 파헤치는 데 많은 관심을 기울였다.

이를 통해 라우에는 3차원의 세 가지 축에서 각각 세 가지 조건을 충족하면 최대 보강 간섭이 일어난다는 점을 밝혔다. 첫 번째 조건은 x축을 따라 한 줄로 늘어선 원자들로부터 산란된 빛은 서로 간에 위상이 같도록 한 파장씩 차이가 나는 거리를 이동해야 한다는 것이었다. 1차원 산란과 마찬가지로, 이 조건은 특정한 방향 α에서만 적용된다. 두번째와 세 번째 조건은 각각 y축, z축과 나란한 원자들에 적용할 수 있다. 라우에는 이 세 가지 조건을 만족시키는 데 필요한 파장을 구했다. 실제 실험에서는 이 세 가지 조건을 만족하는 데 파장이 다른 다섯 개의 파동이 필요했다.

마지막으로 라우에는 관측된 간섭현상이 입자 빔에 의해 얻을 수 있는 게 아니라고 주장했다. 입자는 한 번에 한 개의 원자만을 때릴 수 있기 때문에 한 줄로 늘어선 원자들로부터 나타나는 효과를 기대할 수 없다는 것이다. 라우에는 고체 물질의 원자간 공간을 측정하는 새로운 기술을 개발한 것만큼이나 X선의 파동성을 증명하는 데에도 큰 의미를 두었던 것이다. 그러나 과학사 전체를 놓고 파급효과를 따진다면 고체 내부를 들여다보는 X선 결정법을 발견한 것이 훨씬 더 중요했다.

논문의 실험 부분은 프리드리히와 니핑이 실험 장비를 설명하는 것으로 시작된다. 입사하는 X선 빔이 아주 좁아야 한다는 것이 대단히 중요했다. 왜냐하면 모든 입사파가 결정까지 같은 거리를 이동해야지 같은 위상으로 결정을 만날 것이기 때문이다. 또한 여러 실험 장비들을 주의 깊게 정렬하는 것도 중요한 일이었다. 이 두 실험가는 우리 눈에 보이지 않는 X선 빔이 한 줄로 놓은 여러 장치들을 빛의 속도로 통과해 결정의 한복판을 딱 때릴 수 있도록 준비해야 했다.

나는 그들이 각도계(goniometer)를 흔한 왁스로 붙였다는 게 놀랍고도 신기했다. 실험을 할 때 X선 빔을 수 시간 동안 쏘여야 하기 때문에 눈에 보이는 회절무늬가 나타나는 게 쉽지 않다. 이처럼 긴 시간 사이에 장치가 조금이라도 흔들렸다면 입사하는 X선 빔에 대해 결정은 약간씩 틀어지게 된다. 그러면 예민한 간섭무늬가 사라져 필름에 온통 흐릿한 이미지가 찍히게 된다.

논문 속 그림 2와 3에 나타난 몇 가지 핵심 사항들은 주목할 만하다. 먼저, 실제 사진필름에 나타난 회절무늬는 너무나 흐릿해서 사진을 복사한 그림 2에서는 잘 드러나지 않는다. 대신 간단하게 나타낸 그림 3에서는 잘 드러난다. 다음으로 주목할 점은 회절무늬가 4중 대칭을 이루고 있다는 것이다. 그림을 90도 돌려도 원래 그림이랑 같아진다는 이야기다. 이렇게 높은 수준의 대칭성은 회절 현상에서 일반적으로 나타나는 특성이기도 하지만 동시에 실험에 쓰였던 황산아연 결정이 갖는 특정 대칭성을 보여준다. 프리드리히와 니핑은 자신들의 실험 결과가 결정 속에 숨은 질서정연한 원자 배열을 드러낸 '아름다움 증명'이라고 생각했다. 라우에의 세 가지 조건에서 여러 점의 위치는 입사한 X선의 파장과 단위격자의 크기에 대한 정보를 알려 준다. 라우에, 프리드리히, 그리고 니핑은 인류 최초로 고체 결정 내부의 원자를 들여다본 위업을 달성했다.

막스 폰 라우에는 1912년에 논문을 발표한 지 고작 2년 후에 노벨상을 수상했다. 발견 후 노벨상을 수상하는 데 걸린 기간이 짧은 경우 중 하나다. 라우에의 연구는 발표되자마자 대단한 업적으로 인정을 받았다.

1913년 초, 영국의 물리학자 윌리엄 로렌스 브래그(William Lawrence Bragg, 1980~1971)는 라우에의 수학적 기술을 상당 수준까지 발전시켰다. 그리고 그는 아버지 윌리엄 헨리 브래그(William Henry Bragg, 1862~1942)와 함께 자신의 새로운 수학적 계산을 실험에 적용했다. 그 결과, 그 둘은 최초로 결정을 정밀하게 분석할 수 있는 방법을 수립했다. 이 업적으로 아버지와 아들은 라우에가 수상한 바로 다음 해인 1915년 노벨상을 수상했다. 부자가 노벨상을 나누어 가진 경우는 이 둘이 유일하다. 아들 브래그는 노벨상 강연에서 이렇게 말했다. "당신들은 이미 노벨상으로 라우에 교수에게 영예를 안겨 주었다. 우리는 우리의 발견을 X선 회절을 통해 물질의 구조를 연구하는 새로운 분야가 발전할 수 있도록 만든 라우에 교수의 공으로 돌린다."[6]

위대한 발견을 해낸 그해에, 라우에는 취리히 대학의 물리학과 교수로 임용되었다. 그리고 1919년에는 베를린 대학으로 자리를 옮겼다. 라우에는 그의 성격이나 분별력 면에서 상당히 존경을 받았고 수십 년 동안 독일 과학에 상당한 영향을 끼쳤다. 그러나 그는 나치 정권을 지독히 혐오했다. 1930년대 중후반에 나치에게 '유대인 물리학'이 고발당했을 때 유일하게 아인슈타인을 지지한 독일 물리학자는 라우에였다. 그는 2차 세계대전 때 독일의 편을 드는 대신 물리학의 역사를 저술했다. 또한 이 X선 회절의 아버지는 속도광이기도 했다. 그는 강연을 하러 갈 때면 빠른 스피드를 즐기기 위해 오토바이로 이동했고, 나중에는 자동차로 속도를 즐겼다. 훗날 그는 자신의 실험실로 가는 길에 고속으로 달리다 초보 오토바이와 충돌하는 대형 사고를 당했다. 그때 그는 80세였다. 이로부터 얼마 지나지 않아서 그는 사망했다.

대부분의 고체 물질은 충분히 낮은 온도에서는 결정 형태로 존재하기 때문에 X선 회절은 화학자뿐 아니라 생물학자에게도 물질의 구조를 이해하는 데 필수적이고 광범위한 분석법이 되었다. 예를 들어, 1953년에 DNA 이중나선 구조가 밝혀진 데에는 로잘린드 플랭클린의 X선 회절 연구가 핵심적이었다. 1960년, 막스 페루츠는 X선 회절을 통해 헤모글로빈의 3차원 분자구조를 밝혀냈다. 헤모글로빈은 이보다 좀 더 작은, 근육 속에 들어 있는 미오글로빈과 함께 3차원 구조가 밝혀진 최초의 단백질이다. 오늘날, 거의 대부분의 생화학 연구실에서는 유기 분자의 3차원 구조를 알아내기 위해 X선 회절법을 쓴다.

최근에 나는 브랜다이스 대학(Brandeis University)에 이른 아침에 방문한 적이 있었다. 그때, 한 젊은 대학원생이 나에게 달려오더니 내가 누군지도 모르면서 자신이 절반의 데이터만으로 복잡한 유기 분자의 구조를 이제 막 해독해 냈다고 불쑥 말하는 것이었다. 분명 그는 밤을 꼬박 샜을 것이다. 눈은 충혈되어 있었고 손은 파르르 떨리고 있었다. X선 회절법으로 얻은 간섭무늬를 컴퓨터로 분석한 그는 정보의 일부만으로도 분자에 딱 들어맞은 갑옷을 만들 수 있었다. 마치 모든 단서를 이용하지 않아도 십자말풀이를 완성하는 경우처럼 말이다. "어떻게 이런 일이 가능할까요?"하고 그는 혼돈과 감격, 그리고 경외감이 뒤섞여 있는 복잡한 심정으로 질문을 던졌다. 나 역시 우리의 눈에 보이지 않지만 진정으로 존재하는 작은 세상이 미와 논리로 구성된 세상이라는 데 경외감을 느꼈다.

뢴트겐선의 간섭현상

W. 프리드리히, P. 니핑, M. 폰 라우에

서론

바클라가 지난 수년 간 연구한 바에 따르면(C. G. Barkla, Philosophical Magazine, z B. 22, pg. 398, 1911) 뢴트겐선은 빛이 반투명 물질 속에서 회절하듯이 물질 속에서 회절한다. 하지만 그뿐이 아니라 뢴트겐선은 물질의 원자가 균일 형광 스펙트럼을 내보내도록 유도하는데, 이는 물질 고유의 특성이다.

또한 1850년에 브라베는 결정을 이룬 원자가 격자 구조로 배열되어 있다는 이론을 결정학계에 제시했다. 만약 뢴트겐선이 정말로 전자기파라면 (원자내의 전자가) 자유롭게 또는 강제적으로 진동하면서 격자 때문에 간섭을 일으킬 수도 있다. 그러면 광학 간섭 스펙트럼 현상에서도 볼 수 있는 것과 같은 간섭무늬가 발생할 것이다. 격자 상수, 즉 (이웃한 원자 간의 거리)는 결정 화합물의 분자량과 농도와 그에 상응하는 그램당 분자의 수와 결정학적 자료를 이용하면 계산할 수 있다. 이 상수들은 발터와 폴(B. Walter and R. Pohl, Annalen der Physik, vol. 25, pg. 715, 1908; vol. 29, pg. 331, 1908), 좀머펠트(A. Sommerfeld, Annalen der Physik, vol. 38, pg. 473, 1912), 코흐(P. P. Koch, Annalen der Physik, vol. 38, pg. 507, 1912)가 보여준 것과 같이 항상 10^{-8}센티미터 수준이며, 뢴트겐선의 파장은 약 10^{-9}이다. 이 관측 결과들이 복잡한 이유는 격자에 3중 주기성이 나타나기 때문이다. (1차원) 광학 격자의 경우 방향성은 하나 뿐이며, (2차원) 교차 격자의 경우는 최대 둘이다.

프리드리히와 니핑은 내 의견에 따라 앞서 제시한 가설을 실험해 보았다. 두 사람은 본 논문의 후반에서 실험과 그 결과에 대해 서술하고 있다.

실험과 이론 간의 정량적 비교

앞서 제시한 생각을 수학적으로 표현하고자 한다. 원자 중심점의 위치는 직교좌표의 경우 x, y, z로 결정된다. 여기서는 가장 흔한 결정 공간군, 즉 (단일) 삼사정 격자를 살펴볼 것이다. 따라서 기본이 되는 육면체의 모서리는 길이와 모서리간 각도가 서로 다를 수 있다. 그러면 지정하는 길이와 각도에 따라 어떤 형태의 (단일) 격자도 얻어낼 수 있다. 각 모서리의 길이와 방향을 벡터 a_1, a_2, a_3라고 하자. 그러면 원자 중심점의 위치는 다음과 같다.

$$x = ma_{1x} + na_{2x} + pa_{3x}$$
$$y = ma_{1y} + na_{2y} + pa_{3y}$$
$$z = ma_{1z} + na_{2z} + pa_{3z}$$

여기서 m, n, p는 모두 정수이다.

단일 원자의 경우 그 진동은 완전한 사인 곡선을 그린다고 가정할 것이다. 주지하다시피, 이 가정은 광학에서와 마찬가지로 더 이상은 사실이 아니다. 하지만 광학에서와 마찬가지로 (파장이 똑같지 않은) 비균일 스펙트럼선은 푸리에 해석을 통해 표현할 수 있다. 따라서 하나의 원자에서 흘러나와 특정 지점에 도달하는 파동은 다음과 같이 표현할 수 있다.

$$\psi \frac{exp(-ikr)}{\rho}$$

r은 해당 관측점과 원자 간의 반지름 벡터이다. ψ는 방향함수이다. $k = 2\pi/\lambda$이며, λ는 뢴트겐선의 파장이다.

(처음 쏘았거나 아직 굴절되지 않은) 1차 뢴트겐선의 방향을 $(x, y, z$ 축에 대한 각도의 코사인 성분인) α_0, β_0, γ_0로 표시하면, 1차 뢴트겐선의 진폭은 이 성분의 중첩이다. (그리고 모든 원자의 총합이다.)

$$\psi \frac{exp[-ik(r+x\alpha_0+y\beta_0+z\gamma_0)]}{r}$$

이제 산란한 뢴트겐선의 방향 (α, β, γ)을 생각해 보면

$$r = R - (x\alpha + y\beta + z\gamma)$$

그러면 산란한 뢴트겐선의 진폭은 (모든 m, n, p 값을 더해서) 다음과 같다.

$$\psi \frac{exp(-ikR)}{R} \Sigma exp[ik(x(\alpha-\alpha_0)+y(\beta-\beta_0)+z(\gamma-\gamma_0)]$$

[...] (단일) 격자의 세 모서리 길이가 모두 같고 수직인 특별한 경우를

생각해 보자. 그러면 방향과 좌표축을 맞출 수 있다. 그리고 뢴트겐선이 z축 상에서 들어올 경우 방정식은 다음과 같이 간략화할 수 있다.

$$a_{1x} = a_{2x} = a_{3x} = a$$

다른 벡터 성분 a들이 0이라면

$$\alpha_0 = 0, \quad \beta_0 = 0, \quad \gamma_0 = 1$$

이때 파의 세기가 가장 강할 조건은 다음과 같다

$$\alpha = h_1 \lambda / a, \quad \beta = h_2 \lambda / a, \quad 1 - \gamma = h_3 \lambda / a$$

h_1, h_2, h_3는 정수이다.

　(산란한) 뢴트겐선이 감광판을 건드리면 α가 상수이고 β가 상수인 곡선은 쌍곡선을 그린다. 그 중심점은 1차 뢴트겐선이 충돌한 점에 위치한다. (α와 β에 대해서) 첫 두 관계만이 충족된다면 잘 알려진 (2차원) 교차격자 스펙트럼이 나타나게 된다. 두 쌍곡선이 교차할 때마다 세기가 최고에 달할 것이다. γ가 상수인 곡선을 위하면 그 교차격자 스펙트럼에서 최고점을 구할 수 있으며, 이를 그림 2와 3에 나타냈다. [...]

　어떤 격자라 해도 기본적인 육면체로 간단하게 나눠 구분할 수 없다는 점을 잊지 말자. 대신 그런 모양들이 무한하게 늘어선 것으로 분류할 수 있다. 예를 들어서, 규칙적인 격자의 경우 육면체를 또 다른 (단일) 육면체로 나눌 수 있다. 그리고 예를 들어 입방체 배열의 경우 모든 면이 다른 입방체의 대각선이므로 주방향에는 이중 대칭축이 있다. 따라서 최고 세기는 입방체의 투영 방향에 전적으로 따른다. 사실 그림 2와 3에서 보는 것처럼 각 점들은 2중 축 주변에 원형으로 분포되어 있다. 이 경우 규칙적인 결정체의 축을 따라 조사가 이루어졌으며 감광판은 그 축에 수직으로 놓여 있다. [...]

이 이론은 파장들이 0.038a에서 0.154a 사이에 걸쳐 있을 경우 4중 대칭축에도 들어맞는다는 것을 알 수 있다. 황화아연의 경우 a는 3.3×10^{-8} 센티미터이므로, 그 파장은 1.3×10^{-9}에서 5.2×10^{-9} 사이에 있어야 한다. [...]

일반적인 요약

이제 공식과는 상관없이 이런 실험이 뢴트겐선 파의 속성과 어떤 연관이 있는지 살펴보자. 회절 현상이 나타난 경우 그 파는 최고점이 날카롭게 치솟는 특성을 보인다. 그런 특성은 간섭현상을 생각하면 쉽게 이해할 수 있지만 (원자의 크기와 구성 물질이 한정되어 있다는) 미립자 가설의 입장에서 보면 이해하기 어렵다. (뢴트겐선 파의 특성은 다음 사실로도 쉽게 검증할 수 있다.) 뢴트겐선은 물질을 쉽게 통과하는데, 이는 속도가 아주 빠른 베타선만 가능한 특성이다.

하지만 1차 뢴트겐선의 파형적 본질 자체를 의심하는 사람도 있을 것이다. 그러면, 결정체의 원자가 입자선으로 자극을 받았다고 가정해 보자. 다른 연구자들이 그랬던 것처럼 입자선의 정의에 따라 뢴트겐선의 입자적 성질을 대입해 볼 수 있을 것이다. 정합회절은 일렬로 늘어선 원자가 똑같은 입자와 충돌할 때에만 발생하고 z축에 평행하다. 이

때 x-y 방향으로 떨어져 있는 원자들은 다른 입자의 영향을 받는다. 이런 원자의 경우 입자선과 명확한 위상 차이가 발생하지 않는다.

그러므로 입자의 성질을 바탕으로 하면 (그림 2에서) 원 모양이 형성되지 않는 부분을 설명할 수 없다. 또한 (굴절하지 않은) 1차 선과 회절한 선이 아주 유사하기 때문에 1차 선의 파 특성으로부터 회절한 선의 특성을 유추할 수 있다. 결정체에서 나온 회절선은 스펙트럼이 균일하다. 하지만 1차 선은 좀머펠트의 브렘스트랄룽 실험에 비추어 볼 때 비주기파로 (즉 여러 파장의 중첩으로) 구성되어 있어야 한다. 당시에는 주기적인 선이 형광 물질 때문에 발생한 것인지 아니면 1차 선 속에 이미 들어 있다가 결정체 때문에 구분되기만 한 것인지를 알 수 없었다.

실험

W. 프리드리히와 P. 니핑

앞서 제안한 이론을 실험적으로 검증하기 위해서, 여러 가지 시도를 한 끝에 그림 1에 보이는 것과 같은 장치를 고안해서 최종적으로 사용했다. 뢴트겐선관 속의 양극 A에서는 지름 약 1밀리미터의 가느다란 뢴트겐선을 쏘고, 그 선은 B_1에서 B_4에 이르는 개폐기를 통과한다. 뢴트겐선은 결정체 K_1을 관통하며, 그 결정체는 측각기 G에 놓여 있다. 결정체 주변의 여러 방향과 다양한 거리에 감광판 P를 둔다. 감광판에는 결정체에서 반사되어 나온 2차선이 기록되어 강도의 분포를 보여준다. 불필요한 회절을 방지하기 위해서 납으로 만든 벽 S를 세워 두었고, 감지 장비 전부를 납 상자 K로 감쌌다. 장치의 구조는 광학적으로 설계했다. 음극계의 끝에는 조준선을 만들어서 광선과 개폐기와 측각기를 포함한 전체 장치의 배열을 맞췄다. 제어 실험을 통해 확인한 결과 이처럼 광학적인 방법이 뢴트겐선에도 잘 들어맞음을 알 수 있었다. [...]

장치를 적절하게 배치한 후 소량의 밀랍을 이용하여 결정체를 측각기 위에 붙였다. 그 방향은 조준선이 달린 음극계를 이용하여 맞췄다. 조정이 중요했기 때문에 편차는 1분(1/60도에 해당하는 각도의 크기) 내로 맞췄다.

몇 가지 다른 감광 물질을 시험해 본 결과 적합하지 않았다. 로디널 (1:15)이 개발한 슐로이브너-뢴트겐 필름을 사용하니 최고의 결과를 얻을 수 있었다. 뢴트겐선 관에 2-10밀리암페어의 전류를 주었으며, 필요한 노출 시간은 1-20시간이었다. [...]

제어에는 황산구리 결정을 사용했다. 반사의 원인이 황산구리라는 것을 확실히 하기 위해서 결정을 가루로 만들었고 작은 종이 상자에

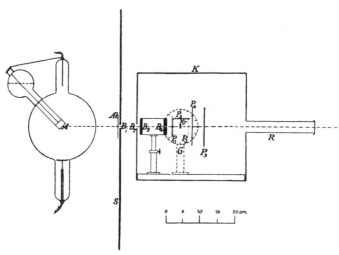

양극-결정 간 거리	. . . . . .	350mm
결정-P_1, P_2, P_3 간 거리	. . . . .	25 "
결정-P_4 간 거리.	. . . . . .	35 "
결정-P_5 간 거리.	. . . . . .	70 "

그림 1

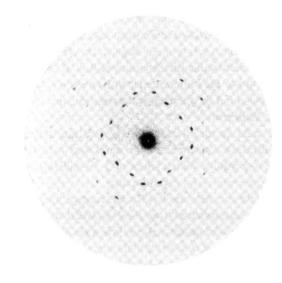

그림 2

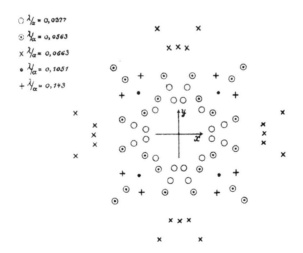

그림 3

넣은 다음 실험을 반복적으로 수행했다. [...]

우리는 공간군이 삼사정보다 간단한 규칙적 시스템을 관측하면 해석이 용이할 거라고 생각했다. 따라서 이미 여러 차례 시험해 본 바 있는 섬아연광을 사용했고 더 강한 2차 반사를 얻을 수 있었다. [...]

(그림 2에서 볼 수 있는) 2차 지점의 위치는 (굴절하지 않은, 즉 1차) 입사 광선에 대해 완벽하게 대칭적이다. 즉 그림 상에 상호 직교하는 두 쌍의 대칭축을 그릴 수 있다. 또한 두 개의 거울면이 존재한다. 감광판에 두 개의 대칭축과 두 개의 거울면이 나타난다는 사실은 결정의 공간군에 대한 가장 아름다운 증거일 것이다. 공간군의 다른 면은 생각할 필요가 없었다. [...]

이전 실험의 결과로 볼 때 1차 광선을 받는 상태에서 결정을 회전시켰다면 감광판의 그림 또한 따라서 회전했을 것이 틀림없다. 사실 그런 실험은 따로 해보지 않아도 명백하다. [...]

노출 시간 동안 1차 광선의 세기가 변동을 보인다는 사실을 발견했다. 특히 오래된 뢴트겐선 관에서 그런 현상이 보였으며, 변동폭은 6에서 12배에 달했다. 하지만 그림에서 보듯이 2차 지점은 여전히 선명했으며 움직이지 않았다. [...]

1912년 6월 8일, A. 좀머펠트가 「Proceedings」에 게재

Sitzungsberichte der Königlich Bayerischen Akademic der Wissenschaften (1912)

이론 부분 M. 폰 라우에

번역: 김창규

양자 원자론

사라졌다 나타나는 전자?
양자론과 원자론의 통합

닐스 보어 (1913)

1911년 말, 26세의 닐스 보어라는 물리학자가 러더퍼드 교수를 만나기 위해 영국 맨체스터로 향했다. 그 젊은이는 심히 낙심해 있었다. 원자에 관한 새로운 가설을 세운 그는 지난여름, 전자를 발견한 건포도 푸딩 원자모형의 아버지 J. J. 톰슨에게 자신의 가설을 전하려고 애를 썼다. 그러나 톰슨은 젊은 보어의 생각에 별로 관심을 보이지 않았다. 톰슨은 보어의 최근 논문을 읽지 않은 문서 더미 속으로 던져 버렸다. 보어는 또 다른 청중을 찾아가 자신의 이야기를 들어달라고 간청하러 갔다. 우리는 러더퍼드의 실험실이 배터리의 산성용액 냄새로 진동하고 온갖 잡동사니로 뒤죽박죽이었다고 상상해 볼 수 있을 것이다. 러더퍼드는 제대로 작동하지 않는, 알파입자 검출 장비인 섬광계수기를 만지작거리면서 자신의 조수들에게 고함을 지르며 명령을 내리고 있었다. 그런 다음 그는 노트를 들고 소심하게 서 있는 보어를 올려다보았다. 정장을 갖춰 입고 낡은 구두를 신고 있는 보어는 그 순간에 그가 가진 특유의, 뻐드렁니가 드러날 정도로 큰 함박웃음을 전혀 지을 수 없었다. "교수님 몇 분만 시간을 내주실 수 있을까요?" 보어는 살랑거리는 나뭇잎처럼 기어들어가는 목소리로 이렇게 물었다.

　여러 면에서 러더퍼드와 보어는 대조적이었다. 러더퍼드는 결점이 있으면 큰 소리로 대놓고 뭐라 하는 스타일이었다. 반면 보어는 조용하고 수줍음을 타며 겸손하고 예민한 철학적인 사람이었다. 러더퍼드가 문제에 바로 접근하는 직선적인 성격이었다면 보어는 입으로 중얼

중얼하면서 모든 가능성을 천천히 따져 보는 신중한 성격이었다. (훗날 전해지는 이야기에 따르면 보어가 학생들에게 이런 충고를 했다고 한다. "분명하게 생각을 말해야 한다. 그 이상의 것은 말해선 안 된다."[1]) 러더퍼드가 여러 장비를 다룰 줄 아는 실험가였다면 보어는 종이와 연필로만 연구하는 이론가였다.

이런 여러 차이에도 불구하고, 러더퍼드는 조용히 얘기하는 덴마크의 이 물리학자를 즉시 받아들였다. 자신 없는 태도 속에 숨어 있는 보어의 천재성을 알아본 러더퍼드는 보어를 맨체스터로 불렀다. 이후 여섯 달 동안, 이 두 남자는 서로에게 존경과 애정을 보여주며 부자 같은 사이로 발전했다. 보어는 이전부터 이와 같은 든든한 후원을 필요로 했다. 이후 덴마크 코펜하겐 대학으로 돌아간 보어는 1년이 채 되지 않았을 무렵, 자신의 혁명적인 원자론을 발표했다. 많은 과학자들은 고전물리학에 반한다는 이유에서 보어의 주장에 난색을 표했다. 그러나 아인슈타인은 반겼다. 보어의 이론이 실험 결과에 놀랍도록 딱 들어맞는다는 소식을 들었을 때 아인슈타인은 과학의 위대한 발견이 나왔다고 했다.[2]

보어의 원자모형은 러더퍼드의 원자핵 모형에 플랑크와 아인슈타인의 새로운 양자물리학이 결합된 것이었다. 여기에서 보어의 중요한 가설은 중심 원자핵 주변을 원 궤도로 도는 전자가 연속적인 에너지가 아니라 띄엄띄엄 떨어진 특정 준위의 에너지만을 가진다는 것이었다. 이는 전자가 원자핵과의 평균거리 범위 내 어디에든 존재하는 게 아니라는 결론을 추론할 수 있다. 어떤 행성이 별을 중심으로 1억 킬로미터나 4억 킬로미터 또는 9억 킬로미터의 거리를 두고 띄엄띄엄 떨어진 상태로 도는 것과 같다.

보어는 1911년 겨울, 처음으로 러더퍼드 교수 앞에 섰을 때 물리학의 두 가지 난제에 사로잡혀 있었다. 그 두 가지는 원자의 본성과 관련이 있었다. 첫 번째는 패러독스였다. 이미 60년 전에 세상에 나와 잘 정립된 상태의 전자기학이론에 의하면 전기를 띠는 입자가 직선 경로를 조금만이라도 벗어나면 전자기파를 내놓고 에너지를 잃는다. 따라서 러더퍼드의 원자모형에서 원자핵 주위를 도는 전자는 끊임없이 에너지를 잃어 결국에는 작은 원자핵으로 빨려 들어가고 말아야 한다. 당시에 알려진 값들을 바탕으로 간단히 계산해 보면 모든 원자는 1초도 안 되는 아주 짧은 시간 만에 붕괴되고 만다. 그러나 원자는 그렇지 않다. 이 사실은 아침에 태양이 떠오르는 것만큼이나 분명했다. 새로 발견된 방사성 원자를 제외한 나머지 원자들은 분명히 자기의 구조와 크기를 그대로 유지해 오고 있었기 때문이다. 러더퍼드도 자신의 원자모형이론과 실제에 들어맞지 않는다는 점을 걱정하고 있었을 것이었다.

두 번째는 원소의 주기율표에 관한 것이었다. 1869년, 러시아 화학자 드미트리 이바노비치 멘델레예프(Dmitri Ivanovich Mendeleyev, 1834~1907)는 심오하지만 미스터리한 주기율표를 발표했다. 주기율표는 원자의 질량이 커지는 순서대로 화학원소를 나열한 것으로, 이를 통해 주기적으로 나타나는 원소들의 화학적 성질을 알 수 있다. 1900년대 초에 과학자들은 화학적 결합이 원자들 간의 전기적인 힘에 의해 형성된다는 것을 알아냈다. 따라서 톰슨을 비롯한 과학자들은 멘델레예프의 주기율표에 나타난 주기성을 원자 내 전자의 위치로 설명하려고 노력하고 있었다.

물리학의 풀리지 않는 미스터리는 또 있었다. 바로 원자 스펙트럼이었다. 하지만 이 문제에 대해 설명하려는 과학계의 노력은 별로 없었다. 우리는 복사 스펙트럼에 대한 일반적인 내용들에 대해서 1장 플랑크의 양자 부분에서 이야기를 나누었다. 19세기 중반까지 과학자들은 특정 원자가 열을 받으면 특정한 진동수의 빛을 낸다는 것을 실험으로 증명했다. 예를 들어 수소 원자는 3.08×10^{15}헤르츠(Hz), 8.19×10^{14}헤르츠, 6.17×10^{14}헤르츠 등의 특정 진동수의 빛을 방출한다. 탄소 원자는 9.58×10^{15}헤르츠, 1.21×10^{15}헤르츠, 3.32×10^{14}헤르츠의 빛을 낸다. 각각의 원자는 다른 원자들과 확연하게 구분되는 빛을 방출하기 때문에 빛의 진동수는 마치 원자의 지문과도 같다. 원자 스펙트럼은 여러 다른 진동수, 즉 여러 색깔을 자세히 보여주는 프리즘 등의 장비를 통해 정밀한 수준으로 측정이 가능했다.

관측 현상인 원자 스펙트럼이 기존의 어느 물리학 법칙에 위배되는 것은 아니었다. 단지 어느 법칙도 이 원자 스펙트럼 현상을 제대로 설명하지 못했을 뿐이었다. 각 원자가 방출하는 빛의 진동수에는 차이가 존재한다. 마치 C와 G, A의 음만 낼 수 있고 그 사이의 다른 음은 내지 못하는 가수처럼 말이다. 왜일까? 스펙트럼을 정밀하게 측정할수록 원자는 고집스럽게 동일한 진동수의 빛을 방출했다. 원자 스펙트럼 문제는 당시 과학이 얼마나 무지한 상태인지를 드러내는 척도였다.

1885년, 스위스의 물리학자이자 수학자인 요한 야코프 발머(Johann Jakob Balmer, 1825~1898)는 수소가 방출하는 스펙트럼에서 패턴을 찾아냈다. (수소는 양성자 하나에 전자 하나로 이루어졌으며 모든 원자들 가운데 가장 단순하다.) 더 나아가 발머는 이 패턴을 수학 공식으로 나타냈다. 발머의 공식은 다음과 같다.

$$\nu = 3.29 \times 10^{15} \times \left(\frac{1}{n^2} - \frac{1}{m^2} \right).$$

여기에서 ν는 빛의 진동수이고, $n = 2$, 그리고 m은 3 이상의 수다. 예를 들어 $m = 3$일 경우 위의 공식은 이렇게 된다.

$$\nu = 3.29 \times 10^{15} \times (\frac{1}{4} - \frac{1}{9}) = 6.17 \times 10^{14}$$

이는 수소 원자 스펙트럼을 이루는 진동수 중 하나다. 마치 피아노 연주자가 점점 높은 음의 건반을 두드리듯이 m에 4, 5, 6 등을 하나씩 대입하면, 다른 진동수의 값도 얻어진다.

발머는 공식을 만들긴 했지만 이론을 세운 건 아니었다. 그는 자신이 본 패턴을 수식으로 표현하는 데 그쳤다. 1장에서 이미 이야기했지만, 이런 수학 공식은 마치 하루하루의 낮 시간이 얼마나 되는지를 1년간 기록한 태양력과 같다. 태양력은 계획을 짜는 데 도움이 되지만 왜 그런 결과가 나왔는지에 대한 과학적인 원리를 말해주진 않는다.

이 스위스의 물리학자는 수소가 내놓는 다른 진동수들, 그러니까 관측이 아직 되지 않은 것까지도 n과 m에 숫자들을 대입하면 값을 구할 수 있는지를 알아보았다. 예를 들어 $n=3$으로 할 경우, $m=4$ 또는 $m=5$를 대입하면 수소 원자 스펙트럼에 두 개의 진동수가 추가된다. 발머의 공식은 신비한 마술 같았다. 하지만 발머는 물론 그 누구도 왜 이런지를 이해하지 못했다.

발머의 공식에 나온 것과 같은 아름다운 패턴은 그냥 우연히 생겨난 게 아니었다. 밀물과 썰물이 주기적으로 나타나는 조류라든가 눈결정이 육각형의 패턴을 보여주는 것과 같은 자연의 기본 원리가 작용하고 있음을 보여주는, 어쩔 수 없는 증거인 것이다. 그렇다면 대체 무슨 원리가 작용하는 것일까?

놀랍게도 보어는 러더퍼드를 만나러 맨체스터로 갈 때만 해도 발머의 공식에 대해서는 전혀 아는 바가 없었다. 하지만 그는 앞서의 두 가지 난제에 대해서는 잘 알고 있었다. 또한 그는 다른 많은 물리학자들과 마찬가지로 플랑크의 양자론에 대해서도 알고 있었다. 이제 그는 원자의 세계에서 고전물리학이 실패했다는 것도 알게 되었다. 보어는 박사 학위 논문을 준비하면서 전자에 대해 공부했다. 동시에 그는 고전 전자기 이론이 금속에서 관측된 자기적 성질을 제대로 설명하지 못하는 것을 발견했다. 이제 고전물리학은 수정이 불가피했다.

1912년, 보어는 전자의 궤도에 대한 특정 변수를 '양자화'하는, 즉 특정한 값을 갖는 원자모형을 세우기 시작했다. 보어는 이것으로 두 가지 난제를 풀 수 있으리라 기대했다. 왜 전자는 원자핵으로 나선운동을 하지 않는가와 왜 원소는 화학적 성질이 주기적으로 반복되느냐는 것이었다.

원자의 양자모형 등장을 누가 먼저 내놓을 것이냐는 시간 문제였다. 다른 과학자들, 예를 들어 오스트리아 빈 대학의 박사과정에 있는 아르투어 에리히 하스(Arthur Erich Haas, 1884~1941), 덴마크의 저명한 이론 물리학자 헨드리크 안톤 로렌츠,* 그리고 영국의 물리학자 존 윌리엄 니콜슨(John William Nicholson, 1881~1955) 등이 원자모형에 플랑크의 양자 상수를 적용하고 있었던 것이다. 이를 통해 이들은 앞에서 언급한 물리학의 난제들은 물론, 원자의 크기에 대해서도 설명하려고 했다. 당시에 이미 원자의 크기는 측정할 수 있었으나 이론가들은 왜 원자가 이 크기를 갖는지를 알고 싶어 했다. 원자의 크기를 결정하는 기본 원리는 과연 무엇일까? 러더퍼드의 원자모형은 왜 전자가 원자핵으로부터 약 10^{-8}센티미터 거리를 두고 도는지에 대하여 어떤 실마리도 제공해 주지 않았다. 과학자들은 플랑크의 양자 상수가 중요한 요인이 아닐까 하고 예상했다.

보어는 이 경쟁에서 이기고 싶었다. 당시에 쓴 한 편지에 보어는 이

---

*1902년 노벨물리학상 수상자.

런 말을 썼다. "세상에 내놓았을 때 새로운 연구가 되려면 서둘러야 하는 게 아닌가 하는 걱정이 된다. 이는 정말 중대한 문제이다."[3]

그때, 1913년 2월에 코펜하겐의 분광학 전문가 한센(H. M. Hansen)이 보어에게 발머의 공식을 설명해 줄 것을 요청했다. 보어는 그 마법의 방정식을 이전에 본 적이 없었다. "발머의 공식을 보자마자 순식간에 모든 것이 분명해졌다."[4] 보어는 훗날 이렇게 회상했다.

여기에서 보어가 어떤 생각들을 했는지를 한번 재구성해 보자. 이 젊은 덴마크 이론가는 발머의 공식이 가진 두 가지 중요한 단서에서 영감을 얻었을 것이다. 첫 번째 단서는 원자가 방출하는 빛의 진동수가 한 숫자에서 다른 한 숫자를 뺀 것과 관련이 있다는 것이다. (앞에서 말했지만 발머는 공식 속의 뺄셈이 왜 필요한지에 대해 어떤 짐작도 하지 않았다. 그는 단지 뺄셈이 관측된 실험 결과가 보여주는 패턴과 딱 들어맞는다는 것만 알았다.) 두 번째 단서는 발머의 공식이 n과 m이 정수여야만 수소 원자의 스펙트럼을 내놓는다는 것이었다.

위의 두 가지 단서를 통해 보어는 이런 가정을 했을 것이다. 발머의 공식에 나오는 두 개의 정수는 각각이 원자핵 주변을 도는 전자가 가질 수 있는 에너지 준위를 나타낸다고 말이다. 이 에너지 준위들은 마치 계단과 같다. 이는 원자 공명자의 에너지가 단위가 되는 값, 즉 플랑크상수의 정수배로 바뀐다는 플랑크의 양자론을 떠올리게 한다.

좀 이상한 양자적 이유 때문에 이 에너지의 준위가 안정적이라고, 때문에 전자가 이 준위의 궤도를 돌 때는 복사파를 내놓지 않는다고 가정해 보자. 복사파를 내놓지 못한다면 궤도를 도는 전자는 영원히 자신의 에너지를 간직하게 된다. 돈이 생기면 침대에 감춰 놓고 한 푼도 쓰지 않는 구두쇠처럼 말이다. 그러나 전자가 어느 한 에너지 준위에서 좀 더 낮은 에너지 준위로 점프한다면 자기 에너지의 일부를 써야 한다. 처음의 높은 에너지에서 그 다음의 낮은 에너지를 빼는 것만큼 말이다. (아하, 이제 우리는 발머의 공식에 등장한 뺄셈의 진정한 의미를 조금이나마 이해하게 되었다.) 총 에너지는 변하지 않기 때문에 전자가 점프를 하면서 잃는 에너지는 빛이 되어 방출된다. 구두쇠가 침대에 감춰 놓은 돈이 결국 조금 줄어들었고, 그 줄어든 돈이 식료품점 주인의 수중으로 옮겨가는 것이다.

마지막으로 1905년 아인슈타인의 광양자설을 떠올려 보자. 빛 에너지는 연속적인 흐름이 아니라 개별적인 광양자의 형태로 존재한다. 그리고 그 에너지는 진동수에 비례한다. 이것을 여기에 적용해 보면, 전자가 하나의 허용된 궤도에서 다른 궤도로 점프할 때 빛의 양자가 방출된다. 이때 방출되는 빛의 양자 에너지는 그 빛의 진동수에 비례한다. 또한 빛의 양자가 가지는 에너지는 전자의 두 궤도 에너지의 차와 같다. 그리고 전자의 에너지 준위는 정수로만 나타낼 수 있다. 결국 이 모든 걸 종합하면 방출되는 원자 스펙트럼의 진동수는 정수만을 가질 수 있는 두 수의 차이에 항상 비례한다.

보어는 '러더퍼드 교수'의 최근 원자모형에 대한 이야기로 논문을 시작했다. 그는 러더퍼드의 원자는 불안정해 붕괴하고 만다고 했다. 보어는 이보다 앞선 원자모형, 즉 톰슨의 원자모형이 안정적이라고 이야기하는 것처럼 보인다. 그러나 실제로 톰슨의 원자모형 역시 고전물리학의 법칙, 즉 전자의 복사파와 역학적인 불안정성 때문에 붕괴되는 것이어야 맞다. (톰슨은 자신의 원자모형에 안정성을 주기 위해 수많은 전자들이 존재한다고 가정했다. 수많은 전자들로 양전하를 띠는 푸딩에 음전하를 띠는 단단한 고리를 만들어 준 것이다. 이렇게 되면 전자는 복사파를 내놓지도 않고 나선형을 그리며 안쪽으로 빨려 들어가지도 않는다. 캐번디시 연구소에서 1910년까지 실험한 결과, 전자가 수천 개나 존재한다는 가정은 틀린 것으로 확인되었다.) 보어는 고전 전자기학이 원자라는 작은 세계에 대입하기에는 불충분한 이론이라는 점을 알리고자 했다. 그리고 플랑크의 양자론이 이 문제의 해법이 될 수 있다고 했다.

다음에 보어는 우리가 위에서 해 보았던 추론을 바탕으로 몇 가지 중요한 가설을 세웠다. 첫 번째는 원자핵 주위를 도는 전자가 가질 수 있는 에너지 W는 고전 이론에 제시한 아무 값이나 가질 수 없다는 것이었다. 대신 W는 정수인 τ에, 궤도 진동수(orbital frequency) ω의 1/2, 그리고 플랑크상수 h를 곱한 값만을 가진다고 했다. 수식으로는 다음과 같다.

$$W = \tau h \frac{\omega}{2}$$

여기에서 궤도 진동수 ω는 전자가 원자핵 주변으로 1초에 몇 번을 도느냐는 것이다. 전자가 한 궤도에서 다른 궤도로 이동하면서 내놓는 빛의 진동수 v와는 다르다.

보어의 방식은 플랑크가 1900년에 흑체복사 연구를 한 것과 아주 유사하다. 플랑크는 공명자의 에너지가 진동수 v에 플랑크상수 h를 곱한 값의 배수만을 가질 수 있다고 가정했다. 하지만 보어의 공식에서는 특이하게도 1/2라는 임의의 상수가 들어가 있다. 왜 1이나 2/3 또는 2는 안되고 1/2만 되는 걸까? 논문의 마지막 부분에서 보어는 τ가 아주 큰 값일 때, 즉 고전 전자기 이론으로도 예측되는 결과와 같으려면 1/2이 들어가야 한다고 했다. 이는 1/2이 진정 왜 필요한 것인지에 대한 설명이 아니라 결과적으로 필요하다는 의미이다. 1/2에 대한 존재 이유는 15년 뒤 베르너 하이젠베르크와 에르빈 슈뢰딩거(Erwin Schrödinger,

1887~1961)가 양자이론을 완성하고 나서야 밝혀졌다. 사실 이론과 실험이 너무나도 잘 일치하긴 했지만 보어는 자신의 이론이 증명되지 않는다는 가정을 바탕으로 했기 때문에 완전하지 않다는 것을 잘 알고 있었다. 마치 아인슈타인이 자신의 광양자설에 대해 '발견적 관점'이라는 표현을 썼듯이 말이다.

다음으로 보어는 전기력과 가속도에 대한 고전물리학으로부터 전자의 에너지 W, 궤도 진동수 ω, 그리고 전자의 궤도의 지름 $2a$에 대한 식을 내놓았다.

$$W = \frac{2\pi^2 m e^2 E^2}{\tau^2 h^2}, \quad \omega = \frac{4\pi^2 m e^2 E^2}{\tau^3 h^3}, \quad 2a = \frac{\tau^2 h^2}{2\pi^2 m e E}.$$

위 식을 보면 전자 에너지, 궤도 진동수, 지름은 모두 알려진 상수의 값으로 결정됨을 알 수 있다. 즉 전자의 전하량 e와 전자의 질량 m(여기의 m은 발머의 공식 m과 다름을 유의해야 한다), 그리고 중심 원자핵의 전하량 E, 플랑크상수 h, 그리고 정수인 τ에 따라 에너지와 진동수, 그리고 지름을 구할 수 있다. 여기에서 양자수인 τ는 1, 2, 3과 같은 값으로 이에 따라 전자가 머무를 수 있는 궤도가 달라진다.

보어는 $\tau = 1$일 경우, 즉 첫 번째 양자 에너지 준위일 경우, 그리고 원자핵의 전하량 $E = e$일 경우에 대해 계산했다. 이는 수소 원자를 의미한다. 보어는 수소 원자의 질량과 전하량 그리고 플랑크상수를 식에 대입해 보았다. 이를 통해 그는 수소 원자의 크기, 즉 지름이 $2a = 1.1 \times 10^{-8}$ 센티미터임을 얻어냈다. 이 값은 실험 결과와 잘 들어맞는 것으로, 보어의 원자모형이 보여준 최고의 성과였다.

보어는 다음으로 양자 값 중 하나를 가질 경우 전자가 복사파를 내놓지 않는다고 가정했다. 보어는 이 경우를 '정상 상태(stationary states)'라고 했다.

보어는 다음으로 원자에 양자모형을 제안한 영국의 물리학자 존 윌리엄 니콜슨의 최근 연구에 대해 이야기했다. 니콜슨이 자신의 이론을 발표했을 때 보어는 이미 자신의 이론 대부분을 발전시켰다. 니콜슨은 거의 대부분을 올바르게 이해하고 있었다. 때문에 보어가 아니었다면 그가 노벨상을 수상했을지도 모른다. 그러나 그의 이론에는 핵심적인 부분이 빠져 있었다. 전자가 복사파를 내놓지 못한다는 정상 상태와 전자가 정상 상태 간의 양자적 점핑을 통해서만 에너지를 방출한다는 점 말이다. 니콜슨의 원자모형에 따르면, 전자는 특정한 에너지 준위에 있는데 그러면서도 끊임없이 복사파를 내놓으며 에너지가 변한다. 이는 전자가 특정한 양자 에너지 준위를 가진다는 애초의 가설과는 어긋나 있다. 게다가 니콜슨이 예측한 진동수는 발머의 수학적 공식의 형태를 띠지도 않았다.

다음으로, 보어는 자신의 가설을 다시 한 번 분명하게 정리했다. 그러면서 그는 양자가 아닌 평범한 이론으로 정상 궤도에 있는 전자의 힘 균형을 표현할 수 있지만, 전자가 한 궤도에서 다른 궤도로 어떻게 이동하는지에 대한 원리는 설명할 수 없다고 했다. 더 나아가, 전자는 궤도를 바꿀 때 단일 파장의 빛을 내놓는다고 발표했다. 보어는 이를 '단일 복사(homogeneous radiation)'라고 했다.

이 시점에서 보어는 이미 몇 차례나 고전물리학에 어긋나는 주장을 펼쳤다. (1)원자 안의 전자가 특정 에너지와 궤도만을 가질 수 있고, (2) 전자는 이 허용된 궤도에 있는 동안에는 복사파를 내놓지 않으며, (3) 어떤 식으로든, 전자는 한 궤도에서 다른 궤도로 이동할 수 있다. 이 경우, 전자가 내놓은 에너지는 아인슈타인이 1905년에 내놓은 진동수와 연관된 하나의 양자 에너지, $E = h\nu$ 이다.

보어는 전자가 한 궤도에서 다른 궤도로 '이동한다(pass)'고 표현했다. 이는 꽤 흥미로운 표현이다. 그러나 그는 이 말이 의미하는 바에 대한 물리적인 이미지를 줄 수는 없었다. 고전물리학에서 전자는 나선형을 그리면서 에너지를 조금씩 잃어가는데, 이는 한 궤도에서 다른 궤도로 이동한다고 표현할 수 있다. 우리는 물이 가득 찬 세면대의 마개를 열면 물이 빨려 내려가는 모습을 통해 나선형을 그리며 움직이는 것이 어떤 모습인지 잘 안다.

그러나 보어가 발머와 플랑크의 연구를 해석하기로는, 전자는 이전의 알려진 방식과 달리 궤도 사이의 공간을 점유할 수 없다. 그렇지 않다면 연속적인 복사파가 나와야 한다. 어떻게든 전자는 한 에너지 준위에 있다가 갑자기 다른 에너지 준위에서 다시 나타나는 게 가능해야한다. 나는 여기에서 지금 '다시 나타난다(reappear)'는 말을 썼다. 보어는 '이동한다'고 표현했다. 어떤 과학자들은 '뛴다(jump)'고 표현한다. 그러나 사실 우리가 쓰는 어휘는 인간이 경험한 세상으로부터 나온 것이다. 때문에 우리는 경험하지 못한 이 현상을 표현할 만한 적당한 용어를 제대로 찾을 수 없다. 그리고 우리 인간은 원자의 양자 세계에 대해 어떤 경험도 어떤 육감도 어떤 감각적인 연관성도 가지고 있지 않다. 양자 세계에서는 우리의 언어가 전혀 도움이 되지 않는다.

보어 역시 이런 언어적인 어려움을 인식하고 있었다. 1928년, 양자역학이 좀 더 발전되었을 때 그는 이런 말을 했다.

우리는 느낌과 감각으로부터 나온 우리의 지각 방식을 점차 깊어져 가는 자연 법칙에 대한 지식에 맞춰 가면서 아인슈타인이 선택한 길 위에 서 있는 우리 자신을 발견했다. 이 길에서 만나는 방해물은 모든 언어적 단어가 우리의 일상적인 지각과 관련이 있다는 사실에서 비롯된 것이다.[5]

최종적으로, 보어는 자신의 연구 결과를 가장 간단한 원자인 수소 원자에 적용시켜 보았다. 그리고 전자가 $\tau = \tau_1$인 정상 상태에서 시작해서 $\tau = \tau_2$인 정상 상태에서 끝난다고 가정했다. 이 경우 앞서 등장한 보어의 공식을 이용하면 에너지 차이를 쉽게 계산할 수 있다. 에너지 보존 법칙에 따라 전자의 에너지 변화는 방출되는 빛의 에너지와 같아야 한다. 그런 다음 빛의 양자 에너지가 $h\nu$라고 한 아인슈타인의 방정식을 이용하면 방출되는 빛의 진동수는 다음과 같다.

$$W\tau_2 - W\tau_1 = h\nu \text{이므로,}$$

$$\nu = \frac{2\pi^2 m e^4}{h^3} \left(\frac{1}{\tau_2^2} - \frac{1}{\tau_1^2} \right) \text{이다.}$$

τ 하나는 고정 값을 주고 다른 하나는 변화를 주면, 보어는 발머와 파센을 비롯해 다른 물리학자들이 관측했던 수소 원자 스펙트럼의 다양한 계열을 구할 수 있다.

위의 진동수 방정식은 보어의 원자이론이 올린 성과다. 이 공식이 실험적으로 관측된 진동수에 대해 발머가 표현한 공식과 완전히 일치한다는 점을 주목해 보자. (τ_1이 발머의 공식에서 m이고 τ_2가 n이다.) 보어는 이미 알려진 값들 즉, 전자의 질량 m과 전하량 e, 그리고 플랑크상수 h를 대입해 보았다. 이를 통해 괄호 바깥의 계수 값을 구했다.

$$\frac{2\pi^2 m e^4}{h^3} = 3.1 \times 10^{15}$$

이는 실험으로 얻은 값인 3.29×10^{15}과 거의 같다. 오차는 상수들에 대한 불확실한 측정치로부터 생겨났다. 상수들에 대한 더 엄밀한 최근 측정치를 통해 얻은 값과 실제 관측치는 상당한 수준으로 일치한다. 따라서 보어는 자신의 가설로부터 원자의 크기는 물론 자연의 기본 상수로 표현된 에너지 값을 계산해 냈다. 이는 또한 실험 결과와 일치하기까지 했다! 주어진 값으로만 받아들여졌던 상수들이 이제는 기본적인 원리로 설명이 되었다.

보어의 이론이 거둔 또 다른 성공은 자신의 가설을 헬륨 원자에도 적용해 본 것이다. 헬륨 원자는 원자핵의 전하량이 $2e$이고 하나의 전자를 가진 이온 상태다. 이에 대한 값은 분광학자인 알프레드 파울러(Alfred Fowler, 1868~1940), E. C. 피커링 등이 측정한 빛의 진동수와 일치한다. 이전에는 헬륨 원자의 스펙트럼이 어떤 이론적 정당성도 없이 수소 원자에 의한 것이라고 알려져 있었다. 보어는 이 추측이 틀린 것임을 보여주었다. 그가 제시한 이론은 이미 알려진 것들만을 설명하는 이론이 아니었다. 그는 파울러와 피커링이 관측했던 복사 스펙트럼이 수소가 아니라 헬륨이었음을 말하고 있는 것이다. 파울러와 다른 물리학자들은 보어의 가설이 헬륨에 대한 실험을 성공적으로 증명하자 체면을 잃게 되었다. 하지만 그들은 보어의 이론을 인정할 수밖에 없었다.

닐스 보어는 이 논문으로 현대 원자 물리학의 아버지로 널리 인정받게 되었다. 그 후 그는 원자에 대해 좀 더 깊이 연구하여 양성자와 중성자로 이루어진 원자핵에 관한 핵물리학의 선구자가 되었다.

아마도 사람들은 원자의 양자모형을 최초로 개념화한 사람이 다른 이론가가 아니라 왜 보어였는지 궁금할지도 모른다. 그의 뒤를 니콜슨이 바싹 좇고 있었기 때문이다. 혹은 왜 아인슈타인이 아니었을까 하는 의문을 가질 수도 있다. 아인슈타인은 러더퍼드의 원자모형이 불안정하다는 점과 원자의 스펙트럼이 가진 문제도 잘 알고 있었다. 게다가 양자론에 대해 분명히 이해하고 있었으며 보어보다 나이도 더 많았다. 헝가리의 물리학자 조르주 에베시(György Hevesy, 1885~1966)에 따르면, 보어의 논문을 본 아인슈타인이 자신도 이 문제에 대해 생각하고 있었다는 말을 했다고 한다. 그러나 아인슈타인은 "이를 발전시킬 용기가 없었다."[6]고 말했다. 하지만 이 말은 좀 이해가 가지 않는다. 아인슈타인은 자신의 과학적 능력에 대해 특별히 겸손한 사람이 아니었기 때문이다.

아마도 수소 원자를 제외한 여러 원소들의 스펙트럼이 워낙 복잡하다보니 단순한 것을 좋아하는 아인슈타인이 의욕을 잃었던 게 아닌가 싶다. 또는 1912년에 아인슈타인이 중력에 관한 새로운 이론, 즉 일반상대성이론을 세우느라 정신이 없었던 탓일 수도 있다. 어쩌면 보어가 먼저 발견할 수 있었던 건 그가 패러독스에 특별히 관심을 가졌기 때문일 수도 있다. 이 경우의 패러독스는 고전물리학이 양자물리학과 함께 할 수 있다는 것이다. 고전물리학이 고정된 궤도에서 전자의 힘 균형을 설명했다면, 후자인 양자물리학은 어떤 구체적인 이미지 없이 전자가 어딘가로 뛰거나 이동하거나 다시 나타난다고 설명했다.

사실 패러독스와 모순에 관한 보어의 사고방식은 1920년대 초 코펜하겐에서 이론물리학 연구소를 세우는 데 철학적 기초가 되었다. 여기에서 보어는 코펜하겐 학파를 형성해 양자역학의 발전을 주도했다. 불확정성 원리로 유명한 베르너 하이젠베르크는 이 연구소에서 보어와 함께 연구했다. 이곳에서 하이젠베르크는 양자역학의 기본이 되는 아이디어들을 다듬기 시작했다. 보어의 연구소에서는 매일같이 세미나를 열었다. 과학자들은 항상 자극을 받았고 새로운 아이디어 때문에 혼란스런 일이 벌어지기도 했기 때문에 머리 회전이 느린 사람은 정신을 차리기가 힘들 정도였다. 1930년대 중반에 보어 밑에서 공부했던 미국의 물리학자 존 휠러(John Wheeler, 1911~2008)*—그는 나의 논문 지도 교수인 킵 손(Kip Thorn, 1940~)을 지도했던 과학자이자 나를 보어의 증손자뻘 제자로 만들어 준 사람이다 —는 보어의 교수법을 '원맨 테니스 게임'이라고 말했다. 새로운 실험이나 이론에 의해 이전의 결과와 모순되는 점을 발견하여 공을 쳐 앞으로 보낸 다음 자신이 친 공을 되받아 칠 수 있을 정도로 빨리 반대편 코트로 달려간다. "패러독스 없이는 발전도 없다." 이것이 보어의 주문이다. 누군가가 세미나에 와서 발표할 때 일어날 수 있는 최악의 일은 놀랄 일이 전혀 없는 경우다. 이때 보어는 "그것 참 흥미롭군."이라는 반어적인 말로 점잖게 투덜댔다.[7]

---

*미국 물리학자, 닐스 보어와 함께 핵분열 이론을 만들었고, 블랙홀이란 용어를 처음 사용했다.

분자와 원자의 구성

닐스 보어, 코펜하겐 대학 박사[1]

러더퍼드 교수는[2] 알파선이 물질을 만나 산란하는 실험의 결과를 설명하기 위해서 원자의 구조를 설명하는 이론을 내놓았다. 그 이론에 따르면 원자는 양전하를 띤 핵과 그 핵을 둘러싸고 있는 전자 시스템으로 구성되어 있다. 전자 시스템은 핵의 인력으로 유지된다. 그리고 핵은 원자 질량의 대부분을 차지하며, 원자 전체의 길이 차원과 비교할 때 극단적으로 작은 길이 차원을 유지한다. 원자 내 전자의 수는 원자량의 절반과 거의 같을 것으로 보인다. 이 원자 모델에 지대한 관심이 모아졌다. 왜냐하면 러더퍼드 자신이 보여준 것처럼, 핵이 존재한다는 가정이 현재 논의되고 있는 큰 각도로 산란하는 알파선 실험 결과를 설명하기 위해서 꼭 필요한 것으로 보이기 때문이다.[3]

하지만 이런 원자 모델을 바탕으로 해서 물질의 특성 가운데 일부를 설명하는 일은, 전자 시스템이 불안정한 것이 분명하기 때문에 심각한 본질적 문제에 부딪힌다. 원자 모델을 사용하면서 그런 문제를 피하는 방법도 제시된 바 있다. 예를 들어 톰슨 경의 이론이 그 가운데 하나이다.[4] 톰슨 경의 이론에 따르면 원자는 양전하가 균일하게 분포된 구로 이루어져 있으며 그 안에서 전자가 원 궤도를 그리며 이동하고 있다.

톰슨과 러더퍼드가 제안한 원자 모델 간의 기본적인 차이는 이렇다. 톰슨의 원자 모델에서는 전자에 영향을 주는 힘 때문에 전자가 특정

배치로 운동할 수 있고, 그 결과 시스템이 평형 상태를 유지하며 안정적이다. 하지만 러더퍼드의 모델에는 확실히 그런 배치가 존재하지 않는다. 두 원자 모델의 근본적인 차이는, 톰슨 모델의 경우 원자의 정량적인 속성, 즉 양전하 구의 반지름을 규정하고 있다는 사실 때문에 생길 것이다. 그 속성은 길이 차원의 양이며 원자의 크기 또한 그와 같은 차원으로 표현된다. 반면에 러더퍼드 모델의 정량적 특성 중에는 그런 길이가 없다. 다시 말하면 전자와 양전하를 띤 핵의 전하량과 질량만이 있을 뿐이다. 그리고 이것들만 가지고는 길이를 결정할 수도 없다.

하지만 최근 에너지 방사에 관한 이론이 발전하면서 이런 문제를 살펴볼 수 있는 방법이 근본적으로 바뀌었다. 해당 이론에서는 새로운 가설을 직접적으로 단정해서 소개하고 있다. 그 가설은 특정 열이나 광전효과나 뢴트겐선 등의 아주 상이한 효과를 실험한 결과 등장했다. 이런 문제들을 논의한 결과, 원자 규모에 해당하는 시스템의 특성을 기존의 전기역학 이론으로 설명하는 것은 부적절하다는 것을 많은 사람들이 인정하게 되었다.[5] 전자의 운동 법칙이 어떻게 바뀌었는지는 차치하더라도, 기존의 전기역학에서는 등장하지 않았던 문제의 상수를 소개해야 할 것이다. 그 상수란 플랑크 상수이며, 종종 원소 활동의 기본량이라고 부르기도 한다. 이 양을 도입하면 원자 내 전자의 안정적인 배치 문제가 완전히 달라진다. 이 상수 자체가 입자의 전하량과 질량은 물론 원하는 수준의 길이를 결정할 수 있는 차원과 크기를 가지고 있기 때문이다.

본 논문의 목표는 위와 같은 아이디어를 러더퍼드의 원자 모델에 적용할 경우 원자 구성 이론의 기초를 세울 수 있다는 점을 보이는 데에 있다. 이 이론을 이용하면 분자 구성 이론에 도달할 수 있다는 점도 보일 것이다.

우선 논문의 첫 부분에서 플랑크 상수와 관련해 양전하를 띤 핵과 전자들이 어떻게 결합하는지를 논의할 것이다. 그렇게 하면 수소의 선형 스펙트럼 법칙을 간단하게 설명할 수 있다. 또한 그 뒤에 이어지는 설명들이 전제하고 있는 근본적인 가정이 왜 도입되었는지도 설명하고 있다.

본 연구에 흥미를 가지고 친절하게 용기를 주신 러더퍼드 교수에게 감사를 표하고 싶다.

1부 – 양전하를 띤 핵과 전자의 결합

§1. 일반적인 고찰

러더퍼드의 원자 모델에서 원자의 속성을 설명하려면 기존의 전기역학은 적절하지 않다. 양전하를 띤 아주 작은 차원의 핵과 그 주변에서 닫힌 궤도로 움직이는 하나의 전자로만 이루어진 간단한 시스템을 생각해 보면 그 사실을 쉽게 알 수 있다. 설명을 간단히 하기 위해서 원자의 질량이 핵의 질량과 비교할 때 무시할 만큼 작다고 가정하자. 그리고 전자의 속도가 빛의 속도에 비해 작다고 가정하자.

우선 에너지 복사가 없다고 가정해 보자. 이 경우 전자는 안정적인 타원 궤도를 그릴 것이다. 공전 진동수 ω와 궤도 $2a$의 주축은 에너지 W의 양에 따라 달라질 것이다. 에너지 W는 전자를 핵으로부터 무한하게 먼 거리로 옮기기 위해서 반드시 들어가야 한다. 전자의 전하량과 핵의 전하량을 각각 $-e$와 E라고 하고 전자의 질량을 m이라고 하자. 그러면 다음 관계식을 얻을 수 있다.

$$\omega = \frac{\sqrt{2}}{\pi} \frac{W^{3/2}}{eE\sqrt{m}} , \qquad 2a = \frac{eE}{W} \qquad\qquad (1)$$

그리고 전체 공전에 필요한 전자의 운동 에너지 평균값이 W와 같다는 것은 쉽게 알 수 있다. W값이 주어지지 않으면 해당 시스템의 ω와 a 속성에 값이 없다는 점도 알 수 있다.

이제 전자의 가속으로부터 일반적인 방법으로 계산한 에너지 복사 효과를 고려해 보자. 그럴 경우 전자는 더 이상 안정적인 궤도로 운동하지 않는다. W는 계속 증가하고 전자는 점점 더 작은 차원의 궤도를 그리면서 핵에 접근할 것이다. 또한 진동수는 점점 더 커질 것이다. 시스템이 에너지를 잃는 것과 동시에 전자는 점점 운동 에너지를 얻기 때문이다. 이 과정은 궤도의 차원이 전자나 핵의 차원과 같은 수준에 도달할 때까지 계속될 것이다. 간단히 계산해 보면 그 과정에서 복사되어 나간 에너지는 일반적인 분자 과정에서 복사되는 것과 비교할 때 어마어마하게 크다.

그런 시스템의 속성은 일반적으로 자연에 존재하는 원자 시스템과 아주 다를 것이 분명하다. 우선 영구적인 상태에 있는 실제 원자는 차원과 진동수가 완전히 고정되어 있을 것이다. 그리고 분자 과정이 일어난다고 생각해 보면, 해당 시스템에 특정적인 일정량의 에너지가 방출된 다음에는 시스템이 다시 안정적인 평형 상태로 돌아올 것이다. 이 때 입자 사이의 거리는 그런 과정이 일어나기 전과 같은 수준일 것이다.

플랑크 복사 이론의 핵심은, 원자 시스템의 에너지 복사가 기존 전기역학에서 가정했던 것과 달리 연속적으로 이루어지지 않는다는 데에 있다. 오히려 그와는 반대로 방출이 이산적으로 이루어지며, 진동수가 ν인 원자진동이 한 번에 복사하여 방출하는 에너지의 양은 $\tau h\nu$와 같다. 이 때 τ는 정수이며 h는 보편 상수이다.[6]

앞서 살펴보았던, 양전하를 띤 핵과 전자 하나로 이루어진 간단한 시스템으로 돌아오자. 전자가 핵과 처음으로 접촉할 당시 그 거리가 아주 멀었다고 가정하고, 핵을 기준으로 했을 때 이렇다 할 속도가 없었다고 가정하자. 그리고 핵과 접촉한 다음에는 전자가 핵 주변에서 안정적인 궤도를 그리게 되었다고 가정하자. 이유는 뒤에 설명하겠지만 해당 궤도가 원형이라고 가정해야 한다. 하지만 이렇게 가정한다고 해도 전자가 하나뿐인 시스템의 경우에는 어떤 변화도 생기지 않는다.

이제 전자가 묶여 있는 동안 진동수 ν로 균일한 복사가 일어났다고 생각해 보자. ν는 전자가 최종적으로 도달하는 궤도의 공전 진동수의 절반이다. 그러면 플랑크의 이론에 따라 해당 과정에서 방출된 에너지의 양이 $\tau h\nu$와 같을 거라고 기대할 수 있다. h는 플랑크 상수이며 τ는 정수이다. 복사가 균일하다고 가정하면 복사의 진동수에 대한 두번째 가정은 당연히 성립한다. 방출 초기에 전자가 공전하는 진동수는 0이기 때문이다. 두 가지 가정에 대한 철저한 검증과 플랑크 상수의 적용은 일단 §3.에서 본격적으로 다루겠다.

$$W = \tau h \frac{\omega}{2} \tag{2}$$

를 대입하면 공식 (1)에 따라서 다음과 같다.

$$W = \frac{2\pi^2 m e^2 E^2}{\tau^2 h^2}, \quad \omega = \frac{4\pi^2 m e^2 E^2}{\tau^3 h^3}, \quad 2a = \frac{\tau^2 h^2}{2\pi^2 m e E} \tag{3}$$

위 관계식에서 τ에 서로 다른 값을 대입하면 시스템의 여러 배치에 따른 일련의 W, ω, a 값을 구할 수 있다. 앞서 살펴본 바에 따라, 에너지 복사가 없는 경우 각 배치는 그 시스템의 상태에 따라 달라진다고 가정할 수 있다. 그리고 외부에서 방해하지 않는 한 시스템이 안정적일 거라는 점 또한 당연하다. τ가 최소치인 1일 경우 W값은 최대가 된다. 따라서 그 경우 시스템이 가장 안정한 상태에 도달한다. 다시 말하면 그 경우에 결합으로부터 전자를 떼어내기 위해 필요한 에너지 양이 최대가 된다.

위 관계식에 $\tau=1$과 $E=e$를 대입하고 실험으로 얻은 다음 수치를 넣으면

$$e = 4.7 \times 10^{-10} \,,\, \frac{e}{m} = 5.31 \times 10^{17} \,,\, h = 6.5 \times 10^{27}$$

다음을 얻을 수 있다.

$$2a = 1.1 \times 10^{-8} cm \,,\, \omega = 6.2 \times 10^{15} \frac{1}{sec} \,,\, \frac{W}{e} = 13 \, volt$$

이 값들의 크기 수준이 원자의 길이 차원, 광학적 진동수, 이온화 퍼텐셜과 같음을 알 수 있다.

원자 시스템의 특성을 논의하는 데에 있어서 플랑크의 이론이 널리 중요하다는 점을 처음으로 지적한 것은 아인슈타인이다.[7] 아인슈타인의 발상은 발전을 거듭해서 여러 가지 다른 현상에 적용되었다. 이를 중점적으로 수행한 것은 슈타드크, 네른스트, 좀머펠트이다. 원자 차원의 진동수와 위에서 논한 것과 유사하게 계산한 각종 양들의 크기 수준이 일치한다는 사실은 여러 차례에 걸쳐 논의된 바 있다. 톰슨의 원자 모델을 놓고 볼 때 플랑크 상수의 값에 어떤 의미가 있는지를 처음

으로 설명한 것은 하스이다.[8] 하스는 수소 원자의 길이 차원과 진동수를 사용했다.

본 논문에서 다루는 것과 같은 시스템에서는 입자 간의 힘이 거리의 제곱에 반비례한다. 이런 시스템과 플랑크 이론의 관계는 니콜슨이 연구한 바 있다.[9] 니콜슨은 여러 논문을 통해서 우주 성운과 태양 코로나의 스펙트럼에서 볼 수 있는 미지의 선을 설명할 수 있다는 사실을 보여 주었다. 니콜슨은 구조를 명백히 확인할 수 있는 가상의 원소가 그 안에 존재한다고 가정하는 방법을 택했다. 그 미지 원소의 원자는 크기가 무시할 수 있을 만큼 작고 양전하를 띤 핵과 그 주위를 원형으로 도는 전자들로 이루어진, 간단한 구조였다. 니콜슨은 문제의 여러 선에 상응하는 진동수들 간의 비율과 전자 고리 진동의 상태에 따른 진동수들 간의 비율을 비교했다. 니콜슨은 시스템의 에너지와 고리의 회전 진동수 간의 비율이 플랑크 상수의 정수배와 같다고 가정할 경우 코로나 스펙트럼에 들어 있는 여러 선의 파장 간 비율을 설명할 수 있다는 점을 보여 주었다. 또한 그렇게 해서 플랑크 이론과의 관계를 끌어내었다. 니콜슨이 같다고 표현한 에너지는 우리가 위에서 W로 표시한 양이다. 니콜슨은 최근 논문에서 위 이론에 더 복잡한 형식이 필요하다고 밝혔다. 하지만 에너지 대 진동수의 비율은 전체 숫자의 간단한 함수로 표현하고 있다.

해당 파장 간의 비율을 계산한 결과와 관측 수치가 잘 일치한다는 것은 니콜슨 식 계산의 근본을 강력하게 뒷받침해 준다. 하지만 이 이론에 진지하게 반대하는 의견도 가능하다. 반대 의견은 에너지 방사의 균일성과 직접적으로 연결된다. 니콜슨의 계산을 보면 선 스펙트럼에 나타나는 각 선의 진동수는 평형 상태가 확정된 상태에서 역학적인 시스템이 진동하는 진동수이다. 플랑크 이론에 나오는 관계식을 썼기 때문에 복사가 양자 형태로 이루어진다고 생각할 수 있다. 하지만 해당 시스템의 경우 진동수는 에너지의 함수이며 따라서 균일한 복사를 정해진 양만큼만 방출할 수 없다. 방사선이 방출되는 순간 에너지와 시스템의 진동수가 달라지기 때문이다. 게다가 니콜슨의 계산에 따르면 어떤 진동 상태에서는 시스템이 불안정해진다. 어쩌면 그냥 형식상일 수도 있는 위의 반론들은 제쳐 두더라도, 해당 이론이 유명한 발머와 리드베리의 법칙을 설명할 수 없다는 점도 간과하지 말아야 할 것이다. 그 법칙은 일반 원소의 선 스펙트럼에 들어있는 선들의 진동수를 다루고 있다.

이제 본 논문에서 취한 관점을 사용하면 그런 문제점들이 사라진다는 점을 설명할 것이다. 더 진행하기에 앞서서 166쪽*에 있는 계산의 내용을 요약해 보는 게 좋을 것이다.

주요 가정은 다음과 같다.

(1) 상태가 안정적인 시스템의 역학적 평형은 일반 역학으로 설명할 수 있다. 이 때 안정 상태가 다른 시스템으로 전이하는 상황은 다룰 수 없다.

(2) 후자의 경우 균일한 복사가 방출된다는 조건이 따른다. 방출된 에너지와 진동수 간의 관계는 플랑크 이론에서 주어진 것을 이용한다.

첫 번째 가정은 자명하다. 일반 역학은 완전히 정확하지는 않다. 하지만 전자 운동의 평균치를 구하는 데에 있어서만은 유효하다. 반면에 입자의 상대적 이동이 없는, 안정적인 상태의 역학적 평형을 계산하는 데

---

*이 쪽수는 원문의 것으로 이 책의 쪽수와는 관련이 없다. 다음도 마찬가지이다.

에 있어서는 실제 운동과 그 평균값을 따로 구분할 필요가 없다. 두 번째 가정은 일반적인 열역학 원리와 분명히 반대된다. 하지만 실험값을 설명하려면 필요한 가정이다.

166쪽의 계산을 보면 더 특별한 가정을 사용하고 있다. 즉 서로 다른 평형 상태들은 서로 다른 수의 플랑크 에너지-양자를 방출함에 따라 발생했다는 점, 어떤 에너지도 복사하지 않고 있던 상태로부터 안정적인 상태로 전이하는 동안에 방출된 복사의 진동수는 나중 상태의 원자가 공전하는 진동수의 절반과 같다는 점을 가정으로 사용하고 있다. 하지만 (§3 참조) 다른 종류의 가정을 사용하면 안정 상태에 대해 (3)과 같은 표현을 사용할 수 있다. 따라서 그 특별한 가정에 대한 논의는 뒤로 미루고, 우선 주요 가정과 안정 상태를 표현한 관계식 (3)을 이용해서 수소의 선 스펙트럼을 설명할 것이다.

§2. 선 스펙트럼의 방출

수소의 스펙트럼 : 일반적인 증거에 따르면 수소 원자는 하나의 전자가 양전하량 e를 지닌 핵 주위를 도는 간단한 구조이다.[10] 전자가 핵으로부터 아주 먼 거리만큼 떨어지는 경우, 예를 들어 진공관 속에서 전기 방전 효과가 일어나는 경우, 수소 원자의 재형성은 당연히 166쪽에서 살펴본 바 있는 양전하를 띤 핵과 전자의 결합에 따른다. (3)의 식에 $E=e$를 대입하면 안정 상태에 도달하기까지 방사된 에너지의 총량을 얻을 수 있다.

$$W_\tau = \frac{2\pi^2 m e^4}{h^2 \tau^2}$$

시스템이 $\tau=\tau_1$인 상태에서 $\tau=\tau_2$인 상태로 전이하면서 방출한 에너지의 양은 다음과 같다.

$$W_{\tau_2} - W_{\tau_1} = \frac{2\pi^2 m e^4}{h^2}\left(\frac{1}{\tau_2^2} - \frac{1}{\tau_2^2}\right)$$

이제 문제의 복사가 균일하고 방출된 에너지의 양이 $h\nu$와 같다고 하자. ν는 복사의 진동수이다. 그러면 다음을 얻을 수 있다.

$$W_{\tau_2} - W_{\tau_1} = h\nu$$

따라서

$$\nu = \frac{2\pi^2 m e^4}{h^2}\left(\frac{1}{\tau_2^2} - \frac{1}{\tau_2^2}\right) \tag{4}$$

이 방정식을 이용하면 수소 스펙트럼 내의 선들 간의 규칙을 설명할 수 있다. $\tau_2 = 2$로 고정시키고 τ_1을 변화시키면 일반적인 발머 계열을 얻을 수 있다. $\tau_2 = 3$으로 놓으면 파셴이 관측하고 리츠가 의문을 제기했던 적외선 내 계열을 얻을 수 있다.[11] $\tau_2 = 1$로 고정하고 $\tau_2 = 4, 5, \cdots$로 두면 각각 극자외선과 극적외선에 해당하는 계열을 얻을 수 있다. 그 두 가지는 아직 관측된 바가 없지만 존재가 예상되는 것들이다.

이와 같은 결과의 일치는 정량적일 뿐 아니라 정성적이기도 하다.

다음을 대입하면

$$e = 4.7 \times 10^{-10}, \ \frac{e}{m} = 5.31 \times 10^{17}, \ h = 6.5 \times 10^{-27}$$

다음을 얻는다.

$$\frac{2\pi^2 m e^4}{h^2} = 3.1 \times 10^{15}$$

방정식 (4)에서 괄호 바깥의 항에 해당하는 관측 수치는 다음과 같다.

$$3.290 \times 10^{15}$$

이론과 관측 결과가 완전히 일치하지 않는 것은 이론값을 얻어 낸 계산식에서 상수를 도입하는 데에 실험적인 오차가 있기 때문이다. 해당 문제를 해결하는 데에 있어 값의 일치가 중요하다는 점은 §3.에서 살펴볼 것이다.

진공관으로 실험할 때에는 발머 계열의 선을 12개밖에 관측할 수 없지만 특정 천체의 스펙트럼을 관측하면 33개의 선을 볼 수 있는 것도 위 이론을 사용하면 예상 가능하다는 점도 중요하다. 방정식 (3)에 따르면 서로 다른 안정 상태에 있는 전자 궤도의 지름은 τ^2에 비례한다. $\tau=12$일 경우 지름은 1.6×10^{-6}센티미터다. 이 수치는 압력이 약 7밀리미터 머큐리(mercury)인 기체 속에 있는 분자들 간의 거리와 같다. $\tau=33$일 경우 지름은 1.2×10^{-5}이고 이는 0.02밀리미터. 머큐리의 압력 하에 있는 분자들 간의 평균 거리이다. 이 이론에 따르면 선이 많이 나타나기 위해서는 기체의 밀도가 아주 낮아야 한다. 다시 말해서 관측할 수 있을 만큼의 선명도를 얻으려면 기체가 들어 찬 공간이 매우 커야 한다. 이 이론이 맞다면 수소의 방출 스펙트럼에 상응하는 발머 계열 가운데 높은 수치에 해당하는 선들은 관측할 수 없다. 하지만 그 기체의 흡수 스펙트럼을 조사하면 선을 관측할 수 있을 것이다. (§4. 참조)

보통 수소가 원인이 되어 나타나는 선의 다른 계열은 위의 방법으로는 얻을 수 없다. 그 예로는 피커링이[12] 최초로 관찰한 고물자리 ζ 별의 선들과 파울러가[13] 최근에 수소와 헬륨의 혼합 기체를 넣은 진공관으로 실험해 얻은 계열들이 있다. 하지만 헬륨의 경우에는 위 이론을 이용해서 선의 계열들을 자연스럽게 설명할 수 있다는 점을 보게 될 것이다.

러더퍼드의 이론에 따르면 헬륨의 중성 원자는 양전하를 띠고 $2e$의 전하량을 갖는 핵 하나와 전자 둘로 구성되어 있다. 헬륨 핵과 하나의 전자가 이루는 결합을 생각해 보면, 166쪽에 있는 식 (3)에 $E = 2e$를 넣어서 똑같은 방식으로 진행시키고 다음을 얻는다.

$$\nu = \frac{8\pi^2 m e^4}{h^3}\left(\frac{1}{\tau_2^2} - \frac{1}{\tau_2^2}\right) = \frac{2\pi^2 m e^4}{h^3}\left(\frac{1}{\left(\frac{\tau_2}{2}\right)^2} - \frac{1}{\left(\frac{\tau_1}{2}\right)^2}\right)$$

이 공식에 $\tau_2 = 1$이나 $\tau_2 = 2$를 대입하면 극자외선의 선 계열을 얻을 수 있다. $\tau_2 = 3$으로 두고 τ_1을 변화시키면 파울러가 관측했던 선들 가운데 두 종을 포함하는 결과를 얻을 수 있다. 그 둘은 바로 파울러가 수소 스펙트럼의 첫 번째와 두 번째 기본 계열이라고 일컬었던 것들이다. $\tau_2 = 4$를 대입하면 피커링이 고물자리 ζ 별의 스펙트럼에서 관찰했던 계열을 얻는다. 이 계열에 속하는 선 가운데 매 두 번째 선이 곧 발머 계열의 선과 같다. 그 별에 수소가 존재한다는 점을 생각하면 이 선들이 해당 계열에 속하는 다른 선들보다 선명한 이유를 알 수 있을 것이다. 그 계열은 파울러의 실험을 통해서도 관측할 수 있다. 파울러는 해당 계열을 수소 스펙트럼 가운데 '선명한' 계열이라고 표기한 바 있다. 마지막으로 위 공식에 $\tau_2 = 5, 6, \cdots\cdots$을 대입하면 극자외선 속에 있을 것으로 예상되는 굵은 선 계열을 얻을 수 있다.

위에서 언급한 스펙트럼들을 일반적인 헬륨 관에서 관측할 수 없는 이유는, 해당 별의 경우나 파울러의 실험과 달리 헬륨 관 속의 이온화가 완전히 진행되지 않았기 때문일 것이다. 파울러 실험의 경우 수소와 헬륨의 혼합 기체를 통해 강력한 방출이 이루어졌다. 위 이론에 따르면 헬륨 원자가 두 개의 전자를 모두 잃은 상태일 때 스펙트럼이 나타난다. 이제 헬륨 원자에서 두 번째 원자를 제거할 때에 드는 에너지가 첫 번째 원자를 제거할 때보다 훨씬 크다는 가정을 해야 한다. 또한 양극 선으로 실험을 할 경우 수소 원자가 음전하를 띨 수 있다는 사실이 알려져 있다. 따라서 파울러의 실험에 존재하던 수소 때문에, 일부 헬륨 원자로부터 순수하게 헬륨만 존재하는 경우보다 더 많은 전자가 빠져나왔을 가능성도 있다.

다른 물질의 스펙트럼 : 전자가 더 많은 시스템의 경우, 실험 결과에 따라가기 위해서는 선 스펙트럼의 규칙이 앞서 살펴본 것보다 더 복잡하다고 봐야 한다. 이런 관점에서 문제에 접근할 경우 정도에 한계는 있겠지만 관측 결과를 이해하는 데에 어느 정도 도움이 된다는 것을 보일 생각이다.

리드베리의 이론과 리츠가 제시한 일반화에 따르면[14] 어떤 원소의 스펙트럼에 나타나는 선들의 진동수는 다음과 같이 표현할 수 있다.

$$\nu = F_r(\tau_1) - F_s(\tau_2)$$

τ_1과 τ_2는 정수이고 $F_1, F_2, F_3, \cdots$은 다음과 거의 같은 τ의 함수이다.

$$\frac{K}{(\tau+a_1)^2} , \frac{K}{(\tau+a_2)^2} , \cdots$$

K는 보편 상수이고 수소 스펙트럼에 대한 공식 (4)의 괄호 바깥 항과

같다. τ_1이나 τ_2의 값을 고정하고 나머지 하나를 변화시키면 서로 다른 계열을 얻을 수 있다.

정수의 함수 둘 사이의 차로 진동수를 구할 수 있는 환경이라는 것은, 해당 스펙트럼 속에 나타난 선들이 수소를 다룰 때 세웠던 가정과 유사한 원인에서 발생했다는 뜻이라고 볼 수 있다. 다시 말해서 시스템이 서로 다른 두 개의 안정 상태 사이를 오가면서 방출한 복사와 그 선들이 서로 상응한다는 뜻이다. 전자가 하나 이상인 시스템을 자세히 논의하려면 얘기가 매우 복잡해진다. 안정 상태라고 볼 수 있는 전자의 배치가 매우 많기 때문이다. 해당 물질이 방출한 선스펙트럼에 서로 다른 종류의 계열이 존재하는 이유도 그 때문일 것이다. 여기서는 이론을 이용해서 리드베리의 공식에 들어간 상수 K가 모든 물질에 공통이라는 점만 설명하려고 한다.

문제의 스펙트럼이 하나의 전자가 결합되는 과정에서 방출된 복사 때문에 나타났다고 가정하자. 그리고 해당 전자가 들어있는 시스템의 전하가 중성이라고 가정하자. 전자가 핵과 기존에 묶여 있던 전자들로부터 아주 먼 거리만큼 떨어져 있다고 하면 거기에 미치는 힘은 수소핵에 저자 하나가 묶여 있는 앞서의 경우와 아주 비슷할 것이다. 따라서 두 개의 안정 상태 중 하나에 상응하는 에너지는 τ가 클 경우 166쪽에 있는 식 (3)의 에너지와 아주 비슷할 것이다. τ가 클 경우 다음을 얻을 수 있다.

$$\lim(\tau^2 \cdot F_1(\tau)) = \lim(\tau^2 \cdot F_2(\tau)) = \dots = \frac{2\pi^2 m e^4}{h^3}$$

이는 리드베리의 이론과 맞는다.

§3. 일반적인 고찰

핵 주위를 하나의 전자가 도는 시스템의 안정 상태에 관해 166쪽에 있는 식 (3)을 얻는 데에 사용했던 특수한 가정을 (168쪽 참고) 다시 논의해 보자.

우리는 우선 서로 다른 수의 에너지-양자가 방출되면서 그에 상응해 나타나는 서로 다른 안정 상태를 가정했다. 하지만 진동수를 에너지의 함수로 나타낼 수 있는 시스템에서 이 가정은 적절해 보이지 않는다. 하나의 양자가 나가자마자 진동수가 변하기 때문이다. 이제 이 가정을 사용하면서도 166쪽의 방정식 (2)를 유지할 수 있고 플랑크 이론의 형식을 유지할 수 있다는 점을 보일 것이다.

먼저, 안정 상태의 표현 (3)을 이용해서 스펙트럼의 법칙을 설명하는 데에 있어서, 단일 에너지-양자, 즉 $h\nu$보다 더 큰 복사가 일어나야만 한다고 가정할 필요가 전혀 없었다는 점을 살펴보자. 일반적인 역학에 바탕을 둔 계산과 앞서 제시한 가정에 바탕을 둔 저속 진동 영역 안에서의 에너지 복사를 계산하고 비교해 보면 더 많은 정보를 얻을 수 있다. 해당 영역에서 일어나는 에너지 복사의 실험 결과가 일반적인 역학에 바탕을 둔 계산과 일치한다는 사실은 이미 알려져 있다. 방출 에너지의 총량과 다른 안정 상태에서 원자가 공전하는 진동수의 비율을 방정식 (2) 대신 방정식 $W = f(\tau) . h\omega$ 라고 표현하자. 이전과 같이 진행하면 방정식 (3) 대신 다음을 얻는다.

$$W = \frac{\pi^2 m e^2 E^2}{2h^2 f^2(\tau)} \ , \ \omega = \frac{\pi^2 m e^2 E^2}{2h^3 f^3(\tau)}$$

이와 마찬가지로 시스템이 $\tau = \tau_1$에 상응하는 상태에서 $\tau = \tau_2$이고 그 값이 $h\nu$와 같은 상태로 바뀌면서 방출되는 에너지의 양은, (4) 대신 다음과 같다.

$$v = \frac{\pi^2 m e^2 E^2}{2h^3} \left(\frac{1}{f^2(\tau_2)} - \frac{1}{f^2(\tau_1)} \right)$$

$f(\tau)=c\tau$로 놓으면 발머 계열과 같은 형태로 표현할 수 있다.

c 값을 결정하기 위해서 각각 $\tau=N$과 $\tau=N-1$에 해당하는 두 개의 연속적인 시스템을 생각해보자. $f(\tau)=c\tau$를 대입하면 방출된 복사의 진동수를 얻을 수 있다.

$$v = \frac{\pi^2 m e^2 E^2}{2c^3 h^3} \cdot \frac{2N-1}{N^2(N-1)^2}$$

방출이 일어나기 전과 후의 전자의 공전 진동수는 다음과 같다.

$$\omega_N = \frac{\pi^2 m e^2 E^2}{2c^3 h^3 N^3} \qquad \omega_{N-1} = \frac{\pi^2 m e^2 E^2}{2c^3 h^3 (N-1)^3}$$

N이 크다면 방출 이전과 이후에 해당하는 진동수 간의 비율은 1에 매우 근접할 것이다. 그리고 일반적인 전기역학에 따르면 복사 진동수와 공전 진동수의 비율 또한 1에 매우 근접할 거라고 볼 수 있다. 이런 조건은 $c=1/2$일 때만 충족된다. 하지만 $f(\tau)=\tau/2$를 대입하면 다시 방정식 (2)에 도달하며, 당연히 안정 상태에 대한 방정식 (3)에 도달하게 된다. [...]

1913년 4월 5일

Philosophical Magazine (1913)

■ 참고문헌

1. Prof. E. Rutherford, F.R.S가 게재

2. E. Rutherford, Phil. Mag. xxi. p. 669 (1911).

3. See also Geiger and Marsden, Phil. Mag. April 1913.

4. J. J. Thomson, Phil. Mag. vii. p. 237 (1904).

5. See f. inst., 'Théorie du ravonnement et les quanta,' Rapports de la réunion à Bruxelles, Nov. 1911. Paris, 1912.

6. See f. inst., M. Planck, *Ann. d. Phys.* xxxi. p. 758 (1910); xxxvii. p. 642 (1912); *Verh. deutsch. Phys. Ges.* 1911, p. 138.

7. A. Einstein, *Ann. d. Phys.* xvii. p. 132 (1905); xx. p. 199 (1906); xxii. p. 180 (1907).

8. A. E. Haas, *Jahrb. d. Rad. u. El.* vii. p. 261 (1910). See further, A. Schidlof, *Ann. d. Phys.* xxxv. p. 90 (1911); E. Wertheimer, *Phys. Zeitschr.* xii. p. 409 (1911), *Verh. deutsch. Phys. Ges.* 1912, p. 431; F. A. Lindemann, *Verh. deutsch. Phys. Ges.* 1911, pp. 482, 1107; F. Haber, *Verh. deutsch. Phys. Ges.* 1911, p. 1117.

9. J. W. Nicholson, Month. Not. Roy. Astr. Soc. lxxii. pp. 49,130, 677, 693, 729 (1912).

10. f. inst. N. Bohr, Phil. Mag. xxv. p. 24 (1913)을 참조하자. 그 논문에서 이끌어 낸 결론은, J. J. 톰슨 경이 양전하선을 두고 했던 실험에서의 수소가, 하나보다 더 많은 전자를 잃는 다 해도 절대로 그에 상응하는 양전하를 띄지 않는 유일한 원소라는 점을 강력하게 지지 해 준다. (comp. Phil. Mag. xxiv. p. 672 (1912)).

11. F. Paschen, *Ann. d. Phys.* xxvii. p. 565 (1908).

12. E. C. Pickering, Astrophys. J. iv. p. 369 (1896); v. p. 92 (1897).

13. A. Fowler, Month. Not. Roy. Astr. Soc. lxxiii. Dec. 1912

14. W. Ritz, *Phys. Zeitschr.* ix. p. 521 (1908)

번역: 김창규

신경전달물질

당신의 감정을 다스리는
진짜 물질은 과연 무엇일까?
오토 뢰비 (1921)

오토 뢰비가 87세의 나이에 회상한 이야기는 발견과학사에서 아직도 주목을 받는다. 여전히 회자되는 이 뒷이야기는 오토 뢰비가 신경세포에 대한 새로운 아이디어를 어떻게 발견했는지에 대한 이야기다. 그는 꿈속에서 신경세포가 어떻게 정보를 주고받는지에 대한 아이디어를 얻었다.

(1921년) 부활절 전날 밤에 나는 별안간 잠에서 깨어나 불을 켜고 종이 쪼가리에 글을 몇 자 적어 두었다. 그리고 다시 잠에 들었다. 아침 6시 경, 지난밤에 뭔가 중요한 걸 적어 놓았다는 생각이 떠올랐다. 그러나 대충 휘갈겨 쓴 글자로는 내가 대체 뭐라고 적은 건지 도무지 알아볼 수가 없었다. 잃어버렸던 아이디어는 다음 날 밤 3시경에 다시 떠올랐다. 그것은 내가 7년 전에 내놓은 실험 방법에 대한 것으로 신경세포에서 장기로 가는 신경 자극의 전달이 화학물질에 의해 이루어진다는 나의 가정이 과연 옳은지 아닌지를 확인하기 위한 것이었다. 나는 곧바로 일어나 실험실로 향했다. 그러고선 꿈에서 발견한 방법대로 개구리의 심장을 이용해 간단한 실험을 해 보았다.[1]

여기에서 뢰비는 몇 가지 세부적인 사항들을 잘못 기억하고 있다. 1921년 논문에 보고된 대로라면 최초의 실험은 부활절의 훨씬 전인 2월에 실시됐다. 하지만 아이디어에 관한 이야기, 즉 꿈과 휘갈겨 쓴 종이 쪼가리에 대한 이야기는 진실인 것으로 보인다. 이 이야기는 그가 친구들에게 털어놓은 것이었다. 아인슈타인은 '사고 실험'을 했다면 러더퍼드는 '지독하게 어리석은' 직관을 믿고 무턱대고 모험을 했다. 하지만 오토 뢰비는 꿈에서 위대한 생각을 얻었다. 여러 해가 지난 후, 뢰비는 1921년에 이룬 자신의 발견 과정에 대해 이런 말을 남겼다. "생각이란 게 무의식 속에 수십 년 동안 잠들어 있다가 갑자기 튀어나올 수도 있다. 이 사실은 더 나아가 우리가 때로는 너무 많이 따지지 말고 순간적인 직관을 믿어야 함을 말해주는 것이기도 하다."[2]

1936년, 뢰비는 노벨상을 수상하고 그라츠로 돌아가는 길에 빈에 들려 『꿈의 해석(Die Traumdeutung)』으로 유명한 정신분석학자 지그문트 프로이트(Sigmund Freud, 1856~1939)를 만났다. 불행하게도 그 둘이 무슨 대화를 나눴는지에 대한 기록은 남아 있지 않다.

1921년 뢰비가 꿈을 꾸었을 당시에는 살아 있는 생명체 안에서 이루어지는 커뮤니케이션을 신경이 담당하고 있다는 것이 기정사실이었다. 가늘고 긴 선 모양의 신경을 따라 전기 형태로 신호가 전달된다는 것도 이미 밝혀져 있었다. 다만 모르고 있던 것은 신경이 우리 몸의 동작, 호흡, 소화, 혈액순환, 세포 재생산을 지시하고 심지어 생각까지 관장하기 위해 어떻게 전기 자극을 전달하는가 하는 점이었다. 이 말을 간단히 하면, 어떻게 신경이 몸의 나머지 부분들과 이야기를 주고받느냐는 것이다. 대부분의 생물학자들은 신경 내 의사소통이 전기적인 방식으로 이루어질 것이라 예상했다. 이 관점에서 보면 약한 전류가 신경을 따라 심장근육이나 갑상선, 또는 다른 신경으로 흐르고 있는 것이다.

뢰비가 자다가 일어나 행한 야밤의 실험은 단순하면서도 명쾌했다. 우선 그는 두 마리의 개구리에서 심장을 떼어냈다. 하나의 심장은 신경을 절단하지 않았고 다른 하나의 심장은 연결된 신경까지 제거했다. 다음으로 뢰비는 체액과 염분 농도가 같은 용액을 링거에 채워 두 개의 심장에 튜브로 연결했다. 이렇게 하면 분리된 장기를 살아 있는 상태로 유지할 수 있다. 그런 다음 뢰비는 첫 번째 심장의 미주신경(vagus nerve)*을 자극했다. 미주신경은 심장의 기능을 약하게 하기 때문에 미주신경에 자극을 주면 심장 박동이 느려진다. 몇 분 후, 뢰비는 첫 번째 심장에 주입했던 링거액을 미주신경이 붙어 있지 않는 두 번째 심장에도 넣어 보았다. 그랬더니 두 번째 심장 박동 역시 느려졌다. 마치 있지도 않은 미주신경이 자극을 받기라도 한 것처럼 심장 박동이 약해지는 것이었다. 뢰비는 다시 첫 번째 심장의 촉진신경(accelerator nerve)**을 자극하여 심장 박동을 빠르게 한 다음 두 번째 심장에도 링거액을 주입했다. 그러자 앞의 실험과 마찬가지로, 두 번째 심장의 심장 박동이 빨라졌다. 이 결과는 자극을 받은 신경이 화학물질을 내놓아 장기의 기능에 영향을 주는 것을 확실히 보여주었다. 장기로 신경 자극이 전달되는 방식은 전기적인 방식이 아니라 화학적인 방식이라는 이야기다.

1902년의 베일리스와 스탈링, 그리고 1911년의 러더퍼드 실험과 마찬가지로 뢰비의 실험은 아름다울 정도로 기획이 잘 되었고 중요한 결론 또한 명쾌하게 보여주었다. 이전의 과학자들과 달리 뢰비는 자신이 무엇을 찾고 있는지를 정확하게 알고 있었기 때문에 가능한 일이기도 했다. 1921년의 역사적인 실험 이후, 뢰비와 그의 동료들은 아드레날린, 도파민, 세로토닌과 같은 소위 신경전달물질이라고 불리는 화학물질들을 밝혀냈을 뿐 아니라 이런 화학물질의 작용을 방해하거나 부추기는 천연물질을 찾아냈다. 생체의 커뮤니케이션은 견제와 균형을 유지하려는 복잡한 체내 네트워크와 육체의 통제를 통해서 이루어진다.

---

* 뇌에서 시작해 심장, 폐, 후두, 식도, 위 및 대부분의 복부 내장에 이르는 신경. 뇌신경 가운데 가장 길고 복잡하다.
** 내장기관의 기능을 촉진, 증강시키는 신경.

뢰비는 몸속에 숨어 있는 비밀의 메신저, 즉 신경전달물질을 찾아낸 것이다. 이를 통해 그는 신경전달물질 그 자체는 물론 신세계도 함께 발견했다. 이후 수십 년 동안 뢰비의 업적은 생물학의 모든 분야에 영향을 미쳤다. 뇌의 기능에 대한 것부터 신경질환 치료, 신경전달물질에 영향을 미치는 약물, 그리고 고혈압에서부터 위궤양에 이르는 다양한 질병을 치료하는 약물까지 말이다. 뢰비의 친구이자 동료인 노벨상 수상자인 헨리 데일(Henry Dale, 1875~1968)은 1962년 뢰비의 부고를 알리는 글에서 뢰비의 발견은 생물학에 "새로운 지평선을 열어주었다."고 했다.

1921년 어느 날 늦은 밤에, 뢰비는 1909년부터 약학대 학장으로 있던 그라츠 대학의 개인 실험실에서 연구를 하고 있었다. 당시 그는 47세였다. 사진 속의 그는 똑바로 정면을 쳐다보고 있다. 진한 눈썹에 수염도 조금 길렀다. 작달막하고 다부진 체구다. 뢰비는 맛있는 음식을 먹고 좋은 와인을 즐겼으며 특히 대화 나누기를 좋아했다. 데일의 회고록에 따르면 뢰비는 "언제나 금방이라도 아무 제한 없이 무엇이든 하기를 좋아하는 사람"으로, "좋아하고 싫어하는 것이 무엇인지를 빠르고 효과적으로 표현했다."[3] 워낙 열정적이다 보니 새롭고 모험적인 환경에서도 자신의 주장을 드러내고 싶어 안달내기도 했다. 1902년 영국에 갔을 때, 뢰비는 엄청난 속도로 영어를 배웠다. 그래서 그는 영국의 저명한 생리학자들과도 금방 말을 주고받을 수 있었다. 그는 남들이 자신의 엉성한 영어 문법에 대해 뭐라고 말하는 걸 듣기 싫어했다. 당시 그는 데일에게 이렇게 선포했다. "내겐 영어를 제대로 배울 시간이 없어. 빨리 말할 줄 알면 그만이야."[4]

뢰비는 예술도 사랑했다. 실험실에서 허리를 구부리고 장갑 낀 손으로 개구리의 심장을 만지작거릴 때, "트리스탄과 이졸데(Tristan und Isolde)"나 "발퀴레(Die Walküre)"를 콧노래로 부르곤 했다. 뢰비는 어린 시절부터 바그너의 음악을 좋아했다. 10대 시절의 뢰비는 그림에도 조예가 깊었다. 특히 초기 플랑드르 미술*에 관심이 많았다. 그는 예술사를 공부하고 싶어 했다.

오토 뢰비는 1873년 6월 독일 프랑크푸르트에서 유대인 와인 판매상인 아버지 제이콥 뢰비(Jacob Loewi)와 어머니 안나 빌슈태터(Anna Willstädter) 사이에서 외아들로 태어났다. 뢰비는 프랑크푸르트 김나지움에 다닐 때 과학이나 수학보다 인문학 성적이 더 좋았다고 한다. 하지만 실질적인 직업을 가져야 한다는 부모님의 성화 때문에 1891년 스트라스부르그 대학에 의대생으로 입학했다. 대학에 입학하고도 그의 마음은 딴 곳에 가 있었다. 그는 철학과 독일 건축의 역사에 관한 강의를 들으려고 의대 수업을 많이 빼먹었다. 그는 첫 번째 물리시험(Physicum)을 간신히 통과했다. 의학에 대해 관심을 가지기 시작한 것은 임상 병리학자이자 내과학 학장인 베른하르트 나우닌(Bernhard Naunyn, 1839~1925) 교수의 강의를 들으면서부터였다.

뢰비는 현대 약리학의 아버지로 불리는 오스발트 슈미데베르크(Oswald Schmiedeberg, 1838~1921) 교수로부터 논문 주제를 받고 미약하게나마 과학적 성장을 하게 되었다. 슈미데베르크 교수는 살아 있는 유기체 내부의 화학물질이 어떤 역할을 하는지에 대한 연구를 뢰비에게 소개했다. 뢰비는 자서전에서 슈미데베르크에 대해 별로 많은 말을 하지 않았다. 그러나 슈미데베르크는 꽤 유명한 인물이었다. 1869년에 그는 아주 적은 양의 무스카린 약물로 미주신경에 전기 자극을 준 것

---

*15세기에서 17세기 초까지 플랑드르 지방에서 유행했던 미술.

과 동일한 효과를 낼 수 있다는 것을 밝혀냈다. 이 실험 결과는 훗날 뢰비가 이루어 낸 역사적인 실험을 어렴풋하게 보여준 셈이었다. 하지만 당시 슈미데베르크의 연구는 뢰비의 연구와 비교했을 때 훨씬 뒤떨어져 있었다.

신경에 대한 현대적 의미는 이탈리아의 물리학자이자 생리학자인 루이지 갈바니(Luigi Galvani, 1737~1789)의 연구에서 비롯되었다. 갈바니는 개구리의 신경에 금속을 대자 근육이 수축하는 것을 보고 전기가 생리학적 현상과 관련이 있음을 알렸다. (그러나 갈바니는 자신이 발견한 '동물 전기[animal electricity]'가 번개의 '자연적인 전기[natural electricity]'나 고양이털을 문질렀을 때 발생하는 '인위적인 전기[artificial electricity]'와는 다르다고 생각했다.) 개구리는 이 실험에 딱 적합했다. 개구리의 근육은 반응도 잘하고 눈에도 잘 보였기 때문이다.

물론 근육은 신경이 아니다. 1842년, 또 다른 이탈리아의 과학자 카를로 마테우치(Carlo Matteucci, 1811~1868)는 상처 난 동물의 근육이 전류를 발생시킨다는 사실을 밝혀냈다. 전기는 신체를 자극할 뿐 아니라 체내에서도 자연스레 생겨나는 것이다. 마테우치를 비롯한 과학자들은 '전기생리학'이라는 새로운 분야를 만들어 냈다. 1849년, 독일의 전기생리학자 에밀 뒤부아 레몽(Emil Heinrich du Bois—Reymond, 1818~1896)이 상처 난 근육에서 발생한 전류가 신경에도 흐른다는 사실을 알아냈다. 신경계의 전기적 성질을 밝힌 것이다. 자세하게 드러나진 않았지만 당시 과학자들은 정보나 신호가 전류를 통해 신경을 따라 이동하는 것으로 이해했다.

최초로 신경의 모습을 자세하게 그려 낸 사람은 이탈리아의 병리학자 카밀로 골지(Camillo Golgi, 1843~1926)였다. 골지는 신경세포와 섬유를 염색하는 방법을 개발했다. 골지 염색법은 신경세포와 섬유를 중크롬산 칼륨이나 중크롬산 암모늄으로 단단하게 굳힌 뒤 질산은 용액에 담그는 것이다. 이렇게 염색하면 신경세포의 세부적인 모습이 잘 나타난다. 1873년부터 연구 결과를 발표하기 시작한 골지는 신경이 몇 가지 중요한 부분들로 이루어져 있다는 결론을 내렸다. 즉 그림 9.1에 나타난 것처럼 신경은 나뭇가지 모양으로 생겼으며 여러 가지로 나뉜 수상돌기(dendrites), 가운데에 있는 둥근 모양의 세포체(soma), 그리고 축색(axon)으로 구성되어 있다는 것이었다. 축색은 길이는 10^{-3}센티미터부터 100센티미터까지 다양하며 너비는 일반적으로 10^{-4}센티미터 정도다.

1890년대, 스페인의 신경해부학자 산티아고 라몬 이 카할(Santiago Ramon y Cajal, 1852~1934)은 신경을 따라 흐르는 전기 신호가 수상돌기에서 시작해 축색으로 이동한다는 것을 밝혀냈다. 라몬 이 카할이 발견한 가장 중요한 점은 신경들이 서로 붙어 있지 않다는 사실이다. 한 신경의 축색과 다른 신경의 수상돌기가 만나는 접합 부위에는 시냅스라고 불리는 마이크로 단위의 빈 공간이 존재한다. 시냅스는 2×10^{-6}센티미터쯤으로 축색의 두께보다 50배 정도 얇다.

라몬 이 카할이 시냅스를 발견한 일은 매우 중요한 의미를 가진다.

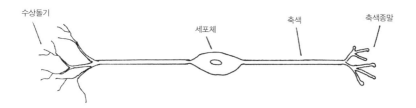

수상돌기 　　　 세포체 　　　 축색 　　　 축색종말

그림 9.1

신경들이 하나로 이어지는 전선이 아니라는 뜻이기 때문이다. 각각의 신경은 처음과 끝이 있다. 그리고 각 신경은 훗날 뉴런 독트린(neuron doctrine)이라고 불리는 독립적인 단위다. 신경계는 각각의 개별적인 신경, 즉 뉴런들의 복잡한 네트워크다. 그리고 각각의 뉴런은 수천 개의 다른 뉴런으로부터 신호를 받아 또 다른 뉴런들에게 자신의 정보를 보낸다. 그림 9.2는 복잡한 신경계 네트워크의 일부분을 보여준다.

전기 신호는 고작 1천 분의 1초 만에 하나의 뉴런을 통과한다. 그러면 그 신호는 시냅스를 지나 또 다른 뉴런이나 장기로 전달된다. 여기에서 핵심적인 질문은 어떻게 정보가 시냅스를 거쳐 전달되느냐 하는 것이다. 1921년 뢰비의 연구 이전에는 전기적인 방식으로 전달될 것이라는 것이 일반적인 생각이었다.

1896년, 이제 막 의대 학위를 손에 거머쥔 뢰비는 프랑크푸르트 시 병원에 취직했다. 폐렴으로 많은 사람들이 죽어가는 현장을 목격한 뢰비

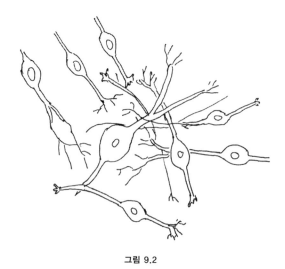

그림 9.2

는 임상의학이 자신과 맞지 않지 않는다고 생각했다. 이 젊은 과학자
는 생리학 연구에 더 큰 관심을 가졌다. 다행히도 아주 좋은 기회가 그
를 찾아왔다. 마르부르크 대학의 저명한 약학자, 한스 호르스트 마이어
(Hans Horst Meyer, 1853~1939) 밑에서 연구할 기회를 얻은 것이다. 25세
의 뢰비는 자신의 인생에서 가장 큰 영향을 받는 배움의 시기를 맞이
했다. 그는 마이어와 10년 이상을 함께했다. 1898년부터 1904년까지
마르부르크 대학에서 6년, 그리고 1904년부터 1909년까지 빈 대학에
서 5년이었다.

　1960년에 발표된 그의 자서전 『자전적 이야기(Autobiographic Sketch)』
를 보면 뢰비가 마이어를 "위대한 과학자이자 훌륭한 사람"[5]으로 기억
한다는 것을 알 수 있다. 마이어는 뢰비의 삶에서 가장 강력한 영향을
준 스승이었다. 과학계에서 스승과 제자 간의 관계는 중요하지 않다는
고정관념을 잊게 만들 정도로 마이어는 뢰비의 삶에 여러 방면으로 깊
은 영향을 남겼다. 14장에서 한스 크렙스 역시 그의 스승인 오토 바르
부르크(Otto Warburg, 1859~1938)와 이와 비슷한 관계였다는 것을 확인
할 수 있을 것이다.

　마이어와 함께 한 수년 동안 뢰비가 계속해서 다룬 주제 중 하나는
신진대사에 관한 연구였다. 1902년에 그가 처음으로 이룬 발견 역시
신진대사에 관한 발견이었다. 그는 동물들이 단백질을 섭취할 필요가
없다는 사실을 밝혀냈다. 단백질의 구성성분인 아미노산이 있으면 체
내에서 단백질을 만들 수 있기 때문이다. 이 결론을 얻기 위해서 29세
의 뢰비는 췌장에서 분해된 물질로 만든 맛없는 음식을 개에게 먹여야
했다. 뢰비는 수년 후에 이런 글을 남겼다. "오랫동안 상당히 애를 먹었
다. 대부분의 개들은 이 특이한 음식을 먹지 않으려고 했다. 그럼에도
나는 포기하지 않았다. 결국에는 성공할 것임을 전혀 의심하지 않았기

때문이다. 나의 인내는 마침내 보상을 받았다."[6] 이 말에서 뢰비가 얼마나 강한 자신감을 가지고 있는지가 느껴진다.

1902년은 또 다른 이유에서 뢰비에게 특별한 해였다. 그 해에 그는 영국의 생리학자들을 만나러 영국으로 여행을 떠났다. 독일의 위대한 과학자 카를 루트비히(Carl Ludwig, 1816~1895)가 19세기의 상당 기간 동안 생리학을 주도했으나 1895년에 그가 사망하자 생리학 연구의 중심은 영국으로 이동했다. 1902년, 야망을 가진 젊은 청년 뢰비는 윌리엄 베일리스와 어니스트 스탈링을 만나려고 런던으로 갔다. 베일리스와 스탈링은 최초로 호르몬을 발견한 상태였다. 그들은 훗날 체내의 두 번째 의사소통 방법이 되는 호르몬 체계를 세운다(자세한 내용은 2장 참조). 뢰비는 "빛나는 눈과 윤곽이 뚜렷한 얼굴을 가진 스탈링의 외모에 매료되었다."[7] 다음으로 뢰비는 케임브리지 대학을 방문했다. 그곳에서 그는 신경계를 두 종류로 구분한 존 랭글리(John Langley, 1852~1925)의 연구에 대해 알게 됐다. 바로 신경계가 장기의 기능을 늦추는 부교감신경계와 기능을 촉진시키는 교감신경계으로 나뉜다는 내용이었다.

케임브리지 대학에서, 뢰비는 엘리엇(T. R. Elliott)이라는 대학원생을 만났다. 당시 그 학생은 아드레날린이라는 화학물질을 주사하면 교감신경계의 작용을 일으킬 수 있다는 가설을 확인하려고 실험하고 있었다. 이때 화학물질이 꼭 체내 신경이 만들어 내는 물질이라거나 혹은 신경의 자극을 운반하는 물질인 것은 아니다. 그로부터 2년 후 엘리엇은 아드레날린은 교감신경이 다른 신경에 자극을 전달하는 물질이라는 가설을 세우고 두 번째 특성을 조사했다. 1903년, 뢰비도 비슷한 추측을 내렸다. 무스카린이 심장의 미주신경에 신경 자극을 전달할지도 모른다는 것이었다. 이렇듯 당시의 학계에는 신경 자극이 화학적 전달에 의한 것이 아닐까 하는 생각이 나돌고 있었다.

게다가 전기이론에는 문제가 있었다. 신경 자극은 한 방향으로만 이루어진다고 알려져 있었다. A 신경에서 B 신경으로 간 신호는 B 신경에서 A 신경으로 흐르지 않는다. 그러나 기초물리학에 따르면 전류는 어느 방향으로든 흐를 수 있다. 또 다른 문제도 있었다. 실험을 통해 신경이 다른 신경이나 장기들의 기능을 억제하거나 활성화하는 것을 발견한 것이다. 이는 전기적으로 잘 일어나지 않는 현상이다.

그럼에도 대부분의 과학자들은 여전히 전기이론을 지지하고 있었다. 하나의 신경에서 이루어지는 신호에 대한 전기이론도 세워졌다. 신경 간의 의사소통 방식이 화학물질이라고 전제하면 반응이 느리거나 불안정할 것처럼 보였다. 따라서 랭글리와 엘리엇의 연구에도 불구하고 대부분의 생리학자들은 신경전달의 전기이론에 찬성했다. 1910년 말에도 대다수의 과학자들은 화학적 전달 이론을 믿지 않았다.

창의적인 생각은 어디로부터 오는 걸까? 이 물음은 예술계뿐 아니라 과학계에서도 미스터리다. 뢰비는 1909년, 그러니까 스승으로부터 독립해 그라츠 대학에 들어간 해부터 1921년까지 20여 편의 논문을 발표했다. 논문의 주제는 무기물질이 심장근육에 미치는 영향부터 약물에 의한 당뇨병 개선, 탄수화물 대사까지 다양했다. 이 논문들도 훌륭한 업적이었다. 그러나 데일이 쓴 뢰비의 부고문에 따르면, 이 기간 동안 뢰비는 과거 연구의 "평범한 수준을 갑자기 훌쩍 뛰어넘는"[8] 역사적인 업적을 세우리라 암시하는 그 어떤 일도 하지 않았다. 실제로 뢰비는 신경이 화학적인 방식으로 자극을 전달할 것이라는 자신의 초기 생각을 까맣게 잊어버리고 있었던 것으로 보인다. 그는 일주일에 다섯 강좌를 준비하고 학생들을 가르치는 데 대부분의 시간을 할애했다. 그는 또한 이 시기에 "일종의 무대 공포증에도 시달렸다."[9] 그는 밤이면 종종 실내 관현악단에 참석했고, 때때로 집에서 직접 음악회를 열기도 했다. 그는 이때 작가, 배우, 철학자들과 사회적인 관계를 맺었다.

뢰비는 탐구 문제를 '신경 자극의 작용에 대한 기작(the mechanism of action of nerve stimulation)'이라고 분명하게 언급함으로써 자신의 기념 비적인 논문을 시작했다. 다음으로는 실험 방법을 간략하게 설명했다. 여기에서 그는 개구리로부터 분리한 미주신경이 팽창된 혈관인 동(洞, sinus)에 붙어 있다고 했다. 뢰비는 첫 번째 실험에서 식용 개구리, 일반 개구리, 두꺼비 등 여러 종류의 개구리를 대상으로 실험했다. 상당한 시간을 들여 여러 번 실험을 했고 결과는 모두 동일했다. 이를 통해 그는 자신의 결론이 확실하다는 자신감을 얻었다.

첫 번째 실험에서 뢰비는 미주신경의 자극이 어떻게 심장의 수축력을 약하게 하고 심장 박동 수를 줄이는지를 설명했다. 이미 앞에서 이야기했듯이, 그는 미주신경을 자극하는 동안 모은 링거액으로도 이런 작용을 일으킬 수 있다는 증거를 보여주었다. 아트로핀이라는 화학물질은 미주신경에서 만들어지며 링거액으로 분비되는 물질이 어떤 화학물질이든 간에 그 작용을 억제한다. (나중에 과학자들은 아트로핀이 신경이나 장기의 신경전달물질 수용체를 막아버림으로써 억제 작용을 한다고 밝혀냈다.) 논문 속의 그림 1은 심장의 수축력과 심장박출량의 변화(선의 높이)를 보여준다. 그리고 논문 그림 2는 박동 수의 변화(선의 수평 간격)를 보여준다. 물론 생물학자가 아닌 사람이 이 그림을 보고 뢰비의 실험 테이블 위에 놓여 있는 개구리 심장이 뛰는 모습을 상상하기란 쉬운 일이 아니다.

뢰비의 논문 속 그림 1과 2는 심장근육에서 생겨나는 전류를 그래프로 나타낸 심전도(electrocardiogram)이다. 실험 장비들에 대해 말하진 않았지만, 뢰비는 분명히 19세기 초반 루이지 갈바니가 발명한 검류계 (갈바노미터)로 전류를 측정했을 것이다. 검류계는 자석 가까이에 놓인 전선 코일에서 전류가 흐르면 코일이 돌아가는 원리로 작동한다. 코일이 비틀어지는 정도로 전류의 세기를 측정하고 코일이 앞뒤로 움직이는 것을 통해 전류가 시간에 따라 어떻게 변화하는지를 측정한다. 뢰비는 개구리 심장에 전극을 붙여 검류계에 연결했을 것이다. 그리고 코일의 작은 비틀림은 카를 루트비히의 키모그래프나 오실로스코프와 같은 좀 더 현대적인 장비로 기록되었다.

두 번째 실험에서 뢰비는 촉진신경이 자극을 받는 동안 모은 링거액이 심장 박출량을 증가시킨다는 결과와 신경을 자극하지 않는 동안 얻은 링거액은 심장에 아무런 영향을 미치지 않는다는 결과를 보고했다.

뢰비는 소크라테스식의 논리적 방식으로 자신의 주장을 조심스럽게 펼쳤다. 심장에 신경을 자극한 것과 동일한 영향을 주는 링거액 속의

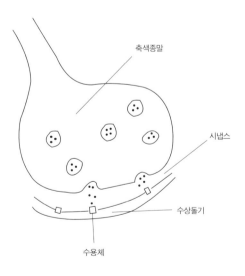

그림 9.3

물질은 신경을 자극한 결과로 새로 만들어진 것일 수 있다. 만약 그 물질이 이미 존재하는 경우라면 신경을 자극한 결과로 분비되어야만 한다. (나중 실험에서 뢰비는 후자의 가능성이 진실임을 밝혀냈다.) 링거액 속의 물질은 심장의 작용을 활발하게 하는 화학물질이거나 혹은 심장의 활동을 통해서 만들어지는 물질이다. 뢰비는 이번 실험에서 첫 번째 가능성에 무게를 두었다. 신경을 자극한 후에 얻은 링거액으로 신경이 없는 심장에 영향을 줄 수 있었기 때문이다.

여러 해가 지난 후, 뢰비가 제시한 신경전달물질의 실제 모습은 그림 9.3과 같다. 신경전달물질 분자들(그림의 점)은 축색종말의 소포체(동그란 모양)에 갇혀 있다. 신경이 자극을 받으면 소포체들은 축색종말의 세포막으로 이동해서 신경전달물질을 방출한다. 신경전달물질 분자는 시냅스를 통과해 다른 신경의 수상돌기 또는 장기의 바깥쪽 막에 있는 수용체(네모 모양)에서 수용된다. 그러면 수용체 분자들이 전기를 띠는 원자들을 이용해 전류를 보낸다. 이렇게 해서 신경의 신호가 전달되는 것이다.

논문의 마지막 문단에서 뢰비는 '물질'의 정체를 밝히고 또 다른 의문에 대한 해답을 얻기 위해 실험을 계속하겠다고 선언했다. 실제로 그는 논문 발표 이후 15년 동안 동료들과 함께 연구에 매진했다. 뢰비는 차분하면서도 확신에 찬 톤으로 자신이 제시하는 바를 설명했다. 그러면서도 자신이 얻은 결과에 너무 많은 의미를 부여하지 않으려고 조심했다. 이후의 논문에서 뢰비는 조금씩 목소리를 높였다. 1936년, 그는 노벨상을 수상하면서 "신경화학적 기작에 관한 중요성과 그 분야에서의 활동"[10]을 발표했다.

오토 뢰비는 나치가 오스트리아를 침공한 1938년 3월 11일에도 그라츠 대학에 남아 있었다. 그날 밤, 십여 명의 젊은 독일군이 침실에 침입하여 그를 데려갔다. 그와 어린 두 아들은 같은 도시에 살고 있던 유태인 남자들과 함께 수감되었고 몇 달 후 풀려났다. 그는 안전한 피난처를 찾아 런던과 브뤼셀에 머물렀다. 하지만 그는 노벨상 상금을 스톡홀름의 은행에서 나치의 수중에 있는 은행으로 옮기는 데 동의하기 전까지 이민을 갈 수가 없었다.

1940년, 뢰비는 뉴욕대 약학 대학의 약리학 연구교수직 자리를 구했다. 그리고 그곳에서 남은 인생을 보냈다.

1921년 「플뤼거스 아르히프(Pflügers Archiv)」 저널에 첫 논문을 실은 이후, 뢰비는 15년 동안 이 저널에 10편 이상의 논문을 발표했다. 주로 신경전달의 화학적 과정에 대해 더 자세하게 설명한 것이었다. 최종적으로 그는 아세틸콜린과 아드레날린을 포함한 주요 신경전달물질들을 찾아냈다. 더 나아가, 그는 동료와 함께 에스테라아제(esterase)라는 효소 군(群)과 에스테라아제를 억제하는 에세린(eserine)이라는 또 다른 효소 군을 발견했다. 이런 화학적 통제는 전기를 통한 신경전달 방식이 거둘 수 있는 것보다 우리 몸을 훨씬 더 정교하고 균형 잡히게 만든다.

사실 신경과 심장근육에 대한 뢰비의 첫 실험은 화학적인 신경전달물질을 통해 신경이 장기와 신호를 주고받는 사실을 보여준 것뿐이었다. 하지만 얼마 지나지 않아 데일은 화학적인 신경전달물질이 신경들 간의 정보 교환에도 적용되는지를 알아보기 위해 뢰비의 연구를 확장시켰다. 처음 뢰비는 화학적인 전달 과정을 자율신경계*는 물론 수의신경계**까지 확장할 수 있다는 생각에 반대했다. 뢰비의 생각에 갑작스런 근육의 수축이나 여러 다른 의식적인 움직임은 신경전달물질이

---

*소화 또는 땀을 흘리는 것과 같이 의식적으로 조절되지 않는 기능을 조절하는 신경계.
**골격근을 의식적으로 조정하도록 해주는 신경계.

시냅스를 통과하는 방식으로는 그렇게까지 빠를 수 없었다. 하지만 데일은 수의신경계도 화학적인 방식으로 통제된다는 것을 보여주었다. 이를 통해 뢰비의 연구는 처음 그가 생각했던 것보다 훨씬 더 보편성을 갖게 되었다. 살아 있는 생명체의 내부에 있는 모든 신경에 적용되기 때문이다. 오늘날 뇌과학은 1921년 뢰비가 깔아 놓은 토대 위에 서 있다.

그의 자서전을 보면 1938년 감옥에 갇혀 있을 때의 기록이 눈에 띈다. 그는 두려움에 떨고 있었다. 두 아들이나 아내의 안부에 관한 두려움이 아니라 당시에 진행하던 연구를 발표하지 못할지도 모른다는 두려움이었다. "그날 밤 깨어났을 때 나를 겨누고 있는 총들을 보았다. 물론 나는 죽음을 예상했다. 그때부터 여러 날 동안 잠을 자지 못했다. 나는 내 마지막 실험을 발표하기도 전에 이런 일이 일어나지 않을까 하는 두려움에 휩싸여 있었다."[11]

심장 신경의
체액 내 전달에 대하여

오토 뢰비

신경 자극의 메커니즘은 알려져 있지 않다. 어떤 화학물질이 특정한 신경에 거의 동일하게 작용하는 것을 보면 그 물질이 신경 자극의 영향하에 합성되며 신경 자극의 효과에 관계될 가능성이 있다. 이 질문에 대한 답을 생체의 조건에서 얻기는 불가능할 것이다. 유일한 가능성은 분리된 장기를 이용하는 것이다. 하월(Howell)은 이 연구에서 미주(迷走)신경의 작용이 자극 중에 분비되는 칼륨에 기인하는 것으로 발표했다.

방법

찬피동물의 심장을 선택한 것은 실험에서 신경 자극의 결과로 배출되는 화학물질이 소량의 관류액(灌流液, perfusate)을 이용한 농축 과정으로 감지될 수 있기 때문이다. 이미 잘 알려진 스트로브(Straub)의 투관(套管) 심장법을 약간 변형하여 사용했고, 절개된 미주신경을 공동(空洞)에 부착하여 전극에 연결했다. 신경의 습도를 유지하고 자극을 가끔 짧게 중단하면 신경은 몇 시간동안 자극될 수 있다.

0.6퍼센트의 NaCl, 0.01퍼센트의 KCl, 0.02퍼센트의 $CaCl_2$,

+6H$_2$O, 0.05퍼센트의 NaHCO$_2$를 링거 용액에 넣었고 산소를 계속 관류했다. 2월, 3월에 에스클렌타(esculenta)(10실험), 템포라리아(temporaria)*(4실험), 및 두꺼비(4실험)을 실행했다.

실험

모든 실험은 같은 결과를 냈다.

1. 미주신경의 저해 자극 실험

심장에 남은 미량의 혈액을 제거하기 위해 링거 용액으로 세척했다. 용액은 일정 기간 동안 변하지 않았다. 기간이 지난 후에 피펫으로 용액을 뽑아서 저장했는데 동일한 영향을 받지 않았다(그림 1). 미주신경의 자극 기간 동안 얻은 링거용액에 노출되었을 때는 심장 박동 변화 효과가 주기적으로 나타났는데(그림 1, 2) 가끔 음의 심장 박동 변화 효과가 나타나기도 했다(그림 2). 실험조건에서는 공동이 관류액에 접하지 않으므로 음의 심장 박동 변화 효과는 거의 기대할 수 없다. 그림 1은 아트로핀이 즉시 반응을 저지함을 보여준다.

2. 미주신경의 흥분 자극 실험

아트로핀에 의해 저지되지 않는 가속신경 섬유의 존재는 아트로핀을 가한 개구리의 심장으로부터 자극물질이 배출됨을 뜻한다. 그러나 이 명백한 생각은 개구리가 희소하기 때문에 검증될 수가 없었다. 우리는 두꺼비로 눈을 돌렸다. 이맘때쯤의 두꺼비는 미주신경 자극에 대개 급

---

* 개구리의 일종

격히 증가한 박동 폭으로 반응한다(그림 3, 이 논문에선 생략). 실험은 위에 언급된 바와 같이 시행되었다. 그림 3b(이 논문에선 생략)에는 정상 기간 동안의 관류액은 전혀 영향을 주지 않으나, 가속신경 자극 기간 중에 얻은 관류액은 상당한 양의 심장 맥박부피(stroke volume)를 내는 것으로 나타나 있다. 가속신경 자극 기간 중에 얻은 관류액을 실험 시작 3.5 시간 후, 즉 심장을 수없이 세척하고 가속신경을 한 시간 동안 자극한 후에 얻었다는 사실이 특히 중요하다. 이렇게 긴 전 과정을 보자면, 관류액의 작용을 완전히 새로운 두꺼비 심장에도 테스트하는 것이 바람직한 것으로 보였다. 그림 3b를 보면 결과는 마찬가지였다는 것을 알 수 있다.

결과에 대한 논의

이 실험에 의하면 신경의 저해 및 흥분자극의 영향 하에서 신경의 자극에 관련된 물질을 감지하는 것이 가능하다. 신경 자극하에서 이 물질은 새로이 합성되거나 또는 전구체로부터 분비되거나 또는 자극의 결과로 세포 투과가 가능할 때 분비된다. 이 물질이 관련되어 있다는 사실에는 두 가지의 설명이 가능하다. 첫 번째 이 물질은 기계적인 심장의 활동과는 무관하게 합성되며 간접적으로만 작용하는 신경 자극에 심장이 직접적으로 반응하게 된다. 실험 조건 하에서 이 작용은 신경 자극의 뒤에 오는데, 이것은 새로이 합성되거나 또는 세포 내의 전구체로부터 분비되는 물질의 작은 부분만이 관류액에 이르며, 또한 관류액이 상당한 정도의 희석을 야기하기 때문이다. 두 번째 가능성은 이 물질이 신경 자극에 의한 심장의 특이한 활동 결과라는 것이다. 이 경우

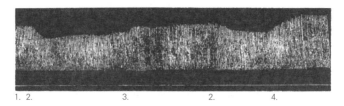

1. 2.　　　　3.　　　2.　　4.

그림 1. 에스클렌타

1,3은 미주신경 자극 이전에 링거 용액을 주입한 지점.
2는 미주신경 자극 이후에 링거 용액을 주입한 지점. 4는 아트로핀을 주입한 지점.

그림 2. 템포라리아

에 물질은 우연히 신경 자극에 의한 것과 동일한 효과를 낸다.

이 물질의 정체에 대해서는 미주신경 자극의 화학 생성물이 칼륨인 경우를 제외하는 것만이 가능한데, 이것은 칼륨의 효과가 증가할 때 본 실험에서 사용한 아트로핀에 의하여 저지될 수 없었기 때문이다. 필요한 동물 재료가 구비되면 이 물질의 성질과, 본 실험에서 제기된 다른 의문들을 더 연구해 볼 예정이다.

Pflügers Archiv (1921)

(그라츠 대학교 약리학 연구소. 리히텐슈타인 공 기금 수여)

번역: 이성렬

불확정성 원리

과거로부터 미래를 유추할 수 '없는'
양자의 세계

베르너 하이젠베르크 (1927)

에드워드 텔러*(Edward Teller, 1908~2003)는 『회고록(*Memoirs: A Twentieth-Century Journey in Science and Politics*)』에서 1920년대 말 베르너 하이젠베르크 밑에서 공부하던 시절의 한 때를 회상했다. 어느 날 밤, 텔러는 하이젠베르크의 아파트로 저녁을 먹으러 갔다가 '훌륭한 그랜드 피아노'를 보고 매우 반가워했다. 음악가이기도 한 텔러는 자신의 스승에게 강한 인상을 남길 수도 있겠다는 생각에, 베토벤과 모차르트를 연주했다. 그는 바흐의 전주곡 내림마단조를 특히 좋아한다고도 말했다. 그러자 하이젠베르크는 피아노 앞에 앉더니 바흐의 전주곡 내림마단조를 아름답게 연주했다.

하이젠베르크의 아파트는 편리하게도 라이프니츠 대학의 연구실과 같은 건물에 있었다. 케임브리지 대학에서의 어니스트 러더퍼드와 코펜하겐에서의 닐스 보어처럼, 하이젠베르크는 라이프니츠에서 세계적인 물리학파를 형성했다. 텔러는 이 학파에 20명 정도의 젊은이가 있었다고 했다. 헝가리 출신인 자신을 포함해, 독일인, 미국인, 일본인, 이탈리아인, 오스트리아인, 스위스인, 러시아인이 있었다고 말이다. 이 그룹의 리더인 하이젠베르크는 고작 27세였다. 그러나 이미 그는 양자역학의 이론을 세운 저명한 물리학자였다.

20여 명의 하이젠베르크 제자들은 매일 물리학을 먹고 마셨다. 그러

---

*수소폭탄의 아버지로 불리는 이론 물리학자.

나 일주일에 하루는 밤에 모여 농담을 주고받으며 탁구를 치고 체스를 두었다. 여기에서도 하이젠베르크의 승부욕을 엿볼 수 있다. 그는 제자와의 탁구 경기에서 지고 나서 상하이에서 유럽을 오가는 장거리 배 여행 중에 탁구 연습을 했다. 여행 중이었지만 강도 높은 훈련은 여행 내내 이어졌다. 그가 여행을 마치고 돌아왔을 때에는 아무도 그를 이길 수 없었다.

이 같은 그의 승부욕에 대해 텔러는 "반은 진짜고 반은 농담"[1]이라는 식으로 말했다. 진실이야 어쨌건 간에, 하이젠베르크의 승부욕은 일찍부터 발동했다. 하이젠베르크는 아주 허약한 아이였다. 그의 부인 엘리자베스의 말에 따르면, 그는 허약 체질을 극복하기 위해 매일 밤마다 수 킬로미터의 거리를 스톱워치로 시간을 재며 달렸다고 한다. 3년 동안 꾸준히 운동한 덕분에 그는 달리기 선수 못지않은 근력을 가지게 되었고 산악 등반과 하이킹, 스키도 즐기게 되었다. 그에게 탁구는 아주 쉬운 운동에 속했다.

21세의 젊은 나이에 하이젠베르크는 이론물리학으로 박사 학위를 땄다. 그때가 1923년이었다. 당시 그의 스승인 막스 보른(Max Born, 1882~1970)은 훗날 자기 제자에 대해 이렇게 회상했다. "짧은 머리에 맑게 빛나는 눈, 밝은 미소를 가진 그는 시골 출신의 소년처럼 보였다. [...] 믿을 수 없을 정도로 빠르고 정확한 이해력 덕분에 그는 막대한 양의 공부를 크게 노력하지 않고도 해낼 수 있었다."[2]

하이젠베르크는 괴팅겐 대학에서 보른과 함께 연구한 후 당시 수많은 젊은 물리학자들에게 존경을 받는 물리학계의 아버지, 보어가 있는 코펜하겐으로 떠났다. 1925년, 그곳에 있을 때 하이젠베르크는 형식을 제대로 갖추지 못한 보어의 원자 양자모형에 대한 수학적 틀을 발전시켰다.

2년 후인 1927년, 하이젠베르크는 1925년에 이루어 낸 양자역학에 이어 불확정성 원리에 대한 논문을 발표했다. 그는 논문에서 자연은 어느 범위를 넘어서면 이해가 불가능하다고 했다. 존 밀턴의 『실낙원 (Paradise Lost)』에서 천사 라파엘이 아담에게 다음의 말을 한 것처럼 말이다. "위대한 건축가께서/ 현명하게도 감추고 비밀을 폭로하지 않는도다/ 오히려 찬미해야 하는/ 자들이 스스로 비밀을 찾아내도록"[3) 하이젠베르크는 자연의 아름다운 일부분이 영원히 보이지 않으리라고 세상에 알렸다. 물질과 에너지 모두를 정확하게 잴 수는 없다. 물리적인 세상의 상태, 예를 들면 전자 하나의 상태도 불확정성의 구름 속에 가려져 있다. 수 세기 동안 이어진 과학적 사고와 달리 미래는 과거를 통해 예측할 수 있는 게 아니었다.

하이젠베르크는 1924년 보어와 함께 연구를 시작했다. 과학 혁명을 알리는 전주곡, 양자라는 새로운 사고는 당시에도 여전히 회자되고 있었다. 이미 밝혀진 해답들도 있고 떠오르는 의문들도 있는데 거의 대부분은 '파동-입자 이중성'이라는 자연의 기이한 특성과 관련이 있었다.

1년 전인 1923년, 미국의 물리학자 아서 컴프턴(Arthur Compton, 1892~1962)은 빛이 연속적인 파동의 흐름이 아니라 광자라는 개별적인 입자들로 이루어져 있다는 아인슈타인의 주장을 증명해 보였다. 컴프턴은 전자에 X선을 비추었다. 그러자 전자는 마치 작은 당구공에 맞은 것처럼 튀어나왔다. 전자가 어느 방향으로 가장 많이 튀어나오는지를 통해 컴프턴은 새로운 사실을 추정할 수 있었다. 바로 당구공과 같은 빛의 알갱이가 전자와 같은 입자처럼 각자 고유의 에너지와 운동량을 가진다는 것이다. 고전물리학에 따르면, 질량이 m이고 속도가 v인 입자의 운동량 p는 질량과 속도를 곱한 값과 같다. 즉 $p = mv$다. 두 입자가 충돌하면 한 입자의 운동량이 다른 입자에게로 전해질 수 있다. 그러나 두 입자의 총 운동량은 변하지 않는다. 컴프턴은 광자와 전자에서도 동일한 현상이 나타나는 것을 발견했다. X선 빔은 수많은 개별 광자들과 같았다. 질량이 없고 파장이 λ인 광자 하나가 가지는 운동량은 컴프턴의 실험을 통해 밝혀졌다. $p = h/\lambda$로, h는 플랑크상수이다. 이 결과는 아인슈타인의 주장과 일치했다.

빛이 입자라고 보는 관점과 달리 빛이 파동임을 보여주는 근거는 이미 수백 년 전부터 있었다. 옛날 과학자들은 빛이 작은 구멍을 통과할 때 마치 물결파가 돌 주변으로 작은 물결을 일으키면서 퍼져 나가는 것처럼 모든 방향으로 퍼지는 모습을 관측했다. 이렇게 퍼져 나간 파동은 서로 겹칠 수 있다. 그러면 앞서 7장에서 제시한 것처럼 마루와 골이 나타나는 '간섭무늬'가 생긴다. 그러니 빛을 파동이라는 보는 데에는 아무런 문제가 없어 보인다. 문제는 빛을 입자로서 바라볼 때 생겨난다. 경험적으로 봤을 때 입자는 공간에서 퍼져 나가지 않는다. 입자는 어느 한 시점에, 어느 한 장소에 위치해 있다. 어떻게 빛은 입자이면서도 파동일 수 있는 걸까?

3장에서 우리가 이미 만나 보았던 '이중슬릿 실험'은 빛의 파동-입자 이중성을 보여주는 예다. 이 실험의 핵심적인 부분을 떠올려 보자. 광원이 아주 약해 1초에 고작 하나의 광자, 즉 1초에 특정 에너지와 운동량을 가진 하나의 작은 당구공이 나온다고 해 보자. 그러면 한 번에 오직 하나의 광자가 두 개의 구멍이 있는 막을 통과하게 된다. 이때 빛은 마치 두 개의 구멍을 동시에 통과한 것처럼 행동한다. 이는 각각의 광자가 최소한 두 개의 서로 다른 길을 지나가는 것처럼 보인다. 하나는 한 구멍을 다른 하나는 다른 한 구멍을 통과하는 것이다. 게다가 이중슬릿을 통과한 빛은 두 개의 파동이 서로 다른 구멍을 통과해 중첩된 것처럼 간섭무늬를 보인다.

컴프턴의 실험 결과가 발표된 지 얼마 되지 않았을 때, 프랑스 물리학자 드 브로이(Louis-Victor de Broglie, 1892~1987)는 파동–입자의 이중성이 빛만이 아니라 물질에도 적용된다는 주장을 내놓았다. 특히, 그는 입자가 전자이든 광자이든 상관없이 운동량이 p인 입자는 $\lambda = h/p$의 파장을 갖는다고 했다. 이는 컴프턴의 실험 결과와 딱 들어맞았다. 따라서 전자도 파동의 특성을 가지는 것이다. 1927년, 미국의 물리학자 클린턴 데이비슨(Clinton Davisson, 1881~1958)과 레스터 저머(Lester Halbert Germer, 1896~1971)가 드 브로이의 주장을 실험적으로 검증했다. 이 두 사람은 거대한 니켈 결정에 전자를 발사했다. 그러자 라우에가 X선을 결정에 때렸을 때와 마찬가지로 간섭무늬가 나타났다.

파동–입자 이중성의 핵심적인 특성은 움직이는 입자의 이동 경로를 단지 확률적으로만 알 수 있다는 점이다. 예를 들어 그림 10.1과 같은 이중슬릿 실험으로 나타나는 빛의 무늬는 여러 광자들을 이용해야만 얻어진다. 누군가는 이렇게 말할 수 있다. 광자의 20퍼센트는 가운데에 있는 가장 밝은 선에 닿았고, 5퍼센트는 가운데 밝은 선의 양쪽 밝은 선으로 간 것이며, 2퍼센트는 그 다음 선으로 갔다고 말이다. 그러나 누

그림 10.1

구도 각각의 개별 광자가 어느 경로로 갈 것인지를 예측할 수 없다. 만약 입자가 파동의 성질을 가지지 않는다면, 그래서 입자들이 퍼지지 않고 서로 중첩도 하지 않는다면, 각각의 개별 입자가 처음 출발했을 때부터 막에 닿을 때까지의 경로를 예측할 수 있을 것이다.

심지어 그림 10.1의 감광판을 수많은 광자 검출기로 대체한다고 해도, 그래서 한 번에 하나의 광자가 검출된다고 할지라도 우리는 광원으로부터 나온 광자가 어느 광자 검출기에서 검출될 것인지를 예측할 수 없다. 우리는 각각의 광자 검출기에 얼마나 높은 비율로 광자들이 검출될 것인지를 예측할 수 있을 뿐이다. 비율은 확률이다. 이는 우리가 주사위 한 쌍을 던지면 합이 얼마일지를 정확하게 예측할 수 없지만 주사위를 수백만 번 던지지 않고도 각각의 합이 나올 확률을 아는 것과 같다.

자연현상의 확률적인 특성은 물리학에 새로운 변화를 요구했다. 양자물리학이 등장하기 이전에는 각각의 입자가 어느 순간에 어느 한 위치에서 특정한 속도를 가진다고 여겼다. 그래서 입자가 움직이면 마치 바닥을 구르는 조약돌처럼 연속적인 이동 경로를 그려 낼 수 있었다. 이런 생각에는 의심의 여지가 없어 보였다. 그러나 양자물리학에 따르면 A에서 B로 이동하는 입자는 마치 A에서 B로 가는 데 여러 길이 존재하는 것처럼 어떤 경로로 이동하는지를 알 수 없다. 단지 수많은 입자들이 지나간 평균 경로를 알아낼 수 있는 게 전부다.

어떻게 이런 세계를 알아낼 수 있었을까? 보어는 1913년 원자의 양자모형을 통해 이를 설명하려고 시도했다. 각각의 전자가 특정 에너지를 갖고 원자핵으로부터 특정 궤도만을 돌 수 있다는 가설을 세움으로써, 보어는 수소 원자가 방출하는 복사파를 설명할 수 있었다. 보어의 양자 궤도에서는 각각의 전자를 원자핵의 특정 반경을 골고루 싸고 있는 파동으로 생각할 수 있다. 하지만 보어는 모형을 만들었지 이론을 세운 건 아니었다. 그의 양자가설은 기본 정의 없이 세워진 것이기 때문에 궁극적인 해결이 되지 못했다. 게다가 보어는 전자가 한 양자 궤도에서 다른 양자 궤도로 '점핑'할 때 어떻게 이동하는지, 그리고 그 점프가 어떤 것인지를 설명하지 못했다. 보어의 단순한 이론은 원자핵 주변으로 오직 하나의 전자가 도는 수소 원자에만 적용할 수 있었다.

1925년, 보어와 함께 연구하던 23세의 하이젠베르크는 양자역학의 구체적인 이론으로 행렬역학을 세웠다. 이 위업을 달성하기 위해 하이젠베르크는 행렬대수라는 수학 분야를 활용했다. 하이젠베르크의 행렬역학은 전자나 광자 등의 물리적인 대상을 위치, 운동량 등에서 하나의 값으로 표현하지 않고 배열로 표현한다. 배열은 그 물체의 다양한 가능성을 반영한다. 또 다른 행렬은 측정을 나타낸다. 측정 행렬을 물체가 가진 기본적인 물리량의 행렬과 곱해서 얻은 결과는 그 물체를 물리적으로 측정한 것을 의미한다.

하이젠베르크는 자서전에 양자역학의 이론을 세운 그 환상적인 순간에 대해 썼다. 1925년 5월 말이었다. 수개월 동안 이론과 씨름하던 그는 고초열(Heufieber)에 걸린 탓에 두 주 동안 괴팅겐 대학에 없었다.

나는 바닷바람을 맞으면 금방 나아질 거라는 기대를 안고 곧장 헬골란트(Helgoland) 섬으로 갔다. [...] 그곳에서 내가 나의 문제로부터 격리된 순간은 산보와 수영을 하는 때뿐이었다. [...] 첫 항이 에너지 원리와 맞아떨어지는 것 같았을 때 나는 다소 흥분했다. 때문에 수도 없이 수학적 오류를 범하기 시작했다. 그러다 보니 최종 계산 결과가 내 앞에 나왔을 때는 거의 새벽 3시가 다 되어 있었다. 에너지 원리는 모든 항에 적용되었다. 나는 더 이상

내 계산 결과가 나타내는 것이 양자역학 현상과 수식적으로 일치하는지를 더 이상 의심하지 않아도 되었다. 처음엔 나는 아주 깜짝 놀랐다. 원자 현상의 겉모습을 통해 기묘할 정도로 아름다운 내부를 들여다보는 느낌이 들었다. 나는 자연이 관대하게도 내게 보여준 수학적인 구조를 증명해야 한다는 생각에 들떠 있었다. 너무 흥분된 나머지 잠도 오지 않았다.[4]

다음 해에, 오스트리아의 물리학자 슈뢰딩거가 또 다른 방식으로 양자역학의 이론을 정립했다. 슈뢰딩거는 물체를 행렬 대신 파동으로 표현했다. 하이젠베르크와 슈뢰딩거는 서로 다른 수식을 만들어 냈지만 보여주는 결과는 같았다. 이 두 남자는 양자역학을 발전시킨 공로를 인정받아 노벨상을 공동 수상했다.

하이젠베르크의 수학적 이론이 담고 있는 기본 원리는 사물 그 자체가 물리적인 의미를 갖고 있지 않다는 것이다. 단지 사물에 대한 측정만이 물리적인 의미를 가진다. 어떤 물체가 A에서, 그리고 동시에 B에서 관측되었다면 누군가는 물체의 위치가 A와 B라고 말할 수 있다. 마치 하나의 광자가 A에 있는 광원에서 나와 B에 있는 검출기를 때린 것을 관측했을 때처럼 말이다. 그러면 관측 중간에는 물체가 존재하지 않은 것과 같다. 이런 생각은 우리의 상식에 위배된다. 하이젠베르크는 1933년 노벨상 강연에서 이렇게 말했다. "플랑크상수로 이해하는 자연현상은 우리 눈으로 보이는 정보를 무시해야만 이해될 수 있다."[5] 이 관점은 물리적이고 동시에 철학적이기도 하다.

하이젠베르크가 가진 철학적인 특징은 가정환경과 교육을 통해 형성된 것으로 보인다. 그는 1901년 12월 독일 뷔르츠부르크(Würzburg)의 교육자 집안에서 태어났다. 아버지 아우구스트 하이젠베르크(August

Heisenberg)는 언어학자로 뮌헨 대학의 중세 및 근세 그리스 문헌학 교수였다. 어머니 벡클라인(Annie Wecklein)은 시인이며 뮌헨 김나지움 교장의 딸이었다. 부모로부터 과잉보호를 받고 자란 하이젠베르크는 어릴 때부터 자신을 불공평하게 대하는 사람이라고 생각되면 절대 말을 걸지 않았다. 그는 학교 선생님에게 회초리로 손을 맞은 적이 있는데, 그 후 한 번도 선생님을 쳐다보지 않았다. 아인슈타인처럼 하이젠베르크도 어린 시절부터 내면의 자유와 독립심을 키웠고 모든 것에 대해 의문을 던지는 버릇을 길렀다.

하이젠베르크는 막스 플랑크가 나온 명문 학교인 뮌헨의 막스밀리안 김나지움을 다닌 후 뮌헨 대학에 입학해 좀머펠트 교수의 학생이 되었다. 그런 다음 괴팅겐 대학에서 보어와 함께 연구했다. 하이젠베르크의 철학적인 관점은 1924년부터 1926년까지 코펜하겐에서 함께 시간을 보낸 닐스 보어의 영향이 컸다. 보어는 모든 시대를 통틀어 과학계에서 가장 통찰력 깊은 철학적 사고를 지닌 사람이었다. 하이젠베르크는 훗날 이런 말을 했다. "나는 약간의 낙관적인 생각을 가지고 좀머펠트 교수로부터 물리학을 배웠다. 막스 보른 교수로부터는 수학을 배웠고 닐스 보어로부터 과학 문제의 철학적인 배경을 배웠다."[6]

하이젠베르크는 양자역학의 '물리적 해석'에서 모순을 이야기하는 것으로 불확정성 원리에 관한 논문을 시작했다. 이 젊은 물리학자는 "양자역학의 수학적 틀은 수정을 필요로 하지 않는다."고 생각하면서도 우리가 가진 질량, 위치, 속도와 같은 역학과 운동의 개념에 대해서는 의문을 던졌다. 이 같은 과감하고 대담한 시도는 1905년 발표된 아인슈타인의 상대성이론 논문을 떠올리게 한다.

자신의 의심을 뒷받침하기 위해, 하이젠베르크는 자신의 양자역학의 기본 방정식 중 하나인 qp-pq = -$i\hbar$를 제시했다. 여기에서 q는 입자의 위치를 측정한 값이고, p는 입자의 운동량을 측정한 값이다. $\hbar$는 양자역학에서 가장 중요한 플랑크상수 h를 2π로 나눈 값이다. 그리고 i는 기묘하고 아름다운 수인 -1의 제곱근($\sqrt{-1}$)이다. 아쉽게도 우리는 여기에서 이 허수 i에 대해 이야기를 나눌 시간이 없다. 어쨌든 이 방정식의 물리적인 의미는 이렇다. 우리가 입자의 위치를 재고 그다음에 운동량을 측정할 경우, 반대로 운동량을 측정하고 위치를 측정한 경우와 다른 값을 얻는다는 것이다. *각각의 측정 행위는 그 입자에 중대한 영향을 끼친다. 이때 영향의 정도는 얼마만큼의 양을 측정하느냐에 따라 달라진다. 때문에 각각의 측정값은 달라진다.* 물리학자들은 양자역학이 등장하기 전만 해도 자신들이 원하는 정도로 정확하게 입자의 위치와 운동량을 동시에 측정할 수 있다고 믿었다. 이는 qp-pq = 0이라는 이야기다. 양자 효과는 이 같이 정밀하고 동시적인 측정을 불가능하게 한다.

하이젠베르크는 불연속의 관점에서 양자역학을 해석했다. 우리가 보어의 논문에서 보았던 것처럼 원자핵 주변을 도는 전자들은 특정한 에너지만이 허용되는 불연속적인 에너지 준위들을 가진다. 하이젠베르크는 입자가 시공간에서 불연속적으로 움직이는 현상을 세계선(worldline)*이라는 그래프(논문 속 그림 2)로 나타냈다. 시간에 따른 입자의 위치가 불연속적인 점으로 나타난다면 특정 위치에서 입자의 위치와 속도(곡선의 기울기)를 정의하는 것은 불가능해진다.

그가 불확정성 원리를 발견할 때 사용한 기본 원리가 측정이 과연 무엇이냐는 점이었음을 상기해 보자. 그는 우리에게 '물체의 위치'라

---

* 세계선은 리투아니아 태생의 물리학자 헤르만 민코프스키가 만든 시공세계에서의 세계의 궤적이다.

는 말이 정확하게 어떤 의미인지 생각해 볼 것을 요구했다. (그런 다음 그는 '속도'에 대해서도 동일한 요구를 했다.) 하이젠베르크에게는 어떤 물체를 실제적인 물리적 관측으로 정의하는 것 외에는 아무런 의미가 없는 것이다.

그러고 나서 하이젠베르크는 아인슈타인과 같은 방식으로는 실현 가능성이 꽤 있는 사고 실험을 만들어 보았다. 우리가 전자의 위치를 측정하고 싶다면 전자에 빛을 비추는 방법을 이용해야 한다. 전자로부터 산란되어 나오는 빛을 렌즈로 모아 사진 건판이나 검출기에 상이 맺히도록 초점을 맞춘다. 우리는 검출기에 맺힌 상이 어디에 나타나느냐를 통해 전자의 위치를 추정할 수 있다. (인간의 눈도 같은 방식으로 물체의 위치를 파악한다. 렌즈 역할을 하는 수정체가 빛을 모아 망막에 상이 맺히도록 하는 원리다.)

여기에서 핵심은 아인슈타인과 컴프턴이 밝혀낸 바로, 빛이 운동량을 가지고 있다는 사실이다. 그래서 빛의 광자가 전자를 때리면 광자는 전자를 밀어내 밖으로 튀어나가게 한다. *전자를 보기 위해 전자를 휘저어 놓는 것이다.*

관측 전의 전자가 가만히 정지해 있었다면 이제 전자는 움직이고 있다. 우리는 전자가 어느 방향으로 움직이는지 알 수 없다. 광자가 얼마나 휘었는지를 완벽하게 측정할 수 없기 때문이다. 다만 우리는 광자가 렌즈를 통과했다는 것만 안다. 우리는 전자의 위치를 측정하려다가 전자의 속도를 알 수 없게 되어 버렸다.

전자 위치의 불확정성과 전자 운동량의 불확정성 간에는 일종의 거래가 존재한다. (이미 앞에서 말했듯이 운동량은 질량에 속도를 곱한 것이다.) 파장이 더 짧은 빛으로 실험하면 전자의 위치를 더 정확하게 측정할 수 있다. (7장에서 이미 다루었듯이, 좀 더 세부적으로 보기 위해서는 더 정교한 장비가 필요하다.) 그러나 컴프턴이 밝혀낸 수식, $p = h/\lambda$를 살펴보면, 광자의 파장이 점점 더 짧아진다는 것은 광자의 운동량이 점점 더 커진다는 것을 의미한다. 그 결과 전자에는 더 큰 운동량이 전달된다.

이제 우리는 이 문제를 양적으로 따져볼 것이다. 그림 10.2와 같은 상황이다. 여기에서 전자는 왼쪽 A면 어딘가에 위치해 있다. 전자에 빛을 비추고 렌즈 L로 빛을 모은다. 그런 다음 오른쪽 B면에 위치한 사진 건판에 빛이 모이도록 한다.

빛의 파동성과 렌즈에 의한 빛의 굴절현상 때문에 사진 건판에 나타난 전자의 상은 완벽한 점이 아니다. 전자는 하이젠베르크의 수식대로 $q_1 = \lambda / sin\theta$의 지역에 흐릿하게 나타난다. 여기에서 λ는 빛의 파장이고 θ는 렌즈를 통해 빛이 지나갈 수 있는 경로들(그림의 점선으로 표시)을 이루는 각도의 절반이다. q_1에 대한 이 공식은 빛의 파동이론으로부터 나온 것으로 19세기 초반에 이미 알려져 있었다. 빛이 흐릿하기 때문에 전자의 위치를 정확하게 알아내는 건 불가능하다. 어쨌든 전자 위치의

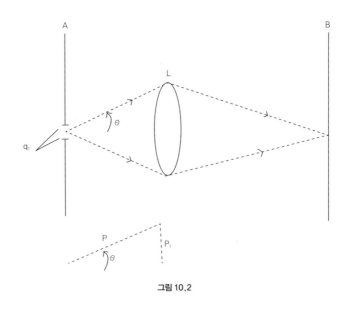

그림 10.2

불확정한 정도 q_1은 빛의 파장이 짧을수록 줄어든다.

불행하게도 파장이 짧아지면 광자가 전자에 전해 주는(값을 알 수 없는) 운동량이 커진다. 우리는 전자가 있는 A면에서 시작해 B면의 상에 맺힐 때까지 전자가 이동하는 정확한 경로를 알 수 없다. 우리가 아는 모든 것은 광자의 경로가 그림의 두 점선 사이에 있다는 것뿐이다. 광자의 처음 운동량이 p라고 할 경우, 각도 θ만큼 휘어지게 되면 측면으로 $p_1 = p\,sin\theta$인 운동량이 생긴다. 그림의 아랫부분에 나타난 것처럼 말이다. 이 측면 운동량 역시 불확정한 값을 가진다.

θ는 최대로 휘는 각도이기 때문에 휘어진 후에 광자의 측면 운동량은 0부터 $p\,sin\theta$사이에 있다. 운동량 보존의 법칙에 따라, A면에 있는 전자의 값은 동일하지만 방향이 반대인 측면 운동량을 얻게 된다. 따라서 빛이 산란한 후에 전자의 측면 운동량 역시 0부터 $p\,sin\theta$사이에 있다. 다른 말로 하면, 산란 후 전자의 운동량은 이만큼의 불확정성을 갖게 된다. 컴프턴에 따르면 운동량과 파장 간의 관계는 $p = h/\lambda$이므로, 전자의 운동량이 갖는 불확정성은 $p_1 = h\,sin\theta/\lambda$이 된다.

우리는 파장을 늘리면 운동량의 불확정성을 줄일 수 있다. 하지만 늘어난 파장 때문에 위치의 불확정성 q_1은 커지게 된다.

p_1과 q_1은 하나가 작아지면 다른 하나가 커지는 상충관계다. 그런데 이 두 값을 곱하면 이들의 상충관계를 양적으로 얻을 수 있다. 그 값은 바로 다음과 같다.

$$q_1 p_1 = h.$$

이 값이 바로 그 유명한 하이젠베르크의 불확정성 원리다. 이는 우리가 위치를 제아무리 정확하게(q₁를 아주 작게) 또는 운동량을 아주 정확하게(p_1를 아주 작게) 측정한다 하더라도 둘 다에 대한 정확한 값을 측정할 수 없다고 말한다. 이 수식은 위치와 운동량 간의 불확정성을 보여준다. 어느 하나가 덜 불확정해지면 다른 하나는 더 불확정해지는 것이다. 전자를 가지고 이에 대한 예를 들어 보자. 전자의 질량은 9.1×10^{-28}그램이다. 이런 전자가 1초에 1센티미터 속도의 불확정성을 가진다고 해 보자. 전자가 원자 안에서 1초에 수억 센티미터의 속도로 이동하는 것에 비한다면 이 정도 속도의 불확정성은 아주 작은 편이다. 하지만 하이젠베르크의 공식에 따르면 전자 위치의 불확정성은 무려 7센티미터나 된다. 원자의 스케일로 따지자면 어마어마한 값이다. 전자 위치의 불확정성을 10^{-9}센티미터라고 해 보자. 이는 원자 크기의 10분의 1쯤 된다. 이 경우 속도의 불확정성은 1초에 7×10^9센티미터로 확 늘어난다.

그러나 이 같은 불확정성과 모든 양자 효과는 일상생활의 수준에서는 완전히 무시된다. 예를 들어 하이젠베르크의 공식을 전자 대신 야구공에 적용해 보자. 야구공의 질량은 140그램이다. 속도의 불확정성이 1초에 1센티미터라고 했을 때 야구공 위치의 불확실성은 4.7×10^{-29}센티미터밖에 안 된다. 이는 원자핵의 크기에 비하면 아주아주 작은 값이다.

하이젠베르크의 불확정성 원리는 원리의 선언이다. 양자물리학 이전에도 측정과 관련한 불확정성에 대한 인식은 어느 정도 있었다. 그러나 이 불확정성은 실질적인 측정의 한계다. 렌즈의 유리를 좀 더 정교하게 갈아주었어야 했다든가, 실험 테이블이 조금 흔들렸다든가와 같은 것이다. 그러나 원리적으로는 누구나 자신이 원하는 만큼 장비를 정교하게 만들 수 있다. 반면 하이젠베르크의 불확정성은 이와 본질적으로 다르다. 우리가 얼마나 관측 장비를 정교하게 만들었느냐에 상관없이 최소한의 불확정성이 존재한다는 원천적인 한계가 존재하는 것이다. 이 원천적인 한계는 빛의 파동-입자 이중성에 의해 어쩔 수 없이 발생한다.

다음으로 하이젠베르크는 불확정성 원리를 다른 관측 쌍에 적용했다. 예를 들어 에너지 E와 시간 t에 대한 측정, 그리고 각운동량 J와 각도 w의 측정과 같은 것이다. 그리고 마지막으로 하이젠베르크는 자신이 논의한 내용을 명확하게 나타내고자 하는 의사와 함께 자신의 멘토인 '보어 교수'에 대한 깊은 존경을 표했다.

양자역학은 상대성이론과 함께 현대 물리학의 양대 산맥이다. 원자와 소립자, 레이저, 실리콘 칩 등 우리가 사는 세상에 존재하는 많은 것들은 기본적으로 양자역학을 통해 이해된다. 플랑크상수가 더 작은 값이었다면 양자 효과는 소립자의 세계에서조차도 무의미해지고 만다. 반면 플랑크상수가 좀 더 큰 값이었다면 조지 가모프(George Gamow, 1904~1968)의 고전 SF소설『톰슨 씨의 원자 탐사(Mr. Thompkins Explores the Atom)』에서와 같은 일이 벌어진다. 그러면 평범한 의자부터 의자에 앉아 있는 사람들까지 정기적으로 방에서 사라졌다 나타났다를 반복하게 된다. 양자역학은 자연의 실재에 대한 우리의 시각을 바꿔 놓았다. 하이젠베르크의 불확정성 원리가 의미하는 것 중 하나는 과거로부터 미래를 결정할 수 없다는 것이다. 입자가 미래에 어디에 위치할 것인지는 현재의 위치와 속도를 알아야 구할 수 있다. 불확정성 원리는 바로 이런 조건이 가능하지 않다고 선포한다. 불확정성 원리는 갈릴레오와 뉴턴이 생각했던 확실한 세상은 존재하지 않는다는 판정을 내렸다.

나는 1970년대 초반에 캘리포니아 공과대학으로 하이젠베르크의 강연을 들으러 갔다. 나는 그때 베르너 하이젠베르크가 개인적으로 자신의 불확정성 원리 때문에 고생을 하고 있다는 인상을 받았다. 당시 나는 물리학과 대학원생이었는데 내 분야에서 살아있는 전설을 만난다는 사실에 아주 흥분한 상태였다. 강연장은 사람들로 가득 찼다. 수백 명의 교직원과 학생들 또한 자리에 앉아서도 안절부절못했다. 강연자가 하이젠베르크를 소개하자 그는 발을 질질 끌며 강연대로 걸어왔다. 한때 '짧은 머리에, 맑게 빛나는 눈, 밝은 미소를 가진 시골 출신의 소년'처럼 보였던 그는 쭈글쭈글한 주름이 가득했고 등에는 뭔가 무거운 게 달린 듯 구부정하게 서 있었다. 그러나 내가 가장 놀란 것은 그의 외모 때문이 아니었다. 강연 후에 캘리포니아 공대의 근사한 교수 식당에서 하이젠베르크를 위한 환영 행사가 열렸다. 이 자리에서 캘리포니아 공대 교수이자 노벨상 수상자인 리처드 파인만(Richard Feynman, 1981~1988)은 그의 강연 내용이 어리석었다며 하이젠베르크를 공격했다. 파인만은 면전에서 그를 비웃었다. 파인만의 혹평 속에서 나는 파인만이 하이젠베르크의 과학적인 업적에 대한 의견 차이를 넘어서 사람 자체를 경멸하고 있다는 것을 감지했다. 파인만은 양자물리학을 세운 과학자가 나치를 도와 원자폭탄을 만들려고 했다는 데에 강한 적개심을 드러냈다. 나는 그 극적인 상황에 매우 놀랐다.

이는 하이젠베르크가 2차 세계대전 당시 독일에 남기로 결정한 것 때문에 많은 동료 과학자들에게 비난을 받았던 일의 실제 사례였다. 여러 차례 수상을 하고 명예 박사 학위를 받으며 곳곳에서 초청 강연이 이어졌음에도 비난은 그를 계속 따라다녔다.

전쟁이 한창일 때 하이젠베르크는 베를린 대학의 물리학과 교수와 카이저 빌헬름 연구소의 소장으로 재직하고 있었다. 아인슈타인, 리제 마이트너, 한스 크렙스와 같은 대부분의 유대 독일 과학자들은 독일을 떠나거나 추방당한 상태였다. 막스 플랑크와 막스 폰 라우에와 같은 다른 과학자들은 독일에 남아 나치 정권에 반대하며 전쟁 관련 연구에 손을 대지 않았다.

하이젠베르크가 무슨 생각을 가지고 있었는지는 아마도 언제나 불확실한 구름 속에 남아 있을 것이다. 그는 정말로 독일 원자폭탄의 개발에 참여했다. 그러나 그와 동료들은 독일이 원자폭탄을 만들어 낼 수 있을 거라고 생각하지는 않았다고 한다. 폭탄을 만드는 데 소요되는 시간과 자원을 예측했을 때 현실적으로 불가능했기 때문이다. 만약 필요한 자원과 상황이 주어졌더라면 하이젠베르크가 무슨 일을 해냈을 지가 궁금하다.

하이젠베르크는 잔혹한 나치 정권을 지지하지 않았다. 오스트리아 출신의 미국 물리학자 빅터 바이스코프(Victor Weisskopf, 1908~2002)는 훗날 이런 말을 남겼다. "자신이 사랑하는 나라가 범죄와 살인으로 깊은 혼돈에 빠진 것에 대해 그는 절망감과 우울함을 표현했다."[7] 하이젠베르크는 나라를 떠날 수도 있었다. 나치 정권에 반대하는 지하 운동에 참여했을 수도 있다. 또는 공인으로서의 삶을 버릴 수도 있었다. 그러나 그는 영웅이 아니었다. 노벨상 수상자였던 그는 과학계에서 물러나기엔 너무나도 유명했다. 이민을 갔더라면 어땠을까? 그러나 하이젠베르크는 형편없는 선택을 하고 말았다. 『내부로의 추방(Inner Exile)』이라는 그의 자서전에서 하이젠베르크의 아내 엘리자베스는 그가 독일을 떠나는 것은 자신의 명성만을 살리는 일이라 생각했다고 말한다. 그가 독일을 떠나는 일은 "오직 자신만을 구하기 위해 자신의 친구들과 학생들, 가족들, 그리고 물리학까지도 저버리는 것이었다. 그는 그것을 견딜 수가 없었다."[8]

양자운동학과
역학의 물리적 내용

베르너 하이젠베르크

첫 번째로 우리는 양자역학에서도 타당한 속도와 에너지 등(예를 들면 전자의)을 정의할 것이다. 한 쌍의 '연관된(canonically conjugate)'* 특정한 양들이 불확실성하에서만 동시에 결정될 수 있음을 보일 것이다(§1). 이 불확정성이 양자역학에서 통계적인 관계가 나타나는 진정한 이유이기 때문에 그 수학적 형태는 디랙-요단 이론으로 주어진다(§2). 이러한 기본 원리에서 시작하여 미시적인 과정이 어떻게 양자역학에 의하여 이해되는지를 보여줄 것이다(§3). 본 이론을 예시하기 위하여 몇 가지의 특수한 사고 실험(gedankenexperiment)들이 논의될 것이다(§4).

우리가 어떤 이론의 물리적인 의미를 이해한다는 것은 그 이론의 정성적인 실험 결과를 알 수 있다는 것이며 동시에 그 이론을 적용하는 것이 내적인 모순에 빠지지 않음을 확인했다는 것이다. 예를 들면, 아인슈타인의 3차원 폐쇄 공간 개념을 실험한 결과를 언제나 가시화할 수 있기 때문에 물리적인 의미를 이해한다고 믿는 것이다. 물론, 이 개념의 실험적 결과들은 일상적인 시공간 개념에서의 물리적 의미와는 모순된다. 그러나 일상적인 시공간 개념을 천문학적인 거리에 적용하는

---

*이것은 두 물리량들을 나타내는 연산자 p, q의 사이에 $pq-qp=-i\hbar$의 관계가 성립함을 의미한다.

것을 논리나 관찰로 정당화할 수 없다는 것은 당연하다. 양자역학의 물리적 해석은 아직도 내적인 모순으로 가득하다. 예를 들면 연속 대 불연속, 입자 대 파동 등에 대한 논란에서 이를 볼 수 있다. 이러한 사정에서 보면 일상적인 운동론이나 역학적 개념을 양자역학으로 해석하는 것은 불가능하다고 결론해야 할지도 모르겠다. 물론 양자역학은 통상의 운동론적 개념과 결별하려는 시도에서 출발하여 구체적인 실험으로 결정 가능한 양들의 관계를 고려하고자 한 것이다. 더구나 이러한 시도가 성공적이기 때문에 양자역학의 수학적 형식은 수정될 필요가 없다. 마찬가지로 미세한 거리에서의 시공간 기하학도 수정될 필요가 없는데 이것은 매우 작은 시간과 거리에서도 우리가 질량을 충분히 크게 함으로써 양자역학이 고전역학 법칙에 무한히 근사할 수 있기 때문이다. 운동학적, 역학적 개념의 수정이 필요하다는 것은 양자역학의 기본법칙들로부터 직접 기인한다. 일정한 질량 m이 주어지면 일상에서는 그 질량을 중심으로 위치 및 속도를 말하는 것이 당연하다. 그러나 양자역학에서는 질량, 위치 및 속도 사이에 $pq-qp=-i\hbar$*의 관계가 성립하므로, '위치' 및 '속도'라는 말을 무비판적으로 사용하는 것에 주의할 필요가 있다. 불연속이라는 개념이 작은 시공간에서 필연적인 과정임을 수용한다면, 위치와 속도 사이의 모순이 충분히 가능하다. 예를 들면 입자의 일차원 운동에 연속 이론을 적용한다면 입자의(좀 더 정확하게는 입자의 질량 중심의) 궤적을 나타내는 세계선(worldline) $x(t)$를 그릴 수 있으며(그림 1), 매 순간에서 접선의 기울기가 속도를 결정할 것이다(그림 2). 반면, 불연속에 근거한 이론에서는 이 곡선 대신에 유한한 간격을 가진 점들이 주어질 것이다. 이러한 경우에는 한 위치에서 한 개의 속

---

*$\hbar = h/2\pi$, (h:플랑크 상수)

도를 말하는 것이 무의미한데, 이것은 (1)한 개의 속도는 두 점에 의해
서만 정의되며, (2)역으로, 한 개의 점에 두 개의 속도가 주어지기 때문
이다.

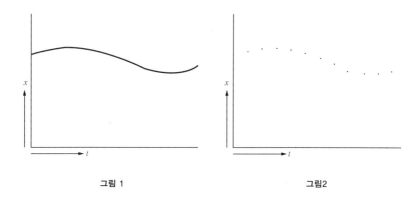

그림 1   그림2

그러므로 운동론적, 역학적 개념을 좀 더 정확히 분석하여 양자역학의
물리적 해석에서 드러나는 모순을 해소하는 것이 가능할지, 양자역학
의 원리가 물리적 이해에 이를 수 있을지에 대한 의문이 발생한다.[1] 어
떤 물체의 행위를 추적하기 위해서는 물체의 질량과, 모든 종류의 장,
그리고 다른 물체들과의 상호작용을 알아야 한다. 오직 그때에만 양자
역학적 계의 해밀토니안(Hamiltonian) 함수를 알 수 있다. (양자전자기학이
아직은 불완전하기 때문에 여기에서는 비상대성[nonrelativistic] 양자역학에 대해서
만 논의할 것이다).[2] 물체의 '구축(Gestalt)'을 위해서 더 이상의 가정은 필
요 없다. 이 개념은 모든 상호작용이 알려져 있음을 의미한다.

　예를 들어 전자와 같은 물체의 (어떤 기준계에 대한) '위치'가 의미하는
바를 확실하게 이해하고 싶다면, '전자의 위치'를 측정하는 확실한 방
법을 제시해야 한다. 그렇지 않다면 이 말은 무의미할 것이다. 원론적
으로 전자의 위치를 임의의 정확도로 측정하는 실험은 얼마든지 있을

수 있다. 예를 들면 전자를 현미경으로 관찰한다고 하자. 이때 위치 측정에서 도달할 수 있는 최고의 정확도는 빛의 파장에 의해 결정된다. 원론적으로는 감마선 현미경과 같은 장치를 이용하여 정확하게 측정할 수도 있을 것이다. 이러한 측정에는 컴프턴 효과라는 중요한 특징이 있다. 전자로부터 산란되어 나오는 빛을 측정할 때에는 광전효과(눈, 전광판, 광전지에서)를 전제로 하는데 광자 한 개가 전자에 충돌, 반사, 산란되면 현미경의 렌즈에 굴절되어 광전효과를 보이는 것으로 해석한다. 전자의 위치가 측정되는 순간―따라서 광자가 전자에 의해 산란될 때―전자는 운동량에 불연속적인 변화를 겪는다. 사용된 빛의 파장이 작을수록, 즉 위치 결정이 더 정확할수록 운동량의 변화는 더 크다. 전자의 위치가 알려지는 순간, 이 불연속적인 변화에 따르는 정도로 전자의 운동량을 알 수 있다. 따라서 위치가 정확할수록 운동량 측정의 정확도는 떨어진다. 그 반대의 경우도 마찬가지다. 이러한 경우에 우리는 방정식 $pq - qp = -i\hbar$의 직접적인 물리적 의미를 해석할 수 있다. q의 정확도(q의 평균 오차), 따라서 빛의 파장을 q_1이라 하고, p의 정확도(컴프턴 효과에 의한 p의 불연속적인 변화)를 p_1이라 하면, 컴프턴 효과의 법칙에 의하여 q_1과 p_1은 다음의 관계를 만족한다.

$$p_1 q_1 \sim h. \tag{1}$$

이 관계가 방정식 $pq - qp = -i\hbar$의 직접적인 결과라는 것은 아래에서 논의할 것이다. 방정식 (1)은 상공간(phase space)을 크기 h의 단위로 나누기 위해 모색한 표현임을 알 수 있다. 전자의 위치를 결정하기 위해 충돌 실험을 할 수도 있을 것이다. 위치 측정을 정확히 하려면 매우 빠른 입자를 사용해야 한다. 느린 전자는 드 브로이 파동 결과에 의한 회절

(아인슈타인에 의하면)을 일으켜 위치의 정확한 지정이 어렵기 때문이다. 위치를 정확히 측정하고자 하면 전자의 운동량은 불연속적으로 변한다. 드 브로이 파동의 공식을 사용하여 정확도를 추정하여도 마찬가지로 (1)의 관계에 이른다.

우리의 논의에서 '전자의 위치'라는 개념은 충분히 잘 정의되지만, 전자의 '크기'에 대해서는 조심스러운 한마디를 첨가할 필요가 있다. 두 개의 빠른 입자들이 전자에 차례대로 충돌한다면 두 입자에 의해 정의되는 전자의 위치는 Δl의 거리에서 매우 가까울 것이다. 알파입자가 보이는 규칙성에 의하면 Δt가 매우 작고 입자들의 속도가 매우 클 때에 Δl은 10^{-12}센티미터 정도의 크기까지 작게 할 수 있다. 전자가 10^{-12}센티미터보다 작지는 않다는 말은 이것을 의미한다.

이제 '전자의 경로'라는 개념에 눈을 돌려보자. 경로는 (주어진 기준계에서) 전자가 '위치'로 취하는 일련의 점들로 이해할 수 있다. '어느 특정한 순간의 위치'가 무엇인지 아는 만큼, 새로운 어려움은 없다. 그러나 예를 들자면 자주 사용되는 '수소 원자 내 전자의 1s 궤도'라는 말은 우리의 관점에서 무의미하다. 이 1s '경로'를 측정하려면 10^{-8}센티미터보다 훨씬 작은 파장을 가진 빛을 원자에 쬐어야 하는데 이 광자(photon)는 원자를 '경로'로부터 이탈시킬 수 있다(그러므로 그 경로 상의 한 점만이 정의될 것이다). 그러므로 '경로'는 정의할 수 있는 의미를 가질 수 없다. 이러한 결론은 단순히 실험적 가능성만으로도 추론될 수 있다.

반면에 위치 측정 실험은 1s 상태의 많은 원자들에 대해 시행될 수 있다. (원론적으로 말하면 주어진 '정류' 상태의 원자는 스턴-걸락의 실험에 의하여 선택될 수 있다.) 따라서 1s와 같은 원자의 특정한 정류 상태에서 전자의 위치에 대한 확률 함수가 존재해야 하는데, 이것은 모든 상에 대한 고전적 궤도의 평균값에 해당하며 임의의 정확도로 측정될 수 있다. 보른

(Max Born)[3]에 의하면, 이 함수는 $\psi_{1s}(q)\overline{\psi}_{1s}(q)$인데, $\psi_{1s}(q)$는 1s 상태를 나타내는 슈뢰딩거 파동함수다. 나중에 일반화할 것을 염두에 두고, 나는 디랙, 요르단의 의견에 동의하여 확률이 $S(1s, q)\overline{S}(1s, q)$로 주어진다고 할 것이다 ($S[1s, q]$는 에너지 E를 $E=E_{1s}$에 속하는 q로 변환하는 행렬 $S[E, q]$에서 1s에 해당하는 열이다).

1s와 같은 특정한 상태에서는 전자의 위치에 대해 확률 분포밖에 주어지지 않는다. 여기에서 우리는 보른 및 요르단의 생각처럼 고전 이론과는 다른 양자역학의 통계적 특성을 알 수 있다. 디랙이 말한 바와 같이 양자역학의 통계적 특질은 실험으로부터 온 것이다. 왜냐하면 고전 이론에서도 원자 내 전자 운동의 상을 알 수 없다면 전자의 위치는 확률로만 알 수 있기 때문이다. 고전역학과 양자역학의 구별은 사실은 이러하다. 고전적으로 우리는 운동의 상을 실험에 의해 결정할 수 있다고 생각하지만 상을 측정하는 실험 자체가 원자를 변화시키기 때문에 사실은 불가능하다. 특정한 상태의 원자에 상을 결정하는 것은 불가능한데, 아래는 다음 방정식의 직접적인 결과이다.

Et-tE=$-i\hbar$ 또는 **Jw-wJ=$-i\hbar$** (*J*는 액션[action] 변수, *w*는 각[angle] 변수)

속도는 물체의 운동이 힘의 영향을 받지 않을 때 가장 잘 정의할 수 있다. 예를 들어 물체에 적색 광선을 쪼이면 산란되는 광의 도플러 효과를 통해 속도를 측정할 수 있는데, 컴프턴 효과에 의해 광자 한 개당 입자의 속도 변화가 작으므로 파장이 큰 광을 사용하면 정확도가 증가한다. 이 경우, 방정식 (1)에 의하여 위치의 측정은 그만큼 부정확해진다. 특정한 상태의 원자 내부에 든 전자의 속도를 측정하려면 핵전하와 다른 전자들로부터 발생하는 모든 힘을 갑자기 제거한 상태, 즉 전자의 운동이 힘의 영향을 받지 않는 상태에서 위에서 말했던 측정을 시행하면 된다. 이 경우, 주어진 (예를 들면 1s) 상태의 원자에서 (운동량) 함수 $p(t)$는 정의될 수 없음이 명확하다. 디랙과 요르단에 따르면, p에는 $S(1s, p)S(1s, p)$의 값을 갖는 확률 함수가 존재한다. 여기에서 $S(1s, p)$는 에너지 E를 $E = E_{1s}$에 속하는 p로 변환하는 행렬 $S(E, q)$에서 1s에 해당하는 열이다.

이제 우리는 마지막으로 에너지 또는 액션 변수 J의 값을 측정하는 실험에 이르렀다. 에너지 및 J의 불연속적인 변화를 말하기 위해 이 실험은 매우 중요하다. 프랑크-헤르츠 실험에 의하여 전자의 직선 운동 에너지를 측정하면 원자에너지의 결정이 가능한데, 이것은 양자론에서도 에너지보존 법칙이 성립하기 때문이다. 만약 전자의 위치나 상을 동시에 정확히 측정하는 것(p의 측정에 대한 위의 논의를 보라)을 포기한다면, $Et - tE = -i\hbar$의 관계에 의하여 에너지를 정확히 결정할 수 있다. 스턴-걸락 실험에 의하여 원자의 평균적인 자기 또는 전기모멘트를 알 수 있으므로 J에만 의존하는 양이 얼마나 되는지 측정할 수 있지만 상은 원칙적으로 알 수 없다. 어느 순간의 광의 진동수를 그 순간의 원자의 에너지로 말하는 것은 별 의미가 없다. 따라서 스턴-걸락 실험에서 장이 원자에 영향을 미치는 시간이 짧을수록 정확도는 줄어든다.[4] 특히, 힘의 위치에너지가 기껏해야 정류 상태의 에너지 차이보다 훨씬 작은 정도로 광 내부에서 변화할 수 있으므로 힘의 변화에는 한계가 있게 된다. 이러한 경우에만 정류 상태의 에너지 측정이 가능할 것이다. 이 조건을 만족하는 에너지를 E_1이라 하자(E_1은 또한 에너지 측정의 정확도를 규정한다). d가 광선의 폭(이것은 사용된 슬릿의 간격을 통해 측정될 수 있음)이라면 E_1/d는 작용하는 힘의 허용된 최고의 값이다. 원자가 힘의 영향을 받는 시간을 t_1, 원자 운동의 운동량 중에서 광선의 방향 성분을 p라 하면 원자선(atomic beam)의 각은 $E_1 t_1/dp$만큼 벗어난다. 만약 측정이 가능한 것이라면 이것은 슬릿의 회절에 의한 자연적인 선폭의 크기와 유사하다. λ가 드 브로이 파장이라면 회절각은 대략 λ/d이므로,

$$\lambda/d \sim E_1 t_1/dp,$$

또는 $\lambda = h/p$이므로,

$$E_1 t_1 \sim h. \tag{2}$$

이 방정식은 (1)과 동등한 것이며, 에너지의 정확한 측정이 시간의 불확실성의 대가로만 얻어질 수 있음을 말한다. [...]

교정본에 추가한 사항

이 논문 이후에 이루어진 보어의 최근 연구는 이 논문에서 시도된 양자역학적 상관관계의 분석을 더 깊고 날카롭게 만들 만한 관점을 제시했다. 이와 관련해서 보어는 이 논문에서 내가 간과한 몇몇 중요한 점을 지적했다. 무엇보다 우리의 관찰에 의하면 불확실성은 순전히 불연속성으로부터 나타나는 것이 아니라 입자이론과 파동이론에 등장하는 매우 다른 실험들이 동등한 타당성을 가져야 한다는 사실에 관련되는 것이다. 예를 들면 이상적인 감마선 현미경을 사용할 때는 필연적으로 감마선의 분산이 고려되어야 한다. 그 결과, 컴프턴 산란 방향의 전자

위치는 (1)의 관계로부터 얻어지는 폭의 불확실성 하에서만 관찰된다. 또 엄격히 말하자면 컴프턴 효과의 이론은 자유 전자에 대해서만 적용된다는 사실이 강조되어야 한다. 보어 교수가 설명한 바와 같이, 미시역학으로부터 거시역학으로 전이되는 과정을 충분히 논의하자면 불확실성의 원리를 잘 사용해야 한다. 마지막으로 빛과 전자의 상의 관계가 애초에 가정된 만큼 간단하지는 않기에 공명형광에 대한 논의가 전적으로 옳지는 않다. 보어 교수가 초기에 이 연구 결과들—이것은 양자역학의 개념적 구조에 대한 논문으로 곧 발표될 것이다—을 나와 공유하였고, 또한 논의하였음에 감사한다.

코펜하겐 대학, 이론물리연구소

■ 참고문헌

1. 본 연구는 양자역학이 전개되기 전에 다른 연구에서 이미 명확히 했던 나의 노력과 욕망에 의하여 이루어졌다. 나는 특히 양자역학의 기본 가정에 대한 보어의 논문(예를 들면, Zeits. f. Physik, 13, 117[1923])과, 파동과 광량자 사이의 관계에 대한 아인슈타인의 논의를 주목하고자 한다. 여기에서 다룬 문제들은 최근에 가장 명확히 논의된 바, W. 파울리("Quantentheorie", Handbuch der physik, Vol. XXIII, 여기에서는 l.c.로 인용되었음)에 의해 부분적인 해가 얻어졌다. 양자역학은 파울리에 의해 제시된 형식을 별로 바꾸지 않았다. 파울리 씨의 꾸준한 격려에 감사하며, 파울리와의 구술 및 서면 토론이 본 연구에 결정적인 기여를 하였음을 밝힌다.

2. 아주 최근에 이 분야에는 P. 디랙의 논문(Proc. Roy. Soc. A114, 243[1927])과, 이후에 나올 논문들에서 중대한 진전이 있었다.

3. 드 브로이파의 통계적 해석은 아인슈타인에 의하여 처음 시도되었다(Sitzungsber. d. preuissische Akad. d. Wiss. p.3[1925]). 양자역학의 통계적 특징은 M. 보른, W. 하이젠베르크, P. 요르단의 Quantenmechanik II(Zeits. f. Physik, 35, 557[1926])의 4장 3절과 P. 조단의 논문(Zeits. f. Physik, 37, 376[1926])에 중요한 역할을 했다. 이 문제는 M. 보른의

논문에서 수학적으로 분석되었으며, 충돌현상을 해석하는데 사용되었다. 이 이론의 확률적 측면을 행렬변환 이론에 기초하는 방식은 다음 논문에서 찾을 수 있다: W. 하이젠베르크(*Zeits. f. Physik*, 40, 501[1926]), P. 요르단(*Zeits. f. Physik*, 40, 661[1926]), W. 파울리(*Zeits. f. Physik*, 41, 81[1927]의 언급), P. 디랙(*Proc. Roy. Soc. A113*, 621[1927]), P. 조단(*Zeits. f. Physik*, 40, 809[1926]). 양자역학의 통계적 측면은 P. 요르단(*Naturwiss. 15*, 105[1927]), M. 보른(*Naturwiss. 15*, 238[1927])에서 더 일반적으로 논의되었다.

4. 이와 관련해서는 W. 파울리, *l.c.*, p. 61 참조.

번역: 이성렬

11

화학결합

곤충 마니아에서 광물 마니아로 변신한
꼬마 폴링의 위대한 발견

라이너스 폴링 (1928)

라이너스 폴링은 화학자가 되기로 맘을 먹은 순간을 자세히 이야기한 적이 있다. 때는 1914년이었다. 당시 폴링은 13세로, 미국 오리건 주 포틀랜드 시에 위치한 워싱턴 고등학교 2학년이었다. 로이드 제프리스 (Lloyd Jeffress)라는 친구는 몇 가지 화학 실험을 보여주겠다며 그를 집 으로 초대했다. 폴링은 2층 침실에서 다른 친구가 도자기 그릇에 설탕 과 염소산칼륨을 섞은 다음 황산을 붓는 장면을 지켜봤다. 황산을 붓자 마자 순식간에 혼합물들이 부글부글 끓어오르더니 수증기와 까만 탄 소 더미를 내뿜었다. 예전부터 폴링은 과학에 관심이 많았다. 특히 곤 충과 광물에 흥미가 있었다. 하지만 그는 이 순간에 어떤 물질이 다른 물질로 변할 수 있다는 것에 매료되고 말았다. "나는 화학자가 될 거 야!"[1] 하고 그는 그 자리에서 선언했다.

10대의 폴링은 집에 돌아오자마자 아버지가 남겨 놓은 화학책을 읽 기 시작했다. 약사였던 그의 아버지는 4년 전 위궤양으로 갑자기 사망 했다. 아버지의 친구였던 다른 약사는 폴링이 화학에 관심을 보이자 그 가 실험할 수 있도록 몇 가지 화학물질을 주었다. 그의 이웃 중 어떤 이 는 그에게 유리그릇을 주었고 유리공장에서 야간 경비원으로 근무하 던 한 할아버지는 황산, 질산, 과망간산칼륨이 든 병을 구해 주었다.

폴링의 경력은 이때부터 시작되었다. 1994년, 삶에 종지부를 찍을 때 까지 그는 20세기 가장 위대한 화학자로 널리 인정을 받았다. 폴링이 수많은 업적을 세울 수 있었던 이유는 원자들이 서로 어떻게 결합하는지를 연구하는 데 유럽의 물리학자들이 세운 새로운 양자론을 도입했기 때문이다. 폴링은 화학결합에 대한 현대 이론을 개척한 인물이다.

왜 금속은 도금을 하면 훨씬 더 강해지는 걸까? 왜 소금은 짜고 왜 설탕은 달까? 왜 고무는 부드러우면서도 잘 늘어나는 걸까? 음식이 소화될 때 몸속에서 어떤 일이 벌어지는 걸까? 어떻게 푸른곰팡이로부터 페니실린을 추출하고 정제하는 걸까? 실크를 인공적으로 합성하는 게 가능할까? 더운 날씨에도 추운 날씨에도 견디는 윤활유는 어떻게 만들 수 있을까? 이 모두는 화학에 관련한 질문이다. 물리학이 물질을 이루는 기본 입자들과 그들 간의 힘을 다룬 학문이라면 화학은 덩어리 상태인 물질의 특성이 무엇인지, 그리고 다른 물질과 어떻게 반응하는지를 다룬 학문이다. 물리학자들이 개별 원자들의 구조에 대해 연구한다면 화학자들은 하나의 원자가 다른 원자와 어떻게 상호작용해 분자와 화합물을 만들어 내는지를 탐구한다. 인간이 경험하는 세상에서 물질의 특성을 규정하는 것은 대부분 원자가 다른 원자와 결합하는 방식에서 비롯된다. 바로 이것이 화학의 영역이다.

폴링은 1922년에 오리건 주립대학 화학공학과를 졸업했다. 그리고 바로 캘리포니아 공과대학에서 대학원 과정을 시작했다. 당시에는 화학결합에 대한 어떤 기초 이론도 없었다. 화학자들은 화학결합에 대한 많은 내용들을 실험적으로만 이해하고 있었다.

처음은 원자였다. 19세기 초반 영국의 화학자 돌턴(John Dalton, 1766~1844)은 화학원소들이 서로 특정한 질량비로 화합물을 구성한다는 것을 알아냈다. 예를 들어 물은 수소 1그램과 산소 8그램이 결합해야 한다. 돌턴의 발견은 고대 그리스의 원자론을 뒷받침할 뿐 아니라 서로 다른 원소들의 원자는 질량이 다르다는 주장이 일리가 있음을 보여주었다. 원자는 화학의 기본단위가 되었다. 그러나 화학의 주요 관심사는 분자를 이루려면 원자들이 어떻게 다른 원자들과 결합하는가에 있었다.

돌턴이 원자를 발견하고 얼마 후인 1819년, 스웨덴의 화학자 베르셀리우스(Jöns Jakob Berzelius, 1779~1848)는 원자가 다른 원자와 전기적인 힘을 통해 결합한다는 가설을 내놓았다. 양전하는 음전하를 끌어당긴다. 이 같은 기초적인 전기현상은 당시에도 잘 알려져 있었다. 비록 전자나 양성자 같은 특정 소립자가 전하를 띤다는 것은 훨씬 나중에 밝혀지긴 했지만 말이다.

8장 보어의 양자 원자론에서 이미 언급했듯이 1869년, 러시아 화학자 멘델레예프는 원자의 질량이 큰 순서대로 화학원소를 정리한 주기율표를 발표했다. 주기율표는 주기적으로 나타나는 원소의 화학적 성질에 따라 정렬되어 있다. (주기율표에서 같은 세로줄의 원소들은 동일한 성질을 가진다.) 세 번째로 가벼운 원소인 리튬에서부터 시작해 보자. 리튬 다음에 있는 일곱 개의 원소를 건너뛰면 다음 줄에 있는 나트륨이 나온다. 나트륨은 11번째로 가벼운 원소로 리튬과 비슷한 화학적 성질을 갖고 있다. 그 다음에 일곱 개의 원소를 다시 한 번 건너뛰면 칼륨이 나온다. 칼륨은 19번째로 가벼운 원소로 리튬, 나트륨과 성질이 비슷하다. 아니면 베릴륨에서부터 시작해 보자. 베릴륨은 네 번째로 가벼운 원소다. 베릴륨 다음으로 일곱 개의 원소를 건너뛰면 마그네슘이 나온다. 마그네슘은 베릴륨과 성질이 비슷하다. 또다시 일곱 개의 원소를 건너뛰면 칼슘이 나온다. 칼슘 역시 베릴륨, 마그네슘과 성질이 비슷하다. 왜 원소들은 이런 주기적인 특성을 갖는 걸까. 이 미스터리는 원자의 선스펙트럼과 마찬가지로 해결할 수 있다. 하지만 이 미스터리를 해결하기까지 50여년이 걸렸다. 양자역학이 발전해야 했던 것이다. 어쨌든 19세기까지의 화학자들은 물질의 화학적 성질이 원자가 다른 원자와 어떻게 결합하느냐에 따라 결정된다는 정도를 알고 있었다.

19세기 말에 두 종류의 화학결합이 확인되었다. 하나는 극성결합 또는 이온결합으로 불리는 것으로, 양전하를 띠는 원자가 음전하를 띠는 원자와 결합하는 경우이다. 원자는 보통 전기적으로 중성이다. 즉 양전하만큼 음전하를 갖고 있다. 그러므로 이온결합은 전기적으로 중성인 한 원자가 자신이 가진 음전하의 일부를 다른 원자에게 넘겨주며 이루어진다. 그 결과 처음 원자는 양전하를 띠게 되고 다음 원자는 음전하를 띠게 된다. 두 번째 종류의 화학결합은 무극성결합 또는 공유결합으로 불리는 것이다. 이 경우는 전기적으로 중성인 두 원자 사이에서 이루어진다. 서로 결합하는 두 원자는 함께 전자를 공유한다. 공유결합은 좀 더 강하고 다양하며 복잡한 현상을 나타낸다.

1897년, 톰슨이 음전하를 띠는 전자를 발견하고 1911년, 러더퍼드가 양전하를 띠는 원자핵을 발견함으로써 화학결합에 대한 개념은 좀 더 정교해졌다. 화학결합을 이루는 것은 바로 원자의 외곽에서 원자핵 주변을 도는 전자다. 이온결합은 하나의 원자가 다른 원자로 이동하며 이루어진다. 공유결합은 두 원자의 원자핵이 동시에 서로를 끌어당기는 형태다.

1916년, 미국의 화학자 루이스(Gilbert Newton Lewis, 1875~1946)는 공유결합이 두 원자 간에 전자쌍을 공유함으로써 나타난다고 주장했다. 루이스에 따르면 공유결합을 하는 두 개의 원자는 결합을 위해 전자 하나씩을 내놓는다. 두 개의 전자가 함께 쌍을 이루면 두 개의 원자가 공유하게 되는 것이다. 게다가 공유하는 전자의 쌍은 양전하를 띠는 두 원자핵을 끌어당긴다. 이렇게 두 개의 원자가 서로 끌어당기며 화학결합이 형성되는 것이다. 루이스의 주장은 상당한 설득력이 있다.

하지만 이것은 주장일 뿐 이론적인 기초도 없고 정량적인 분석도 없었다. 양자역학의 이론이 온전히 형성된 1925년 전까지 이에 대한 기초는 마련되지 않았다.

1926년부터 1927년 동안은 폴링에게도, 화학의 역사에도 아주 중요한 시기였다. 당시 25세였던 폴링은 이미 화학계에서 주목을 받고 있었다. 캘리포니아 공과대학에서 갓 박사 학위를 따낸 그는 이미 발표한 논문이 12편이나 있었다. 그는 구겐하임 장학금을 받아 유럽으로 건너갔다. 양자물리학이란 새로운 학문을 배우기 위해서였다. 양자물리학을 연구한 물리학자들은 대부분 폴링과 동년배였다. 하이젠베르크는 폴링과 같은 나이였고, 뒤에서 등장할 파울리(Wolfgang Pauli, 1900~1958)는 고작 한 살이 더 많을 뿐이었다.

폴링은 첫 학기를 독일 뮌헨의 이론물리학 연구소에서 보내면서 좀머펠트 교수의 지도를 받았다. 그런 다음 코펜하겐에 있는 보어의 연구소로 갔고, 이후 취리히로 다시 자리를 옮겼다. 좀머펠트의 연구소는 새로운 양자물리학으로 활기가 넘쳤다. 유일한 화학자였던 폴링은 자기가 남들이 부러워할 만한 위치에 있다는 것을 깨달았다. 그는 곧 양자역학이 분자의 구조와 화학결합의 본성을 이해하는 데 기초가 될 것임을 깨달았다.

폴링은 취리히에서 공부할 때 23세의 하이틀러(Walter Heitler, 1904~1981)와 27세의 런던(Fritz London, 1900~1954)으로부터 상당한 영향을 받았다. 하이틀러와 런던은 두 개의 전자를 공유하는 수소 분자, H_2의 공유결합을 새로운 양자역학을 이용해 계산하고 있었다. 이는 폴링의 야망에 불을 지폈다. 이 시기의 폴링을 사진으로 보면 마르고 키가 큰 사나이를 볼 수 있다. 매부리코에 목뼈가 툭 튀어나와 있고 사각턱에

갈색의 곱슬머리를 가진 그의 외모에서는 넘치는 자신감이 드러난다. 그는 어린 시절에 이런 글을 남겼다. "내가 충분히 노력한다면 모든 것을 다 이해할 수 있을 것 같은 기분이 든다."[2]

이 같은 자신감은 그의 천성과 가정환경의 영향이 크다. 어린 그는 곤충과 광물에 몰두하고 있는 열혈 독서광이었다. 9살에 이미 그는 성경, 다윈의 『종의 기원』, 브리태니커 백과사전을 다 읽었고 고대 역사를 파악했다. 그는 종종 어린 사촌에게 자신이 읽은 책의 내용을 들려주곤 했다. 그의 아버지는 그가 9세 때 세상을 떠났다. 이후로 폴링의 어머니는 그에게 전적으로 의지하기 시작했다. 그는 장남으로서의 새로운 의무를 묵묵히 받아들였다.

일찍이 과학적인 사고력을 갖춘 어린 폴링은 더 이상 곤충으로 만족할 수가 없어 광물을 연구하기 시작했다. 폴링은 공책에 투명한 수정 결정, 분홍색의 장석, 검은 운모 결정에 대해 기록했다. 이 광물들은 모두가 집 근처의 화강암 속에서 찾아낸 것이었다. 그는 이론적 세계가 실험적 세계와 일치할 수 있다는 것을 깨달았다. 그가 가진 가정에 대한 책임감은 과학에 대한 관심과 조화를 이루었다. 1917년 8월 20일자 일기의 첫 부분에는 그가 얼마나 자신감이 넘치며 진지하고 신중했는지가 잘 나타나 있다. 당시 그는 16세였다.

오늘 나는 내 인생의 역사를 기록하기 시작했다. [...] 나는 연속적인 이야기 형식으로 기록을 남기지 않고 내 마음속의 가장 중요한 주제들에 관해 기록할 것이다. 이 글은 훗날에 내가 내린 결정이나 약속, 그리고 좋았던 시절, 눈물을 흘리며 쓴 중요한 사건들을 떠올리게 할 것이다 [...] 미래의 내가 종종 내가 전에 썼던 것들을 훑어보면서 내가 저지른 실수가 무엇인지 곰곰이 따져 보길 바란다.[3]

1927년에 유럽에서 돌아온 폴링은 캘리포니아 공과대학의 조교수로 임용되었다. 다음 해에, 그러니까 27세였던 해에 그는 화학결합에 관한 첫 논문을 발표했다.

1928년에 발표된 폴링의 독창적인 논문에는 홀로 있는 원자의 전자 궤도가 다른 원자들과 결합하기에 부적합한 모양이라는 인식이 깔려 있다. (양자역학에서는 전자의 궤도가 아주 특정한 모양, 그러니까 구나 아령, 클로버 잎과 같은 모양을 하고 있다. 그림 11.1처럼 말이다.) 대신 폴링은 전자 궤도의 결합은 짝 맞춤, 또는 단일 원자 궤도의 '혼성(hybrid)'을 통해 이루어진다고 주장했다. 이 혼성 궤도들은 마치 손가락으로 어디를 가리키듯 특정 방향으로 길게 늘어져 있는데, 이것이 바로 공유결합을 이루는 조건이라는 것이 폴링의 핵심 아이디어였다. 한 원자에서 다른 원자로 가장 길게 뻗어 있는 혼성 궤도는 두 원자 사이에 가장 강한 결합을 가져다 준다. 따라서 결합하는 원자들은 서로를 향해 있다. 폴링이 이런 결론을 얻는 데에는 이론물리학의 지식뿐 아니라 깊이 있는 분별력도 도움이 되었다. 또한 문제를 수학 방정식으로 해결하려는 것을 넘어서 이미지로 해석했기에 가능했던 일이다.

폴링의 논문을 잘 이해하려면, 먼저 양자물리학의 몇 가지 기본적인 내용들을 다시 살펴볼 필요가 있다. 사실 우리는 다른 장보다 이 장에서 더 많은 과학적 개념들을 만날 것이다. 그 대부분은 물리학의 개념이다. 우리는 현대 화학의 초석이 어떻게 세워졌는지를 구체적으로 알 수 있다.

새로운 양자물리학의 핵심 개념은 전자가 허용된 궤도에만 머문다는 것이다. 보어가 1913년에 내놓은 조잡한 이론에 따르면, 전자는 원자핵으로부터 특정한 에너지 준위에만 위치한다. 그리고 에너지 준위는 서로 떨어져 있다. 하이젠베르크와 슈뢰딩거는 구체적인 양자이론을 세웠는데, 여기에서 보어의 제한된 에너지 준위에 대한 개념을 확대해 제한된 '양자 상태'로 확장시켰다. 양자 상태는 전자의 에너지뿐 아니라 전자 궤도의 모양과 방향에까지 관련해 있다. 에너지와 궤도는 오직 특정한 값만이 갖는다. 이는 양자화를 의미한다.

또 다른 중요 개념은 확률이다. 전자나 여타 다른 소립자들은 '파동함수'로 나타낼 수 있다. 이는 전자가 특정 시간에 특정한 장소에 위치할 것임을 확률적으로 말해 준다. 전자의 양자 상태는 특정한 파동함수와 같다. 전자가 입자성과 파동성을 동시에 갖고 있기 때문에 전자가 여러 위치에 동시에 존재하는 것처럼 생각할 수 있다. 이때 어떤 위치들은 다른 위치들보다 전자가 있을 확률이 높다. 전자의 위치는 확률적으로

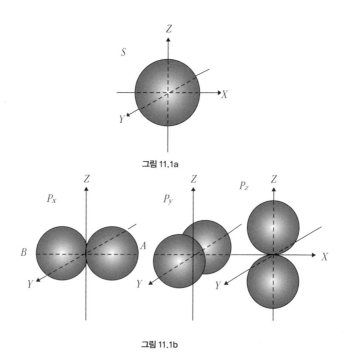

그림 11.1a

그림 11.1b

만 말할 수 있다.

양자역학에서 허용된 전자의 궤도는 두 종류로 나뉜다. 하나는 '전자 껍질(shell)'이고 다른 하나는 '전자부껍질(subshell)'이다. 각각의 에너지 값은 특정 껍질을 의미한다. 예를 들어 보어의 양자 상태는 $\tau=1$인 경우 K껍질이라고 하고, $\tau=2$인 경우는 L껍질, 그다음으로 M껍질, N껍질 등이 있다. 대략적으로 말하면, 전자껍질은 원자핵으로부터의 평균 거리를 의미한다. 반면 전자의 부껍질은 전자 궤도의 모양과 관련이 있다. (두 개의 전자가 원자핵으로부터 동일한 평균 거리를 가질 수 있다. 하지만 궤도의 모양은 매우 다르다.) 전자의 부껍질은 l로 표시하는 또 다른 양자수로 정해진다. $l=0$인 양자 상태는 s부껍질, 또는 s준위라고 한다. 그리고 좀 더 큰 값의 l이 있다. τ 양자수에 따라 l의 양자수가 가질 수 있는 값은 달라진다. 이때 l은 정수만을 가진다. 이를 통해 전자의 에너지와 궤도의 모양은 둘 다 양자의 특성을 갖게 되고 오직 특정한 값만을 가진다는 결론이 나온다.

그림 11.1a는 s부껍질의 모양을 의미한다. XYZ 좌표의 중심에 원자핵이 있다. 이 그림을 이해하는 방법은 다음과 같다. 중심으로부터 멀리 있는 곡선일수록 전자가 그 위치에서 발견될 확률은 높아진다. 즉 곡선의 모양은 저마다 다른 위치에서 전자가 존재할 확률을 의미한다. 그림에서 보여주는 것처럼 s부껍질은 완전한 구 모양이다. 모든 방향으로부터 동일한 거리에 있다. 따라서 s부껍질에 있는 전자는 원자핵으로부터 어느 방향에서든 발견될 가능성이 동일하다는 의미가 된다.

그림 11.1b는 p부껍질의 모양을 보여준다. 이제 모양은 중심에 대해서 완전한 구가 아니라 두 개의 구가 붙어있는 아령과 비슷한 모습을 하고 있다. 이 아령은 세 개의 다른 방향을 가질 수 있다. X축과, Y축, 그리고 Z축이냐에 따라서 말이다. 따라서 p부껍질은 p_x, p_y, p_z로 불리

는 세 종류가 있는 것이다. 예를 들어 p_x를 따져 보자. X축을 따라 각각 A와 B로 명명한 두 개의 구가 양쪽으로 튀어나와 있다. 따라서 p_x부껍질에 있는 전자는 X축에서 발견될 확률이 가장 크다. Z축이나 Y축으로 이동할 경우 확률은 0으로 줄어든다. p_y와 p_z부껍질에 대해서도 이처럼 해석이 된다. 전자 궤도의 부껍질은 모양(l값)과 방향(예를 들어 p_x, p_y, 또는 p_z)에 의해 정해진다.

전자껍질과 부껍질은 양자 세계의 지도와 같다. 전자에게 있어 껍질과 부껍질은 대양 사이에 존재하는 대륙인 셈이다.

폴링의 논문을 이해하기 위해서는 또 다른 두 개의 양자 개념이 필요하다. 이는 소립자의 고유 각운동량(intrinsic spin)과 배타원리로, 둘 다 1925년경에 등장했다.

원자 복사를 관측한 결과와 전자의 행동을 설명하기 위해 네덜란드 출신의 미국 물리학자 윌렌벡(Gerge Uhlenbeck, 1900~1988)과 하우트스미트(Samuel Goudsmit, 1902~1978)가 각각의 전자는 보이지 않는 축을 따라 마치 작은 자이로스코프처럼 회전한다는 주장을 내놓았다. 고전 물리학에서와 달리, 이런 회전은 느려지거나 빨라질 수 없다. 질량과 전하량에 따른 전자의 회전(이를 스핀이라고 한다.)은 전자의 고정된 성질이다. 오스트리아의 이론 물리학자 파울리는 여기에서 좀 더 발전된 이론을 내놓았다. 전자스핀은 두 방향 중 한 방향만을 가진다는 것이었다. 전자스핀은 '위' 또는 '아래'를 향할 수 있다. 여기에서 '위' 방향이라는 것은 임의적인 것이다. 그러나 일단 기준이 정해지면 전자스핀은 중간이 없고 그 방향 또는 그 반대 방향만을 갖는다. 따라서 스핀의 방향 역시 궤도의 방향처럼 양자화되어 있다. 이로써 전자스핀의 방향은 전자의 양자 상태에 관한 추가적인 사항이 되었다. 이제 양자 상태가 네 가지, 즉 에너지, 궤도의 모양, 궤도의 방향, 그리고 스핀의 방향으로 구성되었다. 이 네 가지는 모두 양자수로 정해진다.

파울리는 아인슈타인, 하이젠베르크 같은 천재였다. 1919년, 19세의 나이에 그는 아인슈타인의 일반상대성이론을 마스터했다. 그는 수리과학 백과사전에 들어갈 책 한 권 분량의 글을 써 달라는 요청을 받기도 했다. 파울리는 21살에 뮌헨 대학에서 좀머펠트 교수의 지도를 받았고 박사 학위를 받았다. 몇 년 후에 폴링이 오게 될 바로 그곳에서 말이다. 파울리는 다음 2년 동안 코펜하겐에서 양자 원자론의 아버지인 과학자 보어와 함께 했다.

전자스핀의 양자적 본성을 논의한 후 얼마 지나지 않아, 파울리는 양자 파동함수의 대칭성을 통해 그 유명한 배타원리를 유도해 냈다. (훗날 이 원리는 파울리의 배타원리라고 불리게 된다.) 배타원리는 두 개의 전자가 동일한 양자 상태를 가질 수 없다는 것이었다. 다시 말하면 두 개의 전자는 하나의 원자핵 궤도에서 에너지, 궤도 모양, 궤도 방향, 그리고 스핀의 방향에 대해 동일한 양자수를 가질 수 없다. 특히 *동일한 껍질과 부껍질을 차지하는 두 개의 전자*가 가지는 스핀의 방향은 반대다. 하나가 위라면 다른 하나는 아래를 향한다. 스핀의 방향이 다르기 때문에 이 두 전자는 다른 양자 상태를 가지게 된다. 그러나 동일한 껍질과 부껍질에 세 번째 전자는 들어올 수 없다. 스핀의 방향이 오직 두 가지뿐이기 때문이다. 세 번째 전자는 앞에 두 전자 중 하나와 동일한 양자 상태를 가져야 하기 때문에 동일한 껍질과 부껍질에 존재할 수 없다.

파울리의 배타원리는 원소가 점점 무거워질수록 점점 늘어나는 전자가 전자껍질과 부껍질에 어떻게 채워지는지에 대해서 설명해 준다. K껍질은 오직 하나의 부껍질, s부껍질만 있다. 따라서 K껍질에는 오직 두 개의 전자만 존재할 수 있다. (하나는 스핀이 '위'고 다른 하나는 스핀이 '아래'다.) 가장 가벼운 원자인 수소는 전자가 하나다. 다음으로 가벼운 헬륨에는 전자가 두 개 있다. 헬륨 다음부터는 K껍질에 전자가 다 채워져 더 이상 전자가 들어가지 못한다. 다음으로 가벼운 원소인 리튬부터는 L껍질에 전자가 채워져야 한다. L껍질은 4개의 부껍질이 있다. s부껍질 하나에 p껍질이 p_x, p_y, 그리고 p_z로 3개가 있다. 이 4개의 부껍질은 각각 전자를 2개씩 채울 수 있기 때문에 L껍질에는 최대 8개의 전자가 채워진다. 예를 들어 리튬의 경우, 총 전자가 3개이므로 K껍질에 2개가, L껍질에 1개가 들어간다. 전자가 10개인 네온은 K껍질에 2개, L껍질에 8개가 들어간다. 네온 다음부터는 L껍질이 다 채워졌기 때문에 전자는 그 다음 껍질인 M껍질에 채워지기 시작한다. 예를 들어, 나트륨은 전자가 11개이므로 M껍질에 전자 하나가 들어간다. 이 같은 식으로 계속 전자가 채워진다.

전자가 껍질을 다 채웠을 경우를 껍질이 닫혀 있다고 표현한다. 껍질이 다 채워진 원자는 다른 원자와 전자를 공유하지 못한다. 따라서 닫혀 있지 않는 전자, 예를 들어 수소 원자의 K껍질에 있는 전자 하나나 리튬 원자의 L껍질에 있는 전자 하나가 다른 원자와 공유 가능하다. 이렇게 전자를 공유하면 공유결합이 이루어진다. 따라서 *원소의 화학적 성질은 전자가 다 채워지지 않은 가장 바깥쪽, 즉 최외각 껍질에 전자가 몇 개가 있느냐에 따라 결정된다.* 이런 전자를 '원자가전자'라고 하고, 이런 전자의 수를 '원자가전자 수'라고 한다.

파울리의 배타원리는 최종적으로 주기율표에 나타나는 원소들의 주기적인 특성을 설명한다. 전자들이 껍질을 채우면 다음부터는 그 다음 껍질에 채워지기 때문에, 화학적 성질이 반복되는 것이다. 리튬은 나트륨과 비슷한 화학적 성질을 가진다. 원소 둘 다 최외각 껍질에 하나의 전자가 있기 때문이다.

공유결합 역시 배타원리에 의해 결정된다. 하나의 분자를 이루는 두 개의 원자. 그러니까 각각의 원자가 공유하는 두 개의 전자가 두 개의 원자핵 사이의 동일한 공간에 존재할 때 서로를 잘 끌어당긴다. 이때 강한 결합이 이루어지는 것이다. 따라서 전자는 공간적으로 동일한 양자수, 그러니까 에너지와 궤도의 양자수가 같을 때인 동일한 공간을 차지한다는 이야기가 된다. 배타원리에 의해서 그들의 스핀 방향은 서로 반대여야 한다. 그러므로 전자를 공유하는 방식의 화학결합은 공간적으로 동일한 양자 상태이고 스핀이 반대인 전자쌍에 의해 만들어진다. 이런 상황에서는 폴링이 논문의 시작 부분에서 말한 것처럼, "분자의 파동함수가 두 전자의 공간좌표에서 대칭이다. [...] 따라서 각 전자의 일부분은 각각의 원자핵에 묶여 있다."

폴링은 물리적인 직관력으로 양자역학 방정식의 해를 찾아내는 특별한 천재성을 소유했다. 양자역학 방정식은 전자가 하나만 관여할 경우에 정확하게 풀린다. 공유결합에서 항상 있는 경우, 즉 전자가 두 개 이상이 되는 경우는 단지 대략적인 해만 얻을 수 있다. 좀 더 직설적으로 말하면, 앞에서 말한 양자 상태는 하나의 원자핵 주위를 도는 전자 하나에만 적용된다. 전자가 하나 이상인 원자는 에너지, 궤도, 스핀의 양자수가 특정 값일 경우의 양자 상태를 정확하고 깔끔하게 얻어낼 수 없다. 분자는 하나 이상의 전자가 두 원자핵 주위에 존재하기 때문에 훨씬 더 복잡한 경우다. 폴링은 자신의 논문에 기술한 것처럼 두 개의 원자가 분자를 이루면 "전자가 공유결합을 형성함으로써 나타나는 변환에너지가 너무나도 커서 양자화에 변화를 가져온다. 이는 L껍질의 $l = 0$인 부껍질과 $l = 1$인 부껍질을 부서뜨리는 결과를 가져온다." 그림 11.1에 나오는 s와 p와 같은 원자 하나의 부껍질은 더 이상 적절하지 않다.

그렇다면 어떻게 문제를 해결할 수 있을까? 어느 분야에서든 훌륭한 근사해를 구하는 것 자체가 과학이자 예술이다. 여기에서는 물리적 직관력이 가장 중요하다. 폴링은 한 쌍의 전자가 두 개의 원자핵을 강하게 끌어당겨 그 둘을 결합시키려면 전자들이 최대한 서로 겹쳐야 한다는 생각을 갖고 있었다. 더 나아가 폴링은 *가장 뾰족하게 튀어나온 궤도가 가장 많이 겹칠 것*이라고 유추했다. 궤도가 더 많이 튀어나올수록 결합에 쓰이는 두 개의 전자가 양쪽 원자핵 사이를 오고가는 데 더 많은 물리적 공간을 확보한다.

튀어나온다는 말을 이해하기 위해 그림 11.1를 보자. 그림 b의 p부껍질은 그림 a의 s부껍질보다 더 많이 튀어나왔다. 그림 11.4에 나온 전자 궤도는, 나중에 더 자세히 이야기하겠지만 좀 더 뾰족하다. 이렇게 가장 많이 튀어나온 궤도가 가장 강한 결합을 형성한다. *그리고 분자를 이루는 원자들은 가능한 가장 강한 결합을 하기 위해 항상 그들 간의 상호작용과 방향을 조정한다.* 가까이 있는 두 개의 자석이 마찰력이 없을 경우 가능한 반대 극끼리 마주보도록 방향을 바꾸는 것과 비슷하다. 또는 울퉁불퉁한 바닥을 굴러다니는 구슬이 지구 중심과 가장 가까운, 가장 낮은 구덩이로 자리를 잡는 것도 비슷한 예다. 가장 강한 결합을 하는 경우를 '안정하다'고 표현한다. 불안정한 구조는 자연스레 안정한 상태로 바뀐다. 안정한 결합은 가장 낮은 구덩이에 자리 잡은 구슬처럼 에너지 웅덩이의 바닥에 있다.

튀어나온 궤도를 세울 때 폴링은 자신이 '하이젠베르크-디랙 공명현상'이라고 명명한 기술을 사용했다. 이 방법을 통해 두 개의 단일 원자 궤도가 결합하는 경우 각각이 따로 있을 때보다 더 강한 결합을 하는 양자 상태를 구할 수 있다. 1930년대 초반, 폴링은 이 같은 전자 궤도의 결합에 '혼성'이라는 개념을 만들어 냈다. 그림 11.4는 혼성 궤도를 보여준다.

폴링은 자신의 생각을 가장 중요한 화학결합인 탄소 원자에 적용시켜 보았다. 탄소는 생물학에서 가장 핵심적인 원소다. 탄소의 화학결합 특성 때문에 다른 원자와 1개, 2개, 3개 또는 4개까지 결합을 할 수 있다. 그래서 탄소는 생명에 필요한 복잡한 분자를 만들어 내는 데에 이상적인 원소다. 탄소 원자는 K껍질에 2개의 전자, L껍질에 4개의 전자가 있다. L껍질의 전자 4개가 바로 결합에 쓰인다.

가장 단순한 탄소 분자 중 하나가 메탄이다. 분자식은 CH_4다. 1개의 탄소 원자에 4개의 수소 원자로 이루어져 있다. 메탄에서 L껍질의 전자 4개는 각각 수소 원자의 전자 1개와 쌍을 이룬다. 이런 메탄의 분자 구조는 그림 11.2a처럼 나타낸다. 여기에서 선은 공유결합을 의미한다. 그림 11.2b는 루이스가 고안한 방식으로 선 대신 2개의 점으로 나타낸다. 2개의 점은 결합에 쓰이는 2개의 전자를 의미한다.

이제 탄소 원자에 대한 가장 단순한 양자적 근사에 따르면 1개의 탄소 원자와 4개의 전자가 4개의 공유전자쌍을 형성한다. 그런데 이 4개의 공유 전자 중 1개는 s부껍질을, 그리고 나머지 3개는 p부껍질을 채우게 된다. 이런 간단한 이론을 바탕으로 하면 메탄 분자의 탄소 원자

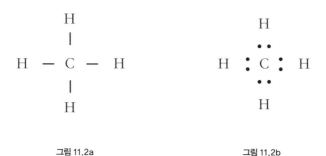

그림 11.2a   그림 11.2b

는 3개의 공유전자가 서로 90도 각도를 이루게 된다. 그리고 구 모양의 s부껍질에 속하는 네 번째 공유전자는 어느 방향에 있든 상관없다.

그러나 이런 그림은 실험과 일치하지 않았다. 19세기 이후에 탄소가 중심이 되는 분자의 경우 4개의 탄소결합은 각각의 모서리가 109.47도를 이루는 정사면체라는 것이 실험을 통해 밝혀졌다. 그림 11.3의 구조처럼 말이다. 정사면체는 그림 11.3a에서처럼 네 개의 면이 있다. 각각의 면은 정삼각형이다. (여기에서 점선은 바닥에 있는 보이지 않는 모서리이다. 그림 11.3b에서는 이 선을 그리지 않았다.) 그림 11.3b는 탄소 원자의 입장에서 나타낸 것이다. 정사면체의 중심에 있는 큰 점은 탄소 원자다. 네 개의 탄소결합은 중심으로부터 나와 정사면체의 모서리를 향하는 점선으로 나타냈다. 이 점선들은 각각이 109.47도의 각도를 이룬다.

양자이론을 화학결합에 적용하는 데에 여러 해 동안 장애물이었던 것은 p부껍질의 90도 각도와 실제로 관측된 탄소결합의 정사면체 각도가 서로 맞지 않는다는 것이었다.

폴링은 s와 p부껍질의 혼성을 찾아낼 수 있었다. 그는 s와 p부껍질의 혼성을 (s-p)으로 표시했다. 이 혼성 궤도는 s나 p가 따로 있는 경우보다 더 많이 튀어나와 있어야 한다. 그래야 s나 p가 따로 있는 경우보다 에너지가 낮아진다. 예를 들어 X축의 경우를 따져 보자. 폴링은 혼성 궤도 $(s-p)_1 = \frac{1}{2}s + \frac{\sqrt{3}}{2}p_x$일 경우, X축에서 최대의 확률을 가진

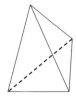

그림 11.3a

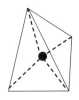

그림 11.3b

다는 것을 알아냈다. 이 혼성 궤도는 그림 11.4와 같다. 폴링이 나머지 세 개의 전자쌍, 즉 $(s-p)_2$, $(s-p)_3$, 그리고 $(s-p)_4$로 표현된 다른 s-p 의 혼성 궤도에 대해서 조사해 보았더니 이들 역시 $(s-p)_1$과 동일하며 109.47도의 각도를 이룬다는 점을 발견하게 되었다. 폴링의 승리였다! 탄소의 공유결합에 대한 폴링의 동일한 혼성 궤도는 바로 정사면체의 꼭짓점 방향을 향하고 있었다. 폴링은 그 이유도 알고 있었다. 게다가 그는 다른 화학결합을 계산하는 강력한 기술을 발전시켰다.

이 같은 그의 생각과 계산은 폴링의 1928년 논문에 그저 사실을 열 거하는 수준으로 다음과 같이 요약되어 있다. "공명현상으로 인해 원 자가가 4가인 탄소 원자 4개의 결합은 정사면체 구조를 이룰 때 안정 적이라는 것이 밝혀졌다." 더 자세한 말은 없었다. 하지만 10년 후 그 는 직접 쓴 화학교과서『화학결합의 본성(*The Nature of the Chemical Bond*)』 에서 자세한 설명을 덧붙였다. 이를 보면 그가 자신의 계산 결과에 얼 마나 흥분했었는지를 느낄 수 있다. "계산으로부터 나온 놀라운 결과 는 화학적으로 중대한 의미를 보여주었다. 가장 뾰족하게 튀어나온 두 번째 결합 전자 궤도는 처음 것과 동일하며, *이것의 결합 방향은 처음*

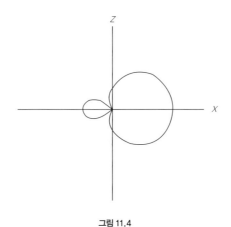

그림 11.4

의 것과 109.47도로 정사면체 각도를 이룬다는 것이었다."4) 여기에서
이탤릭체는 폴링이 표현한 그대로다.

일부 학자들은 1931년 미국 화학회지에 발표된, 화학결합에 관한 폴
링의 두 번째 논문을 20세기 화학 분야에서 가장 중요한 논문으로 여
긴다. 하지만 1928년의 논문이 최초의 논문이다. 또한 이 논문에서 폴
링은 혼성 궤도에 대해 단지 간략하게 기술했지만 혼성 궤도에 대한
핵심적인 개념들을 수립해 성공적으로 적용한 게 분명하다.

탄소결합을 설명하는 방법을 발견한 것은 말 그대로 '놀라운 결과'였
다. 폴링은 자신을 놀라게 하는 모든 것을 좋아했다. 이런 일은 그의 호
기심을 자극했고 그의 상상력을 부추겼다. 1980년에 친구에게 보내는
편지에서 폴링은 이렇게 썼다. "나는 습득한 지식을 나의 세계에 맞춰
넣으려고 노력한다네. [...] 내가 이해하지 못해 내 세계에 끼어 넣지
못하는 게 생기면 나는 계속 괴로워하지. 그것에 대해 생각하고 곱씹어
보고 결국에는 그것에 대해 연구를 하게 된다네 [...] 나는 이미 발견된
새로운 사실에 대해서는 전혀 관심이 가지 않아. 새롭긴 하지만 날 전
혀 놀라게 하지 않기 때문에 호기심이 생기지 않거든."5)

폴링은 이후에도 여러 번 새로운 발견을 이루었다. 화학에서 가장 핵
심적인 화학결합을 밝힌 업적 외에도 X선 결정법을 이용해 물질의 구
조를 연구했고, 분자생물학에 선구적인 업적을 남겼으며, 단백질의 기
본 구조를 일부 밝혀냈다. 그는 화학자이면서 생물학자였다. 1935년,
그는 산소가 어떻게 헤모글로빈과 결합하는지를 알아냈다. 이는 산소
가 어떻게 혈액으로 운반이 되는지를 밝히는 데 아주 중요한 정보였
다. 1936년에는 단백질 분자가 어떻게 접히고 펴지는지를 밝혀냈다.
단백질 접힘은 오늘날 단백질의 특성과 행동을 파악하는 데에 핵심

적인 요소로 알려져 있다. 1949년, 그는 '겸형 적혈구 빈혈(Sickle cell anaemia)'이라는 분자병(molecular disease)을 최초로 확인했다. 이 병은 적혈구 세포가 낫처럼 길쭉한 모양이 되었을 때 일어난다. 나중에 한 강연에서 폴링은 "좋은 아이디어를 갖는 방법은 많이 생각하는 것이다."[6)라고 말했다. 그는 여러 차례 노벨화학상을 수상할 만한 업적을 이루어 냈다.

20세기 후반에는 폴링의 위상이 전설적인 수준으로 높아졌다. 아인슈타인을 제외한 다른 어떤 과학자도 그만큼 미국의 대중들에게 알려지지 않았다. 폴링은 아인슈타인처럼 소박한 사람이었다. 중산층 가정에서 자란 폴링은 자신의 힘으로 대학을 졸업하기 위해 나무를 패고 부엌 바닥을 청소하는 등의 일을 했다. 지적인 독서를 더 좋아하긴 했지만 사랑 이야기를 읽는 것도 즐겼다. 비타민C의 복용을 권장했고 미국의 가수이자 영화배우인 도리스 데이(Doris Day)의 영화를 좋아했다. 또 59년 동안 행복한 결혼 생활을 꾸리기도 했다.

1945년, 2차 세계대전이 끝날 무렵에 폴링의 이력은 극적으로 확장되었다. 핵무기의 막강한 힘과 위협으로 인해 전 세계 물리학자들과 화학자들이 반전 운동에 동참하게 된 것이다. 생각이 깊었던 폴링은 앞에 나왔던 라우에와 하이젠베르크와 달리 적극적으로 행동했다. 그는 남은 생애의 절반을 평화 운동에 헌신하기로 결심했다. 어떻게 하면 세상에서 전쟁이 사라지게 할 수 있을 것인가의 답을 구하기 위해 폴링은 국제 관계와 국제법, 세계 역사, 평화 운동 등을 공부했다. 그리고 이 주제로 여러 번 강연하기도 했다. 또 아내 아바 헬렌(Ava Helen)과 함께 핵무기 시험을 중단할 것을 요구하는 청원서를 돌렸다. 그는 49개국으로부터 1만 1천 명의 서명을 받아내 1958년 국제연합(UN)에 제출했다. 그는 『전쟁은 이제 그만(No More War!)』이라는 반전 서적을 출간하기도 했다. 1961년에는 노르웨이 오슬로에서 평화 회의가 조직되는 데에 큰 도움을 주었다. 이런 노력으로 폴링은 1962년 노벨 평화상을 수상했다. 지금까지 과학과 평화 분야에서 노벨상을 석권한 사람은 그가 유일하다.

1950년대 초반, 수소폭탄이 막 개발되던 당시에 폴링은 이런 글을 썼다.

다른 신념, 다른 기질, 다른 이상, 다른 인종의 사람들이 어떻게 함께 어울려 사는 걸까? 자신을 좋아하지 않는 이웃과 어떻게 잘 지내는 걸까? 그 비법은 단지 그 이웃과 싸울 태세를 갖추지 않으면 되는 데에 있지 않다. 이는 성숙한 방법이 아니다. 서로 다른 그룹에 속한 사람들은 서로 간의 특성, 심지어 다른 점까지도 존중하며 평화적으로 살아가는 법을 배워 왔다. 사람들은 나라 간의 관계를 제외하고 모든 분야에서 이 점을 배우며 살아왔다. 이제는 국가들도 이 교훈을 배워야 할 때가 왔다. [...] 나는 우리에게 희망이 있다고 확신한다. 지금은 궁극적으로 전쟁을 중단하고 영원한 평화를 얻기 위한 위대한 행동을 보여야 할 때다.[7]

전자의 공유에 의한 화학결합

라이너스 폴링

양자역학의 발전으로 결합가를 결정하는 주요 요인은 파울리 배타원리와 하이젠베르크 공명 현상임이 명백해졌다. 정상 상태에서 두 개의 수소 원자가 가까워지는 경우 두 전자의 위치 좌표에 대해 대칭인 고유함수는 두 원자가 결합하여 수소 분자를 형성하도록 하는 위치에너지에 해당한다는 것이 밝혀졌다.[1], [2] 이 위치에너지 함수는 대부분 공명 효과에 기인하는데 두 개의 전자가 위치를 교환하여 화학결합을 형성하면 각 전자가 한 개의 핵에 상응하면서 다른 핵과도 부분적으로 관계하는 것이다. 수소 분자의 이른바 결합열, 관성모멘트, 진동수[2]는 실험과 거의 일치한다. 런던은[3] 최근 두 원자에 속하는 두 전자의 교환에너지가 비극성결합의 에너지라고 제안했다. 그는 두 전자의 좌표에 대해 대칭인 반대칭(따라서 허용된) 고유함수가 오직 각 전자의 스핀이 짝을 이루지 않을 때에만 가능함을 증명했다. 원자 내부에서 짝을 이루지 못한 스핀을 가진 전자들은, 러셀-손더스 방식에 의하면 2s(s는 스핀 양자수의 총합)이며, 이것은 스펙트럼 항의 다중도인 2s+1과 긴밀히 관계된다. 이것은 또한 비극성결합을 이루는 전자의 개수이기도 하다. 화학결합을 형성하는 두 전자의 스핀은 짝을 짓는데, 이 전자들은 더 이상의 결합을 만드는 데 효과적이지 않다.

이러한 이론은 간단한 경우에는 1916년에 순전히 화학적인 증거에 의해 제안된 G. N. 루이스의 전자쌍 공유이론과 완전히 일치한다는 것에 주목할 필요가 있다. 루이스의 전자쌍은 동일한 상태에 있지만 스핀이 반대인 두 전자들로 이루어져 있다. 만약 원자의 화학결합수를 극성결합수와 공유결합 전자쌍 개수의 합으로 정의한다면 이 새로운 이론에 의해 결합가는 주기율표의 짝수 열의 원소들에 대해서는 항상 짝수이고, 홀수 열의 원소들에 대해서는 항상 홀수여야 한다. H_2, F_2, Cl_2, CH_4 등의 분자에 대해 루이스가 제시한 공유 전자 구조는 런던에 의해 발견되었다. 결합가에 대한 양자역학적 설명은 그 이전에 사용된 도식보다 더 자세하며, 따라서 훨씬 더 강력하다. 예를 들어 양자역학에 의하면 주기율표의 첫 번째 행의 원자들은 4개 이상의 결합가를 가지지 못하며 수소는 1을 넘지 못하는데, 이것은 스핀을 무시한다면 L-각*에는 4개의 양자 상태만이, K-각에는 1개의 양자 상태만이 존재하기 때문이다.

런던의 간단한 이론을 확장하고 다시 정의하기 위하여 몇 가지의 정량적인 분광학, 열화학 자료를 고려한 새로운 결과를 도출했는데, 이중 일부는 아래에 기술될 것이다.

어떤 화합물이 극성인지 비극성인지를 판단하는 고감도의 테스트는 다음과 같다. 만약, 이온의 성질을 이용하여 계산된 극성 구조의 핵 간 균형거리가 실험에서 얻어진 값과 일치한다면 그 분자는 극성이다. 반면 전자공유결합의 균형거리는 계산 값보다 작을 것이다. 할로겐화수소 분자들의 수소-할로겐 거리는 HF의 경우에만 계산 값[4]과 측정된 값이 일치하는 바, HF는 H^+와 F^-로부터 형성되는 극성 분자이며 런던이 이전에 말한 바와 같이 HCl, HBr, HI는 아마도 비극성일 것이다.

---

* 주양자수의 값 n=1, 2, ...에 따라 K각, L각...이 정의된다.

HF에 대한 이 결론은 수소결합의 존재로 인하여 더 확실하다. 불소산 이온의 구조 및 H_6F_6에 대한 상응하는 구조는 공유 전자들이 런던 유형이라면

$$[\ :\ddot{\underset{..}{F}}:\ H\ :\ddot{\underset{..}{F}}:\ ]$$

파울리 원칙에 의해 불가능하다. 양성자가 정전기적 힘(편극성을 포함한)에 의하여 두 불소이온을 잡아두는 구조는 물론 가능하다. 양성자의 존재를 필요로 하는, 이런 식의 수소결합

$$:\ddot{\underset{..}{F}}:^-\ H^+\ :\ddot{\underset{..}{F}}:^-,$$

개념은 오직 전자 친화도가 높은 원자들(불소, 산소, 및 질소)만이 그러한 결합을 형성한다는 사실을 잘 설명한다.

결합수가 7인 염소의 화합물들은 극성결합수 +3과 4쌍의 공유전자 결합을 가진다. 따라서 과염소산 음이온은 Cl^{+3}과 4개의 O^-로부터 형성되어 아래의 구조를 가질 것이다.

$$\left[\ \ \begin{array}{c} :\overset{..}{\underset{..}{O}}: \\ :\overset{..}{\underset{..}{O}}:\ :\overset{..}{\underset{..}{Cl}}:\ :\overset{..}{\underset{..}{O}}: \\ :\overset{..}{\underset{..}{O}}: \end{array}\ \ \right]$$

불소의 L-각에 4개(정확히 4개)의 짝짓지 않은 전자가 존재할 공간이 가능한 경우에 이러한 구조는 FO_4^-에 대해서도 물론 가능하다. 런던은 결합수가 7인 염소원자가 0의 극성결합수와 7의 공유전자결합을 가진다고 가정했고, 불소의 경우에는 1의 결합수만을 가진다는 사실을 설

명하면서 7개의 짝짓지 않은 L-전자가 불가능함을 지적했다. 그러나 이 간단한 설명에 의하면 불소가 +3의 극성결합수를 가지는 것이 가능하다. 따라서 불소 원자가 1보다 큰 결합수를 가질 수 없다는 것은 에너지론 논점에 의해 설명되어야 하며 이것은 불소의 이온화 에너지가 매우 크다는 사실과 관련이 있다.

주기율표 첫 번째 행의 원소들은 공유 전자결합의 형성으로부터 나타나는 교환에너지가 충분히 커서 양자화의 방식을 바꾸는 바, L-각의 $l = 0$, $l = 1$, 두 부각을 파괴한다. 이것이 실제로 일어날지는 주로 원자의 s-수준($l = 0$)* 및 p-수준($l = 1$) 사이의 간격에 의하여 결정된다. 붕소, 탄소, 질소에서 이 간격은 산소, 불소 및 그 이온보다는 훨씬 작으며 그 결과 붕소, 탄소, 질소의 양자화 형태는 바뀌지만 나머지 두 원소들의 경우에는 그러하지 않다. 따라서 탄소의 경우 포화 탄소화합물들의 매우 안정한 전자 공유결합과 꽤 안정한 이중결합이 가능한데 다른 원소들, 특히 산소에서는 이러한 결합들이 형성되지 않는다. 또한, 질소 분자, 탄산 음이온, 질산 음이온, 붕산 음이온, 카르보닐 기 등 삼중결합이 있는 분자에서처럼, 세 개의 전자쌍이 한 원자에 붙어 있는 형태의 결합도 안정화된다. 공명현상으로 4의 결합가를 가진 탄소의 정사면체 구조도 매우 안정한 것으로 알려져 있다.

런던에 의해 취급되었던 것보다 더 복잡한 전자 상호작용도 양자역학에 의해 설명될 수 있으며, 종전에는 비정상적인 것으로 알려졌던 분자구조도 해명될 수 있다.

---

*각운동량양자수 $l = 0, 1, \ldots\ldots$에 따라 s, p, $\ldots\ldots$부각이 정의된다.

$$(N_2 = \overset{\cdot\cdot}{N} : \overset{\cdot\cdot}{N} \overset{\cdot\cdot}{\cdot}) \qquad \left[\overset{\cdot\cdot}{\overset{\cdot\cdot}{O}} : C \overset{\cdot\cdot}{\overset{O}{\cdot\cdot}} \overset{\cdot\cdot}{\overset{O}{\cdot\cdot}} \right]^{-} \qquad R : C \overset{\cdot\cdot}{\overset{O}{\cdot\cdot}} \overset{\cdot\cdot}{\overset{O}{\cdot\cdot}} H$$

분자에 대하여 제시되는 다양한 구조들 중에 어떤 것을 선택할 것인지
하는 문제는 양자역학으로부터 유도되는 규칙을 직접 적용하여 해결
할 수는 없음을 강조하는 것이 좋을 것이다. 그러나 간단한 현상들로부
터 얻어진, 이미 알려진 수학적 방법을 적용할 수 있는 측정량을 이용
하면 많은 경우에 결합가를 잘 해석할 수 있다.

이 노트에 발표된 내용의 더 자세한 사항은 미국화학회지에 제출될
것이다.

캘리포니아 공대 게이츠 화학실험실

Proceedings of the National Academy of Sciences (1928)

■ 참고문헌

1. Heitler, W., and London, F., Z. Phys., 44, 455 (1927).

2. Y. Sugiura, Ibid., 45, 484 (1927).

3. F. London, Ibid., 46, 455 (1928).

4. L. Pauling, Proc. Roy. Soc., A114, 181 (1927). 이 논문에는 양이온에 의한 음이온의 편
극화(polarization)를 고려하면 계산된 값이 줄어들 것이라고 언급되어 있다. 그러나 몇
가지의 사실을 보면, 비활성 기체원소의 구조를 가지는 이온의 경우 균형거리에 대한 편극
화의 효과는 작다.

번역: 이성렬

우주팽창

아인슈타인의 정적우주론 VS 허블의 팽창우주론, 승자는?

에드윈 허블 (1929)

1920년대 말 캘리포니아 남부 윌슨산 정상에서의 어느 추운 저녁 날이었다. 에드윈 허블은 저녁을 먹고 숙소에서 나와 직경 100인치(2.5미터)짜리 후커 망원경이 있는 거대한 돔 건물까지 지저분한 길을 따라 걸어갔다. 후커 망원경은 당시 지구에서 가장 큰 망원경이었다. 돔의 직경은 약 29.0미터였고 높이는 30.5미터였다. 낙타털 코트를 입고 검정색 베레모를 쓴 허블은 오두막집 현관 같은 문을 열고 들어갔다. 그는 금속으로 된 계단을 올라 3층에 있는 '관측대'로 올라갔다. 조수 한 명을 제외하면 오직 그 혼자였다. 바깥은 짙은 어둠이 가득했다. 거대한 돔이 덜거덕거리며 천천히 열렸다. 허블은 아래에 있는 조수에게 큰 소리로 망원경의 방향을 지시했다.

그날 밤, 허블은 멀리 떨어져 있는 은하들의 사진을 찍으려고 했다. 그가 찍으려는 은하는 은하로부터 나오는 빛이 지구에 도달하는 데 수백만 년이 걸릴 정도로 멀리 있었다. 이 천문학자는 아이피스(접안렌즈)*를 통해 하늘을 연구했다. 망원경의 방향이 원하는 곳을 향하면 그는 성냥을 그어 담뱃대에 불을 붙인 다음 낮은 나무 의자에 앉았다. 이제부터 시계회전 장치(clock drive)가 자동으로 지구의 자전 속도에 맞춰 망원경을 거꾸로 회전시켜 줄 것이었다. 그러면 허블이 보고자 하는 은하들이 시야에서 벗어나지 않는다. 시계회전 장치는 조용히 돌아

---

* 망원경은 대물렌즈나 반사거울을 이용해 물체로부터 나오는 빛을 모아 상을 만든다. 아이피스는 망원경의 상을 확대해서 실제보다 크게 보이도록 하는 기구이다.

갔고 관측소의 불은 모두 꺼져 있었다. 담뱃대의 희미한 빛과 머리 위에서 쏟아지는 엷은 별빛을 제외하곤 온통 어둠뿐이었다. 그는 앞으로 오랜 시간 동안 춥고 고요한 밤을 의자에 앉아 지새울 것이었다. 때때로 그는 조수에게 새로운 지시를 내린 후 의자에서 일어나 아이피스를 들여다보곤 했다. 망원경은 쪼그리고 앉아 있는 거대한 새처럼 보였다. 몸통의 길이는 9미터 가량이었다. 몸통을 지지하는 거대한 다리와 엉덩이는 철제로 만들어졌고 단단하게 바닥에 고정되어 있었다. 이 거대한 새의 무게는 100톤이나 되었다. 허블은 체구가 상당히 큰 남자였다. 190미터 가까운 키에 가슴은 떡 벌어진 데다 헤비급 권투 선수의 경력도 있었다. 그러나 하늘을 응시하고 있는 거대한 새 꼬리 아래에 앉아 있는 그는 개미처럼 작아 보였을 뿐이다.

1931년 2월 4일, 후커 망원경에서 넘어지면 코 닿을 곳에 있는 윌슨 산 천문대의 작은 도서관으로 기자들이 잔뜩 모였다. 이 자리에서 아인슈타인은 자신이 세운 정적 우주론이 더 이상 유효하지 않다고 선언했다. 아인슈타인 옆에는 41세의 허블이 다른 천문학자들과 함께 서 있었다. 아인슈타인은 1917년 우주는 팽창하지도 수축하지도 않는다는 정적 우주론을 발표했다. 그러나 아인슈타인은 허블의 발견 앞에서 무릎을 꿇어야 했다. 우주 공간 자체는 늘어나며 팽창하고 있기 때문이었다. 멀리 있는 은하들은 서로 점점 멀어졌다. 마치 점점 부풀어 오르는 풍선의 표면에 그린 여러 개의 점처럼 말이다. AP 통신사의 한 기자는 "놀라움의 탄성이 도서관을 휩쓸었다."[1]고 표현했다. 이 새로운 뉴스는 순식간에 전 세계로 퍼져 나갔다.

코페르니쿠스는 1953년에 태양이 우리 행성계의 중심이라고 주장했다. 이후 수 세기가 지난 후 천문학에서 가장 중요한 발견이 생겼다. 바로 허블의 우주팽창에 대한 발견이다. 우주가 팽창하고 있다면 우주는 변화하고 있다는 소리다. 사실 우주는 여러 차례 격변기를 거쳐 왔고 이때마다 과거와는 상상할 수 없을 정도로 달라졌다. 특히 우주는 과거에 더 작았고 더 밀집되어 있었다. 한때는 은하들이 서로 붙어 있던 적도 있었다. 그 이전에는 별들이 두꺼운 원시 가스의 구름 속에서 존재하지 않던 시절도 있었다. 그리고 그보다 더 먼 과거에는 전자들이 원자에 속박해 있지 않았다. 가능한 가장 먼 과거로 간다면 우리가 지금 우주를 볼 때 볼 수 있는 모든 물질이 원자 하나보다 더 좁은 공간에 똘똘 뭉쳐 있던 적도 있다. 그때, 또는 바로 그 직전이 우리가 오늘날 '빅뱅'이라고 부르는 우주의 시작이다. 천문학자들은 우주가 팽창하는 속도를 관측하여 빅뱅이 150억 년 전쯤 일어났다고 계산했다. 허블의 발견은 과학뿐 아니라 철학, 신학, 그리고 심리학까지도 막대한 의미를 주었다.

허블은 산꼭대기에 있는 도서관에서 아인슈타인과 함께 하는 순간에 이르기까지 참 많이 돌아왔다. 1889년 말, 미국 미주리 주 마시필드에서 태어난 허블은 시카고에서 학교를 다녔다. 그는 프로 육상 선수나 변호사, 또는 다른 전문직을 가질 수도 있었다. 허블은 16세 때 시카고 센트럴 고등학교 농구부의 인기 스타였다. 그리고 고3 육상경기에서는 장대높이뛰기, 투포환, 제자리높이뛰기, 도움닫기 높이뛰기, 원반던지기, 그리고 해머던지기에서 모두 우승했다. 1906년 5월 6일에는 높이뛰기 부문에서 일리노이 주 최고 기록을 세우기도 했다. 시카고 대학에서 매우 우수한 성적을 기록한 그는 개인적인 집착으로 로즈장학금*을 따냈다. 그리고 그가 또 집착하는 것이 있었다. 바로 천문학이었다. 하

---

* 1902년 영어권 국가들 사이의 단합 증진을 위해 세실 로즈의 뜻에 따라 만든 옥스퍼드 대학 장학금.

지만 변호사이자 보험 설계사인 아버지는 그가 천문학을 공부하는 것을 강하게 반대했다. 때문에 허블은 옥스퍼드 대학에서 천문학이나 수학을 접고 대신 법학을 공부했다. 당시의 그는 한 친구에게 집으로 돌아가면 가족을 부양하기 위해 돈을 벌어야 할 것이라는 말을 했다고 전해진다. 그러나 허블은 옥스퍼드 대학에서조차도 육상경기를 준비하는 데 시간을 할애했다. 그리고 프랑스 챔피언과의 시범 권투 경기를한 적도 있다. 1913년에 미국으로 돌아온 허블은 부모님이 살고 있는 켄터키 주 루이즈빌에서 법률사무소를 열었다. 하지만 법은 그의 열망을 채워 주지 못했다. 1년 후 그는 대학원을 다니기 위해 시카고 대학으로 돌아갔다. 이번에는 천문학을 공부하기 위해서였다.

허블은 초인적인 사람이었다. 잘생긴 외모에 튼튼한 육체를 가졌고 운동 소질도 있고, 총명하고, 활동적이며, 야심이 크고, 거만하며, 사람들과도 적당히 거리를 두었다. 어린 시절 그는 과학뿐만 아니라 고전과 역사에 대해서도 폭넓게 독서를 했다. 고등학교 시절의 한 동기는 허블이 선생님의 권위에 도전해 여러 질문을 던지곤 했다고 기억했다. 또 다른 동기 한 명은 허블을 다음과 같이 회상했다. "그는 모든 해답을 아는 것처럼 행동했다. [...] 그는 항상 자신의 이런저런 이론을 들어줄 누군가를 기다리는 것처럼 보였다."[2] 그의 여동생 엘리자베스 (Elizabeth)에 따르면 "자신이 할 수 있다는 걸 증명하기 위해 행동으로 보여주려고 노력했고 [...] "[3] 종종 자신의 영웅적인 활약을 과장하며 반복해 말하곤 했다.

결국에는 허블은 자신의 야심을 이루는 데 성공했다. 하지만 아이러니하게도 1929년에 은하 간의 거리와 후퇴속도의 비례관계를 보여준 그 유명한 논문을 발표할 때 허블은 자신이 대단한 일을 해낸 것이 아닐까 하고 짐작만 했지 정말 그 연구가 어떤 의미를 갖는지를 잘 이해하지 못했다.

허블이 우주팽창을 발견하기 이전에는 지구상의 거의 대부분의 문명에서 우주가 변함없이 정지해 있다고 믿었다. 지구의 자전을 배제한다면 우리의 눈에는 하늘의 별들이 한자리에 고정되어 있는 것처럼 보인다. 아리스토텔레스는 『천체론(De Caelo)』에 이렇게 적었다. "우리는 모든 과거에서 세대와 세대를 거쳐 전해 내려온 기록에서 하늘의 전부와 일부분을 통틀어 어떤 변화의 흔적도 발견하지 못했다."[4] 실제로 과학자든 시인이든 모두가 정적인 우주를 지구상의 변화무쌍한 자연현상과 대비해 영원불변의 상징으로 보았다. 기존의 천문학적 사고에 도전했던 코페르니쿠스조차도 이렇게 말했다. "부동성은 변화와 불안정보다 고상하고 신적인 것으로 여겨진다. 이런 까닭에 변화와 불안정은 우주보다 지구와 어울린다."[5] 셰익스피어의 『줄리어스 시저(Julius Ceasar)』에서 시저는 브루투스와 함께 자신을 암살하려는 카시우스에게 이렇게 말했다.

> 그러나 나는 북극성처럼 한결같아.
> 진정으로 정지해 있는 점은
> 하늘에서 아무것도 그를 따라올 것이 없지.[6]

아인슈타인은 1917년 우주론을 발표했다. 여기에서 그는 우주의 큰 규모로 볼 때 우주는 변하지 않는다는 단순한 가정을 세웠다. 사실 아인슈타인은 우주가 정적이라는 데 너무 확신한 나머지 1915년에 발표한 일반상대성이론에 대한 방정식을 수정하기까지 했다. 그가 손을 본 방정식들은 물질과 에너지가 어떻게 중력을 만들어 내는지, 그리고 이렇게 생겨난 중력이 역으로 시공간에 어떤 영향을 미치는지를 말해준다. 개정판에서 아인슈타인은 이 방정식에 우주 상수라고 불리는 람다(λ) 상수항을 추가했다. 중력이 끌어당기는 힘이므로 우주를 구성하는 별과 성운이 고정된 자리에 계속 있으려면 척력이 필요하다. 바로 우주 상수가 여기에서 중력의 끌어당기는 힘과 균형을 이루는 척력의 역할을 하는 것이다. 우주 상수가 있어야 우주에 있는 별과 성운이 고정된 자리를 그대로 유지할 수 있다. 이 위대한 독일 태생의 물리학자 아인슈타인은 자신의 논문 마지막 부분에 다음과 같은 말을 했다. "그 [람다] 항은 별들이 작은 속도로 움직여야 하기 때문에 물질들의 준(準)정적인 분포를 가능하게 하기 위한 목적으로만 필요한 것이다."[7]

천문학자가 아닌 아인슈타인에게는 알려지지 않았지만 당시 천문학 데이터는 이미 우주의 물질들이 움직이고 있다는 것을 암시하고 있었다. 1912년 이후부터 미국의 천문학자 베스토 슬라이퍼는 일부 성운이 엄청난 속도로 태양계로부터 멀어지고 있다는 증거를 모으고 있었다. 슬라이퍼는 미국 애리조나 주 로웰천문대의 24인치짜리 망원경을 이용했다. (24인치는 망원경의 렌즈나 거울의 직경을 의미한다. 직경이 클수록 더 많은 빛을 모을 수 있으며 희미한 물체까지도 자세히 볼 수 있다.)

하늘에 보이는 성운은 안개 같은 빛 속에 구름처럼 퍼져 있다. 성운은 고대부터 알려져 있던 것이고 갈릴레오가 최초로 성운의 정체를 밝혔다. 망원경으로 우주를 관측한 갈릴레오는 일부의 성운이 맨눈으로는 식별되지 않을 정도로 희미하게 뭉쳐 있는 별들의 모임이라는 사실을 알아냈다. 우리에게 가장 놀라운 성운은 빛의 띠를 이루며 밤하늘을 가로지르는 아치 모양의 은하수였다. 은하수는 태양계에 속한 나선형의 별 집합이다. 오늘날 우리는 은하수에 약 천억 개의 별이 있다는 것을 알고 있다. 또한 세 종류의 성운이 실제로 존재한다는 것도 알고 있다. 은하수 안에 있는 백만 개의 별이 구 모양을 이룬 구상성단(globular cluster), 먼지와 가스 구름인 은하 성운(galactic nebula), 그리고 은하수 바깥에 있는 또 다른 거대 천체들의 집합인 은하계외 성운(extragalactic nebula)이라는 것을 말이다. 사실 은하계외 성운은 다른 은하다. 그러나 1912년에는 이 사실이 거의 알려지지 않았다. 또한 이 천체까지의 거리도 모르고 있었다. 1920년대 중반까지 천문학자들은 이들 성운이 은하수 안에 위치하는지, 아니면 그 너머에 따로 떨어져 있는 '섬 우주(island universe)'*인지를 두고 뜨거운 설전을 벌이기도 했다.

1914년까지 슬라이퍼는 13개 성운의 속도를 측정했다. 좀 더 정확하게 말하면 성운들의 색깔을 관측했다. 색깔이 속도와 무슨 관련이 있는 걸까? 이는 빛을 내는 광원이 나에게 가까워질 경우 빛의 색 스펙트럼이 파란색 쪽으로 이동하고 멀어질 경우 빛의 스펙트럼이 붉은색 쪽으로 이동하기 때문이다. 이런 현상을 '도플러 효과'라고 한다. 도플러 효과라는 명칭은 1842년 최초로 이 현상을 밝힌 오스트리아의 크리스티안 요한 도플러(Christian Johann Doppler, 1803~1853)를 기념해 붙인 것이다. 별빛의 스펙트럼에서 나타나는 도플러 현상은 기차의 경적 소리가 기차의 움직임에 따라 달리 들리는 것과 유사하다. 기차가 가까이 다가오면 경적 소리는 정지했을 때보다 음이 높아진다. 반대로 기차가 멀어질 경우 음이 낮아진다. 그러니까 음의 높이가 얼마나 달라지는지를 가지고 움직이는 물체의 속도를 계산할 수 있다. 마찬가지로 빛의 색깔이 얼마나 변했는지를 통해 천체의 속도를 구할 수 있다. 이런 방법으로 슬라이퍼는 나선형의 성운이 지구로부터 1초에 6백 킬로미터의 속도

---

* 은하를 의미한다.

로 멀어지고 있다고 결론을 내렸다. 이는 이미 알고 있던 우주의 물체가 가진 속도보다 100배나 빠른 것이었다.

1920년대 초까지 슬라이퍼는 40개 성운의 후퇴속도를 측정했고 동일한 결과를 얻었다. 그가 얻은 결과는 매우 중요했지만 그 누구도 이 결과가 어떤 의미를 갖는지를 이해하진 못했다. 다른 천문학자들과 마찬가지로 허블 역시 슬라이퍼의 결과가 어떤 의미인지를 알아내느라 골머리를 앓고 있었다. 저명한 천문학자인 아서 에딩턴(Arthur Eddington, 1882~1944)은 1923년에 발표한 책 『상대성의 수학적 이론(The Mathematical Theory of Relativity)』에 이런 글을 남겼다. "우주론에서 가장 난해한 문제 중 하나는 나선 성운의 어마어마한 속도이다."[8] 당시 문제를 복잡하고 난해하게 만든 가장 큰 이유는 거리를 알지 못했기 때문이었다.

사실 대부분의 천문학 관련 장애물은 거리 측정에 있었다. 우리가 별이나 성운과 같은 천체로부터 나오는 빛을 감지할 때 우리는 그것의 겉보기 밝기만을 재는 것이다. 거리를 알려면 그 천체의 본래 밝기도 알아야 한다. 전구의 와트수를 알아야지 우리 눈에 얼마나 밝게 보이는지로부터 전구까지의 거리를 유추할 수 있는 것과 마찬가지다.

6장에서 자세히 얘기했지만 1912년 하버드 천문대의 리비트는 세페이드 변광성까지의 거리측정법을 알아냈다. 세페이드 변광성의 밝기는 3~50일 주기로 변화한다. 간략하게 말하면 리비트는 세페이드의 주기와 본래 밝기 간의 관계를 찾아낸 것이다. 리비트의 주기-광도 법칙과 측정해서 얻은 주기를 통해 본래 밝기를 유추할 수 있고 본래 밝기와 겉보기 밝기를 알면 최종적으로 거리를 계산해 낼 수 있다.

1918년, 미국의 천문학자 섀플리는 우리 은하 여러 곳에 위치한 세페이드 변광성을 조직적으로 찾아내 우리 은하의 크기가 생각했던 것보다 훨씬 크다는 사실을 밝혀냈다. 그는 우리 은하의 지름이 30만 광년 정도 된다고 결론내렸다. 1광년은 빛이 1년 동안 갈 수 있는 거리로 대략 10조 킬로미터쯤 된다. 천문학에서 거리 단위로 파섹이라는 단위를 쓰기도 하는데 1파섹은 3.3광년과 같다. 우리 은하가 얼마나 큰지를 가늠하기 위해 예를 들면, 우리 태양에서 가장 가까운 별인 알파센타우리까지는 대략 4광년의 거리에 있다.

우리 은하의 대략적인 크기를 알아냄으로써 섀플리는 여러 근거를 대며 성운들이 모두 우리 은하 안에 있다고 주장했다. 섀플리에 따르면 우주에는 섬 우주가 존재하지 않고 은하계외 성운도 없다. 허블은 1924년 섀플리의 주장이 틀렸음을 입증해 보였다.

1917년, 시카고 대학에서 천문학으로 박사 학위를 받은 허블은 윌슨산 천문대에 자리를 구했다. 그러나 허블은 1차 세계대전에 참전하길 원했기 때문에 천문대 자리를 전쟁에서 돌아올 때까지로 유예했다. 그는 프랑스에 주둔한 미국 원정군에 합류해 짧은 시간 만에 소령으로 진급했다. 그는 1919년 10월에 이제 막 100인치짜리 망원경이 완성된 윌슨산 천문대로 돌아왔다. 채 서른도 되지 않은 허블은 똑똑했고 천문학 교육을 제대로 받았으며 야심도 컸다. 가장 중요한 건 그가 당시 세상에서 가장 거대한 망원경에 접근할 권한을 갖고 있었다는 것이다. 허블은 적절한 시기에 적절한 장소에 있었던 셈이다.

1924년, 허블은 안드로메다 성운에서 세페이드 변광성을 발견한 덕분에 별까지의 거리를 측정할 수 있었다. 그가 얻은 값은 90만 광년으로 섀플리가 측정한 은하계 최대 범위의 3배나 되었다. 안드로메다 성운은 우리 은하 바깥에 존재하는 것이다. 즉 또 다른 은하라는 이야기였다!(6장에서 언급했지만, 현대의 관측에 따르면 우리 은하는 지름이 10만 광년이고 안드로메다은하까지의 거리는 200만 광년이다.) 허블은 다른 성운들까지의 거리를 계속해서 측정했다. 그러자 그가 측정한 상당수가 우리 은하 바깥에 있는, 게다가 아주 멀리 떨어진 은하라는 것이 밝혀졌다. 그러나 당시 이 천체들은 은하라고 불리는 대신, 여러 해 동안 '은하계외 성운'이라고 불리었다.

성운들이 은하계 바깥에 있음을 확인한 허블은 은하의 각기 다른 모양을 바탕으로 은하를 분류하는 체계를 세웠다. 그리고 동료 천문학자인 밀턴 휴메이슨(Miton Humason, 1981~1972)과 함께 우주의 규모를 확장해 나갔다. 100인치짜리의 거대한 망원경이 있다고 해도 5백만 광년 너머로는 세페이드 변광성이 보이지 않았다. 그보다 먼 곳을 알아내기 위해 허블은 독특한 특성을 가지고 아주 짧은 파장대의 빛을 내는, 좀 더 광도 높은 초거성을 이용했다. 그가 활용한 초거성은 O와 B타입으로, 청색 빛을 내는 거대한 별이었다. 이 별들은 대략적으로 본래 밝기가 어느 정도인지가 알려져 있었고 1천만 광년 거리까지 보였다. 하지만 거리를 측정하는 데에는 세페이드 변광성만큼 정확하지 않았다. 점점 더 먼 천체를 측정할수록 측정한 거리의 정확도는 떨어졌다. 1920년대 말에 허블은 자신의 가장 위대한 업적을 발표할 준비를 끝마쳤다. 그것은 슬라이퍼가 관측한, 멀어지는 성운들까지의 거리를 측정한 결과였다.

우주팽창에 대한 허블의 발견 스토리는 아이러니와 행운, 무지, 몇 가지 비극, 그리고 놓쳐 버린 기회로 가득하다. 슬라이퍼, 리비트, 그리고 허블은 망원경을 통해 위대한 발견을 해냈다. 이론 천문학자들이 종이와 연필로 우주를 탐험하는 것과 다르다. 관측가인 허블은 이론가들이 내놓은 업적들에 대해 잘 알고 있지 않았다.

1917년, 아인슈타인이 이제 막 우주론을 발표했을 당시에 빌헬름 드 지터(Wilhelm de Sitter, 1872~1934)라는 네덜란드 이론 천문학자가 일반 상대성이론을 바탕으로 한 또 다른 이론을 발표했다. 드 지터는 자신의 이론을 공손하게도 '해법 B', 아인슈타인의 이론을 '해법 A'라고 불렀다. 두 이론은 아인슈타인의 일반상대성이론 방정식을 푼 것으로 람다 항을 식에 추가해 수정했다. 두 이론 모두 공간이 시간적으로 변하지 않는다는 정적 우주론을 채택했다. 하지만 드 지터는 우주 물질의 양이 람다 항과 비교했을 때 무시할 만하다는 가정을 하나 더 추가했다. 사실 이 네덜란드 천문학자는 물질을 아예 무시했다. 그의 이상적인 이론 모형에서 람다 항은 오직 우주에서의 힘으로 작용할 뿐이었다.

드 지터의 가정은 아인슈타인의 이론에 나타나지 않는 두 가지 결과를 유도해 냈다. 우선 시간은 위치에 따라 다른 속도로 흘러갔다. (여기에서 아인슈타인의 특수상대성이론의 시간 개념과 헷갈리면 안 된다. 특수상대성이론에 따르면, 서로에 대해 상대적으로 움직이는 관찰가들 간에는 시간이 다른 속도로 흐른다. 드 지터의 우주에서는 서로에 대해 정지해 있는 두 관찰자라고 해도 시간은 다른 속도로 흐른다. 두 관찰자가 다른 위치에 있다면 말이다.) 시간의 변동성으로 인해, 한 위치에서 방출된 빛의 파장은 제2의 장소에서 다르게 관측된다. 빛의 진동수는 빛이 1초에 진동하는 횟수라는 점을 상기해 보자. 여기에서 진동은 시계의 추가 왔다갔다하는 것과 같다. 시계가 장소에 따라 다른 속도로 째깍거린다면 동일한 빛에 대해서도 장소에 따라 진동수가 다를 수밖에 없다. 드 지터의 이론에 따르면, 빛의 진동수는 빛이 우주 공간을 나아갈수록 점점 줄어든다. 눈으로 볼 수 있는 가장 높은 진동수는 파란색이고 가장 낮은 진동수는 붉은색이다. 그래서 과학자들은 진동수가 감소하는 빛에서 적색편이가 일어난다고 말한다. 드 지터의 우주에서는 빛이 점점 더 멀리 날아갈수록 적색편이가 더 크게 나타난다. 이 현상은 도플러 효과와 비슷해 보인다. 그러나 이는 멀어지는 속도 때문이 아니라 시간의 흐름이 느려졌기 때문에 생겨난 것이다.

두 번째로 드 지터의 이론이 낳은 특이한 결과는 다음과 같다. 어느 한 입자들의 집합(또는 성운)이 우주 어딘가에 위치한다고 했을 때 그 입자들은 람다 항의 반중력 효과에 의해 서로를 밀어내며 멀어져야 한다. 이런 상황에서는 도플러 효과로 인해 한 성운에서 내는 빛이 다른 제2의 성운에서 관측될 경우 적색편이가 나타난다.

드 지터의 두 가지 결론, 즉 우주 공간에서 나아가는 빛의 적색편이와 성운들이 서로 간에 밀어내는 작용을 '드 지터 효과'라고 부른다. 결국 두 현상은 모두 빛의 적색편이로 나타난다. 드 지터는 1917년 자신의 논문에서 이런 말을 했다. "매우 멀리 있는 별이나 성운의 선 스펙트럼은 붉은색 쪽으로 옮겨가야 한다. [...] "[9] 이렇게 논리적이고 명백한 주장에도 불구하고 많은 과학자들은 드 지터의 효과가 어떤 의미인지를 혼란스러워했다. 그리고 멀리 있는 성운들로부터 나오는 적색편이를 설명하려고 서로 다른 두 현상을 마구 버무렸다.

드 지터는 아인슈타인보다 관측 천문학에 대해 더 잘 알고 있었다. 그는 슬라이퍼의 관측 결과도 알고 있었다. 논문의 마지막 부분에서 드 지터는 세 개의 성운, 즉 안드로메다, NGC 1068, 그리고 NGC 4594의 관측 속도를 나열했고 이들이 멀어지는 평균 속도가 1초에 6백 킬로미터라고 계산해 냈다. 해법 A인 아인슈타인의 이론은 이 같은 후퇴속도(또는 적색편이)를 설명하지 못했다. 아인슈타인의 이론에서는 시간이 어디서나 동일한 속도로 흐르고, 입자들은 움직이지 않는 상태다. 드 지터는 자신의 이론인 해법 B가 관측 데이터와 잘 맞아떨어진다는 점에 기뻐했다.

1922년, 알렉산더 프리드만(Alexander Friedmann, 1888~1925)이라는 34세의 러시아 과학자는 새로운 결심을 했다. 시간에 따라 변화하는 아인슈타인의 일반상대성이론에 대한 우주론적 해법을 수학적으로 탐색하기로 말이다. 프리드만은 아인슈타인과 드 지터의 정적 우주 가설이 증명되지도 않았다고 지적했다. 그는 아인슈타인의 중력에 관한 방정식으로 연구를 시작했다. 그러나 모든 변수를 시간적으로 항상 같은 값이라고 전제하지 않았다. 프리드만의 이론에서는 우주가 극도로 높은 밀도에서 시작되었고 시간이 흐르면서 점점 팽창했다. 프리드만의 논문은 거의 알려지지 않다가 1929년 허블의 발견이 이루어진 뒤에야 학계에 알려졌다. 안타깝게도 1925년 프리드만은 37세의 나이에 장티푸스로 사망했다. 이 러시아 물리학자는 자신의 이론이 입증된 것도 보지 못하고 세상을 떠났다.

드 지터와 프리드만의 두 이론은 아인슈타인의 철학을 공격했다. 드지터의 이론은 질량이 존재하지 않는다는 가정에서 아인슈타인 방정식의 해를 구했기 때문에 공간의 특성은 물질에 의해 결정된다는 아인슈타인의 강한 믿음과는 어긋났다. 프리드만의 이론은 우주가 정적이라는 아인슈타인의 생각에 도전했다. 아인슈타인은 두 논문에 반박하는 주장을 내놓았다. 두 논문에 수학적인 모순이 있다고 말이다. 아인슈타인은 물론, 다른 이들도 훗날 깨닫게 되지만 아인슈타인은 너무 빨리 대응하느라 실수를 저지르고 말았다. 이 위대한 물리학자는 드 지터와 프리드만의 우주론이 자신의 우주론과 함께 우주론적 문제에 대한 해가 될 수 있음을 마지못해 인정했다. 그러나 그는 둘 중 어느 것도 좋게 생각하지 않았다.

1924~25년의 한 학년 동안, 젊은 벨기에 신부로 신학과 함께 물리학을 공부한 조르주 르메트르(Georges Lemaître, 1894~1966)가 박사 후 연

구원으로 하버드 천문대에 있었다. 한 해의 과정이 끝나갈 무렵 워싱턴에서 열린 모임에서 르메트르는 안드로메다 성운이 우리 은하 바깥에 있다는 허블의 발견에 대해 듣게 되었다. 슬라이퍼의 결과도 알고 있던 르메트르는 허블의 발견을 움직이는 우주의 증거로 해석했다. 르메트르는 벨기에 루뱅으로 급히 돌아가 팽창하는 우주를 위한 우주론을 계산했다. 르메트르의 우주론은 몇 년 전 프리드만이 발표한 것과 본질적으로 같았다. 1927년에 발표된 그의 획기적인 논문에서 르메트르는 이렇게 말했다. "은하계외 성운의 후퇴속도가 우주팽창으로 나타나는 우주적 효과다."[10] 르메트르는 각 은하의 후퇴속도를 우리와의 거리에 비례해야 한다는 예측도 했다. 이는 여전히 잘 알려져 있지 않았던, 프리드만의 이전 논문에도 없었던 핵심적인 결론이다.

르메트르의 예측을 제대로 이해하는 것은 중요한 일이다. 왜냐하면 그 예측이 허블의 1929년 논문을 해석하는 데 핵심이 되기 때문이다. 르메트르가 자신의 법칙을 유도하기 위해 아인슈타인의 방정식을 이용하긴 했지만 사실 그 자체는 복잡한 수학을 이용하지 않고도 얻을 수 있을 정도로 쉬웠다. 그림 12.1에서 보여주는 것처럼 말이다. 자 위의 점은 은하를 나타낸다. 그림의 윗부분에서는 은하들이 1인치 간격으로 떨어져 있다. 이제 자를 쭉 늘려 보자. 공간이 팽창하는 것을 나타

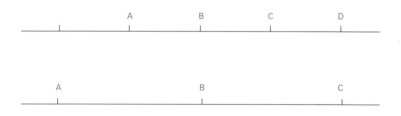

그림 12.1

내기 위해서다. 1분 후 자의 길이가 두 배가 되었다고 가정해 보자. 그러면 점들 간의 간격이 2인치가 된다. 그림의 아랫부분처럼 말이다. 어느 한 은하를 시점으로 했을 경우, 예를 들어 B은하라고 할 경우에 다른 모든 은하들은 멀어지는 것처럼 보인다. 왼쪽에 있는 은하들은 더 먼 왼쪽으로 가고, 오른쪽에 있는 은하들은 더 먼 오른쪽으로 이동한다. 이제 우리가 A은하에 있다고 가정해 보자. 그리고 우리의 입장에서 은하들을 바라보자. 처음엔 B은하는 우리로부터 1인치만큼 떨어져 있었지만 이제는 2인치만큼 떨어져 있다. B은하는 우리와의 거리가 1분에 1인치씩 늘어나므로 우리로부터 멀어지는 속도가 1분당 1인치가 된다. C은하의 경우 처음엔 우리와 2인치 거리에 있었는데 1분 후 4인치 거리로 멀어진다. 1분에 2인치가 늘어났으니 C은하가 우리에게서 멀어지는 속도는 1분당 2인치이다. 이를 정리하면, 우리와 두 배 먼 곳에 있는 은하는 두 배 속도로 멀어진다. 이 결과는 보편적이다. 균일하게 늘어나는 공간에서라면 멀어지는 속도는 거리에 비례한다.

르메트르는 잘 알려지지 않은 「브뤼셀 과학학회지(Annals of the Scientific Society of Brussels)」에 자신의 연구 결과를 처음으로 발표하는 실수를 저질렀다. 르메트르는 1928년에 천문학 박사과정을 받기 위해 영국 케임브리지 대학에 있었다. 그는 자신의 논문을 아서 에딩턴 경에게 맡겼다. 에딩턴은 당대에 가장 영향력 있는 천문학자 중 한 명이었다. 여러 업적들 중에는 1919년의 일식 관찰이 가장 유명하다. 그는 아인슈타인의 일반상대성이론이 예측한, 중력에 의해 빛이 휘어지는 현상을 일식 때 관측했다. 그리고 1923년 그는 상대성이론에 대한 대중서를 출판했다. 여러 이유에서 에딩턴은 르메트르의 논문에 신경을 쓰지 못했다. 엉뚱한 곳에 처박아 두었던 게 분명했다.

마침내 우리는 허블에게로 돌아왔다. 허블이 1920년대 말 슬라이퍼가 관측한 성운의 거리를 측정하기 시작했을 때 그가 알고 있는 것은 다음이 다였다. 성운들의 적색편이가 매우 심하게 나타난다는 것과 이는 성운이 모든 방향으로 아주 빠르게 멀어진다는 것을 의미한다는 것 말이다. 그는 직접 관측한 것을 통해 많은 성운들이 은하계 바깥에 위치하며 이 점이 우주의 큰 그림에 중요한 의미를 가진다는 것을 알고 있었다. 허블은 드 지터 효과에 대해서도 알고 있었다. 드 지터 효과는 1923년 에딩턴의 책을 통해 널리 알려졌다. 그러나 허블은 프리드만의 논문이나 르메트르의 논문에 대해서는 전혀 모르고 있었다. 따라서 그의 머리에는 팽창우주에 대한 개념이 있었을 가능성은 별로 없다. 관측 데이터가 후퇴속도와 거리 사이의 비례를 보여주었더라도 공간 자체가 늘어난다는 팽창우주의 개념을 떠올리려면 철학적이고 개념적인 도약이 필요하다. 드 지터는 정적 우주에서도 이런 현상이 일어날 수 있음을 보여주었다. 드 지터 역시 팽창우주에 대한 개념을 갖고 있지 않았다. 데이터가 있다고 해도 패러다임을 바꾸는 것은 그리 간단하지 않다.

허블은 슬라이퍼의 관측 결과를 'K항'으로 표현하는 것으로 1929년의 논문을 시작했다. 이 K항은 초당 600~800킬로미터의 속도를 말하는데, 이는 슬라이퍼의 나선 성운들이 일반적인 천체처럼 보이게 하기 위한 조건으로 성운들의 막대한 후퇴속도를 상쇄하기 위해 모든 성운들의 속도로부터 빼야 하는 값이다. 허블은 이 항을 '패러독스'라고 불렀다. 이에 대한 어떤 설명도 없었기 때문이다. 하지만 K항이 거리에 따라 달라질 수 있다는 근거들이 있긴 했다. 성운의 후퇴속도가 모두 동일하지 않다는 것이었다.

몇몇 천문학자들이 그 전에 적색편이와 거리의 상관관계를 알아보려고 했다. 사실 허블도 같은 일을 했던 적이 있었기 때문에 적색편이와 거리 사이에 상관관계가 있음을 밝혀낼 수 있었다. 허블은 이전의 시도들을 '설득력이 없다'고 보았는데 이는 옳았다. 예를 들어 허블에 앞서 이 문제를 조사한 스웨덴의 천문학자 크누트 룬드마크(Knut Lundmark, 1889~1958)는 성운까지의 거리를 재는 데 신뢰할 수 없는 기술을 활용했다. 그는 성운의 겉보기 지름과 겉보기 밝기를 표준 은하의 표준 지름, 표준 밝기와 비교했다. 이 방법은 모든 은하가 동일하다는 가정을 바탕으로 깔고 있다. 어떤 은하의 크기가 절반쯤 보이다면 두 배의 거리만큼 떨어져 있다고 보는 것이다. 그러나 허블은 훨씬 신뢰할 수 있는 방법을 사용했다. 바로 세페이드 변광성과 리비트의 주기-광도 법칙이다. 또한 그가 당대 최고의 망원경이었던 후커 망원경을 활용할 수 있었던 것도 큰 도움이 되었다. 게다가 룬드마크는 K항이 거리에 따라 단순히 정비례하기만 한 게 아니라 비례하듯 올라갔다가 다시 아래로 꺾이는 복잡한 관계를 도출했다.

허블은 적색편이를 '명백한 시선 속도'*로 간주했다. 허블은 관측 천문학자지 이론가가 아니었다. 그러므로 직접 관측하는 것은 적색편이지 시선 속도가 아니었다. 허블은 이론에 대해 회의적인 입장이었다.

다음으로 허블은 거리를 측정하기 위해 자신이 사용한 여러 방법들에 대해 언급했다. 믿을 만한 세페이드 변광성과 O형 초거성을 이용하는 방법 외에도 한 성운에서 가장 밝은 별무리의 밝기는 모두 동일하고, 태양보다 약 3만 배 더 밝다고 가정했다. 그는 이때의 최고 밝기를 표준 천문 용어로 M = -6.3이라고 표현했다. 여기에서 M은 천체의 밝기를 비교하기 위해 만들어진 단위로 '절대등급'이라고 한다. 태양의

---

* 시선 속도(視線 速度)는 천체가 관측자의 시선 방향에 평행하게 가까워지거나 멀어지는 속도로, 도플러 효과를 통해 측정할 수 있다.

밝기 단위로 나타낸 천체의 밝기 L과의 관계는 M = 4.75 - 2.5log(L)이다. 허블은 또한 '겉보기등급'인 m도 도입했다. 겉보기등급은 겉보기 밝기처럼 거리에 따라 달라진다. 만약 어떤 천체가 파섹 단위로 r만큼 떨어진 거리에 있다면 겉보기등급은 m = M - 5 + 5log(r)이 된다.

이렇게 해서 허블은 24개 성운의 거리에 대한 값진 결과를 구했다. 성운은 지구에서 멀어질수록 붉은 쪽으로 이동하는 적색편이가 나타난다. 반대로 성운이 지구 쪽으로 다가올수록 청색편이가 나타난다. 허블은 직접적인 관측을 통해 거리와 겉보기등급 m을 구한 다음 각 성운의 절대등급 M을 계산해 냈다. (절대등급은 본래 밝기와 동일하다.)

성운의 적색편이로 성운과 지구의 상대속도를 구할 수 있다. 그러나 지구는 태양계에 속해 있고 태양은 우리 은하에서 특정한 속도와 방향을 가지고 움직인다. 때문에 태양이 아니라 우리 은하에 상대적인 성운의 속도를 알아내려면 태양의 움직임을 빼야 한다. 허블은 이를 위해 긴 공식을 도입했다. 논문의 이곳저곳에는 허블이 은하계의 구조를 염두에 두고 연구했던 흔적이 나타난다. 그는 우리 은하 안에서의 움직임을 수학적으로 표현했다. 이는 궁극적으로 훨씬 멀리 떨어져 있는 우리 은하 바깥의 천체에 적용하기 위함이었다. 우리는 성운이 은하계 바깥에 위치해 있음이 밝혀진 지 얼마 안 되었다는 점을 기억해야 한다. 당시 은하계 바깥에 대한 천문학은 상당히 새로운 분야였고, 허블은 이 분야의 개척자였다.

허블의 관측 결과를 보면 몇 가지 예외적인 경우가 있긴 하지만 대부분 성운의 속도는 멀어지는 쪽으로 *거리가 증가하면서 늘어난다.* 이를 통해 허블은 "데이터는 거리와 속도 간에 선형 상관관계(linear correlation)가 있음을 보여준다."고 주장했다. 이는 거리가 늘어나면 속도도 늘어난다는 간단한 표현 이상의 것을 이야기하고 있는 것이다. 허블은 자신의 데이터가 특정 법칙을 암시한다고 했다. 즉 속도는 거리에 비례한다는 것이다. 거리를 두 배로 하면 속도도 두 배로 늘어난다. 이것이 바로 '선형 상관관계'가 의미하는 바다.

불충분한 데이터로 인해 썩 좋은 결과를 얻지 못했다는 걸 알고 있었음에도 불구하고 허블은 자신의 논문에서 발상의 전환을 이루어 냈다. 사실 허블은 표1의 데이터로 그림 12.2a와 같은 그림을 내놓았다. 이 그림을 보면 직선(선형)이라고 하기에는 오차가 크다. 그러나 실제 상황은 허블이 당시에 인식하고 있던 것보다 훨씬 더 불확실했다. 르메트르의 결과에 따르면 우주의 질량이 고루 분포해야만 우주가 모든 방향에서 균일하게 팽창할 수 있기 때문에 성운의 후퇴속도는 거리에 비례한다. 허블의 데이터는 2백만 파섹 또는 6백만 광년 정도의 거리까지만 있다. 오늘날의 천문학자들은 우주에서 물질의 분포가 최소 1억 광년 거리를 넘어서야만 균일하게 보이기 시작한다고 알고 있다. 그 정도 거리가 되어야 개별 은하에 의한 물질의 불균일성이 사라진다. 6미터 이상의 높이에서야 해변의 모래 입자들이 개별적으로 보이지 않는 것처럼 말이다. 1억 광년보다 짧은 거리에서는 후퇴속도와 거리 간의 선형 관계를 알 수 없다. 우주가 균일하게 팽창하고 있음을 알 수 없는 것

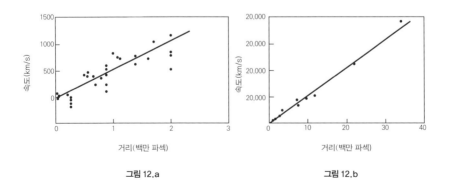

그림 12.a

그림 12.b

이다. 허블은 르메트르의 팽창우주론을 모르고 있었다. 비록 그의 데이터가 이 법칙을 잘 뒷받침해주지 못했음에도 그가 선형 법칙을 내놓을 수 있었던 건 행운이었다.

1931년, 허블과 휴메이슨은 새로운 방법을 통해 1억 광년까지 관측할 수 있었다. 그림 12.2a는 1929년에 제시한 허블의 데이터이고 그림 12.2b는 2년 뒤에 허블과 휴메이슨이 좀 더 범위를 확장한 데이터다. 보면 알 수 있지만 그림 12.2b에서 선형 법칙은 보다 더 분명하게 나타난다. 때문에 이 법칙이 옳다는 게 입증되었다.

자신의 주장을 확인하기 위해 허블은 너무 희미해서 거리를 직접 측정하기 힘든 성운에 선형 법칙을 적용해 보았다. 성운의 후퇴속도를 통해 허블은 그래프에서 성운의 위치와 거리를 알아낼 수 있다. 그리고 거리를 알면 그 성운의 고유 특성인 밝기를 계산할 수 있다. 그러고 나서 성운의 밝기로 직접적인 거리를 측정하여 얻은 성운의 밝기와 비교해 보았다. 허블은 이 두 값이 매우 비슷하다는 결론을 얻었다.

허블의 논문에 등장하는 이론적 논의는 맨 마지막 문단에서 아주 가볍게 다룬 것이 다. 허블은 드 지터의 이론에 대해서만 언급했다. 드 지터는 허블에게 상당한 영향을 미쳤던 게 분명하다. 네덜란드 과학자의 연구가 영어로 발표된 데다 에딩턴에 의해 더 널리 알려졌기 때문이다. 그리고 드 지터는 에딩턴과 함께 이미 밝혀진 성운의 적색편이 데이터에 자신의 난해한 수학적 결과를 적용해 보기도 했다. 허블은 1928년 여름 네덜란드 레이덴에 방문한 적이 있었다. 그곳에서 드 지터는 사적으로 허블을 만나 슬라이퍼의 적색편이 결과를 더 희미하고 더 큰 적색편이가 나타나는 성운으로 확장해 보라고 말했다.

따라서 드 지터 효과를 통해, 허블은 자신의 수치 데이터가 우주론에 상당한 의미를 가질 수 있을 것임을 알고 있었다. 하지만 허블은 팽창우주에 대한 개념을 언급하지 않았다. 아마도 그 개념을 몰랐던 것 같다.

여기에서 아이러니가 몇 가지 있다. 우선 이미 언급했지만, 1929년에 허블은 속도와 거리 간의 선형 관계를 뒷받침할 충분한 데이터를 갖고 있지 않았다. 두 번째로 자신의 발견을 해석하는 데 썼던 단 하나의 이론, 즉 드 지터의 이론은 나중에 프리드만과 르메트르의 이론에 의해 폐기되고 말았다. 따라서 허블은 자신의 주장이 옳은 것으로 밝혀져도 당시에는 그 의미를 제대로 이해하지 못했을 것으로 보인다.

　1929년 후반, 허블의 논문이 인쇄되어 나오고도 꽤 시간이 흘렀을 때 르메트르는 팽창우주에 관한 1927년 이론의 두 번째 복사본을 에딩턴에게 보냈다. 이미 허블의 논문이 발표되었으므로 에딩턴은 모든 것을 이해하게 되었다. 르메트르의 이론은 아인슈타인의 방정식에 대한 이론적인 해답이었다. 그것은 균일하고 팽창하는 우주로서 적색편이와 거리와의 관계가 비례관계임을 예측하는 것이었다. 허블은 희미하게 빛나는 먼 성운들에서 이런 관계를 발견했다. 에딩턴은 르메트르의 논문을 즉시 공개했다. 그리고 르메트르에게 논문을 영어로 발표하라고 권유했다. 프리드만의 논문은 아인슈타인을 비롯한 저명 과학자들이 부활시켰다. 1931년 초, 아인슈타인은 윌슨산 천문대에서 공식적 발표를 했다. 자신의 정적 우주론을 철회하고 이를 위해 도입했던 우주 상수인 람다 항을 쓸모없는 것으로 인정하여 허블의 명예를 높여 준 것이다. 아인슈타인은 우주 상수를 자신의 최대 실수라고 여겼다. (아인슈타인은 1931년 후반에 미국 캘리포니아 주 패서디나로 가던 길에 허블의 부인에게 이런 말을 했다고 한다. "당신 남편의 업적은 아름답소."[11]) 팽창우주에 대한 개념은 그 후 1~2년 안에 대중에게 염려스러운 일로 알려졌다. 한 저널리스트가 미국의 잡지 「애틀랜틱」 1933년 2월호에 다음과 같은 묘사를 남겼다. "전혀 새로운 우주의 모습─팽창우주는 점점 부풀어 올라 점점 얇아지고 끝내는 사라지는 거대한 거품."

허블은 다른 과학자들과 마찬가지로 객관적인 과학 세상과 주관적인 인간 세상 간에 선을 분명하게 그었다. 1936년에 출판한 대표 저서 『성운의 세계(Realm of the Nebulae)』에서 허블은 다음의 글을 남겼다.

> 과학은 진정으로 앞으로 발전해 나가는 오직 하나뿐인 인간의 행위다. 실증적인 지식은 세대를 통해 전해지고 각각의 지식은 커져 가는 체계에 기여한다. [...] 합의는 관찰과 실험을 통해 보장받는다. 시험은 모든 사람이 인정하는 객관적인 권위를 나타낸다. [...] 과학은 오직 이런 판단만을 취급하기 때문에 가치의 세계가 들어올 틈이 없다. 객관적인 권위는 알려진 게 없다. 각 사람은 자신의 입장을 호소할 상급 기관이 없음을 알기에 자신의 신에게 간청할 뿐이다.[12)

현대 과학사가나 과학 철학자들은 허블의 과학과 다른 분야 간의 분명한 차이에 완전히 동의하지 않는다. 비록 과학의 실제적인 데이터가 객관적일지라도, 과학에 관여하는 '인간의 행위'는 다른 분야처럼 편견과 개인적인 판단, 열정으로 가득하다. 사실 이런 개인적인 요인들이 허블과 같은 과학자가 과학을 발전시키고 추진하는 데 필수적인 요소일지도 모른다.

은하계외 성운 간 시선속도와 거리의 관계

에드윈 허블

은하계외 성운에 대한 태양의 운동을 계산하려면 가변적이고 수 백 킬로미터에 해당하는 K항을 도입해야 한다. 그동안 이런 역설을 설명하기 위해서 가시 시선속도와 거리 간의 상관관계를 이용했지만 그 결과는 설득력이 없었다. 본 논문에서는 상당히 신뢰성 있는 성운의 거리만을 이용해서 해당 문제를 되짚어 보겠다.

은하계외 성운의 거리 측정에는 성운 안에 있는 항성 가운데 유형 분류가 가능한 것들의 절대 밝기 등급을 거의 전적으로 사용한다. 그 별에는 여러 가지가 있지만 주요한 것으로는 세페이드 변광성, 신성, 발광성운기 안에 있는 청색 별 등이 있다. 수치는 세페이드 변광성 간의 주기-밝기 관계의 영점에 의존하고, 그 밖의 다른 분류는 거리 정도를 확인하는 데에 그친다. 이런 방법은 어디까지나 현존하는 장비로 분명하게 확인이 가능한 성운에만 사용할 수 있다. 그와 같은 성운과 성운 안에 포함되어 식별이 가능한 별들을 연구한 결과, 별의 절대 밝기에는 상한이 있는 것으로 보인다. 적어도 만기형 나선 성운과 불규칙 성운에서는 그렇다. 그 상한은 (사진 등급으로) M = 6.3정도이다.[1] 따라서 근사치이므로 주의 깊게 적용해야하겠지만, 해당 성운에 있는 밝은 별들의 겉보기 밝기 등급을 이용하면 몇 개의 별만 확인하더라도 은하계외 시스템의 적정 거리를 유추할 수 있다.

마지막으로 성운 자체에도 절대 밝기 등급이 있다고 볼 수 있다. 밝기에 따라 4, 5개의 등급이 있으며 평균값은 (겉보기등급으로) M=15.2이다.[1] 이처럼 통계적 평균을 개별적인 예에 적용하는 것은 큰 의미가 없지만 그 수가 많은 경우, 특히 여러 성단의 경우에 있어서는 성운의 겉보기 밝기 자체가 믿을 만한 평균 거리의 근사치를 제공한다.

표 1. 내부 항성이나 성단의 평균 밝기로 계산한 성운의 거리

object	m_s	r	v	m_i	M_i
S. Mag.	. .	0.032	+ 170	1.5	-16.0
L. Mag.	. .	0.034	+ 290	0.5	17.2
N. G. C. 6822	. .	0.214	- 130	9.0	12.7
598	. .	0.263	- 70	7.0	15.1
221	. .	0.275	- 185	8.8	13.4
224	. .	0.275	- 220	5.0	17.2
5457	17.0	0.45	+ 200	9.9	13.3
4736	17.3	0.5	+ 290	8.4	15.1
5194	17.3	0.5	+ 270	7.4	16.1
4449	17.8	0.63	+ 200	9.5	14.5
4214	18.3	0.8	+ 300	11.3	13.2
3031	18.5	0.9	- 30	8.3	16.4
3627	18.5	0.9	+ 650	9.1	15.7
4826	18.5	0.9	+ 150	9.0	15.7
5236	18.5	0.9	+ 500	10.4	14.4
1068	18.7	1.0	+ 920	9.1	15.9
5055	19.0	1.1	+ 450	9.6	15.6
7331	19.0	1.1	+ 500	10.4	14.8
4258	19.5	1.4	+ 500	8.7	17.0
4151	20.0	1.7	+ 960	12.0	14.2
4382	. .	2.0	+ 500	10.0	16.5
4472	. .	2.0	+ 850	8.8	17.7
4486	. .	2.0	+ 800	9.7	16.8
4649	. .	2.0	+1090	9.5	17.0
Mean					-15.5

m_s=가장 밝은 별의 사진 등급

r = 거리. 단위는 파섹. 첫 번째와 두 번째는 섀플리가 구한 수치이다

v = 측정으로 얻은 속도. 단위는 km./sec. N,G,C 6822, 221, 224, 5457은 최근 후머슨이 측정했다

m_i= 홀러 의 안시 등급을 호프먼이 수정한 것. 첫 번째에서 세 번째 천체의 값은 홀러 이 측정한 것이 아니라 논문 저자가 사용 가능한 자료에 기반해 유추한 것이다.

M_i= m_i와 r로 계산한 최종 안시 절대등급

46개 은하계외 성운의 시선속도는 알려져 있다. 하지만 이 중 개별적인 거리를 계산한 것은 24개에 불과하다. N.G.C 3521의 거리도 계산할 수는 있겠지만 윌슨산 천문대의 사진이 존재하지 않는다. 자료는 표 1에 나타내 두었다. 일곱 번째 거리까지는 아주 믿을 만하다. 수많은 항성으로 폭넓게 조사했기 때문이다. M31와 가까운 M32만이 예외이다. 그 다음 13개 천체의 거리는 항성 밝기의 일정 상한을 기준으로 산정했으며, 심각한 오류가 있을 수도 있다. 하지만 현 시점에서는 가장 믿을 만한 결과이다. 마지막 네 천체는 처녀자리 성단에 있는 것으로 보인다. 해당 성단의 거리인 2×10^6파섹은 성운 밝기의 분포 및 후기 나선에 위치한 일부 별의 밝기를 종합해서 얻은 결과이다. 하버드 쪽에서 얻은 근사치인 1천만 광년과는 다소 차이가 있다.[2]

표를 보면 거리와 속도 사이에 선형 상관관계가 있음을 알 수 있다. 속도는 고전적인 방법을 통해 결정했으며, 수치를 그대로 사용하거나 태양의 움직임을 고려해 수정했다. 그 결과 K항을 계수로 사용해서 태양의 움직임을 새롭게 해석할 수 있다. 다시 말해서 속도는 거리와 직접적으로 연관이 있다. 그 효과에 의해 K는 단위 거리 당 속도를 의미한다. 그러므로 조건 방정식의 형태는 다음과 같다.

$$rK + X cos\alpha cos\delta + Y sin\alpha cos\delta + Z sin\delta = v$$

두 가지 결과를 구해 두었다. 하나는 24개 성운을 개별적으로 계산했고, 또 하나는 성운들을 방향과 거리가 비슷한 9개의 그룹으로 나누고 계산했다. 그 결과는 아래와 같다.

	24개 개별 계산	9개의 그룹으로 계산
X	-65 ± 50	$+3 \pm 70$
Y	$+226 \pm 95$	$+230 \pm 129$
Z	-195 ± 40	-133 ± 70
K	-465 ± 50	106파섹당 $+513 \pm 60$km./sec.
A	286	269
D	$+40$	$+33$
V_0	306km./sec.	247km./sec.

자료의 양이 빈약하고 분포도 균등하지 않기 때문에 결과의 신뢰성에는 큰 한계가 있다. 두 결과의 차이에 큰 영향을 주는 것은 네 개의 처녀자리 성운이다. 이 성운들은 거리가 가장 먼 천체이며 비슷한 특이운동을 보이기 때문에 K값과 V_0에 지나치게 큰 영향을 주었다. 특이운동이 미치는 영향을 줄이려면 먼 천체에 대한 자료가 더 있어야 할 것이다. 하지만 두 결과의 중간치를 어림하면 값의 크기 정도를 산출할 수 있다. 예를 들어 보자. A=277도이고 D=+36도(은하경도=32도, 은하 위도 =+18도)이며 V_0=280km./sec.이고 K=1 백만 파섹당 +500km./sec.이라고 할 수 있다. 스트룀베리(Strömberg)는 친절하게도 자료를 다른 식의 그룹으로 나눠서 위와는 독립적으로 일반적인 값들을 구해 확인해 주었다.

방정식에 들어간 상수항은 크기와 영향이 작다. 이에 따르면 상수항 K의 필요성이 사라지는 것으로 보인다. 룬드마크(Lundmark)는[3] 그런 식으로 계산한 결과를 발표하면서 K항을 $k+lr+mr^2$로 대치했다. 룬드마크가 선택한 결과값은 k=513이었다. 기존 값이 700 정도였다는 점을 감안하면 별다른 이득은 없었다.

표 2. 시선속도로 계산한 성운의 거리

object	v	v_s	r	m_t	M_t
N. G. C. 278	+ 650	- 110	1.52	12.0	-13.9
404	- 25	- 65	. .	11.1	. .
584	+1800	+ 75	3.45	10.9	16.8
936	+1300	+115	2.37	11.1	15.7
1023	+ 300	- 10	0.62	10.2	13.8
1700	+ 800	+220	1.16	12.5	12.8
2681	+ 700	+ 10	1.42	10.7	15.0
2683	+ 400	+ 65	0.67	9.9	14.3
2841	+ 600	- 20	1.24	9.4	16.1
3034	+ 290	- 105	0.79	9.0	15.5
3115	+ 600	+105	1.00	9.5	15.5
3368	+ 940	+ 70	1.74	10.0	16.2
3379	+ 810	+ 65	1.49	9.4	16.4
3489	+ 600	+ 50	1.10	11.2	14.0
3521	+ 730	+ 95	1.27	10.1	15.4
3623	+ 800	+ 35	1.53	9.9	16.0
4111	+ 800	- 95	1.79	10.1	16.1
4526	+ 580	- 20	1.20	11.1	14.3
4565	+1100	- 75	2.35	11.0	15.9
4594	+1140	+ 25	2.23	9.1	17.6
5005	+ 900	- 130	2.06	11.1	15.5
5866	+ 650	- 215	1.73	11.7	- 14.5
Mean				10.5	- 15.3

앞서 제시한 두 종의 결과값의 잔량은 평균으로 150과 110km./sec. 이다. 각각 개별 성운과 성운 그룹의 평균 특이운동을 나타낸다. 결과를 그래프로 표현하기 위해서 관측된 속도와 나머지에서 태양 운동을 뺐고, 거리 부분에는 잔량을 더한 다음 거리별 속도를 점으로 표시했다. 잔량을 적용한 결과는 예상대로 자연스러웠고, 그 결과의 형태는 적절한 것으로 보인다.

거리를 알 수 없는 22개 성운은 두 가지 방법으로 다룰 수 있다. 첫째, 평균 겉보기등급에서 이끌어 낸 해당 그룹의 평균 거리를, 태양 운동 부분을 수정한 평균 속도와 비교할 수 있다. 그 결과는 1.4×10^6파

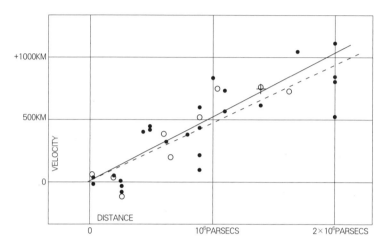

그림 1. 은하계외 성운 간의 속도-거리 관계

태양 운동을 수정한 시선속도, 그리고 내부의 항성들과 하나의 성단 속 성운들의 평균 밝기로부터 계산한 거리 사이의 관계를 표시했다. 검은 점과 직선은 개별 성운을 이용하고 태양 운동을 적용한 결과이다. 흰 점과 점선은 성운을 그룹으로 분류한 결과이다. 십자는 개별적인 거리를 구할 수 없는 22개 성운의 평균 거리에 상응하는 평균 속도이다.

섹 거리에서 745km./sec.이다. 이 수치는 앞서 살펴본 두 개의 수치 사이에 위치하고, K가 530이라는 것을 보여준다. 그리고 K의 예상수치는 500km./sec.이다.

둘째, 앞서 결정한 것과 같이 거리와 속도의 관계를 상정해 두고 각 성운의 산란을 확인할 수 있다. 그러면 태양 운동 부분을 수정한 속도로부터 거리를 계산할 수 있고, 겉보기등급에서 절대등급을 구할 수 있다. 표 2가 그 결과이다. 표 1에 있는 절대등급의 분포와 비교해 볼 수 있을 것이다. 표 1의 거리는 다른 기준으로 구한 것이다. N.G.C. 404는 제외할 수도 있는데 관측된 속도가 너무 낮아서 거리 효과와 비교해 볼 때 특이운동이 너무 크기 때문이다. 하지만 해당 천체를 반드시 제외할 필요는 없다. 특이운동과 절대등급이 계산해 놓은 범위 안에 있기 때문에 그에 해당하는 거리를 대입하면 된다. 두 개의 평균 등급은

-15.3과 -15.5이며 범위는 4.9와 5.0등급이다. 도수분포도 각자 완전히 독립적인 두 개의 자료와 아주 유사하다. 처녀자리 성단 안에 있는 아주 밝은 특정 성운이라 해도 평균 등급에 미치는 영향은 미미하다. 결과가 이처럼 자연스럽게 일치한다는 것은 실제로 속도-거리 관계가 존재한다는 것을 강력하게 시사한다. 마지막으로 두 개의 표에 나타난 절대등급을 결합해서 얻은 분포는 다양한 성운 성단 속에서 찾아낸 것과 비견할 수 있다는 점에 주목하자.

결과에 따르면 기존에 속도가 알려진 성운들의 속도-거리 관계는 대체적으로 선형을 이룬다. 그리고 속도의 분포는 그 관계에 전적으로 따르는 것으로 보인다. 이 결과를 더 광범위하게 적용시켜 보기 위해서, 윌슨산 천문대의 후머슨(Humason)은 정확하게 관측할 수 있으며 동시에 아주 멀리 떨어진 성운들의 속도를 측정하는 작업에 착수했다. 확실히 관측할 수 있는 성운이란 것은 결국 성운 성단 가운데 제일 밝은 것들을 말한다. 처음으로 얻어낸 수치는[4] N.G.C 7619의 $v = +3779$km/sec이며, 본 논문의 결과와 완전히 들어맞는다. 태양 운동을 수정하면 이 속도는 +3910이며 $K = 500$일 때 거리가 7.8×10^6파섹이다. 겉보기 등급이 11.8이므로 해당 거리의 절대등급은 -17.65이다. 성단 안에서 가장 밝은 성운과 같은 정도의 등급이다. 이 성운이 속해 있는 것으로 보이는 성단의 거리는 이미 독자적으로 측정된 바가 있다. 그 크기는 7×10^6파섹 정도이다.

그리 멀지 않은 미래에 새 자료가 추가되면 이 결과의 중요성이 달라질 수도 있다. 그렇지 않으면 이 결과가 확정되고 그 중요성이 몇 배나 커질 수도 있다. 그렇기 때문에 이 결과로부터 어떤 세부 사항을 유추할 수 있는지 언급하는 것은 시기상조라고 생각한다. 예를 들면 이런 것이 있다. 성단에 대한 태양의 상대 운동이 은하계의 회전을 보여주는 증거라면, 성운에 대한 결과에서 태양 운동을 뺄 수 있을 것이다. 그 차이는 은하계와 성운에 대한 은하계의 운동을 나타낸다고 할 수 있다.

하지만 아주 중요한 가능성이 있다. 속도-거리 상관관계가 드 시터 효과를 뒷받침할 수도 있다는 것이다. 그렇다면 우주의 일반 곡률에 상세한 수치를 대입할 수 있다. 드 지터의 우주론에 따르면 스펙트럼의 변위에는 두 가지 원인이 있다. 하나는 원자 진동의 가시적인 감속이며 또 하나는 물질의 입자가 산란하려는 일반적인 경향이다. 후자의 경우에는 가속 문제가 포함되며 따라서 시간이라는 요소가 들어간다. 이 두 효과가 상대적으로 얼마나 중요한지에 따라서 거리와 관측된 속도 사이의 상관관계가 어떤 형태인지 결정될 것이다. 이런 관계가 있기 때문에, 본 논문에서 언급한 선형상관관계는 거리의 한계 범위가 어디인지 그 근사치를 처음으로 보여준다는 면에서 중요하다.

월슨산 천문대, 워싱턴 카네기 협회

1929년 1월 17일

Proceedings of the National Academy of Sciences (1929)

■ 참고문헌

1. *Mt. Wilson Contr.*, No. 324; *Astroph. J., Chicago, Ill.*, 64, 1926 (321).

2. *Harvard Coil. Obs. Circ.*, 294, 1926.

3. *Mon. Not. R. Astr. Soc.*, 85, 1925 (865-894)

4. These PROCEEDINGS, 15, 1929 (167).

번역: 김창규

13

항생제

신이 내린 우연한 선물,
페니실린이라는 묘약

알렉산더 플레밍 (1929)

스파르타 사람들이 아티카(Attica)*에 온 지 얼마 되지 않았을 때 아테네 사람들 사이에서 페스트가 출현하기 시작했다. 이전에도 림노스(Lemnos)** 인근을 비롯해 여러 곳에서 페스트가 발병했다는 소문은 있었다. 그러나 그 어디에서도 이처럼 많은 사람을 죽음으로 몰아갔던 페스트는 없었다. 처음에는 치료할 의사조차 마땅히 없었다. 의사들은 페스트를 어떻게 치료해야 할지도 몰랐다. 가장 많이 죽어나간 사람들이 의사였다. [...] 건강한 사람도 갑자기 고열이 나고 염증으로 눈이 충혈되며, 목이나 혀가 붓고 헐떡거리며 악취를 뿜어댄다. 이런 증세 다음에는 재채기가 나고 목이 쉰다. 그리고 얼마 지나지 않아 가슴에 통증을 느끼면서 기침을 심하게 한다. 병이 위장에 다다르면 속이 뒤집어지면서 엄청난 고통과 함께 장 속의 모든 것을 토해낸다. 대개 헛구역질과 심한 경련이 뒤따른다. [...] 병에 걸린 피부는 붉고 검푸르다. 그리고 곧 고름이 가득한 혹과 염증으로 인해 함몰되는 부분들이 생긴다. 열이 난 후 7일째 내지 8일째가 되면 병에 걸린 사람들은 대개 사망한다. [...] 사체들은 겹겹이 쌓였고 죽음을 앞둔 사람들이 거리를 비틀거리며 돌아다녔다.[1]

『펠로폰네소스 전쟁사(*The History of the Peloponnesian War*)』에 나오는 글로,

---

* 고대 그리스 남동부 지방.
** 에게 해에 있는 그리스의 외딴 섬.

투키디데스(Thucydides)*가 아테네와 스파르타 간의 전쟁이 벌어졌던 기원전 430년에 아테네를 휩쓸었던 페스트를 자세히 설명한 것이다. 이후에도 페스트는 2,300년 동안 과학의 미스터리였다. 페스트는 페스트균(Yersinia pestis)에 의해 발병하며 쥐벼룩에 의해 사람에게 옮겨진 다음에 사람 간에 퍼지는 전염병이다. 14세기에 페스트는 흑사병으로 불렸다. 유럽 인구의 4분의 1, 그러니까 약 2,500만 명이 이 병으로 목숨을 잃었다. 1894년부터 1914년까지, 중국 남쪽 항구에서 시작된 페스트의 또 다른 출현은 전 세계로 전파되어 1,000만 명 정도의 희생자를 더 낳았다.

페스트는 전염병의 한 종류다. 다른 전염병으로는 1918년 세계 인구의 약 2,000만 명에서 4,000만 명을 죽인 인플루엔자 독감이 있고, 폐렴, 매독, 장티푸스, 디프테리아, 뇌막염, 임질, 간염, 소아마비, 천연두, 홍역, 콜레라, 파상풍, 황열병 등이 있다. 또 다른 전염병인 결핵은 흔히 결핵균이라고 부르는 미코박테리움 투베르쿨로시스(Mycobacterium tuberculosis)가 폐로 들어가 폐 조직을 파괴한다. 그러면 폐에 구멍이 생기고 죽은 조직이 생긴다. 근대 역사에서 결핵은 가장 많은 생명을 빼앗았다. 결핵을 비롯한 모든 전염병은 우리 눈에 보이지 않는 작은 미생물체가 일으킨다.

1928년 봄, 런던 세인트 메리 병원 의대의 작은 실험실에서 연구 중이던 스코틀랜드 생물학자 알렉산더 플레밍은 뭔가 이상한 점을 눈치챘다. 그가 키우는 포도상구균 군생 중 하나가 하얀 솜털처럼 생긴 곰팡이에 오염이 되어 있었던 것이다. 포도상구균은 19세기 후반에 발견된

* 고대 그리스의 역사가. 기원전 5세기에 일어난 아테네와 스파르타의 전쟁을 다룬 『펠로폰네소스 전쟁사』의 저자로 유명하다.

흔한 균이다. 이 균은 신체 내 점막과 온혈동물의 피부에서 쉽게 발견되며 포도처럼 생겨서 서로 붙어 있으려는 성질이 있다. 그래서 영어로 둥글다는 의미의 'coccus'와 포도송이의 뜻을 가진 'staphyle'가 결합해 'staphylococcus'라는 이름이 붙여졌다. 플레밍이 포도상구균을 배양한 유리판은 종종 다른 미생물과 곰팡이가 넘쳐나는 공기에 노출되기도 했다. 때문에 포도상구균이 오염이 되는 경우는 그리 이상한 일은 아니었다. 그런데 이번 경우는 달랐다. 곰팡이 가까이 있는 포도상구균 덩어리가 사라져 버린 것이었다. 불투명한 노란색 덩어리가 있어야 하는데 이슬처럼 투명해져 있었다. 포도상구균의 세포벽이 터져버린 것이다. 일부 포도상구균은 상처에 감염을 일으키고 음식에 독을 유발한다. 어떤 경우는 전염병을 일으키기도 한다. 그런데 그런 포도상구균이 하얀 곰팡이에 의해 몰살당했다!

당시 플레밍은 47살의 베테랑 생물학자였다. 파란 눈에 금발 머리를 한 그는 과묵하면서도 지적이며 예리한 관찰력의 소유자였고 상당한 존경을 받고 있었다. 동료 중 한 명인 존 프리먼(John Freeman)은 플레밍이 "내가 이제까지 만나본 그 어떤 사람보다도 과묵하다."[2]고 말했다. 의대생 시절 플레밍과 함께 최우등생을 차지했던 또 다른 친구, 패넷(C. A. Pannett)은 다음과 같이 말했다. "플레밍은 결코 말하기를 좋아하지 않았다. 그러나 그가 생각을 말로 표현하기로 결심했을 때 아마 당신은 최고의 지적 수준을 마주하게 될 것이다."[3]

비록 과묵하고 극도로 말을 아끼는 성격이긴 했지만, 플레밍은 약삭빠르고 장난기가 가득한 유머감각도 가지고 있었다. 패넷은 자신의 친구 플레밍이 "단지 재미를 위해 자기 스스로 곤란한 지경에 처하는 걸 즐기곤 했다. 한번은 골프채 하나만 가지고 골프를 치기도 했다."[4]고 말했다. 실험용 유리를 만드는 일을 예술로 승화시킨 플레밍은 유리로 마치 살아 있는 것 같은 고양이를 만들기도 했다. 그는 그 고양이로부터 도망가는 모양의 작은 동물도 만들었다.

이처럼 대조적인 특성은 훗날 그가 업적을 이루는 데 큰 도움이 되었다. 플레밍은 일부러 무질서한 상태를 유지하려고 애를 썼다. 그는 자신의 동료들이 일과를 마무리할 때 시험관과 배양접시를 너무 깔끔하게 치우는 것을 나무랐다. 그는 부패하기 시작한 배양접시들을 여러 주 동안 실험실에 방치하기도 했다. 그러고 나서 예상 밖이거나 '흥미를 끌 만한' 일이 벌어지지 않았는지를 확인하려고 배양접시들을 자세히 들여다보았다.

포도상구균을 배양하는 접시에서 하얀 곰팡이가 출현한 것은 바로 이런 상황에서 일어났다. 플레밍의 목적은 항균제를 찾으려고 했던 게 아니었다. 그보다는 정규 학계 논문에 나오지 않은 특이한 모양의 포도상구균을 찾아내려고 했다. 곰팡이는 전혀 예상 밖의 일이었다. 그러나 그는 이미 준비가 되어 있었다. 플레밍은 1908년 의대 논문으로 '급성 세균 감염'에 관한 글을 쓴 이후로 세균 감염과 싸울 방법을 찾는 데 모든 것을 헌신했다. 그는 세균 감염이야말로 인류를 위협하는 가장 위험한 질병이라고 생각했다.

플레밍은 이 이상한 곰팡이를 이식한 다음 바로 실험을 시작했다. 곰팡이를 배양액에 올려놓고 성장시키자 하얀 덩어리의 곰팡이가 짙은 녹색으로 변하더니 배양액을 밝은 노란색으로 바꾸어 놓았다. 37도에서 성장이 가장 느렸고 상온인 20도에서 가장 성장이 빨랐다. 얼마 지나지 않아 플레밍은 이 곰팡이가 바로 우리 인류에 혁명적인 변화를 가져다준 첫 번째 항생제 페니실린 균임을 확인했다. 이 균은 다른 세균에 어떤 영향을 주는 걸까? 이 의문들에 답하기 위해 플레밍은 익숙한 과정을 따라 젤 형태의 영양 성분이 든 유리 접시에 골을 내고 그 골에 곰팡이가 들어 있는 배양액을 채웠다. 그런 다음 여러 종류의 세균들로 수직 방향의 줄을 그었다. 페니실린 균은 포도상구균만이 아니라 폐렴, 매독, 임질, 뇌막염, 그리고 디프테리아를 일으키는 세균도 죽였다. 가장 중요한 것은 이 곰팡이가 독성을 띠지 않았다는 것이다. 플레밍은 상당한 양의 곰팡이를 토끼와 쥐에게 주사했지만 전혀 해로운 결과를 찾을 수 없었다. 반면, 그때까지 알려진 항균물질은 백혈구와 선천성 면역 체계의 일부를 파괴하는 부작용이 있었다. 플레밍은 자신이 발견한 곰팡이를 페니실린이라고 명명했다. 그가 보기에 페니실린은 이상적인 항균물질이었다. 그러나 그 곰팡이 추출물이 의학적인 용도로 쓰일 정도로 정제되기까지는 10년 이상이 걸렸다.

동료인 메를린 프라이스(Merlin Price)는 이 하얀 덩어리가 첫 모습을 드러낸 지 얼마 되지 않았을 때 플레밍의 연구실을 방문했다. 그때 프라이스는 작은 실험실에서 연구에 몰두하고 있는 생물학자 플레밍을 보았다. 그는 빨간색, 녹색, 노란색 세균이 담긴 여러 개의 배양접시들에 둘러싸여 있었다. 실험실 구석에는 다른 배양접시들이 마구잡이로 쌓여 있었다. 시험관과 슬라이드도 구석에 어지러이 놓여 있었다. 보통 때처럼 플레밍은 실험실 문을 열어 두었다. 덕분에 젊은 연구자라면 누구라도 그의 실험실에서 포도상구균이나 폐렴상 구균, 또는 다른 미생물 덩어리를 얻어갈 수 있었다. 플레밍은 자신이 발견한 강력한 곰팡이를 손으로 가리키며 "저거 한번 봐 봐."하고 말했다. 그는 "공기 중에서 나온 거야."[5]라고 덧붙였다.

프라이스는 훗날 이렇게 회상했다. "나는 그가 관찰에서 끝내지 않고 바로 행동에 돌입한 것이 매우 놀라웠다. 많은 사람들은 어떤 한 현상을 발견했을 때 '아 그게 중요하겠구나.'하고 생각한다고 해도 대개는 그 이상을 보여주진 못한다. 그 다음에는 그냥 잊어버리고 만다. 그러나 플레밍은 달랐다."[6]

최초의 미생물은 1670년경 네덜란드의 안톤 반 레벤후크(Antoni van Leeuwenhoek, 1632~1723)가 발견한 것으로 알려져 있다. 레벤후크는 직접 제작한 새로운 현미경을 통해 고작 한 방울의 물속에 무수히 많은, 작은 생명체들이 꿈틀거리는 새로운 세계를 발견하고 경악했을 게 분명하다. 그보다 반세기 앞서 갈릴레오가 망원경으로 달 표면에 난 크레이터들을 보고 놀랐던 것처럼 말이다.

레벤후크는 미생물을 두 종류로 구분했다. 하나는 포도상구균과 같은 세균이고 다른 하나는 아메바와 같은 원생동물이다. 원생동물은 단세포 생물로 온전한 세포 하나와 세포핵으로 이루어져 있다. 세균 역시 단세포생물이지만 세균은 세포핵이 없다. 세균은 35억 년 전에 출현한 가장 원시적인 생명체다. 또한 이 행성에서 가장 많이 존재하는 생명체이기도 하다. 기름진 흙 한 줌에는 수십억 개의 세균들이 들어 있다. 원생동물과 세균은 보통 3×10^{-4}센티미터의 지름으로 맨눈으로 볼 수 있는 가장 작은 크기의 물체보다 10배 정도 작다. 19세기 말에는 세 번째 미생물인 바이러스가 발견되었다. 바이러스는 세균보다 훨씬 더 작고 살아 있는 생명체의 세포에서만 증식을 한다.

미생물이 전염병을 일으키는 원인이라는 생각은 1860~1870년대에 처음으로 등장했다. 최초로 미생물과 전염병의 관계를 밝혀낸 위대한 프랑스의 과학자 파스퇴르는 우회적인 방법으로 자신의 이론에 도달했다. 화학자로서 경력을 쌓았던 파스퇴르는 1850년대에 포도를 발효시켜 나온 유기 분자가 평면편광을 회전시키는 반면 공업적인 방법으로 얻은 무기 분자는 그렇지 않다는 점에 매료되어 있었다. 유기 분자는 생명과 관련이 있는 분자다. 연구 과정에서 발효의 부산물이 편광에 중요한 영향을 미친다는 걸 알게 되면서 파스퇴르는 알코올의 발효에 관한 연구를 시작했다. 이 과정에서 파스퇴르는 발효가 살아 있는 유기체, 즉 효모라는 미생물과 관련이 있음을 발견했다. 1863년에 이르자 파스퇴르는 포도주 맛의 변질이라는 실질적인 문제에 관심을 기울이게 되었다. 파스퇴르는 현미경으로 포도주의 변질에 영향을 주는 미생물을 찾아냈다.

파스퇴르는 현미경을 통해서만 볼 수 있는 미생물이 몸에 침입하여 병을 일으킨다는 '세균설(germ theory)'을 전개하기 시작했다. 미생물에 의한 질병으로 확인된 최초의 질병은 치명적인 탄저병이다. 이는 탄저균이란 미생물에 의해 발병했다. 이후 20년이 지나자 파스퇴르의 이론은 결핵, 콜레라, 디프테리아, 장티푸스, 임질, 폐렴, 그리고 페스트까지 확장되었다. 이제 생물학자들은 다른 질병들도 미생물에 의해 나타나고 전파된다는 것을 인식했다. 이제 인류는 미생물들과 싸워 이길 수단이 필요했다.

두 종류의 무기가 모습을 드러냈다. 백신 접종과 화학요법이 바로 그것이다. 백신 접종 방법은 병원균의 독을 약화시키거나 활동을 막는 주사액을 몸에 주입하여 면역력이 생겨나게 한다. 1880년, 파스퇴르는 닭 콜레라와 광견병, 탄저병을 예방할 수 있는 백신을 차례로 만들어냈다. 그리고 1880년대 후반 독일의 세균학자이자 최초의 면역학자인 에밀 폰 베링(Emil von Behring, 1854~1917)은 디프테리아와 파상풍 예방 백신을 개발했다. 이 공로로 베링은 1901년 최초의 노벨 생리의학상을 수상했다.

화학요법은 수은이나 비소화합물과 같은 화학물질을 주사하거나 섭취해 위험한 미생물을 죽이는 방법이다. 1881년에 독일의 의사이자 화학자인 파울 에얼리히(Paul Ehrlich, 1854~1915)가 메틸렌블루라는 화학

염색물질이 특정 세균에만 흡수된다는 점을 발견했다. 이를 통해 그는 몸에 침투한 특정 미생물만을 선택적으로 파괴하는 약물인 '마법의 탄환(magic bullet)'을 만들어 냈다. 1909년 초에는 직접 매독균만 공격하는 인공합성물질 '살바르산 606'이라는 매독 치료제를 개발했다. 화학요법의 문제는 예나 지금이나 화학물질의 독성이 강해 부작용이 심하다는 것이다. 매독 치료에 쓰이는 수은, 말라리아 치료에 사용되는 퀴닌, 이질 치료제인 비소화합물, 상처의 감염과 괴저를 방지하는 페놀, 이 모든 화학물질은 체내에 침투한 세균뿐 아니라 우리 몸의 건강한 세포와 조직도 공격한다.

백신 접종과 화학요법에는 질병에 접근하는 두 가지 철학이 반영되어 있다. 전자는 우리 신체의 자연 방어 체계를 신뢰하는 경우다. 살아 있는 유기체는 스스로 살아남는 데 필요한 모든 것들을 갖추고 있는 기적적인 존재라는 전제가 있다. 반면 후자는 유기화합물, 합성화합물, 그리고 전자기파 복사를 포함해 모든 가능한 방법으로 질병을 공격한다는 입장에 있다.

1877년, 파스퇴르와 그의 동료 쥘 프랑수아 주베르(Jules François Joubert)는 공기 중의 일부 균이 탄저균의 성장을 억제하는 것 같은 현상을 발견했다. 이것은 새로운 아이디어였다. 하나의 미생물이 다른 미생물을 죽일 수 있었다. 이는 동족끼리 서로 헐뜯고 싸우는 골육상쟁의 축소판이었다. 이 개념은 백신 접종과 화학요법 사이에 위치하는 중간 형태의 새로운 질병 치료법을 암시했다. 파스퇴르는 이 세 번째 무기를 발견한 후 이렇게 기술했다. "동물계와 식물계보다 하등의 유기체에서 생명이 생명을 방해하는 현상이 더 많이 벌어진다. [...] 어쩌면 질병 치료에 엄청난 희망이 존재하는지도 모르겠다."[7] 하지만 파스퇴르는 이 위대한 희망을 끝까지 추적하지는 못했다.

1885년에 두 명의 프랑스 세균학자, 코닐(A. V. Cornil)과 바베스(V. Babes)가 파스퇴르의 생각을 다시 언급했다. 이때 이 둘은 좀 더 나아가 인류에 가장 치명적인 질병인 결핵을 경쟁 관계의 세균을 통해 무찌를 수 있을지도 모른다고 주장했다. 얼마 후 스위스의 한 식물학자가 형광균(Pseudomonas fluorescens)이라는 세균이 장티푸스를 일으키는 균(Bacterium typhusum)의 성장을 억제하는 것을 발견했다. 그리고 1899년, 두 명의 독일 세균학자 루돌프 폰 에머리히(Rudolf von Emmerich)와 뢰브(O. Loew)가 형광균이 피부 감염을 일으키는 미생물을 죽이거나 억제해 피부의 상처를 치료하는 데 도움이 된다는 사실을 밝혔다.

이들 과학자들이 이룬 업적은 동물과 식물을 연구하는 자연사를 미생물로 확장하는 데 큰 도움이 되었다. 미시세계의 생태학이라는 새로운 학문을 탄생시킨 것이다. 작은 유기체들은 역동적인 관계를 맺으며 공존한다. 마치 거시세계의 생명체들이 때로는 서로를 도와주고 때로는 서로를 방해하는 것처럼 말이다. 1900년에 이르자 미생물 간의 싸움에서 몇몇 미생물이 다른 미생물을 이긴다는 사실이 잘 알려졌다. 이 과정을 세균길항작용(bacterial antagonism)이라고 한다. 하지만 당시에는 소수의 생물학자들만이 세균길항작용을 질병 치료의 수단으로서 연구하고 있었다. 일부러 세균을 먹어야 한다는 생각이 많은 이들을 주저하게 만든 것이다. 실험실에서 배양된 유리판 위의 한 세균을 다른 세균으로 죽이는 것과 살아 있는 생명체의 몸에 세균을 주입하여 다른 세균을 죽이는 것은 전혀 다른 차원의 문제였다.

알렉산더 플레밍은 1881년 스코틀랜드 에이셔에서 중산층 농부의 아들로 태어났다. 어린 플레밍은 7킬로미터나 떨어진 학교를 매일 걸어

다녔다. 13세가 되었을 무렵에 형제자매와 함께 살기 위해 런던으로 이사했다. 1900년에 런던의 스코틀랜드 군에 입대한 그는 소총사격에 매우 능했다. 그는 1914년까지 군복무를 했다.

런던에는 당시 가장 유명한 열두 개의 의대가 있었다. 그 중 플레밍이 살던 곳과 가까운 의대가 세 개나 있었다. 훗날 플레밍은 "나는 이 세 학교에 대해 아는 바가 전혀 없었다. 단지 세인트 메리를 상대로 수구 경기를 했던 적이 있다. 그래서 나는 (장학금을 받고) 세인트 메리로 갔다."[8]고 기술했다. 파란 눈의 이 젊은이는 1906년에 영국 의사 자격증을 따냈고 1908년에 런던 대학에서 금메달을 받으며 최종 의과 시험을 통과했다. 그때 이미 그는 총명하기로 정평이 나 있었다.

1906년에 25세 플레밍은 면역학 선구자 중 한 명인 앨므로스 라이트 (Almroth Edward Wright, 1861~1947)의 연구실에 들어갔다. 라이트는 인도에 주둔한 군인들을 대상으로 장티푸스 백신을 개발하는 데 성공한 인물이었다. 그는 1902년부터 세인트 메리 의대에서 병리학 교수로 재직하고 있었다. 러더퍼드와 보어, 하이젠베르크, 그리고 다음 장에서 만나게 될 오토 바르부르크처럼 라이트는 신진 과학자들을 위한 과학계의 아틀리에를 형성했다. 모든 학생들은 그에게 헌신적이었다. 둥근 어깨와 인상적인 눈썹을 소유한 이 남자는 곰처럼 몸집이 컸다. 그래서 천천히 연구실을 거니는 그의 모습은 다소 어색해 보였다. 바르부르크가 그랬듯이 라이트는 열심히 일하면 최소한의 보답이 돌아온다고 믿었다. 그는 종종 밤을 지새우며 현미경과 세균을 들여다보았다. 그는 또한 매력적이고 박식한 인물이었다. 어디서나 성경이나 셰익스피어, 또는 단테의 구절을 거침없이 읊었으며 말을 시작하면 열정적이고 거침없이 했다. 가끔은 독단적이고 자신의 견해를 과장해서 말하기도 했다. 그의 과묵한 젊은 연구생 플레밍과는 매우 대조적이었다. 당시 라이트의 다른 학생들로는 스튜어트 더글라스(Stuart Douglas), 레오나르드 눈(Leonard Noon), 베르나르 스필즈버리(Bernard Spilsbury), 그리고 존 프리먼(John Freeman) 등 다양한 성격의 제자들이 있었다. 차를 마시는 시간에 라이트는 자리에 앉아 면역학과 세계에 대한 의견을 늘어놓았다. 그러면 학생들은 그를 중심으로 둘러앉아 귀를 기울였다.

라이트는 백신 치료법을 전적으로 신봉했다. 그래서 그는 다른 질병 치료법에 대해서는 부정적이었다. 처음에는 젊은 플레밍도 스승의 교리를 따랐다. 그와 함께 특정 감염 질환에 대한 혈액의 저항 정도를 알아보는 연구도 했다. 1차 세계대전이 터져 플레밍은 영국 육군 의무단 (Royal Army Medical Corps)의 상처 연구실에 들어갔다. 그곳에서 그는 상처에 난 고름의 항균 작용을 증명해 냈다. 이후 몇 해 동안 플레밍은 체외에 바르는 화학적 살균제와 소독제의 대부분이 해로운 미생물만큼이나 우리 몸에 이로운 백혈구를 죽이는 것을 직접 목격했다. 결국 플레밍은 자신의 스승과 길을 달리했다. 그는 마음속으로 몸에 해롭지 않은 소독제를 찾아낼 것을 결심했다.

1921년, 플레밍은 여전히 라이트의 지도 아래 연구를 하면서 세인트메리 의대 예방접종부(Inoculation Department)의 부소장이 되었다. 그리고 얼마 지나지 않아 플레밍은 훗날 페니실린 발견의 서막을 알리는 중대한 발견을 했다. 감기로 고생하던 어느 날, 그는 미크로코쿠스 리소데익티쿠스(Micrococcus lysodeikticus)라는 세균을 배양한 접시에 재채기를 했다. 그 후 그는 버릇대로 배양한 세균을 방치해 두었다. 그리고 10일 후 그는 자신의 콧물 주변에 있는 세균들이 녹아 버린 것을 보았다.

이후 플레밍은 동료인 알리슨(V. D. Allison)과 함께 콧물에 있는 항균 물질이 다른 체액, 즉 침과 눈물에도 있다는 것을 알아냈다. (알리슨은 훗날 그와 플레밍이 이 실험을 위해 상당량의 레몬을 구입해 눈물을 쥐어짰다고 보고했다.) 이 둘은 몸에서 만드는 '내부' 소독제를 발견한 것이다. 그의 스승은 기뻐했다. 라이트는 이 항균물질에 라이소자임(lysozyme)이라는 라틴어 이름도 붙여 주었다. 이 물질이 효소의 일종이며 특정 세균을 용해한다는 이유에서였다. 라이소자임에 독성이 없다는 것은 전혀 놀랄일이 아니었다. 우리 몸에서 분비된 것이기 때문이다. 하지만 불행하게도 라이소자임이 강하게 대응할 수 있는 세균은 특별히 위험하지 않았다. 1922년부터 1927년까지 이에 대해 다섯 편의 논문을 발표했지만 라이소자임에 관한 연구는 별로 주목을 끌지 못했다.

과학에서 위대한 발견은 때로는 우연히, 때로는 의도적으로 이루어진다. 예를 들어 베일리스와 스탈링, 그리고 러더퍼드의 경우는 극적으로 발견과 마주쳤다. 뢰비, 플랑크, 그리고 보어의 경우는 자신들이 무엇을 찾고 있는지를 잘 알고 있었다. 하지만 우연한 발견이라도 미리 마음의 준비는 되어 있어야 한다.

1929년 논문의 첫 문단에서 플레밍은 자신의 발견이 우연히 이루어진 것임을 알렸다. 논문의 첫 문장은 다음과 같았다. "연구 중인 여러 개의 포도상구균의 배양접시를 연구실 한쪽 벤치에 놔두고 가끔씩 조사했다." 여기에서 우리는 그의 겸손함을 알아볼 수 있다. 그는 마치 실험에 참여하지 않았던 것처럼 신중하고 수동적인 목소리로 말했다. "……를 알아보게 되었다." "……를 발견하게 되었다."는 식으로 말이다. 논문의 마지막 요약 부분의 여덟 번째 주요 시사점에서 그는 "……이라고 말할 수 있다."고 조심스럽게 표현했다. 이는 자신감에 찬 러더퍼드의 "우리는 최초로 조사했다."나 아인슈타인의 "우리는 이런 추론을 세운다."와는 대조적이다.

하지만 플레밍은 예리한 관찰자였고 눈에 보이는 듯 생생한 묘사를 주저하지 않았다. 특히 자신의 조사 대상인 유기체의 색감이 어떻게 달라지는지를 표현한 논문의 앞부분에서 그의 묘사 감각을 잘 느낄 수 있다. 그는 '하얗고 복슬복슬한 덩어리'의 곰팡이가 '밝은 노란색'으로 변해 '배지에서 퍼져' 나간 다음 '어두운 녹색을 띠는 펠트천 같은 물질'로 바뀐다고 표현했다. 이런 표현은 20세기 물리학의 논문에서 볼 수 있는 요약문과는 다르다. 20세기 물리학 논문의 연구 대상은 감각적인 인지와는 거리가 멀었다.

플레밍은 '용균성(bacteriolytic)'과 '살균성(bactericidal)'을 구분했다. 용균성은 세균을 용해할 수 있다는 의미고 살균성은 세균을 죽일 수 있다는 의미지만 실제로 둘은 같은 결과를 낳는다.

플레밍은 자신이 발견한 항균물질이 푸른곰팡이라고도 불리는 페니실리움(Penicillium) 균류로 루브룸(P. rubrum)과 가장 닮았다고 설명했다. 나중에 플레밍의 항균물질은 노타툼(P. notatum)으로 밝혀졌다. 노타툼은 1911년 스톡홀름 대학의 리차드 웨슬링(Richard Westling)이 박사 논문에서 처음으로 기술한 푸른곰팡이의 한 종류다. 과학적으로 잘 훈련된 플레밍은 여러 다른 곰팡이류도 조사했다. 그런 다음 자신이 발견한 푸른곰팡이만이 세균을 억제한다는 것을 확인했다. 그는 이 항균물질에 페니실린이라는 이름을 붙였다.

플레밍은 논문에서 라이소자임에 관해 언급하지 않았지만 8년 전 라이소자임 연구와 같은 방법으로 페니실린의 항균 작용을 시험했다. 예를 들어 페니실린으로 가로줄을 긋고 세균으로 세로줄을 긋는 식으로 말이다. 훗날 노벨상을 수상할 때 플레밍은 라이소자임의 발견이 페니실린 연구에 "아주 큰 도움"[9]이 되었다고 했다. 라이소자임도 역시 항생제였고 배양된 세균이 재채기로 '오염'되는 우연한 사고로 발견되었다. 뿐만 아니라 이 역시 건강한 세포에 해를 주지 않는다. 사실 플레밍에게 라이소자임 연구는 페니실린 발견을 낳게 한 정신적인 틀로 작용했다. 마치 크렙스에게 요소회로(rnithine cycle)에 대한 연구가 훗날 TCA 회로의 발견한 기본 틀이었던 것처럼 말이다(자세한 내용은 14장 참조).

플레밍은 페니실린이 작용하는 세균과 그렇지 않은 세균을 확인하는 작업도 했다. 논문에 나오는 그림 2는 첫 번째 경우다. 그림을 보면 포도상구균, 연쇄상구균, 폐렴구균, 임균, 그리고 디프테리아균은 모두 페니실린에 굴복했다. 이들은 모두 페니실린으로 그은 세로줄 가까이에서 성장을 멈췄다. 여기에서 우리는 페니실린과 라이소자임의 차이를 알 수 있다. 논문 그림 2에서 확인되는, 페니실린이 효력을 발휘한 세균들은 인간에게 매우 치명적인 것들이다.

그림 2를 보면 페니실린으로도 억제할 수 없는 해로운 미생물이 존재한다는 걸 알 수 있다. 인플루엔자균(B. influenzae)과 설사병을 일으키는 대장섬모충(B. Coli)은 페니실린의 영향을 전혀 받지 않고 퍼져 나갔다. 훗날 티푸스, 페스트, 결핵도 페니실린에 매우 민감하다는 것을 알게 되었지만 페니실린은 물론, 차후에 발견된 스트렙토마이신 등의 항생제는 바이러스에 큰 효과를 발휘하지 못했다.

플레밍은 페니실린과 여러 종류의 세균을 섞은 후 그 투명도를 관측하여 페니실린의 항균 작용을 좀 더 자세히 측정했다. 페니실린이 효과가 있을 경우 세균은 용해되어 페니실린과 세균 혼합물이 투명해진다. 그는 또한 페니실린의 여러 특성들도 조사했다. 예를 들면 열을 가했을 때의 항균성과 여러 액체에 대한 용해성 등이었다. 이때 플레밍은 다른 과학자들도 따라할 수 있도록 매우 정량적으로 실험 결과를 제시했다.

플레밍은 농도와 시간에 따른 페니실린의 항균력도 측정했다. 확실히 페니실린의 항균력은 처음에는 강했지만 시간이 흐르면서 약해졌다. 시간이 흐르면서 항균력이 떨어진다는 특성은 페니실린의 상업화에 심각한 장애물이었다.

여러 농도에서 페니실린이 세균에 미치는 영향을 조사하자 페니실린이 효력을 발휘하는 종류가 화농성구균(pyogenic cocci)에 속하는 세균임이 확인되었다. 화농성(pyogenic)은 염증으로 고름이 생기게 만드는 세균의 명칭이고 구균(cocci)은 외형적으로 둥근 형태인 세균의 명칭이다. 페니실린이 가장 잘 듣지 않는 세균은 그람음성균(Gram-negative bacteria)이었다. 이는 세포벽 바깥을 외막이 덮고 있기 때문에 '그람 염색'이 안 되는 종류의 세균이다. 수년이 지난 후, 생물학자들은 페니실린이 어떻게 항균 작용을 하는지에 대한 원리를 알게 되었다. 특정 세균이 세포벽을 만드는 데 필요한 단백질을 생산하는 것을 방해하는 것이다. 세포벽이 없어지면 세균들은 용해되고 만다.

플레밍은 페니실린의 독성에 대해서도 짤막하게 정리했다. 이미 앞에서 언급했지만 이전에 알려져 있던 거의 대부분의 항생제는 백혈구를 죽였고 이로 인해 생물 개체의 자연 면역력을 떨어뜨렸다. 하지만 페니실린은 백혈구에 영향을 주지 않았다.

플레밍은 페니실린이 효과를 발휘하는 세균과 그렇지 않은 세균을 조사해 이를 분리했다. 즉 페니실린을 기준으로 여러 종류의 세균을 나누는 것이다. 이 작업을 통해 페니실린의 효과가 없는 세균을 골라낼 수 있다. 특히 인플루엔자균에 이 방법이 잘 통했다. (아이러니하게도 독감은 인플루엔자균이 아니라 바이러스에 의해 발병한다는 사실이 나중에 밝혀졌다. 결국 플레밍이 분리해 낸 균은 해가 없는 균이었다.) 논문 제목 「페니실린의 항균 작용에 관하여 ― 인플루엔자균의 분리 용도로 사용되는 사례와 함께(On the Antibacterial Action of Cultures of A Penicillium, With Special Reference To

Their Use In the Isolation Of B. Influenza)」을 보면 알 수 있듯이 플레밍은 페니실린을 이용한 인플루엔자균의 분리가 자신의 연구 결과에서 가장 핵심적인 것이라고 생각했다. 하지만 지나고 보니 페니실린은 오히려 질병 치료에 응용되는 중요한 역할을 해냈다.

플레밍은 페니실린을 다른 항생제는 물론이고 예방접종법과 화학요법도 포함해서 비교했다. 그는 페니실린이 가장 강력하면서도 독성은 덜하다고 주장했다.

논문의 요약 부분에서 가장 중요한 포인트는 8번이었다. 여기에서 플레밍은 자신이 즐겨 쓰는 수동형 어법으로 조심스럽게 다음과 같이 제안했다. "페니실린에 민감한 미생물에 감염되었을 때 상처 부위에 페니실린을 주사하거나 바르면 탁월한 소독제가 될 수 있을 것이라 생각된다." 이를 보면 플레밍은 자신이 발견한 곰팡이가 가진 잠재 능력이 질병 치료라는 것을 잘 이해하고 있었음이 분명하다. 또한 플레밍은 우리에게 페니실린을 주사하는 것 외에 피부에 바르는 방법을 제안했다. 플레밍이 발표에 앞서 스승인 라이트에게 논문을 보여주자 그는 요약 8번을 빼라고 했다. 8번은 스승에 대한 도전이기 때문이다. 그의 스승은 신체 내부의 자연면역 능력이 실제로 질병과의 싸움에 부족하다는 어떤 암시도 반대했다. 물론 라이트 또한 당시까지의 체외 소독제 모두가 독성이 있다는 것을 잘 알고 있었다. 플레밍은 조곤조곤 스승의 주장을 반박했다. 결국 플레밍은 물러서지 않았다. 8번은 이렇게 살아남았다.

그러나 이 이야기가 끝이 나려면 아직도 한참 멀었다. 플레밍이 강력한 항생제를 발견하긴 했지만 실제로 의학적으로 쓰이려면 정제 과정이 필요했다. 물질을 분리해야 하고 농도를 진하게 하며 화학적으로 이 물질만 순수하게 정제할 수 있어야 했다. 게다가 1주일이 지나면 항생제의 능력이 사라진다는 골치 아픈 문제도 해결해야만 했다. 플레밍은 화학자가 아니었다. 차후에 필요한 화학적 연구를 위해 그는 라이트 연구실에 있는 프레드릭 리들리(Frederick Ridley)라는 젊은 친구의 도움을 받아야 했다. 하지만 리들리 역시 화학자가 아니었다. 단지 그는 연구실에서 화학을 가장 많이 알 뿐이었다. 리들리는 결국 이 일을 해내지 못했다.

1929년 2월 13일, 플레밍은 런던 의학연구모임(Medical Research Club)에서 페니실린에 관한 논문을 발표했다. 당시 청중들은 하품을 해댔다. 어느 누구도 이에 대해 질문조차 하지 않았다. 대부분의 생물학자들은 여전히 확신하지 못했다. 세균을 죽이기 위해 몸에 다른 세균을 집어넣어도 되는지, 그게 과연 효과적인지가 의문이었다. 그리고 플레밍의 스승은 강력한 카리스마의 소유자였고 새로운 아이디어를 가진 누구든 흔들어 놓을 수 있었다. 그는 자기 제자의 도전을 결코 지원해 주지 않았다. 결국 플레밍은 자신의 목소리를 강하게 내지 못하는 성격 탓에 자신의 발견을 적극적으로 옹호하지 못했다. 당시 이 의학연구모임의 의장이었던 헨리 데일 경에 따르면, 플레밍은 "너무 수줍어했고 과도하게 조심하며 자신의 연구 결과를 발표했다. 그는 내내 자신의 어깨를 으쓱거리며 소극적인 자세였다."[10]

상당 기간 동안 플레밍의 페니실린은 거의 간과되었다. 세 명의 영국 화학자, 해럴드 레이즈트릭(Harold Raistrick), R. 러벌(R. Lovell), 그리고 P. W. 클러터벅(P. W. Clutterbuck)이 페니실린에서 순수한 항생물질만을 분리하여 정제하려는 시도를 했다. 하지만 그들 역시 실패했다. 물질이 불안정한 데다 다루기도 쉽지 않았던 탓이었다. 1934년 플레밍은 자신의 곰팡이가 가진 잠재적인 능력을 확신하면서 또 다른 생화학자를 불러들였다. 하지만 이번에도 실패였다. 따분하게도 플레밍은 페니실린에 대한 논문을 계속 발표했다.

페니실린을 정제하고 안정시켜야 하는 문제는 과학계의 좀 더 깊은 관심이 필요했다. 그리고 그런 관심은 역으로 체외 항균물질의 유용성에 대한 생각에 변화를 요구했다. 그 후 5년 넘게 전환이 일어났다. 여기에서 합성 술폰아미드(sulfonamide) 약물이 제한적인 성공을 거둔 것과 르네 뒤보(René Dubos, 1901~1982)가 그래미시딘(Gramicidin)이란 새로운 항생제를 발견한 것이 부분적으로 영향을 주었다. 이런 새로운 발전은 플레밍이 1945년 노벨상 강연에서 언급했듯이, "세균감염의 화학요법에 대한 의학적 사고에 혁신적인 변화를 불러왔다."[11]

영국 옥스퍼드 대학의 두 명의 과학자, 하워드 플로리(Howard Florey, 1898~1968)와 언스트 체인(Ernst Boris Chain, 1906~1979)은 플레밍이 언급했던 변화한 의학적 사고의 주자였다. 이 둘은 1938년 페니실린에 도전한 또 다른 인물이었고 성공을 해냈다. 이 둘은 순수 페니실린 항생제를 플레밍이 원래 얻었던 물질에서 4만 배 농축하는 데 성공했다. 이때는 2차 세계대전이 발발했던 터라 항생제가 몹시 필요했다. 1941년, 이 새로운 약물은 병든 자들을 대상으로 한 시험에 통과했다. 이후 플로리는 미국의 연구계와 산업계의 막대한 지원을 받으며 상당량의 페니실린을 생산했다.

1943년, 페니실린의 성공에 힘입어 미국의 미생물학자 셀먼 왁스먼(Selman Abraham Waksman, 1888~1973)이 기적의 항생제로 불리는 스트렙토마이신을 발견했다. 스트렙토마이신은 결핵과 페스트를 무찔렀다. 이렇게 해서 진정으로 항생제의 시대가 오게 된 것이다. 효과가 크고 독성이 없다는 의미에서 최초의 항생제인 페니실린과 이후에 등장한 항생제들은 수많은 인명을 구해냈다.

페니실린의 발견은 의학적으로 즉각적인 성공을 거두었다는 점 외에도 질병 치료에 새로운 개념을 가져다주었다는 점에서 의미가 크다. 즉 질병과 싸우기 위해서 화학적, 또는 생물학적 물질을 몸에 주입할 수 있다는 새로운 의학적 사고를 말이다. 의학 기술이 발전하면서 등장한 좀 더 진보한 물질들은 유기물이든 무기물이든, 천연물질이든 합성물질이든, 화학적이든 생물학적이든 상관없이 체외에서 개발된 다음 체내에서 쓰일 수 있게 되었다.

또한 플레밍의 업적은 세균학과 미생물 세계에 대한 생태학적 사고의 변화를 가져왔다. 페니실린이 등장하기 이전의 세균학자들은 세균이 다른 세계와 어울리지 않는다고 여겼고, 세균의 오염을 어떻게든 피해야 한다고 생각했다. 반면 플레밍은 오염을 불러들였다. 그는 연구실의 문을 열어 두었던 것처럼 세균 배양접시에 뚜껑도 씌우지 않았다. 그렇게 해서 그는 세균이 완벽하게 생태계의 일부분이라는 확장된 개념을 형성했다. 세균은 우리와 함께 살아가고 함께 성장하며 서로 경쟁한다. 하나의 세균이 다른 세균을 죽이는 것은 큰 그림의 일부일 뿐이다.

최종적으로, 페니실린은 인류에게 새로운 권능을 가져다주었다. 인류 역사상 최초로, 인간은 천벌로 여겼던 전염병을 다스릴 수 있게 되었다. 인류는 피할 수 없는 운명과의 끝없는 싸움에서 큰 발자국을 뗄 수 있었다.

인류에게 부여된 새로운 권능과 희망은 1945년 플레밍과 체인, 플로리에게 노벨상을 수여할 때 스웨덴 왕립 카롤린스카 연구소(Royal Caroline Institute)의 G. 릴제스트랜드(G. Liljestrand) 교수가 한 말에서 들을 수 있다. "인류의 발명으로 인해 소멸과 파괴가 역사상 그 어느 때보다 심각해진 이때에, 페니실린의 등장은 천재적인 인간이 생명을 구하고 질병을 무찌를 수 있음을 보여주는 찬란한 증거이다."[12]

페니실린의 항균작용, B. 인플루엔자의 분리를 위한 사용 예를 중심으로

알렉산더 플레밍

나는 포도상구균의 변종에 대한 실험 도중에 실험실 벤치에 몇 개의 평판 배양을 설치해 때때로 조사했다. 이 평판들은 공기에 노출되어 여러 미생물로 오염되었다. 넓은 범위의 오염 사상균(絲狀菌) 주위에 포도상구균주가 투명해진 것이 관찰되었는데 용균(溶菌)되는 것이 분명했다. 이 사상균의 2차 배양이 이루어졌고 사상균 배양액에 형성된 후 주위 매질로 확산되어 용균 작용을 하는 물질을 확인하기 위한 실험이 시행되었다. 1~2주일 동안 실온에서 사상균이 성장한 배양액은 흔한 병균들에 대해 뚜렷한 살균 및 용균의 저해 작용을 보였다.

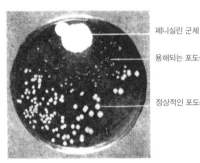

페니실린 군체

용해되는 포도상구균 군체

정상적인 포도상구균 군체

그림 1. 배양판의 사진: 페니실린 군체 주위에 포도상구균 군체가 녹은 것이 보인다

사상균의 특성

세균성 군체는 백색의 솜털 모양이었으며 며칠 후에는 신속히 성장해 포자를 형성했다. 그 중심은 암녹색이었는데 나중에는 오래된 부분이 검은색으로 변했다. 4~5일 후에 밝은 황색이 생성되자 매질로 확산되었다. 어떤 조건에서는 성장하면서 엷은 적색이 관찰되기도 했다.

배양액에서 사상균은 백색 솜털 형상으로 자랐으며 며칠 후에는 짙은 녹색의 펠트 천 덩어리처럼 변했다. 액은 밝은 황색이 되었고 이 황색 색소는 $CHCl_3$에 의해 추출되지 않았다. 액의 반응은 뚜렷하게 염기성이 되었으며 pH 범위는 8.5~9.0이었다. 포도당과 설탕액에서는 3~4일 후에 산이 생성되었다. 유당, 만나당, 덜시톨 액에서는 7일이 지나도 산이 생성되지 않았다.

37도에서 성장이 가장 느렸고 20도에서 가장 빨랐다. 산소가 없는 조건에서는 성장이 관찰되지 않았다.

형태상 이 미생물은 페니실린이었고 모든 특성이 P. 선균을 닮았다. 비오르주(1923)는 자연계에서 P. 선균을 본 적이 없고, '실험실의 동물' 이라고 말한 바 있다. 이 페니실린은 실험실의 공기 중에서 드물지 않게 관찰된다.

항균체는 모든 사상균에 의해 생성되는가?

몇 가지의 다른 사상균을 실온에서 배양하면서 한 달 동안 일정한 간격으로 항균 물질을 시험했다. 조사한 종은 에이다미아 비리데센스(Eidamia viridescens, 토양곰팡이류. 89종이 있음), 보트리티스 시네리아

(Botrytis cinerea, 잿빛곰팡이병균), 아스페르질루스 푸미가투스(Aspergillus fumigatus, 곰팡이성 폐렴균), 스포로트리쿰(Sporotrichum, 1809년에 Link가 불완전균류에 부여한 명칭. 77종이 있다.), 클라도스포륨 (Cladosporium, 흑색진균의 한 속), 페니실리움(Penicillium, 푸른곰팡이)의 8변종이었다. 이 중에서 오직 한 가지의 페니실린만이 항균 물질을 생성했으며 처음 오염된 평판에서 보였던 특성을 똑같이 보였다. 따라서 이 항균 물질의 생성은 모든 사상균 및 모든 페니실린에 공통된 것이 아님이 명백하다.

이 논문의 나머지 부분에서는 이 사상균 배양액의 여과물에 대하여 지속적으로 언급될 것이다. 편의상 '사상균 배양액의 여과물'이라는 번거로운 말 대신에 '페니실린'이라는 단어를 사용하겠다.

항균 물질의 배양을 조사하는 방법

저해 능력을 조사하는 가장 간단한 방법은 한천 평판(또는 다른 적당한 배양물질의 평판)에 고랑을 새긴 다음 한천과 배양액을 같은 양으로 채우는 것이다. 이것이 굳으면 여러 미생물의 배양이 고랑으로부터 평판의 가장자리까지 수직 방향 줄무늬로 형성된다. 한천에 신속히 확산된 저해 물질은 몇 시간 후에는 충분한 농도로 형성되어 이에 민감한 미생물의 성장을 저해한다. 계속 배양하면 중앙에 1센티미터 정도 되는 범위가 투명하게 되는데 이를 잘 관찰해 보면 사실상 모든 미생물이 용해되었는데도 항균 물질이 확산되었음을 알 수 있다. 이 간단한 방법은 사상균의 균-저해와 살균작용을 보여주기에 충분하며, 저해된 부분의 면적으로부터 테스트된 미생물의 민감도에 대한 측정치를 줄 수 있다. 그림 2는 이런 식으로 테스트한 여러 미생물들의 저해 정도를 보여준다.

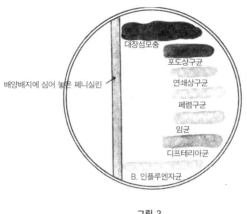

배양배지에 심어 놓은 페니실린

대장섬모충
포도상구균
연쇄상구균
페렴구균
임균
디프테리아균
B. 인플루엔자균

그림 2

저해 능력은 페니실린 희석액을 새로운 배양액에 정확히 적정한 다음 시험관에 동일한 부피의 박테리아 현탁액을 넣고 배양해서 그 투명도를 보면 알 수 있다. 사상균 배양액의 항균 능력을 추정하기 위해서 여과할 필요는 없다. 37도에서 결과가 측정되는 24시간 후에도 성장이 보이지 않기 때문이다. 포도상구균은 여러 배양액 중에 가장 잘 성장하고 페니실린에는 매우 민감한 특성을 가지고 있다.

항균 물질의 성질

열의 효과. 페니실린의 항균 능력을 알아보기 위해 56도 또는 80도에서 한 시간 동안 가열했지만 별다른 영향이 없었다. 몇 분 동안 끓인 경우에도 마찬가지였다. 한 시간 동안 끓였을 경우 항균 능력은 액이 염기성이면 1/4로 감소되었으나, 중성이거나 약간 산성이면 감소의 정도는 훨씬 작았다. 115도에서 20분 동안 압열(壓熱)하면 완전히 파괴되었다.

여과의 효과. 자이츠 여과지로 통과했을 때도 항균 능력은 감소하지 않았다. 이것이 살균된 사상균 액을 얻는 가장 좋은 방법이었다.

용해도. 물이나 약한 소금액에 완전히 녹았다. 내 동료인 리들리 씨는 페니실린이 저온에서 증발해 끈끈한 덩어리가 되면 무수 알코올로 추출될 수 있음을 발견했다. 에테르나 클로로포름에는 녹지 않았다.

배양된 저해물질의 생성속도. 200cc의 배양액을 포함하는 500cc의 엘렌마이어 플라스크에 사상균 포자를 넣고 실온(10도 또는 20도)에서 배양하여 포도상구균에 대한 저해 능력을 주기적으로 측정했다.

5일 후	1/20 희석에서 완전한 저해
6일 후	1/40 희석에서 완전한 저해
7일 후	1/200 희석에서 완전한 저해
8일 후	1/500 희석에서 완전한 저해

20도에서 배양했을 때 성장이 더 빨랐으며, 6~7일 후 1/500 또는 1/800의 희석으로 포도상구균을 완전히 저해했다. 시일이 지난 배양액의 항균 능력은 떨어져서, 20도에서 14일이 지나면 거의 사라졌다.

페니실린의 항균성은 실온에서 보관될 때 떨어졌다. 만약 페니실린의 반응이 원래의 피에이치(pH)인 9로부터 6.8로 변화하면 훨씬 안정

표 1. 실온에서 방치했을 때의 페니실린의 포도상구균 저해 능력(희석된 페니실린에서의 포도상구균의 성장)

	1/20	1/40	1/60	1/80	1/100	1/200	1/300	1/400	1/600	1/800	1/1000	control
여과시	-	-	-	-	-	-	-	-	-	±	++	++
4일 후	-	-	-	-	-	-	-	-	-	±	++	++
7일 후	-	-	-	-	-	-	-	±	+	+	++	++
9일 후	-	-	-	-	-	-	-	±	+	+	++	++
13일 후	-	-	-	-	-	+	+	+	+	+	++	++
15일 후	-	±	+	+	+	+	+	+	+	+	++	++

했다.

배양액 표면에 형성되는 밝은 황색의 작은 방울들은 높은 항균 적정량(適定量)을 보였다. 액의 한 샘플은 1/20000의 희석에서도 포도상구균의 성장을 완전히 저해했다. 사상균이 성장한 액은 1/800의 희석에서 저해한 것과 비교된다.

사상균을 고체 매체에서 자라게 하면 펠트 형상의 덩어리가 서서히 자랐으며 24시간 동안 소금 용액에서 추출했을 때에는 살균성을 보였다.

이 추출물을 짙은 포도상구균 현탁액과 혼합해 45도에서 2시간 동안 배양했을 때, 현탁액의 불투명도는 뚜렷하게 감소했고 24시간 후에는 거의 투명해졌다.

사상균의 항균 적정량에 대한 매질의 영향. 지금까지 확인한 바로는 배양액이 페니실린에 대한 가장 적당한 매질이었다. 포도당이나 설탕을 첨가하면 사상균의 작용에 의한 산의 형성으로 항균 물질의 생성이 지연 또는 방해되었다. 물에 의한 희석은 항균 물질의 생성을 지연했으며 궁극적으로 얻는 농도를 연하게 했다.

박테리아 성장에 대한 페니실린의 저해 능력

표 2(여기에서는 생략) 및 표 3은 여러 미생물(병원성이건 아니건)들이 페니실린에 의해 저해됨을 보여준다. 표 2는 한천 평판법에 의한 저해를 보여주고 표 3은 영양 배양액에 희석될 때의 저해 능력을 보여준다. 이 표로부터 흥미로운 사실이 드러나는데, 페니실린은 어떤 미생물에 대해서는 강력한 항균성을 보이는 반면, 다른 미생물에 대해서

는 전혀 영향을 미치지 않는다. 대장티포이드(Colityphoid) 군을 비롯하여 장(腸) 간상세균인 B. 녹농균(pyocyaneus), B. 프로테우스(Proteus), V. 콜레라(cholerae) 등은 영향을 받지 않았다. 마찬가지로 장구균, 구강에 서식하는 그람음성구균(Gram-negative), 프리들랜더균성폐렴(Friedländer's pneumobacillus), B. 인플루엔자(Pfeiffer)의 박테리아도 페니실린에 반응을 보이지 않았고 B. 이질균(Flexner), B. 가성결핵구균은 거의 영향을 받지 않았다. 탄저병 세균(anthrax bacillus)은 1/10 희석에서 완전히 저해되었지만, 화농성구균(pyogenic coccus)에 비하면 미미한 정도였다.

화농성구균과 디프테리아균에서 페니실린의 작용이 가장 뚜렷했다. 포도상구균에 대한 저해 능력은 색깔이나 유형에 무관하게 모두 강력했다. 종류에 따라 약간의 차이는 있었지만, 화농연쇄구균(Streptococcus pyogenes)은 포도상구균보다 저해 정도가 약간 더 작았다. 폐렴쌍구균(Pneumococci)은 화농연쇄구균과 비슷했다. 녹색 연쇄구균은 종류에 따라 차이가 심했는데, 어떤 종류는 전혀 영향을 받지 않았고 다른 종류는 연쇄구균과 비슷하게 민감했다. 임균(gonococci), 수막염균(meningococci) 및 코 카타르(catarrhal)에서 발견되는 다른 그람음성구균들은 포도상구균 정도로 민감했다. 그러나 구강과 인후에서 발견되는 많은 그람음성구균들은 거의 영향을 받지 않았다. B. 디프테리아에 대한 저해 정도는 작았으나 페니실린 1퍼센트 희석에서는 완전히 저해되었다. 페니실린은 많은 세균을 강력하게 저해했으나 애초에 준비 단계에서 사용된 페니실린의 성장을 저해하지는 않았다는 것을 강조하고 싶다.

표 3. 여러 박테리아에 대한 페니실린의 저해 능력(배양액 페니실린의 희석)

	1/5	1/10	1/20	1/40	1/80	1/100	1/200	1/400	1/800	1/1600	1/3200	control
Staphylococcus aureus	0	0	0	0	0	0	0	0	±	++	++	0
Staphylococcus epidemidis	0	0	0	0	0	0	0	0	±	++	++	0
Pneumococcus	0	0	0	0	0	0	0	0	0	+	++	0
Streptococcus (haemolytic)	0	0	0	0	0	0	0	0	0	±	++	++
Streptococcus viridans (mouth)	++	++	++	++	++	++	±	++	++	++	++	++
Streptococcus faecalis	++	+	+	+	++	++	++	++	++	++	++	++
B. anthracis [Bacillus]	0	0	+	+	++	++	++	++	++	++	++	++
B. pseudo-tuberculosis rodentium	+	+	+	++	++	++	++	++	++	++	++	++
B. pullorum [Salmonella]	+	+	+	++	++	++	++	++	++	++	+	++
B. dysenteriae [Shigella]	+	+	++	++	++	+	++	++	++	++	++	++
B. coli [Ekcherichia]	++	++	++	…	…							
B. typhosus [Salmonella]	++	++	++	…	…							
B. pyocyaneus [Pseudomonas]	++	++	++	…	…	″	″	″	″	″	″	++
B. proteus [Proteus]	++	++	++	…	…							
V. cholerae [Vibrio]	++	++	++	…	…							

	1/60	1/120	1/300	1/600	control
B. dipbthriae (3 strains) [Corynebacterium]					
Streptococcus pyogenes (13 strains)	0	±	++	++	++
Streptococcus pyogenes (1 strain)	0	0	0	++	++
Streptococcus faeccalis (11 strain)	++	++	±	++	++
Streptococcus viridans at random from faeces (1 stain)	0	0	0	++	++
Streptococcus viridans at random from faeces(2 stain)	0	0	±	++	++
Streptococcus viridans at random from faeces(1 stain)	+	±	++	++	++
Streptococcus viridans at random from faeces(1 stain)	++	++	++	++	++
Streptococcus viridans at random from faeces(1 stain)	0	±	++	++	++
Streptococcus at random from mouth (1 stain)	0	0	++	++	++
Streptococcus at random from mouth (2 stain)	0	0	++	++	++
Streptococcus at random from mouth (1 stain)	0	0	0	++	++

0 = 성장하지 않음; ± = 약간 성장함; + = 잘 성장하지 않음; ++ = 정상적으로 성장함.

박테리아 성장에 대한 페니실린의 포도상구균 살균 속도

아염소산염과 같은 살균제는 그 작용이 매우 빠르지만 플라빈이나 노발세노빌론은 느린 바, 페니실린은 어느 정도인지 알아보기 위한 실험이 수행되었다. 1시시의 묽은 페니실린 액에 10c.mm(입방밀리미터)의 1/1000희석 포도상구균 배양액을 가했다. 시험관을 37도에서 배양했고 주기적으로 10c.mm를 취해, 다음의 결과를 얻었다.

	페니실린(농도) 하에서 생성된 세균 군체의 개수				
	콘트롤	1/80	1/40	1/20	110
사전(事前)	27	27	27	27	27
2시간 후	116	73	51	48	23
4시간 후	∝	13	1	2	5
8시간 후	∝	0	0	0	0
12시간 후	∝	0	0	0	0

페니실린은 작용이 느린 항균제인 듯해서 배양액 중의 미생물을 완전히 저해하기 위해 필요한 농도의 30~40배로 농축한 상태에서도 4.5시간이 지난 후에야 포도상구균이 완전히 살균되었다. 더 낮은 농도에서는 처음에 포도상구균이 성장하는 것이 관찰되었으나 몇 시간 후에는 살균되었다. 희석된 페니실린 액을 포도상구균으로 감염시킨 후 배양했을 때에도 마찬가지였다. 4시간 후에 관찰할 경우에 세균이 성장했음을 볼 수 있지만, 하룻밤 배양했을 경우에 1/300 또는 1/400 농도의 페니실린을 포함한 시험관들은 모두 완전히 투명했다. 이것은 페니실린의 살균작용을 분명하게 보여준다.

페니실린의 독성

동물에 대한 강력한 항균액의 독성은 매우 낮은 듯하다. 토끼에 20cc의 혈관 주입했을 때, 0.5cc를 20그램의 생쥐 복강에 주입했을 때 둘 다 독성의 증후가 나타나지 않았다. 감염된 사람의 피부에 계속 흘렸을 때, 또한 결막에 하루 동안 한 시간 간격으로 흘렸을 때에도 부작용이 나타나지 않았다. 포도상구균의 성장을 완전히 저해하는 시험관 내 페니실린은 1/600의 희석에서 백혈구 기능에 일반 배양액보다 더 영향을 미치지는 않았다.

B. 인플루엔자 병균 및 다른 미생물들의 분리를 위한 페니실린의 사용

인체에서 병원균을 분리해 내는 것은 때때로 어려운데, 그것은 다른 세균들이 번식해서 작업을 방해하기 때문이다. 그런 경우에 만약 첫 번째 미생물이 페니실린의 저해를 받지 않고 두 번째 미생물이 민감하다면 한 가지의 병원균만을 저해할 수 있을 것이다. 이러한 예들은 인체에서 가능하므로 B. 인플루엔자나 보르데(Bordet, 1870~1961)의 백일해균 및 다른 미생물들에서 볼 수 있다. 호흡기에 서식하는 B. 인플루엔자균은 대개 연쇄구균, 연쇄상구균, 포도상구균, 그람음성구균과 함께 발견된다. 몇 종류의 그람음성구균을 제외하면 이 미생물들은 모두 페니실린에 의해 완전히 저해되기 때문에 B. 인플루엔자균과 혼합된 상태일 때 페니실린으로 이것을 분리할 수 있다. 평판이 만들어지기 전에 일정량의 페니실린을 배양매체에 넣어도 되지만, 감염된 물질을 평판에 바른 후 페니실린 2~6방울을 평판의 반 이상에 바르는 것이 더 쉽고 좋은 방법이다. 소량의 액이 한천에 흡수된 후 24시간의 배양을 거치면 페니실린이 없는 부분에서는 미생물의 정상적인 성장이 관찰되지만 페니실린을 바른 부분에는 B. 인플루엔자균과 그람음성구균을 비롯한 다른 미생물들만 남게 된다. 이런 식으로 페니실린에 의해 저해되지 않는 미생물을 분리하는 것은 매우 쉽다. 가래에서 발견되지 않았을 때, 또는 페니실린으로 처리되지 않은 평판에서 검출되지 않은 경우에도 이 방법을 반복하면 병원균을 발견할 수 있다. 물론 이 방법을 쓸 때에는 B. 인플루엔자의 성장에 유리한 (예를 들면, 끓인 혈액한천) 매질을 써야 한다. 이것은 연쇄상구균과 포도상구균의 억제로 인해, 가래를 혈액한천에서 배양할 때에 흔히 보이는 공생 효과가 나타나지 않으므로 혈액한천만을 사용하면 B. 인플루엔자의 군체가 너무 작아 알아보기 어렵기 때문이다.

가래, 후비부(後鼻部) 및 후두부에서 솜막대로 모은 샘플에 대한 몇 가지 관찰을 종합하면 페니실린을 이용해 B. 인플루엔자 류의 미생물을 여러 가지의 병리학적 상태 및 건강한 사람으로부터 분리할 수 있을 것이다.

논의

페니실린의 여러 종이 배양 매질에서 강력한 항균 물질을 생성해 많은 세균에 다양한 영향을 미치는 것을 보였다. 일반적으로 말하자면, 가장 영향을 적게 받는 것은 그람음성박테리아였고 가장 민감한 것은 화농성구균이었다. 많은 미생물들의 배양에서 저해물질을 발견했다. 일반적으로 저해 작용은 미생물마다 달랐으며 저해물질은 배양액의 약한 희석을 견뎌 낼 정도로 강력하지 않았다. 페니실린은 애초에 준비 단계에서 사용된 페니실린의 성장을 저해하지는 않았다.

에머리히(Emmerich) 등은 B. 녹농균을 배양했을 때 뚜렷한 살균 능력이 나타났음을 보였다. 살균 물질인 녹농균은 페니실린과 비슷한 성질을 가지는 바, 열에 대한 저항력이 비슷하고 액체 매질에서 여과물로 존재한다. 또한 특정 미생물에만 작용한다는 점에서도 페니실린과 비슷하나 그 작용이 매우 약하고 매우 다양한 세균을 저해한다는 점에서 다르다. 탄저병, 디프테리아, 콜레라 및 티푸스균은 녹농균에 가장 민감했지만 화농성구균은 거의 영향을 받지 않았고 이 미생물들을 저해하기 위한 녹농균 여과물의 백분율은 각각 40, 33, 40, 60이었다 (Bocchia, 1909). 이러한 정도의 저해는 화농성구균을 완전히 저해하기 위해 0.2퍼센트 이하의 페니실린 또는 1퍼센트의 B. 디프테리아가 필요하다는 것과 크게 대비된다.

미생물에 의한 감염에서 페니실린은 잘 알려진 화학 항균 물질들에 비해 유리하며 포도상구균, 화농성 연쇄구균과 연쇄상구균을 1/800의 희석에서 완전히 저해할 수 있다. 따라서 페니실린은 석탄산보다 저해 능력이 크며, 자극성, 독성이 없으므로 감염된 부위에 희석되지 않은 상태로도 사용될 수 있다. 상처를 처치한 부위에 사용할 때, 1/800으로 희석해도 효과적이므로, 화학 항균제보다 더 강력하다. 화농성 감염에 대한 실험은 현재 시행 중이다.

세균 감염 치료의 효용성에 더해, 페니실린은 원하지 않는 미생물을 저해해 페니실린의 영향을 받지 않는 세균을 분리하는 데 사용될 수 있으므로 세균학자에게 또한 중요하다. 중요한 예는 파이퍼의 인플루엔자균 분리이다.

이 논문에 발표된 실험을 도운 내 동료인 리들리와 크래딕(Craddock) 씨에게 감사한다. 페니실린의 확인에 대한 내 실험실의 균류학자 라투시(la Touche)의 조언에도 감사한다.

요약

1. 어떤 유형의 페니실린은 배양되면 강력한 항균 물질을 생성한다. 항균성은 20도에서 7일 후에 최대가 되고, 10일 후에 감소하기 시작해 4주일 후에는 완전히 사라진다.

2. 항균 물질의 생산을 위해서 가장 좋은 매질은 일반적인 영양 배양액이다.

3. 항균제는 여과 가능하고, 배양액의 여과물에 '페니실린'이라는 이름을 붙였다.

4. 페니실린은 실온에서 10~14일 후에는 저해 능력을 상실하는데, 중화하면 더 오래 보존된다.

5. 항균제는 끓였을 때 파괴되지 않으나, 염기성 용액에서 1시간 끓이면 그 능력이 현저히 떨어진다. 115도에서 압열했을 때 항균 능력은 완전히 파괴된다. 알코올에는 녹지만 에테르나 클로로포름에는 녹지 않는다.

6. 저해 작용은 특히 화농성구균과 디프테리아균들에 대해 뚜렷하다. 콜리토포이드균, 인플루엔자균, 장(腸)구균 등의 세균에는 별 영향을 주지 않는다.

7. 페니실린은 다량 사용해도 동물에 자극을 주지 않는다. 백혈구 기능에 대한 영향도 일반적인 배양액 정도로 작다.

8. 페니실린에 민감한 미생물로 감염된 부위에 바르거나 주입될 수 있는 훌륭한 항균제가 될 수 있을 것이다.

9. 배양 평판에 페니실린을 사용하면 일반적인 배양에서는 잘 드러나지 않는 저해 능력을 볼 수 있다.

10. B. 인플루엔자균의 분리에 페니실린이 사용될 수 있음을 보였다.

런던 성 마리아 병원 예방접종과 실험실

British Journal of Experimental Pathology (1929)

■ **참고문헌**

1. Biourge.-(1923) 'Des moissures du group *Penicillium* Link', Louvain, p. 172.

2. Emmerich, Loeuw, Korschun.-(1902) *Zbl. Bakt.*, 30, 1.

3. Bocchia.-(1909) *ibid*, 50, 220.

4. Fildes,-(1920) *Brit. J. Exp. Path.*, 1, 129.

번역: 이성렬

생물에너지 생산

오늘 아침에 먹은 베이글이
날 움직이게 한다

한스 크렙스 (1937)

에너지는 자연이라는 시장의 통화라고 할 수 있다. 에너지 없이는 아무 것도 일어나지 않기 때문이다. 야구방망이를 휘두르거나 수플레를 요리하거나 참새가 짹짹거리거나 하는 모든 일에는 에너지가 필요하다.

지금 이 순간 키보드 앞에 앉아서 손가락으로 자판을 두드리기 위해서는 내게 매분마다 약 0.5J(줄)의 에너지가 필요하다. 참고로 내 자판 속도는 아주 느리다. 줄이란 영국의 물리학자 제임스 프레스콧 줄(James Prescott Joule, 1818~1889)을 기념해 붙인 에너지 단위로, 1J은 1킬로그램의 벽돌을 초당 1미터의 속도로 움직이는 데 필요한 에너지로 정의된다. 1847년, 맨체스터 세인트 앤 성당 도서열람실의 강연에서 줄의 총 에너지가 보존된다는 주장이 나왔다. 외부와의 에너지 출입이 없는 닫힌계의 에너지는 어느 한 종류에서 다른 종류로 바뀔 수 있지만 총량은 늘어나지도 줄어들지도 않는다는 것이다. 석탄을 태워 전기를 생산하는 화력발전소를 예로 들어 보자. 석탄이 타면서 나오는 열로 물을 끓여서 생기는 증기의 열에너지는 터빈을 돌리는 역학적 에너지로 바뀌고, 이 역학적 에너지는 우리 가정에까지 이어져 있는 전선을 따라 전기에너지로 바뀐다.

그렇다면 앉아서 자판을 두드리고 있는 나는 어디에서 출발한 에너지로 손가락을 움직이는 걸까. 이 에너지는 기본적으로 근육이 수축하면서 공급되는 것이다. 나의 근육세포 속에는 아데노신삼인산(ATP)이라는 분자가 있는데 여기에 저장된 화학에너지로부터 에너지가 발생한다. 지금 이 순간 나의 손가락이 움직이기 위해서는 매분에 7백경 개나 되는 ATP 분자들이 자신의 원자결합을 끊어야 한다. 그렇다면 이 에너지는 어디에서 만들어진 걸까? 오늘 아침에 내가 먹은 베이글 속의 탄수화물이 분해되면서 만들어진 에너지다. 그리고 탄수화물이 가진 에너지는 지난봄에 밀밭을 비추던 태양의 빛 에너지로부터 온 것이다. 더 나아가면 태양의 빛 에너지는 태양 안의 원자핵반응에서 비롯되었다. 좀 더 자세히 설명하면, 내가 1분 동안 자판을 두드리기 위해 필요한 에너지는 태양 속 수소 원자 1천억 개가 핵융합반응을 해서 얻어진 것이다. 길게 본다면 내 손가락은 핵에너지로 작동되는 셈이다.

　에너지는 아주 오래전부터 물리학의 기본적인 개념이었다. 엠페도클레스(Empedocles, BC 490경~BC 430)*를 비롯한 고대 그리스인들은 에너지에 대한 여러 개념들을 발전시켰고, 에너지 보존에 대한 초보적인 지식도 갖고 있었다. 레오나르도 다 빈치(Leonardo da Vinci, 1452~1519)는 손가락의 힘으로 공기총의 스프링을 잡아당겨 공기를 압축함으로써 총알을 발사하는 방식의 공기총을 고안했다. 그는 사람의 근력과 스프링의 압축력, 그리고 공기총의 화력으로 중력에너지와 물체를 들어 올리는 능력을 측정했다. 아이작 뉴턴과 동시대 인물이자 경쟁 관계였던 고트프리트 라이프니츠(Gottfried Wilhem Leibniz, 1646~1716)는 움직이는 물체의 에너지를 정량적으로 측정하는 방법을 제안하면서 이를 '살아 있는 힘(vis viva)'이라고 명명했다. 이는 오늘날의 운동에너지와 유사하다. 19세기 중반에 이르자 독일의 의사이자 물리학자인 율리우스 마이어(Julius Robert Mayer, 1814~1878)가 열을 포함해 모든 종류의 에너지는 같다는 주장을 되풀이했다.

---

*엠페도클레스는 모든 물질이 불, 공기, 물, 흙이라는 네 가지 기본원소들의 합성물이며, 사물은 이 기본 원소의 비율에 따라 서로 형태를 바꿀 뿐 어떤 사물도 새로 탄생하거나 소멸하지 않는다고 생각했다.

반면 생물학에서는 에너지의 중요성에 대한 역사가 상당히 짧다. 2장에서 이야기했지만, 물리학과 화학이 생물학에 적용되는 데에는 살아 있는 물질과 그렇지 않은 물질이 서로 다른 법칙을 따른다는 철학적인 믿음과 맞서야 했다. 때문에 살아 있는 유기체를 움직이는 기계의 일종이라고 간주하기 시작한 후에야 생물학에서도 에너지가 중요한 의미를 가진다는 인식이 생겨났다.

이 같은 사고의 전환은 독일 과학자들의 주도로 19세기에 이루어졌다. 특히 현대적인 에너지보존법칙이 1840년대에 정립되면서 화학자 유스투스 폰 리비히(Justus von Liebig, 1803~1873)와 위에 등장했던 마이어는 새로운 주장을 펼쳤다. 동물이 독립적으로 소비하는 에너지는 음식물의 화학적 분해에 의해서만 공급된다는 내용이었다. 이는 가령 달리기를 하거나 이를 갈거나 추운 겨울밤 따뜻한 김을 내뿜는 일은 음식을 소화하지 않고는 결코 할 수 없는 일이라는 뜻이다. 살아 있는 생명체는 무에서 에너지를 생산할 수 없다. 물리학자 헤르만 폰 헬름홀츠(Hermann von Helmholtz, 1821~1894)는 생명의 기계적 관점에 대한 열렬한 지지자이자 리비히의 팬이었다. 그는 열에너지가 근육의 움직임으로부터 발생한다는 점을 증명했다. 근육을 움직이는 기계적 에너지와 이로부터 발생하는 열에너지는 음식에 저장되어 있는 것이었다.

19세기 말, 두 명의 독일 생리학자, 아돌프 오이겐 픽(Adolf Eugen Fick, 1829~1901)과 막스 루브너(Max Rubner, 1854~1932)는 마이어와 리비히의 가설을 정량적으로 자세히 시험해 보았다. 그들은 몸에 열이 나고, 근육이 수축하는 등의 신체 활동에 필요한 에너지를 정량화해서 음식에 저장된 화학에너지와 비교했다. 그리고 구체적으로 1그램의 지방, 탄수화물, 그리고 단백질이 얼마만큼의 에너지에 해당하는지를 알아냈다. 19세기 말, 루브너는 생명체가 소비하는 에너지의 양은 음식에서 얻은 에너지의 양과 동일하다는 결론을 내렸다. 즉 물리학의 에너지보존법칙이 생물학에서도 통하는 것이다. 에너지로 본다면 살아 있는 생명체는 복잡한 여러 기계들로 된 구성체였다.

그러나 루브너의 연구로 과학자들의 생물에너지 탐구가 끝난 것이 아니었다. 과학자들은 생체에너지의 작용 원리를 더 상세하게 알아내야만 했다. 사탕에서 나온 포도당이 어떻게 우리 몸에서 에너지를 생산할 수 있는 걸까. 화학적으로 어떤 과정을 거치는 걸까. 이것이 바로 생화학이 해결해야 할 문제였다.

1937년, 37세의 독일 생화학자 한스 아돌프 크렙스는 음식물로부터 에너지가 발생하는 구체적인 과정들을 발견했다. 크렙스와 여타 과학자들은 오늘날 크렙스 회로로 불리는 이 과정이 지구상의 모든 동식물에게 똑같이 일어난다는 것을 입증했다. 단세포생물부터 인간까지 에너지의 발생 과정에 관여하는 분자들, 화학적인 과정 모두가 동일했다. 음식이 아니라 빛으로부터 에너지를 받아들이는 식물조차도 유기 분자를 만들어 낸 다음 에너지를 저장하기 위해 크렙스 회로를 이용한다. 크렙스 회로는 살아 있는 모든 생명체에게 에너지를 전달하는 기본 과정이며 이 보편성은 지구의 생명체들이 동일한 기원으로부터 진화했다는 주장을 뒷받침해 주고 있다. 크렙스 회로는 DNA와 함께 생명을 판독하는 기본 문자이다.

구체적인 사항을 제쳐 두자면, 어떻게 음식이 에너지로 전환되는지에 대한 큰 그림은 18세기 말 근대 화학의 아버지로 불리는 위대한 과학자 앙투안 로랑 라부아지에(Antoine-Laurent Lavoisier, 1743~1794)가 처음으로 그려 냈다. 라부아지에는 유기 분자가 산소와 연소하면 에너지가 생성되고 그 부산물로 이산화탄소와 물이 생긴다는 사실을 밝혀냈다.

(유기 분자는 살아 있는 생명체가 주로 만들어 내는데, 탄소, 수소, 그리고 때때로 산소와 부수적인 다른 원자들로 구성되어 있다.) 예를 들어 음식물의 고에너지 탄수화물인 포도당을 따져 보자. 라부아지에의 화학반응식에 따르면 다음과 같다.

$$C_6H_{12}O_6 + 6O_2 \rightarrow 6CO_2 + 6H_2O + 에너지$$

이 반응식은 다른 화학식과 마찬가지로 가장 단순한 형태다. $C_6H_{12}O_6$로 나타낸 포도당 분자 하나는 탄소(C)원자 6개, 수소(H)원자 12개, 그리고 산소(O)원자 6개를 갖고 있다. 라부아지에의 반응식을 보면 하나의 포도당 분자가 산소 분자 6개와 만나서 6개의 이산화탄소 분자와 6개의 물 분자, 그리고 에너지를 만들어 낸다. 이 에너지는 라부아지에가 처음으로 생각한 것처럼 열일 수도 있지만 다른 종류의 에너지일 수도 있다.

포도당이 산소와 반응하는 과정을 산화라고 한다. 또는 포도당이 에너지를 만들기 위해 체내에서 '연소'한 것이라고 말할 수 있다. 라부아지에의 화학반응은 나무가 공기 중에서 타버렸을 때 일어나는 것과 유사하기 때문이다. (나무는 주로 셀룰로오스로 이루어져 있고 셀룰로오스는 포도당으로 구성된 고분자 탄수화물이다.) 두 경우 모두 포도당과 산소가 반응해 이산화탄소와 물을 만들어 낸다. 차이가 있다면 나무를 태워서 나온 에너지는 온도가 높고 통제하기 힘들지만 체내에서의 연소는 좀 더 쉽게 통제되고 온도도 낮다.

그렇다면 연소반응에서는 어디에서 에너지가 오는 걸까. 모든 형태의 연소는 원자 속 전자의 전기적 반발에서 시작된다. 전자들 간의 반발력은 압축 용수철에 비유할 수 있다. 새로운 분자를 형성하기 위해 전자들이 서로 간에 재배치될 때 전자들 사이의 반발력, 즉 압축된 용수철은 에너지를 내놓는다. 원자의 구조와 힘 때문에 포도당 분자 하나에 있는 용수철의 압축 정도는 물 분자 몇 개에 있는 압축 정도보다 더 심하다. 따라서 포도당이 물로 바뀌면 에너지가 나오게 되는 것이다. 이 과정에서 산소가 결정적인 역할을 한다. 산소가 에너지 높은 포도당 속의 수소 원자와 결합해서 에너지가 낮은 물로 바뀌게 하기 때문이다. 산소가 없다면 라부아지에의 반응은 일어날 수 없다. 숨쉬기를 멈추면 우리 몸이 에너지를 더 이상 생산하지 않기 때문에 죽는 것과 같다.

1930년에 이르자 과학자들은 화학결합에서의 에너지를 상당 수준으로 이해했다. 생화학자들도 라부아지에 반응이 식에서처럼 한 단계로만 이루어진다고 생각하지는 않았다. 아이스링크 위의 스케이터처럼 분자들은 한 번에 2개씩만 마주치는 경향이 있다. 때문에 6개의 산소 분자가 동시에 포도당 분자 하나와 마주칠 가능성은 극히 낮다. 이보다는 여러 중간 반응과 여러 분자가 관여해 수소 원자들이 한 번에 산소 원자 1개 혹은 2개와 반응할 가능성이 높다. 크렙스가 찾으려고 했던 게 바로 이들 원자들이 무대에서 펼치는 춤의 안무였다.

1981년 사망한 해에 출간된 자서전 『회상과 반성(Reminiscences and Reflections)』에서 한스 크렙스는 유년 시절의 자신을 다음과 같이 묘사했다. "자의식이 강하고 내성적이며 고독했다. [...] 결코 공격적이거나 반항적이지 않았던 나는 규칙을 따르는 데 열심인 아이였다."[1] 사실 이 젊은 과학자가 위대한 업적을 달성하기 위해 아인슈타인처럼 자신감이 넘치고 혁명적일 필요는 없었다. 크렙스는 자신의 부모가 어떤 감정을 표현하든 눈살을 찌푸리는 매우 엄격한 사람들이었다고 기억했다. 어린 크렙스가 열심히 공부해 반에서 상위 25퍼센트 안에 들어도 그의 아버지는 "돼지 귀로는 비단 지갑을 맞들 수 없다."면서 자기 아들의 지적 잠재력에 대해 늘 못마땅해했다. 그러면서 종종 아이들에게 체념의 한숨을 내뱉기도 했다. 이처럼 안 좋은 기억이 많음에도 크렙스는 아버지가 그를 데리고 힐데스하임(Hildesheim) 근처의 시골을 오랫동안 돌아다녔기 때문에 자신이 살아 있는 것들에 처음으로 관심을 갖게 되었다며 다 아버지 덕분이라고 했다.

크렙스는 괴팅겐 대학에서 공부하면서 생물학에서 화학이 얼마나 중요한지를 배웠다. 특히 프란츠 크눕(Franz Knoop)과 함께 공부한 영향이 컸다. 크눕은 지방 대사의 중간 과정을 조사하고 있었는데, 이는 나중에 크렙스 회로에 시사하는 바가 컸다. 크렙스는 이비인후과 의사인 아버지를 쫓아 의대를 들어갈 생각으로 1925년 함부르크 대학에서 석사학위를 땄다. 그런 다음 1926년부터 1930년까지 베를린의 달렘(Berlin-Dahlem)에 위치한 카이저 빌헬름 생물 연구소(Kaiser Wilhelm Institute for Biology)에서 오토 바르부르크의 조수 중 한 명으로 일했다. 당시 바르부르크는 세포호흡*의 촉매 작용에 관해 연구하고 있었다. 그는 이 연구로 1931년 노벨 생리의학상을 수상했다. 그는 20세기를 대표하는 생화학자였다. 그의 제자 중에서 노벨상을 수상한 이는 크렙스와 악셀 테오렐(Axel Hugo Theodor Theorell, 1903~1982)이 있다.

크렙스는 바르부르크를 자신의 생애에서 가장 큰 영향을 준 스승으로 꼽았다. 권위에 복종하는 성향을 지닌 크렙스는 연구실에서 왕처럼 군림하면서 학생들에게 절대적인 복종과 존경을 요구했던 바르부르크를 실제로 매우 숭배했다. (바르부르크 역시 학생들에게 아주 엄했던, 1902년 노벨화학상 수상자 에밀 피셔[Emil Fischer, 1852~1919]의 제자였다.) 크렙스가 바

---

* 생물이 섭취한 음식물 분자와 산소를 결합시켜 생명 활동에 필요한 화학에너지로 전환하고, 이산화탄소와 물을 노폐물로 내보내는 과정.

르부르크를 얼마나 존경했는지는 다음의 문장에서 확인할 수 있다.

그는 연구 면에서나 일반적인 행실 면에서나 높은 수준의 본보기를 보여주었다. 그가 연구에 전념하고 있다는 것은 언제나 장시간 동안 연구하는 그의 모습에서 확인할 수 있다. 그는 또한 자리를 얻기 위해 책략을 쓰거나 영향력 있는 사람과 친분을 가지거나 발표를 목적으로 이곳저곳에 논문을 발표하는 식으로 경력을 쌓으려는 이들을 매우 경멸했다. 그는 자신의 연구에 관한 한 어떤 것이든 고통을 감내할 준비가 되어 있었다. [...] 또한 그는(자주 있는 일은 아니지만) 잘못을 발견했을 때 곧바로 이를 받아들이고 이에 대한 수정을 발표하는 것을 자랑스럽게 생각했다.[2]

크렙스가 조수 생활을 끝내갈 무렵에도 바르부르크는 서른이 된 제자가 일자리를 구하려는 데 전혀 도움을 주지 않았다. 이 일로 인해 아버지가 실망하는 모습은 크렙스의 마음에 사무치는 고통으로 남았다. "(바르부르크는)내가 성공적인 연구 경력을 쌓을 만한 충분한 능력을 가졌다고 생각하지 않았다. [...] 결국 내가 평범한 재능을 소유했다는 결론을 내렸다. 나의 관심사는 오직 내게 연구의 기회를 줄 일자리를 얻기 위해 노력을 해봐야 한다는 것이었다."[3]

결국 이 '평범한' 학생은 병원에 자리를 구했다. 처음에는 알토나 시립 병원에서, 그리고 나중에는 프라이부르크 대학 병원에서 일했다. 이들 병원에서 근무하던 1932년, 크렙스는 오르니틴 회로(ornithine cycle)라고 하는 생물의 대사 과정 중 하나를 발견했다. 이 과정에서 오르니틴이라는 유기 분자는 시트룰린(citrulline)으로 전환되고, 시트룰린은 아르기닌(arginine)으로, 아르기닌은 오르니틴으로 바뀐다. 이렇게 한 바퀴를 순환하는 과정에서 암모니아가 흡수되고 요소가 생성된다. 탄수화물이나 지방으로 전환하는 과정에서 질소가 유리되면서 만들어지는 암모니아는 질소를 포함한 단백질이나 핵산을 분해해 에너지를 얻는 해로운 독성물질이다. 때문에 동물들은 이 물질을 신속하게 제거해야 한다. 그러므로 오르니틴 회로는 살아 있는 유기체가 체내에 있는 독성물질을 제거하는 방법이다.

1933년 6월, 유대인 크렙스는 나치 정부 하에서 일자리를 잃고 독일을 떠날 것을 강요받았다. 하지만 크렙스는 영국을 대표하는 생화학자이자 1929년 노벨생리의학상 수상자인 프레드릭 홉킨스(Fredrick Gowland Hopkins, 1861~1947)의 초청 덕분에 케임브리지 대학에서 새 일자리를 구할 수 있었다. 크렙스는 "이제껏 이 같은 일을 겪은 적이 없었다."면서 "영국인의 친절과 인간적인 따뜻함"[4]에 압도되었다.

1935년, 크렙스는 학생수가 8백 명밖에 안 되는 셰필드 대학 약학과에서 강사로 일했다. 2년 후 그는 자신의 이름을 붙일 유명한 생화학 회로를 발견한다.

1930년대 초에는 음식물의 산화로 에너지를 생산하는 호흡 작용이 생화학의 주요 연구 주제였다. 크렙스 회로가 발견되기 전에도 다른 과학자들이 여러 중간 과정을 발견해 놓았지만 그 누구도 독립적인 화학반응들이 서로 어떻게 연관되어 있는지를 알지는 못했다. 크렙스는 순환하는 과정이 있을 것이며 당시만 해도 알지 못한 핵심적인 단계를 찾아내 이전의 연구 결과를 하나의 큰 그림으로 완성할 계획을 하고 있었다.

크렙스 이전의 연구들 중에 가장 핵심이 되는 업적은 아마도 헝가리 출신의 미국 생화학자 알베르트 센트조르주(Albert Szent-Györgyi, 1893~1986)의 업적일 것이다. 센트조르주는 호흡에 관한 연구를 하는 데에 비둘기의 비상근(flight muscle)이 이상적이라는 사실을 알아냈다. 비둘기의 비상근이 매우 높은 비율로 음식물을 태우기 때문이다. (같은 양일 경우 벌새도 역시 매우 높은 비율로 음식물을 태운다. 그러나 벌새는 작은 데다 잡기도 쉽지 않다.) 호흡은 산소를 필요로 하므로 호흡량은 산소 소비량을 통해 측정할 수 있다. 1935년, 센트조르주는 네 가지 유기 분자―숙신산(succinic acid), 푸마르산(fumaric acid), 말산(malic acid), 그리고 옥살아세트산(oxaloacetic acid)―를 비둘기의 비상근에 추가할 경우 호흡량이 늘어나는 것을 발견했다. 더 나아가 산소 소비량이 증가하면 근육에 추가된 분자로부터 에너지를 얻는 데 요구되는 양이 훨씬 많았다. 이는 분자 자체가 에너지원이 아니라는 이야기였다. 분자들은 에너지를 생산하기 위한 화학반응을 돕는 촉매였던 것이다. 이를 위해서 분자들은 계속해서 다시 사용되어야만 한다. 이 네 가지 분자들은 모두 탄소원자를 네 개씩 갖고 있고 구조도 비슷하다. 또한 다음의 식에서처럼 수소원자를 없애거나 물 분자를 추가하면 서로서로 전환이 된다.

$$\overset{-2H}{} \quad \overset{+H2O}{} \quad \overset{-2H}{}$$

$$\underset{\text{숙신산}}{C_4H_6O_4} \rightarrow \underset{\text{푸마르산}}{C_4H_4O_4} \rightarrow \underset{\text{말산}}{C_4H_6O_5} \rightarrow \underset{\text{옥살아세트산}}{C_4H_4O_5}$$

다음으로 중요한 연구는 괴팅겐 대학에서 크렙스와 함께 공부했던 프란츠 크눕과 마티우스(C. Martius)가 1937년 초에 찾아냈다. 크눕과 마티우스는 영양소는 아니지만 식품에 소량으로 들어 있는 시트르산(citric acid) 산화의 화학적 단계를 일부 발견했다. 특히 중요한 내용은 시트르산이 아코니트산(aconitic acid)으로, 아코니트산은 아이소시트르산(isocitric acid, 시트르산과 원자조성은 같지만 결합이 다르다.)으로, 아이소시트르르산은 알파-옥소글루타르산(α-oxoglutaric acid)으로 전환된다는 것이었다. 이는 다음의 식과 같다.

$$C_6H_8O_7 \xrightarrow{-H_2O} C_6H_6O_6 \xrightarrow{+H_2O} C_6H_8O_7 \xrightarrow{-2H} C_5H_6O5 + CO_2$$

시트르산   아코니트산   아아소시트르산   알파-옥소글루타르산

위의 반응은 시트르산의 '산화'반응을 나타낸다. 수소 원자가 아이소시트르산으로부터 빠져나오면(위의 그림에서는 나타나지 않았지만) 나중에 산소와 결합해 물이 되기 때문이다. 이는 센트조르주의 연쇄반응에서도 동일하게 나타난다. 산소가 추가되면 알파-옥소글루타르산이 숙신산과 이산화탄소로 바뀌는 것은 이미 알려져 있었다. 따라서 위에 나온 두 화학반응을 하나로 묶기만 한다면 *시트르산에서 옥살아세트산으로 이어지는 연속적인 대사 과정이 생긴다*는 것을 크렙스는 알고 있었다.

셰필드 대학에 있을 때 크렙스에게는 너무나도 소중한 조수 둘이 있었다. 레오나드 이글스턴(Leonard Eggleston)과 윌리엄 아서 존슨(William Arthur Johnson), 이 둘이었다. 1936년 17살 때부터 충실한 조수이자 동료로 지낸 이글스턴은 1974년까지 크렙스와 함께 했다. 존슨은 셰필드 대학의 화학과 학부 신입생이 되었을 때 이곳이 자신이 와야 할 곳임을 깨달았다. 존슨의 박사 학위 논문 일부분은 크렙스와 함께 한 크렙스 회로에 대한 연구이기도 했다.

크렙스와 존슨은 센트조르주의 분자 네 개처럼 시트르산 역시 호흡에서 촉매 역할을 한다는 내용으로 논문을 시작했다. 이는 적은 양의 시트르산이라도 시트르산 자체를 산화하는 데 필요한 것보다 훨씬 더

많은 산소를 필요로 한다는 것이다. 크렙스와 존슨은 비둘기의 근육에 시트르산을 주입했을 때와 그렇지 않았을 때 산소 소비량을 비교해 보았다. 비둘기 근육 460밀리그램에 소량의 시트르산을 주입하고 150분이 흘렀을 때 산소 소비량은 2,080마이크로리터로 그렇지 않았을 때의 1,187마이크로리터보다 무려 893마이크로리터가 증가했다. 반면 시트르산을 완전히 산화하는 데는 산소 302마이크로리터면 충분하다. 따라서 시트르산은 다른 촉매처럼 완전히 소비되지 않고 반복적으로 사용되는 것이다. 그러나 크눕과 마티우스가 이미 산소가 있을 경우에 시트르산이 알파-옥소글루타르산으로 바뀌어 버린다고 밝혔기 때문에 시트르산을 계속해서 보충해 주는 과정이 있어야만 했다. 이는 크렙스 연구의 핵심이었다. 크렙스는 시트르산이 어떻게 재생산되는지를 밝혔다.

생화학 반응에서 소비되는 산소 소비량을 측정하기 위해 크렙스와 존슨은 압력계(manometer)라고 하는 U자 모양의 관을 사용했다. 이 장치에는 정해진 양의 액체와 기체가 들어 있다. 기체, 예를 들어 산소가 흡수되면 관의 압력이 달라져 내부에 든 액체의 높이가 달라진다. 이 높이 변화를 통해 산소가 얼마나 소비되었는지를 알 수 있다. 시트르산과 생성되는 다른 화합물의 양은 색채계(colormeter)로 측정할 수 있다. 색채계는 빛과 색깔 필터를 이용해 액체의 색깔을 측정한다. 양을 측정해야 하는 화합물은 다른 화합물과 반응해 색을 띤 물질로 변하게 되는데 이때 양이 어느 정도인지에 따라 색이 달라지므로 색채계로 그 양을 구할 수 있다.

이제 크렙스는 시트르산이 호흡에서 핵심적인 역할을 한다는 것을 알게 되었다. 그 다음으로 크렙스는 스웨덴의 생화학자 토르스텐 툰베리(Thorsten Thunberg, 1873~1952)의 선도 연구를 소개했다. 툰베리는 말론산(malonate)이라는 물질이 센트조르주의 반응에서 나타나는, 숙신산에서 푸마르산으로 전환하는 것을 방해한다는 점을 밝혀냈다. 크렙스는 툰베리의 실험을 따라해 보았다. 그 결과 말론산이 시트르산의 산화, 즉 아코니트산으로의 전환도 막는다는 사실을 증명해 보였다. 이는 좀 더 발전시키면 시트르산이 숙신산과 푸마르산이 관여한 연소반응의 일부라는 증거가 된다. 만약 두 개의 화학반응이 하나의 긴 연쇄반응의 일부가 아니라면 푸마르산을 차단하는 게 아코니틴의 생산을 멈추는 이유가 될 수 없기 때문이다. 그것은 마치 캐나다의 고속도로에서 교통정체가 쿠바의 차량 흐름에 아무런 영향을 주지 않는 것과 같다. 따라서 *크렙스는 이제 센트조르주와 마티우스와 크눕이 발견한 반응이 하나로 연결되어 있음을 증명해 보여야 했다.*

크렙스는 세포호흡 경로에서 자신이 알고 있는 화학단계들이 무엇인지를 정리하는 것으로 논문의 4장을 시작했다. 논문에서 그는 중간물질로 아코니트산과 아이소시트르산을 생략했고 알파-옥소글루타르산을 사촌관계인 알파-케토글루타르산(α-ketoglutaric acid)으로 칭했다. 즉 시트르산 → 알파-케토글루타르산 → 숙신산 → 푸마르산 → 말산 → 옥살아세트산으로 정리한 것이다. 크렙스는 시트르산이 어떻게든 재생산되어야 한다는 점을 이미 알고 있었다. 그런 그는 "옥살아세트산이 존재한다면 근육은 충분한 양의 시트르산을 만들어 낼 수 있다."로 요약되는 내용을 실험으로 증명했다. 시트르산이 다시 만들어지지 않는다면 이 연쇄 화학반응은 멈추게 될 것이다. 크눕-마티우스와 센트조르주의 연쇄반응에서는 시트르산이 옥살아세트산이 된다. 동시에 옥살아세트산은 시트르산이 되는 것이다.

이렇게 해서, 크렙스는 이제 고리를 이루며 반복적으로 나타나는 대사순환을 발견해 냈다. 근육조직에 있는, 두 개의 탄소를 가진 정체를 알지 못하는 분자, 즉 크렙스가 임의로 '3탄당(triose)'이라고 부른 분자

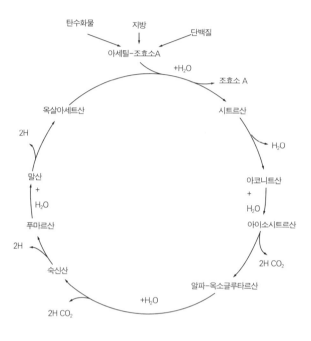

그림 14.1

가 탄소 4개 분자인 옥살아세트산과 결합해 탄소 6개짜리 분자인 시트
르산을 형성한다. 그런 다음 시트르산은 마티우스와 크눕, 그리고 센트
조르주의 여러 생화학적 과정들을 따라 옥살아세트산으로 산화된다.
그런 다음 또다시 옥살아세트산은 새로운 3탄당과 결합해 시트르산이
된다. 이 과정이 계속 반복되는 것이다. 크렙스는 직접 발견한 이 회로
를 시트르산 회로라고 불렀다. 나중에 이 회로는 크렙스 회로로 불리게
된다. 오늘날 우리가 알고 있는 크렙스 회로는 1951년에 완성되었다.
이를 표현한 것이 그림 14.1이다.

　크렙스는 여러 동물의 조직에서 시트르산 회로가 나타나는 것을 확
인했다. 사실 오늘날의 우리는 살아 있는 유기체의 모든 세포들에 시트

르산 회로가 존재하고 있음을 알고 있다. 세포 하나하나는 활발한 무역이 이루어지는 도시와 같다. 세포벽을 통해 외부 세계와 물자를 교환하기 때문이다. 크렙스 회로는 이 세포 도시의 발전소와 같다. 크렙스는 효모와 대장섬모충에서 자신의 회로를 찾아내는 데 실패했다. 이는 당시 그의 실험에서 세포벽을 통해 시트르산을 운반하는 단백질이 포함되어 있지 않기 때문이었다. 나중 실험에서는 이 유기체들에서도 크렙스 회로를 발견할 수 있었다.

크렙스는 '3탄당'과 옥살아세트산의 결합을 이루는 시트르산의 합성 속도가 호흡 과정 전체를 일으킬 수 있을 정도로 충분히 빠르다는 점도 실험적으로 확인했다. (포도당 분자 하나를 산화시키려면 크렙스 회로가 두 번 돌아가야 한다. 따라서 라부아지에의 화학식―포도당 분자 1개에 산소 분자 6개와 결합한다―을 보면 알 수 있듯, 생성된 시트르산 분자 하나하나는 3개의 산소 분자를 소비해야만 한다.) 이런 결과는 시트르산 회로가 호흡의 중요한 과정이라는 크렙스의 주장을 뒷받침한다.

크렙스는 자신의 연구가 가진 중요한 의미를 논문의 마지막 부분에 확실하게 드러냈다. "실험을 통해 얻은 정량적인 데이터는 '시트르산 회로'가 탄수화물이 산화되는 데 가장 적합한 경로임을 보여주고 있다." 크렙스는 생물학에서 보편적인 작용을 발견한 것이었다. 10년 전에 네덜란드 과학자 알베르트 얀 클뤼버(Albert Jan Kluyver, 1888~1956)는 미생물의 대사가 유기 분자의 산화로 이루어지는 과정일 것이라고 주장했다. 하지만 크렙스는 클뤼버의 말을 모든 살아 있는 세포에 적용되는 보편적인 문구로 격상시켰다. 크렙스 회로는 생화학의 중요 과정을 온전히 이해한 첫 번째 사례 중 하나다.

왜 어떤 중요한 발견을 특정 시기에 특정 과학자가 해냈는지를 따져 보는 것은 흥미로운 일이다. 필자는 8장에서 원자의 양자모형을 내놓은 최초의 인물이 왜 닐스 보어였는지를 추론해 보았다. 마티우스 와 크눕의 1937년 초 연구 업적이 없었다면 같은 해 6월에 발표된 크 렙스의 업적은 불가능했을 것이다. 크렙스의 주변에는 자신과 비슷한 문제에 관심을 가진 재능 있는 과학자들이 많았다. 이름을 댈 수 있는 얼마 안 되는 사람만으로도 마티우스, 크눕, 센트조르주, 바르부르크, 오토 마이어호프(Otto Meyerhof, 1884~1951)*, 카를 로만(Karl Lohmann, 1898~1978)**, 프리츠 리프만(Fritz Lipmann, 1899~1986)*** 등이 있었다. 그 럼에도 왜 하필 크렙스가 대사 회로를 발견하게 된 것일까? 훌륭한 실 험 기술을 갖추고, 호흡 과정을 이해하려고 결심했으며 앞선 업적을 온 전히 이해했던 것도 큰 영향이었을 것이다. 하지만 크렙스의 성공에서 가장 결정적인 역할을 한 것은 그가 자신의 연구 대상을 순환 과정으 로 인식한 것이었다. 라우에가 결정이란 작은 세상을 반복적인 패턴으 로 그려 냈다면 크렙스는 계속해서 돌고 도는 회로로 그려 냈다. 여기 에서는 오르니틴 회로라는 그의 선행 연구가 결정적인 역할을 했다. 훗 날 그는 이렇게 기술했다. "순환체계를 그려 내는 데 있어 가장 연관이 큰 연구는 5년 전에 처음으로 발견한 오르니틴 회로였다."[5] 이로써 크 렙스 이후에 생물학에서 순환 과정이라는 개념은 막대한 중요성을 갖 게 되었다.

1937년 크렙스의 논문이 발표된 이후 몇 년간은 크렙스 회로의 의미 와 결과에 대해 몇 가지 의문이 있었다. 특히, 일부 생화학자들은 시트

---

*독일 출신 미국 생화학자. 1922년 근육수축에서 생긴 젖산이 산화되어 탄화수소로 재합성된다는 것을 발견한 공로로 노벨생리의학상 수상했다.
**독일의 생화학자. ATP를 규명하고 1934년 ATP가 근육수축의 직접적인 에너지 공급원으로 작용한다는 점을 밝혀냈다. 마이어호프의 조수로 일한 바 있다.
***독일 출신 미국 생화학자. 비타민 B 연구, 에너지 대사에서 인산 결합의 연구, 조효소 A의 발견 등으로 1953 년 크렙스와 함께 노벨생리의학상 수상.

르산이 호흡 과정에서 부수적인 단계일 뿐이며 3탄당과 옥살아세트산으로부터 형성되는 것은 시트르산보다 아코니트산일 것이라고 의심했다. 만약 이들이 옳다면 크렙스의 많은 가설은 틀린 것으로 입증되어야 했다. 하지만 1940년대 말, 이론적인 연구를 통해 크렙스가 옳다는 것이 밝혀졌다.

여전히 남아 있는 의문은 크렙스가 '3탄당'이라고 한, 식품으로부터 얻어지는 탄소 두 개짜리 물질의 정체였다. 포도당 분자인 $C_6H_{12}O_6$가 호흡으로 산화되기 전에 피루브산(pyruvic acid) $C_3H_4O_3$ 두 개로 쪼개져야 한다는 것은 이미 오래전부터 알려져 있었다. 1951년, 독일 출신의 미국 생화학자 리프만은 피루브산이 조효소A(coenzyme A)와 반응해 탄소 두 개짜리 아세틸 분자, C_2H_3O가 된다는 것을 밝혀냈다. 조효소A는 아세틸 분자를 크렙스 회로로 인도해 물, 옥살아세트산과 반응하도록 함으로써 시트르산을 형성하도록 만든다. 바로 아세틸 분자가 크렙스의 '3탄당'이었던 것이다. 리프만과 크렙스는 1953년 노벨생리의학상을 나눠 가졌다.

결국 나중에는 포도당과 같은 탄수화물만이 아니라 단백질과 지방 역시 아세틸 분자로 쪼개져 조효소A와 결합한 후(그림 14.1에서 아세틸-조효소A에 해당) 크렙스 회로를 거친다는 사실이 밝혀졌다. 본질적으로 우리가 먹는 모든 음식물은 크렙스 회로를 거친다. 음식물이 맨 위로 들어가면 물과 이산화탄소가 바닥으로 흘러나오고 중간에 만나는 유기 분자들은 계속해서 결합했다 분해되기를 반복한다. 식품을 통해 얻는 에너지의 3분의 1가량은 크렙스 회로에 들어가기 위한 준비 과정에서 얻어지고 나머지 3분의 2는 크렙스 회로를 통해 만들어진다.

이미 앞에서 언급했지만, 크렙스 회로에서 에너지는 수소 원자가 산소 원자와 결합하고 에너지가 낮은 물 분자를 형성하면서 생산된다. 그림 14.1을 보면 회로의 네 군데에서 수소 원자가 나오는 것을 볼 수 있다. 크렙스 회로는 기능적으로 따지면 산소라는 연료를 얻기 위해 유기 분자로부터 수소 원자를 뽑아내는 '방법'이다. 이 과정에서 나오는 에너지는 최종적으로 1929년 로만이 발견한 ATP 분자에 저장된다. ATP 분자는 다른 분자들의 도움이나 긴 화학반응 없이도 아주 간단하고 빨리 에너지를 내놓을 수 있다. 크렙스 회로가 한 바퀴 돌면 만들어지는 에너지는 ATP 분자 10개 정도를 형성한다. 따라서 지금 타이핑을 하는 이 순간에도 크렙스 회로가 분마다 100경 번 정도 돌아가는 셈이다. 이 순환은 매순간 내 몸속의 세포 안에서 일어나고 있다. 만약 크렙스 회로가 돌 때마다 핀이 떨어지는 것 같은 소리를 낸다면 아마도 너무 시끄러워서 모두 귀머거리가 되고 말 것이다.

생화학에서 1920~1950년은 에너지의 시대라고 할 수 있다. ATP가 발견되고, 근육의 대사에 대한 자세한 정보가 밝혀졌으며, 크렙스 회로가 발견되었고 이후 1950년대에는 DNA 구조가 밝혀지면서 정보의 시대가 활짝 열렸다.

1967년 크렙스는 67세로 정년이 되어 옥스퍼드 대학의 교수직에서 물러나야 했다. 그러나 그는 여전히 스스로가 건강하고 지력 또한 떨어지지 않았다고 느껴 과학계로부터 은퇴할 마음이 없었다. 스승인 바르부르크의 직업의식이 그에게 깊게 배어 있던 것이다. 1968년부터 1981년까지 크렙스는 생화학 분야 논문을 116편이나 발표했다. 생이 끝나갈 무렵, 그는 그가 음악을 좋아하는 것을 알고 있는 한 저널리스트로부터 질문을 받았다. 좀 더 음악을 들으며 은퇴를 즐길 수 있는데 왜 과학 연구를 계속하느냐고, 음악을 사랑하는 사람에게 좋은 음악을 듣는 것보다 더 큰 즐거움은 없지 않느냐고 말이다. 그러자 크렙스는 이렇게 대답했다. "더 큰 낙이 있을 수도 있지요. 그건 바로 음악 창작이에요."[6]

동물조직의 중간대사에 대한 시트르산의 역할

한스 크렙스, W. A. 존슨

과거 10년 동안 탄수화물의 혐기성 발효에 대한 많은 진전이 있었으나 탄수화물 산화 분해 과정의 중간 단계에 대해서는 거의 알려진 바가 없다. 아마도 탄수화물의 분해에 관련된, 몇 가지의 탄수화물 유도체들이 참여하는 반응 정도가 알려져 있을 것이다. 센트조르주(Szent-Györgyi, 1893~1986)[20]의 연구로부터 숙신산(succinic acid), 푸마르산(fumaric acid) 및 옥살초산(oxalacetic acid)이 탄수화물의 산화에서 어떤 역할을 한다는 것을 알지만, 그 세부사항은 아직 모호하다.

이 논문에서 우리는 탄수화물의 산화 분해과정의 중간 단계에 대한 문제에 새로운 시각을 제공하는 실험들을 보고할 것이다. 센트조르주[20], 슈타레(Stare)와 바우만(Baumann)[19], 마르티우스(Martius)와 크놉(Knoop)[13),14]의 연구 결과에 관련하여, 동물조직 내 당의 산화 과정의 중요한 단계에 대한 개략을 제시할 것이다.

I. 방법

1. 조직. 이 논문에 기술된 대부분의 실험에는 비둘기 가슴 근육을 사용했다. 비둘기를 죽인 후 바로 분쇄기(Latapie mincer)로 근육을 잘게

썰고, 0.1M(몰/리터)의 인산나트륨 완충용액(pH=7.4) 3~7분량에 섞었다. 이를 더 희석하여 신진대사 속도를 줄였다.

2. 시트르산(citric acid)의 정량적 결정. 푸쳐(Pucher), 셔먼(Sherman), 비커리(Vickery)[17]의 방법을 사용했다. 시트르산을 5-브롬화아세톤으로 산화한 후, 황산나트륨을 사용하여 색깔에 의한 정량 분석을 하기에 적당한 물질로 변환시킨다. 푸쳐가 지적한 것처럼 이 방법은 0.1~1밀리그램 사이의 양을 결정하는 데 적당하다. 이 방법은 매우 선택적이다. 옥살초산에 의해 황색을 띠는 다른 물질은 별로 없기 때문에 본 실험에서는 옥살초산만이 측정에 사용되었다. 순수한 용액에서 0.5밀리몰의 옥살초산은 1.98×10^{-3}밀리몰의 '시트르산'을 생성했다. 시트르산의 수율은 피루브산(pyruvic)이 동시에 존재할 때 50퍼센트 증가했는데, 이것은 과산화수소(Martius, Knoop)[13]와 마찬가지로 브롬이 옥살초산과 피루브산으로부터 시트르산을 생성하는 과정을 돕는다는 것을 말해 준다. 단백질을 제거한 후 중성 또는 약산성에서 한 시간 동안 가열하면 이러한 반응 간섭은 사라진다. 순수한 용액을 가열할 경우 옥살초산은 완전히 분해되지 않지만 단백질을 제거한 조직 추출물에서는 사실상 완전히 제거된다. 이러한 효과는 폴락(Pollak)[16]과 융그렌(Ljunggren)[10]이 관찰한 바, 아미노 화합물들이 β-케톤산의 분해를 촉진한다는 사실로 설명될 수 있다.

3. 숙신산의 정량적 결정. 센트조르주의 유체압력에 의한 정량법[20]을 변형하여 사용했다. 세부사항은 다른 논문에서 기술될 것이다.

4. α-케토글루타르산의 정량적 결정. 산화에 의하여 생성된 숙신산의 양을 추정하여 α-케토글루타르산의 양을 결정했다. 시료에 이미 존재하는 숙신산의 양을 결정, 산화제로 처리된 시료 중의 숙신산에서 이것을 뺐다. 산화제로는 과망간산황산이나 세륨황산의 산용액이 적당

했으며 현재의 조건에서는 두 가지 모두 같은 결과를 냈다. 상당량의 α-수산화글루타르산이나 글루타르산이 존재할 시에는 세륨황산이 나왔는데, 이것은 이 두 가지 물질들이 세륨황산보다는 과망간산염에 더 잘 반응하여 숙신산을 생성하기 때문이다. 시트르산, iso-시트르산 및 cis-시트르산은 세륨염이나 과망간산염으로 처리되어도 숙신산을 생성하지 않는다.

5. 말론산 또는 α-케토글루타르산이 존재할 시의 숙신산의 정량적 결정. 말론산은 유체압력에 의한 숙신산의 결정 과정에 간섭하므로 우선 제거되어야 한다. 이를 위해 바일-말레르브(Weil-Malherbe)[22]에 의하여 제시된 원리를 사용했다. 숙신산, 말론산, α-케토글루타르산을 포함한 중성용액에 2M 아황산나트륨 1cm³(입방 센티미터)와 3M의 타타르산 2cm³를 가한 후, 추출기(Kutscher-Steudel)[9]에서 에테르로 연속 추출했다. 실험 조건 하에서 숙신산은 30분이 지나면 완전히 추출되었으나, α-케토글루타르산은 수용액 상에 그대로 남았다. 말론산을 포함한 에테르 추출물에서 에테르를 제거, 물에 녹인 후 말론산을 파괴하기 위해 산용액 중에서 과망간산염으로 처리, 이후 에테르로 다시 추출했다. 이 두 번째의 에테르 추출물을 유체압력에 의하여 정량 분석했다.

6. 대사작용의 비율. 관례에 의하면 대사물의 양은 기체가 아니더라도 마이크로리터(μl)단위로 표시된다. 예를 들어 1밀리몰의 숙신산은 22400마이크로리터에 해당한다. 대사 작용의 속도는 다음 비율로 나타낸다.

$$\frac{\text{대사된 물질}}{\text{건조된 조직의 질량}(mg) \times \text{시간}}$$

근육의 경우 건조된 질량은 수분을 포함한 근육의 20퍼센트로 본다.

II. 호흡에 대한 시트르산의 촉진효과

근육조직을 분쇄하여 인산염 완충용액 6개 분량에 넣으면 초기에는 높은 호흡 속도를 보이지만, 20~40분이 지나면 떨어지기 시작한다. 시트르산을 넣으면 호흡 속도가 가끔 증가하여 속도의 감소 추세가 느려진다. 소량의 시트르산에 의해서도 이 효과는 발생한다. 추가 호흡 속도와 시트르산의 양을 비교해 보면, 추가의 산소 소모량이 완전히 산화된 시트르산에 의해 설명되는 것보다 훨씬 크다는 것을 알 수 있었다. 표 1에 이 효과에 대한 실험이 나타나 있다.

표 1. 분쇄된 비둘기 근육조직의 호흡에 대한 시트르산의 효과(유체압력법)

시간 (분)	3cm³의 인산염 용액에 담근 460밀리그램(수분 포함)의 근육에 의해 흡수된 산소의 부피(μl)	
	기질을 넣지 않은 경우	0.02M 시트르산나트륨 0.15cm³을 넣은 경우
30	645	682
60	1055	1520
90	1132	1938
150	1187	2080

이 실험에서 시트르산은 $893\mu l$의 호흡 증가를 야기했고 시트르산의 완전한 산화에 의한 부분은 $302\mu l/O_2$로 계산된다. 시트르산 효과의 크기는 실험에 따라 큰 편차를 보였다. 이는 조직 내에 이미 존재하는 시트르산이나 다른 물질들의 양에 의존하기 때문인 듯했다. 글리코겐, 인산육당류, 또는 α-인산글리세린을 근육에 넣으면 이 효과는 상승하다. 따라서 시트르산은 탄수화물이나 이에 관련된 물질들의 산화반응을 촉진하는 것으로 보인다.

시트르산이 α-인산글리세린의 산화를 촉진하는 예를 표 2에 제시했다. 시료에 시트르산을 넣었을 때의 효과는 작았으나, α-인산글리세린을 가했을 때의 효과는 매우 뚜렷했다.

센트조르주[20], 슈타레와 바우만[19]은 푸마르산염, 옥살초산염, 숙신산염이 동일한 실험 조건 하에서 비슷한 촉진 효과를 낸다는 사실을 보였는데, 이것은 매우 중요하며 나중에 언급할 것이다.

표 2. α-인산글리세린 존재 시 비둘기 근육조직의 호흡에 대한 시트르산의 효과

기질의 부피 및 농도	흡수된 산소의 부피 (μl)
-	342
0.02M 시트르산염 0.15cm³	431
0.2M 인산글리세린 0.3cm³	757
0.2M 인산글리세린 0.3cm³ + 0.02M 시트르산염 0.15cm³	1385

(40도; 140분; 플라스크 당 460밀리그램의 근육(수분포함)을 3cm³의 인산염에 넣음; 유체압력법)

시트르산의 촉진 메커니즘의 문제는 몇 가지의 방식으로 다룰 수 있다. 우리는 조직 내 시트르산 분해의 중간 단계를 연구하기로 했으며, 만약 모든 단계들이 알려진다면 그 메커니즘은 명백히 구명될 것이다.

III. 근육 내 시트르산의 소멸 속도

시트르산이 조직 내에서 촉매로 작용하므로 가장 중요한 반응에서는 제거되나 이후의 반응에서 재생될 가능성이 있다. 전체적으로 보자면 시트르산은 사라지지 않으므로 중간생성물들도 축적되지 않는다. 중간 생성물에 대한 연구의 첫 번째 목표는 따라서 시트르산이 전체적으로 소멸되는 조건을 찾는 것이다. 우리는 아비산염(표 3)이나 말론산염이

이런 효과를 낸다는 것을 알아냈다. 이 두 물질이 존재할 때 산소를 가용하다면 많은 양의 시트르산이 소멸된다. 이러한 '독성물질'들은 시트르산의 생성을 방해하지만, 분해에는 영향을 주지 않음이 명백하다.

표 3. 아비산염 존재 시 비둘기 근육조직 내 시트르산의 소멸 (3×10^{-3} M[몰])

시트르산의 부피(μl)	40분 후에 남은 시트르산의 부피 (μl)	사용된 시트르산의 부피 (μl)	Q$_{시트르산}$
1120	30	1090	-10.9
2240	972	1268	-12.7
4480	2790	1690	-16.9

(750밀리그램(수분 포함)의 근육을 넣은 3cm^{3}의 액을 40도에서 40분 동안 잘 흔들었음)

IV. 시트르산으로부터 α-케토글루타르산이 생성되는 속도

아비산염(표 3)이나 말론산염이 존재할 때의 시트르산의 산화는 완전하지 않다. 시트르산 한 분자를 제거할 때에 흡수되는 산소는 1~2분자인 바, 용액에는 따라서 시트르산의 산화로 인한 중간생성물이 존재해야 한다.

시트르산이 대사될 수 있음이 오래전부터 알려져 있지만(외스트베리[Östberg][15], 셔먼[Sherman][18] 참조), 마르티우스와 크놉[13), 14)]이 간에서 분리한 시트르 탈수소효소에 대한 연구에서, 메틸렌블루에 의한 시트르산의 산화로 α-케토글루타르산이 생성된다는 사실을 밝힌 1937년까지 시트르산의 분해 경로는 모호했다. 우리는 다른 조직을 사용, 산소를 산화제로 할 때 마르티우스와 크놉의 연구결과를 확인할 수 있었다.

이전의 연구에서 우리는 아비산염이 동물조직 내 α-케토산의 산화에 특이한 저해제임을 보였다. 예를 들면, 글루탐산[6)]과 프롤린[23)]의 산

화를 α-케토글루타르산 단계에서 멈추게 할 수 있다. 시트르산을 아비
산염으로 산화할 때 다량의 α-케토글루타르산이 존재함을 본 연구에
서 발견했다.

예를 들어 46그램(수분 포함)의 분쇄된 근육을 145cm³의 인산염 완충
용액에 가하여 이전에 기술된 플라스크 세 개에 넣었다. 그리고 산소가
있는 상황에서 1M의 시트르산 11.5cm³, 0.1M의 아비소산 6cm³과 함
께 한 시간 동안 잘 흔들었다. 그러고 나서 한 시간 후에 3염화초산(30
퍼센트) 40cm³를 넣은 190cm³의 여과물을 2노르말 염산 100cm³에 녹
인 1그램의 2.4 디니트로페닐히드라진으로 처리했다. 즉시 침전물이
생겼고 이를 미세공 유리필터로 모아서 0.1노르말 염산과 물로 잘 세
척했다. 침전물은 1.199그램이었으며 사실상 순수한 α-케토글루타르
산의 2.4 디니트로페닐히드라진(녹는점=217℃)이었다. 알코올 수용액에
서 재결정하여 혼합 녹는점 222℃의 물질이 얻어졌다. 결론적으로 디
니트로페닐히드라진의 총수율은 $1.199 \times (\frac{249}{190}) = 1.57$ 그램, 즉 4.82밀
리몰이었다.

단백질을 제거한 여과물을 유체압력에 의하여 정량 분석하면 숙신산
은 검출되지 않았으나, 총 부피에 여과물 3cm³(5.07밀리몰)당 0.0612밀
리몰의 α-케토글루타르산이 검출되었다. 분리법과 유체압력 분석법에
의한 결과가 잘 일치해서 예상대로 분리법에 의하여 결정되는 양이 약
간 작았다.

또 다른 분석에서는 여과물 중의 시트르산의 양이 액체 cm³당 4.64
밀리그램, 총 부피당으로는 6.02밀리몰 남았다. 첨가된 시트르산의 양
이 11.5밀리몰이었으므로, 대사된 양은 5.48밀리몰이었다. 표 4에서 볼
수 있듯이 α-케토글루타르산의 수율은 예측된 것에 거의 근접했다.

표 4

대사된 시트르산	5.48밀리몰
생성된 α-케토글루타르산 (유체압력법)	5.07밀리몰 (수율 93%)
생성된 α-케토글루타르산 (히드라존으로 분리)	4.82밀리몰 (수율 88%)

V. 시트르산이 숙신산으로 변환되는 속도

말론산의 존재 하에서 시트르산이 숙신산까지 산화되는 과정은 다음 실험으로 조사했다. 7.5그램(수분 포함)의 분쇄된 비둘기 근육을 22.5cm³의 인산 완충용액(0.1M; pH=7.4)에 넣고, 0.2M 시트르산나트륨 3cm³, 1M 말론산 1cm³을 첨가한 후 40분 동안 대기 중에서 잘 흔든 다음 34cm³의 물과 50퍼센트 황산 2cm³, 15퍼센트 텅스텐산나트륨 2cm³으로 탈단백질했다. 여과물 중의 숙신산과 α-케토글루타르산의 양을 유체압력법으로 결정했고 3cm³에 472마이크로리터의 숙신산과 80마이크로리터의 α-케토글루타르산이 있음을 알아냈다. α-케토글루타르산은 또한 2.4 디니트로페닐히드라진으로 분리하는 방법으로도 결정했다.

VI. 옥살초산 존재 하의 시트르산 합성

시트르산 분해에 대한 본 결과와 조직 내 숙신산의 산화에 대한 기존의 결과를 종합하면 다음과 같은 일련의 과정으로 요약된다.

시트르산 → α-케토글루타르산 → 숙신산 → 푸마르산 → *l*-사과산 → 옥살초산 → 피루브산.

시트르산의 산화가 시트르산의 촉매 사이클의 한 단계라면, 시트르산은 산화 생성물 중 하나에 의해 재생되어야 한다. 따라서 시트르산의 분해 과정의 중간 생성물로부터 시트르산이 재합성될 수 있을지 조사해야 한다.

체계적인 실험에 따르면 무산소 근육에 옥살초산을 가하면 다량의 시트르산이 생성되는 것을 볼 수 있지만, 피루브산을 포함하는 다른 중간 생성물들은 같은 조건 하에서 시트르산을 생성하지 않는다. 그 이유는 옥살초산에서 시트르산이 생성되는 과정에 산소가 필요하지 않기 때문이며, 또한 시트르산은 무산소 조직에서 안정하여 간단한 실험에서 시트르산이 합성되는 것을 보일 수 있기 때문이다.

분쇄된 비둘기 가슴근육을 3부피의 인산 완충용액에 넣고 $0.3cm^3$의 1M 옥살초산을 가지 부분에 넣은 추형 유체압력 플라스크에 $3cm^3$의 시료를 가했다. 추형 플라스크의 가운데 공간에 황색 인 조각을 넣고 질소로 채웠다. 산소를 제거한 후 옥살초산을 조직에 가하여 20분 동안 물중탕에서 잘 흔들었다. 그 사이에 1000마이크로리터의 CO_2가 발생했다. 이후 시료를 6퍼센트의 3염화초산 $25cm^3$에 옮기고 부피를 $50cm^3$으로 만들었다. 여과물로부터 시트르산의 양을 0.0131밀리몰 (293μl)로 결정했다. 따라서 $Q_{시트르산}$은 $\dfrac{293 \times 3}{150}$ = 5.86이었다. 콘트롤 실험에서는 시트르산이 없었다.

이 실험에 의하면 근육은 옥살초산 존재 하에 다량의 시트르산을 생성할 수 있다. 이때 시트르산의 탄소 원자 두 개를 어느 물질에서 가져오는지에 대한 의문이 제기된다. 초산염, 피루브산염 및 α-인산글리세린과 같은 가능한 전구체들을 가하면 시트르산 합성 속도는 영향을 받지 않지만, 이러한 관찰로 물질들이 시트르산 합성에 관여하지 않는다는 증거를 삼을 수는 없다. 피루브산과 초산은 옥살초산으로부터 잘 생성되므로 옥살초산만을 가할 경우 조직이 이미 이 물질들로 포화되어 있을 가능성이 있기 때문이다.

글리코겐, 육탄당일인산염, 또는 α-인산글리세린이 존재할 때 시트르산의 촉진 효과가 상승하는 것을 보면, 옥살초산에 결합하는 물질은 탄수화물로부터 유도되는 듯하다. 우리는 이 물질을 잠정적으로 '삼당류(triose)'라고 부를 것이다. 그 물질이 삼당류일지, 또는 그 유도체-예를 들면 인산에스테르, 피루브산, 초산-일지는 알 수 없다.

시트르산을 C_4-카르복실산 이량체와 제2의(a second substance) 물질로부터 합성하는 것은 특히 곰팡이의 시트르산 발효[1), 24)]와 관련하여 논의된 바 있지만, 동물에서도 일어난다는 사실이 밝혀진 적은 없다.

염기성 매질에서 옥살초산과 피루브산염을 과산화수소로 처리하면 시트르산이 생성되는 것을 마르티우스와 크놉이[12)] 최근의 연구에서 보였다. 이 모델 반응은 흥미로운 예를 보여주는데, 시트르산의 합성이 비교적 간단한 반응일 수 있음을 제시한다.

VII. 중간대사에서의 시트르산의 역할

1. 시트르산 사이클. 시트르산의 중간대사에 관련되는 사실들을 다음과 같이 요약할 수 있다.

1. 시트르산염은 특히 탄수화물을 조직에 가하면 근육조직의 산화를 촉진한다.

2. 숙신산염, 푸마르산염, 사과산염, 옥살초산염들도 비슷한 촉진효과를 보인다. (센트조르주[20)], 슈타레와 바우만[19)]).

3. 시트르산의 산화는 다음 단계들을 거친다. 시트르산 $\rightarrow \alpha$-케토글

루타르산 → 숙신산 → 푸마르산 → *l*-사과산 → 옥살초산

4. 옥살초산은 미지의 물질과 반응하여 시트르산을 생성한다.

이 사실들로부터 시트르산은 다음 방식에 의하여 탄수화물의 산화를 촉진한다.

이 도식에 의하면 옥살초산은 '삼당류'와 융합하여 시트르산을 형성하고, 시트르산의 산화에 의해 옥살초산이 재생된다. 이 '시트르산 사이클'의 알짜 효과는 삼당류의 완전한 산화이다.

시트르산이 옥살초산으로부터 합성되고, 시트르산이 산화되어 옥살초산이 재생된다는 것은 실험에 의하여 검증되었다. 이 도식에서 유일한 가정은 '삼당류'인데, 옥살초산과 융합하는 이 물질은 탄수화물임이 분명하다. 본 연구에서 제시된 이 도식은 탄수화물 산화 경로의 개략을 보여준다. 아직 많은 세부사항들이 빠져 있지만, 몇 가지의 중요한 점을 다음 절에서 논의할 것이다.

2. C⁴-카르복실산 이량체의 기원. 위 도식에 의하면 숙신산 및 이에 관련되는 화합물들은 탄수화물 산화의 '운반체'로서 필요한데, 따라서 숙신산의 원천에 대한 질문이 대두된다. 피루브산이 있을 시에는 동물조직에 의해 숙신산이 소량 합성될 수 있음을 우리는 이전에[8] 보인 바 있다. 이 합성의 생리적 중요성은 이제 명백하다. 숙신산은 탄수화물 산화에 소요되는 운반체를 제공한다.

3. 그 이후의 중간 단계들.

(a)iso-시트르산. 바그너 야우렉(Wagner-Jauregg, 1857~1940)[22], 마르티우스와 크놉[13), 14)]은 iso-시트르산이 시트르산 산화의 중간 단계임을 제안했다. 우리의 결과에 의하면, iso-시트르산은 시트르산으로 잘 산화되고, 두 물질의 산화 속도는 대략 비슷하다.

(b)iso-아코니트산. 말라초브스키(Malachowski)와 마슬로브스키(Maslowski)[11)]에 의하여 발견된 iso-아코니트산은 마르티우스와 크놉[13)]에 의하여 중간생성물로 논의되었는데, 마르티우스[14)]는 이 물질이 간에서 시트르산으로 잘 변환된다는 것을 보여주었다. 우리는 근육 및 다른 조직 내 iso-아코니트산의 거동을 조사해서 이 물질이 시트르산만큼 잘 산화된다는 것을 알아냈다. iso-아코니트산이 시트르산으로 변환되는 과정도 조직 추출물로부터 일어난다. 1밀리그램(건조 질량)의 근육조직은 시간당 최대 0.1밀리그램의 iso-아코니트산을 시트르산으로 산화시킨다(40도, pH=7.4).

마르티우스와 크놉[13), 14)]은 iso-아코니트산 $\rightleftarrows$ 시트르산 반응이 가역적임을 가정했으며, 시트르산의 분해에서 어떤 역할을 한다고 믿었다. 그러나 이 반응이 시트르산의 분해 또는 합성의 중간생성물인지는 아직 알 수 없다.

(c)옥살-숙신산. iso-시트르산의 산화는 그 첫 단계에서 옥살-숙신산을 생성할 것으로 기대된다. 이 β-케톤산은 순수한 상태에서는 불안정하여 에스테르 형태로만 알려져 있다. 산용액 중에서는 탈 카르복실되어 α-케토글루타르산을 생성한다(Blaise, Gault[2)]).

(d)세부적인 시트르산 사이클. 현재까지 알려진 정보를 종합하면 다음과 같이 요약할 수 있다.

4. 가역적 단계. 우리의 도식에 의하면 숙신산은 산화 반응에 의하여 시트르산과 α-케토글루타르산을 거쳐 옥살초산으로부터 생성된다. 그러나 혐기성 실험에 의하면 숙신산은 옥살초산의 환원 반응으로부터 생성될 수 있다(센트조르주[20]). 따라서 숙신산 → 푸마르산 → l-사과산 → 옥살초산의 과정은 적당한 조건에서는 가역적이다.

이와 관련된 문제는 환원 반응과 마찬가지인 산화 반응인데, 적어도 부분적인 답은 제시할 수 있다. Ⅵ절에서 기술된 시트르산의 합성은 산화 과정이기는 하지만 혐기성이다. 산화 과정에 대응하는 환원 과정이 따라서 마찬가지로 일어나야 한다. 시트르산 합성과 동시에 충분히 일어나는 것으로 현재까지 알려진 것은 옥살초산이 숙신산으로 환원되는 것이므로, 우리는 이 과정을 가정할 것이다.

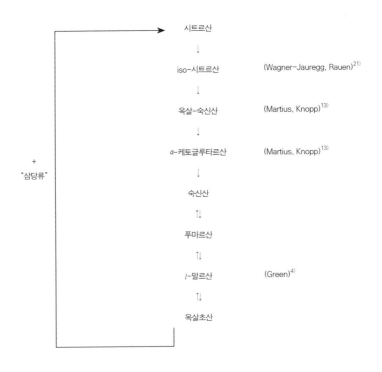

5. 말론산염의 효과.
바로 전의 논의에 의하면 숙신산은 옥살초산으로부터 두 가지의 방식([a]시트르산과 α-케토글루타르산의 산화로부터 [b]푸마르산과 l-사과산의 환원으로부터)으로 생성된다. 옥살초산으로부터 숙신산이 두 가지의 방식, 즉 두 가지의 효소 체계에 의하여 생성된다는 사실은 말론산을 이용하여 보일 수 있다. 말론산은 특히 숙신산 ⇄ 푸마르산 반응을 저해한다. 호기성 반응에서 말론산은 숙신산의 이차적 분해를 저해하므로, 옥살초산 → 숙신산 반응의 수율을 증가시킨다. 반면, 염기성 과정에서는 숙신산 탈수소효소가 숙신산의 생성과 관련되므로 숙신산의 형성을 저해한다. 다음 실험은 이러한 예측이 맞음을 보여준다.

표 5. 호기성 및 염기성 옥살초산 → 숙신산 변환에 대한 말론산의 효과

(0.75그램의 근육(수분 포함)을 3cm^{3}의 인산염에 넣음, 40도, pH=7.4)

실험조건(기질의 최종 농도)	40분 동안 생성된 숙신산의 부피(μl)
O$_2$; 0.1 M 옥살초산염;	1086
O$_2$; 0.1 M 옥살초산염; 0.06 M 말론산염	1410
N$_2$; 0.1 M 옥살초산염;	1270
N$_2$; 0.1 M 옥살초산염; 0.06 M 말론산염	834

6. 다른 조직에서의 시트르산 사이클.
시트르산 사이클의 중요한 부분들을 다른 동물 조직에서 시험한 결과, 쥐의 뇌, 고환, 간 및 콩팥에서 시트르산의 산화가 가능하고 또한 시트르산이 옥살초산으로부터 합성될 수 있음을 알아냈다. 네 가지 조직 중 고환에서 시트르산 합성 속도가 가장 높았는데 이것은 시트르산이 정액에서 검출된다는 툰베리(Thunberg) 학파의 연구와 관련하여 흥미롭다. 옥살초산이 존재할 때, 1밀리그램(건조질량)의 쥐 고환이 혐기성 조건에서 시간당 최대 0.02밀리그램의 시트르산을 형성했다.

시트르산 사이클은 일반적으로 동물조직에서 일어나는 듯하지만, 시트르산의 산화가 별로 일어나지 않기 때문에 대장섬모충(B. coli)이나 효모에서는 존재하지 않는다.

7. 시트르산 사이클의 정량적 의미. 동물조직에서 시트르산 사이클이 탄수화물 산화의 유일한 경로는 아닐지라도, 시트르산의 산화 및 재생에 대한 정량적 결과에 의하면 시트르산 사이클은 가장 선호되는 경로이다. 시트르산 사이클의 정량적 의미는 가장 느린 부분 단계에 의존하는데, 본 실험 조건에서 이것은 옥살초산으로부터 시트르산이 합성되는 과정이다. 우리의 도식에 의하면, '3당류' 한 분자가 산화될 때 한 분자의 시트르산이 합성되는데, 이 과정에서 3분자의 산소 분자가 소요되므로, 탄수화물이 시트르산을 통해 산화된다면 시트르산 합성 속도는 산소 소비 속도의 1/3이다. 우리의 실험조건에서,

호흡 속도(Q_{O_2}) = −20

시트르산 합성속도($Q_{\text{시트르산}}$) = +5.8

관찰된 시트르산 합성 속도는 예상(−6.6)보다 약간 작지만, 시트르산 합성을 보여 주기 위한 조건(산소가 없는)은 시트르산의 중간 생성의 최적 조건은 아닐 것이며, 시트르산 합성 속도는 좀 더 생리적인 조건에서는 더 클 것이다. 이것은 옥살산으로부터 숙신산이 생성되는 실험(표 4)에서도 알 수 있다. 말론산과 옥살초산이 존재할 때, $Q_{\text{숙신산}}$은 +14.1이다. 만약 시트르산이 중간 단계라면 그 합성 속도는 적어도 이와 같을 것이다. 그러나 관찰된 시트르산 합성 속도의 최저치로 보아도 비둘기 가슴 근육에서 시트르산 사이클이 탄수화물 산화의 주요 경로임은 명백하다.

8. 센트조르주의 연구결과. 세포 내 호흡에 대한 C_4-카르복실산 이량체의

중요성을 지적한 센트조르주[20]는 근육 호흡이 옥살초산에 의한 3당류의 산화라는 결론에 이르렀다. 우리의 새로운 실험 결과를 보면, 센트조르주의 생각이 올바르지만, 옥살초산이 반응하는 방식이 우리의 결과와는 다르다는 것이 명백하다. 센트조르주의 실험 결과는 시트르산 사이클로 잘 설명되지만 우리는 이 논문에서 이것을 모두 다 논의하지는 않을 것이다.

요약

1. 시트르산은 특히 탄수화물을 조직에 가하면 근육조직의 산화를 촉진한다.
2. 근육으로부터 시트르산이 산화에 의하여 제거되는 속도를 측정했다. $Q_{시트르산}$의 최대치는 -16.9였다.
3. 시트르산 산화에 의하여 α-케토글루타르산과 숙신산이 생성됨을 알아냈다. 이 결과로 간의 시트르산 탈수소효소에 대하여 마르티우스와 크놉이 얻은 결과를 확인했다.
4. 근육에 가해진 옥살초산은 미지의 물질과 융합하는데, 이 물질은 모든 정황으로 보아 탄수화물 유도체임이 분명하다.
5. 시트르산의 촉진 효과와, 센트조르주, 슈타레와 바우만에 의하여 기술된 숙신산, 푸마르산, 사과산, 옥살초산들의 비슷한 촉진효과는 'VII. 중간대사에서의 시트르산의 역할'에서 3-(d)에 설명된 반응 계열로 설명된다.
6. 정량적 자료에 의하면, 동물조직에서 '시트르산 사이클'은 탄수화물 산화의 주요 경로이다.

연구비를 제공한 의학 연구회의(Medical Research Council)과 록펠러 재단(Rockefeller Foundation)에 감사한다. 웨인(E. J. Wayne) 교수의 훌륭한 조언과 도움에도 감사한다.

셰필드 대학 약리연구소

Enzymologia (1937)

■ 참고문헌

1. Bernhauer, Ergebn, Enzymf. 3, 185 (1934).

2. Blaise, Gault, C. R. 147, 198 (1908).

3. Claisen, Hori, Ber. Chem. Ges. 24, 120 (1891).

4. Green, Biochem. Jl. 30, 1095 (1936).

5. Krebs, Zs. phys. Chem. 217, 191 (1933).

6. Krebs, Zs. phys. Chem. 218, 151 (1933).

7. Krebs, Biochem. Jl. 29, 1620 (1935).

8. Krebs, Johnson, Biochem. Jl. 31, 645 (1937).

9. Kutscher, Steudel, Zs. phys. Chem. 39, 474 (1903).

10. Ljunggren, Katalystik Kolsyreavspjälkning ur Ketokarbonsyror, Lund (1925).

11. Malachowski, Maslowski, Ber. Chem. Ges. 61, 2524 (1928).

12. Martius, Knoop, Zs. phys. Chem., 242, I (1936).

13. Martius, Knoop, Zs. phys. Chem., 246, I (1937).

14. Martius, Zs. phys. Chem. 247, 104 (1937).

15. Östberg, Skand. Aech. Phys. 62, 81 (1931).

16. Pollak, Hofmeisters Beitr. 10, 232 (1907).

17. Pucher, Sherman, Vickery, Jl. of Biol. Chem. 113, 235 (1936).

18. Sherman, Mendel, Vickery, Jl. of Biol. Chem. 113, 247 (1936).

19. Stare, Baumann, Proc. Roy. Soc. B 121, 338 (1936).

20. Szent-Györgyi, c.s., Bioch. Zs. 162, 399 (1925); Z. phys. Chem., 234, 1 (1934), 236,

1 (1935); 244, 105 (1936); 247, I (1937).

21. Wagner-Jauregg, Rauen, Zs. phys. Chem., 237, 227 (1935).

22. Weil-Malherbe, Biochem. Jl. 31, 299 (1937).

23. Weil-Malherbe, Krebs, Biochem. Jl. 29, 2077 (1935).

24. Wieland, Sonderhoff, Ann. Chem. Pharm. Liebig 503, 61 (1933).

번역: 이성렬

15

핵분열

자신의 발견 때문에
자살을 기도한 과학자

오토 한과 리제 마이트너 (1939)

1938년 크리스마스 날, 오토 프리시(Otto Frisch, 1904~1979)는 스웨덴 서부해안 쿤갈브(Kungälv) 시의 작은 호텔로 이모를 만나러 갔다. 그의 이모는 리제 마이트너였고 둘은 핵물리학자였다. 잘생긴 외모의 34살 청년 프리시는 이모와 마찬가지로 유대인이었기 때문에 함부르크에서 일자리를 잃었다. 그는 당시에 코펜하겐에 머물며 보어 밑에서 연구하고 있었다. 마이트너는 베를린 카이저 빌헬름 연구소에서 30년이나 과학 경력을 쌓았고 개인 연구소도 갖고 있었으며 아인슈타인이 퀴리 부인과 대등하게 비교할 정도로 베테랑 과학자였다. 하지만 그런 그녀도 독일에서 추방되어 스톡홀름의 초라한 자리에 머무르고 있는 형편이었다. 바로 그 크리스마스 날 아침, 프리시는 편지 한 통을 놓고 골똘히 생각하며 아침을 먹고 있는 이모를 발견했다. 그 편지는 마이트너가 베를린에서 오랫동안 함께 연구해 온 동료 오토 한이 보내온 것이었다.

여러 해 동안, 한과 마이트너는 우라늄 원자핵에 중성자 포격을 가해 새로운 종류의 방사성 원소를 만들어 내는 연구를 해왔다. 당시 사람들은 이렇게 해서 만들어진 인공 원소의 원자핵이 우라늄의 질량과 비슷할 것이라고 생각했다. 예를 들어, 토륨은 우라늄 질량의 97퍼센트가 되는 원자핵을 가졌다. 논리적으로 생각하면, 느린 속도로 움직이는 소립자에 몸집이 작은 중성자는 거대한 우라늄 원자핵과 충돌했을 때 우라늄 원자핵을 붕괴시킬 만큼의 에너지를 갖고 있지 않다. 그런데 한의 편지에는 최근 실험에서 중성자 포격 후 방사성 잔여 물질에서 바륨이 발견되었다는 내용이 들어 있었다. 바륨은 질량이 우라늄의 절반쯤 되는 원자다. 마치 우라늄이 둘로 쪼개지기라도 한 것처럼 말이다! 이는 새총으로 발사한 돌 하나가 산을 쪼갠 것과 같다. 한은 "아마도 당신이라면 이에 대해 멋지게 풀어낼 수 있을 거요."라고 쓰면서, "우리는 우라늄이 바륨으로 쪼개질 수 없다는 것을 잘 알고 있지 않소."하고 덧붙였다.[1)]

마이트너는 조카와 함께 눈 덮인 길을 걸었다. 그 둘은 우라늄 원자핵이 작은 중성자에 의해 잘리거나 깨진 것이 아니라 우라늄 원자핵의 구형 모양에 약간 변형이 생기면서 둘로 쪼개진 게 아닌가 하는 생각을 했다. 일단 모양이 틀어지면 원자핵은 내부 힘에 불균형이 생기면서 원자핵이 더 심하게 늘어나게 된다. 그러면 결국에는 둘로 '분열'되고 말 것이다. 이 두 과학자가 문제를 이런 식으로 풀어나가자 우라늄 원자핵은 쥐덫에 갇힌 꼴이 되었다. 이 사건이 일어나는 데 필요한 에너지는 중성자라는 자극에 있는 게 아니라 당겨진 쥐덫에 이미 존재하고 있는 것이다.

마이트너가 한 번의 분열로부터 나오는 에너지를 계산했더니 이는 2억 전자볼트였다. 좀 더 쉽게 말하자면, 1그램의 우라늄이 분열할 경우 나오는 에너지는 1그램의 석탄을 태우거나 티엔티(TNT) 1그램을 폭발시킬 때 나오는 에너지보다 약 1천 배나 크다. 러더퍼드는 1911년 원자핵을 발견했다. 이제 마이트너와 한은 그 안에 갇혀 있는 막대한 양의 에너지를 얻을 수 있는 방법을 찾아낸 것이다. 마이트너와 한은 그리스 신화의 프로메테우스처럼 신의 세계에 있던 불을 훔쳐서 인간에게 가져다주었다. 이 결과에는 선과 악이 동시에 존재했다.

마이트너는 1878년 오스트리아 빈에서 태어났다. 그의 부모는 둘 다

유대인이었지만 유대교 신자는 아니었다. 그들은 여덟 명의 아이들을 모두 개신교 신자로 키웠다. 아이들 모두가 세례도 받았다. 아버지 필립은 변호사이자 활발하게 활동하는 체스 기사였다. 그와 아내는 저술가, 변호사 등을 비롯한 지식인과의 사교 모임을 찾아다녔다. 이런 환경을 입증하듯, 여자 아이들이 중학교 이상의 교육을 받기가 아주 어려웠던 시기에 그들의 다섯 딸들은 모두 고등교육을 받았다. 한참 후에 리제 마이트너는 자신의 어린 시절에 대해 이런 말을 했다. "나의 어린 시절을 되돌아보면 그 당시에 평범한 어린 여자아이들의 삶에 많은 걸림돌이 있다는 데에 누구나 놀랄 것이다. [...] 그 중에서도 가장 어려운 문제는 기본적인 지식 교육에 대한 기회였다."[2]

8~9살의 마이트너는 수학책을 베개 밑에 끼워 두고 어디에나 의문을 품는 회의적인 태도와 독립심을 가진 아이였다. 가족과 가까운 한 지인의 회상에 따르면, 마이트너의 할머니가 주일에 바느질을 하면 하늘이 무너진다고 마이트너에게 경고한 적이 있었다고 한다. 그때 마이트너는 이에 대해 직접 실험해 보기로 마음을 먹었다. 이 어린 소녀는 조심스럽게 자수를 놓던 천을 바늘로 건드려 본 다음 하늘을 보았다. 그러나 아무 일도 일어나지 않았다. 그러자 이번에는 바늘 한 땀을 놓고 기다렸다가 하늘을 보았다. 그래도 여전히 아무 일도 없었다. 그제야 그녀는 할머니가 틀렸다는 데 만족하면서 기분 좋게 바느질을 계속했다.[3]

마이트너는 과학자가 되기를 열망했다. 하지만 그녀의 공식 교육은 14살에 빈에서 끝났다. 그럼에도 그녀는 엄청난 끈기를 발휘해 1901년 여름에 고등학교 졸업 자격을 간신히 따냈고 몇 달 후에 빈 대학에 입학했다. 1905년, 빈 대학에서 여성으로서는 두 번째로 물리학 박사 학위를 받았다.

1907년 9월, 마이트너는 막스 플랑크와 연구하기 위해 베를린으로 떠났다. 당시에도 여전히 여성은 독일 대학에서 배척당하는 분위기였다. 플랑크의 강의를 듣기 위해 마이트너는 별도의 승인을 얻어야만 했다. 이미 그녀는 방사성이라는 새로운 분야에 매료되어 있었다. 그녀에게 방사성은 일부 원자가 자연적으로 고에너지의 입자와 빛을 내놓는 신비로운 현상으로 보였다. 마이트너는 빈 대학에서 소립자인 '알파입자'가 물질을 통과할 때 휠 수 있다는 것을 보여주는 실험을 최초로 고안했고 실험을 해본 적이 있었다.

1907년 가을에 마이트너는 오토 한을 만났다. 한은 베를린 대학의 화학연구소에서 방사성에 대해 연구하는 화학자였다. 매력적이고 격의 없는 성격을 가져서인지 여성과의 연구를 꺼리지 않았던 그는 바로 마이트너와 손을 잡았다. 이 둘의 만남으로 과학사에서 가장 흥미진진한 공동 연구가 시작되었다.

하지만 시작부터가 만만치 않았다. 여성은 화학연구소에 출입할 수 없었다. 이 문제를 해결할 오직 한 가지 방법은 마이트너가 목공소를 개조해 만든 지하 연구실에 갇혀 있어야 하는 것뿐이었다. 한은 위층에 있는 다른 연구실로의 출입이 자유로웠지만 마이트너는 오직 지하실에만 머무를 것을 강요받았다. 1년 후 법이 바뀌면서 여성도 대학에 들어갈 수 있게 되었다. 하지만 법으로 자유가 보장되었음에도 불구하고 마이트너는 여전히 남자들의 세계에 낀 명백한 여성이었다. 러더퍼드가 1908년 말 마이트너를 처음 만났을 때 이미 그녀는 여러 편의 중요한 논문을 발표한 과학자였다. 당시 러더퍼드는 이렇게 말했다. "오, 난 당신이 남자일 거라고 생각했소!"[4]

1911년, 한에게 새로운 자리가 생겼다. 새로 설립된 베를린 달렘 (Dahlem) 카이저 빌헬름 화학연구소의 방사성 부문을 이끄는 책임자였다. 얼마 지나지 않아서 마이트너도 초청을 받아 그곳으로 자리를 옮겼다.

한은 마이트너보다 4개월 차이로 더 어렸다. 부유한 프로이센 상인의 아들이었던 그는 마르부르크 대학에서 화학을 전공했고 1901년 박사 학위를 받았다. 한은 1904년에 런던으로 건너갔다. 그곳에서 윌리엄 램지(William Ramsay, 1852~1916)를 통해 방사성이라는 새로운 분야를 접하게 되었고 방사성 토륨도 발견했다. 다음 해에는 캐나다에 있는 러더퍼드와 함께 연구를 했다. 1906년에 독일로 돌아왔을 때 그는 객원교수이자 베를린에서 방사성을 연구하는 유일한 화학자였다.

2장에서 만난 베일리스와 스탈링처럼 마이트너와 한은 상호보완적인 관계였다. 마이트너의 배경은 물리학이고 한의 배경은 화학이었다. 마이트너는 자신이 직접 실험을 고안하고 수행하기도 했지만, 수학적 능력도 탁월했고 개념적인 사고와 일반화에도 강했다. 반면 한은 아주 꼼꼼하게 화학적 연구를 수행하는 데 능했고 특히 화학적 성질에 따라 물질을 분리하고 확인하는 작업에 특별한 소질이 있었다.

1910년, 연구실에서 찍은 마이트너와 한의 사진은 둘 간의 차이를 좀 더 극명하게 보여준다. 빌헬름 시대 스타일의 팔자수염을 기른 한은 벨벳 재킷을 입고 손을 주머니에 넣고 있다. 조끼에 금줄을 매달았으며 편안하고 자신감 있는 분위기로 카메라 정면을 응시하고 있다. 작고 가는 몸집의 마이트너는 부모에게 막 혼이 난 어린아이마냥 주저하고 조심스런 표정으로 카메라를 보고 있다.

마이트너는 수줍음을 몹시 탔다. 공동 연구에 대해 똑같이 책임을 공유했고 연구팀의 지도자가 되었음에도 불구하고 그녀는 한의 보조자 역할을 맡았다. 먼저 나서지 않는 마이트너의 태도는 1917년 초에 1차 세계대전으로 한이 멀리 가 있는 동안 혼자 남아 실험을 하던 그녀가 한에게 보낸 편지에서도 엿볼 수 있다.

> 경애하는 한 선생께! 역청우라늄광 실험은 중요하고 흥미롭긴 하지만 지금 당장에는 할 수 없겠어요. 제발 화는 내지 말아주세요. [...] 어제는 세미나를 했습니다. 당신을 생각해 칠판이 아니라 사람들을 보며 큰 소리로 말했습니다. [...] 잘 지내시고 역청우라늄광 실험에 대해 제발 화내지 말아요.[5]

마이트너와 한은 30년이나 되는 긴 세월 동안 함께 연구하면서 방사성 연구 분야에서 세계적인 선도자가 되었다. 열 개가 넘는 새로운 방사성 물질을 발견했고 원자들의 붕괴율을 정리했으며 알파입자와 베타입자의 투과력을 측정해 냈다. 따라서 시간이 흐를수록 마이트너가 받아야 할 마땅한 지위가 주어졌다. 그녀는 1917년 카이저 빌헬름 연구소에서 실험실의 책임자로 임용되었다. 그러자 그곳은 한의 화학연구소이자 마이트너의 물리학연구소가 되었다. 1919년, 마이트너는 41세의 나이에 교수가 되었다. 그녀는 독일의 첫 여교수였다. (한은 이미 9년 전에 교수가 되었다.) 마이트너는 점차 한으로부터 독립했다. 비록 1938년까지 종종 한과 함께 공동 연구를 하긴 했지만 1921년부터 1934년까지 마이트너는 혼자서 66편의 논문을 발표했다. 그녀는 이처럼 눈부시게 성공하여 인정을 받게 된 탓에 1938년 독일에서 강제 추방을 당했다. 그러나 더 쓰디쓴 경험은 따로 있었다. 핵분열의 발견 업적을 부당하게 빼앗긴 것이다.

방사성 현상은 1896년 프랑스 물리학자 베크렐이 처음 발견했다. 베크렐은 책상 서랍에 넣어 둔 사진 감광판이 책상 위에 놓아 둔 우라늄염에 의해 검게 변한 것을 보고 우연히 방사성 현상을 발견했다. 1898년,

폴란드 과학자 마리 퀴리와 그녀의 프랑스인 남편 피에르 퀴리는 폴로늄과 라듐을 포함해 고에너지의 입자와 빛을 방출하는 새로운 방사성 물질들을 찾아냈다. 1900년까지 이 같은 '방사성' 원소들은 전기를 띠는 두 종류의 입자를 방출하는 것으로 알려졌다. 하나는 알파입자로, 양의 전기를 띠고 수소 원자 질량의 4배 정도 된다. 다른 하나는 베타입자로, 음의 전기를 띠고 질량이 아주 작다. 나중에 밝혀진 사실이지만 베타입자는 1897년 톰슨이 발견한 소립자, 즉 전자였다.

러더퍼드와 그의 연구팀은 원자 전체의 크기보다 10만 배 정도 작은 원자핵을 발견한 다음, 방사성 현상에 대해 선견지명이 있는 여러 생각들을 내놓았다. 첫 번째로 방사성 현상에서 나오는 고에너지의 입자들은 원자핵으로부터 유래되었다는 것이다. 따라서 러더퍼드는 방사성 현상이 엄밀하게 따지면 핵 과정(nuclear process)이라고 추측했다. 두 번째로는 원자핵 내부에 존재하는 양의 전기를 띠는 입자들(나중에 양성자로 밝혀진다.)이 서로를 밀어내지 않게 하려면 끌어당기는 힘이 존재해야 한다는 것이다. 만약 내버려 두면 양성자들은 통 안에 한데 집어넣은 수고양이들 마냥 멀리 달아나 버릴 것이었다. 러더퍼드는 또한 전기적으로 중성인 입자들이 생명체와 같은 양성자들 사이에 비좁은 공간을 공유해야 한다는 주장도 내놓았다. 전기적으로 중성인 입자가 바로 중성자다. 중성자는 1931년 영국 물리학자 채드윅이 발견했다.

중성자의 발견으로 핵물리학은 훌쩍 앞으로 나아갔다. 이제 과학자들은 원자의 중심에 대해 좀 더 자세한 정보를 갖게 되었다. 원자핵에는 두 종류의 소립자, 즉 양성자와 중성자가 존재한다. 양성자는 전기적으로 양을 띠며, 중성자는 말 그대로 중성이다. 그리고 중성자가 양성자보다 질량이 약간 더 높다. 당시에 이미 원자의 화학적 성질—원자들이 다른 원자들과 서로 반응하는 방식—이 원자 바깥쪽에 있는,

음의 전기를 띠는 전자의 수에 의해서 결정된다는 것은 잘 알려져 있었다(자세한 내용은 11장 참조). 원자는 보통 전기적으로 중성이기 때문에 전자와 양성자의 개수가 같아야 한다. 따라서 원자핵 안에 박혀 있는 양성자의 수는 바로 전자의 수다. 즉 양성자의 수가 원자의 화학적 성질을 결정하는 것이다. 가장 가벼운 원소인 수소는 원자핵에 하나의 양성자만 가진다. 탄소는 양성자가 6개다. 우라늄은 92개가 있다. 방사성 연구 초기에 겪어야 했던 상당한 혼란은 원자핵에 정해진 수의 양성자가 있는 각각의 원소들도 중성자의 개수가 서로 다를 수 있다는 데 있었다. 예를 들어 우라늄 종류의 한 원소는 원자핵에 중성자만 143개가 있었다. 또 다른 경우는 146개의 중성자가 있다. 양성자의 수는 같지만 중성자의 수가 다른 원소들은 동위원소라고 한다. 원자핵의 양성자 수는 원자번호라고 하고 Z로 나타낸다. 양성자와 중성자를 합한 수는 질량수라고 하고 A로 표시한다.

이런 개념이 확립되면서 방사성의 발생과 변환은 이제 더하기 빼기의 문제가 되었다. 알파입자는 전기장에서 지나가는 궤도를 통해 두 개의 중성자와 두 개의 양성자로 이루어져 있음이 밝혀졌다. 베타입자는 중성자가 양성자로 바뀔 때 부산물로 나오는 전자일 뿐이다. 이렇게 되면서 방사성 현상에 대한 셈법은 다음과 같아졌다. 방사성 원자가 알파입자를 내놓을 경우, 원자번호는 2를, 질량수는 4를 뺀다. 베타입자를 방출할 경우는 원자번호는 1을 더하고 질량수는 그대로다. 우라늄이 납으로 점차 붕괴되는 연쇄반응을 나타내면 다음과 같다.

$$^{238}_{92}U \rightarrow \alpha + ^{234}_{90}Th \rightarrow \beta + ^{234}_{91}Pa \rightarrow \beta + ^{234}_{92}U \rightarrow \alpha + ^{230}_{90}Th \rightarrow \alpha + ^{226}_{88}Ra \rightarrow \ldots ^{206}_{82}Pb$$

여기에서 알파입자와 베타입자는 각각 α와 β다. 그리고 각 원소는 원소기호로 나타냈다. U는 우라늄, Th는 토륨, Pa는 프로탁티늄(1918년 한과 마이트너가 발견), Ra는 라듐, 그리고 Pb는 납이다. 각 원소 앞에 위첨자로 쓰인 수는 질량수이고 아래첨자는 원자번호다.

방사성 붕괴 과정에서 나오는 베타입자는 1900년대 초반에 한스 가이거(Hans Geiger, 1882~1945)에 의해 처음으로 개발된 후 수십 년에 걸쳐 완성된 가이거 계수기(Geiger counter)로 측정되었다. 가이거 계수기에는 기체로 채워진 관 안쪽에 전기가 흐르는 전선이 기다랗게 놓여 있다. 베타입자가 관 안으로 들어오면 베타입자는 기체 원자 속 전자들을 원자 밖으로 밀어내는데, 이때 나오는 전자들이 양의 전기를 띠는 전선으로 흘러가 전류에 변화를 준다. 이때 전류의 세기와 속도를 관측하면 가이거 계수기로 얼마나 많은 베타입자가 들어왔는지를 셀 수 있다. 알파입자는 보통 전리함(ionization chamber)이라는 장치로 측정한다. 전리함의 마주보는 양쪽 면에는 전압이 걸려 있는데 가이거 계수기와 마찬가지로 전리함으로 들어오는 알파입자는 면 사이에 있는 기체 원자들에서 전자를 밖으로 빼낸다. 그 결과 기체 원자들은 전기를 띠는 이온이 되어 이온과 반대 전기를 띠는 면 쪽으로 이동한다. (서로 같은 전기를 띠면 밀어내고 반대면 끌어당긴다는 점을 기억하자.)

이와 같이 가이거 계수기나 전리함으로 방사성 원자들의 붕괴 정도를 측정할 수 있다. (여기에서 붕괴는 원자핵이 완전히 분해되는 것이 아니라 알파입자나 베타입자를 방출한다는 의미다.) 방사성 붕괴에서 중요한 특징은 반감기이다. 반감기는 방사성 원자들의 절반이 붕괴하는 데 걸리는 시간을 말한다. 예를 들어 반감기가 24분짜리인 우라늄 동위원소가 1,000개 있다고 생각해 보자. 24분 후면 500개 정도가 붕괴되고 나머지 500개 정도가 붕괴되지 않은 상태로 있다. 다음 24분이 지나면 붕괴되지 않은 500개 가운데 절반인 250개가 붕괴된다. 이런 식으로 계속되는 것이다. 어떤 동위원소도 동일한 반감기를 갖고 있지 않다. 이를 통해 마이트너와 한을 비롯한 과학자들은 반감기를 이용해 새로운 방사성 원소를 발견하고 확인했다.

그런데 여기에 의문이 있었다. 왜 어떤 원자핵은 붕괴되고 어떤 원자핵은 그렇지 않은가 하는 문제였다. 6개의 양성자와 6개의 중성자로 이루어진 탄소 원자핵은 영원히 온전한 상태로 남을 수 있다. 반면 92개의 양성자와 147개의 중성자를 가진 우라늄 원자핵은 24분이 지나면 붕괴하고 만다. 이에 대한 대답은 원자핵 안에서 일어나는 복잡한 힘의 경쟁에 있을 것이었다. 원자핵 안의 양성자들 사이에 서로 밀어내는 척력이 작용하고 원자핵 안의 모든 소립자들, 즉 양성자들과 중성자들 사이에는 서로 끌어당기는 인력이 작용한다. 자연의 모든 체계는 가능한 가장 낮은 에너지 상태에 있으려고 한다. 울퉁불퉁한 바닥을 굴러다니는 공이 가장 낮은 곳에서 멈추는 것처럼 말이다. 특정 양성자 수와 중성자 수를 가진 일부 원자핵은 바닥에서 가장 낮은 곳을 찾아낸 공처럼 이미 가장 낮은 에너지에 머물고 있는 것이다. 반면 다른 수의 양성자와 중성자가 있는 원자핵은 힘과 에너지가 다르고 알파입자와 베타입자를 방출하면 원래보다 더 낮은 에너지에 다다를 수 있다. 이런 것들이 방사성 원자들이다. 사실 방사성 연구는 한과 마이트너를 비롯한 과학자들이 원자의 중심에서 나타나는 힘의 본질을 이해하는 데 도움이 되었다.

1934년, 퀴리 부인의 딸 이렌(Irène, 1897~1956)과 그녀의 남편인 프레더릭 졸리오(Frédéric Joliot, 1900~1958)가 '인공 방사성'을 발견했다. 알파입자를 알루미늄에 쏘아 방사성 원소를 만드는 데 성공한 것이었다. 이제 방사성을 띠지 않는 안정한 원자가 알파입자의 포격을 맞으면 방사성을 띠는 원소로 탈바꿈할 수 있게 되었다. 알파입자는 일단 원자핵에 흡수되면 원자핵 안의 힘과 에너지의 균형을 깨뜨린다. 이로 인해 불안 정해진 원자핵은 스스로 소립자를 내놓음으로써 안정을 회복한다.

얼마 지나지 않아 이탈리아 물리학자인 엔리코 페르미(Enrico Fermi, 1901~1954)는 중성자가 알파입자보다 더 좋은 발사체가 될 거라고 생각 했다. 중성자는 전기를 띠지 않아서 원자핵의 양성자들로부터 밀어내는 힘을 받지 않는다. 페르미는 우라늄에 중성자를 발사시켜 보았다. 그러 자 이제껏 없었던, 원자번호가 가장 큰 원자핵이 만들어졌다. 페르미는 자신이 새로운 원소를 탄생시켰다고 믿고 여기에 '에카(eka)'라는 접두 어를 붙여 주었다. (그리스어로 에카는 '한도를 넘어서[beyond]'라는 뜻이다.) 예 를 들어 원자번호 94인 인공 원소는 불안한 우라늄 원자핵이 두 개의 베타입자를 내놓을 때 만들어진다. 페르미는 이 원소를 에카-오스뮴 이라고 명명했다. 원자번호가 76인 오스뮴과 화학적으로 비슷했기 때 문이다. 원자번호가 92 이상인 원소들은 초우라늄 원소라고 했다. 다른 과학자들과 마찬가지로 페르미는 우라늄에 중성자를 포격해 탄생한 새 로운 원자핵의 질량은 당연히 우라늄과 비슷할 것이라고만 생각했다.

1935년, 한과 마이트너는 몇 년간 독자적으로 연구를 한 후 또다시 공동 연구에 들어갔다. 그들은 우라늄이 납으로 붕괴되는 페르미 실험 을 연구했다. 이때 화학자로서 뛰어난 기술을 가진 한의 능력은 핵심적 이었다. 당시 과학자들은 중성자 포격을 했을 때 만들어진 새로운 원 소가 어떤 것인지 알아내는 방법을 찾고 싶어 했다. 그러나 일반적으 로 알려진 화학적 방법은 무용지물이었다. 새로운 방사성 원소의 양이 워낙 적었기 때문이다. 새로운 방사성 물질을 확인하는 데 있어서 한과 마이트너는 다음 사항을 활용했다. 한 원소의 방사성 원자들은 같은 원 소지만 방사성을 띠지 않는, 즉 동위원소의 용액에 녹는 경우에는 화학적 분리 과정에서 마치 방사성을 띠지 않는 원자들처럼 행동한다는 특성을 이용한 것이다. 예를 들어 중성자로 철을 포격해 새로운 방사성 물질을 만들어 냈다면 이 새로운 물질의 가장 유력한 후보는 크롬, 망간, 그리고 코발트다. 이들 원소의 원자번호가 철과 비슷하기 때문이다. 이 유력한 후보들을 골라 소량을 새로운 방사성 물질과 함께 질산 용액에 넣는다. 그런 다음에는 다른 물질과 어떻게 반응하는가 하는 일반적인 화학적 방법을 거치면 각각의 후보들은 침전되어 걸러진다. 만약 미지의 방사성 물질이 망간과 함께 침전되었다면 이 방사성 물질은 망간의 동위원소라고 가정할 수 있다.

얼마 지나지 않아 나치 정부를 부정해 자신의 경력은 물론 생명의 위협까지 느낄 상황에 처한 한의 전임 조수, 프리츠 슈트라스만이 한과 마이트너의 연구에 동참했다. 마이트너가 이 위험에 처한 과학자를 임금의 절반만 주고 고용하자고 한을 설득했다.

이 셋은 서로 다른 반감기와 붕괴 과정을 보이는 막대한 양의 새로운 방사성 물질들을 찾아냈다. 이는 엄청난 성과였다. 우라늄 238(질량수 의미)에 중성자 하나가 더해진 우라늄 239는 반감기를 이용해 실험하자 10초짜리, 40초짜리, 그리고 23분짜리를 보이며 붕괴했다. 어떻게 한 종류의 방사성 원소가 서로 다른 결과를 보일 수 있는 걸까? 게다가 에너지가 낮고 속도가 느린 중성자의 포격을 받을 경우 예상과는 반대로 반응이 더 잘 일어난다는 실험 결과도 혼란스러웠다.

1938년 3월, 이 실험이 절정에 다다랐을 때 독일 군대가 오스트리아를 점령했다. 이 시점에서 자신이 유대인이라는 것을 숨기고 싶지 않은 데다 더 이상 오스트리아 시민권으로는 자신을 보호할 수 없게 된 마이트너는 나치 반유대주의 정책의 표적이 되고 말았다. 조만간 그녀는 직장을 잃게 될 것이었다. 게다가 비밀경찰 대장인 하인리히 히믈러(Heinrich Himmler)가 어느 대학 교수도 독일을 떠날 수 없다는 명령을 내렸다. 마이트너는 꼼짝없이 갇힐 위기에 처했다. 그러나 마이트너는 한을 포함한 몇몇 과학자들의 도움으로 7월 13일 네덜란드 국경을 통해 간신히 독일을 빠져나갔다. 푼돈만 지닌 그녀에게는 여권도 일자리도 없었다. 마이트너는 네덜란드에서 짧게 머문 후 보어와 그의 아내 마르그레테의 호의로 덴마크에 자리를 잡았다. 얼마 후 스웨덴 물리학자 만 시그반(Manne Siegbahn, 1886~1978)의 초청으로 스웨덴 노벨물리학연구소에서 일자리를 얻을 수 있었다.

그 사이 1938년 말, 한과 슈트라스만은 좀 더 이상한 결과를 얻었다. 이 두 남자는 우라늄 239가 알파입자 두 개를 내놓고 라듐 231로 붕괴한 것을 목격했다고 생각했다.

$$^{238}_{92}U + n \rightarrow {}^{239}_{90}U \rightarrow \alpha + {}^{235}_{90}Th \rightarrow \alpha + {}^{231}_{88}Ra$$

둘은 우라늄에 중성자를 충돌시켜 얻은 산물이 화학적으로 라듐의 성질을 가진다는 것을 확인했다. 위의 식과 같은 연쇄반응이 나타난 것이었다. 토륨은 검출되지 않았다. 알파입자도 검출되지 않았다. 사실상 중간 과정은 우라늄에서 라듐으로 가기 위해 필요하다고 *간주된* 것일 뿐이었다. 그 둘은 자신들이 라듐을 만들어 냈다고 생각했다.

알파입자가 원자핵에 흡수되기 위해서는 쿨롱 장벽(Coulomb barrier)이라는 전기적인 반발력을 이겨 낼 수 있을 정도로 빠른 속도와 높은 에너지로 접근해야 끌어당기는 핵력에 의해 원자핵에 포획된다. 핵의 인력은 마치 접착제처럼 아주 강력하지만 아주 좁은 범위에서만 작용하기 때문이다. 그래서 알파입자가 핵에 붙으려면 사실상 핵을 건드려 그 안으로 들어가야만 한다. 반대로 알파입자를 강력한 핵의 끌어당김으로부터 도망치게 하려면 핵에 막대한 양의 에너지가 들어가야 했다. 여기에서 한은 우라늄 원자핵에서 느린 속도로 움직이는 중성자 하나가 우라늄 원자핵으로부터 두 개의 알파입자에게 자유를 줄 만큼 충분한 에너지를 가지고 있다는 주장을 내놓았다. 그러나 이는 불가능해 보였다!

11월 13일, 한은 두 개의 알파입자에 대한 문제를 논의하기 위해 코펜하겐에서 마이트너를 만났다. 한은 보어의 연구소에서 강연 초청을 받아서 온 것이었다. 마이트너는 그런 그를 만나기 위해 스톡홀름으로부터 기차를 타고 왔다. 두 과학자가 헤어진 지 넉 달 만이었다. 마이트너의 자서전을 쓴 루스 레빈 심(Ruth Lewin Sime)에 따르면 마이트너와 한의 이 만남은 코펜하겐 바깥에서 비밀스레 이루어졌다. 독일에서 겨우 확보한 한의 불확실한 처지가 더 위태로워질까 두려웠기 때문이었다. (이미 한은 나치정부에 여러 차례 대항했다.) 물리학자 마이트너는 그가 제안한 반응이 물리적으로 매우 불가능하다고 한에게 말했다. 그리고 그에게 베를린으로 돌아가 라듐에 대한 화학적 검증을 다시 해 보라고 했다. 훗날 슈트라스만은 이렇게 회상했다. "실험을 다시 한 번 매우 주의 깊고 정밀하게 해 보라고 (마이트너는) 절박하게 요청했다. 베를린에 있는 우리는 마이트너의 의견과 판단에 무게를 실어 즉시 실험을 실시했다."[6]

마이트너가 한에게 해 보라고 한 것은 우라늄을 중성자로 포격했을 때 만들어진 것이 정말 라듐인지를 재확인해 보라는 것이었다. 한과 슈트라스만은 방사능 잔해로부터 '라듐'을 추출하기 위해 바륨 원소를 이용했었다. 바륨(원자번호 56)과 라듐(원자번호 88)은 화학적 성질이 비슷하기 때문에 주기율표에서 같은 세로 칸에 위치한다. 따라서 라듐은 화학용액에서 바륨과 같은 특성을 나타내며 (황산바륨이나 탄산바륨처럼) 바륨화합물에서 항상 라듐이나 탄산 라듐을 형성하며 침전된다. 이런 방식으로 라듐은 화학적 성질이 다른 원소들로부터 분리되는 것이다.

이제, 마이트너의 제안에 따라 한과 슈트라스만은 바륨에서 '라듐'을 분리하는 일을 진행했다. 이를 위해 그 둘은 브롬화라듐이 브롬화바륨보다 덜 용해된다는 사실을 이용했다. 바륨과 라듐, 그리고 브롬 원자가 들어 있는 액체에서는 브롬화라듐이 브롬화바륨보다 더 높은 농도로 침전된다. 따라서 용기 바닥에 가라앉은 소금과 같은 고체 물질은 원래 용액과 달리 라듐의 비율이 바륨보다 높아진다. 다음 단계에서는 두 번째 용액에 브롬을 더 추가해 용기 바닥의 침전물을 녹인다. 그러면 용기 바닥에 다시 침전물이 생긴다. 이때의 침전물에서는 처음보다 더 높은 비율로 라듐이 검출되어야 한다. 두 번째 용액은 첫 번째보다 라듐의 비율이 높기 때문이다. 이 과정을 여러 번 더 반복한다. 이론적으로 보면 점점 더 바륨에 대한 라듐의 비율이 높아지기 때문에, 라듐의 비율은 마지막이 가장 높고 처음이 가장 낮아야 한다.

하지만 놀랍게도, 한과 슈트라스만은 바륨에 대한 라듐의 비율이 매번 똑같이 나타나는 결과를 얻었다. 확실한 것은 브롬화'라듐'과 브롬화'바륨'이 용해되는 정도가 똑같다는 것이었다. 한은 논리적으로 보았을 때 우라늄에 중성자를 포격해 얻은, 바륨과 화학적 특성이 같은 잔해물이 라듐이어야 한다고 가정했다. 그런데 실험 결과 라듐이라고 생각했던 잔해물이 바륨 그 자체라는 증거가 나온 것이었다. 바륨의 질량은 우라늄의 절반쯤 된다. 어떻게 이런 일이 일어날 수 있을까?

한은 뛰어난 화학자였다. 어쩌면 당대 최고의 방사성 화학자였다고 해도 무리가 없을 것이다. 한은 언제나 화학 실험에 자신이 있었다. 그런 그가 물리적으로 이해할 수 없는, 도저히 불가능한 일을 발견한 것이다. 한은 "이상한 결과로 인해 다소 주저하며 발표를 한다."고 말할 정도로 당혹스러워했다. 다른 과학자였다면 자신이 우스워질까 봐 두려운 나머지 이처럼 혁명적이고 놀라운 결과를 발표하지 않았을지도 모른다. 하지만 한은 달랐다. 만약 그가 중성자 충돌의 잔해에서 바륨을 정말로 발견했다면 비록 자신의 실험 결과를 받아들이기 힘들다고 해도 어쩔 수 없었다. 그는 우라늄 원자핵이 둘로 쪼개진 사실을 누구보다 잘 알고 있었다. 그랬기에 그는 자신의 논문에서 테크네튬을 찾아낼 새로운 실험을 제안했던 것이다. 가장 일반적인 바륨 동위원소는 질량수가 138이다. 때문에 질량수 101짜리로 가장 그럴 듯한 원소는 테크네튬과 바륨을 더해야 원래 우라늄의 질량수 239와 같아진다.

고뇌에 가득 찬 한은 조심스러운 말투로 논문을 끝냈다. "우리는 이제까지의 핵물리학 결과를 거스르는 극단적인 단계(잔해에서의 바륨을 확인한 일)에 막혔고 결과적으로 이를 뛰어넘지는 못했다. 어쩌면 우리가 잘못된 추측을 하게끔 아주 이상한 우연이 벌어진 것인지도 모른다."

마이트너와 조카 프리시는 1938년 크리스마스 날 한의 '괴상한' 결과를 고심하면서 눈 위를 걷다가 보어가 내놓았던 아름다운 비유를 떠올렸다. 전설의 덴마크 물리학자는 원자핵을 물방울에 비유했다. 원자핵 안의 양성자와 중성자는 개별 입자라기보다는 물방울 속 분자들처럼 흐르면서 아주 빠르게 에너지를 공유한다. 분자 간의 표면장력으로 인해 실제 물방울의 분자들은 서로를 끌어당긴다. 이와 마찬가지로 원자핵의 바깥 표면에서도 응집하려는 힘이 작용하기 때문에 동그란 모양을 유지하는 것이다. 하지만 마이트너와 프리시가 이미 알고 있듯이, 우라늄 원자핵 안에 있는 92개 양성자 간에 존재하는 어마어마한 반발력은 '표면장력'을 약하게 할 수 있고 핵의 모양을 쉽게 바꿀 수도 있을 것이었다. 그 둘은 논문에 "우라늄 원자핵은 단지 안정성이 약한 형태를 취하고 있다."고 기술했다.

기본적인 물리적 사고는 이랬다. 원자핵에는 서로 경합하는 두 가지 힘이 존재한다. 서로 끌어당기는 힘은 아주 좁은 범위에서만 작용하기 때문에 아주 가까이 있는 핵입자들끼리만 서로를 붙잡는다. 반면 밀어내는 힘은 작용 범위가 넓어서 멀리 떨어져 있는 양성자들 간에도 느낄 수 있다. 원자핵이 구 모양일 때는 이 반대되는 힘이 서로 균형을 이루고 있는 상태다. 그러나 우라늄 원자핵의 모양이 조금이라도 틀어지면 핵입자들은 조금씩 멀어진다. 이런 분리는 짧은 범위에서만 작용하는 끌어당기는 힘을 약화시키지만 넓은 범위에서도 작용하는 밀어내는 힘에는 별 영향을 주지 않는다. 즉 힘의 균형이 깨지면서 밀어내는 힘이 우위를 차지하게 되는 것이다. 이렇게 일단 밀어내는 힘이 우세해지면 핵입자들을 좀 더 멀어지고 핵의 모양은 좀 더 길쭉해진다. 그 결과 밀어내는 힘은 끌어당기는 힘에 비해 좀 더 강해지기 때문에 핵의 변형이 점점 더 심해진다. 결국 핵은 둘로 쪼개진다. 이런 전개 과정을 그림 15.1에 A부터 E까지 순서로 나타냈다. 마지막 단계인 E 다음에는 두 개로 분리된 반쪽짜리들이 서로를 밀어내며 멀리 날아가 버린다.

위와 같은 일이 벌어지기 위해서는 충돌하는 중성자가 많은 에너지를 전해줄 필요도 없다. 분열에 필요한 에너지는 이미 원자핵 안에 있

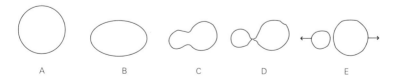

그림 15.1

는 막대한 반발력에서 비롯되기 때문이다. 중성자는 단지 원자핵을 조금 교란시켜 모양에 변형을 주기만 하면 된다. (역사적으로 따져 보면 놀랍게도 1934년에 독일 화학자 이다 노닥[Ida Noddack, 1896~1978]이 핵분열을 먼저 제안했지만 논문이 불명료하며 이론적으로 받아들이기 힘들다는 이유에서 발표를 거절당했다. 이 논문에서 노닥은 중성자로 무거운 원자핵을 충돌시켰을 때 가장 가능성이 높은 결과는 페르미를 비롯한 여러 과학자들의 생각처럼 질량에 약간의 변화만 생기는 게 아니라 좀 더 큰 덩어리로 쪼개지는 일이라고 주장했다.)

마이트너와 프리시는 당시 우라늄 원자핵의 알려진 크기와 그 안에 있는 전기전하의 양을 통해 방출되는 에너지가 얼마나 되는지를 계산했다. 이 계산은 양자 이전의 물리학으로 해결할 수 있는데 물리학을 전공하는 대학 신입생이라면 누구나 할 수 있을 정도로 쉽다. 또한 그 둘은 각각의 양성자 또는 중성자가 핵에 묶여 있는 데 필요한 에너지의 평균값과 관련이 있는 에너지를 '채우기비율(packing fraction)'이라는 용어로 불렀다. 채우기비율은 양성자와 중성자의 개수에 따라 달라진다. 이로 인해 끌어당기는 힘과 밀어내는 힘에 변화가 생기고 결과적으로 에너지에 영향을 주기 때문이다.

마이트너와 프리시가 도입한 또 다른 기술적인 용어는 '이성체(isomer)'이다. 이성체는 보통 화학에서 쓰는 용어로 분자식은 같은데 구조가 달라 물리적 화학적 성질이 다른 화합물을 말한다. 그러나 여기서는 원자핵에 대한 것으로 높은 내부 에너지를 가지는 들뜬 상태의 원자핵을 이성체라고 불렀다. 이런 원자핵은 보통 에너지가 높은 양성자를 방출함으로써 스스로 과도한 에너지를 없앤다. 동일한 개수의 중성자와 양성자를 가진 두 개의 원자핵은 내부 에너지가 다를 경우 다른 이성체가 되는 것이다.

마이트너와 프리시는 원자의 쪼개짐을 설명하기 위해 자신들의 논문에서 역사상 처음으로 '분열'이란 말을 썼다. 살아 있는 세포가 둘로 나뉘는 세포분열과 비슷하다는 생각에서 프리시가 만들어 낸 용어였다.

마이트너와 프리시는 우라늄 원자핵의 가장 그럴듯한 붕괴는 바륨과 크립톤이라고 했다. 여기에서 그들은 마이트너, 한, 슈트라스만, 그리고 페르미가 이전에 했던 많은 주장들에 잘못이 있었다고 용감하게 말했다. 특히 페르미의 '에카' 원소들, 즉 원자번호가 92이상인 것들이 사실은 92보다 작을 것이라고 했다. 우라늄에 중성자를 충돌시킨 지난 몇년 간의 실험들이 사실은 새로운 원자핵을 만들어 낸 게 아니라 가볍고 일반적인 원자핵들을 만들어 낸 우라늄 핵분열이었을 것이라고 밝힌 것이다. 핵분열의 잔해들은 사실 가벼운 원소들의 서로 다른 이성체였는데 에카 원소라는 새로운 원소로 착각했던 것이다. (마이트너와 프리시의 이런 의심은 옳은 것으로 판명되었다. 비록 페르미가 노벨상을 수상할 만큼 여러 발견을 해냈을지라도 그는 1938년 노벨상 수상식에서 읊었던 "우라늄을 넘어선 새로운 방사성 원소의 발견"을 해낸 건 아니었다. 그 노벨상은 잘못 수여된 것이었다.)

마이트너와 프리시가 과학사에 영원히 남을 새로운 길을 다진 후에 프리시는 코펜하겐으로 돌아가 보어에게 핵분열에 대한 새로운 생각을 전했다. 보어는 그때 미국으로 떠나는 배를 타려던 참이었다. 프리시의 회상에 따르면 이 위대한 원자 물리학자는 듣자마자 자신의 이마를 탁치며 이렇게 말했다. "오, 우리가 정말 어리석었군! 진작 그렇게 생각했어야 했어."[7]

그리고 나서 프리시는 자신의 실험실로 돌아가 한의 실험을 재현해보았다. 그는 마이트너와 자신이 계산했던 에너지가 핵분열에서 나온 것임을 확인했다. 한편 보어는 놀라운 소식에 너무 흥분한 나머지 자신을 억누를 수가 없었다. 다행히도 보어가 탄 스위스 미국 간 원양 정

기선의 특등실 안에는 칠판이 있었다. 보어는 함께 배를 탄 젊은 물리
학자 레온 로젠펠트(Leon Rosenfeld, 1904~1974)에게 이 놀라운 발견을
대략적으로 설명해 주는 것으로 만족해야 했다. 1939년 1월 16일, 배
가 뉴욕에 도착했을 때 보어는 마중 나온 페르미와 존 휠러에게 그 소
식을 전했다. 그날 밤, 로젠펠트는 프린스턴 대학에서 소규모 세미나
를 열어 이 소식을 전함으로써 사람들을 놀라게 했다. 10일 후 보어와
페르미는 워싱턴 D. C.에서 열린 이론 물리학회에 한과 마이트너의 결
과를 발표했다. 이때 네 명의 과학자가 이에 대한 발견을 해냈다는 말
도 덧붙였다. 그러자 이를 들은 과학자들은 모두 한의 실험을 재현하
기 위해 서둘러 실험실로 돌아갔다. 1939년 2월에만 핵분열에 대해
서 최소 15편의 논문이 영국의 「네이처(Nature)」, 미국의 「피지컬 리뷰
(Physical Review)」, 그리고 프랑스의 「콩트 랑뒤(Comptes Rendus)」에 제
출되었다. 1939년 말에는 백 편도 넘는 논문이 발표되었다. 원자핵은
분열되면서 막대한 양의 에너지를 방출했다. 원자핵의 시대가 개막된
것이었다.

고대 그리스 시대의 비극에 나오는 주인공들처럼 마이트너와 한은 서
로 다른 운명을 타고났던 것 같다. 오랜 세월 동안 그 둘은 서로에게 가
까운 동료이자 좋은 친구였다. 그럼에도 불구하고 세계적인 정세와 개
인적인 성격 차로 인해 둘은 결국 갈라서고 말았다. 마이트너는 정치
적으로 자유로웠다. 한은 비록 나치를 반대했고, 마이트너를 포함해 지
위를 박탈당한 과학자들을 도피시키느라 독일 정부에 맞서기는 했지
만 독일의 민족주의에 열렬한 지지를 보냈다. (이런 점은 앞에서 만났던 라
우에와 하이젠베르크의 관계와 비슷하다.) 한은 베를린에 남아 전후 독일 과학
계의 핵심 인물이 되었다. 영국왕립학회에 이 독일 화학자에 대한 글을

쓴 로드 스펜스(Rod Spence)에 따르면, 한은 "성실하고 정직하며 상식이 있고 충성심이 강해 사람들에게 신뢰받았다."[8]

핵분열의 발견으로 둘은 갈라서고 말았다. 한이 슈트라스만과 함께 바륨을 찾아내는 실험을 성공적으로 해낸 것은 마이트너가 스웨덴으로 쫓겨나기 전부터 공동으로 연구한 직접적인 결과였다. 그러나 정치적인 이유 때문에 한은 논문에 마이트너의 이름을 넣을 수 없었다. (그는 4주 후에 발표한 후속 논문에서 마이트너에 대한 공로를 언급했다.) 마이트너는 망연자실했다. 그녀는 1939년 2월에 남매 발터에게 이런 편지를 보냈다. "나는 자신이 없어. [...] 한은 우리가 함께 했던 연구를 기반으로 얼마 전에 아주 멋진 결과를 발표했어. [...] 이 결과에 기여한 한을 생각하면 나도 매우 기뻐. 하지만 많은 사람들은 개인적으로나 과학적으로 내가 이 일에 아무런 기여도 하지 않았다고 생각할 거야. 나는 지금 아주 많이 낙담한 상태야."[9]

1945년, 상당한 논쟁이 있었지만 결국 결정이 났다. 한 혼자 핵분열 발견에 대한 공로로 1944년 노벨상을 수상한 것이었다. 그의 상은 화학 분야에서였다. 그해 노벨물리학상은 양자역학에서 배타원리를 발견한 파울리에게 돌아갔다(자세한 내용은 11장 참조). 사실상 많은 과학자들은 노벨물리학상이 핵분열을 발견한 마이트너에게 돌아가야 했다고 생각했다. 마이트너는 무시당했다는 느낌에 괴로워했다. 과학자이자 노벨상 재단 위원의 아내였던 비르기타 브루메 아미노프(Birgit Broomé Aminoff)에게 보낸 편지에서 마이트너는 다음과 같이 말했다.

분명히 한은 노벨화학상을 수상할 자격이 충분합니다. 여기에는 어떤 의문도 없습니다. 그러나 프리시와 내가 어떻게 핵분열이 일어나는지, 얼마나 많은 에너지가 발생하는지에 대한 우라늄 핵분열 과정을 입증하는 데 하찮은 영향을 미쳤다고 생각하지 않습니다. 이는 한과 독립적으로 이루어진 것들입니다. 이런 탓에 슈트라스만처럼 내가 한의 조수로 불리는 부당한 신문 기사를 보았습니다.[10]

이 문제는 매우 복잡했다. 만약 마이트너가 독일에서 좋은 자리를 계속 유지했더라면 그녀는 분명 한과 슈트라스만과 함께 핵분열 연구에 대한 논문의 공동 저자가 되었을 것이다. 심지어 멀리 떨어져 있었다고 해도 한이 실험을 재분석하고 우라늄이 바륨으로 쪼개진다는 결론을 내리는 데 결정적인 역할을 한 사람은 그녀였다. 하지만 결정적인 실험은 화학적인 방법으로 이루어졌고 이는 한이 혼자서 이루어 낸 실험이었다. 결과적으로 과학사의 극적인 사건에서 마이트너의 가장 큰 역할은 한의 결과를 물리적으로 *해석*해 낸 것이었다. 그리고 옳든 그르던 간에 스톡홀름의 노벨상 위원회는 오랫동안 이론적 해석보다 실험적 발견을 선호해 온 전력이 있었다(이와 비슷한 이야기가 우주배경복사의 발견에서 다시 나온다. 자세한 내용은 19장 참조). 화학자인 한은 자신의 분야를 위해 핵분열의 발견이 화학 분야의 성과로 인정받길 원했다.

노벨상을 수상한 후 한은 하이젠베르크와 함께 독일 과학계의 지도자가 되었다. 그는 괴팅겐에 있는 카이저 빌헬름 협회(Kaiser Wilhelm Gesellschaft)의 책임자로 선임되었다. 마이트너는 노벨상을 받진 못했지만 대신 여러 상을 수상했다. 1946년, 미 여성 기자 단체(American Women's Natioanl Press Club)에서 선정한 그해의 여성으로 선정되기도 했다. 1947년에는 과학과 예술 분야에 주어지는 빈 상(Vienna Prize for Science and Art)을, 1949년에는 (한과 함께) 막스 플랑크 상을, 1962년에는 괴팅겐 메달 등을 수상했고 여러 개의 명예 학위를 받았다. 스웨덴 왕립기술연구소는 1947년에 그녀에게 연구실을 제공했다. 하지만 한

때 약속받았던 교수직은 결국 얻지 못했다. 스웨덴은 그녀에게 불편한 곳이었던 것 같다. 그녀는 1960년에 은퇴하고 곧바로 영국으로 건너가 버렸다. 1966년, 88살의 마이트너는 한, 슈트라스만과 함께 엔리코 페르미 상을 나눠 가졌다. 여러 해 동안 한과 마이트너는 서로의 중요 기념일에 축하 편지를 주고받았다.

원자폭탄의 탄생은 핵분열에 대한 논의에서 꼭 빠지지 않는다. 1945년 8월 6일, 한은 연합군이 만든 원자폭탄이 히로시마에 투하되었다는 소식을 전해 들었다. 한을 비롯한 독일의 핵 과학자들은 당시 케임브리지 근처의 영국 농가에 포로로 붙잡혀 있었다. 영국 수상 T. H. 리트너(Rittner)의 말에 따르면 "한은 그 소식에 완전히 충격을 받았고 자신의 발견으로 원자폭탄이 만들어졌기 때문에 수많은 사람들의 죽음에 개인적인 책임을 느낀다고 말했다. 그는 자신의 발견이 가진 무시무시한 잠재력을 깨달았을 때부터 자살을 기도했다고 말했다."[11] 15년 후쯤 동료에게 보낸 사적인 편지에서 마이트너는 전쟁이 일어나기 전에 핵물리학에서 이룬 자신의 업적을 스스로 평가했다. "(당시에는)누구나 자신의 일을 사랑할 수 있었어. 아름다운 과학 발견이 끔찍하고 악의 있는 일과 관련이 있을 거라는 두려움에 늘 사로잡혀 있을 필요가 없었지."[12]

우라늄에 중성자를 조사하여 만들어진 알칼리토 금속의 존재에 관하여

오토 한과 프리츠 슈트라스만

최근 본 학술지[1]에 실렸던 예비 논문에서 우라늄에 중성자를 쏠 경우 93번에서 96번에 해당하는 초우라늄 원소 외에도 (93번에서 96번에 해당하는 초우라늄 원소는 마이트너, 한, 슈트라스만이 발견했다.) 여러 종류의 새로운 방사성 동위원소가 발생한다고 밝힌 바 있다. 새 방사성 원소들은 ^{239}U가 두 개의 알파입자를 방출하면서 붕괴한 결과로 생성된 것이 틀림없다. 이 과정을 통해 핵전하가 92인 원소는 핵전하가 88인 원소, 즉 라듐으로 붕괴하는 것이 분명하다. 앞서 언급한 논문에서 일종의 연쇄 붕괴 도식을 제안한 바 있다. 반감기의 근사치를 놓고 볼 때 라듐의 세 가지 동위원소들은 악티늄으로 붕괴했다가 토륨 동위원소로 붕괴한다. 관찰 결과 다소 예상치 못한 사실이 밝혀졌다. 빠른 중성자뿐 아니라 느린 중성자 또한 라듐의 동위원소가 알파입자를 방사하고 토륨으로 붕괴하도록 만들 수 있다는 사실이다.

새로 찾아낸 세 개의 부모 이성체가 사실 모두 라듐이라는 증거는 다음과 같다. 우선 모두 바륨염을 사용해 구분할 수 있다. 그리고 다 같이 바륨 원소와 동일한 화학 반응을 보인다. 현재까지 알려진 다른 원소들, 다시 말해 초우라늄 원소 및 우라늄, 프로탁티늄, 토륨, 악티늄은 화학적 속성이 바륨과 다르기 때문에 쉽게 구분할 수 있다. 라듐보다 원소 번호가 작은 원소들, 다시 말해서 비스무트, 납, 폴로늄, 에카세슘(이제는 프란슘이라고 부른다)도 마찬가지다. 따라서 남는 것은 바륨뿐이다. 만약에 바륨마저 목록에서 제외한다면 [...]

느린 중성자로 우라늄을 때릴 경우, 라듐 동위원소가 생성되면서 에너지 문제는 어찌되는지를 이해하기는 쉽지 않다. 따라서 인공적으로 만들어 낸 방사성 원소의 화학적 특성을 결정하는 일은 매우 신중해야만 한다. 중성자를 맞은 우라늄을 함유한 용액을 사용하면 여러 종류의 원소 그룹을 구분할 수 있다. 숫자가 많은 초우라늄 원소 그룹은 물론이고, 알칼리토 그룹 원소들(바륨 담체)과 희토 그룹(란타늄 담체)과 주기율표에서 IV그룹에 속하는 원소들(지르코늄 담체)은 항상 방사성을 보인다. 바륨 침전물은 다른 어떤 것보다 더 자세히 조사해야 했다. 그 안에는 이미 관찰된 바 있는 이성체들의 부모 동위원소가 들어 있는 게 분명했기 때문이다. 조사의 목적은, 바륨 침전물을 사용해서 초우라늄 원소와 U(우라늄), Pa(프로탁티늄), Th(토륨), Ac(악티늄)을 손쉽게, 그리고 완전하게 구분할 수 있음을 밝히는 데에 있었다. [...]

그 결과를 간단하게 얘기하면, 우리는 세 개의 알칼리토 금속을 발견했다. 이를 각각 Ra II, Ra III, Ra IV라고 명명하자. 각각의 반감기는 14±2분, 86±6분, 250~300시간이다. 14분의 반감기를 가진 원소를 Ra I이라고 부르지 않았다는 사실에 주목하자. RA II 나 Ra III 같은 다른 이성체의 경우도 마찬가지이다. 이유는 이렇다. 우리는 아직까지 관찰된 바는 없지만 더 불안정한 'Ra'의 동위원소가 있을 거라고 생각했기 때문이다. [...]

앞선 논문에서 제시했던 붕괴 도식은 수정해야만 한다. 아래 도식은 수정 요소를 고려한 결과이며, 각 부모 원소들의 붕괴를 더 정확하게 제시하고 있다.

$$\text{Ra I?} \xrightarrow[\langle 1\text{분}]{\beta} \text{Ac I} \xrightarrow[\langle 1\text{분}]{\beta} \text{Th?}$$

$$\text{Ra II} \xrightarrow[14\text{분}\pm2\text{분}]{\beta} \text{Ac II} \xrightarrow[2.5\text{분}]{\beta} \text{Th?}$$

$$\text{Ra III} \xrightarrow[86\text{분}\pm6\text{분}]{\beta} \text{Ac III} \xrightarrow[\text{수일?}]{\beta} \text{Th?}$$

$$\text{Ra IV} \xrightarrow[250\sim300\text{시간}]{\beta} \text{Ac IV} \xrightarrow[\langle 40\text{시간}]{\beta} \text{Th?}$$

지금까지 알려진 바에 따르면 초우라늄 원소들은 이런 이성체들과 아무 관계가 없다.

위에 나열한 붕괴 양상은 만들어진 과정의 연관성을 고려할 때 아주 정확하다고 봐도 좋을 것이다. 우리는 이미 이성체들의 '토륨' 결과물 몇 가지를 놓고 그와 같은 점을 밝힌 바 있다. 하지만 반감기에 관해서는 어떤 결과도 나온 바가 없기 때문에, 이 시점에서 그 관계까지 보고하는 것은 삼가기로 결정을 내렸다.

논의할 새 실험은 아직 남아 있다. 그 결과가 의외이기 때문에 발표에 다소 주저한 것은 사실이다. 우리는 의심의 여지를 없애기 위해서, 바륨을 사용해 확인한 방사성 원소의 부모 원소의 특성과 '라듐 동위원소'라고 이름 붙인 것들의 특성을 구분하려 했다. 우리는 널리 알려진 방법에 따라 바륨염 수용액에 들어 있는 라듐의 농도를 높이는 (또는 희석하는) 식으로 분별 결정과 분별 침전을 얻어냈다. 분별 결정화 과정에서 바륨 브롬화물은 라듐의 농도를 상당히 높여 준다. 바륨 크롬화물은 그 효과가 더욱 크다. 두 경우 모두 결정이 천천히 형성될 때에 그렇다. 바륨 염화물은 바륨 브롬화물보다 효과가 적으며, 바륨 탄산염은 농도를 약간 감소시킨다. 붕괴가 전혀 진행되지 않은 방사성 바륨 시료를 가지고 위와 같은 실험을 해본 결과치는 항상 음수였다. 그 결과는 모든 바륨 분별 결과에 있어서 균등하게 분포되어 있었다. 적어도 우리가 인지하고 있는 실험 오차의 범위를 넘지 않는 수준에서 그랬다고 할 수 있다. [...]

그 다음으로 오랜 기간 유지해 둔 순수 'Ra IV'와 순수한 $MsTh_1$와 혼합물에 '지표 기법(또는 추적 기법)'을 적용했다. 이 혼합물에 바륨 브롬화물을 담체로 이용해서 분별 결정화를 시행한 것이다. $MsTh_1$의 농도는 증가했다. 'Ra IV'는 그렇지 않았으나 바륨 함유량이 같았던 분별화 결과와는 동일한 방사성 활동을 보여 주었다. 우리가 내린 결론은 이렇다. 문제의 '라듐 동위원소들'은 바륨의 특성을 가지고 있다. 화학자의 입장에서 말하건대 문제의 새 원소는 라듐이 아니라 바로 바륨이다. 라듐이나 바륨이 아닌 다른 원소일 리는 없다.

우리는 마지막으로 순수하게 분리해 둔 'AC II'(반감기 약 2.5시간)와 순수한 악티늄 동위원소 $MsTh_2$에 추적 기법을 적용했다. 만약 문제의 'Ra 동위원소들'이 라듐이 아니라면, 'Ac 동위원소들' 또한 악티늄이 아니라 란타늄이어야만 한다. 우리는 퀴리 부인이 사용했던 것과 동일한 방법으로[2] 두 활성 물질을 포함한 질산 수용액에 란타늄 수산염 분별을 시행했다. 그 결과 또한 퀴리 부인의 실험 때와 마찬가지로 분별 결과물의 $MsTh_2$ 농도가 매우 높았다. 우리가 사용한 'AC II'의 경우 결과물의 농도 증가는 관측되지 않았다. 우리는 이런 퀴리와 사비치가 발견한[3] 3.5시간의 반감기(비록 단일종의 결과는 아니었지만)와 같은 결과를 얻었으며 우리가 실험한 알칼리토 금속의 베타 붕괴에서 나온 물질이 악티늄이 아니라는 결론을 내렸다. [...]

초우라늄 원소들은 동족체인 레늄, 오스뮴, 이리듐, 백금과 화학적으로 연관성이 있지만 특성은 같지 않다. 초우라늄 원소들이 원소 번호가 더 작은 동족체들, 즉 테크네튬, 루테늄, 로듐, 팔라듐과 화학적으로 동일한지 판가름하는 실험은 아직까지 행해진 바가 없다. 다시 말해서 이전에는 그 누구도 이런 가능성을 생각해보지 못했던 것이다. 바륨과 테크네튬의 질량수를 합치면 138+101로, 그 결과는 239이다!

화학자의 입장에서 보자면 위에 제시한 붕괴 도식은 수정해야 한다. 즉 Ra, Ac, Th을 각각 Ba, La, Ce로 바꿔야 한다. 하지만 우리는 물리학과 매우 가까운 영역에 있는 '핵화학자'이다. 따라서 기존 핵물리학의 지식에 그처럼 파격적으로 반하는 일을 자행할 수가 없다. 어쩌면 일련의 비정상적인 우연의 일치가 발생하여 잘못된 결과에 도달했는지도 모르는 일이다.

방사성 붕괴로 얻어진 해당 새 원소들에 대해서는 더 심층적인 추적 실험을 시행할 예정이다.

Die Naturwissenschaften (1939)

■ 참고문헌

1. O. Hahn and F. Strassmann, *Naturwiss.* 26, 756 (1938).

2. Mme. Pierre Curie, *J Chim. Phys.* 27, I (1930).

3. I. Curie and P. Savitch, *Compt. Rend.* 206, 1643 (1938).

번역: 김창규

중성자로 인한 우라늄 붕괴
—새로운 형태의 핵 반응

리제 마이트너와 오토 프리시

페르미와 동료들은[1] 중성자로 우라늄을 포격할 경우 최소한 네 개의 방사성 물질이 생성되며, 그 중 두 가지는 원자량이 92보다 크다고 발표했다. 이어진 연구의 결과[2] 최소 여섯 개의 방사성 주기가 밝혀졌다. 그 여섯 가지는 우라늄의 다음 순서로 배치를 받았으며, 해당 물질의 화학적 성질에 상호 연관성이 있었기 때문에 핵 이성이라는 가정을 세워야 했다.

우리는 화학적인 위치를 결정함에 이어서 해당 방사체들의 원자량이 포격을 받은 원소와 비슷할 거라고 항상 가정하고 있다. 핵에서 방출되는 입자의 전하량이 1이나 2에 불과하다는 사실이 알려져 있기 때문이다. 예를 들어서 오스뮴과 속성이 비슷한 물질은 오스뮴($Z=76$)이나 루테늄($Z=44$)이 아니라 에카-오스뮴($Z=94$)이라고 간주하고 있다.

이렌 퀴리와 사비치의 관찰 결과에 따라[3] 한과 스트라스만은[4] 중성자로 우라늄을 포격해 보고 최소 세 개의 방사성 물질을 발견했다. 이 물질들은 화학적으로 바륨과 유사했고, 따라서 라듐의 동위원소일 것으로 생각되었다. 하지만 더 자세히 연구한 결과[5] 바륨에서 해당 물질을 분리해 내는 건 불가능하다는 사실이 밝혀졌다. (하지만 라듐의 동위원소인 메조토륨은 같은 실험으로 쉽게 얻을 수 있었다.) 따라서 한과 스트라스만은 우라늄($Z=92$)을 중성자로 포격한 결과 바륨($Z=56$)의 동위원소가 생성되었다는 결론을 내릴 수밖에 없었다.

얼핏 생각하면 이런 결과는 납득이 되지 않는다. 우라늄보다 훨씬 아래에 있는 원소의 생성도 생각해 본 적이 있지만 물리적인 이유 때문에 한 번도 채택되지 않았다. 화학적인 증거가 확실하지 않았기 때문이다. 단시간에 대전 입자가 대량으로 방출된다는 설도 제외되었다. 가모프의 알파 붕괴 이론에 따른 '쿨롱 장벽'을 넘을 만한 관통력이 부족했기 때문이다.

하지만 무거운 핵의 속성이라는 아이디어를 이용하면[6], 본질은 고전적이면서도 완전히 다른 새 붕괴 과정이 자명해진다. 무거운 핵은 압축되어 있고 큰 에너지를 교환하기 때문에 그 안에 있는 입자들은 함께 움직일 것이다. 액체의 방울과 비슷하게 움직인다고 볼 수도 있다. 그 운동에 에너지가 더해져 충분히 활발해진다면, 방울은 더 작은 두 개의 방울로 나뉠 것이다. 핵의 변형에 관여하는 에너지를 연구하는 데에 있어서, 핵 물질의 표면장력이라는 개념이 사용되었다.[7] 그 값은 해당 핵력으로부터 간단하게 계산되었다. 하지만 대전된 방울의 표면장력은 그 전하량에 맞추어 감소한다는 점을 잊지 말아야 한다. 대략적으로 계산해 보면 핵의 표면장력은 핵의 전하가 클수록 감소하고, 원자량이 100 정도 되면 0이 된다.

따라서 우라늄의 핵은 형태의 안정성이 아주 낮을 것이다. 그리고 중성자를 포획한 다음에는 대략 비슷한 크기의 두 핵으로 나뉠 것이다. (크기의 정확한 비율은 세부 구조에 따라 달라질 것이며, 확률도 어느 정도 개입할 것이다.) 이 두 핵은 서로 밀어낼 것이며, 핵의 반지름과 전하량을 이용해서 계산해 보면 총 c. 200Mev(메브)에 해당하는 운동 에너지를 얻을 것이다. 이런 크기의 에너지는 실제로 우라늄과 주기율표 한 가운데에 있는 원소 사이의 채우기비율 간 차이에서 얻을 수 있다. 따라서 '분열'의 전체 과정은 본질적으로 고전적인 방법을 이용해 설명할 수 있다. 양자역학의 '터널 효과'는 고려할 필요가 없다. 이 과정에 관여하는 질량이 커서 터널 효과의 실제 영향은 아주 작기 때문이다.

분열이 일어나면, 높았던 우라늄의 중성자/양성자 비율은 베타 붕괴에 의해 재조정되고 더 가벼운 원소에 맞는 낮은 비율로 변하려 할 것이고 아마도 나뉜 각 부분에 붕괴 계열이 발생할 것이다. 그 가운데 하나가 바륨의 동위원소라면[5] 나머지 하나는 크립톤($Z = 92 - 56$)일 것이고, 이는 루비듐, 스트론튬, 이트륨을 거쳐 지르코늄으로 붕괴할 것이다. 기존에 바륨-란타늄-세륨이라고 보았던 계열 중의 한둘은 실제로 스트론튬-이트륨-지르코늄 계열일 것이다.

우리는 그동안 우라늄보다 상위의 원소가 원인이라고 생각했던 주기가 가벼운 원소들 때문이기도 할 가능성이 높다고 본다.[5] 화학적인 증거로 볼 때 지금까지 ^{239}U 때문이라고 간주했던 두 개의 짧은 주기(10초와 40초)가 실은 루테늄, 로듐, 팔라듐, 은을 거쳐 카드뮴에 이르는 마수륨 동위원소($Z = 43$) 붕괴 때문일 수도 있다.

이런 경우가 항상 핵 이성(isomerism)때문이라고 가정할 필요는 없다. 하지만 하나의 화학원소에 서로 다른 두 개의 방사 주기가 있다면 그 원소의 다른 동위원소가 원인일 것이다. 우라늄 핵의 각 부분이 서로 다른 비율의 중성자를 가질 수 있기 때문이다.

토륨을 중성자로 포격하면 라듐과 악티늄 동위원소의 것으로 보이는 활동을 얻을 수 있다.[8] 이 주기 가운데 일부는, 우라늄을 포격한 결과 얻을 수 있는 바륨 및 란타늄의 주기와 거의 같다. 따라서 우리는 이런 주기가 토륨의 '분열' 때문이고, 이는 우라늄의 경우와 같으며 그 결과물도 부분적으로는 같다고 주장하고자 한다. 물론 누군가가 그런 결과물 가운데 하나를 가벼운 원소에서 얻어낼 수 있다면 아주 흥미로울 것이다. 예를 들어서 중성자 포획 등의 방법을 통해서 말이다.

　다음과 같은 점을 부언해야 할 것이다. 반감기가 24분인 물질의 경우[2], 화학적으로는 우라늄처럼 보이지만 실제로는 ^{239}U일 수도 있다. 이 물질은 에카-레늄으로 넘어갈 수도 있다. 에카-레늄은 불활성이지만 아마도 알파입자를 방출하면서 서서히 붕괴할 것이다. (자연 방사 원소를 관측한 결과 ^{239}U는 하나나 두 개의 베타 붕괴가 한계인 것으로 보인다. 관측 결과 붕괴 계열이 긴 경우는 항상 의문으로 남는다) 이 물질의 형성은 전형적인 공명 과정이다.[9] 복합 핵상태의 수명은 핵이 저절로 나뉘는 시간보다 백만 배는 더 긴 것이 틀림없다. 어쩌면 이런 상태는 극히 대칭적인 핵물질 운동에 상응할 수도 있으며, 그렇다면 핵의 '분열'에는 적합하지 않을 수도 있다.

Nature (1939)

■참고문헌

1. Fermi, E., Amaldi, F., d'Agostino, O., Rasetti, F., and. Segre, E. Proc. Roy. Soc. , A, 146, 483 (1934).

2. Meitner, L., Hahn, 0., and Strassmann, F., Z. Phys., 106, 249 (1937). 참조

3. Curie, I., and Savitch, P., C.R., 206, 906, 1643 (1938)

4. Hahn, O., and Strassmann, F., Naturwiss., 26, 756 (1938).

5. Hahn, O., and Strassmann, F., Naturwiss., 27, II (1939).

6. Bohr, N., NATURE, 137, 344, 351 (1936).

7. Bohr, N., and Kalckar, F., Kgl. Danske Vid. Selskab, Math. Phys. Medd., 14, Nr. 10 (1937).

8. See Meitner, L., Strassmann, F., and Hahn, O., Z. Phys., 109, 538 (1938).

9. Bethe, A. H., and Placzek, G., Phys. Rev., 51,450 (1937).

번역: 김창규

16

유동 유전자

돌연변이의 탄생은
우연일까 필연일까?

바바라 맥클린톡 (1948)

1947년 5월 13일, 바바라 맥클린톡은 20세기의 연례행사였던 봄에 옥수수 심기를 마무리하기 위해 일찍 일어났다. 맥클린톡은 "하고 있던 일에 너무 빠져 있어서 도저히 아침이 오기만을 기다릴 수 없었다. 나는 참지 못하고 침대를 박차고 일어났다."[1]고 말한 적이 있다. 옥수수를 심은 자신의 드넓은 밭에서 바라보면 한쪽으로는 카네기 유전학 연구소(Carnegie Institute's Department of Genetics)에 속한 자신의 연구실이 보이고 다른 한쪽으로는 개천 너머로 롱아일랜드 주 콜드 스프링 하버의 작은 시골 마을이 보인다. 아마도 당시 그녀는 헐렁한 바지에 짧은 소매의 흰 셔츠를 입고 있었을 것이다. 헝클어진 단발머리에 금속 테 안경을 쓰고 장난꾸러기 같은 미소를 띤 그녀는 155센티미터의 키에 37킬로그램밖에 안 되는 마른 체구를 가진 44살의 중년 여성이었다. 이런 모습을 보고 어느 누가 상상이나 할 수 있었겠는가. 그녀가 지구상에서 가장 위대한 생물학자 중 한 명이고, 옥수수 유전학에 관한 한 최고 권위자이며, 미국과학아카데미(National Academy of Sciences)의 세 번째 여성 회원이고, 미국유전학회(Genetics Society of America) 최초의 여성 회장이라는 사실을 말이다. 그나마 그녀의 권위를 엿볼 수 있는 건 모든 것을 꿰뚫어보는 듯 강렬하고 영민해 보이는 눈빛이다. 그녀는 그때 자신에게 가장 중요한 발견을 가져다줄 연구를 진행하고 있었다.

맥클린톡은 씨를 뿌려 놓은 밭고랑 사이를 홀로 걸어 다녔다. 그녀는 수백 그루나 되는 옥수수의 개별적인 특성을 다 알고 있었다. 어느 부모로부터 태어난 것인지, 그 부모의 유전적인 구성은 어떤지, 그리고 현미경으로 본 이들의 염색체가 어떤 모습인지까지 말이다. 땅에 심은 옥수수 씨앗 옆에는 그들의 조상을 식별할 수 있게 나무 막대가 꽂혀 있었다. 그녀는 옥수수가 자라는 5월부터 10월 동안 매일같이 밭으로 나와 물을 뿌리고 거름을 주면서 옥수수의 색과 줄무늬, 윤기가 어떤지를 관찰했다. 사실 그녀는 동료들 사이에서 뛰어난 관찰력의 소유자로 정평이 나 있었다. 새로운 세대를 짝짓기 할 시기가 되면 그녀는 원하는 꽃가루가 원하는 난세포와 수정이 이루어질 수 있도록 매사에 신중을 다했다. 이 세상에서 가장 꼼꼼한 중매쟁이였다.

옥수수는 생애가 두 단계로 나누어지는 특이한 식물이다. 첫 번째 단계에서는 땅에 심은 수술과 암술을 한 몸에 다 가진 하나의 식물로 자라난다. 수술은 식물의 맨 꼭대기에 나는 수이삭에 있고 암술은 줄기에서 뻗어 나오는, 보통 우리가 옥수수수염이라 부르는 실타래 모양의 암이삭에 있다. 옥수수 생애의 두 번째 단계에서는 암술에 있는 난세포와 바람을 타고 날아온 꽃가루가 수정하는 것이다. 이렇게 서로 다른 옥수수 그루들끼리 수정을 맺으면 각각의 난세포는 하나하나가 옥수수 알이 된다. 따라서 하나의 옥수수에 있는 옥수수 알들이라도 부모가 각기 다를 수 있다.

원하는 대로 수정을 시키려면 바깥에서 날아온 꽃가루를 막기 위해 새로 나온 암이삭을 종이나 비닐로 싸야 한다. 그 안에서 암이삭은 계속 자란다. 바람을 타고 꽃가루가 퍼져 나가는 것을 막기 위해서는 옥수수 맨 꼭대기에서 자라는 수이삭을 갈색 봉지로 둘러싸야 한다. 이렇게 해서 수정을 위한 작업이 준비되었다면 이제부터 원하는 식물로부터 꽃가루를 조심스럽게 추출한 다음, 원하는 암이삭의 수염 위에 뿌려주어야 한다. 무척이나 지루하면서도 꼼꼼함을 요구하는 작업이다.

맥클린톡은 이 모든 일을 혼자서 다 해냈다. 그녀는 자신의 옥수수를 남에게 맡길 수 없었고 우둔한 사람들을 봐주지도 않았다. 동료에게 쓴 한 편지에서 따르면 유전학 연구소에는 "온실에서 일하는 사람이 있었지만 너무 영리하지 못했다."[2]

사실 어린 시절부터 맥클린톡은 예민하고 자존심이 강한 데다 매우 독립적이고 재기가 넘쳤다. 그녀는 1902년 6월, 미국 코네티컷 주 하트퍼드(Hartford)에서 의사인 아버지와 보스턴 인텔리 출신의 어머니 사이에서 엘리너라는 이름으로 태어났다. 맥클린톡에 따르면, 엘리너라는 이름이 그녀의 기질에 비해 너무 '우아하고 여성스러운' 나머지 그녀의 부모가 바바라로 이름을 바꾸었다고 한다.[3] 어린 시절의 맥클린톡은 "뭔가를 생각하느라 혼자 있기를 좋아했다."[4] 코넬대 1학년 때에는 사람을 선별하여 가입시키는 것을 보고 여학생 모임에 참석하지 않았다. 1970년대 후반 이블린 폭스 켈러(Evelyn Fox Keller)* 가 장시간 맥클린톡을 인터뷰했을 때 그녀는 이런 말을 했다. "여기에 당신을 이쪽 범주나 저쪽 범주 중 어느 하나에 집어넣어야 하는 경계선이 그어져 있다고 칩시다. 그런 경우를 나는 결코 받아들일 수가 없어요."[5] 1년 후 18세의 단발머리 소녀는 캠퍼스에서 어디에도 속하지 않는 무소속 인물이 되어 있었다.

대학 3학년 때 맥클린톡은 유전학 수업을 들으면서 유전학에 빠져들었다. 대학원생으로 코넬대에 남은 그녀는 당대 최고의 옥수수 유전학자인 롤린스 A. 에머슨(Rollins A. Emerson, 1873~1947)**의 대학원 과정에 들어갔다. 1927년, 24세의 맥클린톡은 식물학 박사 학위를 받은 후 코

---

* MIT 미국 과학 철학 및 과학사 교수. 과학 속 페미니즘에 대한 연구가로 유명하다. 1983년 맥클린톡에 관한 책 『A Feeling for the Organism: The Life and Work of Barbara McClintock』을 출판했다.
** 멘델의 유전법칙을 재발견한 것으로 유명하다.

넬대에서 연구를 계속했다. 이때쯤에 그녀에게 유전학은 자아실현을 완성할, 그리고 생의 열정을 바칠 대상이 되어 있었다. 수년 후 켈레에게 그녀는 이렇게 말했다. "어느 누구와도 개인적인 친분을 갖고 싶다고 강하게 느낀 적이 없었어요. 나는 결혼을 전혀 이해할 수 없었어요."[6]

1934년, 코넬대의 여러 연구직을 거친 그녀에게는 더 이상 남아 있는 자리가 없었다. 세계적으로 저명한 유전학자가 된 그녀이지만 연구비 지원도 받지 못했고 일자리도 얻지 못했다. 남자들의 세상에서 여성이라는 이유만으로 어려움을 겪으면서 그녀는 점점 모질어졌다. 그녀는 이렇게 회상했다. "1930년대 중반에도 여성은 경력을 인정받지 못했다. 미혼이며 경력이 많은 여성이라는 낙인을 스스로에게 찍어야 했다. 특히 과학 분야에서는 더욱 그랬다."[7] 실제로 미국 과학 분야에서 여성의 전문성은 2차 세계대전이 끝나기 전까지 별반 나아지지 않았고 그 이후에도 느린 속도로 개선되었다. 맥클린톡은 미주리 대학에 자리를 얻었지만 얼마 후인 1942년에 콜드 스프링 하버라는 촌구석에서 연구직 자리가 들어왔다. 그리고 이곳이 그녀의 최종 종착지가 되었다.

맥클린톡은 육종을 위한 야외 연구와 염색체를 현미경으로 관찰해야 하는 실험실 연구를 둘 다 해냈다. 세포 유전학자에게도, 생물학자들에게도 둘을 병행하는 일은 일상적이지 않았다. 그녀가 코넬대에서 연구하기 이전, 1920년대 후반과 1930년대 초반에는 유전 연구의 주요 대상이 초파리였다. 초파리는 워낙 생애 주기가 짧아서 연구하기가 편했다. 반면 옥수수는 색깔과 잎의 특징에서 유전적 형질이 잘 보이는 이점이 있는 데다 초파리보다 염색체가 커서 현미경으로 연구하기가 더 쉬웠다. (나중에 초파리의 침샘 세포에서 큰 염색체가 발견됐다.) 세포 염색법을 새롭게 발전시킨 맥클린톡은 최초로 옥수수 열 쌍의 염색체를 식별해 그 특성을 알아냈다. 그녀는 1930년대 초반에 옥수수를 유전학자에게 있어 초파리만큼 중요한 존재로 격상시켰다.

맥클린톡은 유전형질이 변이하는 과정에서 옥수수 염색체들이 절단되었다가 다시 붙는 일에 특별히 관심이 많았다. 맥클린톡은 세심하게 옥수수를 육종하여 이 같은 절단-융합(breakage-fusion) 변이(그림 16.4)를 거치는 염색체를 가진 식물들을 만들어 낼 수 있음을 확인했다.

1944년, 콜드 스프링 하버의 밭에서 수확한 B-87이라는 명칭의 옥수수가 맥클린톡에게 뭔가 특이한 변이에 관한 비밀 정보를 누설했다. 예를 들어 이 옥수수는 하나의 옥수수 알에서도 여러 색깔들이 나타났고 같은 현상이 잎의 무늬에서도 발견되었다. 이를 무늬형성(variegation)이라고 한다. 애초에 옥수수 알은 하나의 세포에서 시작하며 옥수수 알이 완전히 다 커질 때까지 하나의 세포가 두 개로 분열하고, 각각이 다시 두 개로 분열하는 일이 계속해서 일어난다. 이때 각각의 세포는 원래 세포의 유전자를 똑같이 복제한 것들로 여겨졌다. 하나의 세포에서 다른 세포로 유전자가 복제되었다면 옥수수 알은 하나의 색을 띤다. 하지만 이처럼 보라색, 노란색, 그리고 빨간색으로 얼룩덜룩한 옥수수 알은 *세포분열이 일어나는 중에 색소 유전자가 여러 차례 켜졌다 꺼졌다 했다*는 의미였다. 커졌을 때는 보라색 얼룩이 자라나고 꺼졌을 때는 보라색이 노란색에 길을 내준다. 이처럼 켜졌다 꺼졌다 하는 유전자를 '이변 유전자(mutable gene, 易變 遺傳子)'* 또는 '불안정 유전자(unstable gene)'라고 한다. 물론 돌연변이는 일반적인 유전이론에서도 나타날 수 있다. 그러나 유전이론에 따르면 돌연변이가 일시적이라기보다 영원한 것으로 여겨졌고 또한 무작위로 일어난다고 생각되었다.

---

*돌연변이율이 매우 높은 유전자로, 돌연변이성 유전자라고도 함. 이런 유전자가 존재하면 얼룩무늬가 생기거나 모자이크가 나타난다.

그러나 놀랍게도 돌연변이는 무작위하게 일어나지 않았다. 맥클린톡은 날카로운 눈으로 얼룩의 크기와 그 크기에 따른 얼룩의 상대적인 개수를 관찰했다. 그리고 이 변이가 식물의 생애에 걸쳐 일정하게 나타났다는 사실을 눈치챘다. 얼룩의 크기는 세포분열 과정에서 돌연변이가 얼마나 빨리 나타났는지를 나타낸다. 초기에 일어난 돌연변이일수록 얼룩이 크다. 크기에 따른 얼룩의 상대적인 개수는 돌연변이가 나타난 횟수를 의미한다. 돌연변이가 무작위적으로 일어났다면 이렇게 일정하고 통일적인 특성은 나타날 수 없다.

확실히 돌연변이는 뭔가에 의해 통제를 받고 있었다. 무언가가 옥수수의 염색체 속 유전자를 규칙적이고 체계적인 방식으로 바꾸고 있었다. 이런 생각은 이미 그 자체가 혁명적이었다. 그때까지 생물학자들은 유전자가 염색체 사슬에 고정되어 있다고 생각했다. 무작위한 돌연변이가 일어나지 않는 한 변하지 않는다고 말이다. 이는 곧 염색체로부터 유기체 전체로, 이렇게 한 방향으로만 정보와 지시가 전달된다는 소리기도 했다.

맥클린톡은 이후 여러 해 동안 무엇이 옥수수에서 규칙적인 무늬형성을 조절하는지를 알아내려고 애썼다. 그녀는 문제에 완전히 몰입해 있어서 밤낮을 가리지 않고 혼자 연구했고 때로는 연구실 간이침대에서 자다깨다 하기도 했다. 브루클린의 고등학교 과학 수업 시간에 그녀는 이런 말을 했던 적이 있다. "나는 몇몇 문제를 선생님이 예상치 못한 답으로 풀곤 했다. 답을 찾아가는 전체 과정은 내게 어마어마한 즐거움을 주었다. 그야말로 순수한 즐거움이었다."[8]

이제 1947년 5월 13일 늦은 봄 아침으로 되돌아오자. 씨를 뿌리려고 밭에 서 있던 맥클린톡은 무엇이 옥수수의 규칙적인 돌연변이를 조절하는지에 대한 답에 가까이 와 있다는 느낌이 들었다. 그녀는 각 옥수수들의 혈통을 적어 놓은 색인카드를 모은 다음 연구실로 돌아갔다. 그리고 몇 달 동안 새로운 자손들의 염색체를 현미경으로 관찰했다. 그리고 그곳에서 그녀는 자신의 생애에 가장 위대한 발견을 해냈다.

당시 카네기 유전학 연구소의 젊은 연구원이던 에블린 위트킨(Evelyn Witkin, 1921~)은 1948년 3월인가 4월 초 어느 날 맥클린톡의 전화를 받았을 때를 기억했다. "(맥클린톡은) 너무 흥분한 나머지 두서없이 말을 빨리 했다. 그녀는 이런 것이 움직이고 돌아다닌다고 결론을 내렸다."[9] 여기에서 '이런 것'이란 염색체에 있는 유전인자를 말한다. 맥클린톡은 *유전인자가 통제된 방식으로 스스로를 재배열함으로써 실제로 염색체에서 위치를 바꾼다*는 사실을 알아냈다. 위치의 변화가 바로 무늬형성을 일으키는 것이다.

더 이상 그 누구도 유전자가 염색체 사슬에 고정되어 있다고 생각할 수 없었다. *염색체와 그 안의 유전자는 한 생애 동안에 변할 수 있는 역동적인 시스템으로 나머지 유기체를 조절하면서 동시에 유기체의 조절을 받는다.* 맥클린톡은 이런 놀라운 개념들을 간파했지만 당시의 모든 생물학자들이 그랬던 건 아니었다. 오늘날에도 생물학자들은 발달하는 유기체가 어떻게 염색체로 다시 정보를 보내는지에 대한 구체적인 사항을 온전히 이해하지 못하고 있다.

유전학이라는 현대 과학은 1850년대 후반에 오스트리아의 수도사이자 식물학자인 그레고어 멘델(Gregor Mendel, 1822~1884)의 연구에서 시작되었다. 눈으로 보이는 완두콩의 형질을 여러 세대에 걸쳐 조사함으로써 멘델은 각각의 형질이 부모로부터 하나씩 물려받은 유전자, 즉 개별적인 인자들의 쌍을 통해 결정된다는 생각에 도달했다. 각각의 인자에는 파란 눈이나 갈색 눈과 같은 다양한 변이가 있을 수 있다. 한 쌍의 인자가 서로 다른 두 종류의 변이로 이루어져 있다면, 영향력이 큰 인자를 우성, 다른 하나를 열성이라고 한다.

그림 16.1은 일반적인 멘델 실험과 이에 대한 해석을 보여준다. 여기에서 우리는 하나의 형질만을 고려한다. 예를 들어 꽃잎의 색깔 형질을 결정하는 유전자 하나가 있는 경우를 따져 보자. 꽃은 빨간색이나 하얀색일 수 있다. 우선 순종으로부터 시작한다. 즉 여러 세대에 걸쳐 빨간색 꽃만 피우는 그룹과 오직 하얀색 꽃만 피우는 그룹이 있다. 빨간색 순종을 하얀색 순종과 교배했을 때 자손들은 중간색인 핑크가 아니라 모두 빨간색 꽃을 피운다. 이는 우성이 빨간색 꽃의 유전형질이라는 사실을 알려 준다. 마치 단독으로 행동하는 것처럼 보이기도 한다. 이런 상황은 그림의 A다. R은 우성(빨간색) 유전형질을, r은 열성(하얀색) 유전형질을 나타낸다. 빨간색 순종은 빨간색 유전형질이 두 개(RR) 있고, 하얀색 순종은 하얀색 유전형질이 두 개(rr) 있다. 그리고 이 두 부모로부터 유전자를 하나씩 물려받은 각 자손들은 Rr 유전자를 갖고 있다. 그림의 B는 Rr을 가진 자손들이 서로서로 교배했을 때의 결과다. 이때는 가능한 유전적 조합이 네 가지로 각자가 나올 확률은 모두 같다. 따라서 이런 식으로 교배가 많이 이루어졌을 경우 자손들의 4분의 3은 (빨간색 유전자를 최소한 하나 갖고 있어서) 빨간색 꽃을 피우고 나머지 4분의 1은 (하얀색 유전자가 둘이어서) 하얀색 꽃을 피운다. 이런 실험을 통해 멘델은 자신만의 개념에 도달하게 되었다.

1890년까지 독일의 생물학자 테오도어 보베리는 현미경으로 분열과 생식을 겪는 세포들의 변화상을 연구하며 멘델의 유전적 요인이 살아 있는 생명체를 이루는 세포의 핵 속에 있다는 가설을 세웠다. 세포의 핵을 보면 소시지처럼 생긴 염색체가 있는데 바로 이곳에 유전적 요인이 위치하고 있다는 것이다. 보통 염색체는 길이가 1,000분의

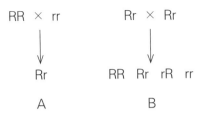

그림 16.1

1센티미터 정도이고 우리가 맨눈으로 볼 수 있는 크기보다 훨씬 더 작다.

1910~1915년 사이에 미국 생물학자 토머스 헌트 모건(Thomas Hunt Morgan, 1866~1945)은 보베리의 가설을 입증하면서 유전자가 염색체 위에 줄지어 있다는 사실을 밝혀냈다. 당시 학부생에 불과했던 모건의 제자 알프레드 헨리 스터티번트(Alfred Henry Sturtevant, 1891~1970)는 초파리의 염색체 하나에서 여섯 개의 유전자를 찾아내 최초로 초파리의 유전자 지도를 그려 냈다.

맥클린톡은 자신의 현미경으로 염색체의 행동을 연구하느라 상당한 시간을 소비했다. 자신의 연구를 이해하기 위해서는 염색체와 그 속에 담긴 유전정보가 어떻게 하나의 세포에서 다른 세포로 옮겨지는지를 이해하는 게 필수였다. 이는 두 가지 방법으로 일어난다. 하나는 유기체가 살아 있는 동안에 일반적으로 일어나는 세포분열, 즉 하나의 세포가 유전적으로 동일한 두 개의 딸세포가 되는 세포복제, 유사분열(mitosis)이다. 다른 하나는 감수분열(meiosis)로 다른 유기체와 짝짓기에 필요한 정자나 난자를 만들어 낸다.

유사분열은 그림 16.2와 같다. 염색체는 항상 쌍으로 존재하는데 옥수수는 10쌍이 있고 사람은 23쌍이 있다. 그리고 각각의 쌍을 이루는 염색체는 아버지로부터 하나, 어머니로부터 하나를 물려받은 것이다. 이런 쌍은 상동염색체라고 하는데 같은 위치에 동일한 형질을 나타내는 유전자가 존재한다. 물론 각각의 유전자는 동일한 형질이라도 꽃이 빨간색, 또는 노란색일 수 있는 것과 같은 다른 변이를 가질 수 있다. 그림 16.2의 A는 한 쌍의 상동염색체를 보여준다. 하얀색 염색체와 검은색 염색체는 어머니, 아버지에게서 하나씩 물려받은 것을 의미한다. (여기에서 색깔은 단지 두 개의 염색체를 구분하기 위해 쓰였다.) 각각의 염색체 가운데에는 동원체(centromere)라는 작은 매듭이 있다. 그림에서 염색체 가운데 있는 동그라미가 바로 동원체다. 동원체는 마치 손잡이 같은 기능을 하는데 세포분열 과정에서 염색체를 끌어당긴다. 그림의 B에서는 각각의 염색체가 복제되어 두 배로 늘어난 것이다. 이때의 염색체는 염색분체(sister chromatid)라고 하는데 이들은 서로 간의 유전자 조성이 똑같다. C는 세포가 분열되기 시작한 것으로, 세포분열 과정에서도 후기에 속한다. 이때 염색분체들은 떨어지고 결국 마지막 D에서 세포분열이 끝난다. 원래 세포가 두 개의 새로운 세포로 나뉜 것이다. 각각의 새로운 세포는 원래 세포와 염색체가 동일하다. 유기체들은 이와 같은 유사분열을 통해 몸집을 키우고 조직을 만들어 낸다.

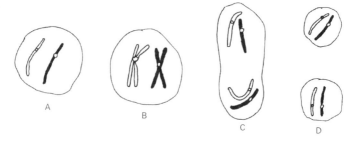

그림 16.2

그림 16.3은 감수분열을 나타낸 것이다. 여기에서 A와 B는 그림 16.2의 유사분열과 같다. 그러나 C부터는 새로운 특징이 나온다. 한 쌍의 상동염색체와 복제된 두 쌍의 염색분체가 다리를 걸치며 서로 교차하는데, 이때 이들 사이에 유전자 교환이 일어난다. E와 F의 단계에서는 세포가 쪼개지는데, 두 배로 늘어난 각각의 상동염색체가 각자 새로운 세포가 되는 과정이다. G에서는 염색분체들이 나뉘고 최종적으로 H에서는 *하나의 염색체*만을 갖는 *4개*의 세포로 쪼개진다. 이 4개의 새로운 세포는 각자 다른 성의 세포와 결합되는 생식세포들이다. 유사분열에서보다 감수분열에서 세포가 두 배로 더 늘어나고(2개 대 4개), 염색체 수는 반으로 줄어든다는 점에 주목하자. 상동염색체의 쌍을 이루는 각각의 염색체가 개별 세포로 분리되는 것이다. 게다가 이들 염색체 중에서는 교차 과정을 통해 새로운 유전자를 가지는 경우들도 있다.

유사분열과 감수분열의 핵심적인 차이는 바로 감수분열에서는 유전자가 위치 바꿈을 할 수 있지만 유사분열에서는 그렇지 않다는 것이다. 세포 생물학에 대한 일반적인 상식에 따르면 무작위적인 변이가 일어나지 않는 한, 유전자들은 유기체가 살아 있는 동안 유사분열시 하나의 세포에서 다른 세포로 이어져 내려간다. 이때 염색체의 위치는 바뀌지 않는다. 맥클린톡은 바로 이 관점을 뒤집어엎었다.

맥클린톡을 비롯한 생물학자들은 염색체 상에서 한 유전자가 다른 유전자에 상대적으로 어디에 위치하는지를 그려 내기 위해서 감수분열의 교차과정을 핵심적인 기술로 이용했다. 그림 16.3의 C와 D를 보면 알 수 있듯이, 교차가 일어났을 때는 마치 가위로 염색체가 서로 만나는 부분의 아래쪽을 잘라낸 것처럼 보인다. 그리고 잘려나간 부분은 다른 것으로 대체된다. 여기에 Q와 T라는 두 개의 유전자가 동일한 염색체에 있다고 가정해 보자. 교차과정을 통해 이 둘이 떨어질 확률은

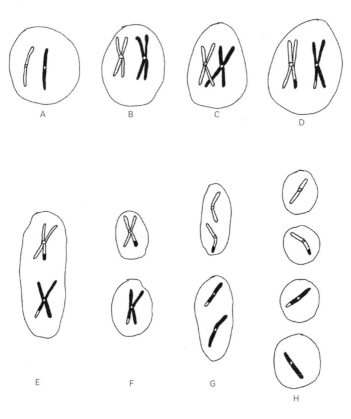

그림 16.3

이 두 유전자 간의 거리에 비례한다. Q와 T가 매우 가까이 있다면 둘 사이가 잘려나가 이별한 가능성은 적다. 그러나 Q와 T가 멀리 떨어져 있다면 가능성은 높아진다. 교차현상 후 Q와 T 둘 다 있는 염색체의 수가 상대적으로 얼마나 되는지를 조사함으로—이는 자손의 유전형질을 통해 확인이 가능하다—Q와 T 유전자가 원래 염색체에서 얼마나 멀리 떨어져 있었는지를 계산할 수 있다.

유전자가 염색체 상에서 움직일 수 있다는 첫 번째 힌트는 맥클린톡이

트윈섹터(twin-sector) 현상이라고 부른 데에 있다. 1946년, 맥클린톡은 옥수수 식물 전체에 비해 변이가 나타나는 빈도가 훨씬 높은 부위들이 존재한다는 것을 발견했다. 예를 들어 얼룩덜룩한 무늬형성을 보이는 옥수수 잎에서 노란색 선이 나타나는 평균 개수가 1제곱센티미터 당 5개라면 다른 부위에서는 2개이고 어느 부위는 8개나 되기도 했다. 가장 중요한 점은 맥클린톡과 같은 예리한 관찰자가 아니었다면 눈에 보이지도 않았을 정도로 미세한 패턴이 서로 인접해 쌍을 이룬다는 것이었다. 즉 평균보다 변이가 높은 부위와 평균보다 변이가 낮은 부위가 가까이 있으면서 쌍으로 나타나고 있었다. 이 점은 큰 단서였다! 잎을 이루는 각각의 부위들은 각자 다른 조상, 즉 다른 원종세포(progenitor cell)로부터 유래한 것이기 때문에, 마치 하나의 원종세포가 다른 원종세포에 유사분열이 일어나는 동안 뭔가를 하는 것처럼 보였다. 여러 해가 지난 후, 맥클린톡은 당시를 이렇게 회상했다. 트윈섹터 현상은 "너무나도 충격적이어서 나는 들고 있던 걸 모두 떨어뜨려 놓고도 이를 알아채지 못했다. 그러나 나는 확신했다. 한 세포가 뭔가를 잃으면 다른 세포가 그것을 얻는다는 것을 말이다. 그것을 알아낸 이유는 내 눈에 그렇게 보였기 때문이다."[10]

트윈섹터 현상은 유전인자들이 하나의 유기체가 살아 있는 동안에 위치를 바꿀 수 있다는 사실을 맥클린톡에게 암시했다. 나중에 그녀가 알아낸 바지만 이 현상은 세포분열 과정 중에 유전물질이 염색체에서 딸염색체로 이동하면서 일어나는 것이다. 또한 그녀는 *유전인자가 하나의 단일 염색체 위에서도 위치를 바꾸어*, 기능을 바꾸는 것도 보여주었다.

맥클린톡은 무늬형성의 패턴을 분석하는 동시에 현미경을 보며 세포핵도 조사했다. 그녀는 조사 중에 염색체 상의 특정 위치에서 반복적인 절단 현상이 나타나는 것을 발견했다. 이 발견 또한 외부적인 조절작용에 대해 그녀에게 무언가를 암시해 주었다. 그 무언가가 염색체 상의 절단을 조절한다면 역시 무늬형성과 관련이 있을 것이었다.

맥클린톡은 옥수수들의 염색체에 대해서도 빠삭하게 꿰고 있었다. 절단되는 염색체는 항상 9번 염색체였다. 동원체를 기준으로 길이가 짧은 쪽의 염색체가 매번 1/3지점에서 잘렸다. (동원체는 대부분 한가운데에 있지 않아서 염색체를 긴 쪽과 짧은 쪽으로 나눈다.) 맥클린톡은 절단이 일어나는 이 지점을 분리(dissociation)라는 말을 축약해 'Ds 유전자 자리(locus)'라고 하고 또는 'Ds'라고 간단히 표현했다. 맥클린톡을 비롯한 유전학자들은 '유전자 자리(locus)'라는 말을 염색체 상의 위치뿐 아니라 물리적인 유전 물질을 의미할 때도 사용했다. 따라서 'Ds 유전자 자리'는 절단이 일어난 위치를 뜻하거나 절단을 일으킨 유전적 요인을 의미하기도 한다.

수많은 교배와 관찰을 통해 맥클린톡은 Ds 유전자 자리가 우성인 경우(Ds)와 열성인 경우(ds)가 있다는 것을 알아냈다. 문제는 Ds조차도 항상 9번 염색체에 절단이 일어나게 하는 것은 아니라는 것이었다. 맥클린톡은 Ds의 작용을 조절하는 제2의 조절인자가 존재하고 있다고 결론을 지었다. 이 두 번째 인자는 활성인자(activator)라는 말을 줄여서 'Ac 유전자 자리'라고 하고 간단히 'Ac'로 나타냈다. Ac가 있으면 Ds가 절단이 일어나도록 작용하지만 Ac가 없으면 작용하지 않으므로 Ds는 절단이 생기지 않는다.

무엇보다도 가장 중요한 발견이자 업적의 핵심은 Ds가 자신의 작용을 막는 유전자가 있는 곳으로 이동할 때 즉 '자리를 바꿀 때(transpose)' 무늬형성이 나타났다는 것이다.

맥클린톡은 유전인자가 유기체가 살아 있는 동안 염색체에서 위치를 바꿀 수 있다고 최초로 공표함으로써 1948년 역사적인 논문을 시작했다. 이 논문은 리비트의 1912년 논문처럼 본인이 속한 연구소의 연례 보고서에 발표되었다. 연례 보고서는 일반적인 학회지처럼 널리 퍼지지는 않지만 해당 분야의 전문가들에게는 모두 전달된다. 맥클린톡은 이 논문에 어떤 참고 자료도 달지 않았다. 이런 출판물은 상당수가 마치 실험노트 같아 진행 중인 연구들을 그대로 볼 수 있다.

일반적으로 맥클린톡의 논문은 난해하고 읽기가 어려운데 이 논문도 예외는 아니었다. 종종 체계나 분석에 대해 자세히 알려 주지 않으면서 독자들을 뒤죽박죽인 실험 결과에 파묻히게 하려는 것처럼 보일 정도다.

맥클린톡은 논문에서 변이가 일어나는 유전자 자리(mutable loci) 또는 불안정한 유전자 자리(unstable loci)라고 명명한 가변유전자가 형질표현을 껐다 켤 수 있다고 말했다. 관찰이 가능한 유전형질, 예를 들어 색소, 줄무늬의 유무, 그리고 윤이 나는 정도와 같은 것들은 표현형(phenotype)이라고 한다. 맥클린톡은 얼마나 많은 유전자가 불안정한지

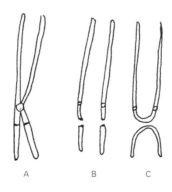

그림 16.4

를 정리했다. 여기에서 맥클린톡은 일부 가변유전자가 제2의 조절인자 Ac가 없으면 돌연변이를 하지 않는다는 자신의 발견을 개괄적으로 기술했다.

다음으로 맥클린톡은 염색체 교차 방식을 이용해 측정한 9번 염색체 상의 Ds 위치에 대해 설명했다. 그리고 Ds가 돌연변이를 일으키는 특별한 방식, 즉 그림 16.4에서 표현한 대로 A부터 C로 가는 과정을 묘사했다.

중요한 것은 맥클린톡이 'Ds 유전자 자리의 위치가 염색체 상에서 바뀔 수 있다는 점', 그녀 자신이 자리바꿈(transposition, 또는 전이)이라고 한 과정에 대해 최초로 언급한 것이다. (맥클린톡은 Ac 역시 위치를 바꿀 수 있다고 생각했다.) 맥클린톡은 Ds가 때때로 Wx(잎의 윤기와 관련된 유전자)의 오른쪽에서 I(색깔을 차단하는 유전자)와 Sh(씨에서 배젖을 작게 하는 유전자) 사이로 위치를 옮긴다는 것을 상세히 설명했다. 이 상황은 그림 16.5와 같다. 이 그림에서는 동원체를 중심으로 9번 염색체의 짧은 쪽만을 나타냈다. 위에 있는 그림은 Ds의 처음 위치를, 아래 그림은 Ds의 나중 위치를 보여준다.

맥클린톡은 활성인자 Ac의 양에 따라 그 영향력이 달라진다는 것도 발견했다. 염색체가 쌍을 이루는(2n) 대부분의 세포와는 달리, 배젖*은 염색체가 세 쌍(3n)을 이룬다. 어머니로부터 두 개, 아버지로부터 한 개의 염색체를 물려받기 때문이다. 따라서 이 경우 각각의 형질은 조절작용을 받는 우성의 Ac 유전자가 0, 1, 2, 또는 세 개일 수 있다. 즉 $ac\ ac\ ac$, $Ac\ ac\ ac$, $Ac\ Ac\ ac$, $Ac\ Ac\ Ac$로 말이다. 이에 따라 Dc의 돌연변이가 얼마나 빨리 어느 정도의 높은 비율로 나타나는지가 달라진다.

---

*씨 안의 배를 둘러싸고 배에 영양을 공급해 주는 조직. 배젖세포는 염색체가 세 쌍인데, 이는 배낭의 두 개의 핵과 꽃가루 속에 있는 한 개의 정핵이 융합해서 생긴 결과다.

하지만 맥클린톡은 배젖이 아니라 원래 세포에 하나의 *Ac*가 존재하는 상황에서도 *Ac*의 양에 따라 *Ac*의 영향력이 달라질 수 있다고 진술했다. 어떻게 그럴 수 있을까? 이에 대해 맥클린톡은 다른 생물학자가 이전에 제시한 아이디어를 이용하여 *Ac* 유전자 하나라도 영향의 정도는 달라야 한다고 가정했다. 그녀는 *Ac* 유전자가 마치 100원짜리 동전을 나란히 줄지어 놓은 것처럼 동일한 구성단위가 한 줄로 늘어서 있다고 묘사했다. 이런 그림에서는 유사분열이 일어나는 동안 *Ac* 유전자 하나가 두 개의 염색분체 중 하나에게로 옮겨 갈 수 있다. 그렇게 되면 하나의 염색분체는 *Ac* 유전자의 구성단위를 더 얻게 되는 것이고 다른 하나의 염색분체는 잃게 되는 것이다. 동전의 전체 개수는 같다. 염색분체 하나는 얻고 다른 염색분체는 잃는 식의 유전적 물질의 물리적 이동은 맥클린톡이 이 연구에 앞서 보여주었던 트윈섹터 현상을 설명할 수 있다. 하지만 맥클린톡은 *Ac*의 영향력이 다양할 수 있다는 것을 증명해 보이지는 않았다. 다만 자신의 관찰에 딱 들어맞게 하기 위해서 그렇다고 가정한 것이다. 이는 *Ac*의 다양한 효과에 대한 최근 관찰, 트윈섹터 현상에 대한 자신의 지식, 그리고 상당한 직관력에 바탕을 두고 있다.

맥클린톡은 옥수수의 색소(c 유전자)와 관련된 다른 *Ac* 조절 유전자에

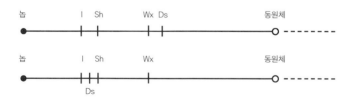

그림 16.5

대해서도 논의했다. 여기에서 그녀는 *Ds*와 *C*가 놀라울 정도로 비슷한 방식으로 *Ac*에 의해 조절을 받는 것처럼 보이는 데 주목했다. 맥클린톡은 또 한 번 가설을 세웠다. *C* 유전자가 *Ds*처럼 염색체 절단을 통해서 작용을 하는 게 아닌가 하는 의문이 든 것이다. 맥클린톡의 이런 의문은 발상의 전환이었고 대단히 중요했다. *Ds*가 염색체 절단을 일으킨다는 것도, *Ds*가 염색체 상에서 움직인다는 것도 알았던 그녀이기에 *Ds의 자리바꿈이 그녀가 고려했던 모든 돌연변이를 일으키는 것이라는* 더 높은 단계로 결론을 내릴 수 있었다.

마지막으로 맥클린톡은 자신의 추측을 '해석(interpretation)'과 '작업 가설(working hypothesis)'이라는 말로 표현하여 데이터를 벗어나지 않으려고 주의했다. 그러면서도 마치 이론 물리학자나 화학자처럼 자신이 관측한 서로 다른 현상 모두를 묶어서 설명할 수 있는 간단한 원리를 찾으려고 했다. 끝에 그녀는 이렇게 기술했다. "여러 변이 유전자가 아주 비슷한 방식으로 작용한다는 점에서 여러 가지 서로 다른 연관이 없는 체계가 관여할 것 같지 않다."

맥클린톡의 1948년 논문은 이전에 만나 보았던 다른 역사적인 논문들보다 모호하고 해결이 나지 않은 느낌이 강하다. 마치 내부 보고서와 흡사할 정도다. 게다가 읽기에도 어렵다. 맥클린톡은 어려운 결과들과 가설들, 그리고 답이 없는 질문들을 많이 가지고 있었다.

더군다나 논문은 산만하다. 비록 이 논문이 맥클린톡의 위대한 발견—유전자와 유전인자가 염색체 상에서 위치를 바꿀 수 있다는 자리바꿈 현상—에 대한 최초의 보고서이긴 하지만 자리바꿈 현상이 이 논문의 핵심 주제는 아니었다. 그보다는 '조절(control)' 과정에 더 많은 관심을 기울이고 있다. 맥클린톡은 자신이 옥수수에서 관찰했던 규칙적인 돌연변이를 통제하는 것이 무엇인지를 알아내고 싶었던 것이다. 그녀가 내린 최고의 결론은 유전인자가 하나의 염색분체에서 다른 염색분체로 일부 옮겨 갈 수 있다는 것이었다. 이 현상은 유전자가 동일한 염색체 상에서 어느 한 위치에서 다른 위치로 옮겨 기능에 변화를 가져온다는 자리바꿈 현상과 관련이 있긴 하지만 본질적으로는 별개의 것이었다. 자리바꿈에 대한 개념은 그녀 생애에 최고로 중요한 업적이었지만 1948년 논문에서는 여러 다른 결과들에 두껍게 둘러싸여 명확하게 드러나지 못했다. 확실히 맥클린톡은 당시에 자리바꿈 현상이 얼마나 대단한 의미를 가지는지에 대해 제대로 인식하지 못했다.

하지만 1년 후에 발표된 1949년 연구소의 보고서는 달랐다. 그녀는 자리바꿈 현상이 규칙적인 돌연변이의 원인이라는 것을 깨닫고 있었다. 보고서에서 그녀는 "지속적인 연구를 통해 [...] *Ac*의 조절을 받는 변이 유전자들이 왜 발생하는지, *Ds*가 정말로 행동을 일으키는 원인인지의 해답이 드러났다. *Ds*는 염색체 상에서 자리바꿈을 하도록 만든다."[11]고 기술했다. 우리는 여기에서 맥클린톡의 생각이 진화, 발전하고 있음을 엿볼 수 있다. 맥클린톡은 1951년 계량 생물학 콜드 스프링 하버 심포지엄(Cold Spring Harbor Symposia on Qunatitative Biology)에서 그녀의 저명한 논문 "염색체의 구성과 유전자 발현(Chromosome Organization and Gene Expression)"을 발표했다. 그녀는 이 논문에서 자리바꿈이 염색체의 구성과 역동적인 성질에 관련이 있는 주요한 현상이라고 보았다. 그해 초 동료인 조지 비들(George Beadle, 1903~1989)*에게 보낸 편지에서 그녀는 이렇게 말했다. "이제 우리는 더 이상 낡은 개념으로 유전자를 취급하는 것은 그만두어야 해. 그리고 세포핵은 유

---

* 1958년 노벨생리의학상을 수상한 미국의 유전학자. 1937년 에드워드 테이텀(Edward Tatum)과 함께 세포 내 유전자의 작용이 효소나 단백의 합성을 결정한다는 사실을 발견함으로써 유전학의 새로운 분야를 개척했다.

전자 작용을 여러 방식으로 조절하는 유기적인 조직으로 보아야 할 것 같아."[12]

맥클린톡의 유동(움직이는) 유전자 발견은 꽤 오랫동안 널리 인정받지 못하고 지연되었다. 그 이유로는 최소 두 가지가 있다. 첫 번째는 그녀의 발견이 오로지 옥수수에만 적용될 것이라는 애초의 생각 때문이었다. 두 번째로는 1953년 DNA 구조의 발견 때문이다. 생물학자들이 맥클린톡의 개념을 받아들이려고 하던 차에 1953년 유전정보를 담고 있는 DNA 구조가 발견되었다. 그러자 많은 유전학자들은 연구의 방향을 염색체의 조직적인 행동 연구에서 유전에 대한 분자 수준의 연구로 틀었다. 자리바꿈 현상이 DNA의 영광에 가려진 것이다.

하지만 이후 25년간 자리바꿈의 중요성과 보편성을 보여주는 많은 증거들이 등장했다. 생물학자들은 1960년대 후반에 일부 세균들이 염색체 상에 있는 유전자의 위치를 바꿈으로써 항생제에 대해 내성을 갖게 된다는 사실을 알아냈다. 유전자의 위치는 사실상 그 자체의 기능은 물론 주변 유전자들의 기능, 유전자와 유기체 간의 상호작용까지도 조절했다.

자리바꿈 현상은 점차 수많은 생명체에게 중요한 보편적인 기작으로 인식되었다. 1970년대에는 자리바꿈과 유사한 과정을 통해 유기체가 비교적 소수의 유전자만으로 어마어마한 수의 항생물질을 만들게 한다는 것이 밝혀졌다. 유전자 재배열은 막대한 양의 정보를 담고 있다. 마치 t, e, a, 그리고 m, 이 네 글자를 재배열하면 원래 'team'이라는 단어가 'tame', 'meat', 'mate'로 바뀔 수 있는 것처럼 말이다. 1983년, 맥클린톡은 유전적 자리바꿈(유전적 전이)을 발견한 공로로 노벨생리의학상을 수상했다.

맥클린톡이 가진 두 가지 천재성이 문제를 해결하는 데 큰 도움이 되었다. 먼저, 옥수수의 유전적인 특성에서 규칙성을 볼 수 있었던 세심함은 그녀만의 능력이다. 이는 물리학자들이 1800년대 후반에 원자의 선스펙트럼에서 규칙성을 발견한 것과 유사하다. 또 다른 하나는 유기체 연구에서 염색체라는 미시적인 수준부터 전체 생물체라는 거시적인 수준까지 들여다보았던 그녀만의 통찰력이다. 1970년대 켈러와의 인터뷰에서 맥클린톡은 발견의 순간에 대해 이렇게 말했다. "당신이 문제를 바라본다면 무슨 일이 생겨납니다. 당신은 이미 말로 표현할 수 있기 이전에 답을 가지고 있어요. 이 모든 일은 무의식적으로 일어납니다. 이런 일이 나에게는 너무나도 여러 번 일어났어요. 그래서 나는 언제가 심각하게 생각해야 할 때인지를 아는 거죠. 나는 완전히 확신해요. 다른 사람에게 말하지도 않지만 말할 필요도 없어요. 아 이거구나 하고 나는 확신하는 거지요."[13]

옥수수의 돌연변이 유전자자리

바바라 맥클린톡

이전의 논문에서 우리는 옥수수에서 몇 가지의 불안정한 유전자자리 (locus)*들이 발생했음을 보고했다. 식물의 특정한 세포에서 정상적인 '야생' 유전자자리가 변형되었다. 이 유전자자리의 정상적인 우성형질 은 변형되어 열성으로 (또는, 몇 가지의 경우에 열성 유전자자리가 불안정해져 우성으로) 발현된다. 이 유전자자리의 발현은 영구적일 필요는 없다. 어떤 자손 세포에서는 유전자자리에 제2의 변화가 일어나서 우성 발현의 능력이 회복되거나 열성과 우성의 중간 발현으로 나타나기도 한다. 중간 발현이 나타나는 경우에 제3의 변화가 일어나서 우성 발현 또는 열성 발현의 가능성을 증대하기도 한다.

유전자자리가 안정적인 상태에서 불안정한 상태로 변할 경우, 이를 알아보는 것은 몇 가지의 요인에 의존한다. 변형된 유전자자리의 명백 한 형질 발현이 필수적이다. 이로 인해 식물의 명백한 특성(예를 들어 클 로로필 또는 다른 식물 색소들, 또는 식물의 어떤 부분에서 감지, 비교될 수 있는 명백 한 외형상의 특성)을 형성하는 유전자자리를 인식하는 것이 어려워질 수 있다. 열성 발현을 일으키는 유전자자리의 변형은 자가수정 또는 어떤 특별한 교배가 이루어져서 드러날 때까지는 이형접합체의 상태로 숨

---

*유전자 또는 염기배열의 위치

겨져 있을 수 있다. 이렇게 숨겨진 유전자자리를 감지하려는 어떠한 시도도 이루어진 적이 없고 변형의 빈도에 대해서도 전혀 알려진 바가 없다. 발견된 불안정한 유전자자리는 모두 다른 목적으로 교배된 자손에서 나타났다. 아직 발견되지 않은 돌연변이 유전자자리는 매우 많을 것으로 의심되며 동일한 유전자자리가 불안정해져서 독립적으로 일어나는 경우가 많을 것이다. 발견된 불안정한 유전자자리들 중에는 이전에 옥수수 유전학자들에게 알려지지 않은 것들이 많다. 잘 알려진 옥수수의 유전자자리들 중에서도 불안정해지는 경우가 있다. 독립적으로 일어나는 두 개의 불안정한 yg(황색[yellow]-녹색[green] 클로로필) 유전자자리, 독립적으로 일어나는 네 개의 불안정한 C 유전자자리(c: 무색, C: 유색 호분[糊粉]), 독립적으로 일어나는 세 개의 불안정한 wx(waxy, 납양변성[蠟樣變性]) 유전자자리(wx, 요드에 의해 녹말이 붉게 나타남; Wx, 요드에 의해 녹말이 푸르게 나타남), 그리고 한 개의 불안정한 a_2(호분[糊粉] 및 식물의 화청소[花青素]) 등이 이에 포함된다. 두 yg의 경우를 제외하면, 이 모든 불안정한 유전자자리들은 정상적인(이전에는 우성 발현되는) 매우 안정한 것으로 알려진 것들로부터 변형되었다. 불안정한 yg들의 경우, 열성의 yg들은 변형되어 정상적인 yg가 발현하는 것보다 훨씬 더 검은 클로로필을 생성한다.

이 돌연변이 유전자들은 두 가지 유형으로 분류된다. (1)불안정성이 나타나고 유지되기 위하여 두 번째의 유전자자리(활성화유전자, Ac)를 필요로 하는 경우 (2)활성화 유전자자리를 필요로 하지 않는 경우. Ac는 그 자체가 불안정하며, 이런 점에서 두 번째 유형의 유전자자리와 비슷하다.

모든 불안정한 유전자자리들의 돌연변이 과정은 두 가지의 하부 과정으로 나뉜다. (1)유사(有絲)분열 중에 변할 수 있는 요인을 이용, 조직

내 돌연변이의 시간과 빈도를 조절하여 변화된 돌연변이 속도가 자손의 세포에 나타나는 부분 (2)특정한 세포에 나타나서 이 세포와 자손의 세포에 인식 가능한 형질을 발생하는 유전자자리의 변화. 돌연변이 유전자자리가 자손세포에 가시적인 변화를 주는 능력의 차이를 나타내기 위하여 '유전자자리의 상태'라는 용어가 사용되어 왔다. 유전자자리 상태의 변화를 일으키는 돌연변이는 이에 따른 2차 돌연변이의 속도 변화로 쉽게 판별할 수 있다. 두 번째 유형의 돌연변이 유전자자리(Ac에 의하여 지배되는)에서 돌연변이의 시간과 겉보기 빈도는 두 유전자자리—Ac에 의하여 지배되는 유전자자리와 Ac 자체—의 상태에 의하여 조절된다.

과거 몇 년 동안 불안정성을 연속적으로 보이기 위해서 Ac를 필요로 하는 유전자자리들을 주목했다. 지금까지 알려진 이 유전자자리들은 모두 9번 염색체의 짧은 반쪽 부분에 위치했는데, 이것은 현재의 유전학적 방법에 의하여 이 부분의 돌연변이 유전자자리를 관찰하기가 용이했기 때문일 것이다. 특히 활발하게 연구된 유전자자리들은 이전 보고서에 기술된 Ds(분해) 유전자자리, 독립적으로 일어나는 두 개의 돌연변이 c, 독립적으로 일어나는 두 개의 wx이다. 각 경우에서 그 전에는 안정했던 우성 유전자자리가 변형된 열성의 상태는 Ac를 가진 식물세포에서 발생했다. 이 강력한 Ac의 근원은 알려져 있지 않았다. 1942년 여름에 배양된 조직에까지 추적되었지만 그 전에 어디에 존재했었는지는 알 수 없다. Ac가 유전자자리의 초기 불안정 상태를 유도했다고 말할 수는 없지만, 인과 관계가 있을 것으로 의심되기는 한다.

Ac가 핵 내에 있지 않을 때에는 Ac에 의해 지배되는 돌연변이 유전자자리는 불안정성을 보이지 않다가 Ac가 핵에 도입되는 즉시 불안정성이 나타난다. 영향을 받는 유전자자리의 돌연변이는 Ac가 도입되는 처음의 핵에서 일어나는 경우가 종종 있다. 이러한 Ac에 의한 유전자자리의 돌연변이를 보이기 위해서 돌연변이 c^{m-1}을 사용할 수 있다. 이 유전자자리를 c^{m-1}으로 표시하는 이유는 이것이 처음으로 분리된 돌연변이 c이기 때문이다. 정상적인 c는 c^s으로 표기하는데, 이 유전자자리가 안정하고 Ac에 의하여 돌연변이하지 않기 때문이다. 이 불안정한 열성의 c들의 거동은 다음과 같다.

$c^{m-1}\,ac$: 돌연변이 없음; 무색 호분층

$c^s\,ac$: 돌연변이 없음; 무색 호분층

$c^s\,Ac$: 돌연변이 없음; 무색 호분층

$c^{m-1}\,Ac$: C로 돌연변이함; 다양한 색의 호분층

비슷한 상황에서 Ac에 의해 활성화되는 다른 유전자자리들에 의하여 같은 유형의 반응이 일어난다는 것을 강조해야 할 것이다.

Ac 작용의 본질

Ds 유전자자리. Ds는 Ac에 의해 지배되는 다른 불안정한 유전자자리 이전에 발견되었다. Ds는 9번 염색체의 짧은 반쪽 부분에 가까운 1/3을 나타내는 부분, 1~2의 교차단위만큼 Wx의 오른쪽에 위치한다. 돌연변이가 일어나지 않는 정상적인 유전자자리는 ds로 표기된다. 관찰이 가능한 Ds 돌연변이는 각 경우에 Ds 내 두 자매 염색분체(分體)가 절단되어 일어난다. 이후에 절단된 두 말단은 접합되어 염색체의 짧은 반쪽 부분의 먼 쪽 2/3 부분과, 긴 반쪽 부분 쪽을 온전히 포함하는 두 자

매 염색분체로 구성된 U-자 형상의 중심이 없는 조각을 이룬다. 이 염색체의 알려진 유전자자리들의 거의 모두는 짧은 반쪽 부분의 먼 쪽 2/3 부분에 존재하므로, *Ds* 돌연변이가 일어나면 중심이 없는 조각에 포함된다. 식물의 여러 부위에서 일어나는 *Ds* 돌연변이의 시간 및 빈도를 측정하는 유전적 방법은 이전의 보고서(연보 45호 [1945-1046], 46호 [1946-1947])에서 기술되었다. *Ac*는 조포체(造胞體) 조직의 발달 후기에 *Ds* 및 기타의 다른 유전자자리에 작용하는 반면, 내배유(內胚乳) 조직의 발달에 있어서는 전 과정에 걸쳐 작용한다. 이런 점에서 내배유 조직은 조포체 조직의 연장인 듯 거동한다.

이미 언급한 바와 같이, *Ds* 돌연변이는 이 유전자자리가 절단되어 서로 인접한 두 자매 염색분체의 절단된 말단들이 2대 2 접합하여 일어난다. 절단과 접합에 의한 돌연변이만이 일어나는 것은 아니다. 복원이 일어나서 염색분체들이 이전의 상태로 복귀할 수도 있다. 또는 절단된 말단들이 반대로 접합하여 체세포 핵 내의 자매 염색분체의 교차를 모사한다. 후자의 접합이 *Ds*에서 예상되는 빈도로 일어나는지 여부는 알려져 있지 않지만, 증거에 의하면 가끔 일어날 수는 있다. *Ds*의 절단 후에 U-형상의 2동원체(動原體) 염색분체를 형성하는 것이 아닌, 다른 형태의 접합이 일어날 수 있다는 사실이 알려져 있으며 염색체의 다른 부분에서 우연한 절단이 일어난 후에 접합이 발생할 수 있다. 이런 경우에는 *Ds* 돌연변이에 관계되는 절단된 말단이 새로 절단된 다른 말단과 접합할 수 있다. 이 현상의 결과로 뚜렷한 염색체의 변형이 일어날 수 있으며 *Ds Ac* 식물의 조포체의 개별세포 또는 세포다발에서 관찰되었다. 이러한 전위(轉位) 중의 어떤 것들은 개별 식물에서 나타났으며, 그 후 더 자세히 연구되었다. 이 변형 현상은 *Ds*와 *Ac*의 거동과 위치상의 불일치를 설명하는 데에 유용했다. 염색체의 우연한 절단이 일어난 후에 Ds의 위치가 바뀔 수 있다는 사실이 알려져 있다. 한 가지 명확한 경우에 이 현상이 분석되었는데, 교차 염색분체를 적당히 선택하여 형태학적으로는 정상적인 9번 염색체를 가진 세포를 얻었다. 변형의 결과, Ds의 위치는 Wx의 몇 단위 오른쪽으로부터 I와 Sh 사이로 이동했다. 이것은 Ds 돌연변이 과정의 본질을 보여주기에 좋은 위치이다. 이 새로운 위치에서 통상적인 Ds 돌연변이가 일어나면 U-자 형상의 2동원체 조각들의 염색체가 형성된다. 이에 따른 유사분열 후기에서 염색분체 가교가 생성된 후 절단된다. 절단-접합-가교 사이클이 시작되어 핵분열에서 유전적으로 발현되는데, 이것은 Sh, Bz, Wx가 Ds와 동원체(動原體) 사이에 위치하기 때문이다. 9번 염색체의 성분을 적당히 선택하면 이 새로운 위치에서 Ds 돌연변이 후에 나타나는 절단-접합-가교 사이클을 볼 수 있다. 이러한 관찰이 실제로 이루어졌고, Ds 돌연변이 과정의 본질에 대한 세포학적 분석의 결과가 유전 분석에 의하여 완벽하게 확인되었다.

별개의 유전자자리로서의 Ac의 유전. Ac는 단일의 독립적인 유전자자리로서 자손에 전달된다. $ds\ ds\ Ac\ ac$ 식물의 F_2에 존재하는 Ac를 알아보는 실험의 결과, $Ac\ Ac : Ac\ ac : ac\ ac = 1 : 1 : 1$이었다. $Ac\ ac$를 $ac\ ac$로 역교배했을 때의 비율은 $Ac\ ac : ac\ ac = 1 : 1$이었다. $Ac\ Ac$를 $ac\ ac$로 교배했을 때에는 모두 $Ac\ ac$인 자손들이 얻어졌다. Ds와 Ac에 대해 이형접합체의 식물들을 교배한 많은 경우에 Ds와 Ac가 독립적으로 유전됨을 볼 수 있었는데, 세 개의 유전자자리들이 독립적으로 유전되는 경우만이 예외였다. 이 후자의 경우에 Ac는 분명히 Ds와 관련되었고, Ds의 오른쪽으로 6~20개의 교배 단위에 위치했다. 한 식물 자손의 경우에, 교배 염색분체와 비교하여 염색분체에 대해 조사한 결과, Ac와 Ds

의 연관은 유지됨을 알 수 있었다. 다른 두 경우에 대한 테스트도 시행 중이다. 이 세 가지 경우에 대해 이형접합체 식물의 세포학적 테스트를 시행했는데 염색체의 이상은 발견되지 않았다. 연접된 상동체 사이의 염색소립(小粒) 매칭은 모든 9번 염색체에 있어서 완벽했다.

Ac의 유전적 위치가 변하는 것은 두 가지의 가능성으로 설명될 수 있다. 첫 번째로, 교배 거리가 너무 크기 때문에 Ac가 9번 염색체의 긴 반쪽 부분의 말단 근처에 위치, Ds와 유전적으로 연관되지 않는 경우. Ds-Ac 연관의 경우를 설명하자면 뚜렷한 염색체의 이상에 관련되지 않는 교배 변형자(modifier)가 필요하다. 이 변형자는 Ac와 밀접하게 연관될 필요는 없어서, 지금까지의 시험에서는 배제되지 않고 있다. 두 번째로, Ac가 그전 위치로부터 이동하여 이미 Ds의 경우에 기술된 것과 비슷한 방식으로 9번 염색체의 다른 위치에 삽입되는 경우다. Ac는 특정한 유전자의 절단을 유도하며, 그 자신이 특정한 절단을 일으키기 때문에, 이 설명은 별로 가능성이 크지 않다. 이 둘 중에 어느 것이 타당한지 추가의 시험이 진행 중이다.

Ac의 양의 효과. Ac에 의해 지배되는 돌연변이의 시간 및 빈도는 상당 부분 Ac의 양의 함수였다. 이것은 조포체 조직과 내배유 조직 모두에 있어서 마찬가지였다. 내배유 조직은 3n이었고, Ac에 의해 지배되는 돌연변이 유전자자리들에 대한 1, 2, 3 비율의 Ac의 양의 효과를 관찰했다. Ac에 의해 지배되는 모든 돌연변이 유전자자리들은 서로 다른 양의 Ac에 동일한 반응을 보였다. 내배유 조직의 Ds의 반응에 대하여 아래에 기술한 내용은 Ac에 의해 지배되는 돌연변이 유전자자리들에 동일하게 적용된다.

Ds ds ds 핵에서 한 개의 Ds 돌연변이 속도를 내배유 조직의 Ac ac

ac, *Ac Ac ac* 및 *Ac Ac Ac* 경우에 대해 비교했다. *Ac*를 한 번 적용했을 때 돌연변이는 비교적 느리게 초기에 발생했다. 시간 및 빈도의 불규칙성이 상당했는데, 이것은 때때로 내배유가 각자의 돌연변이 속도를 가진 다양한 크기의 부분들로 잘라지기 때문이다. 이 불규칙성은 그 이후의 증거를 보아 명백하다. 2분량의 *Ac*를 적용하면, *Ds*의 돌연변이가 지연되어 내배유 발달의 나중 단계에서 일어나지만, 그 빈도는 매우 크다. 3분량의 *Ac*를 적용하면 이 핵에서는 매우 소수의 *Ds* 돌연변이가 최후 단계에서 일어나는 것을 볼 수 있었다. *Ds* 돌연변이의 빈도를 낮추는 듯하지만, 이것은 겉보기일 수도 있다. *Ac*의 양이 증가했을 때에 돌연변이를 너무 지연시키기 때문에 가장 처음에 나타나는 돌연변이만이 보였을 가능성이 있다. 만약 내배유 세포들이 계속 분할한다면 매우 많은 *Ds* 돌연변이가 나타날 수도 있을 것이다. 즉, 잠재적인 *Ds* 돌연변이가 나타나기도 전에 조직이 성숙해 버린다는 것이다. 이러한 해석이 타당할지는 여러 상태의 *Ac*가 정의되고, 여러 양에 대한 반응이 조사되어야 알 수 있을 것이다. 그렇다면, 이제 *Ac* 양이 돌연변이의 시간 및 빈도를 결정하는 한 요인이라고 할 수 있다. *Ac* 양이 증가하면 *Ds* 돌연변이는 더 나중에 일어난다. [...]

내배유의 분할 초기에 어떤 일이 일어나서 *Ds* 돌연변이의 시간 및 빈도를 나타내는 능력이 다양한 세포핵들을 만드는 것이 분명하다. 이 핵들을 즉시 조사했더니 여러 부분의 돌연변이 패턴이 여러 양의 *Ac*를 적용했을 때의 패턴과 매우 유사했다. 이것은 매우 중요하다. 여기에서는 한 개의 *Ac*만을 내배유 세포핵에 도입했는데 이때 다음의 의문이 발생한다. 이 부분들은 초기의 세포핵들이 여러 가지 *Ac* 양의 다른 효과를 나타내는 염색체 이상의 결과로 발생하는 것인가? 만약 그렇다면 어떤 염색체 이상이 발생하며, 다양한 효과의 메커니즘은 무엇인가?

*Ac*를 포함하는 염색분체의 비접합이나 *Ac*의 다른 위치로의 이동 후의 유사분열 격리는 모두 여러 유형의 핵에서 관찰된 비율을 만족할 만큼 설명하지 못한다. 다음 사항들을 가정한다면 만족스러운 설명이 가능하다. (1)*Ac*는 몇 개의 동일한, 아마도 직선으로 배열된 단위들로 구성되어 있다. (2)염색체 복제 중 혹은 이후에 단위들의 개수에 변화가 생겨서 한 염색분체가 다른 자매 염색분체가 잃은 단위를 얻는다. [...]

돌연변이 *c* 유전자자리

돌연변이 c^{m-1} 유전자자리. 연구된 두 가지 돌연변이 *c* 중 하나는 *c sh ds ac*에 동형접합체(homozygote) 암식물과, *C Sh Ds*에 동형접합체, *Ac*(*Ac ac*)에 이형접합체(heterozygous) 숫식물을 교배하여 얻어졌다. 이 숫식물은 수차례의 비슷한 교배에도 사용되었다. 그 결과로 생겨난 옥수수 중 하나에서 한 개의 변형 핵이 발견되었다. 이 경우에, *Ds* 돌연변이(*C Ds/c ds/c ds, Ac ac ac*)로 인하여, 완전한 *C*(*C Ds/c ds/c, ac ac ac*)나 또는 무색 호분과 유색 호분이 혼재하는 패턴을 보이지 않고, 유색의 부분이 무색의 호분 내에 존재하는 패턴을 보였다. 호분 색깔의 패턴은 기대와는 정반대였다. 마치 *c*가 *C*로 돌연변이하는 듯했다. 이 핵을 제거하고 그로부터 식물을 재배, 호분 색 변형의 본질을 결정하기 위해 여러 교배종을 얻었다. 적절한 유전 분석을 시행한 결과 숫식물의 *C*로부터 생긴 돌연변이 *c*가 존재함을 알 수 있었다. 이 *C*는 원래의 *C*로 돌연변이할 수 있는 *c*로 변했다. *c*는 *Ac*에 의해 지배되며 *Ds*와 똑같은 방식으로 *Ac*의 여러 가지 양과 상태에 반응한다. *c*와 *Ds*는 *Ac*에 대하여 동일한 반응을 보이지만, *Ds* 돌연변이가 염색체의 절단과 접합을 일으키는 메커니즘의 결과인 것에 반하여 Ac의 돌연변이는 이와는 상당히 다른 메커니즘을 보이는 듯, 유전자자리의 발현을 열성으로부터 우성으로 변하게 한다.

Ds와 c^{m-1}가 Ac에 비슷한 반응을 보인다는 점, Ds의 돌연변이에 대해 알려진 절단 메커니즘 및 이로써 설명되는 Ac의 변형 등을 종합하면 염색체 절단 및 접합의 메커니즘이 이러한 역 돌연변이를 일으키는 […]

돌연변이 c^{m-2} 유전자자리. 두 번째 돌연변이 c인 c^{m-2}는 *I Sh ds/C Sh ds*, *Ac Ac*의 구성을 가진 식물의 체세포에서 발생했다. 식물에서 c 돌연변이 유전자자리들은 각자의 구역에 존재했다. Ac의 양과 절단 부분들의 생성에 대해서는 Ds 및 c^{m-1}과 동일한 반응을 보였다. c^{m-1}과 c^{m-2} 돌연변이의 형질 발현은 매우 다르다. c^{m-2} 돌연변이의 결과로 매우 약한 색으로부터 매우 강한 색까지 ─ 때로는 1, 2 및 3분의 C의 작용에 의하여 생성되는 것보다 훨씬 강한 ─ 다양한 세기의 색깔들이 나타났다. 어떤 세기의 색이건 호분 층 어느 부분의 돌연변이 부위로 나타난다. 또한, 어느 한 핵은 각자 특이한 색의 세기를 나타내는 몇 가지 돌연변이를 보일 수 있다.

두 개의 독립적으로 발생하는 돌연변이 c 유전자자리들이 매우 다른 형질 발현을 보이는 사실을 보면, 정상적인 c는 각자의 고유한 조직과 기능을 가진 적어도 두 개의 블록으로 구성되어 있으며 C 형질을 발현하기 위해서는 두 개 모두 필요할 것이다. c^{m-1}과 c^{m-2}을 동일한 내배유 안에 조합했을 때에 C 색이 나타나지 않는 것을 보면, 이 두 유전자자리는 상보적이지 않다. 돌연변이 c^{m-1}는 한 블록에서 변형이 일어난 후에 정상적인 c로부터 발생하는 것으로 생각된다. 반면, c^{m-2}는 다른 블록에서 변형이 일어난 후에 정상적인 c로부터 발생한다. c^{m-1}은 한 블록에서, c^{m-2}는 다른 블록에서 돌연변이를 일으키는 것이다. 이와 다른 해석은 이 논문의 결론 부분에서 고찰할 것이다. [...]

결론

이 의문들을 자세히 고찰하는 것은 시기상조일지 모른다. 최근에 매우 많은 돌연변이 유전자자리들이 옥수수에서 발견되었고 많은 점에서 유사한 거동을 보이며, 또한 이 거동이 옥수수 및 다른 생물의 다른 돌연변이 유전자자리들과도 비슷하므로 본 논문에 기술된 사실들을 간략하게 리뷰하여 이 경우들(Ac 및, Ac의 지배를 받는 Ds, c^{m-1},과 c^{m-2}, wx^{m-1}) 사이의 유사점과 차이를 논하는 것이 유익할 것이다.

Ds는 염색체 구조에 대한 돌연변이의 결과가 알려진 유일한 유전자자리다. Ds의 돌연변이는 의심할 여지없이 자매 염색분체 사이의 절단과 접합 또는 이를 모사하는 메커니즘에 의해 일어나는데, 그 이유는 Ds의 돌연변이 후에 2동원체 염색분체가 형성되기 때문이다. 돌연변이의 패턴으로 보면 Ds와 c^{m-1}은 매우 유사하다. $C\ ds/C\ ds/I\ Ds$, $Ac\ ac\ ac$에서 나타나는 Ds의 돌연변이의 색 패턴은 c^8, c^8, c^{m-1}, Ac, $ac\ ac$의 $c \rightarrow C$ 돌연변이의 경우와 너무나 비슷하여, 단순히 핵을 관찰하는 것으로는 구별 불가능했다. 그러나 2동원체 염색분체의 생성만으로는 c^{m-1}의 돌연변이를 충분히 설명할 수 없으며, 이는 c^{m-2}이나 wx^{m-1}의 경우에도 마찬가지지만, 어떤 종류의 염색체 절단과 접합이 개입되는 것 같기는 하다.

이미 언급한 바와 같이, c^{m-1}과 c^{m-2} 돌연변이의 형질 발현은 매우 다르다. c^{m-1}이 한 번의 C의 작용으로부터 나타나는 우성으로 발현되는 데 반하여, c^{m-2} 돌연변이의 결과로는 매우 약한 색으로부터 매우 강한 색까지 다양한 세기의 색깔들이 나타났다. 정상적인 C는 양적인 효과를 보이는 것으로 알려져 있다. C가 많을수록 짙은 색이 나타난다. 9번 염색체의 짧은 반쪽 부분을 복제하여 6개까지의 C의 효과를 관찰할수 있었으며, 가장 C가 많았을 때에 호분의 색이 매우 짙었다. 어떤 c^{m-2} 돌연변이는 3분량의 정상 C에 의한 것보다도 훨씬 강한 색을 만들었는데, 반면 다른 경우에는 색이 너무 흐려, 한 개의 정상 C에 의한 것보다 작은 양의 색소가 만들어진 것으로 보인다. c^{m-2} 돌연변이의 여러 결과들은 돌연변이가 점차로 증가하는 단위의 개수로부터 일어나며, 형질을 나타내는 물질의 점차적인 증가에 의하여 형질 발현된다는 가설과 완전히 일치한다. c^{m-1} 돌연변이의 경우에는 이 가설이 성립하지 않는데 형질의 양적인 분할이 일어나지 않기 때문이다. Ac에 대한 반응에서 c^{m-1}이 Ds와 유사하며 돌연변이가 양적인 효과를 나타내는 Ac의 지배를 받는 돌연변이와 패턴이 같다는 사실을 보면, 일반적인 가설을 버리기보다는 부차적인 가설을 세우게 된다. 이 부차적인 가설을 시험하기위한 실험이 시행되고 있다. Ac의 지배를 받는 모든 돌연변이들의 과정이 비슷하다고 가정한다면, C 유전자자리의 c^{m-1} 블록은 형질이 발현되기 위하여 최소한의 한계 단위를 필요로 하는 화학적 과정에 관련되어 있다. 또는 돌연변이 c에서 이러한 단위들의 변화를 일으키는 메커니즘이 특정 단위 개수의 증가를 보장하는지도 모른다.

c^{m-1}과 wx^{m-1}에 일어나는 돌연변이는 모든 면에서 놀랄 정도로 유사하다. 이 돌연변이들은 그 결과가 점차적으로 변하는 양적 특성을 보이는 유형에 속하며, 또한 우성 형질을 발현할 시에 동일한, 또는 인접한 부분에서 세기의 점진적인 변화를 보인다. 이 두 유전자자리에서 일어

나는 돌연변이들에 동일한 메커니즘이 작용한다는 것은 의심의 여지가 없다. wx^{m-1}의 경우에 유전자자리의 단위의 개수가 우성형질 발현의 증가의 원인이라는 증거가 있다. 두 경우의 유사성을 보면, c^{m-2} 돌연변이에도 같은 조건이 작동한다는 결론을 피할 수 없다. 이와 관련하여, Ac 돌연변이에 대해서도 단위의 개수가 변하는 메커니즘을 제안할 수 있다.

Ds와는 달리, 두 개의 돌연변이 c 유전자자리, wx^{m-1} 및 Ac에서 일어나는 돌연변이에서 2동원체 염색분체가 형성되지 않고, 뚜렷한 염색체의 변형이 나타나지 않는 것을 보면, 만약 염색체의 절단이 그 메커니즘이라면 형태적으로 정상적인 염색체가 재생되어야 할 것이다. 유전자자리 내에서 동일하지 않은 조각으로 절단이 일어나, 교차 형태의 접합이 일어난다면 그럴 수도 있을 것이다.

단위의 개수를 늘리는 메커니즘은 반대로 작용하여 단위의 개수가 감소한 염색분체를 형성할 수도 있다. 그렇다면 여러 가지의 단위 개수를 가진 유전자자리의 염색체가 조직에서 별개로 나타나야 할 것이다. 주어진 조건 하에서 어떤 경우는 다른 것보다 더 뚜렷한 시각적 돌연변이를 보일 것이며, 그 빈도는 돌연변이가 일어나기 전에 존재했던 단위의 개수에 의존할 것이다. 더 많은 단위가 존재했으면 가시적인 효과를 보일 확률이 더 클 것이며, 그 역도 성립할 것이다. 서로 다른 돌연변이 유전자자리들에서 이와 같이 예상된 빈도의 시각적 돌연변이가 발생했다. '유전자자리의 상태'라는 용어는 Ac의 지배를 받는 돌연변이 및 Ac 자체에도 적용된다. 높은 상태의 유전자자리는 높은 속도의 돌연변이를, 낮은 상태의 유전자자리는 낮은 속도의 돌연변이를 일으킨다. 따라서 돌연변이 유전자자리에 존재하는 단위의 개수는 유전자자리의 상태뿐 아니라 시각 효과의 발현과도 상관된다. 이것은 정도의 문제이며 만약 처음에 존재했던 단위의 개수가 크지만 시각 효과를 낼 정도로 충분하지 않다면, 유전자자리의 상태는 높다고 하겠다. 역으로 단위의 개수가 작다면, 유전자자리의 상태는 낮다고 하겠다.

이러한 결론은 특히 클로로필을 생산하는 유형의 돌연변이 유전자자리에 대한 많은 관찰에서 확인되었다. 이전 논문에서 지적한 바와 같이, 본 연구의 목적은 자매 세포핵에서 생성되는 듯한, 시각적 돌연변이가 역의 속도를 보이는 두 개의 동일한 부위를 관찰하는 것이었다. 가장 극단적인 경우, 한 부위에서는 돌연변이가 우세했으나 자매 부위에서는 완전히 열성이었거나 주위 조직에 비하여 현저히 떨어지는 속도의 돌연변이를 보였다. 이러한 경우에 돌연변이 속도와 시각 돌연변이 자체를 결정하는 요인(들)은, 동일한 메커니즘의 결과가 아니더라도 일반적으로 같은 속성을 가진다. 두 개의 동일한 부위를 형성하는 요인은 세포의 유사(有絲)분열 시에 작동하여, 그 결과 한 염색분체는 자매 염색분체가 잃은 것을 얻는다. 이 논문에 제시된 해석에 의하면 이 얻음과 잃음은 유전자자리 내의 단위 개수의 증가와 감소이며 시각적 돌연변이의 시간과 빈도로 나타나는 유전자자리의 상태를 결정한다.

이러한 해석을 사용하여 우리는 돌연변이 유전자자리에 대한 연구를 계속할 것이다. 현재까지의 증거로 보자면, 유전자자리 내에 재복제(reduplication)가 가능한 단위들이 있어서, 형질을 결정하는 기질에 대한 단일의 작용을 통하여 양적인 방식으로 발현된다. 유전자자리의 형질 발현이 염색체에 존재하는 단위들의 개수에 의존하고, 어떤 메커니즘(들)에 의하여 이 개수가 시각적 돌연변이를 일으킨다는 가설은 충분히 간단하고 종합적이어서 실험할 때 좋은 방향을 제시해 준다. 돌연변이 전체 과정 중의 한 부분에 대한 본 접근 방법은 좀 더 세부사항들이 해명되어야 하고 다소 수정될 필요도 있겠지만 대단히 생산적이라고 믿는다. 수많은 돌연변이 유전자자리들이 동일한 방식으로 작동하는 것을 본다면, 서로 관련되지 않은 많은 메커니즘들이 관여한다고 생각하기는 어렵다. 오히려 모든 돌연변이 유전자자리들에 한 가지 유형의 조건이 존재하며, 이것이 한 가지의 메커니즘에 의하여 각 돌연변이 유전자자리에서 변화된다고 보는 것이 맞을 것이다.

이 보고서에서 관련된 많은 관찰과 결론들을 논의하는 것은 불가능한데, 예를 들면 돌연변이 유전자자리의 재안정(restabilization), 두 개 이상의 Ac가 한 개의 세포핵 내에 존재할 때의 거동, Ac에 의해 발생하는 돌연변이에 동반되는 Ac의 변화 등이다. 또한, Ac에 의해 발생하지 않는 돌연변이에 대해 축적된 증거나 많은 새로운 돌연변이들에 대해서도 언급할 수 없었다. 이 연구는 계속될 것이고 차후에 보고될 것이다.

Carnegie Institution of Washington Yearbook (1948)

번역: 이성렬

DNA의 이중나선

DNA는 어떻게 자녀에게
유전 정보를 전달하는 것일까?

제임스 왓슨, 프란시스 크릭, 로잘린드 프랭클린 (1953)

미국의 SF 드라마 《스타트렉(Startrek)》의 한 에피소드에는 안드로이드인 데이타(Data) 소령이 자신의 몸의 일부를, 내 기억으로는 팔을 일부러 부러뜨리는 장면이 나온다. 데이터 소령은 자신의 팔을 부러뜨린 후 부러진 팔목에서 튀어나온 엉킨 전선과 컴퓨터 칩들을 째려보았다. 데이터 소령은 마치 사람 같은 기계 인간이었다. 외모도 꼭 사람과 같은 데다 다른 인물들을 연민과 사랑으로 대해서 더 그렇게 느꼈던 것 같다. 그뿐 아니라 옳고 그름도 구분할 줄 알았다. 때문에 데이터 소령이 자기의 팔을 부러뜨린 장면을 볼 때 우리는 그가 다친 것 때문이 아니라 몸 속 기계 장치를 들여다보는 것 때문에 마음이 심란해진다. 그가 품고 있던 존재의 비밀이 공기 중으로 노출되고 만 것이니까. 그가 보여준 행동과 사고, 섬세한 감정들은 모두 0과 1의 디지털 신호가 그려 낸, 삐져나온 전선을 통해 흐르는 전류일 뿐이었다. 우리는 여기에서 자연의 질서에 혼란을 느낀다. 어떻게 생명체가 자기 내부를 들여다보는 식으로 자신의 존재를 파악할 수 있단 말인가? 그렇다면 이런 상상을 해볼 수도 있을 것 같다. 스스로를 만들어 내는 생명체라든가 물건 자체를 만들어 내는 물건, 스스로 존재하는 우주 등을 말이다.

지난 50년 동안 인류가 알아낸 사실 중 하나는 우리의 체계가 DNA로 불리는 분자의 화학적 구조에 기반을 두고 있다는 것이다. 대부분의 분자들은 화학적인 구조가 고정되어 있다. 반면 DNA 분자는 마치 알파벳의 순서로 단어를 만들어 내듯 종류가 다른 조각들을 갖고 있다.

그리고 이 조각들을 어떻게 정렬하느냐에 따라 살아 있는 유기체를 어떻게 만들어 낼 것인지에 관한 화학적인 지시가 달라진다. 체내의 다른 분자들은 DNA 분자의 지시에 따라 뼈와 근육, 피, 간, 뇌, 폐, 피부, 모발 등을 만들어 내는 것이다.

DNA의 구조는 1953년 제임스 왓슨, 프란시스 크릭, 그리고 로잘린드 프랭클린이 발견했다. 왓슨과 크릭이 네이처 지에 발표한 논문은 논쟁의 여지가 있긴 하지만 생물학 분야에서 20세기 최고의 논문으로 꼽힌다. 그래서 도서관에서 이 논문을 구하기 힘들 때도 있다. 네이처 지 171호 737~738쪽은 마치 예루살렘에 있는 그리스도의 묘에서 누군가가 몰래 훔친 돌처럼 쏙 빠져 있는 일이 다반사다. 논문은 한 쪽이 조금 넘는, 거의 1천 개의 단어로만 구성되어 있다. 프랭클린의 논문은 그로부터 두 쪽 뒤에 게재되었다.

DNA 분자는 꼬인 사다리 모양이다. 사다리의 기둥을 이루는 두 다리는 나선형이며 이중나선 구조다. 그리고 그 사이를 잇는 다리 부분에서 두 개의 작은 분자가 서로 잡아당기고 있다. 이 두 분자는 C-G, G-C, A-T, T-A, 이렇게 네 가지 중 하나다. 이렇게 DNA 사슬의 다리는 특정한 배열로 이루어져 있고 여기에 바로 유기체를 만드는 유전정보가 들어 있다. 예를 들어 사슬을 잇는 가운데 다리 부분이 A-T, G-C, 그리고 A-T 순서로 되어 있다면 이는 단백질을 구성하는 20가지 아미노산 중 하나인 세린을 만드는 유전암호다. G-C, C-G, 그리고 A-T의 순서라면 또 다른 아미노산인 아르기닌의 유전암호다.

인간이나 쥐는 DNA 사슬에 있는 네 가지 다리의 배열에 따라 결정된다. 바로 아미노산과 기타 생화합물이 특정 레시피로 버무려진 산물이 인간인 것이다. 예를 들어 인간을 만드는 데 필요한 레시피는 DNA 사슬을 이루는 총 50억 개의 다리다. 일반 세균은 약 5백만 개 정도가 필요하다.

그렇다면 DNA 사슬이 지시하는 내용을 어떻게 읽는 것일까? 바로 접촉을 통해서다. 분자들의 모양은 모두가 제각각이다. 몸을 구성하는 블록 분자들과 이와 연관된 분자들은 DNA 사슬을 따라 위 아래로 움직이다가 모양이 딱 들어맞는 DNA 사슬을 만나면 특정 다리와 결합한다. 이런 방식으로 생명 조각들이 부분적으로 결합하는데 그리고 나면 DNA를 떠나 더 많은 조각들을 모으게 된다.

DNA 사슬은 좁은 너비에 비해 엄청나게 길다. 인간의 경우, DNA 사슬의 길이는 2미터나 되지만 너비는 고작 2나노미터(1나노미터는 10억분의 1미터)밖에 안 된다. DNA 분자들은 살아 있는 세포 안에 있는 염색체 속에 들어 있다(자세한 내용은 16장 참조). 각각의 세포 안에 들어가려면 DNA의 긴 사슬은 수천 배나 작아져야 하기 때문에 여러 번 감기고 접혀야 한다. DNA 사슬은 다른 곳으로 이동하지 않고도 생명의 모든 일을 주관한다.

우리가 이미 만나 보았던 공동 연구자들의 경우처럼 왓슨과 크릭, 그리고 프랭클린은 DNA 연구에서 서로 다른 능력과 개성을 발휘했다. 1916년 영국 노샘프턴(Northampton)에서 태어난 크릭은 런던 대학에서 수학과 물리학을 전공했다. 2차 세계대전 당시 크릭은 영국 해군에 복무하며 자기기뢰(magnetic mine)용 회로를 설계했다. 종전 후 물리학에 흥미를 잃은 크릭은 생물학으로 진로를 바꾸기로 결심했다. 1951년에 35세의 크릭은 케임브리지 대학에 들어갔다. 그는 단백질 분자구조 연구를 박사 논문 주제로 삼아 자신의 탁월한 수학적 능력을 활용하려고 했다. 당시는 물론 그전 10여 년 동안, 단백질을 비롯한 복잡한 분자들의 구조를 알아보는 가장 대중적인 방법은 X선 회절법이었다. 분자에 의해 산란되는 X선의 회절무늬를 통해 분자 속 원자들의 배열 일부를 볼 수 있었다(자세한 내용은 7장과 18장 참조).

X선 회절 전문 실험가인 로잘린드 프랭클린도 1951년에 케임브리지에서 가까운 런던의 킹스칼리지로 왔다. 1920년에 런던의 부유한 상업은행가 집안에서 태어난 프랭클린은 1945년 케임브리지 대학에서 박사 학위를 받은 후 파리로 건너가 3년 동안 X선 회절 기법을 연마하며 석탄 구조에 관한 한 세계적인 전문가가 되었다.

제임스 왓슨은 1928년 시카고에서 태어난 미국인으로 생물학과 세균 유전학을 전공했다. 그는 인디애나 대학에서 살바도르 루리아(Salvador Luria, 1912~1991)의 지도를 받으며 박사 학위를 받은 후 화학을 공부하기를 희망하며 코펜하겐으로 건너갔다.

20세기 초반까지는 유전학과 유전, 그리고 발생학이 생물학의 주류였다. 왓슨에게 막대한 영향을 준 스승 루리아는 비록 화학자가 아니었음에도 불구하고 유전자의 기능을 이해하려면 유전자의 화학적 구조에 대한 자세한 지식이 필요하다고 생각했다. 이에 대한 결정적인 단서는 1944년에 등장했다. 미국의 생물학자 오스월드 에이버리(Oswald Avery, 1877~1955) 연구팀이 유전물질은 디옥시리보핵산, 짧게 말해 DNA임을 보여주는 강력한 증거를 얻은 것이다. DNA의 화학적 구성은 1920년대부터 알려져 있었다. DNA는 디옥시리보라는 탄소 5개로 구성된 당 분자(그림 17.1)를 중심으로 인 원자가 4개의 산소 원자와 결합하는 인산 분자(그림 17.2), 구아닌과 아데닌으로 불리는 이중 결합의 질소 고리 분자(그림 17.3), 그리고 티민과 시토신으로 불리는 단일 결합의 질소 고리 분자(그림 17.4)로 구성되어 있다. (화학표기법에서 C는 탄소, H는 수소, O는 산소, N은 질소로 나타낸다는 것을 기억하자. 그리고 C, H, O는 모든 유기 분자들의 주요 구성 원소다.) 이 4개의 질소 화합물을 통틀어 염기라고 한다.

DNA의 화학적 조성은 상대적으로 알아내기 쉬운 일이었다. 그러나 이들이 3차원 공간에서 어떻게 배열되어 있는지를 알아내는 것은 완전히 다른 차원의 문제였다. 1870년대 네덜란드의 물리화학자 야코뷔스 헨드리퀴스 반트호프(Jacobus Hendricus van't Hoff, 1852~1911)* 이후로는 동일한 원자 조성이라고 해도 서로 다른 방식으로 결합이 가능하며 이로 인해 분자의 구조와 모양이 달라질 수 있다는 사실이 잘 알려져 있었다. 가장 중요한 점은 구조가 달라지면 분자의 특성도 달라지는 것이다. 따라서 DNA의 원자들이 공간적으로 어떻게 배열되어 있는지를 알아내는 것이 가장 중요한 문제였다. 그리고 구조를 밝혀내기 위해서는 X선 회절법이 필요했다.

왓슨은 코펜하겐에서 DNA의 구조를 이해하는 데 몰두해 있었다. 1951년 가을, 23세의 왓슨은 막스 페루츠 밑에서 X선 회절을 배우기 위해 케임브리지 대학에 왔다. 당시 페루츠는 X선 회절법을 이용해 단백질 구조를 연구하고 있었다(자세한 내용은 18장 참조).

이렇게 해서 1년도 안 되는 사이에 왓슨과 크릭이 케임브리지 대학으로, 프랭클린은 이들과 기차로 1시간 거리에 있는 런던으로 오게 되었다. 나중에 밝혀지지만, 프랭클린은 DNA 구조의 발견에 결정적인 X선 사진을 얻는 데 성공했고 왓슨과 크릭은 과학적 직관과 프랭클린의 X선 사진을 이용해 3차원 DNA 모형을 만들었다. 아주 가까이에 있었음에도 왓슨과 크릭은 프랭클린과 직접적으로 연구한 적은 없었다. 왓슨은 프랭클린과의 관계가 "까다롭다(sticky)."고 표현했다. 그 둘은 성격 면에서나 스타일 면에서나 너무나도 달랐다.

자서전『연구에 미치게 하는 것들(What Mad Pursuit)』에서, 크릭은 이렇

---

*입체화학 및 물리화학의 창시자로, 1901년 노벨화학상을 첫 번째로 수상했다.

게 말했다. "짐*과 나는 금세 친해졌다. 우리의 관심이 놀라울 정도로 비슷한 데다가, 감상적인 사고에는 유달리 참을성이 없고, 젊은이여서 갖는 거만함 등이 서로를 끌어당겼던 것 같다."[1] 누군가는 왓슨과 크릭이 감상적인 사고에만 참을성이 없었던 게 아니라고 주장할지도 모르겠다. 실제로 그 둘은 성질이 아주 급했다. 그들은 전혀 망설이지 않고 자신의 생각을 빠르게 내뱉었다. 헝클어진 짧은 머리 스타일의 왓슨은 크릭이 "다른 어느 누구보다 큰 목소리로 빠르게 말하고 웃어대기 때문에 캐번디시 연구소 사람들은 그가 어디에 있는지 다 알 수 있을 정도였다."[2]라고 기억했다.

왓슨과 크릭이 '젊은이로서의 거만함'을 가지고 케임브리지 술집에서 친구들과 농담을 즐겼다면 프랭클린은 진지하고 사교성이 없었다. 케임브리지 대학생 시절 프랭클린을 가르쳤던 프레더릭 데인턴(Frederick, Dainton, 1914~1997)은 프랭클린이 "훌륭한 인격과 수준 높은 과학적 지식, 타협하지 않는 정직성을 가졌으며 혼자 있기 좋아하는 비사교적인 사람"[3]이라고 기억했다. 그녀의 박사 논문을 지도했던 로널드 노리시(Ronald Norrish, 1897~1978)의 말에 따르면 프랭클린은 "고집이 세고 지도하기 어려운"[4] 학생이었다. 모든 면에서 그녀는 매우 독립적이었다. 극기주의자라고 할 수 있을 정도였다. 전쟁 중에 우연히 무릎에 바늘이 깊이 박히는 사고를 당했을 때도 그녀는 바늘을 제거하기 위해 병원까지 먼 거리를 혼자 걸어갔다.

프랭클린은 DNA의 X선 회절 연구를 하기 위해 런던의 킹스칼리지로 갔다. 당시 킹스칼리지에는 물리학자 모리스 윌킨스(Maurice Wilkins, 1916~2004)가 여러 해 동안 X선 회절법을 이용해 DNA를 연구하고 있

---

*영어 이름 짐은 제임스의 애칭이다.

었다. 왓슨에 따르면 1950년 영국에서 이루어진 DNA 분자 연구는 사실상 '모리스 윌킨스의 전유물'이나 다름없었다. 윌킨스는 연구를 제한적으로 발전시킬 수 있었다. 그는 몰랐던 사실이지만 DNA 샘플 두 가지가 서로 다른 형태의 물질을 담고 있어 X선 이미지에 혼동을 가져왔던 게 한 이유였다.

프랭클린과 윌킨스는 마주치자마자 충돌했다. 그들은 연구실을 공유했지만 연구 자체는 따로 진행했다. 가끔 왓슨은 윌킨스와 이야기를 나누거나 프랭클린의 강연을 듣기 위해 기차를 타고 런던으로 가기도 했다. 왓슨과 크릭이 직관과 상식에 의존하여 DNA에 대한 새로운 아이디어와 모형을 끊임없이 내놓는 반면 프랭클린은 좀 더 데이터에 의존하는 등 과학 연구에 조심성을 보였다. 프랭클린은 데인턴에게 이런 말을 했던 적이 있다. "사실은 스스로 말을 한다."[5]

DNA의 구조를 밝히는 데에는 다른 지식보다 화학적 지식이 특히 많이 필요했다. 1950년대에 세계 최고의 화학자는 미국에 있는 라이너스 폴링이었다(11장 참조). 1951년 봄, 폴링과 로버트 코리(Robert Corey, 1897~1971)는 많은 단백질 분자들이 폴링이 알파 나선 구조(alpha-helix)라고 부른 나선 구조로 되어 있음을 논문을 통해 발표했다. 알파-나선 구조는 생물학에서 처음으로 밝혀진 나선 구조였다. 나선 구조의 아름다움은 다른 생화학자들의 상상력을 부추겼다. DNA는 단백질은 아니지만 또 다른 복잡한 유기 분자였다. 그래서 일부 생물학자들은 어쩌면 DNA 역시 나선 구조가 아닐까 하고 추측했다. 폴링은 생물학에서 가장 가치 있는 분자인 DNA의 구조를 깨는 연구에 돌입했다.

왓슨과 크릭이 서로 마주친 1951년 가을이었다. 그 둘은 DNA의 비밀을 파헤치려는 폴링과 경합을 벌이기로 결심했다. 왓슨은 그의 유명 자서전 『이중나선(The Double Helix)』에 이렇게 적었다. "우리의 점심 대화는 금세 어떻게 유전자들이 조합을 하는지에 대한 이야기로 집중되었다. 내가 도착하고 얼마 지나지 않아 우리는 무엇을 할지를 깨달았다. 라이너스 폴링의 게임에 끼어들어 그를 이기는 것이었다."[6]

왓슨과 크릭이 사용한 주요 기술은 DNA의 여러 구성 요소들의 모양에 따라 종이와 판지, 그리고 금속판 조각들을 잘라 3차원 모형을 만드는 것이었다. 왓슨은 자신들의 접근 방식에 대해 다음과 같이 말했다.

> 난 (크릭으로부터) 폴링의 업적이 복잡한 수학적 논리의 산물이 아니라 일반적인 지식의 산물이라는 것을 배우게 되었다. 알파−나선 구조는 X선 이미지를 들여다보는 것만으로는 얻을 수 없는 것이었다. 그보다 필요한 기술은 원자들이 서로 간에 어떻게 자리하고 있을지를 묻는 것이었다. 연필과 종이 대신에 필요한 작업 도구는 유치원에 다니는 어린아이의 장난감과 비슷한 분자 모형들이었다. 이런 까닭에 우리는 DNA 문제도 동일한 방식으로 풀지 못할 이유가 없다는 걸 알게 되었다. 우리가 해야 하는 일은 분자모형들을 만들어 이를 갖고 놀면 되는 것이다.[7]

왓슨과 크릭이 갖고 논 장난감은 알려진 DNA의 구성 요소들을 3차원으로 구성한 것이다. 그림 17.1~17.4까지가 바로 그것이다.

생물학에서는 1950년까지 DNA 이중나선을 푸는 데 필요한 토대들이 마련되었다. 첫 번째는 살아 있는 온전한 유기체가 17세기와 18세기 많은 저명한 생물학자들이 생각했던 것처럼 알(egg)에 미리 형성되어 있는 게 아니라 성장하는 배아에서 조금씩 만들어진다는 것이다. 이 수정된 이미지는 유기체를 이루는 새로운 조각을 만드는 데 필요한 지시가 한 세포에서 다른 세포로 그리고 한 세대에서 다음 세대로 전해져야 함을 요구했다. 두 번째는 세포 생물학이 출현했고 세포핵이 생명을 만드는 데 필요한 지시를 담고 있다는 인식이 생겨난 것이었다. (일부 원시 유기체, 예를 들어 세균의 경우, 세포에 핵이 없지만 그래도 생명의 지시를 갖고 있다.) 그리고 세 번째는 생명의 지시가 담긴 특정 분자가 DNA에 있다는 발견이었다.

세포핵은 1831년 영국 과학자 로버트 브라운(Robert Brown, 1773~1858)이 발견했다. 세포분열에서 가장 중요한 단계인 하나의 세포가 두 세포로 나뉘는 것은 1842년 스위스 식물학자 카를 빌헬름 폰 네겔리(Karl Wilhelm von Nägeli, 1817~1891)가 처음으로 관찰했다. 세포분열이

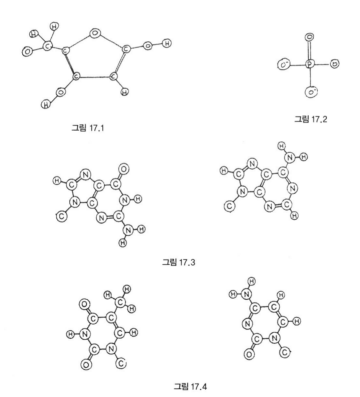

그림 17.1

그림 17.2

그림 17.3

그림 17.4

일어나는 동안 세포핵에서는 상당한 변화가 일어났다. 이 때문에 세포핵이 생물의 성장과 생식에 결정적인 역할을 하는 게 아닌가 하는 의구심이 처음으로 생겨났다. (16장에서 유전정보가 하나의 세포에서 다음 세포로 전해지는 데는 두 가지 과정이 있다고 했음을 떠올리자. 성장하는 유기체에서의 일반적인 세포분열, 그리고 새로운 유기체를 만들어 내는 생식 과정에서 새로운 세포를 만들기 위한 난자와 정자의 수정이 있다.) 핵심적인 의문은 성장을 하건 생식을 하건 하나의 세포에서 다음 세포로 전해지는 유전 청사진이 되는 물질이 어디에 존재하느냐 하는 것이었다.

초기 관찰에서는 세포분열과 수정 과정에서 세포핵이 사라지는 것처럼 보였다. 만약 실제로 그렇다면 유전물질이 다음 세포로 전해진다는 생각을 지지하기가 곤란하다. 하지만 1860년대에 현미경을 통해 좀 더 면밀한 실험과 관측이 이루어졌고 독일 생물학자 에두아르트 슈트라스부르거(Eduard Strasburger, 1844~1912)는 세포핵이 사라지는 게 아니라 두 개의 딸세포에 각각 하나씩 나뉘는 것이라고 결론을 지었다.

슈트라스부르거의 업적과 동시에 멘델의 업적이 이어졌다. 멘델은 유전형질이 아버지와 어머니로부터 하나씩 물려받은, 훗날 유전자라고 불리는 한 쌍의 개별 인자로 구현된다는 것을 증명했다. 안타깝게도 멘델의 업적은 1900년까지 세포 생물학자들에게 알려지지 않은 채 묻혀 있었다. 네덜란드의 후고 데 브리스(Hugo de Vries, 1848~1935), 독일의 카를 코렌스(Karl Correns, 1864~1933), 그리고 오스트리아의 에리히 체르마크 폰 사이제넥(Erich Tschermak von Seysenegg, 1871~1962)에게 재발견되기 전까지 말이다. 때문에 멘델의 업적은 1900년 전까지 유전학의 발전에 아무런 영향을 미치지 않았다.

1879년, 독일 킬 대학의 발터 플레밍(Walter Flemming, 1843~1905)이 면밀한 현미경 관찰을 통해 세포핵 안에 있는 실 모양의 염색체가 세포분열시 길게 둘로 쪼개진다는 점을 발견했다. 이는 결정적인 단서였다! 이쯤 되자 염색체가 핵심적인 유전정보를 담고 있다는 가설이 설득력을 얻게 되었다. 1890년, 테오도어 보베리는 염색체에 유전물질이 있다고 주장했다.

16장에서 이야기했듯이, 보베리의 추측은 1910년경에 모건과 그의 학생들에 의해 입증되었다. 모건과 그의 학생들은 성별이나 눈동자의 색 등 특정 유전형질이 마치 염색체 상에 물리적으로 존재하기라도 하는 듯 그룹을 지어 전달된다는 것을 알아냈다. 더 나아가 모건의 학생인 스터티번트는 특정 염색체 상에 있는 유전인자들의 물리적인 위치를 지도로 그려 내기도 했다. 이제 유전자가 염색체 상에 존재한다는 사실을 아무도 의심하지 않았다. 유전자는 물리적인 물질이었다.

1928년, 쥐를 대상으로 한 실험에서 영국의 생물학자 프레드 그리피스(Fred Griffith, 1877~1941)는 열처리를 통해 죽은 유독성 균이 전염성이 없는 무독성 균을 유독성 균으로 바꿔놓을 수 있다는 것을 발견했다. 이 결과에 대해 그리피스는 처음의 균이 두 번째 균에게 유전물질을 전달했을 것이라고 생각했다. 이후 1944년, 에이버리는 막대한 양의 유독성 균을 기른 다음 그것들을 여러 생화학적 구성 요소, 즉 단백질, 지방, 탄수화물, DNA와 RNA(DNA와 매우 밀접한 관련이 있는 분자)로 분해했다. 면밀한 실험을 거쳐 에이버리는 이들 구성 요소들 가운데 그리피스의 실험에서 무독성 균을 유독성 균으로 바꾼 것이 DNA라고 결론지었다.

DNA 분자가 정말로 유전정보를 갖고 있으려면 최소한 두 가지 특성을 보여야 했다. 화학적으로 정보가 암호화되어 있어야 한다는 것과 세포분열 과정에서 복제가 되어야 한다는 것이었다.

1951년 11월 중순, 왓슨은 프랭클린의 DNA X선 이미지에 관한 첫 번째 강연을 들으려고 케임브리지에서 런던으로 향하는 기차에 올라 탔다. 프랭클린은 오래된 강의실에서 50여 명의 청중들에게 강연을 했다. 이때만 해도 프랭클린이 한 말은 왓슨에게 강한 인상을 남기지 못했던 듯싶다. 하지만 왓슨은 그녀의 행동양식과 외모에는 관심을 보였다. 그녀의 강연은 "경박하게 행동하거나 흥분하는 일 없이 [...] 날카롭고 간결했다. [...] 신중하고 감정에 치우치지 않았다는 게 엿보였다."[8]고 왓슨은 회상했다. 왓슨은 프랭클린이 그녀 자신의 데이터를 어떻게 해석해야 할지를 잘 몰랐고 직관과 통찰력을 소유하지 못했다고 항상 말하곤 했다.

강연 후, 왓슨과 윌킨스는 런던 소호에 위치한 초이 레스토랑까지 스트랜드 가(街)를 따라 걸었다. 왓슨이 회상한 바에 따르면, 윌킨스는 프랭클린이 킹스칼리지에 온 후 거의 아무런 진전도 이루어 내지 못했다는 생각에 기뻐하는 것처럼 보였다. 그는 왓슨에게 프랭클린의 X선 이미지가 비록 자신의 것보다 더 선명하긴 해도 DNA 구조에 대해 더 많은 것을 보여주지는 못했다고 말했다. 왓슨이 관심을 가지고 있던 부분은 DNA가 폴링이 발견한 신비로운 나선 구조 모양을 하고 있느냐 하는 것이었다. 크릭은 복잡한 수학적 계산을 통해 나선 구조의 분자가 X선 회절 이미지에서 어떻게 나타날 것인지에 대해 짐작해 보았다. 그러나 당시 프랭클린의 이미지에서는 크릭의 연구 결과가 잘 드러나지 않았다.

윌킨스의 생각과 달리 프랭클린은 이미 혁신적인 발견을 이루어 낸 상황이었다. DNA가 두 가지 서로 다른 외형으로 존재할 수 있다는 것을 말이다. 그녀는 이 두 가지를 A와 B라고 불렀다. A형은 결정구조다. B형은 좀 더 물을 포함하고 있고 좀 더 느슨하고 좀 더 펼쳐져 있다. 대부분의 DNA 시료는 A와 B가 섞여 있어서 복잡하고 해독하기 힘든 X선 회절 이미지를 보여주었다.

1952년 여름까지, 고생스런 연구 과정을 통해 프랭클린은 두 가지 형의 DNA를 매우 정제된 샘플로 얻을 수 있었다. 그런 다음 프랭클린은 샘플에서 하나의 가는 줄을 뽑아내야 했고 기울기 조절이 되는 마이크로포커스 카메라를 고안해야 했으며 X선 이미지를 얻기 위해 뽑아낸 가는 줄을 X선 카메라와 나란히 배치해야 했다.

B형의 X선 이미지 중 51번이라고 명시한 이미지는 전문가의 눈에 나선 구조를 분명하게 암시해 주었다. 까만 점으로 나타난 커다란 X자 모양은 나선 구조의 증거다. X자의 각 팔을 이루는 연속적인 까만 점들 간의 간격은 나선이 한 바퀴를 돈 거리가 34Å(옹스트롬)임을 말해 준다. (옹스트롬은 원자 수준에서의 거리 단위로 10^{-10}미터에 해당하며 스웨덴 물리학자 안데르스 옹스트룀[Anders Ångström, 1814~1874]에서 따왔다.) 그리고 DNA 이중나선 사슬에서 사다리 간의 간격은 그림의 가운데에서 위에 검은 부분까지의 거리와 관련 있는데 나선 한 바퀴 간 거리의 10분의 1인 3.4Å다. 한편 그림 속 X자 간의 각도는 DNA의 분자 지름이 20Å임을 말해 준다.

프랭클린은 자신의 DNA 이미지를 조용히 분석했다. 1952년, 킹스칼리지 의학연구소 보고서에 그녀가 작성한 것을 보면 프랭클린은 DNA 구조가 당, 인산으로 이루어진 긴 뼈대에 염기로 이루어진 사다리 발판의 형태이며 이중나선으로 꼬여 있는 모습일 거라고 판단했다. 이는 옳았다. 더 나아가 프랭클린은 위에서 언급했던 DNA와 관련된 수치들까지도 계산해 낼 수 있었다. 다만 그녀가 몰랐던 건 X선 회절 이미지에서 분명하게 드러나지 않았던 부분이다. 바로 어떻게 염기들이 이중나선 발판에 딱 들어맞느냐 하는 것이다.

1953년 1월 중순, 폴링은 DNA 삼중나선 구조를 내놓았다. 얼마 지나지 않아 과학자들은 폴링의 DNA 모형이 옳지 않다는 것을 깨달았다. 나선의 숫자 때문이 아니라 화학적으로 맞지 않았기 때문이었다. 왓슨과 크릭은 한껏 의기양양해졌다. 그 위대한 화학자가 화학적으로 큰 실수를 저질렀다는 데에서 말이다. 왓슨의 회상에 따르면, 한껏 흥분한 케임브리지의 두 젊은이는 "폴링의 실패를 건배하기 위해"[9] 술집으로 갔다.

수 주일이 지나고, 왓슨은 프랭클린의 51번 이미지를 처음으로 보게 되었다. (왓슨에게 이 이미지를 보여준 사람은 윌킨스였다. 그는 프랭클린에게 허락을 구하기는커녕 이를 알리지도 않았다.) 왓슨은 당시를 이렇게 회상했다. "그림을 보는 순간 입이 떡 벌어지고 심장은 고동치기 시작했다. [...] 그림이 보여주는 패턴은 이전에 얻었던 것보다 확연하게 깔끔했다."[10]

51번 이미지의 선명한 X자 무늬는 나선 구조를 명백하게 드러내 주었다. 만약 왓슨이 크릭의 X선 회절무늬에 관해 수학적 지식을 이용해 좀 더 면밀하게 분석했다면 까만 점들 간의 상대적인 진하기로부터 이중나선 구조를 유추해 낼 수도 있었을 것이다. 특히 가운데 중심에서부터 세면 X자를 이루는 네 번째 검은 점이 빠져 있는데, 이는 DNA 분자가 이중나선임을 암시하는 점이었다. 그러나 왓슨은 이런 면밀한 검토도 없이 "중요한 생물은 쌍으로 존재한다."[11]는 막연한 직관으로 DNA는 이중나선이라고 가정했다.

이후 수 주일 동안, 왓슨과 크릭은 어떻게 염기들이 꼬여 있는 사다리의 발판 부분에 들어맞는지를 알아내려고 애썼다. 왓슨은 네 가지 염기의 모양대로 딱딱한 마분지를 잘랐다. 이 두 과학자는 두 가지 핵심적인 의문에 직면했다. (1)네 가지 염기는 모양도 크기도 다른데 어떻게

*동일한 너비*로 사다리 발판을 계속 만들어 낼 수 있을까? 만약 사다리 발판이 동일한 너비가 아니라면 이중나선 사다리는 들쭉날쭉해질 테고 그러면 X선 회절 이미지에서 단순한 무늬가 나타날 수 없다. (2)어떻게 염기들은 서로를 잡아끌면서 사다리의 당-인산 뼈대에 붙어 있는 걸까? DNA의 산성도에 관해 알려진 실험 결과와 이 밖의 다른 근거들을 살펴보면 사다리의 각 발판은 두 개 이상의 염기들이 수소 원자에 의해 결합해 있다. 그러나 이 점은 해답을 구하는 데 아주 작은 실마리일 뿐이었다.

처음에 왓슨은 두 개의 동일한 염기들, 즉 C-C, A-A, T-T, 그리고 G-G로 사다리 발판이 만들어지는지를 알아보았다. 여기에서 C는 시토신, A는 아데닌, T는 티민, 그리고 G는 구아닌을 의미한다. 하지만 이 경우는 사다리의 발판 폭이 동일하지 않아 받아들여지지 않았다. 왓슨은 미국 화학자 어윈 샤가프(Erwin Chargaff, 1905~2002)가 1950년에 발견한 중요한 힌트도 무시했다. DNA에서 A의 양이 T의 양과 같고 C의 양이 G의 양과 같다는 것을 말이다.

며칠 후 왓슨과 크릭의 연구실 동료인 제리 도나휴(Jerry Donahue)가 또 다른 결정적인 단서를 제공했다. 교과서에 나온 염기의 구조가 조금 틀렸다는 것이었다. 다행히도 왓슨은 이를 무시하지 않았다. 왓슨은 '에놀(enol) 형'에서 '케토(keto) 형'이 되도록 수소 원자들의 위치를 바꿔야 했다. (그림 17.3과 그림 17.4에서 끝부분에 수소 원자가 달려 있는 것을 확인하자.) 수소 원자들의 위치는 염기 간에 서로 어떻게 결합할 수 있는지를 결정한다.

왓슨의 기억에 따르면 "다음날 아침 (1953년 2월 중순) 텅 빈 연구실에 왔을 때 나는 재빨리 책상 위의 종이들을 깨끗이 치웠다. 염기가 수소 결합에 의해 쌍으로 결합하는지를 확인하기 위해 넓고 평평한 면이 필요했기 때문이다."[12] 왓슨은 기계 공장에서 금속 모양이 만들어지길 기다릴 수 없었다. 그래서 직접 딱딱한 마분지를 염기 모양대로 잘라냈다. "갑자기 나는 두 개의 수소결합으로 묶인 아데닌-티민 쌍이 구아닌-시토신 쌍과 동일한 모양임을 깨달았다." (그림 17.5를 보라.) 새로운 염기쌍은 사다리 폭이 동일해 자동적으로 샤가프의 결과를 충족시켰다. A가 T와, 그리고 G가 C와 항상 파트너를 이루기 때문이다. DNA의 어느 부분이라도 A의 개수는 T의 개수와 같아진다. G와 C의 경우도 마찬가지다.

DNA 이중나선 모형의 전체적인 모습은 왓슨과 크릭의 논문에 그림 1로 등장한다. 이 논문 속 그림은 사실 누드 화가였던 크릭의 아내 오딜(Odile)이 그렸다. 이 이중나선 그림은 그녀의 가장 유명한 작품이 되었다.

DNA 구조를 좀 더 구체적으로 표현한 것은 그림 17.6이다. 여기에서 이중으로 꼬여 있는 나선의 뼈대는 인산염(동그라미 안에 P라고 나타난 것)과 당(오각형 모양)으로 이루어져 있다. 염기는 네모로 나타나 있다. 나선

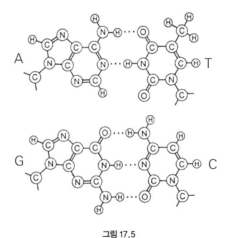

그림 17.5

안쪽 다리 부분의 염기 쌍 사이의 점선은 두 개의 염기를 묶어 주는 '수소결합'을 의미한다.

왓슨과 크릭의 DNA 모형으로부터 우리는 DNA의 두 가지 핵심적인 특성을 쉽게 이해할 수 있다. 어떻게 정보를 암호화하는지, 그리고 어떻게 스스로 복제하는지를 말이다. 정보의 암호화는 나선 안쪽의 염기 배열을 통해 가능하다. 그리고 복제는 나선 중간 부분에서 점선으로 나타낸 수소결합이 떨어짐으로써 이루어진다. 그러면 나선의 가운데 다리 부분이 떨어진다. 이렇게 분리가 되어도 C는 항상 G와, 그리고 A는 항상 T와 결합하기 때문에 어느 한쪽만으로도 전체 정보를 다 알 수 있다. 염색체 주변의 생화학적 성분들로부터 떨어져 나간 나머지 부분이 만들어지고 그럼으로써 원래의 이중나선은 복구된다. 이렇게 해서 DNA는 스스로 복제한다.

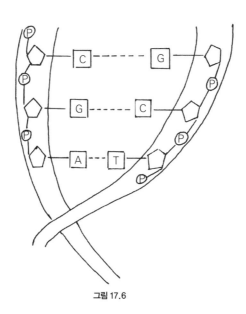

그림 17.6

왓슨과 크릭은 폴링과 코리가 최근에 발표한 삼중나선 모형을 비판하는 것으로 논문을 시작했다. 그런 다음 그들은 자기네 말로 '완전히 다른' 모형을 내놓았다. 왓슨과 크릭의 간결한 논문은 발랄한 분위기가 가득하다.

여기에서 알고 있어야 할 용어가 있다. 물에 용해되었을 때 수소 양이온(H^+)을 내놓는 물질이 산이다. 따라서 H^+이온이 다른 양이온과 자리바꿈을 하는 소금도 산이다. 일반적인 소금으로는 우리가 가정에서 쓰는 염화나트륨, NaCl이 있다. 수소결합은 한 분자의 H^+이온과 다른 분자의 음이온 간의 약한 결합이다. 때문에 이런 약한 결합은 복제 과정에서 쉽게 끊어진다.

당과 인산이 사다리의 뼈대를 이루는 방식은 이미 잘 알려져 있었다. 당 분자(그림 17.1)는 맨 위에 산소 원자가 있다. 이 산소 원자를 기준으로 시계 방향으로 돌아서 다섯 번째에 있는 탄소가 인산(그림 17.2)의 산소와 결합한다. 그리고 이 인산은 그 옆의 다른 당 분자의 세 번째 탄소와 결합한다. 이런 식으로 긴 사슬을 이루는 배열하는 것을 5′3′결합이라고 한다. 이 긴 사슬 두 개가 안쪽으로 염기와 연결되기 때문에 두 개의 당·인산 사슬은 서로 반대방향을 하고 있어야 한다. 즉 한쪽 사슬이 5′3′결합이면 다른 한 사슬은 3′5′결합인 것이다. (그림 17.6에서 오각형의 당이 두 개의 사슬에서 서로 반대 방향을 향하고 있음을 확인하자.)

왓슨과 크릭은 프랭클린이 이미 앞서 찾아낸 바인 DNA 분자의 크기에 대한 정량적인 데이터도 제시했다. 여기에서 그들은 사슬을 이루는 단위인 당-인산 하나를 '잔기(residue)'라고 했다. 각각의 사슬이 열 개의 잔기마다 완전히 한 바퀴를 돌며 그 거리는 34Å이다.

다음으로 왓슨과 크릭은 두 개의 사슬을 연결하는 염기 다리의 특성을 이른바 '놀라운 구조적 특성'이라고 이야기했다. *사실상 염기 다리*

들은 모든 *유전정보와 어떻게 DNA 분자가 스스로 복제하는지에 대한 비밀도 가지고 있다.* 네 가지 염기는 두 그룹으로 나뉜다. 하나는 두 개의 이중 고리 구조가 있는 퓨린계 화합물로 구아닌과 아데닌이 여기에 해당하고 두 개의 단일 고리 구조를 한 피리미딘계 화합물로 티민과 시토신이 여기에 속한다. 자연에는 '에놀'이 아니라 '케토' 형의 염기만을 이용한다는 도나휴의 지적에 따르면 염기들은 특정한 방식으로만 수소결합을 통해 쌍을 이룰 수 있다.

　그제야 왓슨과 크릭은 A, T, C, G 염기들의 비율에 대한 샤가프의 실험 결과에 대해 이야기한다. 그들은 놀랍게도 자신들의 모형이 샤가프의 결과에 딱 들어맞는다는 것을 확인하기 전까지는 샤가프의 결과를 무시했다. 여담으로 말하면 이 같은 일이 과학적으로 그리 드문 일은 아니다. 이와 아주 비슷한 이야기가 또 있다. 남아메리카와 아프리카가 서로 마주보는 해안선은 놀랍게도 서로 딱 들어맞는다. 그럼에도 지질학자들은 지층이 시간적으로 수직 방향으로만 움직일 수 있다고 믿은 나머지 오랜 세월동안 이 사실을 무시했다. 하지만 알프레드 베게너(Alfred Wegener, 1880~1930)가 1912년에 남아메리카와 아프리카가 한때한 덩어리였을 가능성을 제시하며 대륙 이동 개념을 내놓자 해안선이 일치한다는 사실은 이 새로운 이론의 강력한 증거가 되었다. 이런 사례들은 아주 많다. 새로운 이론이 등장해서 의문이 해결되기 전까지는 놀랍지만 설명이 안 되는 많은 일들이 무시되곤 했다.

　논문의 끝부분에서 왓슨과 크릭은 이전에 발표한 X선 회절 데이터들에 대해 '엄밀한 분석으로는 부족한' 것이라고 말했다. 이 말은 다소 어폐가 있다. 프랭클린의 B형 DNA 사진은 왓슨과 크릭의 모형에 일부 확증을 제시하는 데다 두 과학자들은 이미 이전에 사진을 보고 자신들의 모형을 만들 때 도움을 받았기 때문이다. 게다가 이 사진은 이 두 과학자의 논문과 같은 호의 네이처 지에 수록되어 있다. 다만 X선 회절 사진이 염기의 구성에 대해서만은 많은 것을 보여주진 못했던 것은 사실이다.

같은 호에 게재된 프랭클린의 논문은 DNA A형과 B형 간의 차이를 이야기하는 것으로 시작한다. DNA A형과 B형은 이미 1년 반 전에 그녀가 발견한 것이다. 프랭클린은 이 논문에서 그 유명한 DNA B형 X선 사진을 제시했다. 그러면서 그녀는 마치 누가 몰래 훔쳐본 것을 암시하기라도 하듯 이 사진을 본 사람들 모두에게 이 사진이 "나선 구조!"임을 뚜렷이 보여준다고 말했다.

프랭클린은 자신의 X선 사진을 '구조 함수(structure function)'로 분석했다. 구조 함수는 분자를 통과한 X선 파동으로부터 나오는 강도와 위상이 분자의 구조와 관련이 있음을 말해주는 이론적인 공식이다. 이는 크릭을 포함한 다른 과학자들이 이전에 완성해 놓은 것이다. 프랭클린은 X선 사진에 나오는 검은 무늬의 위치에 구조 함수를 적용함으로써 앞서 이야기했던 DNA 분자들에 대한 수치를 구해낼 수 있었다.

다음으로 프랭클린은 인산염들이 나선의 바깥쪽 뼈대를 이루며 나선 구조가 이중이라는 증거를 제시했다.

이 논문은 왓슨과 크릭의 논문과 크게 비교될 정도로 조심스러운 표현으로 쓰였다. 예를 들어 왓슨과 크릭이 어떤 조건도 없이 DNA의 구조를 '완전히 다르다.'고 표현한 것에 반해 프랭클린은 자신의 증거가 나선 구조에 대해 "현재로서는 직접적인 증거라고 할 수 없다."면서 DNA 분자가 '아마도' 이중나선 구조일 것이라고 말했다.

전체적으로 두 논문을 종합해 보면 프랭클린의 업적이 DNA 분자의 전체적인 모습과 수치들, 특히 이중나선의 뼈대가 되는 사슬 부분에 대한 것이라면 왓슨과 크릭의 업적은 이 사슬의 안쪽 염기 다리들을 밝혀낸 것이라고 정리할 수 있다. 지금도 많은 과학사학자들은 왓슨과 크릭이 이 기념비적인 1953년 논문에서는 물론, 차후의 글과 강연에서 프랭클린에 대해 충분히 언급하지 않았다고 생각한다.

DNA 구조가 발견된 지 5년 후, 그러니까 버벡 칼리지(Birbeck College)에서 RNA 바이러스에 대한 저명한 연구 결과를 내놓은 후, 프랭클린은 암으로 사망했다. 당시 그녀는 고작 37세였다. 그리고 1962년에 왓슨, 크릭, 그리고 윌킨스가 DNA 구조를 발견한 업적으로 노벨상을 나눠 가졌다. 노벨상은 사후의 과학자에게는 주어지지 않으며 한 해에 한 분야에서 세 명까지 수여할 수 있다. 만약 프랭클린이 여전히 살아 있었다면 스웨덴 노벨상 위원회가 어떤 결정을 내렸을지를 추론해 보는 것도 흥미로운 일이다.

크릭은 영국에서 DNA와 RNA에 관해 지속적으로 업적을 세웠고 1973년에는 미 캘리포니아 남부에 위치한 솔크 생물학 연구소(Salk Institute for Biological Studies)로 자리를 옮겼다. 나중에 크릭은 생명의 기원, 뇌, 그리고 의식의 본질에 관한 글을 쓰는 등 다양한 활동을 했다. 그는 2004년 여름에 사망했다. 왓슨은 하버드 대학 교수로 재직하다가 뉴욕에 있는 콜드 스프링 하버 연구소(Cold Spring Harbor Laboratory)로 옮겨 아직까지 이곳에 재직하고 있다. 1988년에 왓슨은 인간 게놈 프로젝트의 첫 번째 지휘자가 되었다.

1953년은 DNA 구조의 발견이 무르익은 시기였다. 만약 왓슨과 크릭, 그리고 프랭클린이 업적을 이루지 못했다고 해도 다른 누군가가 이 위대한 발견을 해냈을 것이다. 때로는 직관과 야망, 그리고 행운이 천재성보다 더 중요하게 작용할 때가 있다. 왓슨과 크릭은 자신들이 무엇을 이루어 내고자 하는지에 대해 명백하게 알고 있었고 이 일에만 집중했으며 매우 열성적이었다. 또한 그들은 프랭클린의 선명한 X선 사진을 활용했고 염기의 바른 모양을 지적해 준 도나휴의 충고도 받아들였다. 세상이 그들의 업적을 알아봐 주는 데는 꼬박 2년이 걸렸다.

DNA 구조의 발견이 미친 영향이 전체적으로 얼마나 큰지는 아직 정확하게 측정되지 않는다. 1961년, 크릭과 그의 동료 시드니 브레너(Sydney Brenner, 1927~)는 DNA 염기 세 쌍이 아미노산을 만들어 낸다는 사실을 밝혀냈다. 1970년대 중반에는 케임브리지 대학의 프레더릭 생어(Frederick Sanger, 1918~)가 염기가 어떻게 배열되는지를 해석했다. 1972년, 미국인 생화학자 폴 버그 연구팀은 실험실에서 새로운 DNA 조각을 만들어 냄으로써 최초로 유전자 재조합에 성공했다(22장 참조). 최초의 '유전자 치료', 즉 사람의 DNA에 변화를 주어 질병을 치료하는 일이 1990년 중증 복합형 면역 부전증(severe combined immune deficiency, SCID)에서 이루어졌다. 1995년, 크레이그 벤터(Craig Venter, 1946~)는 단세포 세균인 인플루엔자균(Haemophilus influenza)의 DNA 염기들을 완전히 해독했다고 발표했다. 2002년에는 인간의 DNA 유전 정보가 해독되었다. 그러면서 인간의 유전자 개수가 과학자들이 이전에 예상했던 것보다 훨씬 적은, 3만개 정도라는 사실을 밝혀냈다.

미래에는 어떤 일들이 벌어질까. DNA에 대한 지식과 DNA 조작 기술은 질병을 치료하고, 성격과 행동을 변화시키며, 새로운 형태의 생명체를 탄생시키고, 새로운 종류의 컴퓨터를 만들어 내며, 심지어 반은 동물이고 반은 기계인 존재를 낳게 할 수도 있다.

DNA를 어떻게 응용하느냐를 넘어서 이에 대한 근본적인 질문이 두 가지 남아 있다. 우선, 우리가 알고 있는 모든 생명체에게 보편성을 보이는 DNA는 어떻게 처음으로 지구에 등장한 걸까? 이 질문은 생명의 기원에 관한 것이다. 두 번째는 한 생명체 안에 살아 있는 세포들이 각각 동일한 DNA로 이루어져 있다면 어떻게 배아 발달 단계에서 스스로 알아서 간세포, 심장세포, 뇌세포, 그리고 근육세포가 되는 걸까? 이 질문들에 답을 구하려면 앞으로도 생물학자들은 수십 년을 DNA 연구에 매달려야 할 것이다.

핵산의 분자 구조

-디옥시리보스 핵산의 구조

J. D. 왓슨, F. H. C. 크릭

우리는 디옥시리보스 핵산(DNA)염의 구조를 제시하고자 한다. 이 구조는 생물학적으로 매우 흥미로운, 새로운 특징을 가지고 있다.

핵산의 구조는 이전에도 이미 폴링과 코리[1]에 의하여 제안된 바 있으며 우리는 이미 그에 관한 원고를 저자들로부터 전해 받았다. 폴링과 코리의 모델은 세 개의 사슬이 꼬인 형태인데, 인산염이 DNA의 축 근처에, 그리고 염기들이 바깥에 위치하는 형상이었다. 우리의 생각에 이 구조는 두 가지 이유로 만족스럽지 못하다. (1)X-선 회절 도표는 자유로운 산이 아닌 염(DNA염)에 의한 것으로 보인다. 산성 수소가 없다면 어떤 힘이 이 구조를 유지시키는지 알 수 없으며, 특히 DNA 축 상의 음전하를 가진 인산염들은 반발할 것이다. (2)어떤 반데르발스 결합의 길이가 너무 작다.

또 다른 세 가닥 구조가 또한 프레이저에 의하여 제안된 바 있다. 이 모델에서는 인산염이 바깥쪽에서, 염기들이 안쪽에서 수소결합에 의해 결합되어 있다. 이 구조 역시 이미 언급된 대로 적절하지 않으므로 더 이상 언급하지 않을 것이다.

우리는 디옥시리보스 핵산염의 완전히 다른 구조를 상정하고자 한다. 이 구조에서는 두 개의 나선이 동일한 축을 중심으로 감겨 있다. 각 사슬에서는 인산염 디에스터가 3′, 5′-방식으로 β-D-디옥시 리보퓨라

노즈 당을 연결한다고 가정하였다. 두 사슬은 DNA 축에 수직하는 2분 구조로 관계되며(그러나 염기들은 그렇지 않다), 그 결과 두 사슬 내의 원자 순서는 반대 방향을 이룬다. 각 사슬은 푸르버그의 모델 1번[2]과 유사한데, 즉, 염기들은 나선의 안쪽에, 인산염은 바깥쪽에 위치한다. 당과 그 근처의 원자 배치는 푸르버그의 '표준 형태'에 근접하여, 당 분자들은 결합된 염기에 대체로 수직한다. 각 사슬에서는 z-방향으로 매 3.4Å(옹스트롬[$=10^{-10}\text{m}$])마다 단위 구조가 존재한다. 단위 구조 사이의 각은 36도로 가정했는데, 따라서 전체 구조는 10개의 단위 구조마다, 즉 34Å마다 반복된다. 인 원자는 축으로부터 10Å의 거리에 위치한다. 양이온들은 바깥쪽에 위치하는 인산염에 쉽게 접근할 수 있다.

이 구조는 열려 있으며, 상호작용하는 물의 양은 상당하다. 물의 양이 작을 때에 염기들은 약간 기울어져 전체 구조를 좀 더 촘촘하게 할 것이다. 이 구조의 놀라운 특징은 두 사슬이 퓨린과 피리미딘 염기에 의하여 결합된다는 것이다. 염기들이 만드는 평면은 축에 수직하며, 한 사슬의 염기가 다른 사슬의 염기에 한 쌍으로 수소결합되어, 두 염기가 동일한 z-좌표로 나란히 위치한다. 한 염기가 퓨린이면 다른 염기는 반드시 피리미딘이어야 한다. 수소결합은 다음과 같은 식으로 형성된다. 퓨린 1번 위치-피리미딘 1번 위치, 퓨린 6번 위치-피리미딘 6번 위치. 만약 염기들이 가장 가능성이 높은 형태(즉, 에놀이 아닌 케토)로 존재한다면, 다음의 특정한 염기쌍만이 결합될 수 있다. 아데닌(퓨린 염)-티민(피리미딘 염), 그리고 구아닌(퓨린 염)-시토신(피리미딘 염).

즉, 한쪽이 아데닌이면 다른 쪽은 티민이어야 하며, 구아닌과 시토신도 마찬가지이다. 한 사슬의 염기 순서는 어떤 식으로도 제약되지 않지만, 만약 이와 같이 특정한 염기쌍만 가능하다면, 한 사슬의 염기 순서가 정해지면 다른 사슬의 염기 순서는 자동적으로 결정된다는 소리가 된다.

DNA 내의 아데닌과 티민의 비율, 및 구아닌과 시토신의 비율은 1에 매우 가깝다는 것이 실험적으로 알려져 있다.[3), 4)]

디옥시리보스 대신에 리보스 당을 이용한다면 이러한 구조는 아마도 구축될 수 없을 것이다. 이것은 여분의 산소원자들 때문에 너무 가까워져서 반데르발스 상호작용이 불가능하기 때문이다.

이전에 발표된 DNA의 X-선 자료[5), 6)]로는 우리가 제안하는 구조를 엄밀히 테스트하기 어렵다. X-선 자료에 대략 부합한다고는 말할 수 있지만, 좀 더 정확한 결과로 검증하기 전에는 확증할 수 없다. 이 결과들 중 일부는 이후의 논문에 발표될 것이다. 우리는 이 구조를 이미 발표된 실험 자료와 입체화학적인 근거로 제안하는 것이며, 아직 발표되지 않은 실험 결과들의 세부사항을 잘 알지 못한다.

본 논문에서 제안하는 특정 염기쌍들의 결합이 유전 물질의 복제 메커니즘을 제시한다는 사실을 우리는 예의 주시하고 있다.

차후에 우리가 제안하는 DNA 구조의 세부사항, 전제조건, 및 원자들의 좌표가 발표될 것이다.

제리 도나휴 박사의 원자 간 거리에 대한 조언과 비평에 감사한다. 런던 킹스칼리지의 M. H. F. 윌킨스 박사, R. E. 프랭클린 박사 및 동료들의 발표되지 않은 실험 결과를 알게 된 것이 본 작업을

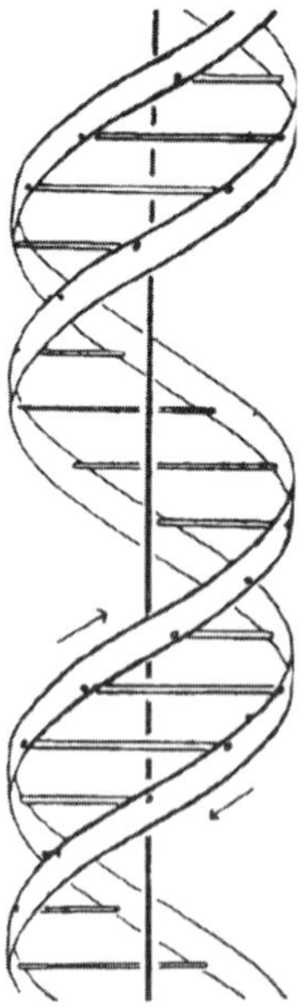

그림 1.

이 그림은 순전히 도식적이어서 실제의 분자 구조를 나타내지는 않는다. 두 개의 리본은 인산염-당 사슬을 의미하며, 수평의 막대기는 두 사슬을 연결, 결합하는 한 쌍의 염기를 나타낸다. 수직선은 축을 표시한다.

크게 고무했다. J. D. 왓슨은 국립 소아마비재단의 지원을 받았음을 밝힌다.

케임브리지 캐번디시 연구소, 생물시스템 분자구조 의학연구실

Nature (1953)

■ 참고문헌

1. Pauling, L., and Corey, R. B., Nature, 171, 346 (1953); *Proc. U.S. Nat. Acad. Sci.*, 39, 84 (1953).

2. Furberg, S., *Acta Chem. Scand.*, 6, 634 (1952).

3. Chargaff, E., for references see Zamenhof, S., Brawerman, G., and Chargaff, E., *Biochim. et Biophys. Acta*, 9, 402 (1952).

4. Wyatt, G. R., J. *Gen. Physiol.*, 36, 201 (1952).

5. Astbury, W. T., Symp. Soc. Exp. Boil. 1, *Nucleic Acid*, 65 (Camb. Univ. Press, 1947).

6. Wilkins, M. H. F., and Randall, J. T., *Biochim. et Biophys. Acta*, 10, 192 (1953).

번역: 이성렬

티모핵산나트륨 내의 분자 배치

로잘린드 E. 프랭클린, R. G. 고슬링

티모핵산나트륨 섬유는 두 개의 명확히 다른 X-선 회절 도표를 보인다. 그 첫 번째 도표는 약 75퍼센트의 상대습도에서 얻어지는 결정(구조 A)에 해당하는 것이다. 이 구조에 대한 연구는 다른 곳에[1] 발표될 것이다. 더 높은 습도에서는 좀 더 낮은 질서도를 보이는 다른 구조(구조 B)가 나타나고 넓은 습도 범위에서 유지된다. A가 B로 변하는 과정은 가역적이다. 이 가역적 변화를 일으키는 구조 B 섬유의 수분함량은 건조된 무게의 40~50퍼센트로부터 수백 퍼센트까지이다. 게다가 어떤 섬유는 구조 A를 보이지 않는데, 이러한 경우에는 더 낮은 수분 함량에서도 구조 B가 얻어질 수 있다.

구조 B의 X-선 회절 도표(사진)는, 본 실험실의 스톡스(Stokes, 자료는 아직 발표되지 않음), 크릭, 코크란(Cochran)과 반드(Vand)[2]에 의해 처음 연구되었으며 명백한 나선형의 특징을 보여준다. 푸르버그(학위 논문, 런던, 1949)가 뉴클레오시드와 뉴클레오티드에 대한 X-선 연구에 근거하여 나선형 구조를 제안했지만, 스톡스와 윌킨스는 핵산 섬유를 직접 연구한 결과 핵산에 대해 처음으로 나선형 구조를 제기했다.

X-선 증거가 현재로는 나선형 구조의 직접적인 증명이 되지는 않지만 아래에 논의될 기타의 다른 사항들로부터 나선형 구조가 존재할 확률이 매우 높다는 것을 알 수 있다. 티모핵산나트륨 섬유가 무게의 40

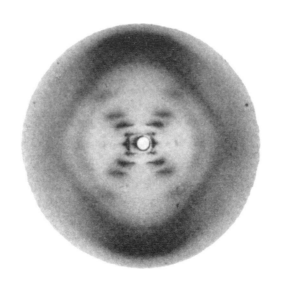

소의 흉선(胸腺)에서 얻은 디옥시리보스나트륨. 구조 B

퍼센트 이상의 물을 흡입하면 구조 A는 구조 B로 변환된다. 이 변화와 함께 섬유 길이가 30퍼센트 가량 증가하고 분자의 상당한 재배치가 동반된다. 따라서 구조 B에서는 티모핵산나트륨의 구조 단위(분자 집단 위의 분자)가 이웃한 분자들의 영향으로부터 비교적 자유로우므로 각 단위가 물에 둘러싸여 가려져 있다고 생각하는 것이 합리적인 듯하다. 각 단위는 이웃 분자들과 독립적으로 최소 에너지 구조를 취하는데, 긴 사슬 형태의 분자의 성질로 보자면 일반적인 형태는 나선일 것이다.[3] 나선형 구조의 가설을 받아들인다면, 구조 B의 X-선 도표로부터 나선의 본질과 차원에 대해 추론하는 것이 즉시 가능할 것이다.

제 1, 2, 3, 5층의 가장 안쪽 극대점은 근사적으로 원점에서 뻗는 선상에 놓여 있다. 단일가닥의 연속적인 나선에 있어서 n번째 층의 선에 대한 구조인자는

$$F_n = J_n(2\pi rR) \exp in \left(\Psi + \frac{1}{2}\pi\right)$$

로 주어진다. $J_n(u)$는 u의 n차 베셀함수, r은 나선의 반지름, R과 Ψ는 역격자[2](reciprocal lattice)에서의 방사선좌표, 방위각좌표이다. 이 표현을 사용하면 J_1, J_2, J_3, 등에 대응하는 극대점들의 근사적인 일렬 배열을 설명할 수 있다.

만약 연속적인 나선 대신에 나선상에 동일한 단위가 일렬로 배치되는 형상을 생각한다면 크릭, 코크란과 반드가 다루었던 일반적인 경우의 변환(transform)은 좀 더 복잡해진다. 나선 한 번의 회전당 정수 n개의 단위가 존재한다면 변환의 형태는 연속적인 나선인 경우에다가, 원점이 $mc^*, 2mc^*, \cdots\cdots$ 등의 높이에 존재하는 패턴이 반복되는 형상을 더한 것이 된다(c는 섬유축의 주기).

현재의 경우에서 섬유축의 주기는 34Å(옹스트롬)인 바, 3.4Å의 가장 강한 반사는 열 번째 층에 있다. 나아가 원점에서 볼 때 3.4Å의 가장 강한 반사에서 뻗는 극대점의 선은 다섯 번째 및 그 이하의 층선에서 보이며 J_5 극대점은 다섯 번째 층선의 원점 계열과 일치한다. (그러나 3.4Å의 극대점으로부터 뻗는 강한 선들은 쉽게 설명되지 않는다.) 이것은 나선의 한 번회전당 정확히 10개의 단위가 존재한다는 것을 강력하게 제시한다. 그렇다면, R_n을 측정하여 n번째($n \leq 5$) 층의 첫 번째 극대점의 위치와 나선의 반지름을 얻을 수 있다. 현재의 경우에 R_1, R_2, R_3, R_5의 측정은 모두 10Å의 r 값을 얻게 한다.

극대점들의 직선상 배열이 X-선 회절 도표의 가장 뚜렷한 특징이므로, 결정학적으로 중요한 분자의 부분이 이 크기의 지름을 가지는 나선상에 존재한다는 결론을 내려야 할 것이다. 이 부분은 인산염 또는 인원자들일 수밖에 없다. 반지름 10Å의 나선의 회전당 10개의 인 원자들이 있다면 인접한 인 원자 사이의 거리는 7.1Å인 바, 이것은 충분히 신장된 분자 내의 P …… P 간 거리이며, 따라서 인 원자들이 구조의 바깥쪽에 위치하고 있음을 시사한다.

우리의 이러한 결론은, 인산염들이 핵산의 나선 구조 내부에서 빽빽한 중심을 이루고 있다는 폴링과 코리[4]의 생각과 다르다.

이제 평행 반사에 대해 간략하게 논의하겠다. 단일 가닥의 나선에 있어서 평행 극대점의 계열은 $J_0(2\pi rR)$의 극대점들에 대응한다. 우리가 얻은 사진 상의 극대점들은 그러나 위에서 얻은 r의 값으로는 $J_0(2\pi rR)$에 맞지 않는다. 대략 24Å에서 매우 강한 반사가 보이고 9.0Å에서 약하고 날카로운 반사가, 그리고 5.5Å과 4.0Å 근방에서 날카롭지 않은 밴드들이 보일 뿐이다. 이러한 불일치는 그러나 예상된 것이다. 지금까지 다룬 나선이 서로 다른 반지름을 가진 일련의 공액 나선들 중에서 가장 중요한 것이기 때문이다. 인산염 이외의 부분들이 내부의 공액 나선상에 존재할 것이어서 층선들의 가장 안쪽 극대점들에 큰 영향을 미치지는 않더라도 평행 극대점과 다른 층선들의 바깥쪽 극대점들을 파괴하거나 이동시키는 효과를 미칠 수 있다는 것을 보일 수 있다.

그러므로 만약 이 구조가 나선형이라면 인산염 또는 인 원자들은 지름이 약 20Å인 나선상에 놓일 것이며, 당과 염기는 나선의 축 안쪽으로 향해야 할 것이다. 그러나 밀도를 생각하면 높이 34Å, 지름 20Å인 원통형 반복 단위는 열 개 이상의 뉴클레오티드를 포함할 것이다.

구조 B는 종종 낮은 수분 함량의 섬유로 존재하므로 나선 단위의 밀도는 건조된 티모핵산나트륨의 밀도인 1.63gm/cm^3[1), 5)]과 크게 다르지는 않으며, 수분 함량이 큰 섬유 내의 물은 바깥쪽에 위치하는 듯하다. 이것에 근거하면 높이 34Å, 반지름 10Å인 원통은 32개의 뉴클레오티드를 포함할 것이다. 그러나 건조한 상태에서는 원통형 반복 단위가 약간 안쪽으로 침투하여 유효 반지름이 이보다 작을 수도 있다. 따라서 밀도 측정만으로는 한 개의 반복 단위가 세 개의 공액 분자들에서 열 개의 뉴클레오티드를 한 개에 가지고 있을지, 혹은 두 개에 가지고 있을지 결정할 수는 없다. (유효 반지름이 8Å이면 원통은 20개의 뉴클레오티드를 포함한다.) 그러나 두 가지의 다른 사항들에 의하면 두 개의 공액-분자들만이 존재할 확률이 매우 크다.

첫 번째로, 중첩법을 사용한 구조 A에 대한 패터슨 함수 연구[6]에 의하면 이 구조에서 원시단위세포(primitive unit cell)를 통과하는 사슬은 두 개만이 존재한다. A ⇄ B 변환이 가역적이므로, 분자가 B구조에서 세 개씩 그룹 지어질 가능성은 별로 없다. 둘째, B 구조에 대한 X-선 도표 측정 결과를 보면, 단위당 사슬의 개수가 2이든 3이든 사슬들은 섬유축 상에 같은 간격으로 있지는 않다. 예를 들어 세 개의 등간격 사슬이 있다면 n번째 층선은 J_{3n}에 의존할 것이고, 나선의 지름은 60Å일 것이다. 이 값은 구조 A의 원시 단위세포보다 몇 배 더 크며 뉴클레오티드의 크기와 관련해서도 몹시 크다. 한편, 세 개의 등간격 사슬은 결정학적으로 동등하지 않으므로 그 확률이 낮다. 따라서 두 개의 공액 분자들이 섬유축 상에 일정하지 않은 간격으로 위치할 듯하다.

그러므로 구조 B의 섬유-도표에 대해 완전한 해석을 시도하지는 않겠지만, 다음과 같은 결론을 내릴 수 있다. 분자의 구조는 아마도 나선형이다. 인산염들은 지름이 약 20Å인 나선 구조 단위의 바깥쪽에 위치한다. 구조 단위는 섬유축 상에 일정하지 않은 간격으로 위치하는 두 개의 공액 분자들로 구성되어 있으며, 상호 간의 변위로부터 층선의 가장 안쪽 극대점들의 세기 변화를 설명할 수 있다. 한 분자가 섬유축 주기의 3/8만큼 다른 분자로부터 벗어나 있다면 이것은 층선의 네 번째 극대점이 없다는 것, 여섯 번째 극대점이 약하다는 것을 설명한다. 따라서 우리의 일반적인 생각은 왓슨과 크릭이 단신에서 제안한 모형과 상치되지 않는다.

인산염들이 지름이 구조 단위의 바깥쪽에 위치한다는 결론은 이전에 매우 다른 추리를 사용하여 얻어진 적이 있다.[1] 두 개의 주요 논점이 사용되었다. 첫째, 굴란드와 공동 연구자들[7]은 수용액 중에서도 염기의 -CO와 -NH$_2$는 접근이 가능하지 않으나, 인산염들은 접근 가능하다는 것을 보였다. 둘째는 우리의 관찰에 의한 것인데[1] 구조 A와 B가 물 함량에 따라 연속적으로 상호 변환할 수 있어서, 처음에는 겔이었다가 궁극적으로는 용액을 형성하는 것이다. 분자의 흡습성(吸濕性) 부분은 인산염(($C_2H_5O)_2PO_2Na$및 $(C_3H_7O)_2PO_2Na$은 흡습성이 대단히 강하다.[8]) 에 있으며, 이 부분이 구조 단위의 바깥쪽에 위치한다는 것이 이 과정을 가장 잘 설명한다. 더구나 인산염이 단백질과 쉽게 상호작용한다는 사실도 이러한 추리를 뒷받침한다.

J. T. 랜달 교수의 관심과, F. H. C. 크릭, A. R. 스톡스, M. H. F. 윌킨스 박사의 토의에 감사한다. 우리들 중 한 명(R. E. F)은 Turner and Newall fellowship award의 지원을 받았음을 밝힌다.

로잘린드 E. 프랭클린

R. G. 고슬링

King's College, Wheatstone Physical Laboratory, 런던

4월 2일

Nature (1953)

■ 참고문헌

1. Franklin, R. E., and Gosling, R. G. (인쇄중).

2. Cochran, W., Crick, F. H. C., and Vand, V., *Acta Cryst.*, 5, 501 (1952).

3. Pauling, L., Corey, R. B., and Bransom, H. R., *Proc. U.S. Nat. Acad. Sci.*, 37, 205 (1951).

4. Pauling, L., and Corey, R. B., *Proc. U.S. Nat. Acad. Sci.*, 39, 84 (1953).

5. Astbury, W. T., Cold Spring Harbor Symb. on Quant. Biol., 12, 56 (1947).

6. Franklin, R. E., and Gosling, R. G. (to be published).

7. Gulland, J. M., and Jordan, D. O., Cold Spring Harbor Symp. on Quant. Biol., 12, 5 (1947).

8. Drushel, W. A., and Felty, A. R., *Chem. Zent.*, 89, 1016 (1918).

번역: 이성렬

단백질 구조

당신의 피가 새빨간 이유는?

막스 페루츠 (1960)

2년 전 여행 중 독일에 들렀을 때 나는 쾰른 대성당을 방문했다. 대성당의 거대한 내부 구조는 마치 높이를 알 수 없을 정도로 높은 아치 구조의 천장 때문에 마치 뼈대들이 공중에 붕 떠 있는 것처럼 보였다. 내 몸보다 훨씬 큰 그 구조물 안에서 나는 마치 개미처럼 작아진 기분이었다. 이 느낌은 샤르트르 대성당, 노트르담 성당, 아미앵 대성당, 그리고 솔즈베리 대성당에서도 느낄 수 있다. 이 건축물들은 장엄함을 표현하기 위해 지어진 것으로 사람들에게 실제로 그런 느낌을 준다. 하지만 단기적인 미라든가 장엄함만을 위해 이렇게 지어진 것은 아니다. 실제로 높은 천장 구조의 건축물이 가능하려면 이런 구조가 필요하기도 하다. 건축물로서의 기능을 갖추기 위한 필연적인 구조인 것이다.

동물의 세계에서도 마찬가지다. 예를 들어, 왜가리(great blue heron)는 얕은 물속을 거닐며 먹을거리를 구하는데, 이를 위해 가늘고 긴 다리를 가졌다. 왜가리는 땅에 내려앉을 때 긴 다리를 부러뜨리지 않기 위해 천천히 날아야 하는데, 거대한 날개로 이를 멋지게 해낸다. 기린은 목이 긴 덕분에 높은 나무의 잎을 따먹을 수 있다. 이런 일은 비일비재하다.

과학자들이 지난 50여 년 동안 알아낸 바에 따르면 눈에 보이지 않는 원자 세계에서도 모양이 기능을 담당한다. 생명체를 만드는 유기 분자들은 탄소와 산소, 그리고 수소 원자들이 3차원 공간에서 복잡하게 꼬이고 돌아가는 구조로 구성되어 있다. 아주 작은 분자 하나에서도 아치, 계단, 나선 구조를 찾아볼 수 있을 정도다. 생물학자들이 1930년대에 유기 분자의 구조를 밝혀내기 시작했을 때 그들은 분자들의 정교한 구조적 특성이 단순한 우연이 아니라고 추측했다.

케임브리지 대학의 캐번디시 연구소에서 근무하던 생화학자 막스 페루츠 연구팀은 1959년에 헤모글로빈의 구조를 밝혀내는 데 성공했다. 헤모글로빈은 살아 있는 조직과 세포에 산소를 전달해 주는 분자다. 한스 크렙스에 대해 이야기한 14장에서 보았던 것처럼 산소는 생명이 필요로 하는 에너지를 생산하는 데 필수적인 분자다. 헤모글로빈 분자는 산소가 풍부한 폐에서 산소를 흡수해서 산소가 적은 개별 세포로 이를 보내 주는 역할을 한다. (헤모글로빈은 반대로 이산화탄소를 운반하는 역할도 한다.) 이 일을 해내기 위해 헤모글로빈 분자는 네 마리의 뱀들이 서로 뒤엉켜 있는 것처럼 구부러지고 꼬여 있는 4개의 사슬 구조를 이루며 약 1만 개의 원자들로 구성되어 있다. 1970년까지 페루츠는 생명에 필수적인 이 분자의 대단한 구조가 어떻게 기능하는지를 밝혀냈다.

헤모글로빈은 단백질이다. 여러 면에서 단백질은 체내의 충실한 일꾼들이다. 생화학 반응을 촉진하는 효소들도 단백질이고, 호르몬 역시 단백질이다. 항체인 감마 글로불린도 단백질이다. 어떤 단백질은 근육 수축을 일으키고 어떤 단백질은 우유 속의 영양분을 저장한다. 어떤 단백질은 비장에 철을 저장한다. 페루츠의 업적 이전에는 그 누구도 단백질이 어떻게 생겼고 어떤 일을 하는지를 제대로 이해하지 못했다. 헤모글로빈과 사촌격인 미오글로빈은 최초로 구조가 밝혀진 단백질이다.

페루츠는 헤모글로빈의 구조를 밝히는 데 22년이 걸렸고, 이후 10년이 더 걸려서야 헤모글로빈이 어떻게 일을 해내는지를 알아냈다. 이 기간이 속한 1940년대 중반에서부터 1950년대 말까지 페루츠는 과학계에 두 가지 혁명을 불러왔다. 먼저 물리학의 도구와 사고방식을 생물학에 적용한 것이 첫 번째 업적이다. 여기에서 생명체를 원자와 분자의 수준으로 연구하는 분자생물학이 시작되었다. 새롭게 시작된 이 드라마에 등장하는 다른 배우들로는 우리가 이미 만나 보았던 폴링, 왓슨, 크릭도 포함되어 있다. 1947년에 페루츠는 생물학과 물리학이라는 오묘한 만남을 주선하기 위해 캐번디시 연구소에서 새로 설립된, 분자생물학을 위한 의학 연구소(Medical Research Council for Molecular Biology)의 창립 소장이 되었다.

두 번째 혁명은 19세기와 20세기 초반의 '소규모 과학(small science)'에서 20세기 중반 이후의 '거대 과학(big science)'으로의 전환이다. 거대 과학은 오늘날의 최첨단 과학을 이끄는 복잡한 장비와 기구가 동원되는 경우를 말한다. 예를 들어 페루츠 연구팀이 X선 회절 장비를 사용하거나, 물리학자들이 입자가속기로 소립자의 세계를 연구하거나, 또는 천문학자들이 지구궤도용 망원경을 발사하는 식이다. 이전의 과학 연구에서 소규모 실험 장비들을 사용할 때와는 달리, 거대 과학에서는 장비를 사용하고 분석하기 위해서 대규모의 과학 인력과 막대한 재정적 지원이 필요하다. 때문에 1960년대 이후부터는 여섯 명 이상이 공저자인 논문이 등장하기 시작했다.

막스 페루츠는 자신이 과학자로서 경력을 쌓아가는 동안 이 모든 일들을 목격했다. 그는 헤모글로빈 문제에만 무려 30년 넘는 세월을 보냈을 정도로 한 분야에 전념했던 과학자였고, 자신의 과학뿐 아니라 자신의 사회적 신념을 위해 열정적으로, 때로는 치열하게 싸우기도 한 인물이었으며 가디언 지 기자의 표현에 따르면 "면도날처럼 날카롭고 우아한 언어 구사 능력의 소유자"[1]였고, 동료 알렉산더 리치(Alexander Rich, 1924~)에 따르면 "말수가 적고 조용한 성격을 보이지만 그 밑에 정교하게 갈고 닦은 유머 감각이 숨어 있는"[2] 사람이었다. 또한 1962년 노벨상 강연에서 자신을 도왔던 21명의 과학자들이 기여한 바를 일일이 설명하는 공평함과 관대함을 가진 인물이었다.

페루츠는 1945년에 자신의 연구생이 되었고 훗날 미오글로빈의 구조를 발견한 존 켄드류(John Kendrew, 1917~1997)를 다음과 같이 칭찬했다. "나는 켄드류에게서 매우 똑똑하고, 재주가 뛰어나며, 꼼꼼하고, 매우 계획적이고, 아는 것도 많고, 근면한 일꾼이고, 과학, 문학, 음악, 그리고 예술에 이르기까지 다양한 관심사를 지닌 자극을 주는 동료를 발견했다."[3] 오토 뢰비처럼 페루츠 역시 교양이 넘쳤고 독서량도 풍부했다. 그는 또한 뛰어난 저술가로서 「뉴욕 서평지(New York Review of Books)」의 정기 기고자였다.

페루츠는 2002년 초 87살의 나이에 사망하는 마지막 순간까지도 손에서 연구를 놓지 않았다. 1980년에 공식적으로 은퇴한 후에도 무려 100편이 넘는 논문을 발표했다. 왜 은퇴했는데도 일을 놓지 않느냐는 질문을 받았을 때 페루츠는 이렇게 대답했다. "나는 지금도 매우 흥미로운 연구에 묶여 있다."[4]

헤모글로빈은 1864년 독일 생리학자이자 화학자인 펠릭스 호페 자일러(Felix Hoppe-Seyler, 1825~1895)가 처음으로 발견했다. 호페 자일러는 당시의 화학적 방법을 이용해 헤모글로빈의 기능을 알아냈고 헤모글로빈의 화학적 조성도 밝혀냈다.

모든 유기 분자들이 그렇듯, 헤모글로빈 역시 주로 탄소와 수소, 산소로 구성되어 있다. 탄소는 생명의 주요 원소다. 다른 원자와 나눠 가질 수 있는 전자의 개수가 상대적으로 많기 때문에(11장 참조) 탄소는 다양한 방식으로 화학결합을 형성하며 생명에 필요한 복잡한 분자들을 만들어 낸다. 단백질, 지방, 탄수화물, 이 셋 모두는 탄소에 의해 결합한

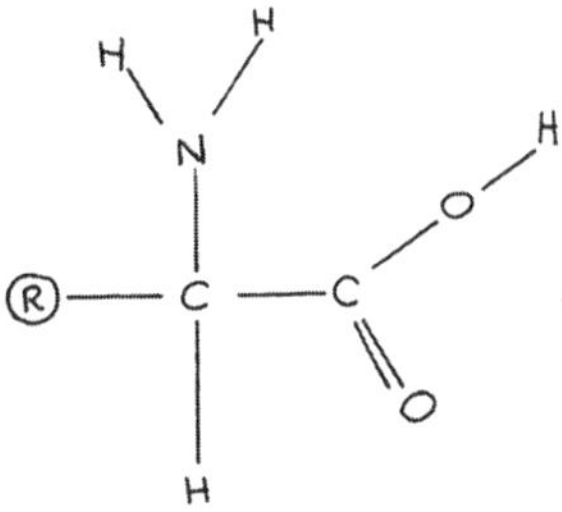

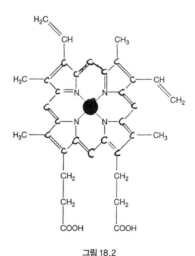

그림 18.1

원자들의 고리와 사슬을 갖고 있다.

　헤모글로빈과 같은 단백질들은 아미노산이라고 불리는 20가지 구성 단위들로 이루어져 있는 것이 특징이다. 모든 아미노산은 그림 18.1에서 나타낸 것과 같은 화학적 조성을 갖고 있다. 가운데에 있는 탄소 원자가 위쪽으로 질소 원자 하나, 오른쪽으로 또 다른 탄소 원자 하나, 그리고 아래쪽으로는 수소 원자와 결합해 있다. (질소와 두 번째 탄소 원자는 그림에서처럼 수소, 산소 원자와 결합해 있다.) 20가지 아미노산은 R자로 표현

그림 18.2

한 곳에서 1개에서 19개의 원자를 갖고 있으면서도 서로서로가 다르다. 아미노산으로는 세린, 아스파라긴, 히스티딘, 시스테인 등이 있다. 헤모글로빈의 한 분자는 574개의 아미노산들이 긴 사슬로 연결되어 있다.

헤모글로빈이란 이름은 두 가지 용어를 합친 것이다. 첫 번째가 바로 철분을 갖고 있는 헴(heme)이다. 헴은 18.2의 그림과 같다. 우리는 그림에서 중심의 검은 점 주변에 여러 개의 고리를 볼 수 있는데 이는 주로 탄소로 이루어져 있다. 검은 점은 철 원자 하나를 의미한다. 철 원자 하나는 산소 원자 하나를 붙잡는다. 그리고 주변에 있는 네 개의 질소가 문지기 역할을 하면서 산소를 안으로 들이거나 내보낸다. 각각의 헤모글로빈 분자는 네 개의 헴을 갖고 있다. 따라서 만 개 이상의 원자로 구성된 헤모글로빈 분자 하나에는 오직 네 개의 철 원자를 포함한다. 이 네 개의 철 원자가 헤모글로빈의 강력한 브로커 역할을 해낸다. 고대 로마시대의 4인 통치 체제와 비슷한 셈이다.

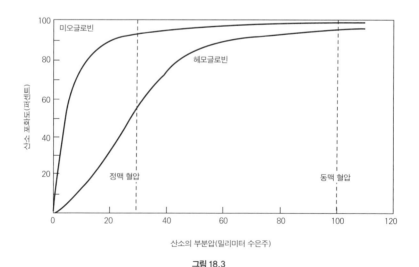

그림 18.3

헤모글로빈이라는 명칭을 이루는 두 번째 용어는 글로빈(globin)이다. 글로빈은 헤모글로빈의 전체 모습에서 유래되었다. 각각의 헴은 네 개로 이루어진 긴 아미노산 사슬과 결합한다. 이들 사슬은 구부러지고 꼬여 있어서 대충 '동그란 모양(globular)'을 이룬다. 적혈구 하나에는 이런 작은 구형체가 3억 개 정도 들어 있다.

우리는 헤모글로빈이 다른 압력 조건에서 어떻게 산소를 흡수하는지를 측정함으로써 헤모글로빈의 기능과 이에 대한 몇 가지 의문점을 잘 이해할 수 있다. 혈압이라는 단어는 우리에게 매우 익숙하다. 혈액은 심장의 수축에 의해 동맥과 정맥을 따라 흐르고 있는데 신체 각 부위마다 그 압력이 달라진다. 그리고 이를 혈압이라고 부른다. 보통 혈압은 수은의 밀리미터 높이(mmHg)를 단위로 측정한다. 예를 들어 100의 혈압은 100mmHg의 수은 기둥이 내는 압력이다. 우리를 둘러싼 공기의 압력은 해수면에서 760mmHg이다.

그림 18.3은 혈압에 따라 달라지는 헤모글로빈의 산소 포화도를 보여준다. 예를 들어 혈압이 100mmHg일 때, 즉 헤모글로빈이 폐에서 처음으로 산소를 흡수하는 동맥에서의 평균 혈압일 때 헤모글로빈 분자는 자신이 최대로 흡수할 수 있는 양의 95퍼센트를 흡수한다. 30mmHg의 낮은 압력, 즉 헤모글로빈이 산소를 필요로 하는 조직과 세포에 산소를 방출해야만 하는 정맥의 평균 혈압일 경우, 헤모글로빈의 산소 흡수량은 50퍼센트 정도로 떨어진다(그림 18.3).

또 다른 산소 운반 분자인 미오글로빈의 포화도는 비교를 위해 그림 18.3에 함께 나타냈다. 적근(red muscle)에 있는 미오글로빈은 적혈구로부터 방출된 산소와 결합해 에너지 생산이 필요한 곳으로 산소를 운반해 준다. 미오글로빈은 헴이 하나다. 화학적 조성은 헤모글로빈의 네 개 사슬 중 하나와 매우 유사하다. 여기에서 우리는 이 두 분자 간의 차이를 볼 수 있다. 그림 18.3을 보면 알 수 있듯이 미오글로빈은 압력이 낮은 상황에서 헤모글로빈보다 산소에 욕심을 낸다. 이런 까닭에 미오글로빈은 동물의 경우에 주요 산소 운반체가 될 수 없다. 미오글로빈은 산소를 쉽게 내놓지 않기 때문이다. 혈액 속에 미오글로빈만 있는 사람은 금방 질식해 죽고 만다.

이제 우리는 헤모글로빈의 마지막 퍼즐에 다가와 있다. 만약 헤모글로빈이 단순히 네 개의 미오글로빈이 서로 묶여 있는 구성체라면 산소와 결합하는 특성 또한 미오글로빈과 동일할 것이고 그렇게 되면 산소를 운반하는 기능을 제대로 해낼 수 없다. 헤모글로빈의 네 개의 사슬은 각각이 미오글로빈과 매우 유사하다. 어쨌든 네 개의 사슬이 함께한다는 건 하나일 경우에 할 수 없는 일을 여럿이서 해낸다는 의미다. 어떻게 그럴 수 있는 걸까? 이를 위해 요구되는 구조적인 배열은 무엇일까? 바로 이것이 막스 페루츠를 끈질기게 괴롭혔던 의문이었다.

페루츠는 1914년 5월 오스트리아 빈에서 태어났다. 부모님은 둘 다 오스트리아에 기계 직물을 들여온 부유한 직물 제작자 집안이었다. 부모는 사업을 발전시키기 위해 그에게 법률 공부를 강요했다. 그러나 어린 페루츠는 화학을 공부하기로 맘을 먹었다. 빈 대학에서 페루츠는 유기화학으로 방향을 돌리기 전까지 "무기물 정밀 분석을 위해 5학기나 허비했다.[5]"고 스스로 말한 적이 있다. 페루츠의 초기 관심사 중 하나는 얼음의 역학과 구조였다. 1936년, 22세의 젊은 페루츠는 아버지로부터 재정적 지원을 받으며 빈을 떠나 케임브리지 대학의 캐번디시 연구소로 들어갔다.

캐번디시 연구소에서 페루츠는 X선 회절 전문가인 존 버널(John D. Bernal, 1901~1971) 밑에서 생화학으로 박사 학위를 받고 싶어 했다. 1920년대 이후로 X선 회절은 분자구조를 탐구하는 주요 수단이었다(7장 참조). 그리고 캐번디시 연구소는 이 강력한 기술을 주도하는 곳이었다. X선 회절의 선구자인 브래그가 캐번디시 연구소에 있었기 때문이다.

1937년, 프라하에 있는 한 친구가 페루츠에게 헤모글로빈의 구조를 연구해 볼 것을 제안했다. 헤모글로빈은 구성 원자가 1만여 개 정도 되는 작은 단백질 중 하나여서 분석하기에 좋은 분자였다. 게다가 X선 회절에 필요한 결정 구조의 헤모글로빈도 잘 만들어졌다. 또 다른 친구는 페루츠에게 헤모글로빈 결정을 만들어 주었고 버날은 페루츠에게 어떻게 X선 사진을 만들고 해석하는지를 가르쳤다. 하지만 헤모글로빈의 X선 사진은 명확한 해답을 보여주지 못했다. 얼마 지나지 않자 헤모글로빈을 이해하는 길이 생각보다 어렵고 멀다는 게 분명해졌다. 다행히도 페루츠는 캐번디시 연구소의 신임 소장이자 노벨상 수상자이며 페루츠에게는 아버지 같았던 브래그로부터 지원을 받으면서 다시 용기를 얻었다.

막 꽃봉오리처럼 피어나기 시작하는 젊은 과학자에게 캐번디시 연구소는 꿈의 공간이었다. 그곳에는 자갈이 깔려 있는 안뜰, 돌로 만든 아치 모양의 입구, 그리고 하루에 두 차례만 잠겼다 열리는 거대한 오크나무 출입문이 있었다. 캐번디시 연구소는 세계에서 가장 유명한 실험물리학 연구소였다. 1871년에 세워진 캐번디시 연구소는 브래그 이전에 네 명의 소장을 거쳤다. 선임 소장들은 전자기 이론의 대가인 맥스웰(재임 기간 1871~1879), 레일리(Lord Rayleigh, John William Strutt, 재임 기간 1879~1884), 전자를 발견한 톰슨(재임 기간 1884~1919), 그리고 러더퍼드(재임 기간 1919~1937)였다. 캐번디시 연구소는 마치 그래머스쿨*에서 스펠링어워드 수상자를 배출하듯 여러 명의 노벨상 수상자를 배출해

---

* 대학 입시 준비를 목적으로 하는 영국의 7년제 인문계 중등학교.

냈다. 캐번디시 연구소에서 톰슨의 제자였던 프란시스 애스턴(Francis Aston, 1877~1945)이 1922년 노벨화학상을, 러더퍼드의 학생이었던 채드윅이 1935년에 노벨물리학상을 수상했다. 러더퍼드의 또 다른 두 명의 학생인 코크로프트(1951년 노벨물리학상)와 블래킷(1948년 노벨물리학상)도 조만간 노벨상을 수상할 운명이었다. 생리학 연구소의 앨런 호지킨(Alan Hodgkin, 1914~1998)과 앤드루 헉슬리(Andrew Huxley, 1917~)가 그 뒤를 이어 1963년 노벨생리의학상을 탔다. X선 회절에 대한 도움을 받았던 왓슨과 크릭 역시 캐번디시 연구소에서 노벨상을 수상했다. 그리고 이번 장의 주인공인 페루츠는 캐번디시 연구소에 속한 자신의 실험실에서만 본인을 포함해 총 아홉 명의 노벨상 수상자를 배출해 냈다.

1938년이었다. 2차 세계대전의 발발로 다른 많은 유럽 과학자들이 겪었던 비참한 일들이 페루츠에게 불어닥쳤다. 히틀러가 오스트리아를 침공했던 당시 그는 헤모글로빈에 대한 연구를 어렵사리 시작한 참이었다. 빈에 있는 페루츠 집안의 사업은 독일에게 압수당하고 그의 부모는 피난민으로 전락하면서 그의 수중에 있는 돈이 점점 줄어들었다. 브래그의 도움으로 간신히 살아갈 수 있을 정도였다. 하지만 비극은 이것으로 끝나지 않았다. 1940년 봄에 페루츠는 영국에 살고 있던 다른 독일인, 오스트리아인 들과 함께 구금되었다. 몇 달 후에는 캐나다 뉴펀들랜드로 추방되어 대서양을 횡단하는 아란도라 스타(Arandora Star) 호에 탔다. 그런데 이 배는 7월 초 독일 잠수함에 의해 격침되고 말았다. 디젤 기름이 불타는 바다에서 배의 파편을 간신히 붙잡은 페루츠는 익사할 뻔했다가 겨우 살아났다. 이 배를 탔던 1,800여 명 가운데 대다수가 목숨을 잃었다. 이 젊은 생화학자는 간신히 구조되어 건강이 회복될 때까지 간호를 받았다. 다행히도 적대 국가의 국민이라는 그의 위상은 영국 방송 협회의 도움으로 역전되었다. 페루츠는 저널리스트로서 글을 썼다. 그리고 캐번디시 연구소로 돌아왔다.

헤모글로빈과 같은 분자의 X선 이미지를 만들고 분석하는 과정은 오늘날과 같이 컴퓨터를 이용하지 않고서는 매우 어려웠다. 각도에 따라 다른 X선 사진을 찍어야 하는 데다 회절무늬 점들이 수만 개나 되었다. 페루츠는 자신의 저서인 『과학에 크게 취해(*I Wish I'd Made You Angry Earlier*)』의 머리말에서 당시에 얼마나 일이 고단했는지를 다음과 같이 들려주었다.

나는 한 장에 두 시간이 걸리는, 헤모글로빈 결정에 대한 X선 회절 사진을 수백 장 찍었다. 그 가운데에는 2차 세계대전 당시에 찍은 것도 있다. 독일의 공습이 있을 때면 폭탄으로 인한 화재를 진화하느라 밤에만 연구실에서 지낼 수 있었기 때문에 새벽 2시에 일어나곤 했다. 나는 헤모글로빈 결정의 각도를 몇 도 돌려놓고 사진을 찍었다. X선 사진들에는 검은 정도가 얼마나 되는지를 내 눈으로 하나하나 측정해야 할 것이 수백 개나 되었다. 이렇게 잰 값들은 내가 풀어내고자 하는 구조의 모습을 보여주는 게 아니라 그저 수학적 추상(mathematical abstraction)일 뿐이었다. 이는 헤모글로빈 분자 속의, 1만 개 원자들 간의, 2천5백만 개 선들의 방향과 거리에 대한 것이었다.[6]

페루츠의 수학적 추상에 대해 좀 더 이해하기 위해서 그림 18.4를 들여다보자. 이 그림은 작은 크기의 X선 사진 샘플이다. 이 점들은 분자 안의 전자들로 인해 휘어지는 X선 파동이 겹쳐지면서 사진필름 위에 닿은 것이다. 각 점들의 크기는 이 점에 도달한 X선의 세기를 나타낸다. 이 점들로부터 원자와 전자의 모습을 거꾸로 유추하는 일은 흐르는 물에 세워진 막대의 위치를 그 아래로 흐르는 물의 패턴으로부터 유추해

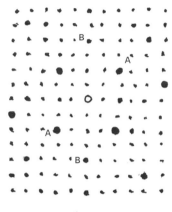

그림 18.4

내는 것과 유사하다. 간단한 일이 아니라는 소리다. 점의 위치는 여러 분자에서 반복적으로 나타나는 패턴, 즉 단위격자를 결정하는 반면 점의 짙은 정도는 하나의 분자 안에 들어 있는 원자들의 배열을 나타낸다. 페루츠가 알고 싶은 건 바로 후자였다.

연구 과정은 대충 다음과 같다. 그림 18.4에서 대칭으로 나타나는 점들의 쌍은 그림 18.5에서처럼 분자의 평면 단면에서의 전자들이 만들어 낸 것이다. 예를 들어 A로 표시된 점들이 그림 18.5a에 나타난 단면들이 만들어 낸 것이라면 B로 표시된 점들은 그림 18.5b의 단면들이 만들어 낸 것이다. 점들의 짙은 정도는 각 단면에서의 전자 분포를 나

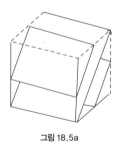

그림 18.5a

그림 18.5b

타낸다. 그리고 전자의 분포는 우리에게 원자들의 배열과 원자 그룹에 대해 말해 준다. 왜냐하면 각각의 원자들은 이미 알려진 개수의 전자들을 갖고 있기 때문이다. 따라서 한 장 한 장씩 관측하여 원래 분자의 지도를 만들어 낼 수 있다.

1960년에 발표된 페루츠의 기념비적인 논문은 이제까지 우리가 이야기했던 논문들 가운데에서 가장 기술적인 논문 중 하나다. 이 논문에서 페루츠는 모든 척추동물의 헤모글로빈과 아주 유사한 말의 헤모글로빈을 분석했다. 그가 분석한 특정 헤모글로빈은 산소가 포화 상태인 산소 헤모글로빈(oxyhemoglobin)이다. 산소가 없는 헤모글로빈은 탈산소 헤모글로빈(deoxyhemoglobin)이라고 한다. 페루츠는 논문의 첫 문단에서 개별 아미노산의 배열을 알아낼 수 없었다고 말했다. 그 이유는 X선 사진의 해상도가 5.5Å이었기 때문이었다. 즉 그가 자세히 볼 수 있는 가장 작은 크기가 5.5Å이라는 이야기다. (옹스트롬은 10^{-10}미터임을 떠올려 보자.) 한 면의 길이가 5.5Å인 육면체가 있을 경우 대략 25~50개 정도의 원자들이 들어 있다. 이는 여러 개의 아미노산과 맞먹는다. 때문에 페루츠는 개별 아미노산을 볼 수 없었다. 반면 헤모글로빈의 전체는 지름이 50Å쯤 된다. 쉬운 비교를 위해 헤모글로빈이 지구의 크기라면 페루츠는 베네수엘라 이상의 큰 나라들을 구분할 수 있는 것이다. 그러나 이 정도의 해상도는 페루츠가 헤모글로빈이 네 개의 조각으로 이루어져 있음을 확인하기에 충분했다.

　페루츠는 논문에 X선 회절무늬 점들의 위상각(phase angle)을 결정하는 방법에 대해 언급했다. 여기에서 위상이란 X선 파동이 사진필름에 부딪쳤을 때 마루인지 골인지, 아니면 그 중간 어디쯤인지를 말하는 것이다. 모든 파동은 위상이 있다. X선 회절 사진으로부터 분자 지도를 그려 내려면 모든 점의 위상을 알고 있어야만 한다. 이는 회절무늬 점들의 짙은 정도로는 알 수 없는 것으로, 이 연구에서 가장 복잡하고 이해하기 어려운 면이었다. 여기에서 페루츠는 1953년 자신이 직접 고안한 '동형 교체(isomorphic replacement)'에 대해 언급했다. 이 방법에서는 헤모글로빈의 특정 원자들은 무거운 원자들로 교체된다. 이때 분자의 모양이 바뀌지는 않지만 위상을 결정하는 회절무늬에는 영향을 준다. 그러면 무거운 원자가 있을 경우와 없을 경우의 X선 사진을 서로 비교함으로써 위상을 알아낼 수 있다.

마치 산악지대의 등고선과 비슷해 보이는 논문의 그림 1은 전자의 분포로부터 헤모글로빈 분자의 한 면을 재현한 것이다. 이런 면 하나는 그림 18.5에서 보여준 여러 조각들을 모아야만 만들어진다. 단위격자는 헤모글로빈 결정에서 반복적으로 나타나는 가장 작은 부분을 말한다. 페루츠 연구팀은 헤모글로빈의 단위격자가 두 개의 분자를 가진다는 것을 알아냈다. 결국 페루츠 연구팀은 네 개의 헴을 3차원으로 정교하게 나타낸 헤모글로빈의 구조를 얻어냈다.

이 논문을 들여다보면, 페루츠 연구팀이 마치 분자 지질학자처럼 느껴진다. 게다가 그들은 2차원이 아니라 3차원적으로 일을 해내고 있었다. 헤모글로빈의 구조를 3차원의 공간에서 시각적으로 나타내고 싶었기 때문이다. 사실 과학 분야에서 복잡한 구조를 이해하기 위해서는 공식만이 아니라 그림도 필요하다. 컴퓨터가 도와준 것은 전자들의 분포에 대한 윤곽을 알려 주는 것이었다. 이 또한 많은 정보를 제공하지만 시각적으로 나타내기엔 충분하지 않았다. 페루츠는 컴퓨터가 만들어낸 전자 분포도로부터 플라스틱을 잘라내 헤모글로빈의 3차원 모형을 만들어 냈다. (비슷한 방식으로, 왓슨과 크릭도 DNA 모형을 만들었다.)

결과적으로 페루츠가 밝혀낸 헤모글로빈의 구조는 두 개씩 동일한 쌍을 이루는 네 개의 뒤얽힌 사슬로 구성되어 있었다. 두 개의 하얀 사슬과 두 개의 검은 사슬로 말이다. (또는 두 개의 알파 사슬과 두 개의 베타 사슬이라고도 한다.) 하얀 사슬과 검은 사슬은 몇 개의 아미노산이 다를 뿐이다.

검은 사슬과 하얀 사슬은 마치 조각 그림 맞추기에 붙어 있는 조각들처럼 서로 딱 들어맞았다. 페루츠는 이에 대해 이렇게 말했다. "구조적으로 일치하는 점이 그 분자(헤모글로빈)에서 가장 두드러진 특징 중 하나이다." 다시 말하면, 이 사슬들은 서로 딱 들어맞는다.

헴이 확연하게 분리된다는 점 때문에 문제가 하나 발생했다. 어떻게 이 분리된 헴 네 개가 서로 협력해서 일을 하느냐는 것이었다. 페루츠는 이에 대해 이렇게 말했다. "헴들은 서로 너무 떨어져 있어서 그들 중 어느 하나가 산소와 결합하여 직접적으로 영향을 주기는 매우 어렵다. 헴 간에 어떤 상호작용이 있는지에 대해서는 아직까지 불분명하다." 페루츠는 얼마나 답답했던지 "구조와 기능 간의 관계에 대해 아직까지는 이야기할 수 있는 게 별로 없다."는 말도 덧붙였다.

사실 이 물음에 대한 해답을 얻으려면 페루츠 연구팀은 다른 유형의 헤모글로빈, 즉 산소가 없을 때의 탈산소 헤모글로빈의 구조를 알아내 산소 헤모글로빈과 비교해 볼 필요가 있었다. 페루츠는 논문의 마지막 부분에서 산소 헤모글로빈과 탈산소 헤모글로빈이 다른 점은 네 개의 개별적인 사슬 조성이 아니라 서로 간의 배열일 것이라고 올바르게 예측했다.

1962년까지 페루츠는 산소 헤모글로빈과 탈산소 헤모글로빈 둘 다를 분석해 자신의 추측이 옳았음을 증명해 보였다. 산소 헤모글로빈에서 탈산소 헤모글로빈으로 바뀔 때 베타(검은) 사슬 두 개의 거리는 7Å 이상 벌어졌다.

하지만 두 가지 형의 구조를 풀어낸 후에도 페루츠는 헤모글로빈이 어떻게 작용을 하는지에 대해 온전히 이해할 수 없었다. 1962년 노벨상 수상 강연에서 그는 자신의 도전이 어떻게 진행되고 있는지를 말했다. "우리가 가장 놀랐던 것은 헴을 분리하는 넓은 거리였다. 왜냐하면 화학적 상호작용을 위해 이들이 매우 인접해 있을 것이라 예상했기 때문이다. 그러나 실상 산소 헤모글로빈의 구조로 인해 헤모글로빈의 생리적인 특성들은 아직까지 온전한 설명이 불가능하다."[7]

1962년에서 1970년까지 페루츠 연구팀은 헤모글로빈의 핵심적인 작용을 집중적으로 연구했고 결국 네 개의 헴이 어떻게 상호작용해서 산소와 결합했다 떨어지는지를 알아냈다. 그 답은 질소 원자로 이루어진 산소 출입문과 관련이 있었다. 헴과 헴 사이는 아미노산을 통해 마치 조립식 장난감처럼 3차원으로 연결되어 있었다. 이 네 개의 사슬은 전기적인 힘으로 약하게 연결되어 있어서 어느 하나가 조금이라도 움직이면 다른 나머지 것들도 따라 움직인다. 페루츠는 산소 분자가 헴 하나에 흡수될 때 헴의 철 원자가 철 원자에 붙어 있는 네 개의 질소 원자에 의해 형성된 2차원 평면의 아래쪽으로 조금 이동한다는 점을 밝혀냈다. 철 원자 하나가 이렇게 움직이면 나머지 세 개의 철 원자들도 같은 방식으로 움직인다. 그러면 산소 출입문이 넓어져 산소가 좀 더 자유롭게 들어온다. 이런 방식으로 네 개의 헴은 함께 일을 해내는 것이다. 그림 18.6은 헴 하나의 일부분을 보여준 것이다. 여기에서 철 원자의 움직임은 그림의 2차원 평면과 평면에 수직인 방향으로 이루어진다. 그리고 산소 헤모글로빈은 점선으로, 탈산소 헤모글로빈은 실선으로 나타냈다.

헤모글로빈의 구조와 기능을 이해하는 일은 다른 과학 발견에 비해 오랜 세월이 걸렸다. 이런 면에서 페루츠의 발견은 러더퍼드의 원자핵 발견이나, 뢰비의 신경전달물질, 플레밍의 페니실린과는 사뭇 다르다. 1938년 초에 페루츠는 자신이 뭘 해내길 원하는지, 그것이 얼마나 대단한 일인지에 대해 명확한 생각을 갖고 있었다. 그 일은 오랜 세월과 공동 연구를 요구하는 복잡한 프로젝트였다. 우리가 이미 보았듯이 페루츠는 헤모글로빈의 구조를 알아낸 후에도 분자의 구조가 그 분자의 작용과 어떤 관련이 있는지를 알아내는 데 약 10년의 세월을 더 보내야 했다.

헤모글로빈에 대한 업적을 세우는 과정에서, 페루츠는 X선 회절 기술을 향상시켜 다른 단백질의 구조를 밝혀내는 데에도 기여했다. 예를 들어 우리는 녹말을 포도당으로 바꿔 주는 아밀라아제, 신경세포의 전기적 특성을 조절하는 칼륨이온채널 단백질, 그리고 신장에서 물의 재흡수를 촉진하는 바소프레신 등의 구조를 알고 있다. 오늘날에도 매년 수천 개의 단백질 구조가 밝혀지고 있는 중이다. 이 지식은 생물학 자

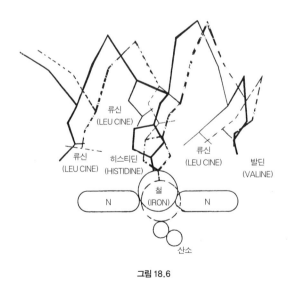

그림 18.6

체를 이해하는 데에 도움이 될 뿐만 아니라 질병을 치료하는 데에도 유용하게 쓰인다. 페루츠는 헤모글로빈의 변이가 어떻게 겸형 적혈구 빈혈증을 야기하는지를 직접 밝혀냈다. (폴링은 이보다 앞서 겸형 적혈구 빈혈증이 분자병임을 밝혀냈다. 이 질병은 적혈구가 낫 모양으로 변하여 악성 빈혈을 유발하는 유전병이다.) 넓은 의미에서 보면 페루츠는 생체 분자 중에 가장 복잡한 형태를 밝혀내는 데 크게 기여했다. 동물의 체내에 산소를 효과적으로 전달하기 위해서는 만 개 이상의 원자들이 특정 방식으로 복잡하게 구성되어 있는 분자(헤모글로빈)가 필요하다는 건 놀라운 일이다. 아마도 쾰른 대성당에 거대한 아치와 화려하고 높은 스테인드글라스가 없다면 지금처럼 사람들에게 장엄하고 고귀한 느낌을 주지는 못했을지도 모른다.

성인기의 상당한 기간 동안 페루츠는 자신이 발견한 명언들을 일기에 썼다. 그는 이 일기를 비망록(commonplace book)이라고 불렀다. 비망록은 고대 그리스 로마 시대의 웅변가들이 연설을 위해 은유적인 말들을 모은 것에서 시작됐다. 페루츠의 비망록은 그가 어떤 사람인지를 보여준다. 그는 르네상스 시대 인물인 프랑소와 라블레(François Rabelais, 1494~1553)의 소설 『팡타그뤼엘(Pantagruel)』에 나오는 문장을 인용했는데 이 문장은 "양심이 없는 과학은 영혼의 파괴자일 뿐이다(Science without conscience is the ruin of the soul)."라는 것이었다. 또 다른 것으로는 오스트리아 작가인 로베르트 무질(Robert Musil, 1880~1942)의 소설 『특성 없는 남자(Der Mann ohne Eigenschaften)』 속에 나오는 구절로 "과학자가 진실을 추구한다는 말은 사실이 아니다. 진실이 과학자를 따라가는 것이다(It is not true that the scientist goes after truth. It goes after him.)."가 있다. 페루츠 자신이 만든 명언도 있다. "확실하게 아는 건 어리석다는 것이다(What is known for certain is dull)."[8]

이 마지막 구절은 페루츠가 노벨상 강연의 마지막에 했던 말과 일치한다. 헤모글로빈의 구조를 밝혀낸 공로로 과학계의 최고 영예인 노벨상을 수상한 순간에도 그는 여전히 그 구조가 어떻게 기능을 하는지를 이해하려고 고군분투 중이었다. 그는 당시 이렇게 말했다. "이렇게 경사스러운 날에 여전히 연구 중인 결과에 대해 발표를 하는 저를 부디 용서해 주십시오. 하지만 한낮의 눈부신 태양빛과 같은 확실한 지식은 지루하고 새벽의 여명 속에서 해가 뜨기를 기대하는 마음은 사람을 가장 들뜨게 만들지 않습니까."[9]

페루츠에게는 모르는 무언가가 이미 알고 있는 것보다 더 기운을 내게 하는 자극이었다. 이와 비슷하게 소설가는 자신이 만들어 낸 캐릭터를 이해하지 못할 경우에 자극을 받고 화가들은 카메라에 포착되지 않고 설명할 수도 없는 어떤 분위기들을 끊임없이 찾을 때 자극을 받는다. 해가 뜨기 전, 여명 아래 불분명하고 불확실한 모습이 모든 창조적 행위를 탄생시키는 것 같다. 아인슈타인은 다음의 말로 이런 생각을 칭송했다. "우리가 할 수 있는 가장 아름다운 경험은 불가사의한 것이다. 이는 진정한 예술과 진정한 과학의 발상지에 있는 근본적인 경험이다."[10]

헤모글로빈의 구조

5·5Å 해상도의 3차원 푸리에 x-선 분석

막스 F. 페루츠, M.G. 로스만, 앤 F. 컬리스,
힐러리 무어헤드, 게오르그 빌, A.C.T. 노스
케임브리지 대학 캐번디시 연구소 분자생물학 및 의학연구실

척추동물의 헤모글로빈은 분자량 67,000의 단백질이다. 10,000개의 원자들 중 4개의 철 원자들이 포르피린 전구체와 결합하여 4개의 헴을 구성한다. 나머지 원자들은 대략 크기가 비슷한 4개의 폴리펩티드 사슬에 존재하며, 이들 중 둘씩은 동일하다.[1]~[3] 단백질 사슬들의 아미노산 서열은 아직 제대로 알려져 있지 않다.

우리는 X-선 분석을 적용하기에 적당한 형태로 결정화된 말(horse)의 산화헤모글로빈(oxy-hæmoglobin) 및 메트헤모글로빈(met-hæmoglobin)*을 연구한 바, 회절된 X-선의 위상각(phase angle)을 결정하기 위하여 무거운 원소로 치환하는 이질동상(isomorphous)의 방법을 사용했다.[4]~[7] 푸리에 합성법에 의하면 헤모글로빈은 4개의 하부구조가 정사면체의 배열로 결합되어 있으며 각 하부구조는 켄드루(Kendrew, 1917~1997)가 향유고래의 미오글로빈에 대해 제안한 모델[6]과 유사했다. 4개의 헴은 분자의 표면에 별개의 주머니 안에 존재한다.

---

* 메트헤모글로빈은 헤모글로빈의 산화된 형태로, 산소에 대한 친화도가 매우 커서 세포에 산소를 공급하는 능력이 작다. 이 형태의 헤모글로빈이 적혈구에 과량 존재하면 신체 조직의 저산소혈(低酸素血)이 일어난다.

분석 방법

pH 7, 1.9M의 황산암모늄 용액으로부터 결정화된 말의 산화헤모글로빈 단위세포에 두 개의 분자들이 2체 축을 중심으로 놓인 $C2$ 공간군에 속한다.[8] 5.5 Å^{-1}의 제한된 구 안에 포함된 1,200개의 반사면(reflexion)의 위상각을 결정하기 위하여 6개의 다른 중원소들이 사용되었다(참고 문헌 9 및 발표되지 않은 자료). 회절 세기는 사진 및 계수 분광기로 측정했다(Arndt, U. V., Phillips, D. C., 발표되지 않은 자료). 치환된 중원소들의 상대적 위치 및 형상은 패터슨(Patterson)방법[10]에 기초한 상관함수를 이용하여 얻어졌으며, 최소제곱법으로 정밀화했다. 각 반사면에 대해 7개 화합물들의 구조폭을 아간드(Argand) 도표로 합성했으며,[11] 위상각의 확률을 $\alpha = 0, 5, 10, \cdots\cdots 355$도에서 계산했다. 원 둘레에 그린 확률 분포의 중앙값을 취하여 최선의 F-벡터로 푸리에 합성에 사용했다.[12] 그 결과를 32개의 등고선으로 나타내, b에 수직하는 방향으로 2Å 간격의 전자밀도분포를 그렸다(그림 1). 분자의 절대 구조는 비정상적 분산으로부터 결정했다.[4]

분자의 외부 형상

결정의 부피 중 반 이상은 결정화를 위해 사용한 액체로 채워졌고, 분자 간의 공간을 차지하는 이 액체는 등고선에서 형태 없는 밋밋한 형상으로 나타난다(그림 1). 단위세포 내 분자들의 개략적인 형상은 이 영역들과 아래에 기술된 전자 밀도가 큰 연속적인 영역 사이의 경계를 추적하면 알 수 있다. 0.54전자/Å^{3}의 등고선 주위로부터 추적한 분자

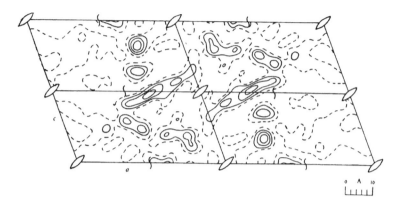

그림 1. y = 1/32b의 단면. 그림은 분자의 중심을 나타내며, 단면은 분자의 중앙을 통과한다. '밋밋한' 부분은 그림의 오른쪽 및 왼쪽의 액체를 나타낸다. 등고선은 0.14 전자/Å³의 간격으로 그려졌다. 점선은 0.4 전자/Å³을 나타낸다. 더 낮은 전자 밀도의 등고선은 생략되었다.

의 형상이 b-평면에 대한 투사로 그림 2에 나타나 있다. 그 형상은 책의 종이 평면에 수직한, 길이 64Å, 폭 55Å, 높이 50Å의 유사 구형으로 근사될 수 있다. a축으로 약간 짧아진 것을 제외하면 이 형상은 2차원 자료로부터 얻은 이전 결과와 일치하며 분자 중심의 오목한 부분까지

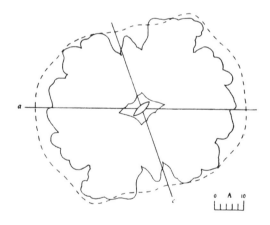

그림 2. 분자의 외부 형상. 실선은 0·54 전자/Å³ 등고선의 경계를, 점선은 브래그(Bragg)와 페루츠가 이차원 자료(참고문헌 13)로부터 얻은 경계를 나타낸다. 가운데 구멍에 주목할 것.

를 보인다(참고문헌 12의 그림 2).

헴과 −SH 기의 위치

4개의 피크들이 뚜렷이 드러나는 것으로 포르피린 고리를 둘러싸는 철 원자들을 명백하게 나타내며, 피크들이 약간 납작해지는 것은 고리의 근사적인 방향을 보여준다(그림 3). 헴 고리의 방향은 다행히도 전자스핀 공명법에 의해 이미 알려져 있으며,[14] 4개의 가능한 방향 중에서 각 전자밀도 피크에 일치하는 것을 선택하면 되었다. 결과는 그림 4에 나타나 있다. 철 원자들은 한 쌍씩 대칭으로, 33.4와 36.0Å의 거리로 불규칙한 사면체의 꼭짓점에 위치하며, 대칭의 관계를 가지지 않은 철 원

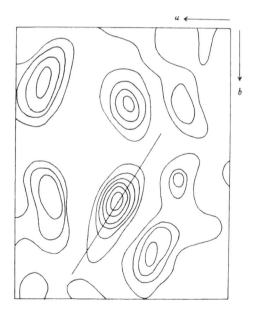

그림 3. 헴 1과 2. $z = 1/4\,c$의 단면은 비대칭 관계에 있는 두 헴 중의 하나를 나타낸다. 직선은 전자스핀 공명법(참고문헌 14)으로부터 얻어진 헴의 방향을 의미한다. 전자 밀도가 가장 낮은 등고선은 0.4 전자/Å^{3}이다.

TABLE 1		
Fe_1	Fe_3	S_1
x $\quad$ -6.6Å	12.3Å	5Å
y $\quad$ 7.3Å	-10.7Å	10Å
z $\quad$ 13.1Å	18.2Å	16Å
Fe_1-Fe_2=33.4Å		
Fe_3-Fe_4=36.0Å		
Fe_1-Fe_3=25.2Å		
Fe_1-S_1=13Å		
Fe_3-S_1=21Å		

자들 사이의 가장 가까운 거리는 25.2Å였다(표1).

말의 헤모글로빈은 네 개의 시스테인을 가지지만, 원래의 단백질에서는 두 개의 -SH 기만이 수은 원자와 결합한다.[5] 수은 원자들의 위치로부터 두 개의 -SH 기는 한쪽 철 원자로부터는 ~13Å, 다른 쪽의 철 원자로부터는 ~21Å의 거리로 떨어져 있음을 유추할 수 있었다(그림 4

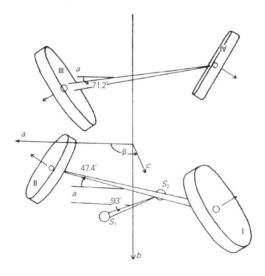

그림 4. 헤모글로빈 내 헴들의 배치. 화살표는 각 헴의 반응 부위를 나타낸다. c-축은 책 페이지를 뚫고 나온다. 이 그림 및 이후의 그림들은 절대적인 배치를 보여준다.

및 표 1). 이것은 아래에서 논의될 것이다.

폴리펩티드 사슬의 배열

푸리에 합성 결과의 가장 뚜렷한 특징은 비행운과 같은, 전자 밀도가 큰 실린더 형상의 부분으로 정교한 3차원 형상을 이룬다. 이 형상의 여러 평면 방향의 단면이 그림 1에 보인다. 이 형상의 모델을 만들기 위해 열경화성 플라스틱판을 2Å = 1센티미터의 스케일로 하여, 전자 밀도가 0.54 전자/Å³을 초과하는 등고선의 각 영역(이것은 그림 1에서 첫 번째 실선 영역, 이에 의하여 14개의 영역을 잘라냈음)의 모양으로 잘라냈다. 이 형상들을 그 위치와 높이에 따라 조합했고, 헴들을 적당한 방향으로 붙였으며 이 모델을 구워 고정했다. 비교하기 위하여 켄드루 등의 새로운 X-선 자료[15]를 이용, 향유고래 미오글로빈의 푸리에 합성을 5.5Å의 해상도로 계산했다.

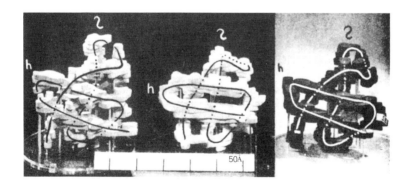

그림 5. 헤모글로빈의 비대칭 하부구조 내의 두 폴리펩티드 사슬을 미오글로빈(왼쪽)과 비교했다. 헴은 사슬의 뒤쪽에 위치한다.

헤모글로빈의 푸리에 합성으로부터 두 쌍씩 동일한 4개의 하부구조가 얻어졌다. 그림 5에 각 쌍의 한 하부구조와, 미오글로빈의 모델(왼쪽)이 나타나 있다. 각 하부구조에서 밀도가 큰 운형은 복잡한 형상을 나타내는데 이것은 흰 하부구조(중간)에서 중첩된 선을 한쪽 끝에서 다른 쪽 끝으로 추적하여 볼 수 있다. 전자 밀도가 0.54 전자/Å³ 아래로 약간 떨어지는 두 개의 작은 간극을 제외하면 검은 하부구조(오른쪽)는 흰 하부구조와 매우 비슷하다. 미오글로빈 모델에는 아마도 열 운동이 증가하여 전자 밀도가 선택된 값 이하로 떨어지는 간극이 몇 개 보인다. 그러나 켄드루 등의 최근 결과[15]에 의하면 이 간극들은 연속적인 폴리펩티드 사슬로 연결된다. 그림 5에서 볼 수 있듯이 이 간극들을 제외한다면 이 모델은 헤모글로빈의 하부구조와 매우 유사하다.

헤모글로빈에서 전자 밀도가 높은 4개의 운형 부분은 4개의 폴리펩

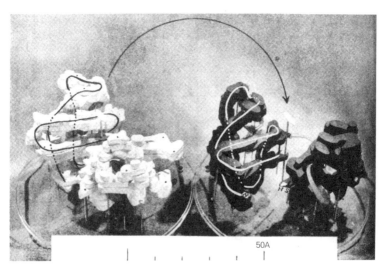

50A

그림 6. 이체축에 대해 비대칭으로 관련되는 두 쌍의 사슬. 화살표는 한 쌍을 다른 쌍 위에 놓을 때에 전체 분자가 형성됨을 보여준다.

티드 사슬을 나타내는 것이 명백하다. 검은 사슬과 흰 사슬은 서로 비슷한 배열을 가지지만 동일하지는 않다. 검은 사슬에서는 꼭대기 부분의 S-형상의 굽이가 더 뚜렷하고 헴이 더 낮으며, h 굽이가 흰 사슬에서보다 더 날카롭다. 그러나 이것은 세부사항이고 중요한 점은 두 사슬들이 서로 비슷하며 또한 향유고래의 미오글로빈과도 유사하다는 것이다.

네 하부구조들의 배치

분자를 조립하는 첫 번째 단계는 각 사슬을 그에 대칭인 사슬과 연결하는 것이다(그림 6). 각 쌍의 사슬 사이의 접촉은 비교적 약한 연결만이 존재한다. 다음 단계에서는 흰 사슬 쌍을 뒤집어서 검은 사슬 쌍 위에 놓는다(그림 6의 사슬 방향으로). 그림 7은 이 과정을 보여주고, 그림 8은 완전히 조립된 분자를 보여준다. 결과로 만들어지는 구조는 정사면체이며, 거의 사방정계(斜方晶系, orthorhombic)의 점군 222와 같다. 두 개의 '유사 2체'는 서로 직교하며, 진정한 2체와도 수직하는 바, 한 개는 그림 8의 중심으로부터, 다른 한 개는 그림 9(여기에서는 생략)의 중심으로부터 나타난다. 각 하부구조는 근사적으로 180도 회전하면 다른 하부구조가 나타나는 식으로 배치되어 있다. 흰 사슬의 표면 등고선은 검은 사슬과 완전히 일치하므로, 두 종류의 사슬들은 광범위한 면적에서 접촉한다는 것을 그림 7과 그림 8에서 볼 수 있다. 이러한 구조적 상보관계는 이 분자의 가장 뚜렷한 특징이다. 그림 10은 진정한 2체 위에서 본 그림으로 구멍이 분자의 중심을 통과하는 것을 보여주는데, 이것은 푸리에 투사[13]로부터 예측할 수 있는 것이다. 그러나 사슬의 반데르발스 반지름은 모델에서 보이는 것보다 큰데 물이나 전해질이 통과할 공간은 없다. 또한 그림 10은 흰 사슬들이 만나는 지점의 꼭대기에 움푹 들어간 곳을 보여준다. 검은 사슬들이 만나는 지점의 함몰 부분은 이와 비슷하지만 좀 더 크다.

헴은 분자 표면의 주머니에 위치한다(그림 8). 각 주머니는 폴리펩티드사슬이 구부러지는 부분에 의하여 형성되는데, 적어도 네 군데에서 헴과 접촉한다. 검은 사슬과 흰 사슬에 의해 형성되는 인접한 주머니들에 위치하는 철 원자들은 서로 25Å 떨어져 있다.

그림 7. 두 개의 검은 사슬과 한 개의 흰 사슬로부터 부분적으로 구성한 분자.

미오글로빈을 2-Å 해상도에서 푸리에 합성을 했을 때 얻어지는 정보

미오글로빈과의 유사성 때문에 우리의 결과로만 얻을 수 있는 것보다 훨씬 더 진일보된 해석이 가능했다. 켄드루 등은 그림 5의 일자형 막대가 α-나선이며, 사슬의 N-말단이 아래 왼쪽에 있다는 것을 밝혔다. 그림 7과 그림 10에서 보듯이, 두 헤모글로빈의 양단은 N과 C로 표기했다. 미오글로빈의 푸리에 합성 결과에 의하면, 철 원자의 한쪽에는 헴에 의해 연결된 아미노산 곁가지(아마도 히스티딘)가, 다른 쪽에는 작은 피크(아마도 물을 나타내는)가 나타나 있다. 이 정보를 헤모글로빈에 적용하면 헴의 반응 부분은 그림 4에서 화살표로, 그림 7, 그림 8a에서 O_2로 표시된다.

그림 7, 그림 8b에서는 반응성 -SH기(미오글로빈에는 없는)가 헴으로 연결된 히스티딘을 포함하는 검은 사슬에 부착되어 있음을 보여준다. 히스티딘과 시스테인 곁가지들은 대략 반대쪽으로 향하는 바, 하나는 헴을 향하여, 다른 하나는 반대쪽을 향한다. -SH기는 왼쪽 헴 아래에 있는 흰 사슬의 고리와 접촉하는 듯하다. 분자 내 한 쌍의 -SH기는 이러한 반면, 다른 한 쌍은 아마도 흰 사슬에 부착되어 있으나 반응성은 없으며 그 위치는 아직 알 수 없다.

결과의 신뢰성

원자의 이질동상 치환법은 단백질의 구조에 대한 어떤 가정도 세우지 않으므로 그 결과는 벡터 지도의 해석에 상존하는 모호함의 어려움을 겪지 않는다. 이상적으로는, 목표 단백질과, 이질동상 중원자 화합물들

(a)

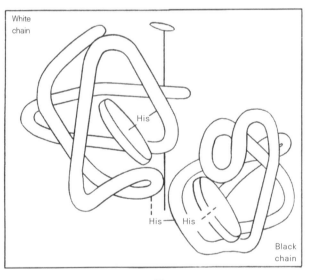

White
chain

His

His His

Black
chain

(b)

그림 8. (a) a축에 수직한 방향으로 본 헤모글로빈 모델. 헴 기는 회색 원반으로 나타나 있다. (b)두 하부구조 내의 사슬의 배치. 다른 두 개의 하부구조는 이체축을 회전하면 나타난다.

에 대한 결과로, 급수종료오차를 제외한, 정확한 위상각과 전자 밀도 지도를 얻는다. 그러나 실제로는 다른 요인에 의한 불확실성과 오차가 발생할 수 있는 바, 두 개 이상의 이질동상 중원자(heavy atom) 화합물들을 사용하여 최소화해야 한다. 우리의 경우, 6개 화합물의 각들이 얼마나 일치하는지를 측정하여 각 반사면의 위상각의 정확도를 추정할 수 있었다. F벡터의 표준오차를 모든 반사면에 대해 평균하여, 최종 전자밀도의 오차는 0.12전자/$Å^3$으로 추정된 바, 이것은 그림 1과 그림 3의 이웃한 등고선 사이의 간격(0.14전자/$Å^3$)의 0.85이며, 꼭대기와 바닥의 밀도 차이(0.7전자/$Å)^{3)}$의 0.15에 해당한다. 계산된 오차는 분자들 사이 액체 영역의 변동과 두 철 원자에 의한 피크 사이의 차이(0.13 전자/$Å)^{3)}$로부터 확인할 수 있었다. 이 오차의 다섯 배가 되어야 꼭대기가 바닥으로 변하는 바, 곁가지들이 차지하는 폴리펩티드의 골격을 모사하기 위해서도 마찬가지다.

분자구조의 정확도는 계산된 세기와 측정된 세기를 비교함에 의하여 알 수 있다. 가벼운 원소들의 해상도가 낮아 헤모글로빈에 경우 이것은 불가능하지만, 철 원자들의 위치는 비정상 분산 효과에 의하여 알 수 있다. 네 개의 철 원자들 자체의 구조 인자(structure factor)와 전체 분자 사이의 위상 관계에 따라서 주어진 반사면 $I(hkl)$의 세기는 $I(\bar{h}\bar{k}\bar{l})$보다 클 수도 있고 작을 수도 있다. 비정상 분산효과가 가장 클 것으로 생각되는 50개의 반사면을 선정, 네 개의 대칭 4분면에서의 세기를 계수 분광기에서 측정했다. $I(hkl)+I(\bar{h}kl)$와 $I(\bar{h}\bar{k}\bar{l})+I(h\bar{k}\bar{l})$사이의 통계적으로 유의한 차이가 36개의 반사면에서 발견되었다. 이 중 34개의 경우에서 이 차이의 부호가 예측과 일치하므로 반사면들의 위상각과 철 원자들의 위치가 맞다는 것을 알 수 있었다.

철 원자들의 위치를 더 확인하기 위하여 중원자들로 표기했다. 산화

헤모글로빈과 이질동상 관계에 있는 메트헤모글로빈의 결정을 p-요드화페닐-하이드록실아민과 반응, 철원자에 부착되게 했다. b-평면에 대하여 다른 푸리에 투사를 시행하여 네 개의 뚜렷한 피크들이 요드와 철 원자들 사이의 계산된 거리 범위 안에 있음을 보았다.

마지막으로, 푸리에 합성의 해석상의 편중을 방지하기 위하여 전자밀도지도에 나타나는 특징만을 가진 객관적인 모델을 설정하려 했다. 급수종결오차와 위상각들의 부정확 때문에 이 지도에는 확실히 세부적인 오차가 있을 것이다. 이미 기술한 검토 이외에, 결과가 스스로 말하는 바와 같이, 큰 오차의 가능성은 작다. 어떤 오차의 조합도 비슷한 크기의 네 개의 뚜렷한 사슬들을 발생할 수 없으며, 대칭에 의해 관련되지 않는 두 쌍의 사슬들 간의 유사성이나, 헤모글로빈과 미오글로빈 사이의 유사성을 낼 수 없을 것이다.

논의

켄드루 등이 처음으로 향유고래의 미오글로빈에서 발견한 폴리펩티드 사슬-접힘은 그 후 물개의 미오글로빈에서도 발견되었다.[16] 말의 헤모글로빈에서 보는 그 형상은 모든 척추동물의 헤모글로빈과 미오글로빈이 동일한 패턴을 따른다는 것을 제시하고 있다. 이것은 어떤 이유일까? 어떤 3차원의 틀이 사슬을 특정한 방식으로 접히게 한다는 것은 생각할 수 없다. 단백질 사슬이 일단 합성되어 코일 형상으로 감을 수 있는 헴이 주어지면 아미노산 서열의 입체 화학적 조건을 만족하는 단 하나의 형상을 취하는 것이 더 가능성 있는 방식일 것이다. 이 때문에 아미노산 함량이 다른 단백질에서 비슷한 아미노산 서열이 발견되는 듯하다. 또한, 이 단백질들의 구조가 비슷한 것은 이들이 동일한 유전전구체로부터 형성되기 때문으로 보이는 바, 이것 역시 단백질 구조 형성에 대한 위 방식의 타당성을 보여주는 듯하다.

구조와 기능 사이의 관계를 말하기에는 아직 이르다. 헴은 산소와 결합하기에는 너무 멀기 때문에 그 이웃의 산소 친화도에 영향을 주지는 못할 것이다. 헴 사이에 존재하는 상호작용은 미묘하고 간접적인 것이어서 아직 추측할 수는 없다. 몇 가지 중요할 수 있는 관찰만 언급하겠다. 켄드루는 환원된 헤모글로빈이 산소와 결합할 때에 X-선 분석으로는 구조상의 변화를 감지할 수 없으며, 모두 메트헤모글로빈과 이질동상의 관계에 있음을 알아냈다.[17] 그러나 말과 인간의 헤모글로빈에

그림 10. b-축에서 아래로 본 구조의 그림. 거리가 가까운 C, N 말단들이 두 개의 흰 사슬들을 연결할 수 있음을 알 수 있다.

서는 산화된 형태와 환원된 형태가 결정학적으로 달랐다.[18]~[20] 환원된 헤모글로빈의 구조는 아직 알 수 없지만, 산소를 잃었을 때 네 개의 하부구조가 각각 상당히 변형되기보다는 분자 내에서 재배치된다고 해도 놀랄 일은 아닐 것이다.

릭스(Riggs)는 -SH기를 막을 때 헴의 상호작용이 감소함을 보였다.[21] 그림 8에서 보는 바와 같이, -SH기들은 헴으로 연결된 히스티딘과 두 하부구조 사이의 접촉점에 가까운 위치에서 중요한 위치를 차지하므로 산화, 환원된 형태 사이의 전이에서 중요한 역할을 할 수 있다. 시스테인은 헴으로 연결된 히스티딘을 가진 펩티드 사슬의 편리한 지표가 될 수 있으므로 단백질 사슬의 중요한 부분의 아미노산 서열을 결정하는 데 도움이 된다.

본 연구의 자세한 내용은 다른 곳에 발표될 것이다.

본 연구의 계산을 위해 *Edsac II* 전산기 사용을 허락한 케임브리지 대학 수학연구소장 및 직원들에게 감사한다. 장기적으로 연구비를 제공한 록펠러 재단, 늘 열의와 격려를 보내 준 로렌스 브래그 경에게 감사한다. 마지막으로, 유기물질을 보내 준 B. R. 베이커 박사, 중원자 화합물을 기증한 파이얼 케미컬 인더스트리의 J. 채트 박사, 존슨 매티 회사의 A. R. 파월 씨, 그리고 연구를 보조한 매거릿 앨런, 앤 주리, 브렌다 데이비스 양에게도 감사한다.

A. C. T. 노스

왕립 연구소, 데이비 파라데이 실험실 의학연구 외부 스태프

Nature (1960)

■ 참고문헌

1. Rheinsmith, S. H., Schroeder,W. A., Pauling, L., *J. Amer. Chem. Soc.* 79, 4682 (1957).

2. Braunitzer, G., *Hoppe-Seyl. Z.*, 312, 72 (1958).

3. Wilson, S., and Smith, D. B., *Can. J. Biochem. Physiol.*, 37, 405 (1959).

4. Bokhoven, C., Schoone, J. C., and Bijvoet, J. B., *Acta Cryst*, 4, 275 (1951).

5. Green, D. W., Ingram, V. M., and Perutz, M. F., *Proc. Roy. Soc.*, A 225, 287 (1954).

6. Kendrew, J. C., Bodo, G., Dintzis, H. M., Parrish, R. G., Wyckoff, H. W., and Phillips, D. C., *Nature*, 181, 662 (1958).

7. Blow, D. M., *Proc. Roy. Soc.*, A, 247, 302 (1958).

8. Perutz, M. F., *Proc. Roy. Soc.*, A, 225, 264 (1954).

9. Cullis, A. F., Dinitz, H. M., and Perutz, M. F., Conference on Hæmoglobin, National Aademy of Sciences, NAS-NRC Publication 557, p. 50 (Washington, 1958).

10. Rossmann, M. G., *Acta Cryst.*, (in the press).

11. Bodo, G., Dintzis, H. M., Kendrew, J. C., Wyckoff, H. W., *Proc. Roy. Soc.*, A 253, 70 (1959).

12. Blow, D. M., and Crick, F. H. C., *Acta Cryst.*, 12, 794 (1959).

13. Bragg, W. L., and Perutz, M. F. *Proc. Roy. Soc.*, A, 225, 315 (1954).

14. Ingram, D. J. E., Gibson, J. F., Perutz, M. F., *Nature*, 178, 905 (1956).

15. Kendrew, J. C., Dickerson, R. E., Strandberg, B., Hart, R. G., Davies, D. R., Phillips, D. C., and Shore, V. C., (see following article).

16. Scouloudi, H. *Nature*, 183, 374 (1959).

17. Kendrew, J. C. (private communication)

18. Haurowitz, F., *Hoppe-Seyl. Z.*, 254, 266 (1938).

19. Jope, H. M., O'Brien, J. R. P. in "Hæmoglobin", 269 (Butterworths, London, 1949).

20. Perutz, M. F., Trotter, I. F., Howells, E. R., Green, D. W., *Acta Cryst.*, 8, 241 (1955).

21. Riggs, A. F., *J. Gen. Physiol.* 36, 1 (1952).

우주배경복사

우주 대폭발의 해답이 담긴
우주의 희미한 속삭임

아노 펜지어스, 로버트 윌슨, 로버트 디키 (1965)

아노 펜지어스(Arno Penzias, 1933~)와 로버트 윌슨(Robert Wilson, 1936~)
은 전파 때문에 애를 먹고 있었다. 1964년 여름 중반 이후로 몇 달 동
안 그들은 전파수신기에서 사방팔방으로 잡히는 잡음의 원인이 무엇
인지를 알아내려고 고군분투하고 있었다.

이들이 사용한 장치는 보통의 라디오 수신기가 아니었다. 이 수신기
는 1960년에 최초 통신 위성인 에코(Echo)로부터 나오는 전파를 감지
하기 위해 만들어진 특수한 수신기였다. 안테나는 주변이나 땅으로부
터의 잡음을 최소화하기 위해 나팔 모양을 하고 있다. 폭은 60센티미터
다. 증폭기는 진공관이나 트랜지스터가 아니라 최신형 메이저(maser)
로 만들어졌고 약한 신호를 증폭하기 위해 양자 효과가 응용되었다. 이
양자 증폭기는 전파 가운데 마이크로파 대역에 속하는, 초당 4,080메
가헤르츠*로 진동하는 특정 전파만을 수신하도록 아주 정교하게 만들
어졌다. 메이저는 내부 잡음을 줄이기 위해 액체헬륨으로 절대온도보
다 고작 4도 높은, 그러니까 섭씨 영하 269도의 극저온 상태를 유지하
고 있다.

1963년이 되자 이 전파 수신기는 통신용으로 더 이상 쓰이지 않게
되었다. 그러자 이 장치를 소유한 벨 연구소는 순수하게 과학을 연구하
는 용도로 사용하라며 펜지어스와 윌슨에게 전파 수신기를 넘겨주었

---

*100만 헤르츠.

다. 펜지어스와 윌슨은 전파 천문학자였다. 그들은 가시광선이 아니라 전파를 분석함으로써 천체를 연구했다. 이제 이 전파 수신기는 그들의 망원경이 되었다. 펜지어스는 2년 동안 벨 연구소에 근무한 서른의 젊은이였고, 27세에 이미 머리가 벗겨진 윌슨은 휴스턴에 사는 유전 개발 과학자의 아들로, 이제 막 벨 연구소에 들어온 신참내기였다.

두 젊은 천문학자는 이 정밀한 장비를 마음대로 쓸 수 있어서 매우 기뻤다. 그들은 은하수의 가스에서 발생하는 전파를 수신하는 것으로 관측을 시작했다. 하지만 그러기 위해서 우선 장비 자체에서 발생하는 모든 내부의 '잡음'을 확인해 그 원인을 없애야만 했다. 그런데 잡음의 원인을 모두 찾아낸 후에도 여전히 설명이 되지 않는 잡음이 남아 있었다. 몇 해 전에도 다른 과학자가 이 전파망원경에서 풀리지 않는 잡음을 확인한 바 있었다. 하지만 실험 오차를 비롯한 다른 불확실한 면에 비하자면 잡음의 영향이 더 작았기 때문에 그 누구도 여기에 큰 관심을 기울이지 않았다. 확실히 잡음을 제거하는 일에는 좀 더 좋은 장비와 엄밀한 측정이 요구되었다. 펜지어스와 윌슨은 바로 그런 장비를 갖고 있었다.

전파의 잡음은 어디에든 생겨날 수 있다. 태양으로 뜨거워진 지표로부터 발생할 수도 있었고, 지구 대기 중의 분자들이나 별 사이에서 발생하는 가스로부터 나올 수도 있었다. 잡음은 증폭기나 안테나, 또는 이 둘 사이를 연결하는 전선에서도 발생할 수 있다. 펜지어스와 윌슨은 잡음의 모든 진원지를 조사했다. 그들은 망원경을 여러 각도로 기울여 보기도 했고, 지구가 태양을 중심으로 공전하기 때문에 계절마다 망원경을 모니터해 보기도 했다. 그러나 잡음은 여전했다. 두 천문학자는 뉴욕 같은 대도시를 향해 안테나를 설정해 보기도 했지만 미스터리한 잡음은 여전했다. 잡음을 잡기 위해 메이저 증폭기를 분해해 보았지만 원인을 찾지 못했다. (펜지어스는 박사과정에서 메이저를 만들어 본 경력이 있기 때문에 메이저에 대해 잘 알고 있었다.) 그들은 희미한 잡음이 연결 전선에서 나오는 것이 아닐까 하고 추정해 보았다. 잡음이 안테나의 연결 부위에서 발생할 수도 있는 걸까? 그래서 두 천문학자는 의심이 되는 접합부에 알루미늄 테이프를 감쌌다. 그럼에도 잡음은 아무런 변화도 보이지 않았다.

그들은 비둘기 한 쌍이 망원경에 집을 만들어 놓고 화장실로 사용하고 있다는 것을 발견했다. 훗날 노벨상 강연에서 윌슨은 이렇게 회상했다. "우리는 비둘기를 쫓아내고 비둘기들이 남겨 놓은 흔적을 깨끗이 치웠다. 그럼에도 잡음은 아주 조금밖에 줄어들지 않았다."[1] (그 비둘기들은 뉴저지 주의 벨 통신사 본사가 있는 위퍼니[Whippany]로 보내졌다. 하지만 집비둘기인지라 이틀 만에 이 최첨단 둥지로 되돌아왔다.) 어쨌든 마치 파티장에서 웅성거리는 것과 같은 잡음은 무슨 수를 써도 사라지지 않았다.

두 천문학자는 유능한 젊은이들이었다. 펜지어스는 컬럼비아 대학에서 노벨상을 수상한 이시도어 라비(Isidor Rabi, 1898~1988)와 역시 노벨상을 수상한 메이저 발명가 찰스 타운스(Charles Townes, 1015~)의 지도를 받으며 실험물리학으로 박사 학위를 받았다. 고등학생일 때 이미 라디오와 텔레비전을 고칠 수 있었던 윌슨은 캘리포니아 공과 대학에서 물리학으로 박사 학위를 받았다. 우리가 앞에서 만나 보았던 다른 연구 팀처럼 그 둘의 성격은 상호보완적이었다. 1939년, 가족과 함께 독일을 떠나온 펜지어스는 야심이 컸다. 그는 대담했으며 열정이 넘쳤고 사고범위가 넓으며 세세한 데에는 별로 관심을 두지 않았다. 반면 윌슨은 조용하고 근면하며 작은 일에도 세심해서 장비가 최적의 성능을 발휘할 때까지 몇 시간 동안 자리를 옮기지도 않고 기계를 수리하는 진득한 성격이었다. 그들은 서로를 보완하는 각자의 장점을 잘 알고 있었기에 자신들의 능력을 과신하는 경향이 있었다. 때문에 그들은 전파망원경에서 발생하는 모든 잡음의 원인을 찾아냈다고 믿었다. 하지만 정체를 알 수 없는 잡음은 여전히 남아 있었다. 이 잡음은 시간적으로도 공간적으로도 모든 방향에서 일정했다. 이 잡음은 마치 라디오를 절대온도 3도인 곳에 두었을 때 나오는 소리 같았다. 과연 이 잡음은 대체 무엇일까? 펜지어스와 윌슨은 계속해서 고민했다.

1964년 12월, 천문학회를 다녀오는 비행기 안에서 펜지어스는 워싱턴 D. C.의 카네기 연구소 동료였던 전파 천문학자 버니 버크(Bernie Burke)에게 자신들의 '잡음 문제'에 대해 털어놓았다. 얼마 지나지 않아 버크는 펜지어스에게 전화하여 몇 가지 흥미로운 소식을 알려 주었다. 버크는 프린스턴 대학에서 저명한 물리학자 로버트 디키의 지도를 받는 제임스 피블스(James Peebles)라는 29세의 총명한 이론 물리학자가 쓴 논문 초안을 이제 막 읽어 보았다. 피블스는 빅뱅 우주론자였다. 그는 논문에서 우주가 탄생했을 때 생긴 막대한 열 때문에 현재 우주에는 사방으로 균일하고 일정하게 우주배경복사가 남아 있어야 한다고 주장했다. 마치 식은 목욕물처럼 말이다. 이 우주 목욕탕의 온도는 절대온도 10도 정도라고 했다. 그리고 이는 정밀한 전파망원경에서 일정한 잡음으로 잡힐 것이라고 했다.

이 결정적인 순간에, 디키의 다른 두 학생인 피터 롤(Peter Roll)과 데이비드 윌킨슨(David Wilkinson)은 우주배경복사를 추적하기 위한 전파망원경을 제작하는 마무리 작업을 하고 있었다. 조만간 그들 역시 우주의 방송을 들을 예정이었다.

버크의 전화를 받은 후 펜지어스는 디키에게 전화를 걸었다. 그들은 이 문제에 대해 이야기를 주고받았다. 디키는 전화를 끊은 후 바로 차를 운전해 50킬로미터를 달려왔고 도착하자마자 펜지어스의 전파망원경과 데이터를 조사했다. 뛰어난 실험가이자 이론가인 디키는 본인이 무엇을 찾고 있는지를 잘 알고 있었다. 이 순간에 그가 얼마나 놀라고 흥분했으며 고통스러웠을지는 누구나 쉽게 상상할 수 있을 것이다. 먼저 이론적인 예측이 있었기 때문에 곧 예측의 결과를 발견할 수 있는 상황이었다. 그런데 지금 그는 수렁에 빠져버리고 말았다. 펜지어스와 윌슨은 디키가 알려 준 뜻밖의 새로운 사실에도 불구하고 자신들의 결과를 해석하는 데 좀 더 신중한 태도를 보였다. 펜지어스는 "하루 만에 모든 것을 정확하게 알아맞힐 수는 없다."[2]하고 말했을 정도였다. 윌슨은 "우리는 우리의 관측이 빅뱅이론과 관련이 없으며 그 이론보다 더 오래 남을 것이라고 생각했다."[3] 하지만 펜지어스와 윌슨이 노벨상을 수상한 1978년까지도 그 '이론'은 여전히 유효했다.

펜지어스와 윌슨은 우주가 대폭발(빅뱅)로 시작되었다면 관측되어야 하는 우주배경복사를 우연히 발견했다. 우주배경복사는 대다수의 과학자들이 생각하는 빅뱅이론의 가장 강력한 증거다. 1929년, 허블이 팽창우주이론을 발표하고 이 발견이 증명된 지 얼마 되지 않았을 때 최초의 실험적 근거가 제시되었다. 그러나 계산해 보면 우주배경복사는 우주가 태어난 지 1초도 안 되었을 때 일어난 일의 결과다! 우주배경복사는 갓 태어난 우주를 최초로 엿볼 수 있게 해주었다. 그 이전에는 어느 누구도 이 정도로 우주의 탄생 순간에 접근한 적이 없었다. 이 위대한 발견은 영국의 신비주의 시인인 윌리엄 블레이크(William Blake, 1757~1827)의 "그대 손바닥 안에 무한을 거머쥐고(Hold infinity in the palm of your hand)"[4]라는 구절이 생각나게 한다.

많은 과학적 발견들이 그랬듯이 우주배경복사에 관한 이야기 역시 무지와 뛰어난 재기, 놓쳐 버린 기회, 긍정적이고 부정적인 홍보, 과학의 과도한 특성화, 그리고 우연이 마구잡이로 뒤섞여 있다. 1964년 뜨거운 여름의 어느 날, 디키가 우주배경복사를 예측했다. 펜지어스와 윌슨은 1964년 가을의 어느 날, 우연히 우주배경복사를 발견했다. 그러나 사실은 이 일이 있기 전에 이미 예측된 발견이 있었다.

우주배경복사에 대한 최초의 예측은 1940년대 후반 존스 홉킨스 대학 응용물리학 연구소에 근무하던 물리학자 가모프와 랄프 앨퍼(Ralph Alpher, 1921~2007), 그리고 로버트 허먼(Robert Herman, 1914~1997)의 계산을 바탕에 두고 있다. 이 과학자들은 우주의 진화 과정에서 핵 합성을 통해 화학 원소들이 탄생한 것을 설명하려고 했다. 이 연구에서 도출된 부차적인 결과 중 하나가 우주가 탄생한 후 곧바로 우주배경복사가 형성되었다는 것이다. 1949년, 좀 더 면밀한 계산을 통해 앨퍼와 허먼은 우주배경복사의 온도가 오늘날에는 절대온도 5도로 떨어져 전자기파 스펙트럼에서 전파에 속할 것이라고 주장했다.

1956년까지 가모프, 앨퍼, 그리고 허먼은 주요 물리학 저널에 자신들이 예측한 복사파에 관해 여섯 편의 논문을 발표했다. 여기에서 더 나아가자 기술적으로 그 현상을 관측하는 것도 가능해졌다. 그런데 왜 실제로 관측이 이루어지지 않았던 걸까? 한 가지 이유는 이 세 명의 과학자들이 우주배경복사가 오늘날까지도 남아 있을 것인지를 의심했기 때문이다. 그리고 그들은 다른 전파 발생원이 우주배경복사를 가려 버리지 않았을까 하고 생각했다. 가모프, 앨퍼, 그리고 허먼은 이론가였지 실험가가 아니었다. 그들은 무엇은 측정할 수 있고 무엇은 측정할 수 없는지를 잘 알지 못했다. 더군다나 그들은 물리학자였지 천문학자가 아니었다. 이 두 분야는 서로 원활한 의사소통을 주고받지 못했다. 천문학 내에서조차도 실제 관측을 할 수 있는 전파 천문학자은 약간 고립되어 있었다. 그래서 이처럼 중요한 예측은 안개 속으로 사라져 버리고 말았다. 세 명의 물리학자들은 이 연구를 그만 두고 다른 연구로 옮겨가 버렸다.

디키의 연구팀 역시 혼란스럽기는 마찬가지였다. 이론가들로 이루어진 이 연구팀은 가모프, 앨퍼, 그리고 허먼이 앞서 발표했던 예측을 알지 못했다. 그들은 자신들이 우주배경복사를 최초로 예측했다고 믿었다. 후일에 피블스는 다소 부끄러워하면서 나에게 이렇게 말했다. "우리가 숙제를 제대로 안 했지."[5] 1975년 디키는 자신의 전기에 이렇게 썼다. "그 일은 전적으로 내 책임이다. 우리 연구팀의 나머지 사람들은 그 오래된 논문을 알기엔 너무 젊었다."[6]

이제 우주배경복사의 발견에 대한 이야기로 넘어가 보자. 우주배경복사는 1930년대 말에서 1940년대 초 미국 천문학자 월터 시드니 애덤스(Walter Sydney Adams, 1876~1956)와 시어도어 던햄(Theodore Dunham, Jr., 1897~1984)이 최초로 발견했다. 아주 간접적인 방법으로 말이다. 이 두 과학자는 우주 공간에 있는 시아노겐(CN_2) 분자에 의해 빛이 흡수되는 희미한 징후를 발견했다. 1941년, 캐나다 연방자치 천문대(Dominion Astrophysical Observatory) 소속의 앤드류 맥켈러(Andrew McKeller, 1910~1960)는 시아노겐 분자들이 주변에 있는 절대온도 2.3도의 배경복사에 의해 높은 에너지 상태로 점프한다는 계산을 내놓았다. 비슷한 시기에, 저명한 분자 분광학자인 게르하르트 헤르츠베르크(Gerhard Herzberg, 1904~1999)도 동일한 결론을 내렸다. 그럼에도 불구하고 1940년대 초반에 우주배경복사를 빅뱅 우주론과 연관 지은 이론은 하나도 없었다. 따라서 우주배경복사의 발견이 가진 더 대단한 의미를 추정하는 일은 불가능했다. 우주 공간에 존재하는 2.3K의 배경복사는 실험 과학자들이 머릿속으로 따져 보아야만 하는 숱한 문제들 가운데 아주 사소한 것에 불과했다. 이론적인 토대도, 설명도 없다면 제한적인 의미만 가질 뿐이었다.

불행하게도 10년 후, 가모프 일당이 처음으로 이론을 내놓았을 때 그들은 애덤스와 던햄, 그리고 맥켈러가 자신들과 다른 분야에서 발표한 실험 결과에 대해 전혀 알지 못했다. 이로 인해 이론과 실험의 만남은 또다시 어긋나 버렸다. 디키 연구팀은 물론, 가모프 일당과 애덤스 일당도 그 의미를 몰랐다. 펜지어스와 윌슨도 마찬가지였다. 1964년, 두 명의 러시아 물리학자 안드레이 도로시케비치(Andrei Doroshkevich)와 이고르 노비코프(Igor Novikov)는 소련의 물리학 지에 영어로 쓴 논문을 발표했다. 이들은 논문에서 우주배경복사를 측정할 수 있을 뿐만 아니라 이 측정을 하기에 가장 좋은 망원경이 바로 펜지어스와 윌슨이 사용한 전파망원경이라고 했다! 그러나 이들의 결과는 여러 해 동안 알려지지 않았다. 이미 여러 그룹에서 수십억 광년 떨어진 우주의 커뮤니케이션에 대해 논의하고 있었음에도 불구하고 고작 몇 백 킬로미터 거리를 두고 있던 과학자들 간에 아무런 교류도 이루어지지 않았던 것이 참 아이러니하다.

이 기상천외한 만남 이후 디키와 펜지어스는 1965년 초 「천문학회지(Astrophysical Journal)」 동일 호에 앞뒤로 논문을 발표하기로 합의했다.

빅뱅 우주론은 1915년에 세워진 일반상대성이론에 기반을 두고 있다 (자세한 내용은 12장 참조). 우주를 전체로 바라볼 경우, 아인슈타인의 중력이론은 우주를 이루는 물질들이 행성과 별, 그리고 은하로 집중되어 있는 것이 아니라 해변의 모래알처럼 골고루 퍼져 있다고 단순하게 가정한다. 그러면 우주의 물질과 에너지의 평균 밀도를 따져 볼 수 있고 우주의 평균 온도도 이야기할 수 있다. 아인슈타인의 중력 방정식은 물질의 평균 밀도와 온도가 중력에 의해, 또 시간에 의해 어떻게 달라지는지를 보여준다.

세무사에게 주어야 하는 재정 상황에 관한 데이터처럼, 아인슈타인의 중력 방정식에는 세 가지의 변수가 꼭 필요하다. 먼저 현재의 물질이 가지고 있는 밀도도 방대한 우주 공간에 있는 총 질량을 예측한 후다시 우주의 부피도 나누면 얻을 수 있다. 두 번째로 현재 우주의 팽창속도로 은하들이 서로 간에 얼마나 빨리 멀어지고 있으며 그들 간에거리가 어떤지도 알 수 있으며, 마지막으로 현재 우주의 '가속도'로 속도의 변화량을 의미하는 우주의 팽창 속도 증가율을 알 수 있다. 이 세가지 변수를 직간접적으로 알아내면 아인슈타인의 중력 방정식으로먼 과거에서부터 먼 미래까지를 알아볼 수 있다.

빅뱅 우주론의 핵심은 우주가 과거에 더 뜨거웠다는 것이다. 12장에서 보았듯이 우주가 팽창하고 있다는 ― 모든 은하들이 서로에게서 점점 멀어지고 있다는 ― 것은 과거에는 좀 더 작고 좀 더 압축되어 있었다는 이야기가 된다. 우주에 있는 물질과 에너지의 온도는 과거에 더높았다. 과거로 갈수록 우주의 밀도는 높아지고 온도 또한 높아진다. 사실 빅뱅 우주론은 우주가 점점 팽창하면서 식어 왔다고 말한다.

우주배경복사는 우주가 탄생하고 1초도 안 되어 발생했다. 아인슈타인의 중력 방정식에 따르면 우주가 탄생한 지 약 1초가 지났을 때 우주의 온도는 수백억 도에 달했다. 이 정도 온도에서는 은하와 별, 그리고행성도 존재하지 않았으며 심지어 개별 원자들조차도 없었다. 이처럼뜨거운 우주는 걸쭉한 소립자 스프 상태로 전자기파에서 진동수가 매우 높은 감마선 대역을 내뿜었다. (가시광선은 전자기파 스펙트럼에서 아주 좁은 영역을 차지한다. 전파는 가시광선보다 진동수가 더 낮고 X선과 감마선은 더 높다.)

물론 그렇게 극단적인 상태를 온전히 이해하는 것은 거의 불가능하다. 지구에서는 이렇게 높은 온도와 밀도를 경험할 수 없기 때문이다.

단지 이론과 방정식으로 가정할 수 있을 뿐이다. 우리는 이를 위해 상상력을 확장해야 한다.

이제 우리는 특정 전자기복사인 우주배경복사의 기원에 다다랐다. 전자기복사는 전기를 띤 모든 입자들에 의해 방출되고 흡수된다. 전기를 띤 입자들이 아주 많은 경우 전자기복사는 결국 흑체복사가 된다. 1장에서 이야기했듯이, 흑체복사는 특정한 진동수 영역에서 특정한 에너지 양을 가지므로 전체적으로 일정 온도를 띠게 된다. 수백억 도의 온도에서는 전자와 반전자(전자의 반입자)가 움직이는 다른 입자들로부터 막대한 에너지 양이 생겨난다. 그 결과 전자기복사는 흑체복사로 전환된다.

1초 후에 이 복사는 어떻게 될까? 빅뱅 물리학의 이론적 결과에 따르면 광자라고 하는 복사 입자들이 물질의 입자들보다 수가 더 많으면 우주를 채우는 전자기복사는 우주가 팽창하고 식어가면서도 흑체복사로 계속 유지된다. 팽창하면서 변하는 것은 오직 복사의 온도가 낮아지는 것뿐이다. 따라서 약 150억 년이 흐른 오늘날에도 우주는 흑체복사로 채워져 있어야 한다. 그리고 그것이 바로 과학자들이 예측했던 우주배경복사다.

최종적으로 우주가 탄생한 순간부터 시작해 지금까지 우주가 얼마나 팽창했는지를 알면 오늘날 우주 흑체복사의 온도를 추정할 수 있다. 1949년, 앨퍼와 허먼이 이를 추정해 본 것이고 1964년, 피블스가 또다시 이에 대한 결과를 내놓은 것이다. 이 계산은 우주의 물질 25퍼센트가 헬륨이라는 바탕을 두고 있다. 헬륨은 우주가 탄생하고 100초가 지나 10억 도의 온도가 되었을 때 양성자와 중성자가 결합해 형성되었다고 여겨진다. 헬륨의 비율을 설명하기 위해는 특정한 조건이 필요하다. 우주가 탄생하고 100초가 되었을 때 이론적으로 구한 물질의 밀도와 오늘날 관측한 물질의 밀도를 비교함으로써 지금까지 우주는 약 1억 배 정도 확장했다고 추정해 볼 수 있다. 그 사이에 온도는 1억 배 낮아졌다. 그 결과 우주배경복사는 현재 절대온도 3도로 식은 상태여야 한다.

로버트 디키는 1916년 5월 미국 미주리 주 세인트루이스에서 전기공학을 공부한 특허 심사관의 아들로 태어났다. 과학적 상상력이 풍부했던 어린 디키는 과학 분야에서 일찍이 두각을 드러냈다. 고등학교 시절 그는 외부 우주 공간이 가진 물질의 밀도를 조사하기 위해 우주적인 차원의 실험을 상상으로 고안해서 직접 실행했다. 디키는 전기 저항을 측정하는 장비인 휘트스톤 브리지(Wheatstone bridge)에 전등을 하나 켰다. 그 다음 하늘과 바닥을 번갈아가며 전등을 비추었다. 이 똘똘한 소년은, 위로 향한 빛은 먼 우주에 있는 물질에 의해 흡수되지 않지만 바닥을 향한 빛은 흡수되기 때문에 전기저항이 달라질 것이라고 추론했다. 우리는 여기에서 이론가이자 실험가인 디키의 뛰어난 능력을 엿볼 수 있다. 이론과 실험에 능통한 물리학자는 매우 드물다. 디키는 세탁 건조기에서부터 레이저까지 50여 가지 특허에 자기 이름을 붙였다.

디키는 1939년 프린스턴 대학에서 물리학으로 학사 학위를 받았고 1946년 로체스터 대학에서 박사 학위를 받았다. 디키는 전자 장비에 관해 천부적인 능력을 가지고 있었다. 2차 세계대전 동안 디키는 MIT의 유명한 래드랩(Radiation Laboratory)에 있으면서 여러 마이크로회로 장치와 레이더 시스템을 발명했다. 그 가운데에는 1944년에 발명한 디키 복사계(Dicke radiometer)도 있다. 이 장치는 신호가 발생하는 쪽을 향한 하나의 신호감지기와 주변의 액체 헬륨을 향한 또 다른 신호감지기 간에 증폭기를 재빨리 역전시켜 주변의 잡음으로부터 미약한 전파를 잡아낼 수 있다. 신호는 스위칭 타이밍에 따라 달라지지만 배경 잡음은 변화가 없다. 이런 까닭에 디키 복사계는 펜지어스와 윌슨이 사용했던 것을 포함해 모든 전파망원경에서 표준 장치로 쓰인다.

1960년대 초, 디키는 아인슈타인의 중력이론에서 핵심적인 등가 원리, 즉 중력 질량과 관성 질량이 같은지를 증명하기 위해 매우 정밀한 관측을 실시했다. 이론가 디키는 1950년대에 레이저에 관한 최초의 양자이론을 완성했다. 나아가 1960년대 초에는 훗날 아인슈타인의 이론과 라이벌 구도를 이룰 만한 중력이론을 발표했다.

1960년대 중반에 디키는 살아 있는 전설이었다. 제자들에게 존경을 받았던 그는 러더퍼드처럼 학생들을 자식과 다름없이 여겼다. 그는 조용하고 겸손하며 고대 그리스 시대의 신탁과 같은 혜안을 지니고 있었다.

피블스는 디키가 우주배경복사에 대해 처음으로 생각해 냈을 때를 다음과 같이 기억했다.

1964년경이었다. 내 기억으로는 아주 더운 여름날이었다. 우리는 평상시 저녁처럼 몇 명이서 모였다. 어떤 이유 때문에 우리는 팔머의 연구실 다락방에서 모였다. 디키는 우리에게 처음으로 왜 우주가 초기에 뜨거웠을 것이라고 생각하는지에 대해 설명해 주었다. 그는 우주가 진동하고 있으며 무거운 원소들을 파괴해 수소로 다시 돌아갈 무언가를 필요로 한다고 생각하고 있었다. 무거운 원소를 파괴하는 방법은 흑체복사 안에서 무거운 원소들을 열적으로 분해하는 것이다. 그래서 그는 그때 우리에게 왜 우주가 흑체복사로 채워져 있는 게 좋은지를 설명해 주었다.[7]

디키의 논리는 놀랍다. 시작부터 그는 '진동우주론'을 믿고 있었다. 진동우주론은 1930년대 초 캘리포니아 공과대학의 리처드 톨먼(Richard Tolman, 1881~1948)이 처음으로 폭넓게 논의한 표준 빅뱅이론 중 하나다. 원래 진동우주라는 개념은 불교와 힌두교의 우주론에 바탕을 두고 있다. 진동하는 우주는 마치 거대한 폐처럼 팽창했다가 수축하고 다시 팽창하기를 반복한다. 따라서 진동우주론은 팽창우주론에서 말하는 것과는 달리 우주가 계속 팽창하기만 하는 것이 아님을 주장한다. 불교의 윤회사상처럼 우주는 무한한 진동을 반복한다.

여러 이유로 인해 디키는 시간이 0인 우주의 '초기 상태'를 가정하고 싶지 않았다. 그리고 어떻게 물질과 에너지가 무로부터 생겨났는지, 왜 물질이 반물질보다 많이 남아 있는지를 비롯해 여러 난제들에 대해 가설을 세우고 싶지 않았다. 진동우주에서는 이런 질문들을 붙들고 씨름할 필요가 없다. 이 진동우주론 신봉자는 우주가 항상 그랬던 것처럼 지금도 그렇게 존재한다고 말한다. 우주에는 항상 물질과 에너지가 존재했다. 물질은 항상 반물질보다 많았다. 이런 식으로 말하는 것이다. 디키는 자신의 논문에 이렇게 적었다. "(진동우주론은)과거 어느 시점에 물질이 발생했을 것이라는 생각으로부터 우리를 해방시켜 준다."

당시 디키의 주장은 이러했다. 우리는 탄소, 산소와 같은 무거운 원소들이 별의 핵반응을 통해 좀 더 가벼운 원소들로부터 끊임없이 생성된다고 믿는다. 그러나 이 원소들이(영원히 지속되는) 진동우주의 사이클에서 어느 시점에 파괴되지 않는다면 결국 우주는 무거운 원소들로만 이루어질 것이고 그렇게 되면 우주의 주요 물질이 가장 가벼운 원자인 수소와 헬륨이라는 관측은 어긋나게 된다. 따라서 우주는 순환할 때마다 어느 시점에는 가장 뜨겁고 밀도가 높은 상태로 돌아가며 온도는 최소 100억 도에 도달해야 한다. 그래야 모든 무거운 원소들이 파괴되어 원시 상태로 돌아가 수소에서 다시 시작하는 것이다. 그리고 100억 도에서는 전자들이 너무나도 많아서 공간은 흑체복사, 즉 우주배경복사로 채워지게 된다.

여기에서 중요한 점은 디키의 우주배경복사에 대한 예측이 자신의 진동우주론에서 비롯된 게 아니라는 것이다. 이런 예측은 한때 100억 도 이상이었다면 어떤 우주라면 가능하다. 특히 우주배경복사에 대한 예측은 표준 빅뱅 우주론에 딱 들어맞는다.

디키, 피블스, 롤, 그리고 윌킨슨은 일반적인 빅뱅이론, 즉 무한한 밀도를 가진 '특이점(singularity)'에서 시간이 시작되었다는 우주 탄생설을 부정하는 것으로 1965년의 논문을 시작했다. 특히 그들은 왜 우주에 반물질보다 물질이 더 많은지에 대한 어떤 설명도 인정하지 않았다. 모든 종류의 소립자들은 각자의 특성을 가지며 동시에 반대 전하를 가진 반입자가 가진다. 따라서 누구든지 입자의 수와 반입자의 수가 동일해야 한다고 생각할 수 있다. 디키는 이렇게 적었다. "우리는 기존 이론의 틀로는 반물질보다 과도하게 많은 물질의 기원을 이해할 수 없다." 이 과학자들은 우주가 무에서 창조되었다는 이론에 본질적인 문제가 있다고 생각한다. 물질과 반물질의 비대칭성은 시작부터 너무 많은 가설을 요구하는데 이것 자체가 문제라는 것이다.

그래서 디키 연구팀은 t = 0이라는 특이점을 가진 우주의 시작에 관해 몇 가지 가설을 정리했다. 그들이 가장 선호한 가설은 전통적인 빅뱅이론의 특이점은 절대 일어나지 않았다는 것이다. 이는 비현실적인 가설이며 '실제 세상에서' 일어날 수 없다고 말이다. 그런 다음 디키 연구팀은 디키의 지론인 진동우주로 화제를 옮겼다. 이미 앞에서 이야기했듯이 진동우주는 시작이 없기 때문에 어떤 가설도 증명할 필요가 없다는 장점이 있다. 진동우주는 끊임없이 팽창하고 수축하면서 영원히 지속되는 우주다.

또한 진동우주는 '닫혀(closed)' 있다. 닫힌 우주는 물질과 에너지가 충분하기 때문에 팽창하다가도 중력의 힘에 의해 어느 순간 붕괴한다. 반면 '열린(open)' 우주는 팽창을 멈추게 할 만큼 중력이 강하지 못해서 영원히 팽창한다.

디키 연구팀은 바리온(baryon)*이란 특정 소립자에 대해 언급했다. 1965년, 당시 입자물리학 이론에 따르면 바리온의 총 수는 변할 수가 없었다. 따라서 디키 연구팀은 t = 0일 때의 바리온의 수를 설명하기보다는 진동우주론을 전제로 설명했다. 결과를 말하자면 바리온의 수는 아주 먼 옛날에 그랬던 것처럼 지금도 같다는 식이다.

그러고 나서 디키 연구팀은 앞서 말했던 흑체복사로 넘어갔다. 연구팀은 우주가 한때 백억 도 이상이었다면 진동우주든 아니든 상관없음을 분명하게 밝혔다. 여기에서 온도는 절대온도를 말한다. 절대온도 0도는 가장 낮은 온도로 섭씨 영하 273도다.

디키는 단열 냉각하는 우주, 즉 총 에너지는 변함이 없지만 복사 온도가 반지름에 반비례한다는 잘 알려진 결과를 도입했다. 예를 들어 우주가 열 배 팽창한 경우 온도는 열 배로 줄어든다.

디키 연구팀은 이 논문에서 오늘날 우주배경복사의 온도가 얼마나 되는지를 추정하지 않았다. 하지만 이들은 그 온도가 40K 이하여야 한다고 주장했다. 그렇지 않으면 우주는 이미 수축을 시작해야 할 정도의 중력이 존재하는 것이기 때문이다. (흥미롭게도 20년 전에 이미 디키는 자신이 만든 복사계로 하늘을 측정했을 때 우주의 온도가 20K이하라는 결론을 내렸다. 그러나 당시 그는 자신의 측정 결과를 잊고 있었다.)

디키 연구팀은 자신들의 예측 결과를 진지하게 받아들이고 있음을 우리에게 알려 주었다. "분명히 태초의 열복사를 직접 관측하려는 시

---

*바리온은 세 개의 쿼크(21장에서 자세히)로 이루어진 입자로 중입자라고도 한다. 바리온의 대표적인 예가 양성자와 중성자다.

도는 고려해 볼 만하다." 그러면서 롤과 윌킨슨이 이미 우주배경복사를 추적하기 위한 전파 수신기를 구축했다고 언급했다. 그들의 전파 수신기는 파장이 3.2센티미터, 그러니까 1초에 93억 7천만 번을 진동하는 전파에 맞춰져 있다. 디키는 이 진동수가 자신들이 예측한 우주배경복사를 모니터하기에 왜 좋은지를 설명했다. 이보다 진동수(짧은 파장)가 높으면 우주배경복사가 수신기에 닿기도 전에 대기에 흡수되고 만다. 반면 진동수(긴 파장)가 낮으면 은하 속의 가스가 내뿜는 강한 전파로 인해 우주배경복사가 가려지고 만다.

디키 연구팀은 막 관측을 시작하려고 했을 때 펜지어스와 윌슨의 실험 결과를 알게 되었다고 썼다. 그들은 관측한 전파 스펙트럼이 예측했던 흑체복사의 모양과 일치하는지를 알아보기 위해서 여러 파장에서 우주배경복사를 측정해야 할 필요가 있음을 지적했다. 펜지어스와 윌슨은 단일 파장에 대해서만 관측했다.

결론 부분에서 디키는 진동우주에 대한 강한 선입견을 드러냈다. 이미 앞에서 피블스가 보여준 바에 따르면 우주의 풍부한 헬륨 비율(약 25퍼센트인 것으로 관측), 오늘날의 물질 밀도, 그리고 관측된 우주배경복사의 온도 간에는 상관관계가 있다. 펜지어스와 윌슨의 관측에 의해 마지막 값이 정해지면 헬륨의 비율과 물질의 밀도 간에 상관관계가 남게 된다. 헬륨의 최대 비율을 25퍼센트라고 할 경우 물질의 최대 밀도는 1입방 센티미터당 3×10^{-32}그램이 된다. 이 정도의 밀도는 진동하는 '닫힌' 우주가 되기 위해 필요한 밀도에 비하면 훨씬 낮다. 따라서 진동우주는 제거될 운명에 처하게 되었다.

디키는 진동우주론을 구하기 위해 특이하고 이례적인 몇 가지 제안을 내놓았다. (1)우주가 10억 도였을 때 훨씬 더 빨리 팽창했다면 25퍼센트 정도의 적은 헬륨으로도 더 높은 물질의 밀도를 만들어 낼 수 있다. 혹은 제로-매스 스칼라(zero-mass scalar)라고 하는 가상의 에너지 형태가 좀 더 빠른 팽창을 일으켰을지도 모른다. (디키가 세운 중력이론, 즉 브랜스-디키 이론에는 제로-매스 스칼라가 포함되어 있다.) (2)또 다른 에너지 형태, 예를 들어 중력 복사 같은 것이 우주를 좀 더 빠르게 팽창시켰을 수 있다. (3)상당히 많은 뉴트리노로 인해 헬륨이 25퍼센트 이상이 아니어도 더 높은 물질의 밀도를 가능하게 할 수 있다.

많은 위대한 과학자들과 마찬가지로 디키 또한 철학적으로 선호하는 무언가가 분명하게 있었다. 동시에 그는 실험에 관해서는 개방적이었다. 출판이 되지 않은 그의 자서전에서 디키는 이렇게 적었다. "나는 실험가라면 난잡한 이론에 의해 과도하게 구속을 받아서는 안 된다고 오랫동안 믿어 왔다. 만약 실험가가 이론적인 한계를 그어 놓고 연구를 시작한다면 그는 결코 획기적인 실험을 해낼 수 없다."[8]

펜지어스와 윌슨의 1965년 논문에서 가장 먼저 눈에 띄는 것은 바로 제목이다. 「4080 메가사이클/초에서 초과 안테나 온도 측정(A Measurement of Excess Antenna Temperature at 4080 Mc/s)」은 과도하게 의미를 축소한 제목이다. 이미 앞에서 언급했듯이, 이 두 과학자는 자신들의 실험 결과에 어떤 대단한 의미를 부여하는 데 조심스러웠다. 그들은 디키 연구팀에게 자신들의 실험 결과가 가진 의미를 추정해 보도록 했다. 사실 그들은 논문에서 그 어떤 이론적 해석도 하지 않으려고 했다.

'초과 안테나 온도'는 전파망원경에서 측정한 전자발생원을 알 수 없는 전파의 세기를 의미한다. 각각의 진동수에서 에너지의 세기는 유효 온도라는 용어로 표현할 수 있는데, 여기에서 온도는 더하고 빼기가 가능하다. 따라서 계산은 이렇게 된다. 수신된 초당 40억 8천만 번을 진동하는 전파 에너지의 총 세기는 온도 6.7K에 해당했다. 이 전체 값에서 대기가 발생한 전파가 기여한 값은 2.3K였다. 그리고 안테나에서 불가피하게 발생하는 열과 안테나 아래의 따뜻한 기운에 의한 값을 합치면 0.9K였다. 6.7K에서 2.3K와 0.9K를 빼면 3.5K가 남는다. 이 3.5K가 바로 초과 안테나 온도다. 그리고 이 3.5K가 점점 약해지고 있는 우주 발생의 기원을 담은 속삭임, 바로 우주배경복사인 것이다. 그러나 "조심스러운 낙관주의자였던"[9] 펜지어스와 윌슨은 이를 우주배경복사라고 하지 않고 단지 "초과 안테나 온도"라고만 언급했다.

그런 다음 이 두 과학자는 자신들의 장비를 설명하는 것으로 넘어간다. 그들은 여러 오차와 손실에 관해서 유효온도로 논의했다. 그리고선 대기의 영향과 안테나와 메이저 증폭기 간의 연결 부위, 그리고 안테나와 지표가 미친 영향에 대해서 자세히 설명했다. 마지막으로 펜지어스와 윌슨은 이전에 그 전파망원경을 사용한 다른 과학자들이 다른 주파수대에서 측정한 잡음을 어떻게 관측했는지에 대해서도 언급했다. 여기에서 이전 과학자들의 관측 결과도 더 일관성을 갖추게 되었다.

감사의 글에서 펜지어스와 윌슨은 디키 연구팀에게 감사를 나타냈다. 디키 역시 그들의 논문 마지막 부분에 펜지어스와 윌슨에게 감사를 표했다. 만약 펜지어스와 윌슨이 디키와 이야기를 나누지 못했다면 '초과 안테나 온도'에 대한 그들의 발견 논문은 아마도 다른 주제 속의 소논문으로 파묻히고 말았을 것이다.

차후 실험에서 다른 진동수에서의 우주배경복사도 관측되었다. 1965년 12월, 디키의 연구팀인 롤과 윌킨슨은 초당 93억 7천만 번 진동하는 전파에서의 실험을 마쳤다. 그 후로 1년 안에 다른 과학자들이 초당 14억 3천만 번에서부터 1,153억 4천만 번까지의 진동수 대역에서 우주배경복사를 관측했다. 진동수가 높을수록 지구의 대기를 통과하지 못하기 때문에 산꼭대기나 비행기에서, 그리고 풍선과 로켓을 띄워 관측을 해야 했다. 이 모든 실험은 우주배경복사가 예측된 대로 약 2.7K의 온도를 가진 특정한 흑체복사를 띠고 있음을 증명해 주었다.

우주배경복사의 발견은 빅뱅이론에 강력한 증거가 되었다. 최근에 우주배경복사에 대한 관측은 빅뱅이론을 뛰어넘어 소립자 물리학에 관한 새로운 이론을 시험하는 데도 쓰인다. 이들 이론들 중 일부는 어떻게 초기 우주에서 아주 균일하게 존재했던 물질과 에너지가 은하와 별을 형성하는 데 필요한 작은 덩어리들로 발전하게 되었는지를 정량적으로 설명하려고 한다. 이 경우에 작은 덩어리들은 방향에 따라 우주배경복사의 세기에 약간의 편차를 주는 것으로 해석된다. 예측된 편차는 고작 1백만 분의 1 정도밖에 안 된다. 그러나 이 값은 1989년 미우주항공국(NASA)가 발사한 우주배경복사탐사선(Cosmic Background Explorer)에 탑재된 정밀 장치를 통해 관측되었다. 그리고 2001년 발사된 윌킨슨 초단파 비등방성 탐사선(Wilkinson Microwave Anisotropy Probe)이 이를 좀 더 정밀하게 측정했다. 우주배경복사는 우리 우주의 초기 모습에 대한 역사를 담고 있기 때문에 마치 아시리아 쐐기문자의 우주판과 같다.

1988년 초의 어느 추운 날, 나는 프린스턴 대학의 디키 연구실을 방문했다. 그는 당시 71살이었고 공식적으로는 은퇴했지만 여전히 연구를 계속하고 있었다. 그의 칠판을 가득 채운 수식들 아래에는 청소부에게 남기는 프린트된 문구, "제발 지우지 마세요."가 붙어 있었다. 당시 디키의 머리는 백발이었다. 커다란 검은 테 안경을 쓴 그는 헤링본 무늬가 있는 재킷을 입고 넥타이를 매고 있었다. 나는 그의 손을 인상 깊게 보았다. 전기회로와 복사계를 만들어 낸 손치고 매우 가늘고 아름다운 손이었다.

디키는 상냥하고 친절했다. 그는 내 질문에 어린아이 같은 단순함과 정직함으로 대답해 주었다. 때때로 그의 목소리가 마치 우주배경복사의 희미한 잡음처럼 소곤소곤해서 나는 바짝 귀를 기울여야만 했다. 인터뷰의 마지막 부분에서 그는 고대 바빌로니아인에서부터 지난 20세기 물리학자들까지 모두를 괴롭혀 온 우주의 핵심에 대한 이야기로 빠져들었다. 그는 "우주론에는 여전히 동의하기 힘든 것이 하나 있어요."하고 말하고 다음의 말을 덧붙였다. "어느 특정한 시점에서 의미가 없던 시간과 공간이란 개념이 갑자기 나타나고, 갑자기 우주의 스위치가 켜졌다는 것이에요. [...] 나를 괴롭히는 건 시간이나 공간이 아니라 불연속이라는 갑작스런 장애물이에요. 나는 연속성에 익숙한데 말이에요."[10]

4080MC/S에서 측정된 초과 온도

A. A. 펜지어스, R. W. 윌슨

뉴저지 주 홈델 시에 소재한 크로퍼드 힐 연구소의 4080Mc/s에서 20 피트 원추형 반사안테나의 천정 노이즈 온도를 측정하여 예상보다 3.5°K 높은 값을 얻었다. 이 초과 온도는 우리의 관찰에 의하면 방향에 무관했고 비편광이었으며 계절적 변동(1964년 7월~1965년 4월)과 상관이 없었다. 관찰된 초과 온도에 가능한 설명이 본 잡지의 디키, 피블스, 롤, 윌킨슨의 논문에서 논의되었다.

천정 고도에서 측정된 안테나의 총 온도는 6.7°K였는데, 이 중에서 2.3°K는 대기흡수에 의한 것이다. 안테나의 저항에 의한 손실 및 반대 작용에 의한 것은 0.9°K인 것으로 계산된다.

본 연구에 사용된 라디오미터는 이미 다른 논문(펜지어스, 윌슨, 1965년)에서 기술된 바, 진행파 메이저, 저손실(0.027-데시벨) 비교 스위치, 액체 헬륨 냉각 기준 종단(終端)으로 구성된다(펜지아스, 1965년). 안테나 입력과 종단을 수동으로 스위치해서 측정이 이루어졌고 안테나, 종단 및 라디오미터는 측정 과정을 통하여 55데시벨의 왕복 손실로 잘 조정되었다. 따라서 임피던스 불일치에 의한 온도의 오차는 무시될 수 있으며, 안테나의 총 온도의 측정치 오차는 종단의 절대 교정(calibration)의 불확실성에 의한 0.3°K다.

대기흡수가 안테나 온도에 기여하는 부분은 안테나 각도에 대한 온도의 변동을 측정하여 정할(正割, secant) 법칙을 적용함으로 얻어졌다. 결과로 얻어진 온도 $2.3\pm0.3^\circ$K는 이미 발표된 다른 자료(Hogg, 1959; DeGrasse, Hogg, Ohm, Scovil, 1959; Ohm, 1961)와 잘 일치했다.

저항에 의해 손실된 안테나 온도는 $0.8\pm0.4^\circ$K로 계산되었다. 이 계산에서 우리는 안테나를 세 부분으로 나누었다. (1)2.125 인치의 둥근 도파관(導波管)과 6인치의 안테나 입구를 왕복하는 약 1미터의 불균등한 2개의 테이퍼, (2)두 테이퍼 사이에 위치한 회전 2중 연결자, (3)안테나 자체다. 세 부분의 연결자들을 잘 세척하고 맞추어 손실을 최소화하도록 주의를 기울였다. 누전 및 회전 연결자에 의한 손실이 있는지 시험했지만 이상 없음을 확인했다.

지상 복사에 대한 반사는 두 가지 이유로 0.1°K 이하인 것으로 생각된다. (1)지상에 위치한 안테나 전달 장치에 대한 안테나의 반응을 측정한 결과, 평균적인 반사 수준은 등방 반응보다 30데시벨 이상 낮았다. 추형 반사 안테나는 천정 고도에 맞추어졌고, 10개의 위치에서 수평 및 수직 편광을 이용하여 전달 장치를 회전했다. 맥박형(pulsed) 측정 장치를 이용하여 작은 추형 반사 안테나의 반사를 측정하니 등방 반응인 30데시벨보다 낮았다. 큰 추형 반사 안테나의 경우는 이보다 더 낮았다.

이러한 결과들로부터, 우리는 4080Mc/s에서 설명되지 않는 안테나 온도를 $3.5\pm1.0^\circ$K로 계산했다. 이와 관련하여 디그래스 (DeGrasse[1959])와 옴(Ohm[1961])은 각각 5650Mc/s와 2390Mc/s에서 측정한 총 온도를 보고했음을 밝힌다. 이로부터 이 진동수에서의 배경 온도의 상한을 추정할 수 있다. 두 경우에 있어서 그 한계값들은 우리의 측정치와 비슷하다.

우리는 논문 발표 이전에 자신들의 측정 결과를 우리와 논의한 디키 박사에게 감사한다. 또한 측정에 관련하여 조언해 준 크로퍼드(A. B. Crawfod), 호그(D. C. Hogg), 옴 박사에게 감사한다.

교정본 이후에 추가된 사항

이전에 공중의 배경 온도를 측정한 진동수의 최대값은 404Mc/s인 바 (폴리니-토트[Pauliny-Toth], 세익스쉬프트[Shakeshift], 1962) 최소한 $16°$K로 측정되었다. 이 온도를 우리의 결과에 합하면, 우리는 이 진동수 영역에서의 배경복사의 평균 스펙트럼의 기울기는 $\lambda^{0.7}$보다 더 클 수 없다. 이것은 우리가 관찰한 복사가 현존하는 어느 종류의 라디오파 소스에 의한 것이 아님을 분명히 보여주는데, 그것은 이 경우 스펙트럼의 기울기가 훨씬 더 클 것이기 때문이다.

류저지주 크로퍼드 힐, 홈델, 벨 연구소

The Astrophysical Journal (1965)

■ 참고문헌

Crawford, A. B., Hogg, D. C., and Hunt, L. E. 1961, *Bell System Tech. J.*, 40, 1095.

DeGrasse, R. W., Hogg, D. C., Ohm, E. A., and Scovil, H. E. D. 1959, "Ultra-low Noise Receiving System for Satellite or Space Communication", *Proceedings of the National Electronics Conference*, 15, 370.

Dicke, R. H., Peebles, P. J. E., Roll, P. G., and Wilkinson, D. T. 1965, *Ap. J.* 142, 414.

Hogg, D. C. 1959, *J. Appl. Phys.* 30, 1417.

Ohm, E. A. 1961, *Bell System Tech. J.* 40, 1065.

Pauliny-Toth, I. I. K., Shakeshift, J. R. 1962, *M. N.* 124, 61.

Penzias, A. A. 1965, *Rev. Sci. Instr.* 36, 68.

Penzias, A. A. and Wilson, R. W. 1965, *Ap. J.* (in press).

번역: 이성렬

우주의 흑체복사

로버트 H. 디키, P. 제임스 E. 피블스, 피터 G. 롤, 데이비드 T. 윌킨슨

우주론의 기본적인 문제들 중의 하나는, 아인슈타인의 장(field) 방정식에 대해 잘 알려진 우주론적 해가 특이점(singularity)을 가진다는 것이다. 마찬가지로 헷갈리는 것은 우주에 반물질보다 물질이 더 많다는 것인데, 왜냐하면 바리온과 렙톤이 보존되어야 한다고 생각되기 때문이다. 따라서 전통적인 이론의 틀 안에서는 물질 또는 우주의 기원을 이해할 수 없다. 이 문제들을 다루는 데에는 세 가지의 방식을 구별할 수 있다.

1. 연속적인 창조의 가정(본디[Bondi]와 골드[Gold], 1948; 호일[Hoyle, 1948]). 항상 팽창하는 우주와 새로운 물질의 지속적이지만 느린 창조를 가정함으로써 특이점을 회피한다.
2. 새로운 물질의 창조는 특이점의 존재와 밀접하게 관련되어 있으며, 이 두 가지의 모순들이 아인슈타인의 장 방정식에 적절한 양자역학적 방법을 도입하여 해결된다는 가정(휠러[Wheeler, 1964]).
3. 엄밀한 등방성 또는 균일성과 같은, 지나치게 이상적인 수학적 형식 때문에 특이점이 발생하며, 실제 세계에서는 특이점이 일어나지 않는다는 가정(휠러, 리프쉬츠[Lifshitz], 칼라트니코프[Khalatnikov], 1963).

만약 세 번째의 제안을 잠정적인 가정으로 받아들인다면, 두 번째의 모순은 해결이 가능한데, 이것은 우리가 주위에서 보는 물질이 폐쇄된 우주 이전의 팽창과 같은 중입자(baryon)의 양을 나타내며, 이것이 시간에 따라 순환한다고 볼 수 있기 때문이다. 이렇게 되면 어떤 유한한 과거의 시간의 물질의 기원을 이해할 필요가 없어진다. 이 관점에서 보면 이전 사이클의 남은 물질이 다음 사이클의 별들을 생성하기 위한 수소로 재생되기 위하여 우주가 최대로 붕괴될 때의 온도는 $10^{10}\,°$K를 넘을 것으로 생각해야 한다.

이러한 가설이 없더라도 이 초기 우주의 온도를 알아보는 것은 매우 흥미롭다. 이러한 넓은 관점에서 보자면, 폐쇄 순환 모델에 논의를 국한시킬 필요는 없을 것이다. 만약 우주의 기원이 특이점을 가진다 하더라도 초기 우주의 온도는 매우 높았을 것이다.

우주가 높은 온도로부터 발생한 흑체복사로 계속 가득 차 있을 수 있을까? 만약 그렇다면, 우주가 팽창함에 따라서 우주의 적색편이(red shift)은 열을 보존하면서 그 흑체복사를 단열적으로 냉각할 수 있다는 것에 주목하는 것이 중요하다. 복사의 온도는 우주의 팽창 파라미터(반지름)에 반비례할 것이다.

고온의 우주로부터 발생한 열복사의 존재는 우주의 온도가 $10^{10}\,°$K($\sim m_e c^2$)였던 때로 우주의 팽창을 역추적하면 생각해 볼 수 있다. 이 상태에서는 열전자쌍이 생성되어서 전자의 양이 온도에 의해서면 결정되는 밀도로 상당히 증가했을 것으로 기대된다. 우주의 과거 역사가 무엇이었던 간에 광흡수 길이는 이 전자밀도에서는 작았을 것이고, 우주의 복사량은 전자쌍의 생성 및 소멸로 인한 열평형 분포에 신속하게 적응할 것임을 곧 알 수 있다. 이 과정은 우주이론이 일반상대성이론이든, 혹은 신속히 발전하고 있는 브란스-디케(Brans-Dicke) 이론이든 간에, 우주의 팽창 시간에 비해서는 짧은 시간을 필요로 한다.

평형에 대한 이러한 논점은 중성미자의 양에 대해서도 적용된다. $T \rangle 10^{10}\,°K$였던 때에는 중성미자-반중성미자 쌍의 생성 과정을 가정한다면 열전자와 광자(photon)의 양이 충분하여 전자 유형의 중성미자의 양은 열적 평형을 이룰 것이다. 이것은 복사와 평형을 이루는 중성미자-반중성미자의 열적 분포가 매우 수축된 상태로부터 발생했음을 의미한다. 아마 중력 복사도 열적 평형을 이룰 수 있었을 것이다.

고온의 초기 우주에서 물질의 밀도를 모른다면 현재의 흑체복사 온도를 알 수는 없다. 그러나, $40°K$의 흑체복사가 허블 상수와 가속 파라미터에 부합하는 최대의 총 에너지 밀도에 해당하는 $2 \times 10^{-29}\,gm/cm^3$라는 것을 생각하면 그 상한을 얻을 수 있다. 이 초기의 열복사를 직접 감지하는 것이 매우 흥미로움은 자명하다.

우리들 중의 두 명(롤과 윌킨슨)은 3센티미터 파장의 열복사를 측정할 수 있는 라디오미터와 집적각(集積角)(receiving horn)을 구축했다. 3센티미터를 파장으로 선택한 것에는 두 가지의 이유가 있는데 파장이 더 작으면 대기 흡수가 문제고, 더 크면 은하계 및 그 바깥으로부터의 방출이 상당할 것이기 때문이다. 싱크로트론 복사 또는 제동복사(制動輻射: bremsstrahlung)에 특이한 스펙트럼 법칙을 따라 더 큰 파장(~100센티미터)의 배경복사를 외삽해 보면, 은하계 및 그 바깥으로부터 오는 3센티미터 배경복사는 모든 방향에 대해 평균했을 때 $5 \times 10^{-3}\,°K$를 넘지 않는다. 별들로부터 오는 3센티미터의 복사는 $\langle\ 10^{-9}\,°K$이다. 대기에 의한 배경복사의 부분은 대략 $3.5°K$일 것으로 보이는데, 이것은 안테나를 기울여서 정확히 측정될 수 있다(디키, 베링거[Beringer], 카일[Kyhl], 베인[Vane], 1946).

우리의 장치로 아직 결과를 얻지는 못했지만, 최근에 벨전화연구소

(Bell Telephone Laboratories)의 펜지아스와 윌슨(1965)이 7.3센티미터의 파장을 가진 배경복사를 관찰한 사실을 알았다. 그들의 수신기에서 보이는 노이즈를 제거(또는 설명)하려 했을 때, 우리는 $3.5 \pm 1\,^\circ$K의 잔여치를 얻었다. 이것은 아마도 원인을 알 수 없는 복사 때문일 것이다.

스펙트럼을 얻기 위해서는 추가의 측정이 필요한 것은 자명하지만 우리는 3센티미터에서 더 작업할 것이다. 또한 1센티미터의 복사에 대해서도 살펴볼 생각인데, 7센티미터 근처의 자료는 펜지아스와 윌슨에 의하여 보충할 수 있을 것이다.

흑체복사의 온도 $3.5\,^\circ$K로부터, 수축된 우주의 온도는 $10^{19\,\circ}$K 이상일 것으로 유추된다. 두 가지의 합리적인 경우를 고려할 수 있다. 특이점이 없는 순환하는 우주를 가정한다면, 우주의 온도가 충분히 높아서 그 전 사이클의 무거운 원소들을 분해할 수 있을 것으로 생각되는데, 이것은 은하계의 가장 오래된 별들의 바깥쪽에서 무거운 원소들이 관찰되었다는 증거가 없기 때문이다. 만약 우주 방정식의 해에 특이점이 있다면 온도는 특이점에 접근하는 $10^{10\,\circ}$K보다 더 높을 것이다(그림 1).

우리들 중 하나는 $3.5\,^\circ$K의 낮은 온도와 초기 은하계에 존재하는 다량의 헬륨이 어떤 종류의 우주론에 대한 증거를 줄 수 있다고 지적했는데(피블스 1965) 그 내용은 다음과 같다. T $\gg 10^{10\,\circ}$K의 초기 우주를 생각한다면 열전자와 중성미자가 존재한다는 것은 중성자와 양성자가 거의 같은 양으로 존재했음을 확증하는 것이다. 온도가 낮아져서 중수소의 해리가 별로 일어나지 않았다면, 중성자와 양성자는 결합하여 중수소를 형성, 이것은 즉시 헬륨으로 변환될 것이다. 이 과정은 가모프(Gamow), 앨퍼(Alpher), 허먼(Herman) 등이 예상한 것이다(알퍼, 베테[Bethe], 가모프, 1948; 앨퍼, 폴린[Follin], 허먼, 1953; 호일, 테일러[Tayler], 1964). 생성된 헬륨의 양은 물론 그 당시의 물질의 밀도에 의존하는데, 핵입자

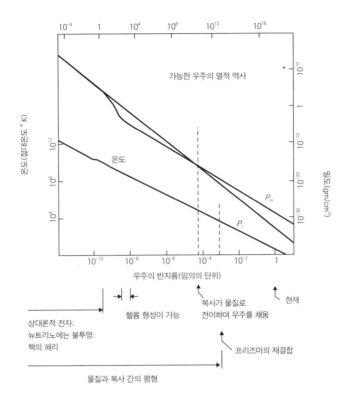

그림 1. 우주의 가능한 열적 역사. 그림은 균일, 등방의 일반상대성 우주론 모델(스칼라 장이 없는)을 가정하고, 현재의 물질 밀도($2 \times 10^{-29} gm/cm^3$)와 현재의 열복사 온도인 3.5°K로 나타낸 우주의 열적 역사이다. 바닥의 수평선은 두 개의 선택된 기준 은하계(점들) 사이의 적당한 거리로 생각하면 되겠다. 위쪽의 수평선은 세계 시간(world time)이다. '온도(temperature)'로 표기한 선은 열복사의 온도이다. 물질은 각 시간에서 플라스마가 재조합할 때까지 복사와 열평형을 이룬다. 그 이후의 팽창은 복사보다 더 빨리 중력에 갇히지 않은 물질을 냉각시킨다. 복사의 물질 밀도는 ρ_r이다. 현재의 ρ_r은 물질의 질량 밀도인 ρ_m보다 훨씬 작지만, 초기 우주에서는 $\rho_r > \rho_m$이었다. 우주가 복사로 채워진 모델의 특성으로부터 물질로 채워진 모델의 특성으로 전환되는 시간을 표시했다. 시간을 역추적해 본다면, 온도가 $10^{10\circ}$K에 가까워질 때 전자는 상대론적이 되며, 열전자쌍의 생성은 물질 밀도에 따라서 급격히 증가한다. $10^{10\circ}$K 보다 다소 높은 온도에서 이 전자들은 충분히 많기 때문에 다량의 열 중성미자와 관찰된 중성자/양성자 비율을 잘 설명해 준다. 순환 우주에서는 이전 사이클의 핵을 분해하기 위해서 이 정도의 온도가 요구된다. 여기에서 핵입자들은 비상대론적임을 주의해야 한다.

열 중성자들은 헬륨이 생성되는, 표시된 영역의 오른쪽 경계에서 붕괴한다. 이 영역의 왼쪽에는 경계가 있는데, 고온에서는 헬륨을 생성하는 데 필요한 중수소가 광해리에 의하여 제거되기 때문이다. 이 모델의 문제점은 대부분의 물질이 헬륨으로 종결된다는 것이다.

(nucleon)의 밀도가 충분히 크다면 상당량의 헬륨이 생성되었을 것이다. 따라서 초기 은하계에 존재하는 헬륨 양의 상한으로부터 헬륨이 생성되었을(이것은 꽤 낮은 물질 밀도에서도 일어날 수 있으며, 밀도에 거의 무관함) 당시 물질 밀도의 상한을 상정할 수 있으며, 현 우주의 물질 밀도가 주어진다면 우리는 현재의 복사 온도의 하한을 얻을 수 있다. 이 하한은 현재의 평균 물질 밀도의 3제곱근에 비례한다.

초기 은하계에 존재했던 헬륨의 양을 잘 알 수는 없지만, 현재의 양에 부합하는 상한은 25퍼센트(질량비)이다. 이 상한과 일반상대성이론, 그리고 현재의 복사 온도인 $3.5\degree K$로부터 보면 우주의 물질 밀도는 3×10^{-32}gm/센티미터^{3}을 넘지 않는다(피블스는 1965년 논문에서 이 값을 결정하는 요인들을 논의했다). 이 값은 은하계의 평균 물질 밀도에 대한 추정치(오르트 1958)보다 10^{20}만큼이나 더 작은 것인데, 신뢰성이 낮아서 이렇게 낮은 밀도를 배제할 수는 없을 듯하다.

결론

모든 자료가 구비되지는 않았지만, 펜지아스와 윌슨의 배경복사 $3.5\degree K$를 가정하여 얻을 수 있는 결론을 제시하고자 한다. 우주가 등방적이고 균일하며, 현재의 중력 복사의 에너지 밀도가 전체에 비하여 작다고 우리는 가정한다. 휠러(1958)는 중력복사가 중요하다고 말한 바 있다.

명확한 수치를 제시하기 위해 현재의 허블 적색이동 기간은 10^{10}년으로 한다.

아인슈타인의 장 방정식이 맞다고 가정하면, 위의 논의와 수치는 우주론적 문제에 심각한 제약을 준다. 가능한 결론은 열린 우주, 혹은 닫힌 우주의 두 가지 항목으로 논의될 수 있다.

열린 우주. 우리의 관찰에 의하면 우주의 총 물질 밀도가 닫힌 우주를 구성하는 데에 소요되는 최소한의 값 $2 \times 10^{-29} gm/cm^3$보다 훨씬 작을 가능성을 배제할 수는 없다. 일반상대성이론이 맞다고 가정하면, 헬륨 생성과 현재의 복사온도 사이의 관계로부터 우리는 현재 우주의 물질 밀도가 닫힌 우주를 구성하는 데에 소요되는 것보다 600배나 작은 $3 \times 10^{-32} gm/cm^3$ 이하라고 결론지을 수 있다. 열-복사 에너지 밀도는 더 작다. 위의 논의로부터 우리는 중성미자의 경우에도 마찬가지일 것으로 예측한다.

아마도 일반상대성이론과 $3.5°K$에 부합하는 초기 우주의 온도를 가정한다면, 우리는 매우 낮은 밀도의 열린 공간을 상정해야 할 것이다. 이것은 순환하는 우주의 가능성을 배제하는 것이다. 나아가서 아인슈타인이 언급했듯(1950), 이렇게 낮은 밀도로는 공간의 국지적 관성 공간의 어떤 절대적 성질에 의해서라기보다는 물질의 존재에 의하여 결정된다.

닫힌 우주. 이것은 서두에 가시화된 유형의 순환하는 우주, 또는 특이점으로부터 확장하는 우주가 될 수도 있다. 현재 논의의 틀에서 보자면, $2 \times 10^{-29} gm/cm^3$보다 큰 질량 밀도는 열복사나 중성미자에 의한 것일 수 없다. 아마 은하 간에 균일하게 분포되어 있는 기체 또는 아직 별을 형성하지 않은 대형의 성운(작은 초기 우주) 등에 존재하는 평상적인 물질일 것이다(그림 1).

물질이 이렇게 많은 양으로 존재한다는 것은 태양계에 존재하는 헬륨의 양이 작다는 사실로부터 보자면, 복사 온도를 엄격하게 제한한다. 현재의 흑체복사 온도는 $30°K$를 넘지 않는 것으로 생각된다(피블스 1965). 이 온도를 $3.5°K$의 하한으로 내리는 한 가지 방안은 우주론에 질량이 0인 스칼라 장을 도입하는 것이다. 아인슈타인의 장 방정식을 부정하지 않으면서 이렇게 하는 것이 편리할 것이다. 이전에도 스칼라 상호작용이 평상의 물질 상호작용으로 나타나는 형식의 이론이 사용된 경우가 있다(디키 1962). 원래 우주방정식(브란스, 디키 1961)은 저온의 우주에 대해서만 생각되었었는데, 고온 우주에 대한 최근의 연구에 의하면 스칼라 장을 도입했을 때 우주는 $T \sim 10^9$의 온도로 급속히 팽창하여 헬륨이 생성될 수가 없었을 것으로 밝혀졌다. 그 이유는 스칼라 장에서 정적인 부분의 압력이 스칼라 장의 에너지 밀도와 정확히 일치하기 때문이다. 반면 이질적인 전자기복사 또는 상대론적 입자에 의한 압력은 에너지 밀도의 1/3이다. 따라서 고도로 수축된 우주까지 역으로 추적해 본다면, 스칼라 장의 에너지 밀도는 다른 모든 것들보다 클 것이며, 급속히 증가하는 스칼라 장의 에너지에 의하여 우주는 스칼라 장이 없을 때보다 훨씬 더 빠른 속도로 팽창한다. 압력이 에너지 밀도의 1/3이 아닌, 에너지 밀도 자체로 접근한다는 사실이 중요하다. 예를 들면 젤도비치(1962)의 모델처럼, 다른 상호작용이 이러한 효과를 나타낸다면, 수축된 우주에서 상당량의 헬륨이 생성되지 못하게 할 것이다.

첫 번째 단락에서 제기된 문제로 돌아가서 보자. 우주가 닫혀 있고 순환한다면 중입자의 보존이라는 개념이 타당하다고 우리는 결론짓는다. 헬륨의 생성을 회피하자면 현재의 물질 밀도가 $3 \times 10^{-32} \text{gm/cm}^3$ 미만이거나, 또는 질량이 0인 스칼라와 같은 형태의 고압의 에너지가 존재해서 헬륨이 형성되는 기간에 우주를 가속해야 한다. 닫힌 공간을 가지려면 $2 \times 10^{-29} \text{gm/cm}^3$의 에너지 밀도가 필요하다. 질량이 0인 스칼라나 또는 다른 '경질의' 상호작용이 없다면 에너지는 평상의 물질의 형태로 존재할 수 없으며, 중력복사인 것으로 생각될 것이다(휠러 1958).

물질이 우주의 에너지를 공급하는 닫힌 우주에 대한 다른 한 가지의 가능성은 우주에 전자 유형의 중성미자가 반중성미자보다, 그리고 핵입자보다 더 많이 존재한다고 가정하는 것이다. 이 경우 중성미자가 충분히 많아서 축퇴(degenerate)되어 있다면, 고도로 수축된 초기 우주에서는 균형 상태의 중성미자가 무시할 정도로 양이 작아서 헬륨이 생성되는 핵반응이 일어날 가능성이 없다. 그러나 이때 렙톤과 중입자의 비율은 10^9 이상이어야 한다.

우리는 자신들의 측정 결과를 우리와 논의했고, 또한 수신기를 보여주었던 벨전화연구소의 펜지아스 및 윌슨 박사에게 기꺼이 감사한다. 또한 큰 도움이 된 J. A. 휠러 박사의 제안들에 감사한다.

팔머 물리실험실, 뉴저지, 프린스턴

The Astrophysical Journal (1965)

■ **참고문헌**

Alpher, R. A., Bethe, H. A., and Gamow, G. 1948, *Phys. Rev.*, 73, 803.

Alpher, R. A., Follin, J. W., and Herman, R. C. 1953, *Phys. Rev.*, 92, 1347.

Bondi, H., and Gold, T. 1948, *M N.*, 108, 252.

Brans, C., and Dicke, R. H. 1961, *Phys. Rev.*, 124, 925.

Dicke, R. H. 1962, *Phys. Rev.*, 125, 2163.

Dicke, R. H., Beringr, R., Kyle, R. L., and Vane, A. B. 1946, *Phys. Rev.*, 70, 340.

Einstein, A., 1950, *The meaning of Relativity* (3rd ed.; Princeton, N. J.: Princeton University Press), p. 107.

Hoyle, F., 1948, *M. N.*, 108, 372.

Hoyle, F., and Taylor, R. J. 1964, *Nature.*, 203, 1108.

Lifshitz, E. M., and Khalatnikov, I. M., 1963, *Adv. in Phys.* 12, 185.

Oort, J. H. 1958, *La Structure et l'evolution de l'universe* (11th Solvay Conf [Brussels: Éditions Stoops]), p. 163.

Peebles, P. J. E., 1965, *Phys. Rev.*, (in press).

Penzias, A. A., and Wilson, R. W. 1965, private communication.

Wheeler, J. A., 1958, *La Structure et l'evolution de l'universe* (11th Solvay Conf. [Brussels: Éditions Stoops]), p. 112; 1964, in *Relativity, Groups and Topology*, ed. C. Dewitt and B. Dewitt (New York: Gordon & Breach).

Zel'dovich. Ya. B., 1962, *Soviet Phys.- J.E.T.P.*, 14, 1143.

번역: 이성렬

대통일이론

자연의 네 가지 힘을
하나로 통합하려는 노력

스티븐 와인버그 (1967)

스티븐 와인버그는 그때를 잊지 않았다. 1967년 초가을 어느 아침에 MIT 개인 연구실로 차를 운전하던 중에 별안간 뜻밖의 생각이 떠올랐던 때를 말이다. 당시 34세의 와인버그는 버클리 대학을 떠나 MIT에 객원교수로 있었다. 통통한 얼굴에 붉은 기가 도는 금발 곱슬머리를 가진, 진지한 인상의 그는 뉴욕의 명문고인 브롱스 고등학교를 다닐 때부터 이론물리학에 빠져 있었다. 이후 그는 코넬대, 코펜하겐 이론물리연구소를 거쳐 최종적으로 프린스턴 대학에서 1957년에 박사 학위를 받았다. 이제 대학원을 졸업한 지 10년이 지난 그는 이론 물리학자로서의 마지막 전성기에 다가서고 있었다.

MIT 근처의 이스트 케임브리지는 주변 환경이 그리 좋지 않다. 노란 벽돌의 굴뚝은 노란 매연을 뿜어댔고, 철길은 갈라진 포장도로를 가로지르고 있었으며, 거리는 낡은 아파트와 쓰러져가는 상점가로 어수선했다. 쉽게 말해서 이 물리적인 환경 속에서 어떤 놀라운 생각을 발견하기란 매우 어려워 보였다. 그럼에도 그때 와인버그의 마음에는 이론 물리학이 크게 자라나고 있었다.

"나는 순간 옳은 생각을 틀린 문제에 적용하고 있었다는 사실을 깨달았다."[1]고 와인버그는 당시를 회상했다. 상당한 시간 동안 와인버그는 양자전기역학(quantum electrodynamics, QED)이라는 성공적인 전자기 이론을 바탕으로 '강력(강한 상호작용)'에 대한 이론을 발전시키는 데 집중하고 있었다. 하지만 그는 이 일을 해내지 못했다. 그가 말한 '옳은 생각'이란 양자전기역학의 수학적 개념이었다. 그리고 '틀린 문제'란 강력을 의미했다. 꼴사나운 이스트 케임브리지의 거리를 운전하는 동안 와인버그는 옳은 생각에 대한 옳은 문제는 '약력(약한 상호작용)'이라는 직관을 얻었다. 약력은 강력, 전자기력, 중력과 함께 자연의 네 가지 기본 힘을 구성한다. 우리는 전자기력과 중력에는 익숙하다. 하지만 나머지 두 힘은 일상에서 느낄 수 없는 핵력이다. 강력은 원자의 핵이라는 작은 감옥 안에 양성자와 중성자를 함께 가두는 힘이다. 약력은 중성자를 양성자로 바꿀 수 있으며 소립자의 세계에서 기이한 현상들을 일으킨다. 다른 힘과 마찬가지로 약력은 별이 에너지를 만들어 내는 데 핵심적으로 작용하며 생명에게도 매우 중요하다.

페르미와 파인만 같은 이전의 저명 이론 물리학자들은 약력에 대해 부분적인 이론을 세우느라 고군분투했다. 하지만 이들이 만들어 낸 모든 이론은 심각한 결점을 갖고 있었다. 합리적이고 논리적인 문제에 *무한*이라는 답을 내놓았던 것이다. 수학자나 시인은 무한을 좋아할지 몰라도 물리학자들은 그렇지 않다. 무한은 물리학이라는 학문을 쓰러뜨리는 것이니까 말이다.

와인버그가 약력에 적용할 수 있으면 좋겠다고 생각한 것은 대칭성이었다. 우리는 4장에서 대칭성에 대해 짧게 이야기를 나눈 적이 있다. 보통, 대칭성이란 무언가를 다른 각도에서 보았을 때도 여전히 똑같게 보이는 것을 말한다. 예를 들어 사각형은 4면 대칭성을 가진다. 사각형을 90도로 돌려도 모양이 동일하기 때문이다. 자연에 있는 많은 사물들은 대칭성을 갖고 있다. 인간의 얼굴은 좌우대칭이다. 불가사리는 다섯 개의 팔을 가진 5중 대칭성을 갖고 자라난다. 눈의 결정은 6각 대칭구조다. 작은 우박은 구형 대칭성으로 어느 방향으로 보아도 동일한 모양이다.

물론 물리학에서의 대칭성은 사물의 대칭성과는 다르다. 그러나 대칭의 법칙, 즉 관점이 달라져도 동일하다는 법칙은 여기에도 똑같이 적용된다. 예를 들어 물리학의 법칙이 가진 하나의 대칭성은 공간적으로 모든 방향에서 동일하다는 것이다. 그 결과, 테이블 위에 있는 두 자석 간의 힘은 테이블을 어느 방향으로 두건 상관없이 동일하다. 당구 큐대에 맞아 굴러가는 당구공의 가속도는 어느 방향이든 같다.

자연이 우리가 상상할 수 있는 모든 대칭 원리를 따르는 것은 아니다. 예를 들어 거울에 비춘 물리적인 모습은 실제와 동일하지 않다. 반전성(parity)이라는, 특정 대칭 원리의 위배는 1950년대 중반에 발견되었다. 그러나 자연이 대칭 원리를 따르면 법칙은 굉장히 단순해진다.

물리학에서 대칭성의 원리를 생각해 낸 최초의 인물은 스위스 특허청에 근무하던 젊은 과학자 아인슈타인이었다. 아인슈타인은 1905년에 상대성이론을 발표하면서 '운동' 대칭성을 제안했다. 물리학의 법칙은 서로에 대해 일정한 속도로 움직이는 모든 관찰자에게는 동일하게 나타나야 한다는 것이었다. 오늘날까지의 모든 실험에서는 이 대칭성의 원리가 옳은 것으로 확인되었다. 아인슈타인의 운동 대칭성이 불러온 결과는 전기력과 자기력이 더 이상 독립적인 힘이 아니라 '전자기력'으로 통합된다는 것이다.

와인버그는 아인슈타인 못지않게 대칭성의 원리를 사랑하는 물리학자였다. 그는 마치 이데아론(Platonic forms)에 몰두해 있는 플라톤처럼 대칭성의 원리를 사랑했다. 고대 그리스의 철학자 플라톤은 세상이 사면체, 육면체, 팔면체를 포함한 영원불변의 완전한 형상들로 이루어져 있다고 믿었다. 이 형상들은 물질적인 것이 아니라 기본 이데아들이다. 물리학에서의 대칭성 원리도 역시 이데아다. 와인버그는 대칭성의 원리가 모든 것보다 앞서 있다고 믿었다. 즉 네 가지 기본 힘과 물질 그 자체보다 대칭성의 원리가 먼저 존재한다는 것이다. 와인버그는 자신의 저서 『최종 이론의 꿈(Dreams of a Final Theory)』에 이렇게 적었다.

> 따라서 물질은 물리학에서 핵심적인 역할을 상실했다. 남아 있는 것은 오로지 대칭성의 원리뿐이다. [...] 대칭성의 원리는 이번 세기(20세기)에서, 특히 마지막 몇 십 년 동안 가장 중요한 경지에 도달했다. 대칭성의 원리는 자연에 알려진 모든 힘의 존재 자체에 영향을 미친다. [...] 왜 세상이 이런 식이냐고 물은 다음 왜 대답은 그런 식이냐고 또 묻는다면, 그러니까 이런 식으로 계속 설명하다 보면 그 끝에서 결국 단순한 미적 원리를 발견하게 될 것이라고 믿는다.[2]

와인버그는 물리학 이론, 특히 대칭성의 원리에 대해 얘기할 때 '미(beauty)'라는 말을 애용했다. 그는 과학이 가진 아름다움을 표현하기 위해 '단순함(simplicity)'과 '필연성(inevitability)'이라는 말도 곧잘 썼다. 와인버그는 물리학에 대해 말하거나 글을 쓸 때 시인과 같았다. 앞에서 만나봤던 생화학자 막스 페루츠처럼 와인버그 역시 재능 있는 저술가로 뉴욕 서평지에 종종 글을 게재했고 대중적인 책을 출간하기도 했다.

그러나 대칭성 원리를 향한 와인버그의 헌신은 미를 향한 예술가의 헌신보다 강했다. 와인버그는 다른 물리학자들과 마찬가지로 특정한 원칙이 여러 이론을 정리해 오직 하나의 설명으로 압축할 수 있기를 바랐다. 와인버그는 여러 많은 중력 이론들, 여러 많은 약력 이론들도 원하지 않았다. 그는 오직 하나의 이론만으로 설명이 되는 우주를 꿈꿨다. 우리 모두는 원리의 강력한 힘을 경험하며 살아왔다. 예를 들어 '견제와 균형'과 같은 민주주의의 원리들은 워낙 영향력이 크고 구속성이 강하다. 그래서 지구상에 있는 거의 대부분의 민주 정부들은 사법부, 입법부, 행정부, 이렇게 삼권이 분리된 방식으로 구성되어 있다. 건축에서는 건물의 구성단위를 쉽게 들 수 있을 정도로 작으면서 최소한으로 커야 한다는 단순한 원리 때문에 수 세기 동안 같은 크기의 벽돌이 제조되었다. 독일의 철학자이자 수학자 라이프니츠는 "모든 것이 가능한 세상 속에 이것 하나가 최고다."라는 말로 유명하다. 와인버그는 오직 한 가지로 설명이 되는 세상을 꿈꾸었다.

1967년 초가을의 어느 날, 와인버그는 불현듯 약력이 실험에 나타난 것보다 훨씬 더 대칭성을 가질지도 모른다고 생각했다. 물리학자들은 이를 가리켜 '대칭성 숨김(hidden symmetry)'또는 '대칭성 깨짐(broken symmetry)'이라고 한다. 와인버그는 약력이 특정 소립자 쌍에서, 예를 들어 전자와 중성미자(뉴트리노)의 경우에 대칭적으로 행동한다고 상상했다. 비록 이 두 입자들이 다르게 보일지라도 약력에 관해서는 두 입자가 동일할 수 있었다. 마치 노란색과 하얀색 테니스공은 색이 다르지만 테니스 경기에서는 같은 테니스공인 것처럼 말이다. 전자와 중성미자 간의 동질성은 또 다른 대칭성이 양자전기역학에서 보이는 대칭성과 비슷하다는 결과를 제시해 주었다.

와인버그는 자신의 생각을 양자물리학에서의 수학적 언어로 재빨리 나타내 보았다. 그는 놀랍게도 전자와 중성미자 간의 대칭성을 가진 약력에 대한 자신의 새로운 이론이 기존에 있던 두 가지 이론을 하나로 통합하는 것을 확인했다. 즉 약력이 전자기력에 자연스럽게 통합된 것이다. 사실상 와인버그의 새로운 이론은 두 힘을 한 패로 묶어 버릴 것을 요구했다. 나중에 그는 이렇게 회상했다. "비록 나 자신만의 아이디어로 시작한 건 아니었지만, 이 연구를 하면서 나는 전자기력과의 유사성을 바탕으로 한 이 이론이 약력에 대한 이론만이 아니라 약력과 전자기력을 통합하는 이론이라는 것을 깨닫게 되었다."[3]

생물학에서의 스탈링과 플레밍, 또는 물리학에서의 러더퍼드와 한 같은 실험 과학자들이 어떻게 우연한 계기로 예상하지 못했던 일을 발견하는지를 보여준다면 와인버그는 동일한 일이 단지 종이와 연필만을 필요로 하는 이론물리학에서도 일어날 수 있음을 보여준다.

와인버그의 통일 이론은 전자기약력(electroweak) 이론이라고 한다. 마치 전기와 자기가 전자기력의 일부분을 이루며 서로를 만들어 내는 것처럼 전자기약력 이론은 전자기약력이라는 하나의 힘이 가진 서로 다른 모습에 관한 것이다. 전자기약력 이론은 자연의 기본 힘을 통합한 20세기 최초의 이론이다. 전자기약력 이론은 이전의 과학자들처럼 무한이라는 엉뚱한 답을 내놓지 않았다. 이 이론이 예측한 새로운 소립자들과 새로운 반응은 대부분이 실험적으로 입증되었다. 게다가 이 이론은 아름답기까지 하다.

약력은 1896년 베크렐이 처음으로 목격했다. 이 프랑스 물리학자는 약력이 어마어마한 투과 에너지를 만들어 낸다는 것을 제외하고는 자신이 발견한 현상을 온전히 이해할 방법을 알지 못했다. 사실상 베크렐이 목격한 것은 원자핵 안에 있는 중성자 하나가 양성자 하나로 바뀔 때 발산하는 방사성의 한 종류였다. 베타선이라는 전자는 이 변환 과정에서 생성되어 어마어마한 속도로 방출되었다. 바로 이 과정이 베타 붕괴다. 1896년은 중성자와 양성자가 발견되지 않았고 심지어 원자핵이 존재하는지도 몰랐던 때다. 베타 붕괴는 약력에 의해 일어나는 현상이다. 자연의 네 가지 기본 힘 가운데 오직 약력만이 중성자를 양성자로 바꿀 수 있다.

1930년대 초반에서야 중성자가 발견되면서 베타 붕괴는 전기적으로 중성을 띠는 중성자가 세 가지의 다른 소립자, 즉 전기적으로 양을 띠는 양성자, 음의 전기를 띠는 전자, 그리고 전기적으로 중성인 반중성미자로 바뀌는 과정에서 일어나는 것으로 이해되었다. 이 반응을 표현하면 다음과 같다.

$$n \longrightarrow p + e + \bar{\nu}$$

여기에서 n은 중성자, p는 양성자, e는 전자, 그리고 $\bar{\nu}$는 반중성미자를 나타낸 것이다. '중성미자'는 새로운 종류의 소립자로 전기적으로 중성이며 사실상 질량이 없다. 반중성미자는 바로 이 중성미자의 반입자이다. 1930년대 초부터 물리학자들은 모든 소립자에게는 반입자로 불리는 짝이 있다는 것을 알게 되었다. 입자와 반입자는 거의 모든 것이 같지만 전기적인 특성이 반대다. 예를 들어 전자 e는 음의 전하를 띠는 반면 반전자 $\bar{e}$는 질량이 같지만 양의 전하를 띤다. 입자와 반입자가 서로 만나면 완전히 상쇄되어 순수한 에너지를 만들어 낸다. 작가들은 이 과학적 지식을 이용해 일부 공상과학 소설에서 반인류(antipeople), 또는 반행성(antiplanet)을 상상하며 인류나 행성과의 위험한 만남을 그리기도 했다.

약력은 강력보다 훨씬 약하기 때문에 약력이라고 불린다. 보통 10만 배 정도 약하다. 또한 약력은 강력에 비해 아주 느리다. 그러나 거북이와 토끼의 경주에서처럼 약력은 강력이 해내지 못하는 일들, 예를 들어 중성자를 양성자로 변환시키는 것과 같은 일을 참을성 있게 해낸다.

약력은 위에서 언급한 베타 붕괴와 비슷한 다른 반응들을 일으킨다. 예를 들자면, $n + \bar{e} \longrightarrow p + \bar{\nu}$로, 반전자가 중성자와 충돌하면 양성자와 반중성미자가 형성되는 반응도 있다. 또는 $p + e \longrightarrow n + \nu$ 반응도 있는

데, 전자와 양성자가 충돌하면 중성자와 중성미자가 생겨나는 것이다. 이것 말고도 $n + \bar{p} \rightarrow e + \bar{\nu}$, 즉 중성자가 반양성자와 충돌하면 전자와 반중성미자가 만들어지는 반응도 있다.

이 모든 반응들에서는 세 가지 유사성이 나타난다. 첫 번째로, 네 개의 입자가 관여한다는 것이다. 두 번째로는 반응 전(화살표 왼쪽) 입자들의 총 전하량은 반응 후(화살표 오른쪽)에 나오는 입자들의 총 전하량과 같다는 것이다. 그리고 마지막 세 번째는 좀 더 깊이 있게 따져 보아야 알 수 있는 것으로, 전자, 반전자, 중성미자, 그리고 반중성미자가 특정한 방식으로 함께 나타난다는 것이다. 이들 입자들은 각각이 전하와 같은 고유한 성질을 갖고 있다. 그러나 그것을 전기전하가 아니고 전자 렙톤 수(electron lepton number)라고 한다. (전자와 중성미자는 둘 다 질량이 매우 작아서 '가벼운'을 의미하는 그리스어로 렙톤이라고 한다. 다른 소립자들 중에서도 렙톤으로 불리는 것들이 있는데 그들 역시 각자의 전자 렙톤 수를 가진다.) 만약 전자 렙톤 수가 전자의 경우 1이고 중성미자도 1, 반전자는 -1, 그리고 반중성미자는 -1이라면, 반응에 쓰인 입자들의 총 전자 렙톤 수와 반응 후 입자들의 총 전자 렙톤 수가 같아진다. 물리학자들은 총 전하량이 보존되는 것처럼 전자 렙톤 수 역시 보존된다고 말한다.

약력에 대한 최초 이론은 1933년 이탈리아계 미국 물리학자 페르미가 만들어 냈다. 하이킹을 좋아하는 이 키 작은 남자는 실험과 이론 둘 다에 정통한 거의 유일한 물리학자였다. (또 다른 사례로는 디키가 있다.) 약력은 원자핵의 지름보다 더 좁은, 아주 짧은 영역에서만 작용한다는 사실은 그 당시에도 이미 알려져 있었다. 실험적으로 관측된 이 사실을 설명하기 위해 페르미는 약력 반응에 관여하는 네 개의 입자가 어느 한 지점에서 만나야만 한다고 제안했다. 더 나아가, 그 입자들은 전자처럼

'스핀'을 갖고 있다.

스핀이란 말에 대해 알아보자. 소립자들은 중심축을 따라 회전하는 작은 자이로스코프처럼 행동한다. 스핀은 질량이나 전기전하와 마찬가지로 소립자가 가진 고유한 성질이다. 전자는 스핀의 기준이 되는데 그 값은 1/2이다. 1/2, 3/2처럼 전자의 스핀에 홀수 배인(반정수 스핀) 입자들을 페르미온(fermion)이라고 하며 이 명칭은 페르미의 이름에서 유래했다. 반면 스핀이 1, 2처럼 정수 값을 갖는 입자들은 보존(boson)이라고 한다. 이는 인도 물리학자 사티엔드라 나스 보즈(Satyendra Nath Bose, 1894~1974)의 이름에서 따온 것이다. 중성자와 양성자, 그리고 전자와 중성미자는 모두 페르미온이다. 전자기력을 전달하는 입자인 광자는 보존으로 스핀이 1이다. (다른 보존 입자로는 파이 중간자와 K 중간자가 있다.) 페르미의 약력 이론에 따르면 한 지점에 모인 네 개의 페르미온 입자들 간에 작용하는 힘이 바로 약력이다.

페르미의 이론은 베타 붕괴를 잘 설명해 주지만 몇 가지 문제점을 드러냈다. 먼저, 이 이론은 베타 붕괴만을 설명하기 위해 고안되기라도 한듯이 와인버그가 진짜 말하고 싶어 하는 왜 그런가에 관한 필연성을 갖지는 못했다. 더욱 심각한 점은 다른 종류의 약력 상호작용들에 적용할 경우 — 예를 들어, 양성자 가까이에서 입자가 생성될 때 양성자의 질량에 얼마나 변화가 있는지를 계산하는 경우 — 페르미의 이론은 무한이란 답을 제시했다.

1958년, 파인만과 캘리포니아 공과 대학의 머리 겔만(Murray Gell-Mann, 1929~), 그리고 이들과는 별도로 인도 출신 미국 물리학자 E. C. G. 수다르산(Sudarshan, 1931~)과 로버트 마샤크(Robert Marshak, 1916~1992)가 페르미의 이론을 대폭 수정했다. 그들은 서로 상호작용하는 네 가지 페르미온 입자의 스핀에 대해 약력이 어떻게 영향을 받느지를 알아냈다. 이들 물리학자들과 다른 물리학자들은 또한 네 가지 페르미온이 한 지점에서 실제로 만나는 것이 아니고 짧은 거리의 공백을 두고 서로 떨어져 있다고 제안했다. 가상적으로, 약력은 매개 보존(intermediate boson)이라는 새로운 종류의 입자들의 교환을 통해 전달된다. 이 새로운 입자는 약력을 매개하는 입자라는 의미에서 W라고 한다. W는 스핀이 1이어야 하기 때문에 보존 입자다. 또한 양의 전하를 띠는 W^+와 음의 전하를 띠는 W^-, 이렇게 두 종류가 있다.

W 입자를 고려한 경우와 그렇지 않은 경우 어떤 차이가 있는지를 알아보기 위해 베타 붕괴, $n \rightarrow p + e + \bar{\nu}$를 따져 보자. 그림 20.1a는 페르미가 제시한 것이고, 그림 20.1b는 파인만, 겔만, 수다르산, 그리고 마샤크가 그려 낸 과정이다. W^-는 구불구불한 선으로 나타나 있다. 그림 20.1b에서 우리는 왜 W 입자가 이 반응에서 음의 전하를 띠어야 하는지를 알 수 있다. 화살표를 따라가 보면 제일 먼저 일어나는 일은 중성자가 양성자로 바뀌면서 W^-가 생성되는 것이다. 총 전하량은 새로 더 생기거나 없어질 수 없고, 중성자는 전기적으로 중성이며, 양성자는 양의 전하를 갖기 때문에 W^-가 생성되어야 전하량이 보존된다. 다음으

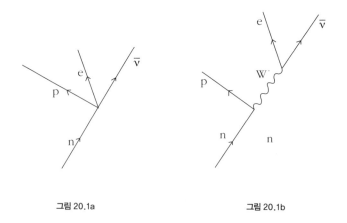

그림 20.1a   그림 20.1b

로 W^-는 아주 짧은 거리를 이동하면서 붕괴되어 전자와 반중성미자로 바뀐다. W^-의 음의 전하는 음의 전하를 가진 전자에게 주어진다. 다시 한 번 전하량이 보존되었다. 이보다 더 단순할 순 없다!

파인만-겔만/수다르산-마샤크 이론은 페르미의 이론을 뛰어넘었다. 그러나 이 이론 역시 특정한 반응에서 에너지가 무한대가 되고 마는 엉뚱한 결과를 예측했다.

이때쯤 물리학자들은 이 골칫거리 무한대를 처리할 방법으로 양자전기역학이라는 전자기 양자이론을 찾아냈다. 양자이론에서는 무한을 일부 소립자들이 잠시 동안 물질적으로 아무것도 아닌 상태가 되어 사라지는 양자물리학의 독특한 특성으로 본다. 전자와 같은 소립자들은 흐릿한 장($場$)에 둘러싸여 있는데, 이 장의 작용으로 소립자의 에너지와 질량이 무한대가 되는 것이다. 양자전기역학은 이 장을 포함해 각각의 소립자를 다시 정의하는 기발한 방법을 갖고 있다. 결국 입자를 관측할 때 우리는 그 입자를 둘러싼 장도 함께 측정하는 것이다. 이를 재규격화(renormalization)라고 한다.

재규격화가 일어나면 골칫거리였던 무한대가 사라지고 유한한 값을 얻을 수 있다. 그러나 오직 특정 이론만이 이런 재규격화를 가능하게 하는 수학적 특성을 갖고 있다. 바로 양자전기역학이 그렇다. 반면 페르미와 파인만-겔만/수다르산-마샤크의 약력 이론은 그러지 못했다.

와인버그는 약력 연구의 역사에 꽤 능통했다. 사실 그는 과학사뿐만 아니라 일반 역사에도 특별한 관심을 갖고 있었다. 「다이달루스(Daedalus)」 저널에 게재한 '물리학과 역사'라는 글에서 그는 자신과 같은 입자 물리학자들의 역사관이 서양 종교의 시각과 유사하다고 말했다. 하지만 다른 과학 분야의 역사관은 동양 종교와 훨씬 비슷하다. "그리스도교와 유대교는 역사가 클라이맥스, 즉 심판의 날로 향해가고 있다고 말한다. 이와 비슷하게 많은 입자 물리학자들은 우리의 연구가 [...] 최종 이론에 이르는 것으로 끝이 날 것이라고 생각한다. [...] 이와 반대 지점에 있는 역사관은 끝이 없는 윤회의 바퀴 속에서 역사가 계속 이어질 것이라는 것이다. [...] 다른 과학자들(비 입자 물리학자들)은 흥미로운 문제들을 찾아내는 영원한 미래를 기대한다."[4]

와인버그는 더 나아가 자신을 포함한 입자 물리학자들은 자연의 힘에 대한 '최종 이론(final theory)'을 구하기 위해 단순히 흥미롭기만 한 문제들은 제쳐 두어야 한다고 말한다. "최종 이론을 향해 전진하기 위해서 풀리지 않은 문제들까지 모두 다 소탕해야 할 필요는 없다."[5]고 그는 썼다. "우리의 상황은 2차 세계대전 당시 미 해군과 비슷한 처지다. 미 해군은 목표인 일본 본 섬과 더 가까이에 있는 사이판을 얻기 위해 축 섬이나 라바울 섬과 같은 일본의 주요 군사기지를 지나쳐 사이판으로 이동했다."

1940년대 이후 20년 사이에, 양자전기역학은 물리학의 모든 이론들 가운데 최상위 자리를 차지했다. 양자전기역학은 아름다웠고 무한대의 문제도 해결했으며 전자와 광자의 행동 또한 아주 정확하게 예측했다. 물리학자라면 누구나 양자전기역학과 같은 이론을 세우고 싶어 했다.

특정한 대칭의 원리로 인해 양자전기역학은 재규격화가 가능했다. 그 특정한 대칭 원리는 이런 것이다. 공간의 어느 지점에서건 양자전기역학에 나타나는 전자의 파동은 얼마든지 앞으로 또는 뒤로 움직일 수 있으며 그리고 (전자 간의 전자기력을 전해 주는) 광자 파동이 이에 따라 적합하게 바뀐다면 물리법칙은 바뀌지 않는다. 이런 대칭성을 게이지 대칭성(gauge symmetry)이라고 한다.

와인버그가 1967년 초가을에 연구소로 가던 중에 생각해 낸 것도 게이지 대칭성의 한 종류였다. 그는 전자와 중성미자의 동질성에 대한 자신의 생각을 극단적인 형식으로 발전시켰다. 즉 *하나의 입자*가 전자와 중성미자의 조합으로 이루어진 경우, 예를 들어 30퍼센트는 전자이고 70퍼센트는 중성미자인 경우에도 여전히 동일한 방식으로 약력에 반응한다는 것이다. 더 나아가 모든 게이지 대칭성에서처럼 전자와 중성미자의 조합 비율은 달라질 수 있다. 입자가 파동처럼 행동하고 한 번에 여러 장소에 있을 수도 있는 양자물리학이라는 이상한 세계에서는 입자의 정체성조차도 불명확해질 수 있다. 이런 까닭에 30퍼센트는 전자이고 70퍼센트는 중성미자인 입자라거나, 52퍼센트는 전자이고 48퍼센트는 중성미자인 입자도 가능해진다.

이를 쉽게 표현하는 방법은 입자에 작은 화살이 붙어 있고 그 화살이 어느 방향을 향하고 있다고 생각하는 것이다. 예를 들어 화살이 수직 방향을 향하고 있다면 순수한 전자 또는 순수한 중성미자에 해당한다. 만약 화살이 위쪽을 향하고 있다면 그 입자는 순수한 전자다. 반대로 화살이 아래쪽을 향한다면 그 입자는 순수한 중성미자다. (반입자의 경우 화살은 이와는 반대로 향한다.) 화살이 수직 방향이 아닌 어느 방향을 향하고 있다면 그 입자는 일부가 전자이고 일부가 중성미자인 잡종이 된다. *전자와 중성미자 간에 완전한 대칭이란 화살이 어느 방향을 향해 있건 약한 상호작용에 대한 법칙이 동일하다는 것을 의미한다.* 우리는 지금 회전대칭의 한 종류를 이야기하고 있다. 그러나 여기에서 회전은 일상 공간에서가 아니라 전자-중성미자의 동일성이라는 추상적인 공간에서 일어나는 일이다. 바로 이것이 이론 물리학자들이 좋아하는 공간이다.

우리는 점차 와인버그가 가진 생각의 윤곽에 다가가고 있다. 약한 상호작용의 핵심적인 특징은 이미 앞에 소개한 반응처럼 전자와 중성미자가 쌍으로 작용한다는 것이다. (중성자와 양성자도 또한 쌍으로 작용한다. 그러나 이 논의에서는 이들에 대해 고려하지 않을 것이다.) 게다가 반응 전과 후의 전체 전자 렙톤 수가 같아야 하기 때문에 약한 상호작용을 하는 입자의 쌍 중 하나가 입자라면 다른 하나는 반입자여야 한다. 요약하면 약한 상호작용은 입자들의 쌍이 관여하는 것으로 그 중 하나가 전자 또는 중성미자라면 다른 하나는 반전자이거나 반중성미자여야 한다. 이렇게 되면 반응이 가능한 쌍은 $(e\bar{e})$, $(v\bar{v})$, $(e\bar{v})$, 그리고 $(\bar{e}v)$, 이렇게 총 네 종류다. 이들 네 가지는 약한 상호작용을 하는 순수한 입자 쌍이다. 회전이 '전자-중성미자 동일성 공간(electron-neutrino identity space)'에서 일어나면 이 네 가지의 순수한 쌍은 잡종이 생겨날 수 있다. 예를 들어, 13퍼센트의 $(e\bar{e})$, 28퍼센트의 $(v\bar{v})$, 17퍼센트의 $(e\bar{v})$, 그리고 42퍼센트의 $(\bar{e}v)$ 식으로 말이다.

이제 매개 보존 입자에 대해 이야기할 차례가 왔다. 힘을 전달하는 입자인 매개 보존은 양자전기역학에서의 광자와 유사하다. 그림 20.1b를 보면 W^-가 순수한 전자와 반중성미자 쌍, $(e\bar{v})$이 생성되는 데 필요하다는 것을 알 수 있다. 다른 종류의 매개 보존 입자들은 다른 나머지 순수한 입자 쌍들의 생성에 필요하다. 따라서 전자-중성미자 대칭성에 관한 이론은 네 가지 매개 보존의 존재를 요구한다. $(e\bar{v})$와 $(\bar{e}v)$는 합쳤을 때 전기적으로 중성이므로 이 둘을 만들어 내는 매개 보존은 각각에 대해 전기적으로 반대가 되어야 한다. 즉 $(e\bar{v})$의 매개 보존은 W^-이므로, $(\bar{e}v)$의 매개 보존은 W^+가 되는 것이다. 그러나 또 다른 두 개의 입자 쌍 $(e\bar{e})$와 $(v\bar{v})$가 더 있다. 그러니 이론적으로 이 두 입자 쌍을 만들어 내는 또 다른 두 개의 매개 보존이 존재해야 한다. 이 경우 두 입자 쌍이 각각이 전기적으로 중성이므로, 매개 보존도 전기적으로 중성이어야 한다.

그래서 와인버그가 처음으로 내놓은 예측은 전기적으로 중성인 두 매개 보존이 존재해야 한다는 것이었다. 이 새로운 입자들과 함께 $n \rightarrow n + \bar{\nu} + \nu$와 같은 반응이 일어날 수 있다는 예측도 나왔다. 이런 반응은 전하의 교환이 이루어지는 게 아니기 때문에 중성류 약한 상호작용(neutral current weak reaction)이라고 한다. 중성류 약한 상호작용은 이전에는 관측되지 않았고, 예측 이후에도 수년간 발견되지 않았다.

와인버그는 이 과정에서 결과적으로 놀라운 사실을 얻어냈다. $(\bar{e}e)$인 입자 쌍을 만들어 내는 전기적으로 중성인 보존 입자는 우리가 *이미 알고 있는* 바로 전자기력의 매개 입자인 광자라는 것이다. 양자전기역학 이론에서는 광자가 전자와 반전자 쌍을 생성하는 반응들($\gamma \rightarrow \bar{e}e$)이 아주 많이 등장한다. 따라서 전자기약력 이론이 예측한 매개 보존 두 개 중 하나는 바로 광자라는 것을 확인할 수 있다! 와인버그는 또 다른 하나의 매개 보존을 Z라고 했다. 와인버그의 전자기약력 이론은 약력의 매개 입자뿐 아니라 전자기력의 매개 입자까지도 포함하고 있는 것이다.

더 나아가, 전자-중성미자 동일성이라는 괴상한 공간에서 회전이 일어나면 전자-중성미자 쌍이 서로 섞이게 되므로 매개 보존 입자들 역시 섞여야 한다. 따라서 전자-중성미자 잡종 쌍으로 분해될 수 있는 잡종 매개 보존 입자들도 필요하게 되었다. (매개 보존 입자들을 섞을 때에도 총 전하량이 보존되도록 더하기 빼기를 잘 해야 한다.) 특히 광자는 Z와 W입자들과도 섞이게 된다. 따라서 전자기약력의 보편적인 매개 입자는 W^+, W^-, Z 그리고 광자가 조합된 경우다. 보편적인 입자-반입자 쌍이 앞에서 나왔던 순수한 네 가지 입자 쌍의 조합인 것처럼 말이다. 이런 식의 조합은 전자기약력 이론이 대통일이론이 되는 데에 매우 중요하다. 그리고 모든 조합이 이미 가정으로 세워 두었던 대칭성의 원리를 따라야 하기 때문에 전자기력과 약력이라는 개별적인 힘은 전자기약력이라는 하나의 힘으로 묶일 수 있다.

당시 와인버그는 몰랐지만 이런 중요한 생각을 한 사람은 그 혼자가 아니었다. 압두스 살람(Abdus Salam, 1926~1996)이라는 파키스탄의 저명한 이론 물리학자가 같은 시기에 따로 와인버그의 이론과 본질적으로 똑같은 전자기약력 이론을 완성했다. 이런 우연은 과학계에서 종종 일어난다. 결국 이 두 사람은 1960년대 초에 핵심적인 개념들을 내놓았던 미국 물리학자 셸던 글래쇼(Sheldon Glashow, 1931~)와 함께 노벨상을 공동으로 수상하게 된다. 전자기약력 이론을 이루는 개념들은 실제로 미국 물리학자 줄리언 슈윙거(Julian Schwinger, 1918~1994)의 1957년 연구에서 처음 나타나기 시작했다. 슈윙거는 광자와 W입자 간의 통일을 처음으로 제안했다. 그 직후인 1958년에 블러드맨(S. A. Bludman)이 전하를 띠는 W입자들과 조합하는 것이 광자보다는 Z입자와 같은 것이라는 주장을 발표했다. 1961년에는 글래쇼가 네 가지 매개 입자들을 모두 포함하는 이론을 제시했다. 그러나 글래쇼의 이론에서는 전자와 중성미자가 동질성을 갖고 있다는 점이 포함되지 않았다. 이 모든 조각들이 맞춰진 것은 와인버그와 살람의 이론에서였다.

와인버그와 살람의 전자기약력 이론은 수년 간 별로 주목을 받지 못했다. 우선 이 새로운 이론이 기존의 파인만-겔만/수다르산-먀샤크 이론이 설명하지 못했던 부분을 설명하지는 못했기 때문이다. 또 이 이론이 제시한 새로운 예측들, 즉 Z입자라든가 중성류 반응은 그때까지 검증되지 않았다. 그리고 가장 중요한 것은 그 누구도 이 이론으로 재규격화가 가능한지를 알지 못했다는 것이다.

그러던 1971년에 네덜란드 위트레흐트 대학의 대학원생 제라르드 후프트(Gerard Hooft, 1946~)가 전자기약력 이론이 재규격화가 가능하다는 것을 증명했다. 그러자 갑자기 물리학자들이 관심을 갖기 시작했다. 새로운 실험적인 증거가 나오지 않았지만 핵심적인 이론적 장애물이 극복되었기 때문이다. 과학정보연구소(Institute of Scientific Information)에 따르면 전자기약력에 관한 와인버그의 1967년 논문은 1967~1971년 사이에 총 4번밖에 인용되지 않았다. 그러나 후프트의 연구가 나온 이후 1972년에는 65번이나 인용되었다. 인용 횟수가 갑자기 치솟은 것이다. 1988년까지 「피지컬리뷰(Physical Review)」에 발표된 와인버그의 3쪽짜리 논문은 2차 세계대전 이후에 소립자 물리학에서 가장 많이 인용된 논문이다.

와인버그는 자신이 재규격화를 증명하지 못한 것을 후회했다. 그는 1967~1971년 사이에 일반상대성이론과 우주론에 관한 교과서를 저술하는 데 상당한 시간을 소비했다. 1980년대 후반에 내가 인터뷰를 하러 갔을 때 그는 이렇게 한탄했다. "그 망할 것을 쓴 걸 후회해요. 몇 해 동안이나 나는 내가 하고 있던 모든 것들, 자발적으로 깨지는 게이지 이론(spontaneously broken gauge theory)이 재규격화가 가능한지를 증명하는 연구들을 중단해야만 했지요. [...] 영향력이 있는 책 한 권을 쓰는 일도 훌륭한 일이지만 충격을 줄 만한 발견을 해내는 게 훨씬 더 경이로운 일이지요. [...]"[6]

1973년에 전자기약력 이론이 예측했던 바 중 하나가 처음으로 실험을 통해 확인되었다. 최초로 확인된 바는 중성미자가 관여하는 중성류 작용으로 스위스 제네바에 위치한 유럽공동원자핵연구소(CERN)에서 먼저, 곧이어 미국 시카고에 있는 페르미연구소에서 거대 입자가속기로 확인되었다. 사실 중성류 작용에 대한 첫 주장은 1937년으로 거슬러 올라간다. 하지만 이때의 주장은 무한대의 문제를 그대로 갖고 있는 이론에서 만들어졌다. 1973년 이후부터 대부분의 물리학자들은 전자기약력 이론이 옳다고 *생각했다*. 20년 후에 와인버그는 과학적 노고에 대한 심리학적 견해에 대해 다음과 같이 이야기했다. "내적 일관성과 견고함을 가진, 아주 흥미로운 이론이 등장하면 물리학자들은 이 이론이 사라져 버리기를 기다리기 보다는 이를 진실이라고 믿음으로써 그들 자신의 과학적 연구가 더 많은 진보를 이룰 수 있다고 생각한다."[7]

스톡홀름의 노벨상 위원회는 전자기약력 이론에 대해 더 이상 증명을 요구하지 않았고 1979년에 와인버그, 살람, 그리고 글래쇼에게 노벨물리학상을 시상했다. 1983년에는 이탈리아 물리학자 카를로 루비아(Carlo Rubbia, 1934~)가 이끄는 연구팀이 CERN 입자가속기에서 W입자를 발견했다. 그 이듬해에는 Z입자도 발견했다. 관측된 W입자와 Z입자의 질량은 양성자나 중성자의 약 100배 정도 되었는데, 전자기약력이 예측했던 바와 거의 일치했다. 이 공로로 루비아는 1984년 노벨물리학상을 수상했다.

이제야 우리는 와인버그의 논문, 그 자체에 대해 이야기할 수 있게 되었다. 이 책에 등장하는 논문들 가운데 와인버그의 논문이 가장 수학적이기 때문에 우리는 여기에서 그저 대략적인 논의로 만족해야 한다.

와인버그가 논문의 첫 번째 문단에서 광자와 매개 보존들을 통합하는 것이 '자연스런' 일이라고 한 것은 매우 놀랍다. 마치 광자와 매개 보존의 통합이 이 이론을 낳게 한 개념인 듯이 말하고 있다. 그러나 우리가 앞서 보았듯이 통합의 개념이 와인버그가 약력에 대해 깊이 생각하게 한 시발점은 아니었다. 때때로 과학자들이 부러 최종 업적의 과정을 드러내지 않는 경우가 있다. 특히 공식적인 논문에서 그렇다.

논문에 등장하는 4번 방정식은 이 논문의 주요 방정식으로 기호나 그 의미에 대해 알지 못한다고 해도 이 공식에서 강한 감흥이 느껴져야 한다. 이 방정식은 전자기약력 이론의 라그랑주 방정식(Lagrangian equation)이다. 라그랑주 방정식은 모든 대칭성의 원리(예를 들어 에너지 보존과 같은), 모든 보존의 법칙, 그리고 전자기약력 이론의 모든 법칙을 에워싸는 수학적 테두리가 된다. 라그랑주 방정식은 특수상대성이론과 양자장이론에서의 모든 법칙 또한 눈에 보이지 않는 형태로 품고 있다. 아인슈타인의 시간과 공간에 대한 상대론적 개념은 라그랑주 방정식에 나오는 $\vec{A}_\mu$의 아래첨자, 이 그리스 문자에 들어 있다. 또한 전자와 중성미자가 확실한 입자가 아니라 확률의 파동으로 표현된다는 양자물리학의 개념은 라그랑주 방정식에 있는 '왼손 편극(left-handed doublet)' L과 '오른손 편극(right-handed doublet)' R에 숨어 있다. 물리학자에게 있어 4번 라그랑주 방정식은 예술품과 같다. φ로 쓰인 에너지 장의 불확정성을 제쳐 두면 모든 것은 그렇게 되어야 하는 것처럼 되어 있다.

라그랑주 방정식에는 두 종류의 양이 있다. 하나는 전자와 중성미자 입자, 그리고 매개 보존입자들이다. 우리는 이 두 가지에 대해 차례로 살펴볼 것이다.

우선 전자와 중성미자는 둘 다 경입자(lepton)*에 속한다. 약력의 특이한 면 중 하나는 이들 입자들의 스핀 방향이 시계 방향(이 경우는 오른손잡이 입자라고 한다)이냐 반시계 방향(이 경우는 왼손잡이 입자라고 한다)이냐에 따라 입자들을 구분하는 것이다. (이 차이는 이미 앞에서 언급했던 대칭성 깨짐이라고 한다.) 약력은 왼손잡이 중성미자에만 작용하는 반면 전자에 대해서는 오른손잡이이건 왼손잡이이건 가리지 않고 둘 다에 대해 작

---

* 경입자는 말 그대로 가벼운 입자로, 무거운 입자인 중성자와 양성자가 속하는 강입자와 구분된다.

용한다. 따라서 왼손잡이 전자와 왼손잡이 중성미자는 한 묶음으로 왼손 편극 L이 된다. 그리고 오른손잡이 전자가 혼자서 오른손 편극 R로 나타난다.

다음으로 전자기약력 이론은 네 가지 매개 보존 입자들을 요구한다고 했다. 이들 입자는 '게이지 장(gauge field)'이라고도 불린다. 여기에서 '장'이란 말은 공간을 차지하고 있는 에너지의 묶음을 의미한다. 현대 양자론에서는 모든 것을 확률 파동으로 나타내는데, 여기에서는 입자와 순수한 에너지 간에 차이가 거의 없다. 입자와 에너지는 둘 다 '장'이라고 하는 공간을 움직이는 에너지의 묶음으로 간주된다.

세 가지의 게이지 장은 $\vec{A_\mu}$로 나타냈고, 각각을 간단히 구분하면 A_μ^1, A_μ^2, A_μ^3이다. 네 번째 게이지 장은 기술적인 이유 때문에 분리되어 B_μ로 표시되었다. A_μ^3와 B_μ는 전기적으로 중성을 띠는 게이지 장이다. (위첨자도 없이 A_μ로 나타낸) 광자와 Z입자는 바로 이 두 가지 게이지 장의 조합이다.

이제 우리는 가장 중요한 대칭 개념에 다다랐다. 우리가 앞에서 어떤 입자를 방향성을 갖는 화살표가 붙어 있는 것으로 생각했던 것을 떠올려 보자. 여기에서 화살표가 가리키는 방향은 전자와 중성미자가 얼마나 섞여 있는지를 의미하는 것이다. 이 화살표는 하전 스핀(isospin)*으로 불린다. 입자들의 하전 스핀 총량은 기호 $\vec{T}$로 나타낸다. 4번 방정식에서 $\vec{t}$는 하전스핀의 회전을 만들어 내는 것으로 그 방정식에서 전자와 중성미자 간의 대칭성을 표현하기 위해 $\vec{t}$가 들어가 있는 것이다.

라그랑주 방정식의 여러 항들을 전체적으로 살펴보면, 첫 번째 두 항은 $\vec{A_\mu}$와 B 게이지 장의 에너지를 각각 나타낸 것이다. 세 번째와 네 번

---

*각운동량 벡터와 유사한 소립자가 가지는 고유의 물리량.

째 항은 오른손잡이 입자들과 왼손잡이 입자들 각각의 상호작용하는 게이지 장을 나타낸 것이다.

이제 우리는 ϕ가 모두 들어가 있는 라그랑주 방정식의 마지막 세 항에 이르렀다. ϕ 장은 또 다른 종류의 에너지 장으로, 힉스 장(Higgs field)이라고 불린다. 와인버그는 이 장은 스핀이 0이라고 했다. 힉스 장의 역할은 전자기약력 이론에서 '대칭성을 깨지게 하는' 것이다. 이를 앞에서 자발적으로 깨지는 게이지 이론이라고 한다.

왜 전자와 중성미자, 그리고 광자와 Z입자 간에 온전한 동질성을 제시하는 이 아름다운 이론에 대칭성 깨짐이 필요한 걸까? 그 이유는 실제로는 전자가 중성미자와 완전히 동일하지 않다는 사실 때문이다. 또한 광자는 Z입자와 *완전히* 똑같을 수 없다. 예를 들어 전자의 질량은 중성미자의 질량보다 훨씬 크다. 마찬가지로 광자는 질량이 없다면 Z입자는 질량이 있다. 입자들 사이에 약간의 비대칭을 낳게 하는 무언가가 존재해야만 하는 것이다. 그 임무를 맡은 게 바로 힉스 장 ϕ이다.

힉스 장은 이 이론에서 가장 덜 이해된 부분이다. 지금까지도 힉스 장과 이와 관련된 힉스 입자는 아직까지 발견되지 않았다. 다행히도 전자기약력 이론에서는 힉스 장에 거의 의존하지 않는다.

모든 이론은 알려지지 않았거나 또는 조절이 되는 변수를 갖고 있다. 만약 변수들이 너무 많으면 변수를 조절하면서도 어떠한 관측 결과에 끼워 맞출 수 있어야 한다. 좋은 이론이라면 조절 변수가 적으면서도 실험 결과를 상당한 수준으로 맞출 수 있어야 한다. 와인버그의 전자기약력 이론에서 미지의 변수는 무엇일까? (1)게이지 장 $\vec{A}$의 세기, g, (2) 게이지 장 B의 세기, g', (3) 전자와 상호작용하는 ϕ장의 세기, G_e, (4)ϕ입자의 질량, M_1, 그리고 (5)ϕ장의 가장 낮은 에너지 준위, λ이다. 질량 M_1은 결과에 아무런 영향을 주지 않기 때문에 우리는 전자기약력

이론에서 조절 변수로 네 가지를 고려하면 된다.

전자의 전하량은 g와 g'에 관한 식과 관련이 있다. 따라서 전자의 전하량은 이미 잘 알고 있기 때문에 이 이론에서 조절 변수의 수는 네 개에서 세 개로 줄어든다. 마찬가지로 g, G_e, M_1로부터 도출되는 전자의 질량과 붕괴율은 실험적으로 잘 알려져 있어서, 이제 조절 변수는 하나로 압축된다. 결국 전자기약력 이론은 조절 변수가 하나뿐인 좋은 이론인 것이다.

요약을 하면 와인버그와 살람의 전자기약력 이론은 예측된 결과보다 훨씬 더 적은 조절 변수를 가지기 때문에 이전의 어느 이론이 감히 넘볼 수 없을 정도로 강력한 이론이 될 수 있었다. (물론 이론이 예측한 바는 실험적으로 입증을 받아야 한다.)

논문의 마지막 부분에서, 와인버그는 다음과 같이 말함으로써 자신의 계산 일부를 무시하는 듯하다. "물론 우리의 모형(model)은 심각하게 고려할 만한 예측이기에는 너무 많은 임의적인 특성을 담고 있다." 이론에서 제시한 대칭성과, 임의적인 특성은 사실상 대칭성을 깨는 ϕ장의 특성이다. 아마도 와인버그는 ϕ장에 대한 불확실성—전자와 중성미자 간의 대칭성이 깨지는 방식—때문에 자신의 이론에 제한적인 단서를 달면서 이론 대신 모형이라고 불렀을 것이다.

논문의 마지막 부분에서 와인버그는 핵심적인 질문을 던졌다. "이 모형도 재규격화가 가능할까?" 몇 년 후 그는 자신의 이 질문에 대한 답을 구하게 된다.

스티븐 와인버그는 자연의 대칭성을 가장 열성적으로 옹호한 20세기 인물이었다. 그에게 있어 대칭성의 원리는 놓칠 수 없는 아름다움이었다. 그는 종종 이 대칭성의 원리를 알아보는 지적 즐거움에 대해 이야기했다. 그러나 누구도 와인버그가 즐거움을 위해 물리학을 한다고 생각하지는 않았다. 그는 자신이 '최종 이론'이라고 부른 자연의 가장 기본적인 법칙을 찾기 위해 쉼 없이 앞으로 나아가는 것 같다. 이 물리학자에게는 이것이 평생을 바칠 만큼 중요한 일이다. 이런 점에서 볼 때 와인버그는 아인슈타인과 닮았다. 상대성이론의 아버지로 불리는 아인슈타인은 자연의 기본적인 진실을 발견하는 데에 온 마음을 다했다. 젊은 시절에 아인슈타인은 자서전에 이렇게 적었다. 그는 "기본적인 것을 이끌어 낼 수 있는 것이 무엇인지, 제쳐 두어야 할 것이 무엇인지를 알아내는 법을 익혔다."[8]

경입자 모형[1]

스티븐 와인버그[2]

경입자가 상호 작용하는 것은 광자뿐이다. 그리고 약력을 중개하는 것으로 보이는 매개 보존과도 작용한다. 그렇다면 이렇게 스핀이 1인 보존(Boson)들을 게이지 장의 다중항으로 결합하는 것은[3] 아주 자연스러울 것이다. 이 가설에 장해가 되는 것은 광자의 질량과 매개 보존 사이에, 그리고 각각의 결합 사이에 분명한 차이가 존재한다는 점이다. 약력과 전자기력을 연관 짓는 대칭성이, 진공 때문에 깨진 라그랑주 방정식의 대칭성과 동일하다고 상상해서 이 차이를 이해하고 싶을 것이다. 하지만 그렇게 하면 우리의 희망과 달리 질량이 없는 골드스톤 보존이라는 유령이 등장하게 된다.[4] 본 소고에서는 전자기력과 약력 사이의 대칭성이 자연 발생적으로 깨져 있지만 광자와 매개 보존 장을 게이지 장으로 삽입하여 골드스톤 보존을 회피하는 모형을 설명할 것이다.[5] 이 모형도 재규격화가 가능할 것이다.

여기서는 관측된 전자형 경입자들을 상호간에 연결하는 대칭성 그룹에만 관심을 기울일 것이다. 즉 뮤온형 경입자나 아직 관측되지 않은 경입자나 강압자는 다루지 않는다.

그러면 이 대칭성은 왼손 편극

$$L \equiv \left[\frac{1}{2}(1+\gamma_5) \right] \begin{pmatrix} \nu_e \\ e \end{pmatrix} \tag{1}$$

그리고 오른손 편극

$$R \equiv \left[\frac{1}{2}(1-\gamma_5)\right]e \qquad (2)$$

에 작용한다.

라그랑주 방정식의 불변 운동항 $-\bar{L}\gamma^\mu \partial_\mu L - \bar{R}\gamma^\mu \partial_\mu R$ 남는 가장 큰 그룹에는, L에 작용하는 전자 전하 스핀 $\vec{T}$와 왼손 및 오른손 전자형 경입자의 N_L, N_R이라는 수가 들어있다. 우리가 아는 한 이런 대칭성들 가운데 두 가지, 즉 전하 $Q = T_3 - N_R - \frac{1}{2}N_L$과 전자 수 $N = N_R + N_L$는 완전히 깨져 있다. 하지만 깨지지 않은 대칭성에 상응하는 게이지 장은 질량이 0일 것이다.[6] 그리고 N에 결합하는 질량 0의 입자는 없기 때문에,[7] 전자 전하 스핀 $\vec{T}$과 전자 초전하 $Y \equiv N_R - \frac{1}{2}N_L$에서 우리가 원하는 게이지 그룹을 만들어야 한다.

따라서 L과 R, $\vec{T}$ 및 Y와 결합한 게이지 장 $\vec{A}_\mu$와 B_μ, 그리고 스핀이 0인 편극

$$\varphi = \begin{pmatrix} \varphi^0 \\ \varphi^- \end{pmatrix} \qquad (3)$$

으로 라그랑주 방정식을 구성할 것이다. 이 때 진공 기대값은 $\vec{T}$ 및 Y를 깨뜨릴 것이며 전자에 질량이 생기게 된다. $\vec{T}$와 Y 게이지 변환 하에서 불변하며 재규격화가 가능한 유일한 라그랑주 방정식은 다음과 같다.

$$\begin{aligned}
\mathcal{L} = &-\frac{1}{4}(\partial_\mu \vec{A}_\nu - \partial_\nu \vec{A}_\mu + g\vec{A}_\mu \times \vec{A}_\nu)^2 - \frac{1}{4}(\partial_\mu B_\nu - \partial_\nu B_\mu)^2 \\
&- \bar{R}\gamma^\mu(\partial_\mu - ig'B_\mu)R - \bar{L}\gamma^\mu(\partial_\mu ig\vec{t}\cdot\vec{A}_\mu - i\frac{1}{2}g'B_\mu)L - \frac{1}{2}\partial_\mu\varphi - ig\vec{A}_\mu\cdot\vec{t}\varphi \\
&+ i\frac{1}{2}g'B_\mu\varphi^2 - G_e(\bar{L}\varphi R + \bar{R}\varphi^\dagger L) - M_1^2\varphi^\dagger\varphi + h(\varphi^\dagger\varphi)^2.
\end{aligned} \qquad (4)$$

R장의 위상은 G_e가 실재수가 되도록 선택했고 L와 Q장의 위상도 진공 기대값 $\lambda \equiv \langle \varphi^0 \rangle$이 실재수가 되도록 조정할 수 있다. 그러면 '물리적인' φ 장은 φ^-이고

$$\varphi_1 \equiv \left(\varphi^0 + \varphi^{0\dagger} - 2\lambda \right) / \sqrt{2} \qquad \varphi_2 \equiv \left(\varphi^0 - \varphi^{0\dagger} \right) / i\sqrt{2} \qquad (5)$$

섭동 이론의 모든 차수에 대해 φ_1의 진공 기대값이 0일 조건을 보면 $\lambda^2 \cong M_1^2 / 2h$라는 것을 알 수 있다. 따라서 φ_1와 φ_-의 질량이 0일 때 φ_1 장의 질량은 N_1이다. 하지만 φ_2와 φ^-가 나타내는 골드스톤 보존에는 물리적인 결합이 없다. 라그랑주 방정식은 게이지 불변항이고, 따라서 모든 곳에서[8] φ^-와 φ_2를 없애고 그 밖의 다른 것은 전혀 바꾸지 않으면서 하전 스핀과 초전하 게이지 변환을 결합할 수 있다. G_e가 매우 작고 어떤 경우든 M_1이 매우 크리라는 것은[9] 쉽게 알 수 있다. 따라서 이하의 설명에서도 φ_1 결합은 무시할 것이다.

위에 설명한 것들을 종합한 효과는 결국 φ를 전부 진공 기대값인 다음으로 대치하는 것이다.

$$\langle \varphi \rangle = \lambda \begin{pmatrix} 1 \\ 0 \end{pmatrix} \qquad (6)$$

라그랑주 방정식의 첫 4개 항은 그대로이고, 나머지는 다음과 같이 바뀐다.

$$-\frac{1}{8} \lambda^2 g^2 \left[\left(A_\mu^1 \right)^2 + \left(A_\mu^2 \right)^2 \right] - \frac{1}{8} \lambda^2 \left(g A_\mu^3 + g' B_\mu \right)^2 - \lambda G_e \bar{e} e \qquad (7)$$

전자 질량이 λG_e라는 것은 바로 알 수 있다. 전하를 띠고 있으며 스핀

이 1인 장은 다음과 같고

$$W_\mu \equiv 2^{-\frac{1}{2}} \left(A_\mu^1 + i A_\mu^2 \right) \tag{8}$$

질량은 다음과 같다.

$$M_W = \frac{1}{2}\lambda g \tag{9}$$

질량이 유한하고 중성이며 스핀이 1인 장은 다음과 같고

$$Z_\mu = \left(g^2 + g'^2 \right)^{-\frac{1}{2}} \left(g A_\mu^3 + g' B_\mu \right) \tag{10}$$

$$A_\mu = \left(g^2 + g'^2 \right)^{-\frac{1}{2}} \left(-g' A_\mu^3 + g B_\mu \right) \tag{11}$$

각각의 질량은 다음과 같다.

$$M_Z = \frac{1}{2}\lambda \left(g^2 + g'^2 \right)^{\frac{1}{2}} \tag{12}$$

$$M_A = 0 \tag{13}$$

따라서 A_μ는 광자장이다. 경입자와 스핀이 1인 메존들 간의 상호 작용은

$$\frac{ig}{2\sqrt{2}} \bar{e}\gamma^\mu (1+\gamma_5) \nu W_\mu + H.c. + \frac{igg'}{\left(g^2 + g'^2 \right)^{\frac{1}{2}}} \bar{e}\gamma^\mu e A_\mu$$

$$+ \frac{i(g^2+g'^2)^{\frac{1}{2}}}{4} \left[\left(\frac{3g'^2-g^2}{g'^2+g^2} \right) \bar{e}\gamma^\mu e - \bar{e}\gamma^\mu\gamma_5 e + \bar{\nu}\gamma^\mu(1+\gamma_5)\nu \right] Z_\mu \tag{14}$$

유리화한 전하량은 다음과 같다.

$$e = gg'/\left(g^2+g'^2\right)^{\frac{1}{2}} \tag{15}$$

W_μ가 보통 강입자와 뮤온에 결합한다고 가정하면 약한 핵력의 일반적인 결합 상수는 다음과 같다.

$$G_W/\sqrt{2} = g^2/8M_W^2 = \frac{1}{2}\lambda^2 \tag{16}$$

그러면 $e-\varphi$ 결합 상수가 다음과 같다는 점을 기억하자.

$$G_e = M_e/\lambda = 2^{\frac{1}{4}} M_e G_W^{\frac{1}{2}} = 2.07 \times 10^{-6}$$

φ_1과 뮤온의 결합은 인자 M_μ/M_μ 만큼 더 강하지만 그래도 매우 약   하다. 또한 (14)에 따라서 g와 g'는 e보다 크다. 그러므로 (16)에 따라 $M_W \rangle$ 40Be V이고, (12)에 따라 $M_z \rangle M_W$이고 $M_z \rangle$ 80Be V이다.

이 모형을 통해 단 하나 분명히 예견할 수 있는 게 있다면 중성 매개 메존 Z_μ의 결합 문제이다. Z_μ가 하드론에 결합하지 않는다면 Z_μ가 미치는 영향을 찾기 가장 좋은 곳은 전자-중성자 산란이다. W-변환 항에 피에르즈 변환식을 적용해보면 $e-\nu$ 상호 작용의 총 효과는 다음과 같다.

$$\frac{G_W}{\sqrt{2}} \, \overline{\nu}\gamma_\mu(1+\gamma_5)\nu\left\{ \frac{(3g^2-g'^2)}{2(g^2+g'^2)} \, \overline{e}\gamma^\mu e + \frac{3}{2}\overline{e}\gamma^\mu\gamma_5 e \right\}$$

만약 g ≫ e이고 g ≫ g′라면 위 효과는 그저 일반적인 $e-\nu$ 산란 매트릭스 요소에 특수 인자 $-\frac{3}{2}$을 곱한 것이다. 만약 g ≃ e이고 g ≫ g′라면 벡터 상호 작용에 곱해지는 인자는 $\frac{3}{2}$이 아니라 $-\frac{1}{2}$이다. 물론 우리가 제시한 모형에는 추상적인 요소가 너무 많아서 이와 같은 예견을 아주 심각하게 고려하기는 힘들다. 하지만 일반적인 전자-뉴트리노 단면적의 계산[10] 또한 틀릴 수 있다는 점도 염두에 둘 필요가 있다.

이 모형을 재규격화할 수 있을까? 보통 벡터-메존 질량이 0이 아닌 경우 비가환 게이지 이론을 재규격화할 수 있을 거라고는 보지 않는다. 하지만 우리가 제시한 Z_μ와 W_μ 메존의 질량은 대칭성이 지속적으로 깨지기 때문에 생기는 것이며, 최초에 넣은 질량항 때문에 생기는 것이 아니다. 사실 우리가 처음에 제시한 모형의 라그랑주 방정식은 재규격화가 가능할 것이다. 따라서 관건은 우리가 여러 장들을 재정의하면서 상정한 섭동 이론의 차수 변화 때문에 재규격화의 가능성이 사라지느냐에 있다. 만약 우리의 모형을 재규격화할 수 있다면, $\vec{A}_\mu$와 B_μ를 강입자와 결합하는 경우에까지 그 모형을 확장할 경우 어떤 일이 벌어지겠는가?

메사추세츠 공과대 물리학과가 보여준 호의와 소중한 논의에 함께 해 준 K. A. 존슨에게 감사를 드린다.

메사추세츠 캠브리지 메사추세츠 공대

핵과학 및 물리과 실험실

1967년 10월 17일 접수

Physical Review Letters (1967)

■ 참고문헌

1. 본 연구 가운데 일부는 미국 원자력 위원회의 지원으로 이루어졌다. 계약 번호는 AT(30-1) 2098이다.

2. 캘리포니아 버클리의 캘리포니아 대학으로부터 휴가 중이다.

3. 약력과 전자기력을 통일하려는 시도는 역사가 매우 길기 때문에 여기서 살펴보지는 않을 것이다. 최초에 나온 참고 문헌은 E. Fermi의 Z. Physik 88, 161 (1934)이다. 우리가 제시한 것과 유사한 모형은 S. Glashow의 Nucl.Phys. 22, 579 (1961)에 나와 있다. 글래쇼는 대칭을 깨뜨리는 항을 라그랑주 방정식에 포함시켰고, 따라서 예견이 불분명하다는 점이 근본적인 차이이다. 아주 자연스러울 것이다.

4. J. Goldstone, Nuovo Cimento 19, 154 (1961); J. Goldstone, A. Salam, and S. Weinberg Phys. Rev. 127, 965 (1962).

5. P.W Higgs, Phys. Letters 12, 132 (1964), Phys. Rev. Letters 13, 508 (1964), and Phys. Rev. 145, 1156 (1966); F. Englert and R. Brout, Phys. Rev. Letters 13, 321 (1964); G. S. Guralnik, C. R. Hagen, and T.W.B. Kibble, Phys. Rev. Letters 13, 585(1964)

6. 특히 T. W. B. Kibble Phys. Rev. 155, 1554 (1967)를 참조하라. 강력에서도 유사한 현상이 발생한다. 0차 섭동 이론에서 -메존의 질량은 단순히 순수 질량이며, 반면에 A1 메존은 키랄 대칭성이 지속적으로 깨지면서 별도의 영향을 받는다. S. Weinberg, Phys. Rev. Letters 18, 507 (1967) 참조. 특히 주석 7을 참조. J. Schwinger, Phys. Letters 24B, 473 (1967); S. Glashow, H. Schnitzer, S. Weinberg, Phys. Rev. Letters 19, 139 (1967), 방정식 (13) 이하 참조

7. T. D. Lee and C. N. Yang, Phys. Rev. 98, 101 (1955).

8. 이는 모형에서 유도되지 않은 결합을 제거한 것과 같은 종류의 변환이다. S. Weinberg, Phys. Rev. Letters 18, 188 (1967) 참조. 는 유도 결합에서 다시 나타난다. 강력 라그랑주 방정식은 키랄 게이지 변환 하에서 불변이 아니기 때문이다.

9. 메존을 두고 비슷한 논의가 있었다. Weinberg, Ref. 8 참조

10. R. P. Feynman and M. Gell-Mann, Phys. Rev. 109, 193 (1957).

번역: 김창규

21

쿼크

마트료시카의 마지막 인형

제롬 프리드먼 (1969)

큰딸이 다섯 살 때, 인형 안에 더 작은 크기의 인형이 여러 개 들어 있는 러시아 전통 인형을 나는 아무 설명 없이 딸에게 선물했다. 그러자 딸은 금세 인형을 열고 그 안에서 또 다른 인형을 찾아냈다. 그런 다음 두 번째 인형을 열고 그 안에 든 세 번째 인형을 찾아내더니 아주 기뻐했다. 이런 식으로 딸은 점점 더 작은 인형들을 발견했다. 마지막으로 더 이상 열리지 않는 작은 나무 인형을 찾을 때까지 말이다.

"어디에 또 인형이 있는 거야?" 딸은 시무룩한 표정을 지으며 물었다.

"더는 없어. 그게 가장 작은 거야." 나는 이렇게 대답했다.

하지만 딸은 내 말을 믿지 않았다. 그날 밤, 딸은 창고에서 공구상자를 가져오더니 망치를 꺼내 가장 작은 인형을 사정없이 내려쳤다. 인형은 두 조각으로 쪼개졌지만 더 이상 작은 인형은 나오지 않았다. 딸은 둘로 쪼개진 조각 중 하나를 일주일 정도 주머니에 넣고 다녔다.

내 딸은 단순히 게임을 하고 있었던 것이 아니었다. 뭔가에 사로잡혀 있었던 것이다. 어린아이조차도 더 이상 깨지지 않는 가장 작은 단위를 찾고 싶은 욕구를 느낀 것이 아닐까. 가장 깊숙한 곳에 무언가가 존재할 것이라고 말이다. 우리 모두는 비슷한 충동을 느끼곤 한다. 우리는 가장 깊숙한 것을 손에 쥐고 싶어 한다. 인간이 세상에 질문을 던지기 시작한 순간부터 기본 물질에 대해 알고 싶다는 호기심은 계속해서 인류를 자극해 왔다.

지금으로부터 2천 년도 더 된 고대 그리스 시대에 아리스토텔레스는 우주가 땅, 물, 불, 공기, 그리고 에테르라는 다섯 가지 순수 물질로 이루어져 있다고 주장했다. 다른 고대 철학자, 데모크리토스와 루크레티우스(Lucretius)는 모든 물질이 보이지 않는, 더 이상 쪼개지지 않는 작은 원자로 이루어져 있다는 가설을 내놓았다. 이 관점에서 물질은 더 생겨나지도 않고 더 파괴되지도 않는다. 이로써 모든 결과는 원자적인 원인을 갖게 되었고 인류는 신의 괴팍한 행동으로부터 해방되었다.

하지만 위대한 물리학자 뉴턴에게는 원자가 신으로부터의 해방이 아니라 신에 의해 창조된 근본적인 '조화(oneness)'였다. "내 생각에는, 태고에 신은 고체이고, 질량을 가지며, 단단하고, 투과되지 않고, 움직이는 입자로 물질들을 만들었고 [...] 이 기본 입자는 고체로, 어떤 물질과도 비교가 안 될 정도로 단단하다. 결코 낡거나 깨지지 않을 정도다. 신이 직접 태곳적에 만들어 낸 이 입자는 평범한 힘으로는 결코 쪼갤 수 없다."[1]고 뉴턴은 기술했다.

그렇다면 쪼개지지 않는, 물질의 가장 기본적인 입자는 대체 어디에 있을까. 그리고 그 정체는 과연 뭘까.

2004년 5월의 어느 날, 나는 물리학자 제롬 프리드먼의 MIT 연구실을 방문했다. 1990년, 프리드먼은 렙톤과 함께 물질을 구성하는 가장 작은 단위인 쿼크를 발견한 공로로 헨리 켄들(Henry Kendall, 1926~1999)과 리처드 테일러(Richard Taylor, 1929~)가 함께 노벨물리학상을 공동 수상했다. 한때 원자를 물질의 기본단위로 여기던 때가 있었다. 과학자들이 원자보다 수십만 배나 더 작은 원자핵과 전자를 발견하기 전까지 말이다. 나중에 원자핵은 양성자와 중성자라는 더 작은 입자들로 이루어져 있다는 사실이 밝혀졌다. 그리고 1970년 경 프리드먼 연구팀은 양성자와 중성자가 세 개의 쿼크로 이루어져 있다는 사실을 알아냈다. 어쩌면 쿼크가 러시아 전통 인형의 가장 작은 인형일지도 모른다.

　금요일 늦은 오후였다. 24호관 5층 복도는 황량하고 조용했지만 프리드먼의 연구실 문은 활짝 열려 있었다. 나는 열린 문으로 걸어 들어 갔다. 연구실 벽면을 가득 채운 책과 논문, 그리고 저널로 둘러싸인 그는 모니터를 향해 등을 구부리고 있었다. 프리드먼은 당시 75세로, 백발에 팍팍한 미소를 띤 인자한 할아버지로 보였다. 특히 물리학이나 예술에 대해 이야기를 나눌 때면 그의 얼굴 가득 웃음이 번졌다. 과학자이자 화가이기도 했던 그는 여가시간이 나면 그림을 그렸고 아내와 함께 예술 전시회나 뮤지컬 콘서트, 극장 등을 다녔다. 그의 책꽂이에는 핵물리학과 양자 전기역학과 같은 물리학 책들과 공간을 두고 싸우기라도 하듯 빈틈마다 도자기나 작은 화분, 화병, 그리고 작은 조각품이 세워져 있었다. "복제품들이에요. 진짜는 집에 있지요."[2]라며 그는 부드럽게 말했다.

　프리드먼은 삶을 사랑하는 사람처럼 보였다. 불친절한 언사를 결코 하지 않았으며 친절하고 성격 좋은 남자였다. 그는 종종 다른 이들의 업적에 찬사를 보냈다. "나는 운 좋게도 뛰어난 학생들과 동료들을 만났다."[3]고 말한 적도 있었다. 그는 시카고 대학에서 물리학계의 전설적인 인물, 페르미에게 박사 논문 지도를 받았다. 그는 천재성을 넘어 인간적인 면에서도 페르미를 진심으로 깊이 존경했다. 프리드먼은 "조용하고 친절한 페르미는 우리가 무엇을 이해하는 데 도움을 주려고 비상한 노력을 했다. 페르미는 대화할 때나 행동할 때 상당히 겸손했다."[4]고 그에 대해 말했다. 내가 보기엔 프리드먼에게도 적용할 수 있는 표현들이었다.

　1969년, 프리드먼은 동료 연구자들과 함께 양성자 내부를 파헤치기 위해 양성자에 초고에너지 전자를 충돌시켰다. 그때 프리드먼 연구팀은 쿼크를 발견하고 상당히 놀랐다. "그 실험을 계획했을 때에는 무엇을 기대해야 하는지에 대한 구체적인 이론도, 이미지도 없었다."[5]고 프리드먼은 노벨상 연설문에 적었다.

프리드먼은 나와 대화를 나누다가 칠판으로 다가가 복잡한 물리학을 간단한 그림으로 설명해 주었다. 나는 몇 년 전에 발표된 그의 논문 중 하나를 복사본으로 부탁했다. 그러자 그는 더 이상 어수선하기도 어려운 책상에서 빠져나와 특정 책꽂이로 직행하더니 내가 원하는 문서를 곧바로 끄집어냈다. 그는 나에게 이렇게 말했다. "대부분의 과학은 가장 멋진 한때를 가지고 있지요."[6]

물질을 구성하는 가작 작은 요소를 발견하기 시작한 것은 19세기였다. 19세기 초, 영국의 화학자 존 돌턴은 화학원소들이 특정 질량비로 화합물을 구성한다는 사실을 알아냈다. 이 과학자는 화학결합에서 나타나는 특정 질량비가 고대 원자 개념의 증거라고 생각했다. 그러나 그 누구도 원자를 본 적은 없었다. 1950년대와 1960년대에 최첨단 전자 현미경이 개발되기 전까지 어느 과학자도 원자를 직접 보지 못했다. 하지만 19세기 말에는 공기 분자에 의한 햇빛의 산란을 비롯한 여러 간접적인 관측으로 원자의 지름을 1억 분의 1(10^{-8})센티미터 정도라고 추정할 수 있었다. 쉽게 비교하면 이 문장의 마지막에 있는 마침표가 20분의 1센티미터쯤 된다.

얼마 지나지 않아 원자가 물질의 가장 작은 단위가 아니라는 것이 명백해졌다. 1897년에 영국 케임브리지 대학 캐번디시 연구소에서 소장으로 있던, 근엄한 얼굴의 톰슨 소장이 원자보다 훨씬 더 작은 입자인 전자를 발견했다. 1911년에는 러더퍼드 연구팀이 원자 내부가 거의 비어 있고 중심에 단단한 알맹이가 있다는 것을 발견했다. 그 알맹이가 바로 원자핵이다(자세한 내용은 5장 참조). 원자핵은 원자의 양전하와 원자 질량의 99퍼센트 이상을 차지하고 있으면서도 원자의 전체 크기보다 10만 배나 적은 공간을 차지하고 있다. 더 나아가 원자핵이 띠는 양의 전하는 원자핵 안을 메우고 있는 더 작은 입자, 즉 양성자에 의해 나타난다. (수소 원자의 원자핵은 하나의 양성자를 가지고 있으며, 탄소 원자의 경우 6개, 우라늄은 92개를 가지고 있다.) 그리고 원자핵의 비좁은 공간 속에서 전기적으로 중성을 띠는 입자가 마지막으로 발견되었다. 이것이 중성자이며 1932년 채드윅이 발견했다.

중성자와 양성자는 핵자(nucleon)라고 불린다. 이들은 강력(강한 상호작용)이라는 핵력에 의해 원자핵 안에 붙잡혀 있다. (강력은 어느 두 개의 핵자, 즉 두 개의 중성자나 두 개의 양성자, 또는 한 개의 양성자와 한 개의 중성자 간에 똑같이 작용한다.) 당시에는 또 다른 두 가지의 기본 힘이 알려져 있었다. 전하를 띠는 입자들 간에 작용하는 전자기력과 전기를 띠든 안 띠든 상관없이 모든 입자들에 작용하는 중력이 바로 그것이었다. 이 두 힘은 아주 예전부터 알려져 있었다.

중성자가 발견된 지 얼마 지나지 않았을 때, 중성자가 음의 전하의 전자와 중성미자라는 소립자를 방출하면서 양성자로 변신을 한다는 사실도 밝혀졌다. 중성자가 양성자로 탈바꿈하는 것은 새로운 유형의 핵력, 즉 바로 앞 장에서 이야기했던 약력에 대한 증거였다. 1930년대 중반이 되어서야 마침내 오늘날 우리가 알고 있는 네 가지 기본 힘이 모두 세상에 모습을 드러냈다.

중력은 네 가지 힘들 가운데 가장 약하다. 그 다음이 약력, 전자기력, 그리고 강력 순이다. 가장 강한 강력은 양의 전기를 띠는 양성자들이 서로 간의 전기적인 반발력 때문에 원자핵 밖으로 날아가는 것을 막을 수 있을 정도로 강한 힘이다. 전자기력보다 100배 정도, 중력의 10^{38}배나 되어야 이 역할을 할 수 있다! 강력은 우주에서 가장 강력한 힘이다. 하지만 강력은 아주 제한된 범위에서만 작용한다. 두 핵자는 3×10^{-13} 센티미터보다 가까이 있지 않으면 서로 간에 강력을 느낄 수 없다.

중성자가 발견되고 1년이 되지 않아 핵자조차도 '기본'입자가 아니라는 기미들이 나타나기 시작했다. 하나의 징후는 중성자와 양성자 간의 상호작용이 전자들 간의 전자기적 상호작용처럼 단순하지 않다는 것이었다. 실제로 중성자와 양성자 간의 힘은 아주 가까우면 서로를 밀어내지만 좀 멀어지면 두 입자 간의 영향력이 유효한 범위를 벗어나지 않는 한에서 서로를 끌어당긴다. 이런 복잡한 특징이 중성자와 양성자에 어떤 내부 구조가 존재한다는 것을 암시했다.

또 다른 문제는 핵자들의 특이한 자기모멘트에 대한 것이다. 기본 입자의 자기모멘트는 불균일한 자기장에 의해 기본 입자에 작용하는 힘을 결정한다. 자기모멘트는 입자의 전하량, 질량, 그리고 스핀, 이렇게 세 가지에 의해 결정되는 것으로 알려져 있다. (스핀은 20장에서 언급되었다.) '기본' 입자인 전자에 대해 관측된 자기모멘트는 상대론적 양자물리학이 제시한 이론적 예측과 아주 잘 일치했다. 하지만 양성자는 이론이 제시한 값보다 2.5배나 되는 자기모멘트가 관측되었다. 또한 중성자는 전기적으로 중성이므로 자기모멘트가 0이어야 하는데 실제로는 그렇지 않았다. 중성자와 양성자 안에 알려지지 않은 무언가가 숨어 있는 것이 분명했다. 양성자와 중성자는 전자처럼 단순한 입자가 아니었던 것이다.

최종적으로 1940년대 이후부터 수십 개의 새로운 소립자가 인간이 만들어 낸 거대한 입자가속기에서 발견되었다. 입자가속기는 소립자들을 맹렬한 기세로 토해 냈다. 어찌나 그 속도가 빠른지 이름을 다 지어

주지 못할 정도였다. 델타, 람다, 시그마, 시스, 오메가, 파이온, 로, 케이온 입자가 있다. 물리학자들은 그리스 문자가 다 떨어지면 라틴어로 이름을 지었다. 이들 입자들 중 일부는 만들어졌다 사라지는 시간, 즉 수명이 고작 10^{-23}초, 그러니까 0.00000000000000000000001초밖에 안 되었다!

물리학자들은 소립자 세계에 질서를 부여하려는 시도를 했다. 우선 입자들이 어떤 힘에 반응을 하는지에 따라 입자들을 분류해 보았다. 강력에 영향을 받는 모든 입자들을 하드론(hadron) 또는 강입자라고 하는데, 이는 그리스어로 '강하다(strong)'는 뜻이다. 핵자는 강입자다. 전자와 중성미자는 그렇지 않다. 새로운 입자들은 질량, 전하량, 그리고 스핀에 따라 좀 더 분류할 수 있다. 전자의 스핀은 특정 입자를 기준으로 1/2로 정해 놓았는데, 이에 홀수 배의 스핀을 갖는 입자를 페르미온이라고 하고 정수 값을 갖는 입자를 보존이라고 한다. 양성자와 중성자는 페르미온이고, 파이온과 케이온은 보존이다.

1960년까지 물리학자들은 100개 이상의 새로운 소립자들을 발견했다. 중요한 것은 이 소립자들이 기본 입자가 될 수 없었다는 것이다. 소립자들은 너무 많아서 단순하지 않았고 대부분은 마치 중성자가 양성자로 바뀌듯이 사촌격의 다른 소립자로 변할 수 있었다. 어쩌면 근본적인 요소가 존재하지 않는지도 모를 일이었다.

1960년대로 진입하면서 강입자 이론은 혼돈의 상태로 빨려 들어갔다. 기본 강입자는 수백 개나 되었고 강력에 대한 이론은 여러 개였다. 이 다양한 이론들 가운데 만족스러운 것은 하나도 없었다. 반면 전자기력에 대해서는 아름답고 정확한 양자전기역학 이론이 존재했다. 이는 1940년대 후반 파인만, 슈윙거, 도모나가 신이치로(朝永 振一郎,

1906~1979)가 세운 이론이다. 양자전기역학에는 두 종류의 기본 입자, 즉 전자와 광자가 있다. 전자는 힘을 만들어 내고 광자는 하나의 전자에서 다른 전자로 힘을 전달하거나 자유롭게 퍼져 나간다. 우리가 20장에서 이야기했듯이 약력에 관한 이론은 1950년대와 1960년대에 발전하기 시작해서 1967년 와인버그, 살람, 그리고 글래쇼에 의해 전자기약력이란 아름다운 이론으로 완결되었다.

그러나 강력은 여전히 길들여지지 않은 분야였다. 기본 강입자가 없는 데다 강력에 관한 계산 자체가 거의 불가능해 보였다. 나머지의 훨씬 약한 힘들에 대해서는 강력과 관련된 에너지가 강력이 작용하기 전 입자의 초기 에너지보다 작다고 가정해야만 이론적인 계산을 할 수 있었다. 고에너지 사건이 일어날 확률은 작았다. 그것에도 잘 정의된 수학적 과정이 이런 계산을 위해 존재했다. 그러나 강력은 그 유명한 아인슈타인 방정식 $E = mc^2$에 따라 강입자가 질량이 전부 에너지로 바뀌면 나올 만큼의 어마어마한 에너지를 아무렇지도 않게 행사했다.

물리학자들은 강력에 대한 이론도 없이 자신들이 알고 있는 물리학의 일반 원리와 전자기력, 약력으로 이론을 추론해 내려고 애썼다. 그중 하나의 시도가 1960년대에 인기가 있었던 레제 이론(Regge theory)이다. 이 이론은 관측된 여러 강입자들이 느린 스핀의 강입자에서 빠른 스핀으로 바뀌면서 생겨나는 것이라고 말한다. 또 다른 이론은 흐름 대수(current algebra)라는 것이다. 1961년 겔만은 흐름 대수를 만들어, 전자기력과 약력을 통해 강입자와 다른 입자들 간의 상호작용을 고려함으로써 강입자를 간접적으로 이해해 보려고 했다.

1964년, 두 명의 미국 이론 물리학자, 겔만과 게오르게 츠바이크(George Zweig, 1937~)가 개별적으로 쿼크에 대한 개념을 내놓았다. 그들의 이론에 따르면, 양성자나 중성자와 같은 페르미온 강입자는 세 개의 쿼크를 갖고 있는 반면 파이온과 케이온과 같은 보존 강입자는 두 개의 쿼크로 되어 있다. 하지만 여기에서 쿼크를 실제로 존재하는 물리적인 입자로 여긴 것은 아니었다. 쿼크는 수백 개의 강입자를 간단한 체계로 바라볼 수 있게 해주는 수학적인 추상물일 뿐이었다.

겔만과 츠바이크는 강력이 일어나는 경우와 그렇지 않은 경우를 세심하게 주목하기 시작했다. 예를 들어 음의 전하를 띠는 파이온과 양성자가 충돌했을 때 이 두 입자는 종종 양의 전하를 띠는 케이온과 음의 전하를 띠는 시그마로 바뀌었다. 이 과정을 기호로 나타내면 다음과 같다. $\pi^- + p \rightarrow K^+ + \Sigma^-$. 그러나 아주 비슷한 반응, 즉 $\pi^- + p \rightarrow K^- + \Sigma^+$ 은 결코 일어나지 않는다. 이런 것들을 설명하기 위해서 물리학자들은 각각의 강입자가 스핀과 전하량을 비롯해, 바리온 수(baryon number, 중립자 수라고도 함), 하전 스핀, 그리고 기묘도(strangeness)라는 특정한 내적 특성들을 가지고 있다고 가정했다. 이들 내적 특성들을 양자수라고 한다. 양성자 또는 시그마와 같은 특정 소립자는 고유의 양자수로 정의가 된다. 예를 들어, 양성자는 전하량이 1, 스핀이 1/2, 하전 스핀은 1/2, 바리온 수가 1, 그리고 기묘도가 1이다. 람다는 전하량이 0, 스핀이 1/2, 하전 스핀이 0, 바리온 수가 1, 그리고 기묘도가 −1이다.

양자수에 대한 법칙은 전하량 보존의 법칙과 비슷하다. 개별 소립자들은 상호작용을 통해 새로 생겨나거나 파괴되지 않지만 각 양자수의 총합은 보존되어야 한다. 마치 동전 교환기에 들어가고 나오는 돈이 일치하는 것과 같다. (이들 양자수 중 일부, 예를 들어 하전 스핀의 경우 강력이 작용하는 경우에만 보존이 된다.) 예를 들어, 기묘도가 −1인 입자와 기묘도가 −2인 입자가 충돌하면 반응에 참여한 총 기묘도의 합은 −3이다. 반응 후에 나타나는 모든 입자들의 총 기묘도는 마찬가지로 −3이어야 한다. 그 누구도 무엇이 이 양자수를 만들어 내는지는 정확하게 이해하지 못했다. 하지만 이 양자수는 입자가 가진 고유의 특성이었다.

이제 우리는 쿼크에게로 왔다. 수학적 토대를 바탕으로 위의 개념들을 담기 위해서 양자수들을 쿼크라는 운반체에 나누어야 한다. 원래 이론에서는 세 종류의 쿼크, '업', '다운' 그리고 '스트레인지'가 있다. 이세 종류의 쿼크는 스핀이 1/2이고 바리온 수가 1/3이어야 한다. 업 쿼크와 다운 쿼크는 둘 다 기묘도가 0이다. 업 쿼크는 하전 스핀이 1/2이고 다운 쿼크는 하전 스핀이 −1/2이다. 스트레인지 쿼크는 하전 스핀이 0이고 기묘도가 −1이다. 겔만-츠바이크 시스템에서 가장 특이한점은 쿼크들의 전하량이었다. 전자의 전하량을 −1로 했을 때, 업 쿼크는 2/3, 다운 쿼크는 −1/3, 그리고 스트레인지 쿼크는 −1/3의 전하량을 갖게 된다. 따라서 양성자는 두 개의 업 쿼크와 한 개의 다운 쿼크로 이루어져 있어서 총 전하량이 1이 되고 중성자는 한 개의 업 쿼크와 두개의 다운 쿼크로 이루어져 있어서 총 전하량이 0이 된다. 또 다른 예로 람다 강입자를 들면, 한 개의 스트레인지 쿼크, 한 개의 업 쿼크 그리고 한 개의 다운 쿼크로 이루어져 있다.

겔만과 츠바이크는 쿼크들이, 강력이 작용하는 입자들 사이를 이리저리 옮겨 다닐 수 있지만 자신의 특성은 바꾸지 않는다고 가정함으로써 그동안 관측된 입자들과 양자수 보존을 깔끔하게 설명할 수 있었다. 이를 통해 앞에서 보았던, 어떤 경우에는 일어나고 어떤 경우에는 일어나지 않는 반응들의 이유도 설명할 수 있었다.

쿼크가 실제로 존재하는 입자라고 생각한 과학자는 소수였다. 가속기에서와 우주선에서 여러 차례 탐색이 이루어졌지만 그 누구도 독립적으로 떨어져 있는 쿼크를 발견하지 못했다. 또한 물리학자들은 모든 전하량이 전자 전하량의 정수 배로만 나타났던 수십 년의 관측을 깨뜨리는 분수 값의 전하량이 탐탁지 않았다. 겔만 자신은 이렇게 말했다. "그런 입자들(쿼크)은 아마도 실제로 존재하는 게 아니라 이론에서만 이용되는 개념일 것이다."[7] 프리드먼-켄들-테일러의 역사적인 실험의 주인공 중 한 명인 켄들은 자신들의 실험을 계획하는 동안 쿼크에 대해 갖고 있던 연구팀의 시각을 다음과 같이 표현했다. "쿼크 모형은 [...] 심각한 문제들을 갖고 있으면서도 그때까지도 의문이 풀리지 않은 상태였다. 때문에 이 모형은 강입자 간의 고에너지 상호작용에서 널리 인기를 얻지 못했다."[8]

결론적으로 말하자면, 1960년대 후반 프리드먼-켄들-테일러 실험이 이루어지던 당시, 강력에 대한 이론과 이와 관련된 기본 입자들은 심각할 정도로 혼돈스런 상태였다. 스탠퍼드 대학의 저명한 이론가 제임스 뵤르켄(James Bjorken, 1934~)은 "이론적으로 매우 심각하게 무지한 상태"[9]라고 한탄했다.

프리드먼은 1930년 3월 러시아에서 미국 시카고로 이민 온 유대인의 아들로 태어났다. 그의 아버지는 1913년에 미국으로 건너와 싱거 재봉틀 회사에서 일하다가 후에 재봉틀을 팔고 수리하는 사업을 열었다. 프리드먼의 부모는 경제적인 안정을 위해 갖은 애를 썼다. 프리드먼은 "부모님에게 있어 내 형과 나의 교육은 대단히 중요했다."면서 "그들은 계속해서 우리를 독려했을 뿐 아니라 우리의 지적 발달을 향상시키기 위해서라면 어떤 희생도 치를 준비가 되어 있었다."고 회상했다.[10]

고등학교를 졸업할 무렵에 어린 프리드먼은 시카고 예술대학(the Art Institute of Chicago Museum School)에 입학할 뻔했지만 그 대신에 전액 장학금을 받고 시카고 대학에 들어갔다. 미국의 저명한 교육자 로버트 허친스(Robert Hutchins, 1899~1977)가 만든 교양과목인 고전 독서 프로

그램(Great Books program)을 수강한 후에 프리드먼은 자신의 전공으로 물리학을 선택했다. 프리드먼은 시카고 대학에 남아 1956년 박사 학위를 받았다. 그는 페르미의 마지막 박사 졸업생이었다. (페르미는 53살에 암으로 사망했다.) "페르미의 주요 업적은 비록 엄격한 계산을 포함하고 있지만 그럼에도 불구하고 그는 간단한 방식으로 세상을 바라본 사람이었다."고 프리드먼은 기억했다. "그는 아주 직관적인 물리학자로, 복잡한 문제 속에서 중요한 요인들을 뽑아 10에서 15퍼센트 내로 그 영향을 계산해 낼 수 있었다. 나는 항상 그런 방식으로 물리학을 이해하려고 노력해 왔다. 나는 간단한 그림을 그려 보고자 한다."[11]

1956년, 26세의 프리드먼과 페르미의 또 다른 제자인 벨런타인 텔레그디(Valentine Telegdi, 1922~2006)는 자연에서 나타나는 일부 소립자의 반응들이 그들의 거울상만큼이나 잘 일어나지 않는다는—이 놀라운 결과를 P 대칭성 깨짐(parity violation)이라고 한다—것을 입증해 보인 최초의 과학자들에 속했다.

다음 해에 프리드먼은 스탠퍼드 대학으로 옮겼다. 그곳에서 프리드먼은 고에너지 전자를 발사체로 이용해 더 무거운 소립자를 알아보는 기술을 배웠다. 이 젊은 실험 물리학자가 그에게 너무나도 소중한 두 명의 동료, 켄들과 테일러를 만난 곳이 바로 스탠퍼드 대학이었다. 테일러는 스탠퍼드 대학에 남은 반면 프리드먼과 켄들은 MIT로 자리를 옮겼다. 1963년, 이 세 명의 물리학자들은 당시 건설 중이던 거대 기계인 스탠퍼드 선형 가속기(SLAC)를 이용한 새로운 실험을 계획하기 시작했다. 스탠퍼드 선형 가속기는 짓는 데만도 1억 1천4백만 달러(2005년을 기준으로 하면 4억 6천만 달러)가 들어갔다. 1966년 가동에 들어갔을 때 스탠퍼드 선형 가속기는 지구상에서 가장 강력한 소립자 가속기였다.

최초의 입자가속기는 1940년대에 지어졌다. 당신이 만약 작은 시계가 어떻게 작동하는지─시계의 작은 부품들의 작동방식─를 알아보고 싶다면 작고 예리한 탐침을 사용해야 할 것이다. 바로 이것이 입자가속기의 아이디어다. 양자물리학의 원리에 따르면 크기와 운동량은 서로 연관이 있다(자세한 내용은 10장 참조). 간략하게 말하면, 당신이 탐색하고자 하는 것이 작을수록 탐침이 필요로 하는 운동량(그리고 에너지)은 더 커진다. 10^{-13}센티미터밖에 안 되는 양성자 안을 깊숙이 들여다보려면 탐침인 전자는 100억 전자볼트 이상이어야 한다. 입자가속기만이 이런 높은 에너지를 만들어 내고 제어할 수 있다.

스탠퍼드 선형 가속기의 가장 놀라운 구조적 특성은 직선(선형) 터널이 3.2킬로미터나 된다는 것이다. 터널 속을 움직이는 전자기파는 전자의 속도를 점점 더 높여준다. 터널을 따라 260여 곳에서 전자기파가 보강되는데 이때 전자가 지나가는 전자파의 마루를 타고 추진력을 얻기 위해서는 모든 게 정확한 타이밍으로 이루어져야 한다. 전자는 마치 전자기파 바다에 떠 있는 작은 서퍼와 같다. 전자는 또한 발사체이기도 하다. 전자들은 터널의 한쪽 끝에서 공급이 되어 3.2킬로미터 거리의 반대편으로 날아가 목표물을 맞힌다. 강입자 내부를 탐험하기에 전자는 특별히 좋은 발사체다. 전자는 우리가 이미 잘 알고 있는 전자기력이란 힘을 통해 미스터리한 강입자와 상호작용을 하기 때문이다. 강입자 탐색에 전자를 사용하는 것은 마치 그림을 통해 외국인과 대화를 나누는 것과 같다.

전자들은 속도가 점점 높아지면서 점점 더 많은 에너지를 얻게 된다. 스탠퍼드 선형 가속기는 워낙 강력해 하나의 전자에 2백억 전자볼트 정도의 에너지를 실어줄 수 있다. 이 정도는 정지해 있는 전자가 순수한 에너지로 바뀌었을 때 방출하는 에너지에 비해 4만 배나 크다. 이 정도의 에너지를 갖게 되면 전자의 속도는 빛의 속도의 99.99999997퍼센트에 다다른다.

목표물 주변에 배치된 여러 검출기들은 목표물과 충돌 후 튀어나온 전자들에 대한 생생한 정보들을 기록한다. 자기분석기(magnetic spectrometer)라는 다른 장비는 목표물에서 이 장비로 전자들을 인도한다. 자기분석기는 강력한 자기장을 띠고 있기 때문에 전기를 띠는 입자가 움직이면 이 자기장에 의해 휘어진다. 이 장치는 그 입자의 운동량, 또는 에너지에 따라 달라지는 원리를 이용해 작동한다. 따라서 전자가 자기분석기에 의해 휘어진 후 전자가 검출기를 때린 정확한 위치를 알면 전자의 에너지를 구할 수 있다.

이것이 바로 프리드먼, 켄들, 테일러 일행이 한 일이다. 그들은 여러 에너지를 갖는 전자들을 거의 양성자로만 이루어진 액체 헬륨에 발사시켰다. 이때 전자는 양성자와 상호작용을 한 후 여러 각도로 다시 튀어나온다(산란된다). 그림 21.1이 이 상황을 나타낸 것이다. 이 그림에서 에

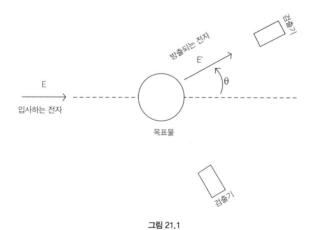

그림 21.1

너지는 E인 전자가 다가와 양성자 목표물을 때린 후 에너지 E'와 산란 각 θ로 휘어져 나온다. 보통 입사하는 전자빔에서 전자들의 에너지들이 모두 E라면 충돌 후 산란된 전자들은 에너지와 산락 각도가 제각각이다. 검출기 각각은 얼마나 많은 전자들이 어느 각도에서 얼마큼의 에너지로 산란되었는지를 관측할 수 있다. 입사하는 전자들의 개수에 대한 정보를 더하면 물리학자들은 산란되는 전자가 각도 θ와 에너지 E'에 따라 입사하는 전자에 대한 비율이 어떻게 달라지는지를 계산할 수 있다. 이 비율을 미분 단면적(differential cross section)이라고 한다.

미분 단면적은 이 실험에서의 최고의 성배(聖杯)이다. $d^2\sigma/d\Omega dE'$라는 수식으로 나타내는 미분 단면적은 전자와 양성자 간의 상호작용에 대한 모든 정보들을 담고 있다. 모든 물리학자들은 미분 단면적을 알고 있으며 이를 아주 좋아한다. 이론이 다르면 미분 단면적이 어떤 의미를 갖는지도 달라진다. 입사하는 수백만 개의 전자들이 목표물 양성자를 때리고 산란된 후 튀어나와 검출되면 과학자들은 입사 에너지 E, 방출 에너지 E', 그리고 산란각 θ에 대한 미분 단면적을 구할 수 있다.

이 세 명의 물리학자들은 실험에서 두 가지의 놀라운 결과를 얻었다. 첫 번째는 전자들의 비율이 예상보다 상당히 높은 각도로 산란되는 것이다. 마치 전자들이 양성자 안에 든 단단하고 작은 뭔가와 충돌하는 것처럼 말이다. 러더퍼드가 자신의 초고속 알파입자가 원자를 통과할 때 아주 조금만 휠 거라고 예상했던 것처럼 프리드먼 연구팀도 전자 발사체와 타깃인 양성자 사이에서 같은 결과를 예상했다. 이렇게 비슷한 기대를 한 이유는 같았다. 1900년대 초반 많은 과학자들은 소위 건포도 푸딩 원자모형이라고 해서 원자의 양전하가 내부에 골고루 퍼져 있다고 생각했다. 초고속 알파입자가 이런 물질을 통과할 경우 거의 아무런 저항도 받지 않기 때문에 진로가 바뀔 가능성이 별로 없는 것이다. 이는 양성자에 대해서도 마찬가지다. 1950년대 중반에 미국 물리학자 로버트 호프스태터(Robert Hofstadter, 1915~1990)는 낮은 에너지를 가진 전자를 실험한 후 양성자가 지름이 10^{-13} 센티미터의 구 모양이며 그 안에 양전하가 골고루 퍼져 있음을 암시했다. 그래서 초고에너지 전자를 이용한 프리드먼-켄들-테일러 실험의 경우에도 타깃인 양성자를 통과한 후 초기 진로에서 거의 벗어나지 않을 것으로 예상했다. 게다가 전자의 에너지가 높을수록 예상되는 산란각은 더 작아야 했다. 그런데 프리드먼, 켄들, 그리고 테일러는 정반대의 결과를 얻었다. 양성자의 양전하는 균일하게 퍼져 있는 게 아니라 그 안에 좀 더 작고 밀도가 높은 하나 이상의 물체에 집중되어 있음이 분명했다.

두 번째 놀라운 점은 좀 더 불가사의했다. 각각의 산란각에 따라 미분 단면적이 E와 E'에 개별적으로 영향을 받는 게 아니라 둘을 조합한 것에 따라 달라졌다. 다른 말로 이야기하면 각각의 산란각에 대한 미분 단면적이 둘이 아니라 하나의 변수에 의해서 달라진다는 거였다. 이런 결과를 스케일링(scaling)이라고 한다. 스케일링에 대한 좀 친숙한 예를 들기 위해 당신이 공사 중인 건물이 시원하게 유지되는 데 얼마나 큰 에어컨이 필요한지를 가늠하려 한다고 치자. 아마도 당신은 요구되는 에어컨의 냉방 능력이 평균 외부 온도, 집의 면적, 집의 높이와 같은 변수들에 따라 달라질 거라고 추측할 것이다. 그런 다음 각각의 외부 온도에서 면적과 높이가 다른 집으로 에어컨을 시험해 보자. 당신은 아마 에어컨의 냉방 능력이 단 하나의 변수에 따라 달라진다는 것을 알게 될 것이다. 그것은 집의 면적에 높이를 곱한 값, 즉 집의 부피에 따라 달라진다는 것을 말이다. 동일한 부피를 가진 집들은 동일한 크기의 에어컨이 필요하다. 비록 바닥 면적과 높이가 다르다고 해도 말이다. 이는 스케일링 문제 또한 생각했던 것보다 더 간단하다는 것을 알려 준다. 그리고 이 단순화는 우리가 이해하려는 문제를 푸는 데 결정적인 단서가 된다.

스탠퍼드 대학의 저명한 이론 물리학자 뵤르켄은 '흐름 대수'를 이용해 강입자로부터 산란되는 전자들에 대한 스케일링을 예상했다. 기본 입자가 극도로 작아서 거의 0이 되는 크기를 가진다고 가정할 경우 스케일링이 반드시 뒤따라 나타난다는 것을 과학자들은 나중에 깨닫게 되었다. 흐름 대수는 이렇게 간접적으로 가정한다. 하지만 당시 스케일링에 대한 뵤르켄의 예측은 추상적이고 수학적인 계산 결과에 바탕을 두고 있었기에 대부분의 물리학자들은 이에 대한 물리적인 의미를 이해하지 못했다.

파인만은 자신의 파톤(parton) 모형을 통해 놓쳤던 물리적 의미를 제시했다. 파톤 모형에서는 각각의 강입자를 파톤이라고 불리는 좀 더 기본적인 입자들로 이루어져 있다고 가정한다. 파톤의 크기는 0이다. 즉 점 입자라는 이야기다. 파인만의 생각에 따르면 고에너지 소립자가 양성자를 때릴 경우 전자는 양성자 내 파톤들 가운데 오직 하나와 충돌한다. 여기에서 어떤 상호작용이 일어나고 그런 다음 충돌한 파톤은 강력을 통해 다른 파톤들에게 영향을 끼친다. 따라서 충돌은 두 단계로 일어나는 것이다. 그런데 첫 번째 단계는 계산이 가능하지만 두 번째 단계는 강력에 대한 지식과 아주 복잡한 계산 없이는 계산 자체가 불가능하다.

1968년 여름, 파인만은 오스트리아 빈에서 열린 14차 고에너지 물리학 국제 학회에서 발표된 프리드먼-켄들-테일러의 실험 결과에 관한 소식을 듣게 되었다. 파인만은 밤을 지새우며 연필과 공책으로 자신의 파톤 모형을 전자-핵자 산란에 적용시켜 보려고 했다. 계산 결과 스케일링이 자동적으로 유도되었지만 파인만의 파톤 모형은 파톤들 간의 강력에 대한 이론을 보여주지 못했다. 또한 파톤이 무엇인지를 말해주지도 않았다.

프리드먼 연구팀이 발표한 1969년의 역사적 논문을 좀 더 자세히 이해하기 위해서는 우리는 몇 가지 용어들을 알아야만 한다. 여러 가지 기술적인 이유로 인해 E와 E'의 두 변수 대신 과학자들은 $\nu = E - E'$인 '전자의 에너지 손실', 그리고 입사하는 전자와 충돌하면서 양성자에 미친 충격과 관련된, $q^2 = 2EE'(1-\cos\theta)$로 표현되는 '4차원 운동량* 변환의 제곱(square of the four-momentum transfer)', 이렇게 두 변수를 이용했다. 그리고 측정된 미분 단면적은 모트 단면적(Mott cross section)이라는 표준 단면적과의 상대적인 비로 나타냈다. 여기에서 모트 단면적은 고에너지의 전자가 양성자와 같은 원자핵 크기의 양의 전하를 띠는 점에 의해 산란되었을 때의 단면적을 말한다.

이 논문에서 사용한 에너지 단위는 기가전자볼트(GeV)로, 10억 전자볼트에 해당한다. 1GeV는 정지해 있는 전자가 순수한 에너지로 전환되었을 때 방출되는 에너지와 거의 맞먹는다.

이제 논문에 나오는 그림 1을 살펴보자. 논문의 그림 1에서 '탄성 산란(elastic scattering)'**이라고 적힌, 점선으로 나타난 곡선은 양성자의 전하량이 양성자 내부에 골고루 분포해 있다고 가정했을 경우에 예상되는 것이다. 그림을 보면 알 수 있듯이 이 점선의 곡선은 q^2이 늘어날수록 급속도로 줄어든다. 이 같은 특성은 입사하는 전자의 에너지가 커질

---

* 아인슈타인은 특수상대성이론에서 시간과 공간을 별도가 아니라 하나의 4차원 시공간으로 해석했다. 이 4차원 시공간을 바탕으로 4차원 가속도, 4차원 속도, 4차원 운동량 등이 나온다. 4차원 운동량은 아인슈타인이 에너지가 운동량의 시간성분으로 도입해 4차원의 운동량(four-momentum)을 만들어 냈다. 이 때문에 별도로 에너지 보존법칙을 말하지 않더라도 그냥 운동량이 보존된다고 하면 에너지도 함께 보존되는 것이다.
** 산란의 한 종류로, 입사하는 입자의 에너지가 보존되면 단지 방향만이 바뀐다. 전자가 입사하는 입자이고 원자나 분자의 전자기력에 의해 산란이 될 경우 탄성 산란이 일어난다.

수록 전자가 산란되는 정도가 점점 줄어들어야 한다(산란각이 높은 전자의 수가 점점 적어진다.)는 결과를 예측하는 것과 같다.

그러나 그림 1에서 윗부분에 있는 세 곡선으로 나타낸 실제 결과는 이런 예측과는 반대다. 이 세 곡선 각각은 ν값이 서로 다른 경우(또는 M이 양성자의 질량이며, $W = 2M\nu + M^2 - q^2$으로 나타내는 서로 다른 W값에 대한 경우)에 해당하는 것으로 q^2에 따라 달라지는 곡선이다. 여기에서 결정적으로 명백한 결과는 바로 저자들이 이렇게 표현한 것이다. "측정에서 나타난 흥미로운 점들 중 하나는 운동량 변환이 비탄성 단면적에 약하게 의존하고 있다는 점이다. [...]" 현대 과학의 에티켓이 공식적인 논문에서 제한적인 언어를 요구하는 것이라는 게 분명히 드러나는 대목이다.

이들 물리학자들은 그런 다음 두 개의 형태 인자(form factor), W_1과 W_2로 미분 단면적을 나타내었다. 형태 인자는 양성자 내부에서 전하와 자기 운동량의 분포에 의해 결정된다. 여기에서 형태 인자와 관련된 미분 단면적은 이론 물리학자들이 여러 이론적 모형들로부터 계산해 낸 것이다.

프리드먼 연구팀은 자신들의 결과와 이론치를 비교하기 위해 W_1과 W_2 각각에 대한 수치를 얻어내야만 했다. 이를 위해 그들은 각도가 큰 경우를 포함해 여러 각도에서 미분 단면적을 쟀다. 그러나 이번의 실험에서는 $\theta = 6$도와 $\theta = 10$도인 경우에 대한 데이터만을 갖고 있었다. 이는 주로 W_2에만 해당되었다.

다음으로 프리드먼 연구팀은 뵤르켄이 예측한 스케일링에 대해 알고 있었다는 것을 보여주었다. 뵤르켄은 νW_2가 ν와 q^2의 각각의 두 변수가 아니라 ν/q^2이라는 하나의 변수에 따라 달라진다는 예측을 했었다. 프리드먼 연구팀은 이 하나의 변수를 ω로 나타냈는데, 여기에서 ω는 $2M\nu/q^2$이며 M은 양성자의 질량으로 상수다. 프리드먼 연구팀은 여러 에너지 E와 W_2/W_1의 알지 못하는 값에 대한 다양한 가정들에서 ω에 대한 νW_2의 그래프를 그려 보았다. 연구팀은 자신들이 알지 못하는 값인 W_2/W_1를 R이라고 나타냈다. 그리고 나서 R이 작은 값일 경우와 R이 무한대로 커질 경우에 대해 ω에 대한 νW_2의 그래프를 그려 보았다. 그러자 R이 0인 경우는 스케일링이 나타났지만, R이 무한대인 경우는 ω값이 커질수록 스케일링 현상이 깨지는 것을 확인했다.

이 논문을 쓸 시점에 연구팀은 W_1을 측정할 수 없었다. 따라서 연구팀은 R도 측정할 수 없어서 어느 경우가 실제에 가까운지를 알지 못했다. 따라서 프리드먼 연구팀은 뵤르켄의 스케일링 예측을 증명해 낸 것인지 아니면 잘못되었음을 보여준 것인지를 확실하게 말할 수 없었다. 대신 이 물리학자들은 R이 작은 값일 때와 R이 큰 값일 때에 따라 나타나는 다른 결과에 대해 이야기하는 것으로 끝을 냈다.

최종적으로 이 물리학자들은 훌륭한 과학자라면 누구나 그러듯이 실험 결과를 여러 이론에 비교해 보았다. 이들은 파톤 모형, 레게 이론, 흐름 대수, 그리고 쿼크 모형 등을 언급했다. 이미 우리가 앞서 이야기했듯이, 다양한 이론에서 전자의 양성자 산란에 대한 예측을 내놓았지만 이들 중 어느 것도 복잡하고 잡히지 않는 강력에 대한 제대로 된 이론을 담지 못했다.

파톤 모형은 그들의 결과에 상당히 일치하는 것 같았다. 레게 모형은 뚜렷한 결론을 보여주지 않았고 가장 중요한 두 가지 흥미로운 결과, 즉 스케일링과 q^2에 대한 미분 단면적의 약한 상관관계를 요구하지도 않았다.

흐름 대수 이론은 합의 법칙(sum rule)이라고 불리는 특정 예측을 통해서 실험 결과와 비교되었다. 합의 법칙은 ω의 모든 가능한 값에 대한 미분 단면적들의 합(기술적으로 적분)을 소립자의 구조와 연관지어주는 것이다. 특히 쿼크 모형에서 합의 법칙은 미분 단면적의 적분 값이 양성자나 중성자가 갖고 있는 쿼크 전하와 관련을 맺어 준다. 예를 들어 합의 법칙은 W_2에 대한 적분을 쿼크 전하 제곱의 합이 되도록 한다. 양성자의 경우 두 개의 업 쿼크와 한 개의 다운 쿼크로 이루어져 있는데, 이때 합은 $(2/3)^2+(2/3)^2+(-1/3)^2=1$이 된다. 중성자의 경우, 한 개의 업 쿼크와 두 개의 다운 쿼크로 이루어져 있으므로 합은 $(2/3)^2+(-1/3)^2+(-1/3)^2=2/3$가 된다. 논문의 마지막 부분에 나와 있는데, 여러 합 법칙의 실험치는 쿼크 모형이 예측한 값의 절반쯤 된다.

결과적으로 프리드먼 연구팀의 첫 번째 실험 논문은 양성자가 좀 더 작은 입자들로 이루어져 있음을 강하게 암시했다. 하지만 그 논문만으로는 쿼크 모형이 옳다고 증명할 수 없었다. 이를 위해서는 추후 연구가 뒤따라야만 했다.

추후 연구는 다음 몇 해 동안 이루어졌다. 1970년까지 프리드먼 연구팀은 양성자는 물론 중성자도 때려 보았고 좀 더 큰 각도에서 단면적도 측정해 W_1과 W_2 둘 다를 알아낼 수 있었다. 변수 R은 값이 작은 것으로 확인되어 스케일링 현상을 입증했다. 다른 물리학자들이 이전에 이론적으로 계산한 결과에 따르면 R의 값이 작다는 것은 핵자의 구성 입자들의 스핀이 1/2이어야 한다는 것을 의미했다. 따라서 정수의 스핀값을 갖는 보존 입자들은 제외되었다.

다음 2년 동안, 여러 핵심적인 실험들이 제네바에 위치한 CERN의 입자가속기에서 이루어졌다. 이 실험에서 중성미자로 핵자들을 포격시켰는데, 이는 약력을 통해 핵자와 상호작용한다는 의미다. 이 실험은 중성미자에 대한 합의 법칙을 제공해 주었고, 이 점은 프리드먼 연구팀의 전자 산란에 대한 이전 실험의 결과를 합하면 양성자 운동량의 딱 절반을 양성자를 이루는 입자들이 나누어 갖고 있음을 보여주었다. 나머지 절반은 구성 입자 주변에 있는 글루온이라는 질량이 없는 입자들이 갖고 있다. (광자가 전자기력을 전해 주는 입자라면 글루온은 강력을 전달하는 입자다.) 이 같은 조정을 통해서 쿼크 모형을 바탕으로 한 합의 법칙은 모든 실험적 결과와 완벽하게 일치했다.

이 시점에서 다른 결과들도 쿼크 모형의 세부적인 사항들을 증명해 주었다. 각각의 핵자는 세 개의 쿼크로 이루어져 있다. 쿼크는 실제로 존재하는 입자인 것이다! 이제 남아 있는 것은 쿼크들 간의 힘인 강력에 대한 이론이었다.

1973년, 양자색소역학(quantum chromodynamics)이라는 강력에 관한 이론이 완성되었다. 양자색소역학에는 1966년 일본계 미국 물리학자 남부 요이치로(南部陽一郎, 1921~)의 업적부터 시작해 전 세계의 물리학자들이 기여했다. 양자색소역학은 쿼크 모형을 통합시켰다. 양자색소역학의 특이하고 비직관적인 점은 어느 두 개의 쿼크 간의 강력은 그 쿼크들이 멀어질수록 더 강해진다는 것이었다. 이 점은 1973년 미국의 이론 물리학자 데이비드 그로스(David Gross, 1941~), 데이비드 폴리처(David Politzer, 1949~), 그리고 프랭크 윌첵(Frank Wilczek, 1951~)이 완성한 것으로, 왜 하나의 독립적인 쿼크가 발견되지 않았는지를 설명해 준다. 쌍을 이루는 쿼크에서 하나의 쿼크를 거시적인 수준의 거리만큼 떨어뜨리려면 어마어마한 에너지가 필요할 것이었다. 1974년 런던에서 열린 17차 고에너지물리학 국제학회 이후, 대부분의 물리학자들은 쿼크 모형과 양자색소역학이 입증된 것으로 간주했다. 그로스, 폴리처, 그리고 윌첵은 이 공로로 2004년 노벨물리학상을 공동 수상했다.

최근에 세 종류의 쿼크가 더 있다는 사실이 밝혀져, 현재는 총 여섯 종류의 쿼크가 발견된 상황이다. 이 여섯 가지 쿼크는 전자, 뮤온, 타우,

그리고 이들과 관련된 중성미자로 구성된 렙톤 입자들, 그리고 광자, 글루온, Z와 W입자가 속해 있는 힘의 매개자들과 함께 물질을 구성하는 가장 기본적인 입자들로 여겨지고 있다. 이게 전부다. 이들 입자들은 더 이상 내부에 어떤 구조를 갖고 있지 않다고 여겨지고 있다. 이들 각각의 소립자들은 본질적으로 점일 것으로 보인다. 이들 소립자가 바로 가장 작은 인형들인 것이다.

물론 그 누구도 이를 확신할 수 없다. 이들이 진정으로 가장 작은 인형이냐는 것을 말이다. 끈이론이라는 아직 시험을 통과하지 못한 새로운 이론에 따르면 자연을 이루는 가장 작은 단위가 점이 아니라 아주 작은 끈 같은 것으로, 그 크기가 상상할 수도 없을 정도로 작은 10^{-33}센티미터라고 한다. 지구상의 어느 입자가속기도 심지어 가까운 미래에 만들어질 법한 입자가속기초자도 이처럼 작은 크기를 조사할 수 있을 만큼의 충분한 에너지를 만들어 낼 수 없다. 그러나 실제 상황이 아무리 그렇다고 해도 이론 물리학자들은 결코 기죽지 않았다.

나는 인터뷰가 끝나갈 무렵 과학자이자 화가로서의 프리드먼에게 몇 가지 궁금증이 생겼다. 나는 과학과 예술 사이를 오고간 그에게 이 둘의 공통점이 무엇인지를 물었다. 그러자 그는 이렇게 대답했다. "과학자가 구체화되는 아이디어를 내놓을 때는 시인이 적합한 단어를 찾아낼 때와 같은 기쁨을 얻게 된다."[12] 이전에 '인류와 과학'이라는 타이틀의 심포지엄을 위해 그는 이런 글을 썼던 적이 있다. "모든 창의성의 일반적인 특성은 우리 삶을 채워 주는 다양한 관찰, 감흥, 그리고 감정들에 대한 느낌과 의미를 우리에게 전해 준다는 것이다."[13]

최종적으로 나는 쿼크의 공동 발견자 프리드먼에게 과학자들이 계속해서 점점 더 작은 입자를 찾아야 하는지를 물었다. 그는 "우리는 아마도 그 한계를 발견했을지도 모르죠."라고 하면서 "내가 보기에는 쿼크가 가장 작은 입자일 가능성이 높아요."라고 대답했다. 그런 그는 자신의 믿음에 설득력 있는 이유를 대면서 잠깐 말을 머뭇거리더니 씩 웃어 보였다. 그리고 다음과 같은 말을 덧붙였다. "하지만 내가 깜짝 놀랄 수도 있어요. 과학에는 언제나 놀라움이 있으니까요."[14]

고에너지 비탄성 전자

양성자 산란 특성 실험

M. 브라이덴바흐, J. I. 프리드먼, and H. W 켄달

본 논문은 6도와 10도에 해당하는 전자-양성자의 비탄성 산란 실험 결과를 논하고 있으며, 구조함수 W_2값의 근사치에 대해서도 논한다. 만약 이 상호작용의 원인이 가로 가상 광자라면, νW_2는 실험 오차 내에서 $q^2 \rangle 1 (\mathrm{GeV}/c)^2$이고 $\omega \rangle 4$ 일 때 $\omega = 2M\nu/q^2$의 함수로 표현할 수 있다. 여기서 ν는 고정 에너지 변환이며 q^2는 전자의 고정 운동량 변환이다. 여러 가지의 이론적 모형과 합의 법칙을 간략하게 설명하고 있다.

우리는 지난번 논문에서[3] 스탠퍼드 선형 가속기 센터와 메사추세츠 공대가 고에너지 비탄성 전자-양성자 산란을 두고 실험한 결과를 보고한 바 있다. 당시 발견한 것은 6도와 10도로 산란한 전자들뿐이었고 입사 에너지는 7에서 17GeV였다. 우리는 본 논문에서 심층 연속 구간 속 비탄성 스펙트럼의 핵심적인 요소들을 논하겠다.

 측정 결과 중에서 흥미로운 점의 하나는, 공명 구간을 충분히 넘어설 만큼 들뜬 상태인 비탄성 단면적이 운동량 변환에 크게 의존하지 않는다는 사실이다. 그 사실을 그림 1에 나타냈다. 그림에 나타난 것은 튕겨 내는 해당 시스템의 고정 질량 상수값에 대한 미분 단면적을 모트 단면적으로 나눈 값, 즉 $(d^2\sigma/d\Omega\,dE')/(d\sigma/d\Omega) + M^2 - q^2$이고, 이는 4차원 운동량 변환의 제곱, 즉 $q^2 = 2EE'(1-cos\theta)$의 함수이다. W는 $W^2 = 2M(E-$

E')$+M^2-q^2$으로 결정되며, E는 입사하는 전자의 에너지이고 E'는 전자의 최종 에너지이다. θ는 산란각이다. 모두 실험실 환경에 따라 정의하였다. M은 양성자의 질량이다.

단면적은 다음과 같은 모트 단면적으로 나누었다.

$$\left(\frac{d\sigma}{d\Omega}\right)_{Mott} = \frac{e^4}{4E^2} \frac{cos^2\frac{1}{2}\theta}{sin^4\frac{1}{2}\theta}$$

이것을 사용하는 이유는 이미 잘 알려진, 광자 전파인자에 기인하는 4차원 운동량 변환의 의존성을 대부분 없애기 위해서이다. 여러 가지 W 값에 따른 6도와 10도 각각의 결과도 그림에 나타나 있다. W가 증가할수록 q^2의존성이 감소하는 것을 알 수 있다. 비탄성 단면적과 탄성 단면적 특성 간의 놀라울 만한 차이점도 그림 1에 나타나 있다. 그림에 $\theta=10$도일 때 모트 단면적으로 나눈 탄성 단면적이 포함되어 있다. 심층 연속체의 q^2 의존성 또한 공명 전자 여기의 경우보다 매우 낮다.[4] 공명 전자 여기의 q^2 의존성은 $q^2 > 1(\geq GeV/c)^2$일 때의 비탄성 산란의 경우와 비슷하다.

일반적으로 고찰해보면 전자만 검출되는 비탄성 전자 산란에 있어서 미분 단면적은 다음 표현식으로 나타낼 수 있다.[5]

$$\frac{d^2\sigma}{d\Omega dE'} = \left(\frac{d\sigma}{d\Omega}\right)_{Mott}\left(W_2+2W_1 tan^2\frac{1}{2}\theta\right)$$

형태 인자 W_2와 W_1은 대상 시스템의 특성에 의존한다. 그리고 q^2와 $v=E-E'$의 함수로 나타낼 수 있다. v는 전자의 에너지 손실이다. W_2/W_1의 비율은 다음과 같다.

$$\frac{W_2}{W_1} = \left(\frac{q^2}{\nu^2 + q^2} \right)(1+R) \, , \ R \geq 0$$

R은 광흡수 세로 단면적과 가로 가상 광자의 비율이다. 즉 $R=\sigma_s/\sigma_T$이
다.[6]

우리의 목표는 W_1과 W_2의 특성을 연구하고 양성자의 구조 및 고에너
지 상의 전자기적 상호작용에 대한 정보를 얻는 데에 있다. 현재로는
작은 각도의 단면적 측정만이 가능하기 때문에 W_2와 W_1 각각을 결정하

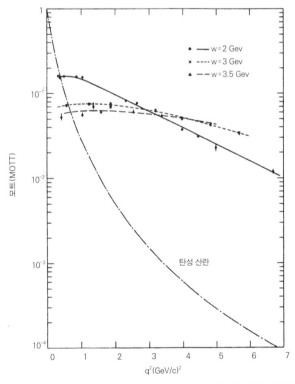

그림 1. GeV^{-1}상에서의 $(d^2\sigma/d\Omega \, dE')/\sigma_{mott}$과, E가 각각 2, 3, 3.5 GeV일 때의 q^2간의 관계. 자료들을 연결하는 선은
가시성을 높이기 위해 그려두었다. 이 그림에는 σ_{mott}로 나눈 탄성 e–p 산란의 단면적, 즉 $(d\sigma/d\Omega)/\sigma_{mott}$도 나타나 있
다. 계산에 사용한 $\theta=10$도이며, 쌍극자 형태 인자를 사용했다. 탄성 단면적에 비해서 비탄성 단면적의 q^2 변화가 상대적
으로 느린 것을 분명히 알 수 있다.

는 것은 불가능하다. 하지만 W_2에 한계를 두고 그 한계의 특성을 불변 항 v와 q^2의 함수로서 연구할 수 있다.

뵤르켄이[7] 처음 제시했던 W_2의 형태는 다음과 같다.

$$W_2 = (1/\nu) F(\omega)$$

이때

$$\omega = 2M\nu/q^2$$

이다.

$F(\omega)$는 v와 q^2값이 클 때에 의미가 있는 것으로 추측되는 보편 함수이다. 여기서 보편 함수라는 것은 단위 불변성을 나타낸다는 뜻이다. 다시 말해서 v/q^2비율에만 의존한다는 뜻이다. 따라서

$$\nu W_2 = \frac{\nu d^2\sigma/d\Omega dE'}{(d\sigma/d\Omega)_{Mott}} \left[1 + 2\frac{1}{1+R} \left(1 + \frac{\nu^2}{q^2} \right) tan^2 \frac{1}{2}\theta \right]^{-1}$$

어떤 측정에서건 νW_2의 값이 알 수 없는 값 R에 의존한다는 것은 분명하다. $2(1+\nu^2/q^2)tan^2\frac{1}{2}\theta \ll 1$일 때 R의 영향이 작다는 사실에 주목하자. W_2의 실험상 한계는 $R=0$과 $R=\infty$라는 극단적인 가정을 해보면 계산할 수 있다.

그림 2(a)와 그림 2(b)에는 $q^2 > 0.5(\geq GeV/c)^2$일 때 6도와 10도에 해당하는 νW_2의 실험값을, $R=0$이라는 가정 하에서 본 ω의 함수로 나타냈다. 2(c)와 2(d)는 $q^2 > 0.5(\geq GeV/c)^2$ 때의 6도와 10도 자료로 계

산한 νW_2의 실험값을, $R = \infty$라는 가정 아래에서 나타냈다. 6도, 7-GeV
일 때 각 가정에 대한 νW_2 값은 2(e)에 나타냈다. 이때 모든 νW_2는 $q^2 >$
$0.5 (\text{GeV}/c)^2$의 값을 가진다. 탄성 산란의 정점들은 그림 2에 표시하지
않았다.

그림에 나타난 결과를 통해 다음을 알 수 있다.

(1) $\sigma_T \gg \sigma_s$라면 실험 결과는 $\omega \lesssim 4$ 이고 $q^2 \lesssim 0.5 (\text{GeV}/c)^2$인 보편 곡
선에 들어맞는다. 그보다 큰 값일 경우 6도와 10도에 대한 측정값은 오
차 범위 안에서 같은 결과를 보여준다. 6도, 7-GeV일 때 νW_2의 측정
값은 연속 구간 안에 있는 다른 스펙트럼에서 얻은 결과보다 조금 작

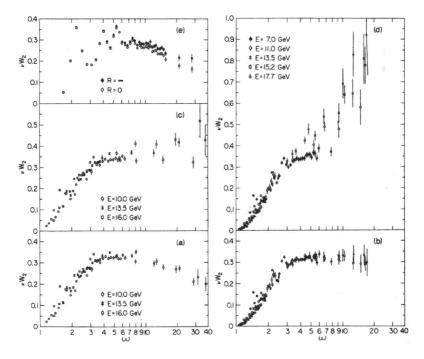

그림 2. $R = \sigma_s / \sigma_T$를 여러 가지 값으로 가정할 때의 νW^2와 $\omega = 2M\nu / q^2$간 관계. (a) $R = 0$일 때 7-GeV 스펙트럼을 제외
한 6도 자료 (b) 일 때 10도 자료 (c) $R = \infty$일 때 7-GeV 스펙트럼을 제외한 6도 자료 (d) $R = \infty$일 때의 10도 자료 (e)
$R = 0$과 $R = \infty$일 때의 6도, 7-GeV 스펙트럼

다. 이때 모든 νW_2는 $q^2 \leqslant 0.5 (\text{GeV}/c)^2$의 값을 가진다.

$\omega \lesssim 5$에 대한 νW_2 값은 ω가 증가함에 따라 서서히 감소한다. 우리는 관측된 기울기의 통계적 의미를 확인하기 위해서 $6 \lesssim \omega \lesssim 25$ 구간의 값에 선형최소제곱법을 적용했다. 그 결과는 $q^2 > 0.5 (\text{GeV}/c)^2$인 자료에 있어서 $\nu W_2 = (0.351 \pm 0.023) - (0.003\ 86 \pm 0.000\ 88)\omega$이고, $q^2 > 0.5 (\text{GeV}/c)^2$인 자료에 있어서 $\nu W_2 = (0.366 \pm 0.024) - (0.0045 \pm 0.0019)\omega$이다. 이 결과에 포함된 오차는 계통 오차의 근사치가 구적법에 함께 포함되면서 생긴 오차들로 구성되어 있다.

$\omega \gg 1$일 때 $\sigma_T + \sigma_S \simeq 4\pi\alpha\nu W_2/q^2$이므로, 우리가 얻은 결과는 $\sigma_T \gg \sigma_S$일 때 σ_T의 특성에 관한 정보를 제공할 수 있다. νW_2를 측정한 결과 단위 불변성이 발견되었다는 것은 다시 말해서 σ_T의 q^2의존도가 약 $1/q^2$라는 뜻이다. ω가 클 때 νW_2가 서서히 감소한다는 것은 광자 에너지 ν가 증가함에 따라 가상 광자에 대한 광흡수 단면적이 일정한 q^2로 천천히 떨어진다는 의미이다.

측정 결과에 다르면 νW_2는 $\omega = 5$ 부근에서 광범위한 최대값을 갖는다. 이 최대치가 준탄성 정점에[8] 상응하는지는 더 조사해 봐야 할 문제이다.

위에 언급한 결론들은 모두 $\sigma_T \gg \sigma_S$ 라는 가정에 기초한다는 점을 강조해 두겠다.

(2) $\sigma_S \gg \sigma_T$ 라면 νW_2의 측정값은 보편 곡선을 따르지 않고 일정한 $2M\nu/q^2$에서, νW_2의 값이 q^2에 따라 증가하는 일반적인 양상을 보인다.

(3) 두 가정의 경우 공히 νW_2는 $1 \leqslant \omega \leqslant 4$의 범위에서 역치 특성을 보인다. W_2는 q^2가 클 때 $\omega \simeq 1$에 상응하는 비탄성 역치에서 어쩔 수 없이 0이다. νW_2의 역치 구간에서 W_2는 q^2가 일정한 ν로 증가함에 따라 빠르게 감소한다. 이는 $\omega > 4$일 때 q^2가 보이는 약한 특성과는 질적

으로 다르다. $q^2 \approx 1\,(\text{Gev}/c)^2$ 일 때, 역치 구간에는 전자기 생성으로 공명이 포함된다. q^2가 증가하면 그런 공명에 따른 변화는 소멸하고, νW_2 값은 일정 ω로 변하는 q^2에 따라 크게 변하는 모습을 보이지 않는다.

그림 2(a)와 2(c)를 비교해 보면, 6도 자료를 이용해서 $\omega \approx 6$의 값보다 10퍼센트까지 큰 범위 안에서 νW_2를 구할 수 있다. 이는 R값과 무관하다.

고에너지 비탄성 전자 산란의 결과를 해석하려는 이론은 여러 가지가 있었다. 파톤 모형이라고 부르는 일군의 모형에서는[8]~[11] 해당 전자들이 양성자 안에 있는 점 구성 요소로부터 일관성 없이 산란한다고 묘사했다. 그런 모형로부터 νW_2의 보편 형태가 나왔고, 다른 특정 모형에서는 점전하를 가정하면서 $\omega > 2$인 경우의 νW_2의 크기를, 2를 인자로 하는 범위 안에서 제시했다.[6] 또 다른 이론에서는[12],[13] 비탄성 산란을 '질량 껍질에서 떨어져 나온' 컴프턴 산란과 연결했다. 이런 산란은 포메란축 궤도를 이용한 레제 변환으로 설명된다. 해당 모형에서 νW_2의 평행 특성이 유도되었다. 이 모형의 경우 νW_2는 ν의 함수이고 약한 q^2 의존성이 필요 없으며, 현재까지는 어떤 수치도 예측하지 못하고 있다. 현 시점에서 가장 상세한 예측을 보여주는 모형은 ρ 중간자를 우선적으로 활용하는 벡터-우세 모형이다. 이 모형은 자료의 전체 특성을 재현하며, $q^2 \to \infty$함에 따라 νW_2가 ω의 함수에 가까워진다. 하지만 이 모형을 자료와 비교하면 통계적으로 커다란 불일치가 드러난다. $d^2\sigma/d\Omega\,dE'$를 예측하는 데에 있어 ξ 인자, 즉 양성자에 세로와 가로로 분극된 ρ 중간자의 단면적 비율이 개입하는데, 이는 W의 함수일 것으로 보이지만 q^2와 독립적이어야만 한다는 점에서 그런 사실을 알 수 있을 것이다. $W \geq 2\,\text{GeV}$인 값에 있어서 ξ의 측정값은 q^2가 1에서 $4\,(\text{GeV}/c)^2$에 걸쳐 증가하는 동안 약 (50 ± 5) 퍼센트만큼 증가한다. 이 모형은 다음을 예견한다.

$$\sigma_S / \sigma_T = \xi(W)(q^2/m_p^2) \left[1 - q^2/2m\nu\right]$$

W_1과 W_2의 분리가 가능해지면 위를 이용해 해당 모형을 가장 엄격하게 검증할 수 있을 것이다.

흐름대수를 적용하고 합의 법칙과[15]~[19] 합의 법칙 부등식을 보여주는 교환자를 이용하면 이론과 측정값을 비교하는 또 다른 방법을 찾을 수 있다. 최근의 이론 연구에 따르면[20]~[22] 이런 계산에도 불명확한 부분이 있지만, 그렇다 해도 해당 이론들과 실험치를 비교해 보면 흥미로울 것이다.

일반적으로 말해서, W_2와 W_1는 전자기 흐름 농도의 매개자와 관계가 있다.[8],[18] 에너지에 기초한 합계 $\int_1^\infty (d\omega/\omega^2)(\nu W_2)$는 $R=0$일 때 0.16 ± 0.01이며 $R=\infty$일 때 0.20 ± 0.03이다. 이는 흐름의 동시 교환자 및 그에 대한 시간 미분과 관련이 있다. 해당 적분값은 $\omega = 20$을 상한으로 해서 검증한 바 있다. 이 값은 파톤 이론에서도 파톤 당 평균 제곱 전하량을 나타내기 때문에 중요하다.

고트프리드는[23] 점 형태의 쿼크를 포함한 비상대적 쿼크 모형에 기초해서 비탄성 전자-양성자 산란의 일정한 q^2 합의 법칙을 계산한 바 있다. 그 결과로 얻은 합의 법칙은 다음과 같다.

$$\int_1^\infty \frac{d\omega}{\omega}(\nu W_2) = \int_{q^2/2M}^\infty d\nu\, W_2 = 1 - \frac{G_{E_p}^2 + (q^2/4M^2)G_{M_p}}{1 + q^2/4M^2}$$

G_{E_p}와 G_{M_p}는 양성자의 전기 및 자기 형태 인자이다. 우리가 가진 자료를 가지고 위 적분값을 실험적으로 검증해 보면 R에 대한 가정의 중요성

은 앞선 적분값보다 훨씬 커진다. 따라서 6도에 대한 W_2의 측정값을 이용할 것이다. 상대적으로 R의 영향을 덜 받기 때문이다. $R=0$이라고 가정하여 $q^2 \simeq 1\,(\mathrm{Gev}/c)^2$값에 해당하는 자료를 사용하면, 이때 ν의 값은 약 10GeV까지 이르는데, 합은 0.72 ± 0.05이다. $R=\infty$인 경우 그 값은 0.81 ± 0.06이다. 우리가 측정한 νW_2에 각 가정 별로 외삽법을 적용해 보면 해당 합은 $\nu \simeq 20\text{-}40\mathrm{GeV}$ 구간에서 포화한다. 뵤르켄은[15] 흐름 대수를 기초로 해서 유도한, 양성자와 중성자로부터 일어난 고에너지 산란의 일정한 q^2합의 법칙 부등식을 제안했다. 뵤르켄의 결론은 다음과 같다.

$$\int_1^\infty \frac{d\omega}{w}\,\nu\,(W_{2p} + W_{2n}) = \int_{q^2/2M}^\infty d\nu\,(W_{2p} + W_{2n}) \geq 1/2$$

기호 p와 n은 각각 양성자와 중성자를 가리킨다. 현재까지는 이용할 수 있는 전자-중성자 비탄성 산란 결과가 없기 때문에 모형과 무관하게 W_{2n}을 근사치로 사용했다. 양성자의 쿼크 모형의 경우[24] $W_{2n} \simeq 0.8\,W_{2p}$이며 그 중 드렐과 동료들의 모형에 있어서[8] W_{2n}은 ν가 증가함에 따라 빠르게 W_{2p}에 가까워진다. 우리의 결과를 이용하면 이 부등식은 쿼크 모형의 경우 $\omega \simeq 4.5$일 때만 성립하고, 다른 모형의 경우 R에 대한 두 가지 가정 모두에 있어서 $\omega \simeq 4.0$일 때 성립한다. 예를 들면, 이는 $q^2 = 2\,(\mathrm{Gev}/c)^2$일 때 $\nu \simeq 4.5\mathrm{GeV}$의 값에 상응한다.

뵤르켄은[25] 두 가지 모형에 있어서 합의 실험값이 인자 2만큼 너무 작지만 자료에서 발견할 수 있는 q^2 의존성은 이 계산의 예측값을 만족한다고 추정하고 있다.

메사추세츠 02139 케임브리지 메사추세츠 공과대학

물리학과와 핵과학 실험실[1]

E. D. 블룸, D. H. 코워드, H. 디스태블러, J 드리스, L. W 모, R. E. 테일러

스탠퍼드 선형 가속기 센터[2], 캘리포니아 94305 스탠퍼드

1969년 8월 22일 접수

Physical Review Letters (1969)

■ 참고문헌

1. 미국 원자력 위원회의 자금을 일부 지원 받았음. 계약 번호 AT(30-1)2098.

2. 미국 원자력 위원회가 지원

3. E. Bloom *et al.*, preceding Letter [*Phys. Rev. Letters 23*, 930 (1969)].

4. 현재 실험 중인 프로그램의 예비 자료는 W. K. H. Panofsky 가 발표했으며 1968년 오스트리아의 빈에서 열린 제14차 국제 고에너지 물리학 회의 발표 논문집에 수록되었다 (CERN Scientific Information Service, Geneva, Switzerland, 1968), p. 23.

5. R. von Gehlen, *Phys. Rev.* 118, 1455 (1960) J. D. Bjorken, 1960 (unpublished) M. Gourdm, *Nuovo Cimento 21*, 1094 (1 961).

6. L. Hand, *the Third International Symposium on Electronand Photon Interactions at High Energies* 논문집 참조. *Stanford Linear Accelerator Center, Stanford, California*, 1967 (Clearing House of Federal Scientific and Technical Information, Washington, D. C., 1968), or F. J. Gilman, *Phys. Rev.* 167, 1365 (1968).

7. J.D. Bjorken, *Phys. Rev.* 179, 1547 (1969).

8. J. D. Bjorken and E. A. Paschos, Stanford Linear Accelerator Center, Report No. SLAC-PUB-572, 1969 (to be published).

9. R. P. Feynman, private communication.

10. S. J. Drell, D. J. Levy, and T. M. Yan, *Phys. Rev. Letters* 22, 744 (1 969).

11. K. Huang, in Argonne National Laboratory Report No. ANL-HEP 6909 1968 (unpublished), p. 150. ′

12. H. D. Abarbanel and M. L. Goldberger, *Phys. Rev. Letters* 22, 500 (1969).

13. H. Harari, *Phys. Rev. Letters* 22, 1078 (1969).

14. J. J. Sakurai, *Phys. Rev. Letters* 22, 981 (1969).

15. J. D. Bjorken, *Phys. Rev. Letters* 16, 408 (1966).

16. J. D. Bjorken, *in Selected Topics in Particle Physics, Proceedings of the International School of Physics* "Enrico Fermi," *Course XLI*, edited by J. Steinberger(Academic Press, Inc., New York, 1968).

17. J. M. Cornwall and R. E. Norton, *Phys. Rev.* 177, 2584 (1969).

18. C. G. Callan, Jr., and D. J. Gross, *Phys. Rev. Letters* 21, 311 (1968).

19. C. G. Callan, Jr., and D. J. Gross, *Phys. Rev. Letters* 22, !56 (1969).

20. R. Jackiw and G. Preparata, *Phys. Rev. Letters* 22, 975 (1969).

21. S. L. Adler and W.-K. Tung, *Phys. Rev. Letters* 22, 978 (1 969).

22. H. Cheng and T. T. Wu, *Phys. Rev. Letters* 22, 1409 (1969).

23. K. Gottfried, *Phys. Rev. Letters* 18, 11 74 (1 967).

24. J. D. Bjorken, Stanford Linear Accelerator Center, Report No. SLAC-PUB-571 , 1969 (unpublished).

25. J. D. Bjorken, private communication .

번역: 김창규

인공 생명체의 탄생

유전자변형 기술,
인류에게 희망을? 재앙을?

폴 버그 (1972)

과학의 역사는 곧 인류가 세상에 대한 지배력을 높여 온 역사라 말할 수도 있다. 이해하기도 힘든 이 광활한 우주에는 매일매일 빛과 소리, 나무와 산, 바다와 파도, 비와 바람, 계절의 변화, 더위와 추위 등이 넘쳐난다. 이 같은 변화무쌍한 현상 속에서 우리는 거대한 존재의 바다에 떨어진 파편에 지나지 않는, 자연에 대해 무지하고 도움도 안 되는 방관자일 뿐이라는 생각을 하면 움찔해지고 만다. 우리는 이해를 뛰어넘은 생명의 우연적인 힘을 이해하는 것보다 우리 자신의 죽음을 더 쉽게 이해할 수 있다. 우리는 의미를 원한다. 우리는 질서를 원한다. 그리고 우리는 통제를 원한다.

지식은 통제의 한 방식이다. 고대 로마의 시인 루크레티우스는 물질 보존이란 개념—물질이 새로 생겨나거나 사라질 수 없다는—을 통해 신의 변덕스러운 간섭으로부터 인류를 해방시켰다. 좀 더 적극적인 통제 방식들이 있다. 수마트라에서는 볍씨를 뿌리는 여성이 머리를 등 뒤로 길게 늘어뜨린다. 그러면 벼가 더 잘 자랄 것이라고 믿기 때문이다. 고대 이집트인들은 질 좋은 동물과 식량을 얻기 위해서 말과 염소, 밀과 포도를 교배했다. 초기 로마인들은 물을 한 곳에서 다른 곳으로 운반하기 위해서 거대한 석재 수로를 건설했다.

자연현상들 가운데 생명이 가장 복잡하다. 아마도 물리적인 세상을 지배하고자 하는 우리의 열망을 가장 만족시키는 것이 생명에 대한 통제일 것이다. 사실 생물학이라는 분야는 살아 있는 존재 내에서 일어나는 기작과 통제를 좀 더 깊이 이해하려는 학문이다. 바로 20세기에 인류는 이 책의 앞 장에서 이미 살펴보았듯이, 체내의 화학적 명령과 조절 시스템을 이루는 호르몬을 발견했고, 신경들이 서로 의사소통하는 신경전달물질을 발견했으며, 감염 질환을 통제하게 해준 최초의 항생제 페니실린을 발견했다. 그리고 살아 있는 생명체의 세포에 유전정보가 어떻게 암호화되어 있는지에 대한 기작과 DNA 구조도 발견했으며, 생명에 필수기체인 산소를 체내에 전달하는 헤모글로빈 단백질의 구조까지도 발견했다.

살아 있는 생명체를 통제하기 위한 노력들 가운데에서도 DNA를 재조합하는 능력, 즉 살아 있는 세포 내에 있는 생명의 지시를 바꾸는 일은 가장 심오한 일이다. 이제 우리는 생명의 설계자가 되어가고 있다. 유전자를 삽입함으로써 우리는 이전에는 결코 존재하지 않았던 살아 있는 유기체를 창조해 낼 수 있다. 우리는 단순한 생명체인 대장균(E. coli)을 새로 디자인해서 당뇨병 치료에 쓰이는 인슐린을 생산하고 있다. 우리는 세균 유전자와 면의 유전자를 조합해 면처럼 숨을 쉬면서 폴리에스터처럼 따뜻한 섬유를 탄생시켰다. 우리는 옥수수와 콩의 DNA를 변형해 해충과 질병에 강한 품종을 만들어 냈다. 공상의 날개를 크게 펼치면 우리는 우리 자신을 재탄생시키는 것도 상상할 수 있다. 마치 모리츠 코르넬리스 에셔(Maurits Cornelis Escher, 1898~1972)의 석판화 '그리는 손'의 섬뜩한 그림처럼 말이다. 어쩌면 우리는 우리 자신을 만들어 내는, 우주 최초의 존재가 될지도 모른다. 이런 능력은 과학에서 이룩한 그 어떤 발전보다도 윤리적, 철학적, 그리고 신학적 의문들을 제기한다.

DNA 재조합(recombinant DNA)이나 유전공학으로 이야기하는 유전자 접합(gene splicing)에 대한 이야기는 최근의 일이다. 이는 1972년 스탠퍼드 대학의 생화학자 폴 버그 연구팀의 한 논문에서 시작되었다. 버그는 살아 있는 세포에 새로운 유전자를 집어넣고자 하는 목표를 달성하기 위해 다른 유기체의 DNA 조각들을 접합한 최초의 과학자다. 그는 당시 46살이었다. 얼마 지나지 않아 버그는 상상하지도 못할 결과를 낳은 새로운 생물학을 자신이 태동시켰다는 걸 깨달았다. 8년 후 노벨상 연설의 자리에서 그는 자신의 학생과 동료들에게 "미지의 세계에 발을 들여놓으면서 득의만만함과 실망감"[1]을 자신과 함께 나눠 가진 데에 감사하다고 했다.

폴 버그는 1926년 6월 뉴욕 브루클린에서 태어났다. 13세의 나이에 이미 그는 과학자가 되겠다는 '강한 포부'를 품었다고 한다. 의학자에 관한 두 권의 책, 싱클레어 루이스(Sinclair Lewis, 1885~1951)의 소설 『애로스미스(*Arrowsmith*)』*, 그리고 폴 드 크루이프(Paul de Kruif, 1890~1971)**의 소설 『세균 사냥꾼(*Microbe Hunters*)』이 그에게 특별히 영향을 주었다. 버그는 또한 과학의 호기심을 싹틔운 고등학교 선생님, 소피 울프(Sophie Wolfe)에 대해서도 좋게 기억했다. 울프 선생님은 야심 찬 학생들이 독립적인 연구 프로젝트를 수행할 수 있도록 방과 후 과학 프로그램을 조직했다. 수년간 계속된 울프 선생님의 과학 장려는 장래에 세 명의 노벨상 수상자, 버그, 아서 콘버그(Arthur Kornberg, 1918~2007)***, 그리고 제롬 칼(Jerome Karle, 1918~)****에게 영향을 끼쳤다. 버그는 첫 실험의 흥

---

* 싱클레어 루이스는 미국 소설가로 1930년 노벨문학상을 수상했다. 소설 『애로스미스』에서는 상업주의와 싸워가면서 끝까지 과학 정신으로 살아가려고 하는 의학자가 등장한다. 이 소설로 루이스는 퓰리처상을 수상했다.
** 미국 미생물학자이자 저술가로, 1926년에 발표한 『세균 사냥꾼』으로 유명하다. 이 책은 레벤후크, 파스퇴르를 비롯해 영웅적인 생명과학자들이 소개되어 있다.
*** DNA 중합효소를 발견한 공로로 1959년 노벨 생리의학상 수상했다.
**** '결정구조의 직접측정방법'을 개발한 업적으로 1985년 노벨 생리의학상을 수상한 미국의 생물리학자.

분에 대해 이렇게 회상했다. "실험을 통해 문제를 해결하면서 얻는 만족은 거의 중독에 가까울 정도로 강렬했다. 나는 과거를 돌이켜보고 호기심과 해법을 찾기 위한 직관을 기른 것이 교육으로부터 얻은 최고의 혜택이라는 것을 깨달았다."[2]

고등학교를 졸업한 후 버그는 뉴욕시립대학에서 화학공학 과정을 밟았지만 스스로가 살아 있는 존재에 관한 화학(생화학)에 좀 더 많은 관심을 갖고 있다는 것을 깨닫고 펜실베이니아주립대학으로 학교를 옮겼다. 2차 세계대전 동안 해군에 복무하느라 학업이 중단되었다가 1948년에 대학을 졸업했고 1952년 웨스턴리저브(Western Reserve) 대학에서 생화학으로 박사 학위를 받았다.

2년 후 버그는 세인트루이스에 위치한 워싱턴 대학에 있는 미국의 생화학자 아서 콘버그의 연구실에서 연구를 시작했다. 버그와 마찬가지로 브루클린 출신이었던 콘버그는 버그가 온 지 얼마 지나지 않아서 DNA 분자가 스스로 복제를 하게 하는 효소, 즉 DNA 중합효소를 발견해 노벨상을 수상했다.

1950년대 중반, 콘버그의 실험실에서 버그는 아실 아데닐레이트(acyl-adenylates)와 아미노아실 아데닐레이트(aminoacyl-adenylates)라는, 단백질 합성을 위해 DNA 코드가 번역되는 데 도움을 주는 생화합물 무리를 발견했다. 왓슨과 크릭, 그리고 프랭클린이 DNA 구조를 발견하고 고작 2년 후에, 버그는 전통적인 생화학에서 분자생물학이라는 새로운 분야로 이동했다. 점차 그의 관심사는 평생의 집착이 될, 유전자의 구조와 기능으로 쏠렸다. 버그를 비롯해 당시 생물학자들이 답을 얻고자 했던 질문에는 이런 것들이 있었다. 어떻게 유전자는 염색체상에 체계적으로 자리를 잡고 있는 걸까? 유전자는 포유동물의 세포에 정확히 어떻게 명령을 전달하는 걸까? (이에 대한 과정은 세균을 통해 이미 상당히 밝혀져 있었다.) 포유류와 같은 복잡한 유기체에서 어떻게 유전자는 어떤 세포에게는 간세포가 되라고 하고 어떤 세포에게는 뇌세포가 되라고 하는 걸까? 유전자는 서로 다른 세포간의 의사소통을 어떤 과정을 통해 일으키는 것일까?

버그는 1959년까지 워싱턴 대학에 남아 있었다. 당시 34세였던 그는 스탠퍼드 대학의 생화학 교수로 임명되었다. 버그가 DNA 재조합에 대해 관심을 갖기 시작한 것은 1960년대 중반부터였다. 당시 그는 캘리포니아 남부 솔크 연구소에 근무하는 레나토 둘베코(Renato Dulbecco, 1914~)의 업적에 대해 알게 되었다. 둘베코는 유전자가 다섯 개 정도밖에 안 될 정도로 DNA의 양이 적은, 쥐를 숙주로 하는 폴리오마 바이러스(polyoma virus)의 생애 주기를 연구하고 있었다. 바이러스는 알려진 생명체 가운데 가장 작다. 바이러스는 보통 자기보다 큰 유기체의 숙주 세포에 침투해 숙주 세포의 DNA를 이용해 증식한다. 폴리오마와 같은 몇몇 바이러스들은 보통의 세포를 암세포로 바꾸게 해서 암을 일으킨다. 둘베코의 연구에 따르면 쥐가 속해 있는 설치류에서 암을 유발하는 폴리오마 바이러스는 어떤 식으로든 자신의 DNA를 숙주로 삼은 설치류의 세포 DNA 속으로 통합시킨다.

버그는 폴리오마 같은 종양 바이러스가 어쩌면 고등 동물 DNA의 조직과 기능을 탐색하는 도구가 될지도 모른다는 생각이 들었다. 종양 세포는 자신의 정체성을 알아보게 해주는 유전자의 수가 적어서 일반 세포의 유전자들보다 훨씬 쉽게 모니터링 할 수 있기 때문에 연구에 이상적이었다. 1950년대 이후로 생물학자들은 단일세포 생물인 세균의 유전자를 연구할 때 박테리오파지라는 세균성 바이러스를 이용했다. 박테리오파지는 세균을 감염시켜 세균의 DNA를 조종한다. 아마도 폴리오마 같은 바이러스도 박테리오파지가 세균에게 하는 것처럼 포유동물의 세포에 동일한 기능을 할지도 모를 일이었다.

버그의 핵심적인 생각은 작은 종양 바이러스를 포유동물 세포의 유전자들을 들여다볼 수 있는 *운반체*(vehicle)로 활용하려는 것이다. 이 운반체는 벡터(vector)라고 한다. 만약 벡터가 기능이 알려진 특정 유전자를 운반해 줄 수 있다면 버그는 새로운 유전자에 대해 어떤 반응이 나오는지를 보고 포유동물의 DNA를 상당히 이해할 수 있다.

이 연구에는 두 가지가 필요했다. 바로 벡터 역할을 할 유기체와 벡터에 의해 운반되는 외래유전자(passenger DNA)였다. 1967~1968년의 안식년 기간 동안 버그는 둘베코의 실험실에서 연구하고 있었다. 그는 벡터 유기체로 SV40이라는 종양 바이러스를 활용하기로 결심했다. SV40은 원숭이의 세포에서 쉽게 증식을 하는데 폴리오마 바이러스처럼 설치류의 세포에 암을 유발하며 자신의 DNA를 숙주 세포의 염색체 속으로 삽입시킨다. 또한 SV40은 알려져 있는 가장 작고 단순한 바이러스 중 하나다. 이 바이러스의 DNA는 작은 원형으로 되어 있고 단지 5,243개의 염기쌍으로 이루어져 있으며 다섯 개의 유전자를 담고 있다. 각각의 염기쌍은 DNA 분자의 알파벳 한 글자로 생각할 수 있다는 것을 상기해 보자(DNA에 대해 자세한 내용은 17장 참조). 비교를 하자면, 일반적인 세균의 DNA는 수백만 개의 염기쌍을 갖고 있고 포유류의 DNA는 수십억 개의 염기를 갖고 있다. 생물학에서의 SV40은 물리학에서의 쿼크나 전자에 해당한다. 생명의 기본 형태인 것이다.

당시에는 순수한 포유류의 유전자를 얻을 수 없었기 때문에 버그는 외래유전자로, 우리 인간의 장에 살면서 소화를 돕는 일반적인 유기체인 대장균(E. coli)의 유전자를 선택했다. 대장균의 DNA는 젖당 대사와 관련된 세 가지 유전자가 들어 있다. (이 세 개의 유전자는 젖당[galactose]과 관련이 있다고 해서 갈락토오스 오페론[galactose operon]이라고 한다.)

버그는 1972년에 발표한 역사적인 논문의 앞부분에서 자신의 계획을 자세하게 드러냈다.

우리의 목표는 포유류 세포에 기능이 알려져 있는 새로운 유전자를 전해줄 방법을 개발하는 것이다. SV40의 변형 유전자는 여러 포유류 세포의 게놈으로 들어가 이와 안정적으로 [...] 연합하는 것으로 알려져 있다. 이는 SV40 DNA 분자에 비바이러스성 DNA를 삽입시키면 SV40의 DNA 분자가 세포의 게놈에 이 DNA를 안정적으로 운반해 주는 벡터로 작용할 가능성이 있을 것으로 보인다.

버그가 계획한 이 연구의 첫 번째 단계는 바이러스성이 아닌 DNA 조각, 즉 대장균의 세 유전자들을 SV40 운반체의 DNA에 어떻게 '삽입'할지를 알아내는 것이었다. 다른 말로 하자면 그는 서로 다른 두 DNA 분자를 합치는 방법을 개발해야 했다. 이전에 한 번도 이루어진 적이 없었던 일이었다.

스탠퍼드 대학에서 버그보다 젊은 한 동료는 버그가 "아주 위험한 테니스 경기를 한다."[3]고 말했다. 사진 속의 버그는 짧은 곱슬머리에 조종사용 안경을 쓰고 짧은 소매의 셔츠를 입고서 환하게 웃고 있다. 마치 육상 선수처럼 보인다. 겉으로 볼 때 편안한 옷차림은 어린아이처럼 단순하고 명료한 그의 연구와 잘 어울리는 것 같다. 버그는 실험실에서 특별한 '가위'를 이용해 DNA 조각들을 자른 후 잘라낸 DNA 조각들을 한데 붙였다. 연결 부위의 빈틈을 채우기 위해서는 좀 더 강하게 붙여야 했다. 어쩌면 이 작업은 유치원에서 하는 미술 놀이와 비슷하다. 다만 여기에서의 절단과 접합은 압정이나 스카치테이프로 해결할 수 없

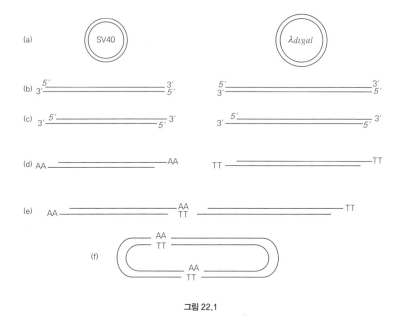

(a) SV40 λ*dvgal*

(b)
(c)
(d)
(e)
(f)

그림 22.1

을 정도로 작은, 10억 배나 작은 분자들의 세상에서 벌어진다는 차이가 있다.

그림 22.1은 최초의 재조합 DNA를 만들어 낸 버그의 실험 과정을 나타낸 것이다. 그림 (a)를 보면 알 수 있듯이, 버그는 SV40 DNA 고리와 λ*dvgal*이라고 쓰인 대장균의 DNA 고리에서부터 연구에 착수했다. 이들 DNA 고리는 둘 다 짧은 DNA 조각들이 원을 형성하며 연결되어 있다.

다음 단계 (b)에서, 버그는 제한 효소(restriction enzyme)라는 특별한 화합물을 이용해 DNA 고리를 끊어 직선으로 길게 늘어지게 했다. 제한 효소는 DNA 연구에 있어 어마어마하게 중요한 '가위'로, 2년 전 존스홉킨스 대학의 해밀턴 스미스(Hamilton Smith, 1931)*가 발견한 것이

---

*제한 효소의 발견과 이를 통한 분자유전학의 발전에 대한 공로로 1978년 노벨 생리의학상 수상.

다. 오늘날에는 제한 효소가 수백 가지나 된다. 이들은 각각 DNA의 특정 부위를 절단한다. 예를 들어, HaeIII라는 제한 효소는 염기서열이 GGCC(그리고 이와 결합하는 CCGG)가 나타나는 곳마다 DNA 사슬을 끊는다. 절단은 G와 C사이에서 일어난다. 버그가 이 실험에서 썼던 제한 효소인 Eco RI는 염기서열이 GAATTC가 나타날 때마다 DNA 사슬을 자른다. 이때 G와 A 사이로 DNA 사슬이 끊긴다. SV40 DNA 고리를 이루는 5,243개의 염기쌍은 딱 하나의 GAATTC 염기서열이 있기 때문에 DNA 사슬이 한 번만 절단된다. 거의 1만 개의 염기쌍을 가진 λdvgal DNA 고리는 두 번 잘린다. 그림 22.1 (b)에서는 그 중 한 조각만 보여주었다.

다음으로, 버그는 λ 핵산말단분해효소(exonuclease)라는 또 다른 종류의 효소를 써서 각각의 DNA 사슬의 5′ 말단을 분해해 약 50개의 염기를 잘라냈다. DNA 사슬은 각각 한쪽 끝은 5′ 말단이라고 하고 다른 한쪽 끝은 3′ 말단이라고 한다. (5′ 말단은 DNA 당 분자의 한쪽 끝이 당 분자를 이루는 산소 원자를 기준으로 시계 방향으로 셌을 때 다섯 번째 탄소 원자가 결합을 하지 않는다고 해서 붙여진 이름이다. 그 반대편은 3′ 말단인데, 이 경우 세 번째 탄소 원자가 결합을 하지 않았다. 이에 대한 자세한 내용은 17장 참조.) DNA가 이중나선 구조를 이루기 때문에 한쪽 사슬의 5′ 말단은 다른 한쪽의 사슬의 3′ 말단과 보통 나란히 하고 있다. 그림 (c)처럼 3′ 말단은 5′ 말단보다 튀어나와 있다.

다음 단계인 (d)에서는 버그 연구팀은 말단전이효소(terminal transferase)라는, 송아지의 가슴샘(thymus)에서 얻은 효소를 동원해 SV40 DNA의 3′ 말단에 아데닌 염기를 붙이고 λdvgal DNA에 티민 염기를 붙였다. 그림에서는 AA 또는 TT로 표시되었듯이 각각 두 개의 염기만 보인다. 여기에서 중요한 건 아데닌과 티민이 서로 결합을 하는 염기쌍이라는 것이다. 따라서 DNA 조각 하나에 아데닌 꼬리를 붙임으로써 또 다른 조각의 티민 꼬리와 결합이 가능하다. 이를 통해 버그는 분자생물학자들이 점착성 말단(sticky end)이라고 부르는 것을 만들어 냈다. 아데닌 꼬리는 자동적으로 티민 꼬리에 붙는다. 아데닌과 티민의 꼬리가 바로 '접착제'인 것이다.

그림 (e)와 (f)에서 SV40 DNA 조각과 λ*dvgal* DNA 조각이 함께 섞이면서 점착성 말단에서 서로 붙는다. 이런 과정을 마치 두 단계로 벌어지는 것처럼 나타낸 것이 (e)와 (f)다. 우선 (e)처럼 SV40 DNA 조각의 AA 접착성 말단이 λ*dvgal* DNA 조각의 TT 접착성 말단과 결합한다. 그리고 반대쪽의 접착성 말단들이 구부러지면서 서로 붙어 (a)의 하나의 원을 형성한다.

(f)를 보면 두 개의 접합부 사이에 염기와 인산-당 뼈대가 없는 빈틈이 있다. 이 틈을 채우기 위해서는 DNA 중합효소 I(DNA polymerase I)라는 또 다른 효소가 필요하다. 1958년 발견된 이 효소는 DNA 사슬 하나를 복제한 다음 여기에 상보적인 DNA 염기들을 가져와 DNA를 복제하거나 손상부위를 회복시킨다. 마지막으로 바깥에 있는 인산-당 뼈대를 채우려면 또다시 새로운 효소, DNA 연결효소(DNA ligase)의 도움을 받아야 한다. 1967년에 발견된 DNA 연결효소는 위쪽에 있는 인산 분자를 아래쪽에 있는 당 분자와 결합할 때 필요한 공유결합에 도움을 준다. DNA 연결효소는 분자 세계에서의 납땜인 셈이다.

최종 결과물은 그림 (a)처럼 DNA 고리다. 그러나 이 경우는 하이브리드 고리이다. 두 개의 서로 다른 유기체, 즉 SV40과 λ*dvgal*의 DNA가 들어 있는 DNA 고리인 것이다.

버그는 아주 역동적이고 빠르게 발전하는 분야를 연구하고 있었다. (그가 쓴 화학 기술 대부분은 이전 몇 년 동안에 발견된 것들이었다.) 버그 연구팀이 개발한, 상보적인 염기 꼬리를 붙여서 DNA 조각을 잇는 방법은 실제로는 스탠퍼드 대학의 연구팀이 동시에 개발한 것이었다. 버그 연구팀이 *λdvgal*와 SV40을 이었다면 스탠퍼드 대학 연구팀은 박테리오파지 P22의 두 조각을 이었다. 그리고 몇 개월 내에 이 방법은 훨씬 간단한 방식으로 발전했다. 1972년 말, 스탠퍼드 대학의 또 다른 연구팀이 제한 효소가 자동적으로 접착성 말단을 남겨 놓는다는 것을 알아냈다. 그림 22.2는 제한 효소 Eco RI에 대해서 나타낸 것이고 화살표는 절단되는 부위를 표시한 것이다. 그림을 보면 알 수 있듯이, 절단된 DNA 조각들은 서로 상보적인 염기를 갖고 있어서 자동적으로 달라붙는 두 개의 끝부분이 생긴다. 만약 이런 절단이 서로 다른 두 유기체로부터 얻은 서로 다른 DNA 조각에서 일어난다면, 버그가 처음 연구에서 했던 것처럼 A와 T 꼬리를 달아주지 않아도 두 부분이 자동으로 결합을 하게 된다. 따라서 그림 22.1의 (c)와 (d) 과정은 이제 없어도 된다.

1973년 초, 미국의 생화학자 스탠리 코헨(Stanley Cohen, 1922~)과

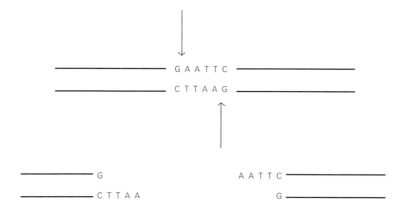

그림 22.2

허버트 보이어(Herbert Boyer, 1936~) 연구팀이 또 다른 하이브리드 DNA 고리를 만들어 냈다. 이들 과학자는 새로운 벡터로 SV40 대신에 pSC101이라는 대장균의 DNA 고리를 활용했다. 그리고 외래유전자로 는 λdvgal 대신에 페니실린 항생제에 내성을 가진 유전자를 썼다. 이 하이브리드 DNA 고리를 다시 대장균에 삽입하면 페니실린 항생제 내 에서 아무렇지도 않게 헤엄쳐 다니는 세균이 만들어지게 된다.

버그 역시 자신의 하이브리드 DNA를 대장균에 삽입하려고 했다. 이 과정은 하이브리드 DNA를 포유류의 세포에 주입하기 전에 중간 숙주 유기체를 이용한 중간 과정이었다. 하지만 버그는 자신의 계획을 유보 했다. 그는 이에 대해 노벨상 연설에서 자세하게 설명했다. "여러 동료 들이 SV4(암 유발하는 유전자)이 들어 있는 대장균이 확산될 잠재적 위험 성에 대해 우려를 나타냈기 때문에 DNA 재조합에 대한 실험은 중단 되었다."[4]

버그가 DNA 재조합에 대한 자신의 연구를 스스로 중단한 것과 이후 이런 유형의 DNA 연구에 대한 전 세계적인 모라토리엄은 과학사적으 로 획기적인 사건이었다. 과학자들, 특히 순수 과학자들은 항상 자신들 이 생각하기에 유용하다거나 흥미로운 연구라면 어떤 것이든 무모하 게 뛰어들었다. 과학자들은 항상 미지의 세계를 환영했다. 하지만 이 경우에는 많은 과학자들이 미지의 세계에 위험을 내포하고 있다고 느 끼고 있었다.

버그가 연구를 중단할 결심을 하게 한 사건은 1971년 여름에 시작됐 다. 당시 버그의 한 대학원생이 뉴욕에 있는 콜드 스프링 하버 연구소 에서 종양 바이러스에 대한 수업을 들었다. 그 대학원생은 이 연구소 의 암 연구자 중 한 사람, 로버트 폴락(Robert Pollack)에게 암을 유발하는 바이러스 SV40이 들어 있는 하이브리드 DNA 고리를 대장균에 삽입해 '변형' 세균을 만들어 내려 하는 버그의 계획에 대해 이야기했다. 폴락은 이를 듣고 경악했다. 폴락이 보기에 문제는 이랬다. 버그의 하이브리드 DNA는 대장균의 DNA에 들어 있기 때문에 대장균 내에서 쉽게 살아남을 수 있다. 그리고 하이브리드 DNA는 암을 유발하는 바이러스가 삽입되어 있다. 게다가 대장균은 사람의 체내에서도 살고 있다. 따라서 유전자가 변형된 최초의 대장균이 증식을 하면 하이브리드 DNA 역시 다음 세대로 전해지기 때문에 두 개의 유전자 변형 대장균이 생겨난다. 20분이 흐른 후에는 다음 번 증식이 이루어져 유전자 변형 대장균이 네 개로 늘어난다. 이후에도 이런 식으로 점점 늘어날 것이다. 그러면 하루 만에 유전자 변형 대장균은 무려 4×10^{21}개가 된다. 따라서 버그의 실험은 이전에는 결코 존재하지 않았던, 인간의 몸속에서 살면서도 엄청나게 증식하며 암을 유발하는 새로운 유기체를 탄생시킬 가능성이 있었다.

폴락은 버그에게 우려의 목소리로 전화했다. 버그는 다른 사람들도 염려스러운지 알아보기 위해 친구들에게 전화했다. 그들도 역시 마찬가지였다. 버그의 실험 소식은 대장균이 증식하는 속도만큼이나 빠르게 퍼져 나갔다. 당시 미국립보건원(Hational Institutes of Health)의 바이러스학자 월러스 로(Wallace Rowe)는 이렇게 말했다. "버그의 실험은 (버그를) 포함해 수많은 사람들을 공포로 몰아넣었다."[5] 폴락은 저널리스트인 니콜라스 웨이드(Nicholas Wade)에게 "우리는 히로시마 원폭이 투하되기 직전의 상황에 있다."[6]고 말했다. 수 주 동안 여러 과학자들과 의견을 나누고 논의를 한 버그는 안정성 문제가 확인될 때까지 자신의 실험을 중단하기로 결정했다.

그렇다면 하이브리드 DNA를 살아 있는 유기체에 주입하려고 했던 또 다른 과학자들인 코헨과 보이어는 어땠을까? 보이어는 1973년 6월에 열린 핵산에 관한 고든 연구의 연례 학회(annual Gordon Research Conference on Nucleic Acids)에서 pSC101 대장균을 이용한 그의 실험을 발표했다. 그러자 여러 과학자들이 즉시 미국 과학학술원(National Academy of Sciences)에 DNA 재조합 연구의 안전성을 연구하는 위원회를 만들라고 제안했다.

그 위원회의 위원장이 버그였다. 다른 위원으로는 보이어와 코헨을 비롯해 데이비드 볼티모어(David Baltimore, 1938~)*, DNA 이중나선의 발견자 왓슨 등 이 분야의 핵심 과학자들로 구성되었다. 1974년 7월 26일에 위원회는 대표적인 과학저널인 「사이언스」와 네이처에 「재조합 DNA 분자의 잠재적 생물학적 위험성(Potential Biohazards of Recombinant DNA Molecules)」이라는 제목의 한 페이지짜리 보고서를 발표했다. 위원회는 이 글에서 위험성에 대해 좀 더 이해하기 전까지 DNA 재조합 연구에 대해 전 세계적인 유예를 권했다. 이 글에는 이런 말이 담겨 있다. "비록 이런 (DNA 재조합) 실험이 이론적이고 실제적인, 중요한 생물학적 문제들에 대한 해법을 얻을 수 있는 가능성이 있기는 하다. 하지만 동시에 생물학적 특성을 완전하게 예측할 수 없는, 전염력을 가진 새로운 DNA의 탄생을 초래할 수도 있다. 일부 인공 재조합 DNA 분자들이 생물학적으로 위험성이 있다는 심각한 우려가 있다."

사이언스와 네이처에 발표된 보고서는 나중에 버그의 편지라고 불리게 되는데, 이는 과학자들이 자기 자신의 연구를 제한하려는 시도로는 두 번째였다. 첫 사례는 원자폭탄을 훨씬 능가하는 파괴력을 가진 수소폭탄의 제조가 계획되고 있을 때였다. 해당 과학자 또한 이 점을

---

* 1975년 노벨 생리의학상 수상자.

잘 알고 있었다. 원자력 위원회(Atomic Energy Commission)는 수소폭탄을 개발할 가치가 있는지를 조사하기 위해 자문위원회(General Advisory Committee)를 만들었다. 1949년에 원자폭탄의 아버지였다가 수소폭탄 제조 반대자로 돌아선 로버트 오펜하이머(Robert Oppenheimer, 1904~1967)가 다른 자문위원 과학자들과 함께 방대한 양의 보고서를 제출했다. "(수소폭탄의 개발을 지원하지 말아야 한다는)우리의 권고는 인류에게 극단적인 위협은 수소폭탄의 개발로 얻을 수 있는 어떤 군사적인 이득보다 훨씬 능가하며 [...] 초강력 폭탄(수소폭탄)은 대량학살 무기가 될 것이라는 우리의 믿음에서 비롯되었다."[7] 오펜하이머의 이 같은 권고는 무시되었고 수소폭탄에 대한 연구는 이어졌다. 그리고 결국 미국과 소련에 의해 제조되었다.

반면 DNA 재조합 실험에 대해 버그가 내놓은 유예결정은 1975년 2월 150여 명의 생물학자들과 법률가들이 캘리포니아 퍼시픽 그로브(Pacific Grove)에서 열린 아실로마 회의(Asiloma conference)에 모였을 때 전 세계적으로 수용되었다. 참석한 생물학자들이 보여준 입장은 다양했다. DNA 재조합의 위험성에 대해 심각한 우려를 표명하는가 하면 그 위험성은 평가할 수 없다는 태도를 보이기도 하고 기초 연구에 어떤 획일적인 제한을 두게 된 데에 분개하거나 이 문제는 거의 대중 홍보의 차원일 뿐이라는 입장을 보이기도 했다. 결국 참석자들은 투표를 통해 이미 내려진 유예결정을 미국립보건원이 새로 만든 가이드라인으로 대체하기로 했다. 그때부터는 DNA 재조합 실험은 예측이 되는 위험성을 대비하기 위해 다양한 억제 정책을 받게 되었다.

30년이 넘은 오늘날 대부분의 생물학자들은 그때의 두려움이 근거가 없던 것은 아니지만 실제 위험보다 훨씬 과장되어 있었다고 생각한다. 여전히 재조합 DNA를 활용하는 연구는 신중하게 이루어지고 있다.

1972년에 발표된 버그의 역사적인 논문은 주로 DNA를 조작하는 여러 화학적 방법들과 DNA에 표식을 달고 분리시키며 식별하는 방법들에 대해 이야기하고 있다.

버그 연구팀은 $\lambda\,dvgal$ DNA를 SV40 DNA에 잇기 전에 SV40 DNA 두 조각을 이어봄으로써 기술을 연습했다. 이때 두 종류의 SV40 DNA 절편, 즉 SV40(I)과 SV40(II)를 가지고 실험했는데, 하나는 온전한 DNA이지만, 다른 하나는 이중나선의 한 가닥에 몇 개의 염기가 빠져 있었다. DNA 분자 속으로 일반적인 수소를 대신해서 들어갈 수 있는, 방사성을 띠는 수소 원자를 이용해 $\lambda\,dvgal$ DNA와 SV40 DNA에 표식을 달았다. 그래서 연구팀은 방사성이 붕괴되는 수치를 측정함으로써 얼마나 많은 방사성의 수소 원자가 DNA 속으로 융합이 되는지, 그래서 DNA가 절단되고 붙여지는 각 과정마다 얼마나 많은 DNA가 있는지를 알아낼 수 있다. 방사성 수소의 붕괴는 신틸레이션 분석기(scintillation spectrometer)라는 장비로 '셀' 수 있다(방사능에 대한 자세한 내용은 15장 참조). 또 다른 방사성 표식으로 DNA 분자 속 인-당 뼈대의 인을 대신할 수 있는 것으로 방사성을 띠는 인을 사용했다.

1분에 수천 번 돌아가는 원심분리기 속에 DNA를 집어넣으면 다른 물질들과 분리된다. 원심분리기 속에 설탕 용액을 가득 채우고 돌리면 원심분리기 위쪽에서 아래쪽으로 갈수록 밀도가 높아진다. 같은 이치로 여러 물질들을 원심분리기 속에 넣고 아주 빠른 속도로 돌리면 가장 큰 분자는 바닥으로, 가장 작은 분자는 위로 간다. 브롬화 에티듐(ethidium bromide)이라는 화합물은 검출하기 쉽도록 DNA를 염색한다. 이렇게 염색한 DNA를 다른 물질들과 원심분리기 속에 집어넣는다. 그런 다음 원심분리기를 작용하면 다른 물질과 분리된 DNA를 염색을 통해 쉽게 확인할 수 있다.

DNA를 정제하는 또 다른 간단한 장비로는 와트먼 여과지(Whatman filter paper)가 있다. DNA가 들어 있는 용액을 이 여과지에 부으면 용액이 여과지를 통과하면서 DNA 조각들이 남는다.

이렇게 정제된 DNA는 에틸렌 다이아민 테트라 아세트산(EDTA)과 트리스(Tris)라는 화학물질이 들어간 용액에서 조작이 이루어진다. 이 화학물질은 DNA에 '자연적인' 환경을 제공해 DNA가 다른 화학물질과 불필요한 반응을 하지 않도록 완충작용을 한다. DNA가 제한 효소를 통해 절단이 되거나 말단전이효소를 통해 접착성 말단이 붙여질 때에는 DNA가 담긴 용액은 체온에 해당하는 37도로 유지된다. 일반적으로 DNA를 비자연적인 방법으로 조작할 경우 가능한 한 오랫동안 자연적인 환경 속에 DNA가 머물도록 해야 한다.

버그 연구팀이 활용한 가장 복잡한 장비는 빛이 아닌 전자로 상을 만들어 내는 전자현미경이었다. 고에너지 전자들은 가시광선보다 파장이 짧다. 때문에 전자현미경은 일반적인 광학 현미경으로 보는 것보다 물체를 더 작게, 심지어 개별 원자와 분자 수준으로 보게 해준다. 버그 연구팀은 전자현미경으로 DNA 절편의 모양이 선형인지 원형인지, 그리고 길이가 얼마나 되는지를 확인했다. 만약 SV40 DNA의 길이가 1이고 λdvgal DNA가 2라면 이 둘이 이어진 하이브리드 DNA는 길이가 3이어야 한다. 버그 연구팀은 바로 이런 결과를 전자현미경으로 확인했다. 이때 연구팀은 수백 개나 되는 분자들을 일일이 세는 수고를 해야 했다.

논문의 뒷부분에서 연구팀은 자신들의 실험 결과가 모두 성공적이라고 선언했다. "우리는 위에서 설명한 실험을 통해서 대장균의 젖당 대사 관련한 세 개의 유전자, 즉 갈락토오스 오페론을 포함한 λdvgal DNA를 SV40 게놈에 삽입했다는 결론을 지었다. 이 분자는 대장균 유전자들이 포유동물 세포의 게놈에 들어가 그곳에서 발현이 될 수 있는 지를 알아보는 데 아주 유용할 것이다."

버그 연구팀은 자신들의 기술적 진보에 대한 일반적인 응용을 분명하게 알아차렸다. "이 보고서에 기술된 방법들은 [...] 두 DNA 분자를 한데 붙이는 방법이 된다."

버그를 비롯한 과학자들이 바라던 대로, DNA 재조합 기술은 유전자의 기본적인 특성과 작용을 밝히는 데 도움이 되었다. 예를 들어 이 기술은 거의 모든 포유류의 DNA가 인트론(intron)이라는, 어떤 의미 있는 정보를 갖고 있지 않은 긴 염기쌍을 갖고 있다는 점을 밝혀냈다. 이 책을 완성한 2005년까지 인트론의 기능은 여전히 온전히 이해되지 않았다.*

또 다른 사례로, 과학자들은 DNA 재조합 기술을 이용해 돌연변이를 만든 다음 변형된 유전자의 기원과 영향을 연구하고 있다. 이뿐만이 아니라 DNA 재조합은 암과 종양 바이러스의 작용 방식을 연구하는 데에도 쓰인다. DNA 재조합에 대한 제한이 1979년 1월쯤 어느 정도 풀리자 과학자들은 종양 바이러스를 다른 세포에 삽입해 종양이 어떻게 복제되고 일반 세포를 바꿔 놓는지에 대해 연구했다. 그 결과, 오늘날 과학자들은 일부 암의 경우 특정한 조절 유전자가 너무 많이 복제되거나 또는 특정 세포가 과도하게 활동함으로써 생겨난다고 믿고 있다. 유전자가 염색체 상에서 위치를 바꾼다는 바바라 맥클린톡의 '유동유전자'의 발견은 DNA 재조합 기술을 이용해 확실하게 증명되었다.

좀 더 응용적인 측면을 살펴보자면, 유전자 변형 유기체를 이용한 최

---

*이 책이 번역된 2011년에도 인트론에 대한 이해는 아직 이루어지지 않았다.

초의 의약품은 1982년 미국의 제약회사인 엘리 릴리(Eli Lily)가 시장에 내놓은 인체용 인슐린이었다. 그 이후로 수십 개의 귀중한 생물학적 물질들이 DNA 재조합 기술을 통해 인공적으로 생산되고 있다. 여기에는 인터페론(interferon)*, B형 간염 백신 그리고 인간의 성장 호르몬 등이 있다. 이 물질은 여러 유기체의 DNA를 변형해서 얻어진다. 농업에서는 DNA 재조합 기술을 통해 해충과 질병에 강한 토마토, 면, 감자, 벼, 콩, 옥수수 등의 유전자변형 작물들이 탄생했다.

그러나 DNA 재조합의 가장 중요한 응용이자 그 결과는 확실히 미래에 나타날 것이다. 유전자 재조합의 미래는 아직 아무도 제대로 모른다. 얼마나 강한 영향을 미칠지는 온전히 예측할 수 없다. 전에는 우리가 생명의 내부 작용에 대해 이처럼 강력한 힘을 가진 적이 없었다. 때문에 현재의 우리는 그 힘이 얼마나 대단한지를 제대로 추측할 수 없다.

---

*세포 내에서 바이러스의 증식을 막고 바이러스에 대항해 체내에서 빠르게 합성되는 단백질. 인터페론 덕분에 대부분의 바이러스 감염에도 사람의 생명은 크게 지장을 받지 않는다.

원숭이 바이러스 40의 DNA에 새로운 유전정보를 삽입하는 생화학적 방법

람다 파지 유전자를 소유하는 원형 SV40 DNA 분자와 대장균의 갈락토오스 오페론

(분자 혼성/ DNA 접합/ 바이러스 변형/ 유전 전달)

데이비드 A. 잭슨[1], 로버트 H. 시먼스[2], 폴 버그

초록(Abstract) 두 개의 DNA를 공유결합으로 접합하는 방법을 개발, 이 방법을 사용하여 원형 SV40 DNA 이량체를 만들고, 람다 파지 유전자를 소유하는 DNA 조각과 대장균의 갈락토오스 오페론을 SV40 DNA에 삽입했다. 이 방법은 (a)원형 SV40 DNA를 직선형으로 만들고 (b)효소 말단 디옥시뉴클레오티드 이전효소를 이용, 정해진 조성과 길이의 단일 호모디옥시 고분자 연결자를 한 DNA 가닥의 3′ 말단에 붙이고 (c)이를 보완하는 호모디옥시 고분자 연결자를 DNA의 다른 말단에 붙이고 (d)두 DNA 분자를 접합하여 원형 이중의 구조로 하며 (e)대장균 DNA 중합효소와 합성효소를 사용, 이 구조 내의 간극과 홈(nick)을 충전해서 공유결합에 의하여 원형으로 봉합된 DNA를 만드는 것이다.

우리의 목표는 새롭고 명확한 기능의 DNA 조각을 포유류 세포에 삽입하는 것이다. 바이러스 SV40의 DNA가 다양한 포유류 세포의 유전자에 안정적인 공유결합으로 접합되어, 유전될 수 있다는 것이 알려져 있다.[4],[5] 순수하게 정제된 SV40의 DNA도 세포를 (낮은 효율로) 변형할 수 있으므로 기능이 명확한 비바이러스 DNA 조각을 SV40의 DNA 분

자에 결합하면 세포의 유전자에 운반하고 안정화할 수 있는 벡터로 작용할 수 있을 것이다. 따라서 우리는 두 개의 DNA를 공유결합에 의하여 접합하는 방법을 개발했고,[3] 이 방법을 사용하여 원형 SV40 DNA 이량체를 만들었다. 나아가서 우리는 람다 파지 유전자와 대장균의 갈락토오스 오페론을 원형 SV40 DNA에 삽입했다. 그런 다음 이 혼성 DNA 분자 종류가 외부의 DNA 서열을 포유류 세포에 도입할 수 있는지, 이 새로운 비바이러스 유전자가 색다른 환경에서 발현될 수 있을지 시험했다.

재료 및 방법

DNA. (a)공유결합에 의해 원형으로 봉합된 이중 SV40 DNA [SV40(I)] ([^{3}H]dT, 5×10^4cpm/μg으로 표식)을 선형 또는 올리고머 분자가 없도록 (그러나 홈을 가진[nicked] 3~5퍼센트의 이중 원형-SV40[II]를 포함하는 상태로) SV40으로 감염된 CV-1세포로부터 정제했다(Jackson, D., & Berg, P., 논문 준비 중). (b)자동 복제 플라스미드*[6] λdvgal DNA를 가진 대장균을 세제로 파괴한 후, CsCl-브롬화에티듐 농도 차이[7]에 의한 평형 침전의 방법을 사용, [^{3}H]dT (2.5×10^4cpm/μg)로 표식된 원형 이중 λdvgal DNA를 분리했다. DNA에 대한 세부 사항은 나중에 발표할 것이다. 현재까지의 정보에 의하면 λdvgal (λdv-120 DNA) DNA는, 몇 개의 λ파지 유전자(C1, O, P를 포함)들의 서열이 일렬로 이중 복사된 원형 이량체에 대장균의 갈락토오스 오페론(베르그[Berg], D., 메르츠[Mertz], J. & 잭슨[Jackson], D., 논

---

*플라스미드(plasmid): 독립적으로 복제·증식이 가능한 유전 인자

문 준비 중) 전체가 접합된 것이다.

효소. 박테리아 제한 엔도뉴클리아제 RI(요시모리[Yoshimori]와 보이어[Boyer]가 발표되지 않은 효소를 제공)를 이용하여 원형 SV40 DNA와 λ*dvgal* DNA를 쪼겠다. 파지 λ-엑소뉴클리아제(피터 로반[Peter Lobban]이 제공)를 리틀(Little) 등[8]의 방법으로 제조했고, 송아지 흉선의 디옥시뉴클리오티드 말단이전효소(가토[Kato] 등[9]의 방법으로 제조)는 헤이스(F. N. Hayes)가 보내주었다. 대장균 DNA 중합효소[11] I의 VII[10]부분은 D. 부르트라그[Brutlag]가, 대장균 합성 효소[11](리가아제[ligase]*)와 엑소뉴클리아제 III[12]는 P. 모드리크(Modrich)가 제공했다.

기질. 3인화 (α-^{32}P)디옥시뉴클레오시드는 시먼스(Symons)[13]의 방법으로 합성했다. 기타의 다른 시약들은 구입했다.

원심분리. 농도가 다른 염기성 설탕 용액들은 2mM의 EDTA와 각각 0.2, 0.4, 0.6, 0.8M의 수산화나트륨, 0.8, 0.6, 0.4, 0.2M의 염화수소를 포함한 5, 10, 15, 20퍼센트 용액들을 확산하여 얻었다. 100µl의 시료들을 3.8-ml의 농도 차이로 4도, 55,000rpm으로 베크만(Beckman) L2-65B 원심분리기의 베크만 SW56 Ti 회전 모터로 처리했다. 2~10방울을 취하여 지름 2.5센티미터 와트먼(Whatman) 3MM 디스크(세척하지 않은 상태로 건조)에 놓고 누클리어 시카고 마크(Nuclear Chicago Mark) II 신틸레이션 분석기에서, PPO-디메틸 POPOP-톨루엔 신틸레이터에서 분석했다. 0.4퍼센트의 ^{32}P가 ^{3}H 채널에 중첩되는 것을 보정하지는 않

---

* 핵산(核酸) 분자를 결합하는 효소

았다.

*CsCl-브롬화에티듐 평형 원심분리*를 베크만 형 50회전기에서 4도, 37,000rpm으로 48시간 동안 시행했다. 10mM Tris·HCl(pH 8.1)-1mM Na EDTA-10mM NaCl을 1.566g/ml의 CsCl과 350μg/ml 브롬화에 티듐으로 조절했다. 30방울씩 취하여 찬 2 N HCl과 함께 와트먼 GF/C 여과기로 침전시킨 후, 세척하여 계수했다.

전자현미경. DNA를 데이비스(Davis)[14] 등의 수용액 방법으로 펼친 후 필립스(Phillips) EM 300전자현미경으로 촬영했다. 분자의 평면도를 종이 위에 투사하여 쿠펠 에서(Keuffel Esser) 지도 측정기로 측정했다. 플락정제* 된 SV40(II) DNA를 길이의 내부 표준으로 사용했다.

R₁ 엔도뉴클리아제를 이용하여 SV40(I) DNA를 단위 길이의 선형 [SV40(L_RI)] DNA로 변환. [³H]SV40(I) DNA 18.7nM을 100mM의 Tris·HCl(pH 7.5)-10mM MgCl₂-2mM 2-메르켑토에탄올에서 미리 결정된 양의 RI 효소로 37도, 30분 동안 배양하여 이 양의 1.5배 SV40(I)를 선형 분자 (SV40[L_RI])으로 변환했다. Na EDTA(30mM)을 사용하여 반응을 중지한 후, 67퍼센트 에탄올로 DNA를 침전시켰다.

[SV40(L_RI)]로부터 5′-말단 부분을 λ-엑소뉴클리아제로 제거. [³H]SV40(L_RI) DNA 15nM을 67mM의 K-글라이신염(pH 9.5), 4mM MgCl₂, 0.1mM EDTA에서 0도, 30분 동안 λ-엑소뉴클리아제로 배양하자

---

*플락정제(plaque purification): 원하는 유전적 특성을 보이는 박테리아를 선별하는 기법. 세포의 혼합물을 고체 지지물에 펼치고, 생성되는 식민지들 중에서 항생 기능, 특정 서열 등의 특성을 가진 것만 선택함.

[^{3}H]SV40($_{L_{RI}}$)exo DNA가 생성되었다. 그 결과 생성된 액을 0.6M NH$_4$HCO$_3$의 폴리에니민(Brinkman) 박판 위에서 크로마토그램으로 처리, dTMP 점과 원점(분해되지 않은 DNA)을 세서 생성된 [^{3}H]dTMP를 측정했다.

말단전달효소로 호모폴리머 연장을 SV40($_{L_{RI}}$exo)에 첨가. [^{3}H]SV40($_{L_{RI}}$exo) 50nM을 100mM의 K-카코딜신염(pH 7.0), 8mM MgCl$_2$, 2mM 2-메르 캡토에탄올, 150µg/ml의 소 혈청 알부민, [α-^{32}P]dNTP (0.2mM dATP, 0.4mM dTTP)에서 37도, 말단전달효소(30~60µg/ml)로 배양했다. SV40 DNA에 가한 [^{32}P]dNMP의 양은 반응혼합물을 DAEA-종이판(와트먼 DE-81)에 스팟하여 각 판을 50ml 0.3M 포름산암모늄(pH 7.8), 0.25M NH$_4$HCO$_3$, 20ml 에탄올로 흡입 세척하여 측정했다. 원하는 기능을 보이는 적어도 한 개의 (dA)$_n$ 꼬리를 가진 SV40 선형 DNA의 비율을 결정하기 위하여, 150µg의 폴리유리딜산을 고정한 와트먼 GF/C 여과기(지름 2.4센티미터)에 붙는 SV40 DNA(^{3}H 계수)의 양을 측정했다.[16] 15µl의 반응 혼합물을 5ml의 0.70M NaCl-0.07M 시트르산나트륨(pH 7.0)-2퍼센트 사르코실(Sarkosyl)과 섞고, 3~5ml/분의 속도로 폴리(U) 필터를 통해 실온에서 여과했다. 각 여과물을 0도, 50ml의 동일한 완충 용액으로 신속히 흡입 세척, 건조하여 계수했다. 이 조건 하의 콘트롤 실험에서는 98~100퍼센트의 [^{3}H]oligo(dA)$_{125}$가 필터에 붙음을 알 수 있었다. [^{32}P]dNMP/[^{3}H]DNA 비율이 연장 부분의 원하는 길이에 해당하는 값에 이를 때에 EDTA(30mM)와 2퍼센트 사르코실로 중지했다. [^{3}H]SV40($_{L_{RI}}$exo)-[^{32}P]dA 또는 -dT DNA를 중성 설탕의 농도 차이에 의한 구역분리법(zone segmentation)으로 정제하여 dNTP, SV40(I), 및 SV40(II)을 제거했다.

수소결합 원형 DNA 형성. [^{32}P]dA와 -dT DNA각 0.15nM을 0.1M NaCl-10mM Tris · HCl(pH 8.1)-1mM EDTA에 혼합, 51도, 30분 동안 방치 후 실온에서 천천히 냉각했다.

공유결합 원형 DNA 완성. DNA 내의 간극과 홈을 '치료'한 후 효소, 기질, 공동인자(cofactor)의 혼합물을 DNA 용액에 가하고 20도, 3~5시간 동안 배양했다. 반응 혼합물 내의 농도는 다음과 같았다: 20mM Tris · HCl(pH 8.1), 1mM EDTA, 6mM MgCl$_2$, 50μg/ml의 소 혈청 알부민, 10mM NH$_4$Cl, 80mM NaCl, 0.052mM DPN, 0.08mM(각각), dATP, dGPT, dCTP, dTTP, (0.4μg/ml)대장균 DNA 중합효소 I, (15단위/ml)대장균 합성효소, (0.4단위/ml)대장균 엑소뉴클리아제 III.

결과

일반적인 접근 방식

그림 1은 두 개의 다른 DNA로부터 공유결합 원형 DNA를 만드는 일반적인 접근 방식을 보여준다. 결합될 두 DNA들이 원형이므로 우선 이들을 선형으로 변환하는 작업이 필요할 것이다. 이중나선을 무작위한 위치에서 자르거나, 혹은 (아래 논의를 참조) 이 논문에서 기술된 식으로, R$_1$ 제한 엔도뉴클리아제를 사용하여 특정한 위치에서 자르는 방법이 있을 것이다. 비교적 짧은(50~100뉴클레오티드) 폴리(dA) 또는 폴리(dT) 연장을 말단전이효소를 이용하여 이중 선형 DNA의 3′-수산기 말단에 붙인다. 사전에 λ-엑소뉴클리아제를 사용, 5′-포스포릴기 말단으로부터 짧은(30~50 뉴클레오티드) 조각을 제거하는 것이 말단전이효소의

반응을 쉽게 한다. $(dA)_n$ 연장을 가진 이중 선형 DNA를 낮은 농도에서 $(dT)_n$를 포함하는 DNA에 접합한다. 이로서 형성된 원형 DNA에는 두 개의 DNA가 수소결합 된 호모폴리머 부분을 통하여 결합되어 있다(그림 1). 네 군데의 간극은 네 개의 3인산디옥시뉴클리오시드를 가진 대장균 DNA 중합효소로 수리하고, 원형 구조는 대장균 DNA 합성효소를 이용, 공유결합에 의해 완성된다. 대장균 엑소뉴클리아제 III로 작업 중 우연히 생긴 홈의 3′-포스포릴기 부분들을 제거한다(3′-포스포릴기 말단을 가진 홈들은 합성효소로 고칠 수 없다).

실험 절차의 주요 단계

원형 SV40(I) DNA는 R_I 엔도뉴클리아제로 열린다. SV40(I) DNA를 RI 엔도뉴클리아제로 처리하면 중성 설탕용액의 농도 차이에 의하여 14.5S에서 침전물이 형성되는데, 이를 전자현미경(Jackson, Berg, 논문 준비 중 [표 1])으로 관찰하면 SV40(II) DNA와 같은 외형 길이를 가진 이중 선형 DNA처럼 보인다.[21] SV40(I) DNA의 특정한 위치에서 잘라지고, 분자 내의 단일 가닥에 몇 개의 절단이 일어날 수 있으며[21] 각 말단은 5′-포스포릴기, 3′-수산기이다(Mertz, J., Davis, R., 논문 준비 중). 우리의 실험 조건에서 플라그정제된 SV40 DNA를 처리하면 87퍼센트의 선형 DNA, 10퍼센트의 홈을 가진 원형 DNA, 및 3퍼센트의 잔여 슈퍼코일(supercoiled) 원형 DNA가 생성된다.

SV40(L_{RI})의 3′-수산기 말단에 올리고(dA) 또는 −(dT)를 첨가. 말단전이효소를 사용하여 DNA의 3′-수산기 말단에 디옥시호모폴리머 연장부분을 만든다.[10] 일단 사슬이 시작되면 전파 과정은 통계적으로 일어나므로 각 사슬은 거의 같은 속도로 성장한다.[15] 연장 부분의 길이는 배양시간이

나 기질의 양에 의존하지만, 효소 제조 과정에서 미량의 엔도뉴클리아제에 의한 결함 형성을 최소화하기 위하여 배양 시간을 조절했다. 지금까지는 이 뉴클리아제를 제거하거나 선택적으로 저해할 수 없었다(잭슨, 버그, 논문 준비 중).

SV40(L_{RI})를 말단전이효소와 dATP, dTTP로 배양하면 상당량의 모노뉴클리오티드가 DNA에 붙었다. 그러나 예를 들어 말단당 100개의 dA를 첨가하면 적은 비율의 구조 변경된 SV40 DNA만이 폴리(U)를 가진 여과판에 부착된다.[16] 뉴클리오티드가 말단에 붙기 시작하는 일은 드물지만, 일단 시작되면 이 말단은 호모폴리머 합성의 좋은 시발점이 된다는 것을 이 결과는 보여준다.

DNA를 λ-엑소뉴클리아제와 함께 배양하면 P22 파지의 DNA가 호모폴리머 합성의 더 좋은 시발점이 된다는 것을 로반과 카이저(Kaiser[발표되지 않은 자료])는 보여주었다. 이 효소는 이중 DNA[18]의 5′-포스포릴기 말단으로부터 디옥시뉴클레오티드들을 순차적으로 제거하면 3′-수산기 말단을 단일 가닥으로 만든다. 우리는 이 결과를 SV40(L_{RI}) DNA에서 확인했다. 5′-포스포릴기 말단으로부터 30~50개의 뉴클레오티드들을 제거한 뒤에(방법 부분 참조), 말단전이효소와 dATP로 배양된 후, 폴리(U) 필터에 붙을 수 있는 SV40(L_{RI}) DNA의 개수는 5~6배로 증가했다. SV40(L_{RI}exo)-dA의 두 가닥을 분리한 후에도 상당한 비율의 ^{3}H-표식이 폴리(U) 필터에 붙어 있었는데, 이것은 이중 DNA의 양 3′-수산기 말단이 개시점으로 작용할 수 있음을 말한다.

호모폴리머 연장 부분의 중량-평균 길이는 말단당 50~100개의 뉴클레오티드였다. [^{3}H]-SV40(L_{RI}exo)-[^{32}P](dA)$_{80}$(방법 절에서 논한 이 특정한 합성에서는 말단당 평균 80dA였다.)을 염기성 설탕 농도 차이 구역 분리법으로 본 결과, (i)60~70퍼센트의 SV40 DNA가닥이 변하지 않았으며 (ii)

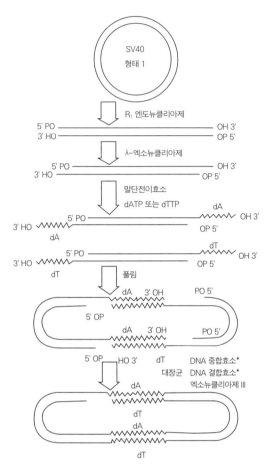

* 네 개의 3인산 디옥시뉴클레오티드와 DPN이 중합효소와 합성효소의 작용 아래에 존재한다.

그림 1. SV40(I) DNA로부터 공유결합에 의하여 원형으로 봉합된 SV40 DNA 이량체를 만드는 일반적인 방식

$[^{32}P](dA)_{80}$은 $[^{3}H]$SV40 DNA에 공유결합되어 있으며 (iii)SV40 DNA 에 결합된 올리고(dA)의 길이 분포는 좁고 계산된 길이인 80으로부터 벗어나는 비율은 작다는 것을 의미한다(그림 2, 여기에서는 생략). $(dT)_{80}$을 가진 SV40(L_{Rt}exo)은 $[^{32}P]$dTTP로부터 합성한 바, 위에 기술한 것과 사

실상 동일한 결과를 내었다.

수소결합 원형 DNA는 SV40(L_{RI}exo)-(dA)$_{80}$와 SV40(L_{RI}exo)-(dT)$_{80}$을 함께 처리함으로써 형성되었다. SV40(L_{RI}exo)-(dA)$_{80}$와 SV40(L_{RI}exo)-(dT)$_{80}$을 함께 처리하니 전자현미경으로 조사한 분자들 중 30~60퍼센트가 원형 이량체였다. 선형 단일가닥, 선형 이중가닥 및 더 복잡하게 가지 친 형태들도 보였다. SV40(L_{RI}exo)-(dA)$_{80}$ 또는 -(dT)$_{80}$만을 처리하면 원형 분자는 발견되지 않았다. 중성 설탕용액의 농도 차이에 의한 원심분리법을 사용하면 SV40 DNA의 대부분은 변형된 단위 길이의 선형 분자보다 더 빨리 가라앉았다(이것은 선형, 원형 이중 DNA 및 더 큰 다량체들의 경우에 기대되는 결과이다). 그러나 염기성 농도 차이에 의하여 침전된 경우에는 올리고뉴클레오티드를 가진 단위 길이의 단일 가닥 DNA만이 얻어졌다(그림 2, 여기에서는 생략).

수소결합 원형 DNA를 DNA 중합효소, 합성효소 및 엑소뉴클리아제 III와 함께 배양하면 공유결합으로 봉합된 원형 DNA를 얻는다. 위에 기술된 수소결합 원형 DNA는 대장균의 효소들인 DNA 중합효소, 합성효소, 엑소뉴클리아제 III 및 그 기질들과 공동 인자를 함께 배양하면 수소결합 원형 DNA로 된다. 염기성 설탕 농도 차이에 의한 구역 분리법을 사용하면(그림 3, 여기에서는 생략), ^{32}P 표지의 20퍼센트는 SV40 DNA의 ^{3}H 표지를 가진 올리고(dA) 및 올리고(dT) 꼬리 침전물로부터 온 바, 공유결합 원형 SV40 이량체(70~75S)의 예상되는 지점에서 발견되었다. CsCl-브롬화에티듐 농도 차이에 의한 실험에서도 거의 같은 양의 표지된 DNA가 공유결합 원형 DNA의 밀도로부터 예상되는 지점에 모였다(그림 4, 여기에서는 생략).

CsCl-브롬화에티듐 농도 차이에 의한 실험에서 분리된 DNA는 주로 원형 분자였으며, 그 외형 길이는 전자현미경으로 본 결과 SV40(II) DNA의 2배였다. 처리 과정에서 선형 전구체들 중의 어느 하나가 생략되거나, 혹은 효소가 반응하지 않으면 공유결합 DNA는 생성되지 않았다. 따라서 우리는 두 개의 단위 길이 선형 SV40 분자들이 접합하여 공유결합으로 봉합된 원형 DNA를 생성되었다는 결론을 얻었다.

공유결합에 의하여 수소결합 SV40 DNA가 원형 DNA를 생성하는 과정은 Mg^{2+}, 네 가지의 3인산디옥시뉴클레오시드, 대장균 중합효소, 및 합성효소에 의존했는데, 엑소뉴클리아제 III를 사용하지 않으면 98퍼센트 저해되었다(로반과 카이저는 P22 분자들의 접합에 엑소뉴클리아제 III가 필요함을 처음으로 관찰했는데, 우리는 이것을 본 시스템에서 확인했다). 엑소뉴클리아제 III는 아마도 말단전이효소의 합성을 오염시키는 엔도뉴클리아제에 의해 생긴 3′-포스포릴기, 5′-수산기 홈으로부터 3′-인산기를 제거하는데 소요되는 듯하다. 3′-포스포릴기는 대장균 중합효소의 강력한 저해제이며,[17] 5′-수산기를 가진 말단은 대장균 합성효소에 의해 봉합되지 않는다.[11] 5′-수산기는 대장균 중합효소 I의 엑소뉴클리아제에 의해 제거되고 5′- 및 3′-포스포릴기로 치환될 수 있다.[10]

SV40 DNA에 삽입하기 위한 갈락토오스 오페론을 준비. 대장균의 갈락토오스 오페론을 λ*dvgal* DNA로부터 얻었다. λ*dvgal*은 SV40(II) DNA(표 1) 길이의 4배로 공유결합에 의해 봉합된 슈퍼코일 DNA 분자이다. λ*dvgal* DNA를 엔도뉴클리아제 R₁로 완전히 처리한 후 SV40(II) DNA의 두 배 길이인 선형 분자만이 거의 생성되었다(표 1). R₁ 엔도뉴클리아제는 따라서 λ*dvgal* 원형 DNA를 두 개의 길이가 같은 선형 분자로 쪼개는 듯하다. λ*dvgal*과 밀접하게 관련된 λ*dv*-204에서 λ*dv* 단량체 당

표 1. SV40, λDVGAL DNA 분자들의 상대적인 길이

DNA 종류	SV40 단위*의 길이 ± 표준편차	시료 내 분자 수
SV40(II)	1.00	224
SV40(L$_{RI}$)[†]	1.00 ± 0.03	108
(SV40-dA dT)$_2$	2.06 ± 0.19	23
λ$dvgal$-120(I)	4.09 ± 0.14	65
λ$dvgal$-120(L$_{RI}$)	2.00 ± 0.04	163
λ$dvgal$-SV40	2.95 ± 0.04	76
λdv-1	2.78 ± 0.05	13

* 플랙정제된 SV40(II)의 외형길이(contour length)를 1.00으로 함.
[†] 모로(J. Morrow)의 자료

R$_I$ 엔도뉴클리아제에 의한 절단이 한 번 일어나므로, λ$dvgal$은 같은 위치에서 절단되는 듯하며, 따라서 각 선형 조각은 변형되지 않은 갈락토오스 오페론을 가진다.

SV40 DNA에 삽입하기 위한, 정제된 λ$dvgal$ (L$_{RI}$) DNA를 λ-엑소뉴클리아제로 처리한 후, SV40-(L$_{RI}$)에 대해 기술된 바와 같이, 말단이전효소와 [^{32}P]dTTP로 처리하여 만들었다.

SV40과 λdvgal DNA를 가진 공유결합 원형 DNA의 형성. 삽입하기 위한 갈락토오스 오페론을 준비. [^{3}H]-SV40(L$_{RI}$exo)-[^{32}P](dA)$_{80}$를 [^{3}H] λ$dvgal$(L$_{RI}$exo)-[^{32}P](dT)$_{80}$로 처리하고, 봉합에 필요한 효소, 기질, 및 공동인자와 함께 배양하면 염기성 설탕 농도 차이 하에서 신속하게 침전하는 DNA가 얻어진다(그림 5, 여기에서는 생략). 이것은 CsCl-브롬화에 티듐 농도 차이에 의하여 공유결합 원형 DNA의 밀도의 예상되는 지점에서 밴드를 형성했다(그림 6, 여기에서는 생략). 염기성 설탕 농도 차이 하에서 λ$dvgal$-SV40 원형 DNA로 추정되는 물질이 *원형* 슈퍼코일(SV40(II) DNA 길이의 2.8배)인 λdv-1 앞, λ$dvgal$ 슈퍼코일 원형 DNA(SV40(II)

DNA 길이의 4.1배) 뒤에 침전된다. CsCl-브롬화에티듐 농도 차이에 의하여 생성된 짙은 밴드로부터 회수된 DNA를 전자현미경으로 측정한 결과, 평균 외형 길이는 SV40(II) DNA 길이의 2.95±0.04배였다(표 1). 새로 형성된 공유결합 원형 DNA는 한 개의 SV40 DNA와 한 개의 *λdvgal* 단량체를 가지고 있다고 결론지을 수 있었다.

반응물질에 효소를 넣지 않을 경우에는 *λdvgal*-SV40 DNA가 형성되지 않았다(그림 5와 6, 여기에서는 생략). 상보적이지 않은, 동일한 꼬리 부분을 가진 선형 분자들이 효소와 함께 처리되어 배양되면 공유결합으로 봉합된 생성물은 감지할 수 없었다(그림 5, 여기에서는 생략). 이 결과는 상보적인 호모폴리머 꼬리 부분들이 있을 경우에만 공유결합으로 봉합된 DNA가 형성됨을 직접적으로 보여준다.

위에 기술된 실험에 의하여 우리는 대장균 갈락토오스 오페론을 가지는 *λdvgal* DNA를 파지 유전자와 함께 SV40 게놈 공유결합에 의하여 삽입했다는 결론에 이르렀다. 이 공유결합 원형 DNA는 박테리아 유전자가 포유류 세포 게놈에 도입될 수 있는지, 또한 포유류 세포에서 발현될 수 있는지를 시험하는 데 유용할 것이다.

논의

이 논문에서 기술된, 두 SV40 분자를 접합하고 대장균의 갈락토오스 오페론을 포함하는 DNA를 SV40에 삽입하는 방법은 일반적이며, 어떠한 두 개의 DNA를 접합하는 접근 방식을 제공한다. 선형 DNA 전구체를 만드는 R$_1$ 엔도뉴클리아제의 성질을 제외한다면, 이 방법에는 SV40이나 *λdvgal* DNA의 어떠한 특성에도 의존하지 않는다. 이미 알려진 효소를 이용하고, 여기에서 기술된 방법을 약간 변형하면, DNA 분자들이 말단에 적당하지 않은 조합의 수산기와 포스포릴기를 가진다 해도 이들을 접합할 수 있을 것이다. 일반적으로 이용 가능한 효소들을 면밀히 사용한다면 튀어나온 $5'-$ 또는 $3'-$말단을 가진 이중 DNA도 접합에 적당한 기질로 변형할 수 있을 것이다.

서로 다른 DNA들을 접합하는 다른 방법과 이 방법의 특징은 접합이 DNA의 폴리머 꼬리에 의하여 이루어진다는 것이다.[19),20)] 우리의 방법에서는 분자 A와 분자 B만이 접합되는 바, AA, BB 유형의 분자 간 접합이나, A, B의 분자 내 접합(고리화)은 일어나지 않는다. 이에 따라 원하는 생성물의 수율은 증가하고 정제의 문제는 크게 줄어든다.

어떤 경우에는 $\lambda\,dvgal$ 또는 다른 DNA 분자를 SV40의 다른 특정한, 또는 무작위한 위치에 삽입할 일이 있을 것이다. SV40 원형 DNA를 특별히 절단하는 엔도뉴클리아제가 있다면 다른 특정한 위치에서의 접합도 가능할 것이다. Mn^{2+} 존재 하에서 췌장의 DNA 분해 효소는 SV40 원형 DNA를 이중 조각들로 무작위하게 절단하므로 DNA 조각을 SV40 게놈의 많은 위치로 삽입할 수 있을 것이다.

$\lambda\,dvgal$ DNA 조각은 각 SV40 DNA 분자에 동일한 위치로 들어가지만 두 DNA의 상대적인 방향은 아마도 같지 않을 것이라는 것을 강조하고 싶다. 이중나선의 각 가닥은 다음 두 가지의 배향으로 접합될 수 있기 때문이다.

$$\left(\text{e.g.,} \quad \begin{matrix} W \frown W \\ C \smile C \end{matrix} \quad \text{or} \quad \begin{matrix} W \frown W \\ C \smile C \end{matrix} \right)^{23)}$$

이 결과가 접합된 DNA의 유전적 발현에 어떤 영향을 줄지는 두고 보아야 할 것이다.

SV40 이량체나 $\lambda dvgal$-SV40 DNA의 생물학적 작용에 대해서는 아무런 정보가 없지만, 적절한 실험이 진행 중에 있다. 그러나 SV40 게놈의 R_1 절단 위치가 그 생물학적 잠재 능력을 결정하는 데 결정적임은 확실하다. 예비 증거에 의하면 절단은 SV40의 후기 유전자에서 일어나는 듯하다(모로, 켈리, 버그, 루이스, 논문 준비 중).

이 분자들을 유용하게 만들 또 다른 특징은 두 DNA들을 접합하는 $(dA \cdot dT)_n$ 부분인데, 물리적 또는 유전적 표지로서 유용할 수 있고, 분자의 변질을 더 민감하게 하므로 전달체로 사용하기에 해로울 수 있다.

본 실험에서 생성된 $\lambda dvgal$-SV40 DNA는 사실상 세 개의 기능을 가진 생물학적 시약이다. 이 DNA에는 SV40의 대부분의 기능에 대한 유전 암호의 정보가 존재하고, 대장균의 갈락토오스 오페론을 모두 소유하고 있으며, 또한 대장균의 원형 DNA 분자를 자동 복사하는 데 필요한 박테리오파지의 기능을 가지고 있다. 각각의 기능은 SV40의 분자생물학적 연구와, 이 바이러스가 상호작용하는 포유류 세포의 연구에 널리 사용될 수 있을 것이다.

피터 로반과의 유용한 토의에 감사한다. D.A.J.는 국립 섬유 증 연구재단의 기초과학 펠로우였다. R.H.S는 오스트레일리아 아델라이드 대학 생화학과 재직 시 연구년 수행 중이었고, 부분적으로 USPHS의 지원을 받았다. 이 연구는 USPHS의 연구과제 GM-13235, 미국암협회의 연구과제 VC-23A로 지원받았다.

스탠퍼드 대학교 생화학과

스탠퍼드 대학병원 생화학연구실

Proceedings of the National Academy of Sciences (1972)

■ 참고문헌

1. 현재 주소: 미시간 대학교 병원 미생물학과

2. 현재 주소: 아델라이드 대학교 생화학과

3. 본 학과의 피터 로반과 카이저는 박테리오파지 P22 DNA에 대하여 본 연구와 비슷한 실 험을 시행하여 우리와 비슷한 결과를 얻었다(Lobban, P와 Kaiser, A. D, 논문 준비 중).

4. Sambrook, J., Westphal, H., Srinivasan, P. R. & Dulbecco, R. (1968) *Proc. Nat. Acad. Sci. USA* 60, 1288~1295.

5. Dulbecco, R. (1969) *Science* 166, 962~968.

6. Matsubara, K., & Kaiser, A. D. (1968) *Cold Spring Harbor Symp. Quant.* Biol. 33, 27~34.

7. Radloff, R., Bauer, W., Vinograd, J. (1967) *Proc. Nat. Acad. Sci. USA* 57, 1514~1521.

8. Little, J. W., Lehman, I. R. & Kaiser, A. D. (1967) *J. Biol. Chem.* 242, 672~678.

9. Kato, K., Goncalves, J. M., Houts, G. E., & Bollum, F. J. (1967) *J. Biol. Chem.* 242, 2780~2789.

10. Jovin, T. M., Englund, P. T. & Kornberg, A. (1969) *J. Bicl. Chem.* 244, 2996~3008.

11. Olivera, B. M., Hall, Z. W., Anraku, Y., Chien, J. R. & Lehman, I. R. (1968) *Cold Spring Harbor Symp. Quant. Biol.* 33, 27~34.

12. Richardson, C. C., Lehman, I. R. & Kornberg, A. (1964) *J. Biol Chem.* 239, 251~258.

13. Symons, R. H. (1969) Biochim. Biophys. *Acta* 190, 548~550.

14. Davis, R., Simon, M. & Davidson, N. (1971) in *Methods in Enzymology*, eds. Grossman, L. & Moldave, K. (Academic Press, New York), Vol. 21, pp. 413~428.

15. Chang, L. M. S. & Bollum, F. J. (1971) *Biochemistry* 10, 536~542.

16. Sheldon, R., Jurale, C. & Kates, J. (1972) *Proc. Nat. Acad. Sci. USA* 69, 417~421.

17. Richardson, C. C., Schildkraut, C. L. & Kornberg, A. (1963) *Cold Spring Harbor Symp. Quant. Biol.* 28, 9~19.

18. Little, J. W. (1967) *J. Biol. Chem.* 242, 679~686.

19. Sgaramella, V., van de Sande, J. H. & Khorana, H. G. (1970) *Proc. Nat. Acad. Sci. USA* 67, 1468~1475.

20. Melgar, E. & Goldthwait, D. A. (1968) *J. Biol. Chem.* 243, 4409~4416.

21. Morrow, J. F. & Berg, P. (1972) *Proc. Nat. Acad. Sci. USA* 69, 인쇄 중.

22. Sgaramella, V. & Lobban, P. (1972) *Nature*, 인쇄 중.

23. W와 C는 DNA 이중나선 중의 한 가닥씩을 표시하고, '연결자'는 두 가닥이 닫힌-원형의
    이중나선으로 어떻게 연결되어 있는지를 의미한다.

번역: 이성렬

맺는말

그리스 고대도시 델포이에 있는 아폴로 신전의 신탁(oracle)은 자신을 찾아온 사람에게 "너 자신을 알라(Know thyself)."고 훈계했다. 이 현명한 신탁은 아마도 도덕적인 자아에 대해 언급한 것이겠지만, 우리는 이 명언을 물리적인 자아에도 확대하여 해석할 수 있다. 또는 지구상의 모든 생물들에 적용해 보는 것은 어떤가. 그게 바로 생물학의 미션이다. 그리고 살아 있는 존재는 자연의 일부이므로 우리는 "자연을 알라."고도 말할 수 있을 것이다. 나무를 알고, 바위를 알고, 물방울을 알고, 코끼리를 알고, 아메바를 알고, 원자를 알고, 별을 알라고.

10의 거듭제곱으로 측정하면 우리 인류는 우주에 있는 가장 거대한 물체인 은하, 그리고 입자가속기로 그 안을 들여다볼 수 있는 가장 작은 물체인 전자와 쿼크, 이 둘의 중간쯤 위치한다. 우리는 한가운데에 서 있는 것이다. 가느다란 실과 같은 연약한 우리의 존재로부터 우리는 모든 것을 알고 싶어 한다. 얽히고 복잡한 것들까지도 말이다. 주된 원리와 세부적인 사항, 힘, 패턴과 사이클, 움직임과 작동방식, 생명의 비밀, 시간과 공간의 본질 등을 말이다.

우리는 이 모든 것을 알고 싶어 하고 알아야만 한다. 우리는 발견하고 발명하고 창조하고 질문을 한다. 우리가 더 깊이 들어갈수록 우리는 더욱 아름답고 신비로운 것을 찾아낼 수 있다. 우주는 우리가 상상하는 것보다 훨씬 더 이상한 공간이다.

여러 해 전에 나는 프랑스에 있는 선사시대 동굴, 퐁드곰(Font-de-Gaume)으로 여행을 간 적이 있다. 퐁드곰 동굴의 벽에는 1만 5천 년 전에 그려진 말과 순록과 들소 등의 동물 형상들이 우아하고 화려하게 새겨져 있다. 나는 그 가운데 한 그림을 아직까지 생생하게 기억한다. 두 마리의 순록이 뿔이 닿을 정도로 얼굴을 가까이대고 마주보는 것이었다. 하나의 선으로 부드럽게 흐르는 순록 두 마리의 그림은 완벽했다. 동굴 속 인공 조명이 아주 약했고 색은 흐릿하게 바래졌지만 나는 그 그림에 매료되었다. 여기에 세상을 이해하려고 애를 쓴 내 조상들이 있었던 것이다. 나는 수 세기 동안 그들이 이 어두운 곳에서 몸을 웅크리고 앉아 무슨 생각을 했는지 상상해 보았다. 그들은 순록과 들소에 대해 무엇을 알고 있었을까? 이처럼 정교한 그림을 묘사하기 위해 그들은 동물들을 어떻게 자세히 관찰할 수 있었을까? 이 그림은 그들에게 어떤 위안과 권력을 주었던 걸까? 벽화의 곡선을 따라가면 동굴의 입구가 보인다. 그때 멀리서 빛나는 타원형의 빛은 늦은 오후의 태양이거나 나무 위로 떠오른 달빛일 것이다.

옮긴이의 말

누군가가 과학에서 발견의 가치를 묻는다면 사람들은 뭐라고 답할까.
아마도 많은 사람들이 '과학=발견'이라는 등식의 성립에 익숙하기 때
문에 과학이라는 학문이 존재하는 의미는 발견 그 자체라고 답할 것이
다. 갈릴레오가 피사의 사탑에서 실험을 했다는 일화라든가 떨어지는
사과를 보고 중력을 발견한 뉴턴의 일화를 덧붙여 이야기해 줄지도 모
르겠다. 과학은 그저 평범해 보이기만 하는 일상에서 미처 몰랐던 특별
한 자연 법칙을 발견하면서 발전해 나가는 학문이기 때문이다.

과학자라는 행운의 직업을 가진 사람들은 바로 발견의 즐거움을 만
끽하는 사람들이다. 물론 과학을 배우면서도 그들과 같은 발견의 즐거
움을 누릴 수 있다. 미처 몰랐던 자연 현상이나 사실을 배우는 과정에
서도 우리는 지식을 발견하는 기쁨을 얻을 수 있으니까. 과학자가 완전
히 새로운 것을 발견한다면 우리는 몰랐던 과학 지식을 학습함으로써
새로운 것을 발견하는 게 아닌가.

애석하게도 교과서를 통해 접근하는 과학은 이런 즐거움을 주기 힘
들어 보인다. 과학 교과서는 과학자들이 오랜 시간을 고심하고 연구한
과정을 다루지 않고 그들이 내놓은 최종 결과물만을 전시하기 때문이
다. 마치 19세기 말에 과학을 연구한 막스 플랑크의 지도교수가 이미
모든 기본 법칙들이 발견되었다는 이유에서 훗날 양자라는 위대한 현
상을 발견한 막스 플랑크에게 물리학을 계속하지 말라는 충고를 해준

것과 같은 이치다.

그러나 과학은 여전히 진화 중이다. 2005년 사이언스 지는 창간 125주년을 기념해 현대 과학의 125가지 난제를 제시했다. 이를 보면 "우주는 무엇으로 이루어져 있는가?"와 같은 아주 기초적인 의문조차도 우리는 여전히 답하지 못하고 있다는 것을 알 수 있다. 어쩌면 이 세상을 창조한 신은 우리가 자연에 대해 내놓은 '그 당치 않는 의견에 가소로워'하고 있는지도 모르겠다.

이 책은 과학이 진화하는 모습을 살펴보기에 좋은 책이다. 현재 진행형은 아니지만 바로 이전의 시대인 20세기의 위대한 발견에 대한 이야기를 통해 오늘날의 과학을 간접적으로 체험할 수 있다. 이 책은 각 발견에 대한 내용뿐만 아니라 이를 발견한 과학자의 성격, 혹은 그가 처한 상황 등 다채로운 이야기를 자세하게 담고 있다. 이를 통해 저자는 과학이라는 학문의 다양성을 보여주었다. 어느 특정한 기질의 개인이 어떤 특정한 방식으로만 이루어낸 것이 아니라고 말이다.

에너지 생산에 관한 생물회로를 발견한 한스 아돌프 크렙스가 아버지로부터 "돼지 귀로는 비단 지갑을 만들 수 없다."는 비난을 듣고 자랐다는 에피소드를 보면 과학이라는 학문이 꼭 뉴턴이나 아인슈타인 같은 천재만이 향유하는 학문은 아니라는 사실을 알 수 있다. 또한 핵분열을 발견한 한과 마이트너, DNA 이중나선을 발견한 왓슨과 크릭의 이야기를 보면 과학이 언제나 소수의 천재 과학자가 혼자 궁리하는 방식으로 발전하는 것이 아니라 서로 다른 성격과 기질을 지닌 과학자들이 서로의 장점을 살려 협력하는 방식으로도 발전한다는 것을 알 수 있다. 또한 러더퍼드, 보어, 페루츠와 같은 과학계의 위대한 스승을 아주 가까이 만나 볼 수 있고 그들에게서 위대한 과학자의 겸손함과 제자들에 대한 애정, 과학에 대한 열정을 느낄 수도 있다. 또한 재조합 유전자를 만들어 낸 폴 버그의 발견 스토리에서 과학자로서의 책임과 윤리적인 문제가 무엇인지에 대해서도 알 수 있다.

2011년 들어 바뀐 새로운 과학 교과서에는 상대성이론, 빅뱅이론 등 20세기의 과학이론이 새로 편입되었다. 때문에 이 시대를 살아가는 사람들 모두에게 20세기 과학에 대한 소양이 더욱 절실히 요구되는 실정이다. 교사들에게도 이 책을 추천하고 싶다. 또한 교과서를 통해 과학 지식을 결과로만 배우는 대학생에게도 필수적인 책이다. 무엇보다도 미래에 과학자를 꿈꾸는 아이들에게 가장 추천하고 싶다. 이 책을 통해 과학자들이 어떻게 발견을 이루어내는지를 간접적으로 체험해 볼 수 있기 때문이다.

이 책은 각각의 발견에 대한 이야기와 그 발견에 대한 논문을 같이 게재하고 있다. 본문 전체는 박미용이 번역했고 1, 2, 9, 10, 11, 13, 14, 16, 17, 18, 19, 22장의 논문은 경희대 이성렬 교수가, 3장과 4장의 아인슈타인 논문은 포항공대 임경순 교수가, 그리고 5, 6, 7, 8, 12, 15, 20, 21장의 논문은 물리학 전공자이자 소설가 김창규 씨가 나누어 맡아 번역해 주었다. 그리고 임경순 교수가 이 책의 감수를 맡아 수고해 주셨다.

박미용

논문 목록

1장

Max Planck, "Zur Theorie Des Gesetzes der Energieverteilung im Normalspectrum," *Verhandlungen der Deutschen Physikalischen Gesellschaft* 2(1900): 237~245. English translation: "On the Theory of the Energy Distribution Law of the Normal Spectrum," translated by D. ter Haar, in *The Old Quantum Theory* (Oxford: Oxford University Press, 1967).

2장

William Bayliss and Ernest Starling, "The Mechanism of Pancreatic Secretion," *Journal of Physiology* 28 (September 12, 1902): 325~353.

3장

Albert Einstein, "Über einen die Erzeungung und Verwandlung des Lichtes betreffenden heuristischen Gesichtspunkt," *Annalen der Physik* 17, 4th series (June 9, 1905): 132~148. English translation: "On a Heuristic Point of View Concerning the Production and Transformation of Light," translated by John Stachel, Trevor Lipscombe, Alice Calaprice, and Sam Elworthy, in *Einstein's Miraculous Year* (Princeton, N.J.: Princeton University Press, 1908).

4장

Albert Eistein, "Zur Elektrodynamik bewegter Körper," *Annalen der Physik* 17 (1905): 891~921. English translation: "On the Electrodynamics of Moving Bodies," translated by W. Perrett and G. R. Jeffery, in *The Principal of Relativity* (New York: Dover and Methuen, 1952).

5장

Ernest Rutherford, "The Scattering of Alpha and Beta Particles by Matter and the Structure of the Atom," *London, Edinburgh and Dublin Philosophical Magazine and Journal of Science* 21, 6th series (May 1911): 669~688.

6장

Henrietta Leavitt [article signed by Edward C. Pickering], "Periods of 25 Variable Stars in the Small Magellanic Cloud," *Circular of the Astronomical Observatory of Harvard College*, no. 173 (March 3, 1912).

7장

W. Friedrich, P. Knipping, and M. von Laue, "Interferenz-Erscheinungen bei Rontgenstrahlen," *Sitzungsberichte der Königlich Bayerischen Akademie der Wissenschaften*, June 1912: 302~322. Also published in *Annalen der Physik* 41 (August 5, 1913): 971. English translation: "Interference Phenomena with Röntgen Rays," translated for this book by Dagmar Ringe.

8장

Niels Bohr, "On the Constitution of Atoms and Molecules," *Philosophical Magazine* 26 (1913): 1~25.

9장

Otto Loewi, "Über humorale Übertragbarkeit der Herznervenwirkung," Pflügers Archiv 189 (1921): 239~242. English translation: "On the Humoral Transmission of the Action of the Cardiac Nerve," translated for this book by Alison Abbott.

10장

Werner Heisenberg, "Über den anschunlichen Inhalt der quantentheoretishchen Kinematik and Mechanik," Zeitschrift fur Physik 43 (May 31, 1927): 172~198. English translation: "On the Physical Content of Quantum Kinematics and Mechanics," translated by John Archibald Wheeler and Wojciek Hubert Zurek, in *Quantum Theory and Measurement* (Princenton, N.J.: Princeton University Press, 1983).

11장

Linus Pauling, "The Shared-Electron Chemical Bond," *Proceedings of the National Academy of Sciences* 14 (1928): 359~362.

12장

Edwin Hubble, "A Relation Between Distance and Radial Velocity Among Extra-Galactic Nebulae," *Proceedings of the National Academy of Sciences* 15 (March 15, 1929): 168~173.

13장

Alexander Fleming, "On the Antibacterial Action of Cultures of a Penicillium, with Special Reference to Their Use in the Isolation of B. Influenza," *British Journal of Experimental Pathology* 10, no. 3 (1929): 226~236.

14장

Hans Krebs and W.A. Johnson, "The Role of Citric Acid in Intermediate Metabolism in Animal Tissues," *Enzymologia* 4 (1937): 148~156.

15장

O. Hahn and F. Strassman, "Über den Nachweis und das Verhalten der bei der Bestrahlung des Urans mittels Neutronen entstechended Erdalkalimetalle," Die *Naturwissenschaften* 27 (1939): 11; partial English translation: "Concerning the Existence of Alkaline Earth Metals Resulting from Neutron Irradiation of Uranium," translated by Hans G. Graetzer, in Hans G. Graetzer and David L. Anderson, *The Discovery of Nuclear Fission* (New York: Van Nostrand Reinhold, 1971), 44~47.

Lise Meitner and O. R. Frish, "Disintegration of Uranium By Neutrons: A New Type of Nuclear Reaction," *Nature* 143 (February 11, 1939): 239~240.

16장

Barbara McClintock, "Mutable Loci in Maize," *Carnegie Institution of Washington Yearbook* 47 (1948): 155~169.

17장

J. D. Watson and F.H.C. Crick, "Molecular Structure of Nucleic Acids," Nature 171 (April 25, 1953): 737~738.

Rosalind E. Franklin and R. G. Gosling, "Molecular Configuration in Sodium Thymonucleate," *Nature* 171 (April 25, 1953): 740~741.

18장

M. F. Perutz, M. G. Rossmann, Ann F. Cullis, Hilary Murihead, and Georg Will, "Structure of Haemoglobin," *Nature* 185 (1960): 416~422.

19장

A. A. Penzias and R. W. Wilson, "A Measurement of Excess Antenna Temperature at 4080 Mc/s," *Astrophysical Journal* 142 (1965): 419~421.

R. H. Dicke, P.J.E. Peebles P.G. Roll, and D. T. Wilkinson, "Cosmic Black-Body Radiation," *Astrophysical Journal* 142 (1965): 414~419.

20장

Steven Weinberg, "A Model of Leptons," *Physical Review Letters* 19 (1967): 1264~1266.

21장

M. Breidenbach, J. I. Friedman, H. W. Kendall, E. D. Bloom, D. H. Coward, H. DeStaebler, J. Drees, L. W. Mo, and R. E. Taylor, "Observed Behavior of Highly Inelastic Electron-Photon Scattering," *Physical Review Letters* 23 (1969): 935~939.

22장

David A. Jackson, Robert H. Symons, and Paul Berg, "Biochemical Method for Inserting New Genetic Information into DNA of Simian Virus 40," *Proceedings of the National Academy of Sciences* 69 (1972): 2904~2909.

주석

전체 주석: 1. 이 책에 나오는 역사적인 발견들 거의 대부분은 노벨상이 수여되었다. 노벨상 수상자들의 노벨상 강연이나 그들에 대한 정보는 노벨상재단 웹사이트, www. nobel.se에서 볼 수 있다. 2. 서지 사항은 원문대로 표기했다. 그러나 그렇지 않은 사항은 우리 말로 번역하여 표기했다.

머리말

1) Gomes Eanes de Zurara, *The Chronicles of the Discovery and Conquest of Guinea*, edited and translated by C. Raymond Beazley and Edgar Prestage (Hakluyt Society Publication, 1896); also quoted in Daniel J. Boorstin, *The Discoverers* (New York: Random House, 1983), 166.

2) Zurara, Chronicles; also quoted in Boorstin, *The Discoverers*, 165.

3) Werner Heisenberg, *Physics and Beyond* (New York: Harper and Row, 1971), 60~61.

4) 바바라 맥클린톡과 에벌린 폭스 켈러의 인터뷰. 다음을 보라. American Philosophical Society, Philadelphia; quoted in Evelyn Fox Keller, A Feeling for the Organism (New York: Freeman, 1983), 26.

5) Max Perutz, 노벨상 수상 연설, December 11, 1962, 669, www.nobel.se.

수에 대한 주석

1) Archimedes, "The Sand Reckoner," in *The World of Mathematics*, edited by James R. Newman (New York: Simon and Schuster, 1956), vol. 1, p.420.

1장

1) Max Planck, *Sitzungberichte Der Königlich Preussischen Akademie Der*

Wissenschaften (1899), 440; translated and referred to in M. J. Klein, *Physics Today* 19 (November 1966): 26.

2) Max Planck, *Scientific Autobiography and Other Papers*, translated by F. Gaynor (New York: Philosophical Library, 1949), 35.

3) 남편에 대한 마르가 플랑크의 언급이 남아 있음. 다음을 보라. Marga Planck to Ehrenfest, April 26, 1933, Ehrenfest Scientific Correspondence, Museum Boerhaave, Leyden; translated and quoted in Heilbron, *Dilemmas*, 33.

4) Planck to Runge, July 31, 1877, Carl Rung Papers, Staatsbibliothek Preussischerkulturbesitz, Berlin, translated and quoted in Heilbron, *Dilemmas*, 33.

5) Marga Planck to Einstein, February 1, 1948, Albert Einstein Papers, Jerusalem, translated and quoted in Heilbron, *Dilemmas*, 33.

6) Hans Hartmann, *Max Planck als Mensch und Denker* (Basel, Thun, and Düsseldorf: Ott, 1953), 11~12, translated and quoted in Heilbron, Dilemmas, 34.

7) Einstein, "Max Planck Memorial Services" (1948), *Ideas and Opinions* (New York: Modern Library, 1994), 85.

8) Max Planck, "Physikalische Abhanlungen und Vorträge," *Braunschweig Vieweg* (1910), vol. 2, p. 247, translated and quoted in Heilbron, *Dilemmas*, 21.

2장

1) Characterization of Bayliss's lab in Charles Lovatt Evans, Reminiscences of Bayliss and Starling (Cambridge, U.K.: Cambridge University Press, 1964), 3.

2) Personal Cahracterization of Bayliss and Starling in ibid., 2~4.

3) 영혼과 송과선에 대한 데카르트의 견해는 다음을 보라. De *l'homme*(written in 1630s, published in 1660s), translated and quoted in Theodore M. Brown, "Descartes." *Dictionary of Scientific Biography (DSB)* vol. 4, p.63a.

4) Berzelius in Lärbok i kemien (1808), translated and quoted in Henry M. Leicester, "Berzelius," *DSB* (New York: Scribners, 1981), vol. 2, p. 96a.

5) Bernard in *Introduction to the Study of Experimental Medicine* (1865), quoted in M. D. Grmek, "Bernard.", DSB, vol. 2, p. 32b.

6) Starling's quote on education comes from "Science in Education," *Science*

Progress 13 (1918~1919): 466~475, quoted in DSB, vol. 12, p.618.

3장

1) Albert Einstein, *Journal of the Franklin Institute* 221, no. 3 (March 1936), in Albert Einstein, Ideas and Opinions (New York: Modern Library, 1994), 318

2) Françoise Gilot, *Life with Picasso* (New York: Avon Books, 1981), 51~52.

3) Einstein to Maric, July 29, 1900, in *Collected Papers of Albert Einstein*, translated by Anna Beck (Princeton, N.J.: Princeton University Press, 1987), vol. 1, p. 142.

4) Einstein to Maric, December 17, 1901, in *Collected Papers*, vol. 1, p. 187.

5) Einstein to Conrad Habicht, May 18 or 25, 1905, in *Collected Papers*, vol. 5, p. 19.

6) Banesh Hoffman in *Some Strangeness in the Proportion: A Centennial Symposium to Celebrate the Achievements of Albert Einstein*, ed. Harry Woolf (Reading, MA: Addison Wesley, 1980), 476.

7) Charles Nordmann, in *L'Illustration*, Paris, April 15, 1922, quoted in Albrecht Fölsing, *Albert Einstein, translated into English by Ewald Osers* (New York: Viking, 1997), 547-548

8) Eistein to Conrad Habicht, June 30-September 22, 1905, in *Collected Papers*, vol. 5, p. 20.

4장

1) Albert Einstein, "Autobilographical Notes," in *Albert Einstein: Philosopher-Scientist*, edited by P.A. Schilpp (Evanston, Ill.: Open Court, 1949), 53.

2) Marcus Aurelius, *The Meditations of Marcus Aurelius*, Harvard Classics, vol. 2, p. 221.

3) Immanuel Kant, *Critique of Pure Reason* (1781), translated by J.M.D. Meiklejohn, in Encyclopedia Britannica's *Great Books of the Western World* (Chicago: University of Chicago Press), vol. 42, pp. 26~27.

4) James Shelley, "The Cenci," Act IV, Scene II, *Harvard Classics*, vol. 18, p. 324.

5) Albert Einstein in *Emanuel Libman Anniversary Volumes* (New York: International, 1931), vol. 1, p. 363.

6) Maurice Solovine in Albert Einstein and Maurice Solovine, *Letters to Solovine* (New York: Carol Publishing Group, 1993), 9.

7) Albert Einstein, *Century and Forum* 84 (1931): 193~194; also in Albert Einstein, *Ideas and Opinions* (New York: Modern Library, 1994), 10.

8) Albert Einstein in Einstein and Solovine, *Letters to Solovine*, 143.

5장

1) C. P. Snow, *The Physicists* (Boston: Little, Brown, 1981), 35.

2) Rutherford quoted in Lawrence Badash, "Rutherford," *Dictionary of Scientific Biography* (New York: Scibners, 1981), vol. 12, p. 31a.

3) Ibid.

4) H. G. Wells, *The World Set Free* (New York: Duton, 1914), 109.

5) Kapitza quoted in Snow, *The Physicists*, 35.

6장

1) *Dictionary of Scientific Biography* (New York: Scribners, 1981), vol. 15, pp. 639~640.

2) Principia, vol. 2, *The Systems of the World*, section 57.

3) Miss Leavitt's Stars, by George Johnson (New York: W. W. Norton, 2005).

4) Solon Bailey's obituary of Henrietta Leavitt, *Popular Astronomy* 30, no. 4 (April 1922): 197~199.

5) Hentietta Leavitt to Pickering, May 13, 1902, Harvard Archives, HCO Correspondence.

6) Hentietta Leavitt to Pickering, August 25, 1902, Harvard Archives, HCO Correspondence.

7) Williamina Fleming, "A Field for Woman's Work in Astronomy," *Astronomy and Astrophysics* 12 (1893): 683.

8) Pamela Mack, "Women in Astronomy in the United States, 1875~1920" (B. A. Honors Thesis, Harvard University, 1977), chapter 4.

9) Edward C. Pickering, "Fifty-Third Annual Report of the Director of the Astronomical Observatory of Harvard College, for the year ending September 30, 1898," 4.

10) Cecilia Payne-Gaposchkin, *An Autobiography and Other Recollections*, edited by Katherine Haramundanis (Cambridge, Mass: Harvard University Press, 1984), 149 and 147.

11) Charles Young to Pickering, March 1, 1905, quoted by Johnes and Boyd, Harvard College Observatory, 367.

12) Hentietta Leavitt to Pickering, mid-December 1909, Harvard Archives, HCO Correspondence.

13) Harlow Shapley to Pickering, September 24, 1917, Harvard Archives, Shapley Correpondence.

14) Celia Payne-Gaposchikin, *An Autobiography and Other Recollections*, edited by Katherine Haramundanis (Cambridge, Mass: Harvard University Press, 1984), 147.

15) Ibid, 140.

7장

1) Von Laue, 노벨상 수상 연설, November 12, 1915, *Nobel Lectures*, 351, www. nobel.se.

2) Ibid., 351-352.

3) Albert Einstein to Max von Laue, June 10, 1912, quoted in Albrecht Fölsing, *Albert Einstein* (New York: Viking, 1997), 323.

4) Albert Einstein to Ludwig Hopf, June 12, 1912, quoted in ibid., 323.

5) Von Laue, 노벨상 수상 연설, 350.

6) William Lawrence Bragg in his 노벨상 수상 연설, September 6, 1922, Nobel Lectures, 370.

8장

1) 보어의 공동 연구자인 존 아치볼드 휠러로부터 직접 들음.

2) C. P. Snow, *The Physicists* (Boston: Little, Brown, 1981), 58.

3) *Collected Works of Niels Bohr*, edited by Leon Rosenfeld (Amsterdam: North-Holland, 1972), also quoted in John L. Heilbron, "Bohr's First Theories of the Atom," in Niels Bohr, edited by A. P. French and P. J. Kennedy (Cambridge, Mass: Harvard University Press, 1985), 43.

4) Ibid.

5) Bohr, *Nature* (Supplement), April 14, 1928: 580.

6) Hevesy to Bohr, September 23, 1913, in *Collected Works of Niels Bohr*, edited by Ulrich Hoyer (Amsterdam: North Holland, 1982), vol. 2, p. 532, quoted in John Stachel, *Einstein from B to Z* (Boston: Birkhäuser, 2002), 369.

7) *Nuclear Physics in Retrospect*, edited by R. H. Stuewer (Minneapolis: University of Minnesota Press, 1979)

9장

1) Otto Loewi, "Autobiographic Sketch," *Perspectives in Biology and Medicine* 4 (1925): 17.

2) Ibid., 18.

3) Henry H. Dale, "Otto Loewi," *Biographical Memoirs of Fellows of the Royal Society* 8 (1962): 80.

4) Ibid., 71.

5) Otto Loewi, "Autobiogrphic Sketch," *Perspectives in Biology and Medicine* 4 (1925): 8.

6) Ibid., 9.

7) Ibid., 10.

8) Henry H. Dale, "Otto Loewi," *Biographical Memoirs of Fellows of the Royal Society* 8 (1962): 76.

9) Otto Loewi, "Autobiographic Sketch," *Perspectives in Biology and Medicine* 4 (1925): 14.

10) Otto Loewi, 노벨상 수상 연설, December 12, 1936, p.5, www.nobel.se.

11) Otto Loewi, "Autobiographic Sketch," *Perspectives in Biology and Medicine* 4 (1925): 21.

10장

1) Edward Teller, *Memoirs: A Twentieth-Century Journey in Science and Politics)* (Cambridge, Mass.: Perseus, 2001, 57.

2) Max Born, *My Life* (New York: Scribner, 1978), 212.

3) John Milton, *Paradise Lost*, Book VIII, lines 72-75.

4) Werner Heisenberg, *Physics and Beyond* (New York: Harper and Row, 1971), 60-61.

5) Werner Heisenberg, "The Development of Quantum Mechanics," Nobel Prize lecutre, December 11, 1933, p.1, www.nobel.se.

6) Heisenberg quoted in Elisabeth Heisenberg, *Inner Exile: Recollections of a Life with Werner Heisenberg*, translated by S. Cappellarii and C. Morris (Boston: Birkhauser, 1984), 32.

7) Victor Weisskopf, Introduction to E. Heisenberg, Inner Exile, xiii.

8) E. Heisenberg, *Inner Exile*, 67.

11장

1) Linus Pauling, "Starting Out," in *Linus Pauling in His Own Words*, edited by Barbara Marinacci (New York: Simon and Schuster, 1995), 31.

2) Ibid., 28.

3) Ava Helen and Linus Pauling Papers at Oregon State University, quoted in *Linus Pauling, Scientist and Peacemaker*, edited by Cliff Mead and Tom Hager (Corvallis: Oregon State University Press, 2001), 25.

4) Linus Pauling, *The Nature of the Chemical Bond*, 3d ed. (Ithaca, N.Y.: Cornell University Press, 1939), 113~114.

5) Linus Pauling to Dan Campbell, 1980, quoted in Mead and Hager, eds., *Linus Pauling*, 81.

6) Recollected in May 2003 by Robert Silbey, chemist at MIT.

7) Linus Pauling, "The Ultimate Decision,: quoted in Mead and Hager, eds., *Linus pauling*, 198~199.

12장

1) Walter B. Clausen, Associated Press release, February 4, 1931, quoted in Gale E. Christianson, *Edwin Hubble, Mariner of the Nebulae* (New York: Farrar, Straus and Giroux, 1995), 210.

2) Albert A. Colvin to Charles Whitney, June 14, 1971, quoted in Christianson, *Edwin Hubble*, 25.

3) Elizabeth Hubble, quoted in Christianson, *Edwin Hubble*, 50.

4) Aristotle, *On the Heavens*, Book I, Chapter III, translated by W. K. C. Guthrie, *Loeb Classical Library* (Cambridge, Mass: Harvard University Press, 1971), 25.

5) Copernicus, *On the Revolutions*, translated by Charles Glenn Wallis in Encyclopedia Britannica's *Great Books of the Western World* (Chicago: University of Chicago, 1987), vol. 16, p. 520.

6) Shakespeare, Julius Ceasar, III, i, 60~62.

7) Albert Einstein, "Cosmological Considerations of the General Theory of Relativity," *Sitzungsberichte der Preussischen Akademie der Wissenschaften*, I 1917: 142~152, translated by W. Perrett and G. B. Jeffery, in *The Principle of Relativity* (New York: Dover, 1952), 188.

8) Arthur Eddington, *The Mathematical Theory of Relativity* (Cambridge, U. K.: Cambridge University Press, 1923), 161.

9) Wilhelm de Sitter, *Monthly Notices of the Royal Astronomical Society* 78 (1917): 26.

10) Georges Lemaître, "A Homogenous Universe of Constant Mass and Increasing Radius Accounting for the Radial Velocity of Extra-Galactic Nebulae," *Annales de la Société Scintifique de Bruzelles* 47A (1927): 49; translated into English and reprinted in Monthly Noticies of the Royal Astronomical Society 91 (1931): 483.

11) Grace Hubble's diaries, "E.P.H." Some People," 2, quoted in Christianson, *Edwin Hubble*, 211.

12) Edwin Hubble, *Realm of the Nebulae* (New Haven, Conn.: Yale University Press, 1936), 1.

13장

1) Thucydides, *The History of the Peloponnesian War*, Book II, Chapter VII, section [47], [49], [52], translated by Richard Crawley in Encyclopedia Britannica's *Great Books of the Western World* (Chicago: University of Chicago, 1987), vol. 6, pp. 399~400.

2) 존 프리먼의 원고는 알렉산더 플레밍 박물관에 보관되어 있음. 다음을 보라. André Maurois, *The Life of Sir Alexander Fleming, translated from the French by Gerard Hopkin* (New York: Dutton, 1959), 54.

3) Manuscripts of C. A. Pannett, quoted in Maurois, *The Life of Sir Alexander Fleming*, 57.

4) Manuscripts of C. A. Pannett, quoted in Maurois, *The Life of Sir Alexander Fleming*, 32.

5) Manuscripts of D. M. Pryce, quoted in Maurois, *The Life of Sir Alexander Fleming*, 125.

6) Ibid.

7) Pasteur, Works, vol. VI, p. 178, quoted in Maurois, *The Life of Sir Alexander Fleming*, 129.

8) Fleming's diaries, quoted in Maurois, *The Life of Sir Alexander Fleming*, 30~31.

9) Fleming, 노벨상 수상 연설, December 11, 1945, *Nobel Lectures*, 84, www.nobel. se.

10) Maurois, *The Life of Sir Alexander Fleming*, 136.

11) Fleming, 노벨상 수상 연설, December 11, 1945, *Nobel Lectures*, 92, www. nobel.se.

12) Professor G. Liljestrand of the Royal Caroline Institute, in his presentation of the 1945 Nobel Prize in physiology or medicine, www.nobel.se.

14장

1) Hans Krebs, *Reminiscences and Reflections* (Oxford, U.K.: Clarendon Press, 1981), 9.

2) Ibid., 27.

3) Ibid., 40.

4) Ibid., 38.

5) Ibid., 118.

6) Ibid., 229.

15장

1) Hahn to Meitner, December 19, 1938, Meitner Collection, Churchill College Archives Centre, Cambridge, U.K., quoted in Ruth Lewin Sime, *Lise Meitner: A Life in Physics* (Berkeley: University of California Press, 1996), 233.

2) Meitner to Frl. Hitzenberger, March 29/April 10, 1951, Meitner Collection,

quoted in Sime, *Lise Meitner*, 7.

3) Lilli Eppstein, personal communication to Ruth Sime, Stocksund, September 12, 1987, referred to in Sime, *Lise Meitner*, 5.

4) Meitner, "Looking Back," *Bulletin of the Atomic Scientists* 20 (November 1964): 5.

5) Meitner to Hahn, February 22, 1917, Otto Hahn Nachlass, Archiv zur Geschichte der Max-Planck Gesellschaft, Berlin, quoted in Sime, *Lise Meitner*, 63~64.

6) Strassmann, Kernspaltung: Berlin December,1938, 18, 20, translated and referred to in Sime, *Lise Meitner*, 229.

7) Frish's recollection in "How It All Began," *Physics Today*, November 1967, p.47.

8) Rod Spence, *Biographical Memoirs of the Royal Society* 16 (1970): 302.

9) Meitner to Walter Meitner, February 6, 1939, Meitner Collection, quoted in Sime, *Lise Meitner*, 255.

10) Meitner to Birgit Broomé Aminoff, November 20, 1945, Meitner Collection, quoted in Sime, *Lise Meitner*, 327.

11) T. H. Rittner to M. Perrin, Lt. Comdr. Welsh, and Capt. Davis for Gen. [Leslie] Groves, Top Secret Report 4, Operation "Epsilon" (August 6~7, 1945), reprinted in *Hitler's Uranium Club: The Secret Recordings at Farm Hall*, annotated by Jeremy Bernstein (New York: Copernicus Books, 2001), 115.

12) Meitner to James Franck, March 1958, James Franck Papers, Joseph Regenstein Library, University of Chicago, quoted in Sime, *Lise Meitner*, 375.

16장

1) Barbara McClintock, interview by Evelyn Fox Keller, American Philosophical Society, Philadephia, reported in Evelyn Fox Keller, *A Feeling for the Organism* (New York: Freeman, 1983), 70.

2) Barbara McClintock to George Beadle, January 28, 1951, Caltech Archives, quoted in Nathaniel Comfort, *The Tangled Field* (Cambridge, Mass: Harvard University Press, 2001), 99.

3) 맥클린톡과 폭스 켈러의 인터뷰, 1978년 9월 24일. 다음을 보라. American Philosophical Society, Philadephia, quoted in Nathaniel Comfort, *The Tangled*

Field 19.

4) McClintock quoted in Keller, *A Feeling for the Organism*, 22.

5) Ibid., 33.

6) Ibid., 34.

7) Ibid., 72.

8) Ibid., 26.

9) 에벌린 위트킨과 나타니엘 컴퍼트의 인터뷰, 1996년 3월 19일. 다음을 보라. Comfort, *The Tangled Field*, 113.

10) McClintock quoted in Keller, *A Feeling for the Organism*, 124.

11) Mcclintock, "Mutable Loci in Maze," *Carnegie Instition of Washington Yearbook*, vol. 48 (1949) 142~143.

12) Mcclintock to George Beadle, January 28, 1951, Caltech Archives, quoted in Comfort, *The Tangled Field*, 99.

13) McClintock quoted in Keller, *A Feeling for the Organism*, 103.

17장

1) Francis Click, What Mad Pursuit (New York: Basic Books, 1968), 64.

2) James D. Watson, Double Helix (New York: New American Library, 1969), 16.

3) Frederick Dainton to Anne Sayre, in archives at University of Maryland, quoted in *Physics Today*, March 2003, p. 45.

4) Norrish to Anne Sayre, September 22, 970, quoted in Anne Sayre, *Rosalind Frnaklin and DNA* (New York: Norton, 1975), 58.

5) Frederick Dainton to Anne Sayre, in archives at University of Maryland, quoted in *Physics Today*, March 2003, p. 45.

6) Watson, *The Double Helix*, 37.

7) Ibid., 38.

8) Ibid., 51.

9) Ibid., 104

10) Ibid., 107.

11) Ibid., 108.

12) Ibid., 123.

18장

1) Anthony Tucker, *The Guardian, February* 7, 2002.

2) 알렉산더 리치. 저자와의 개인적인 대화, 2004년 3월 30일, MIT에서.

3) Max Perutz, appreciation of Kendrew, September 30, 1997, in *MRC Newsletter,* Fall 1997, Medical Research Council of the Laboratory of Molecular Biology, Cambridge University.

4) 조지 레이더(영국 의학 연구협회 의장)에 의해 인용된 말이다. 2002년 2월 6일 페루츠의 부고 기사 내용.

5) 막스 페루츠의 노벨상 전기에서 인용, www.nobel.se.

6) Max Perutz, *I Wish I'd Made You Angry Earlier* (Cold Spring, New York: Cold Spring harbor Laboratory Press, 1998), x-xi.

7) Perutz, 노벨상 수상 연설, December 11, 1962, p. 665, www.nobel.se.

8) Perutz's commonplace book, in the last section of *I Wish I'd Made You Angry Earlier.*

9) Perutz, 노벨상 수상 연설, 669.

10) Einstein, *Ideas and Opinions* (New York: Modern Library, 1994), 11.

19장

1) Robert Wilson, 노벨상 수상 연설, December 8, 1978, p. 476, www.nobel.se.

2) Arno Penzias, quoted in Timothy Ferris, *The Red Limit* (New York: Bantam, 1977), 96~97.

3) Wilson, Nobel lecture, 476.

4) Wiliam Blake, *Auguries of Innocence* (1805).

5) P.J.E 피블스. 저자와의 전화 인터뷰. 2004년 9월 26일.

6) Robert Dicke, unpublished scientific autobiography, 1975, stored in the Membership office of the National Academy of Sciences.

7) James Peebles, quoted in Alan Lightman and Robert Brawer, *Origins: The Lives and Worlds of Modern Cosmologists* (Cambridge, Mass: Harvard University Press, 1990), 218.

8) Robert Dicke, unpublished scientific autobiography.

9) Wilson, 노벨상 수상 연설, 476.

10) Robert Dicke, quoted in Lightman and Brawer, *Origins,* 212.

20장

1) Steven Weinberg, 노벨상 수상 연설, December 8, 1979, p. 548, www.nobel.se.

2) Steven Weinberg, *Dreams of a Final Theory* (Pantheon: New York, 1992), 138~139, 142, 165.

3) Ibid., 119.

4) Steven Weinberg, "Physics and History," *Daedalus*, 127 (Winter 1998): 152.

5) Ibid., 153.

6) Steven Weinberg, quoted in Alan Lightman and Robert Brawer, Origins: *The Lives and Worlds of Modern Cosmologists* (Cambridge, Mass: Harvard University Press, 1990), 456.

7) Steven Weinberg, *Dreams of a Final Theory* 123.

8) Albert Einstein, "Autobiographical Notes," in *Albert Einstein: Philosopher-Scientist*, edited by Paul Arthur Schilpp (Evanston, I11.: Open Court, 1949), 17.

21장

1) Isaac Newton, Optics, Book III, Part I, translated by Andrew Motte and revised by Florian Cajori, in Encyclopedia Britannica's *Great Books of the Western World* (Chicago: University of Chicago, 1987), vol. 34, p. 541.

2) 제롬 프리드먼, 저자와의 인터뷰, 2004년 5월 28일, 메사추세츠주 케임브리지.

3) Jerome Friedman, Nobel autobiography, www.nobel.se.

4) Friedman, interview.

5) Jerome Friedman, 노벨상 수상 연설, December 8, 1990, p. 717, www.nobel.se.

6) Friedman, interview.

7) Murray Gell-Mann, Physics 1 (1964): 63.

8) Henry Kendall, 노벨상 수상 연설, December 8, 1990, p. 678, www.nobel.se.

9) James Bjorken, Physical Review 179 (1969): 1547.

10) Friedman, Nobel autobiography.

11) Friedman, interview.

12) Friedman, interview.

13) Friedman, "The Humanities and the Sciences," symposium of the American Council of Learned Societies, May 1, 1999, Philadelphia, *ACLS Occasional*

Paper, No. 47.

14) Friedman, interview.

22장

1) Paul Berg, 노벨상 수상 연설, December 8, 1980, p. 385, www.nobel.se.

2) Paul Berg, Nobel Prize autobiography, www.nobel.se.

3) 수잔 페퍼(스탠퍼드 대학 생화학 교수), 미국 세포 생물학 협회의 폴 버그 프로필에서 인용, 1996, www.ascb.org/profiles.

4) Berg, 노벨상 수상 연설, 393.

5) Wallace Rowe, quoted in Nicholas Wade, "Microbiology: Hazardous Profession Faces New Uncertainties," *Science* 182 (November 9, 1973): 566, also quoted in Nicholas Wade, *The Ultimate Experiment* (New York: Walker, 1977), 34.

6) Robert Pollack, quoted in Wade, "Microbiology: Hazardous Profession Faces New Uncertainties," *Science* 182 (November 9, 1973): 567.

7) Robert Oppenheimer et al, quoted in Edward Teller, *Memoirs* (Cambridge, Mass: Perseus, 2001), 287.

찾아보기

과학의 천재들

초판 1쇄 발행 2011년 12월 12일
초판 2쇄 발행 2012년 1월 20일

지은이 앨런 라이트먼
옮긴이 박미용
논문 옮김 이성렬 임경순 김창규
감수 임경순
펴낸이 김선식

Chief Editorial Creator 정성원
Editorial Creator 박지아
Design Creator 박효영

5th Creative Editorial Dept. 정성원 김성훈 한선화 박지아 최수정
Creative Design Dept. 최부돈 황정민 김태수 박효영 손은숙 이명애 박혜원
Creative Marketing Dept. 이주화 원종필 백미숙
　　　　　Communication Team 서선행 김선준 전아름 이예림
　　　　　Contents Rights Team 이정순 김미영
Creative Management Team 김성자 송현주 권송이 류수민 김태옥 윤이경 김민아

펴낸곳 (주)다산북스
주소 서울시 마포구 서교동 395-27
전화 02-702-1724(기획편집) 02-703-1725(마케팅) 02-704-1724(경영지원)
팩스 02-703-2219 **이메일** dasanbooks@hanmail.net
홈페이지 www.dasanbooks.com
출판등록 2005년 12월 23일 제313-2005-00277호

필름 출력 스크린그래픽센터 **종이** (주)월드페이퍼 **인쇄·제본** (주)현문

ISBN 978-89-6370-737-2 (03400)

한국어판 ⓒ (주)다산북스, 2011. Printed in Seoul, Korea